地下工程系列丛书

# 城市综合管廊工程

主　编　姚海波　尹力文
主　审　孔　恒

中国建材工业出版社

**图书在版编目（CIP）数据**

城市综合管廊工程 / 姚海波，尹力文主编. -- 北京：中国建材工业出版社，2020. 6（2024.6重印）

ISBN 978-7-5160-2835-3

Ⅰ. ①城… Ⅱ. ①姚… ②尹… Ⅲ. ①市政工程 – 地下管道 – 管道工程 Ⅳ. ①TU990. 3

中国版本图书馆 CIP 数据核字(2020)第 036408 号

**城市综合管廊工程**

Chengshi Zonghe Guanlang Gongcheng

主编　姚海波　尹力文

主审　孔恒

出版发行：中国建材工业出版社

地　　址：北京市西城区白纸坊东街2号院6号楼

邮　　编：100054

经　　销：全国各地新华书店

印　　刷：北京雁林吉兆印刷有限公司

开　　本：787mm×1092mm　1/16

印　　张：23. 25

字　　数：550 千字

版　　次：2020 年 6 月第 1 版

印　　次：2024 年 6 月第 2 次

**定　　价：128. 00 元**

**本社网址：www. jccbs. com，微信公众号：zgjcgycbs**

**请选用正版图书，采购、销售盗版图书属违法行为**



举报信箱：zhangjie@tiantailaw. com　举报电话：（010）63567684

**本书如有印装质量问题，由我社事业发展中心负责调换，联系电话：（010）63567692**

# 编写委员会

**主　审**　孔　恒

（北京市政建设集团有限责任公司总工程师）

**主　编**　姚海波　　尹力文

**副主编**　欧阳康淼　庄　璐　陈　思

**参　编**　张玉民　　崔光耀　闫立胜　许海岩

梁仕贤　　王　瑾　李　悦　李　蕾

赵　峰

# 前　言

管廊是将城市生活所必需的供水、供电、照明、通信、燃气、热力、雨水、污水等管线集成于地下隧道空间，实施统一管理，有效改善生命线工程的运营及维护，从而有力地保障城市社会生产与生活的正常进行，是增强现代城市韧性的有效手段。

同时，管廊工程也是一个国家经济、科技与社会发展到一定程度的必然产物。

自 1833 年法国建成世界上第一条管廊以来，到现在为止已经运行了将近 200 年，而且仍将运行下去。1861 年、1890 年英国和德国分别开始建设管廊。迄今为止，发达国家的管廊基本建完。

中华人民共和国成立初期，由于经济发展水平落后，城市化水平低下，没有能力，也没有必要建设城市管廊。所以，初期仅是在大型工业基地建设工业用管廊工程。改革开放四十多年，国家的经济与科技实力飞速发展，城市化进程也突飞猛进，城市的扩张对市政设施提出了更高要求，开始大规模开发城市地下空间。如何在有限的地下空间内，将地铁隧道、地下停车场、地下商场、市政管线合理规划和布局，也迫切要求将分散各处的直埋式市政管线归入管廊，实行集约化管理，以节省地下空间，同时消除马路“拉链”、地面井盖等问题，消除架空线路，在提高市政设施保障能力的同时，提高城市人们生活质量。在这样的背景下，我们迎来了城市管廊爆发式建设的新局面。

自 2015 年 8 月 10 日，国务院发布推进城市地下综合管廊建设的指导意见以来，我国管廊工程迎来了跨越式发展，在规划、设计、施工与运营管理方面积累了一定的经验。基于此，本书拟对以往建设经验进行一次全面的总结和梳理，同时，在编写中也注意广泛吸收当前的新技术、新材料、新工艺，力求体现行业的最新发展水平。

本书由北方工业大学、中冶京诚工程技术有限公司和中国中冶管廊技术研究院联合编写，编写过程中得到了郝勇兵院长的大力支持。珠海大横琴城市综合管廊运营管理有限公司、中国二十冶集团有限公司技术中心、云南滇中新区管委会、北京京投城市管廊投资有限公司也为本书提供了翔实的工程建设运营资料。书稿完成后，北京市政建设集团有限公司孔恒总工程师对全书进行了审阅，并提出了许多宝贵的意见和建议，在此深表谢意！

本书在编写初期，得到了北京市政路桥集团有限公司乔国刚高级工程师和中冶交通建设集团有限公司肖剑总工程师的帮助。此外，北方工业大学的丁阔、宋高峰老师，杜宇、许明亮、白玉山、王增月、李嘉兴五位研究生承担了一些资料搜集、数据整理与图件处理方面的工作，在此一并表示感谢！

限于作者水平，书中不妥之处敬请读者批评指正。

**姚海波**

2020 年 5 月于北京西山

# 目 录


**第 1 章 绪论** …… 1

1.1 综合管廊的定义 …… 1

1.2 综合管廊的分类及特点 …… 1

1.3 综合管廊的组成 …… 4

1.4 综合管廊建设的特点及意义 …… 5

1.5 国内外综合管廊发展的概况 …… 7

**第 2 章 综合管廊的规划** …… 11

2.1 综合管廊规划的内容 …… 11

2.2 综合管廊规划与城市总体规划、地下空间规划的关系 …… 14

2.3 综合管廊规划编制的主要原则 …… 14

2.4 综合管廊系统布局规划 …… 17

2.5 入廊管线分析 …… 21

2.6 断面形式选择 …… 31

2.7 管廊位置的规划 …… 35

**第 3 章 管廊的勘察** …… 37

3.1 勘察的目的及任务 …… 37

3.2 勘察的工作量布置 …… 39

3.3 勘察的实施 …… 41

3.4 工程地质评价 …… 44

3.5 不良地质处理 …… 46

**第 4 章 管廊的设计** …… 47

4.1 设计准备 …… 47

4.2 管廊的主体设计 …… 51

4.3 辅助构筑物设计 …… 71

4.4 管廊附属设施设计 …… 72

4.5 入廊管线设计 …… 92

4.6 管廊结构设计 …… 108

**第 5 章 管廊的施工** …… 137

5.1 明挖法施工 …… 137

5.2 浅埋暗挖法施工 …… 180

5.3 盾构法施工 …… 205

5.4 顶管法施工 …… 229

5.5 机电安装施工 …… 241

**第6章　运营维护管理** …… 258
6.1　运营维护管理的重要性 …… 258
6.2　国内外综合管廊运营维护管理的主要模式 …… 259
6.3　运营维护管理制度建设 …… 265
6.4　运营维护管理的主要工作内容 …… 266
6.5　应急管理 …… 277
**第7章　基于BIM技术的综合管廊智慧化建造及运维** …… 280
7.1　智慧管廊的概述 …… 280
7.2　BIM在全生命周期智慧管廊中的应用 …… 282
7.3　智慧化建造 …… 289
7.4　智慧化运维 …… 292
**第8章　缆线管廊** …… 296
8.1　国内外研究现状 …… 296
8.2　缆线管廊分类 …… 298
8.3　缆线管廊优势 …… 301
8.4　缆线管廊适用范围 …… 301
**第9章　案例介绍** …… 303
9.1　现浇混凝土综合管廊——横琴综合管廊 …… 303
9.2　预制拼装式综合管廊——郑州经开区综合管廊 …… 313
9.3　钢制综合管廊——武邑县钢制综合管廊（一期） …… 320
9.4　暗挖隧道综合管廊——冬奥会综合管廊 …… 326
9.5　智慧管廊——云南滇中智慧管廊 …… 341
9.6　古城基础设施水平提升——西班牙潘普洛纳市历史中心综合管廊 …… 349
**参考文献** …… 360

# 第1章 绪 论

## 1.1 综合管廊的定义

根据《城市综合管廊工程技术规范》（GB 50838—2015），综合管廊指建于地下用于容纳两类及以上城市工程管线的构筑物及附属设施。其中“城市工程管线”是指城市范围内为满足生活、生产需要的给水、雨水、污水、再生水、天然气、热力、电力、通信等市政公用管线，不包括工业管线。

综合管廊在日本称为“共同沟”，在我国台湾省称为“共同管道”，在欧美等国家称为“城市市政隧道”或“公共设施隧道”。

## 1.2 综合管廊的分类及特点

### 1.2.1 根据管线性质分类

综合管廊根据其所容纳管线的性质可分为干线综合管廊、支线综合管廊、干支线混合综合管廊和缆线综合管廊。

**1. 干线综合管廊**

干线综合管廊采用独立分舱的方式进行建设，主要用于容纳市政公用主干管线。干线综合管廊各舱室内部应设置工作通道及照明、通风等设备，通常设置于道路中央或道路两侧绿化带的下方，干线综合管廊内主要容纳给水主干管道、热力主干管道、高压电力电缆、信息主干电缆或光缆等，有时结合地形也将排水管道容纳在内。其主要连接原站（如自来水厂、发电厂、热力厂等）与支线综合管廊，一般不直接服务于沿线地区。在干线综合管廊内，热力管道主要实现从热力厂至调压站之间的输送，电力电缆主要实现从超高压变电站输送至一、二次变电站，信息电缆或光缆主要为转接局之间的信息传输。干线综合管廊的断面通常为圆形或多格箱形，如图1-1所示。

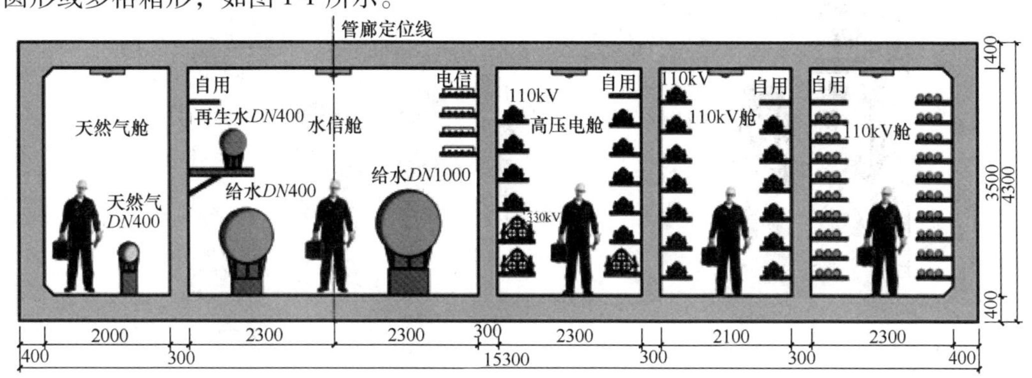


图1-1 干线综合管廊示意图

干线综合管廊的主要特点：

（1）高度的安全性；

（2）系统需要专用设备；

（3）紧凑的内部结构；

（4）稳定、大流量的运输；

（5）可直接供给大型用户；

（6）管理及运营比较简单。

**2. 支线综合管廊**

支线综合管廊常采用单舱或双舱的方式进行建设，主要用于容纳城市配给工程管线，支线综合管廊各舱室内部应设置工作通道，并设置各类附属设施系统，通常设置在道路绿化带两侧。从干线综合管廊分配出各种支管线供给、输送至各个用户。支线综合管廊的断面以矩形较为常见，如图 1-2 所示，支线综合管廊的主要特点：

（1）结构简单，施工方便；

（2）设备多为常用定型设备；

（3）有效（内部空间）截面较小；

（4）不直接服务于大型用户。

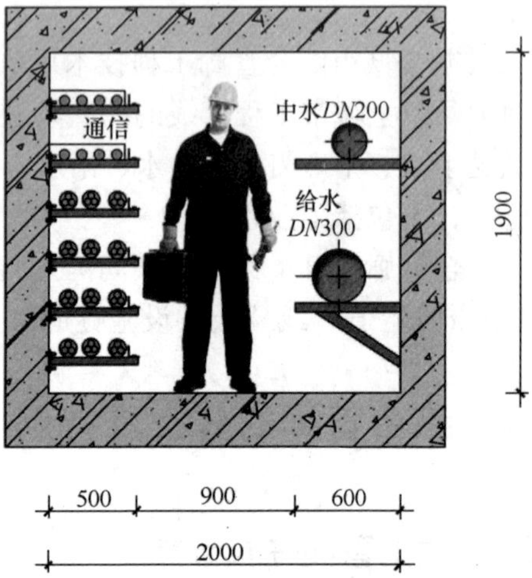

图 1-2　支线综合管廊示意图

**3. 干支线混合综合管廊**

采用多舱方式，用于容纳市政公用管线的干线及支线。宜设置在道路绿化带、人行道或非机动车道下。其综合了干线综合管廊及支线综合管廊的特点，分支数量介于干线综合管廊及支线综合管廊之间。

干支混合型综合管廊主要容纳所在道路除雨污水、公用管线干线及支线，一般埋设较浅，多为箱形结构，一般在城市核心区、中央商务区、地下空间高密度成片联网集中开发区、重要广场、主要道路的交叉节点、道路与铁路或河流的交叉处、过江隧道等处。干支线混合综合管廊的断面多为矩形，如图 1-3 所示。

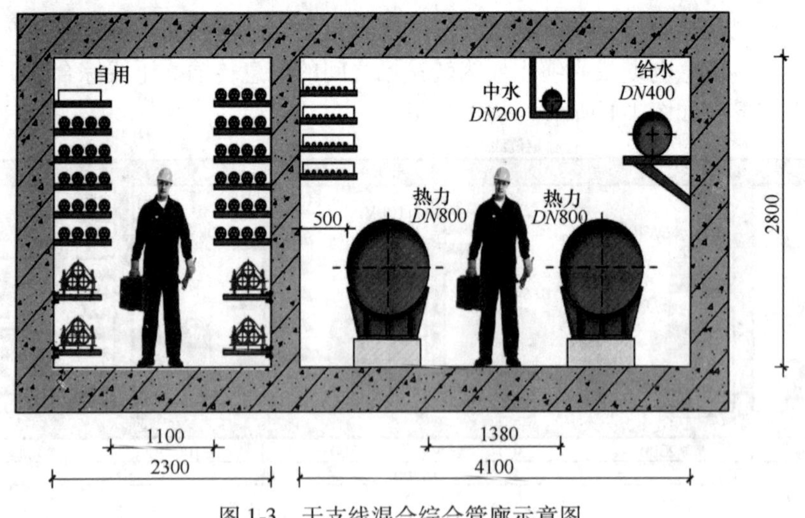


图 1-3　干支线混合综合管廊示意图

**4. 缆线管廊**

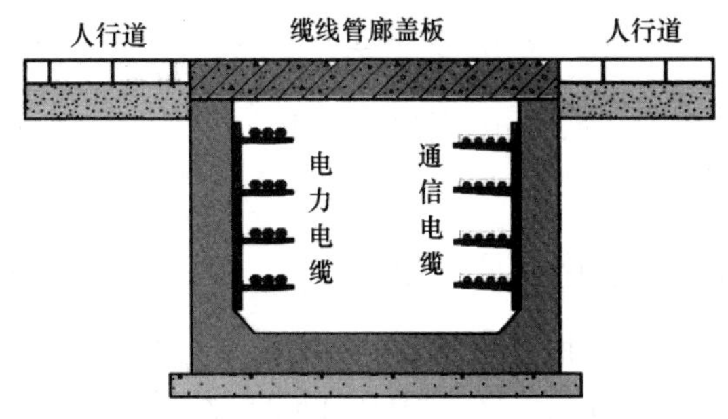


图 1-4　沟道式缆线管廊示意图

《城市综合管廊工程技术规范》（GB 50838—2015）中将缆线管廊定义：采用浅埋沟道方式建设，设有可开启盖板，但其内部空间不能满足人员正常通行要求，用于容纳电力电缆和通信线缆的管廊。

在国内外工程实践中管廊通常有排管式、沟道式、基本功能隧道式和全功能隧道式四种类型。排管式、沟道式、基本功能隧道式管廊一般不设置工作通道及固定照明、机械通风等设备，仅设置供维修时用的工作手孔。沟道式缆线管廊如图 1-4 所示。

## 1.2.2　按满足功能需要分类

按满足功能需要，综合管廊又可分为单舱、双舱和多舱综合管廊。

## 1.2.3　按结构材料分类

从结构材料上看，综合管廊的主体结构通常为混凝土结构，随着近年来新技术、新材料的应用，相继出现了钢制综合管廊（图 1-5）、竹丝缠绕综合管廊（图 1-6）等新型管廊，使管廊体系更加全面、完整。

图 1-5　钢制综合管廊

图 1-6　竹丝缠绕综合管廊

### 1.2.4 按断面形式分类

综合管廊的断面形式可分为矩形断面、圆形断面、半圆形断面、拱形断面、异型断面等。

### 1.2.5 按施工工法分类

综合管廊按施工工法分为明挖综合管廊和暗挖综合管廊。

（1）明挖综合管廊又可根据综合管廊的结构形式分为现浇法综合管廊、预制拼装法综合管廊、叠合拼装法综合管廊等。

（2）暗挖综合管廊还可根据其施工方式分为顶管法综合管廊、盾构法综合管廊、浅埋暗挖法综合管廊和盖挖法综合管廊等。

## 1.3 综合管廊的组成

综合管廊主要由主体工程和附属设施工程组成。

### 1.3.1 主体工程

综合管廊主体工程主要包括管廊标准段、各功能节点构筑物和辅助建筑物等，节点构筑物指交叉节点、投料口、端井、通风口等，辅助建筑物指管廊综合监控中心、管理用房、辅助用房等。

### 1.3.2 附属设施工程

综合管廊的附属设施工程主要包括消防系统、通风系统、供电系统、照明系统、监控及报警系统、排水系统和标识系统等。

1. 消防系统：在干线综合管廊含有电力电缆的舱室和支线综合管廊含有6根及以上电力电缆的舱室设置自动灭火系统，在其他舱室、管廊沿线、人员出入口、逃生口等处设置灭火器材。

2. 通风系统：采用与对象管廊相适应的自然通风或机械通风方式，排出廊内余热、余湿，保证人员检修时空气质量。

3. 供电系统：根据综合管廊建设规模、运行管理模式，周边电源情况确定供电点位置、数量，供电回路数及容量；供配电系统电压等级、接线方案；根据供配电系统形式及安全要求设置接地及防雷设施。

4. 照明系统：根据管廊内不同区域的工作需要设置不同照度的照明；根据不同工况的需要设置正常照明、应急照明、备用照明。

5. 监控及报警系统：根据管廊运维的需要和智能化运维水平、经验，设置安全防范系统、通信系统、环境与设备监控系统、预警与报警系统、地理信息系统和统一管理信息平台，实现对综合管廊的管控，并可在此基础上实现智慧化运维。

6. 排水系统：排出廊内由于管道维修、管道渗漏、管廊清洁、管廊渗漏、设备调试等造成的积水。

7. 标识系统：包括介绍标识、警示标识、警告标识、设备铭牌、管线标识、投料口、管线引出的地面标示桩等。

## 1.4　综合管廊建设的特点及意义

### 1.4.1　特点

综合管廊具有综合性、长效性、高效性、环保性、可维护性、智能性、抗震防灾性、投资多元性及营运可靠性等特点。

1. 综合性：科学利用地下空间资源，将各类市政管线集中布置，形成新型城市地下管网系统，使各种资源得到有效整合与利用。

2. 长效性：综合管廊的设计使用寿命为 100 年，按规划要求预留发展增容空间，做到一次资金投入，长期有效使用。

3. 高效性：一次投资、同步建设、统一协调、多方使用、共同受益，避免多头管理导致的重复建设，降低综合建设成本。

4. 环保性：市政管线按规划需求集中在综合管廊内敷设，地面与道路可在管廊生命周期内不因管线更新而再度开挖，为城市环境保护创造条件。管廊地面出入口和通风口，可结合维护管理和城市文化特点，建成独具特色的景观，进而提升城市整体品质。

5. 可维护性：预留运维检修空间，人员出入口、设备吊装口和配套保障的设备设施配置完善。

6. 智能性：配置智能化综合监控管理系统，采用以智能化监测为主、人工定期现场巡视为辅的多种手段，确保廊内全方位监测、运行信息不间断反馈，运维数据不断积累，运维策略不断改进的低成本、高效率、可成长的维护管理效果。

7. 抗震防灾性：各类市政管线集中设于廊内，可提高市政管线抵御各种自然灾害的能力。部分管廊项目在预留适度人员通行空间条件下，还尝试将综合管廊与人防工程相结合，可适当发挥战时紧急避难、紧急疏散，减少人民财产损失的作用。

8. 投资多元性：将过去政府单独投资市政工程的方式，扩展到社会资本和政府等多方面共同投资、共同收益的形式，发挥政府主导性和社会资本的积极性，加快综合管廊建设进程，有效解决市政工程筹资融资难度大的问题。

9. 营运可靠性：廊内结合管线运行使用特点、维护保养等要求，以运行安全为目的确定相关的运行管理标准、安全监测规章制度和抢修、抢险应急方案等。

### 1.4.2　意义

**1. 符合国家政策推广、落实的要求**

建设部 2006 年发布的《建设事业“十一五”重点推广技术领域》政策文件，其中提到了要重点推广地下综合管廊与地下管线敷设技术和地下工程配套技术。2011 年，发改委发布 9 号文件《产业结构调整指导目录》，文件中明确提出在市政基础设施建设的工程项目中综合管廊属于第一类鼓励类项目。

从 2013 年开始，国家先后发布了《国务院关于加强城市基础设施建设的意见》《国家新型城镇化规划（2014—2020 年）》《关于开展中央财政支持地下综合管廊试点工作的通知》《国务院办公厅关于加强城市地下管线建设管理的指导意见》《国务院办公厅关于推进城市地下综合管廊建设的指导意见》《关于推进城市地下综合管廊建设的主题报告》《国家发展改革委　住房和城乡建设部关于城市地下综合管廊实行有偿使用制度的指导意见》《中共中央国务院关于进一步加强城市规划建设管理工作的若干意见》等一系列政策文件，全国进入综合管廊大规模建设时期。

2015 年年初，财政部、住房城乡建设部联合下发了《关于开展中央财政支持地下综合管廊试点工作的通知》和《关于组织申报 2015 年地下综合管廊试点城市的通知》并组织了 2015 年地下综合管廊试点城市评审工作。

国家财政部、住房城乡建设部联合开展了“2016 年全国地下综合管廊试点城市竞争性评审”，2016 年，国务院要求开工建设城市地下综合管廊 2000km 以上。

“十三五”规划中综合管廊建设被国家列为“百大工程”，2016 年以来，每年政府工作报告也对综合管廊建设提出了明确的目标要求，自此综合管廊建设开启了科学建设、理性发展的新时期。

**2. 提升城市承载力及安全性**

随着城市建设进程的持续推进，市政管线的建设速度不断加快，采用传统直埋方式敷设的市政管线和架空线路，由于道路修建、管线扩容、管线维修、施工破坏、气象灾害等原因而造成的停水、停气、停电以及通信中断事故频发，对城市的正常交通和生产生活造成极大影响。综合管廊是一个相对封闭的地下空间，管线布置在综合管廊内，避免了土壤和地下水对管线的侵蚀，延长了管线的使用寿命，避免了道路或直埋管线施工时对管线的损坏，市政管线运行安全性大大提高，城市基础设施安全运营得到保障；同时，能够最大限度地减少地震、洪水、台风、霜冻等自然灾害或极端气候对管线的破坏，提高了城市的综合防灾、减灾能力，增强城市安全等级。

**3. 解决城市“马路拉链”问题**

“马路拉链”问题已经成了城市的顽疾，不仅对社会环境造成了严重的破坏，同时对社会资源造成了极大浪费，其主要是由于传统直埋敷设的管线，重叠交错现象严重，平面及竖向布局矛盾时有发生，导致管线扩容或维修时反复开挖道路，从而形成了“马路拉链”的现象。通过综合管廊的建设，可避免或减少道路开挖，改善车辆行驶环境，从而减少对交通的干扰、降低出行时间成本、同时避免了“马路拉链”现象所造成一系列的资源浪费，提升了城市的可持续发展能力。

**4. 集约管理各类市政管线**

现如今，城市地下管线的建设流程可概括为：首先需要让规划部门对城市基础设施进行专项规划，然后以城市道路规划为基础，对地下管线进行相关规划，最后将规划交给各专业公司进行深化设计及施工。但是，各专业公司在管理上缺少统筹兼顾，各自为政，最终造成了大量的人力、物力和财力资源的浪费。地下综合管廊可同时容纳多种专业的管线，市政主管部门可以根据专业规划和管线综合规划进行统一维修、改造，规划手续一次办理，对各专业管线进行统一管理、建设，一次性施工，大大提高了管理的效率。

**5. 有效利用地下空间资源**

相较而言，各类直埋管线不仅会占用大量的公共地下空间，而且难以满足不断扩展的道路以及管线改造扩建需求。相对于架空管线尤其是超高压电力线路而言，会占用大量的建设用地，造成了土地资源的浪费。而综合管廊可以实现最大限度地利用地下空间，减少土地占用率的目标，同时可以与城市地下空间统筹规划，最大限度地实现对城市地下空间的合理利用。

**6. 改善城市景观环境**

建设综合管廊，解决架空线缆对城市的功能分割问题，改善周边景观环境，使城市更加整齐美观，提升区域整体形象，具有显著的环境效益，如图 1-7 和图 1-8 所示。

图 1-7　综合管廊建设前

图 1-8　综合管廊建设后

## 1.5　国内外综合管廊发展的概况

### 1.5.1　欧洲综合管廊发展的概况

综合管廊于 19 世纪起源于欧洲，距今已有 180 余年的发展历史，最早的建设形式是在圆形排水管道内装设给水、通信等管道。早期的综合管廊由于缺乏安全检测设备，并且采用多种管线共处一室的形式，容易发生意外，因此综合管廊的发展受到很大的限制。

1833 年，法国巴黎在经历霍乱后决定启动巴黎重建计划，市政府任命贝尔格朗负责巴黎下水道系统的规划及其建设，一时间，市区内开始了庞大规模的下水道系统建设，到 1878 年，巴黎已经建成了共计 600km 的雨污合流式下水道。巴黎在建设下水道系统的同时还兴建了综合管廊，由此法国拉开了建设地下综合管廊的帷幕，制定了在有条件的大城市中建设综合管廊的长远规划，例如：1833 年利用采石场空间建设了世界上第一条大规模的综合管廊，综合管廊内设有给水管（包括饮用水及清洗用的两类自来水）、交通信号电缆、电信电缆以及压缩空气管道 5 种类型的市政管线，如图 1-9 所示，据资料显示目前巴黎已经建成的地下综合管廊长达 2400km。

英国伦敦从 1861 年开始修建综合管廊，综合管廊断面为 12m×7.6m 的半圆形，容纳的管线包括电力及通信电缆、燃气管、给水管以及污水管。由于伦敦兴建的综合管廊建设费用

图 1-9　巴黎下水道图（内敷设市政管线）

全部由政府筹措，故综合管廊最终的所属权归伦敦市政府所有，综合管廊建设完成后由市政府出租给各个管线单位使用。迄今为止，伦敦市区已经建成了 20 条以上的综合管廊。

德国于 1893 年开始修建综合管廊，起初决定在汉堡的一条街道建造综合管廊，该综合管廊的长度大约为 455m，综合管廊内容纳了电力、给水、通信、燃气管道及污水管道等市政管线，位于道路两侧人行道的下方；建成后在当时获得了很高的评价。德国卡塞尔瓦豪工业园区在 1992 年建设了第一条钢制地下综合管廊，管廊内设电力、通信、热力、给水、污水管道，采用钢波纹板，管廊断面为单舱形式，直径约 3000mm，总长 3200m；目前已经使用近 30 年，使用情况良好，如图 1-10 所示。

图 1-10　德国钢制管廊内部图

## 1.5.2　美国综合管廊的发展概况

美国从 1960 年起，便开始了对综合管廊的研究。研究结果认为，不管是从技术、管理，还是从城市发展及社会成本各方面来看，建设综合管廊是可行且必要的。1970 年，美国在 White Plains 市中心建设综合管廊。除了燃气管线外，绝大多数管线均收容在综合管廊内。此外，美国具有代表性的工程项目还有纽约市从東河下穿越并连接 Astoria 和 HellGate Grnrtatio Plants 的隧道，收容有电信线缆、345kV 输配电电力电缆、给水干线和污水管，该隧道长约 1554m。而阿拉斯加的 Nome 和 Fairbanks 所建设的综合管廊，其主要作用是为防止自来水和污水受到冰冻。Fairbanks 所建设的综合管廊约有 6 个廊区，而 Nome 所建设的综合管廊沟体长约 4022m，实现了将整个城市市区的供水和污水管道纳入综合管廊的目标。

### 1.5.3 俄罗斯综合管廊发展的概况

俄罗斯的地下综合管廊建设也早有发展，自 1933 年，苏联便开始在莫斯科等重大城市建设综合管廊，据统计，到目前为止，莫斯科已建成的综合管廊，通常分为单舱及双舱两种形式，纳入除燃气管外的各种管线。其特点是大部分的综合管廊为预制拼装的结构，总长超过 130km，如图 1-11 所示。

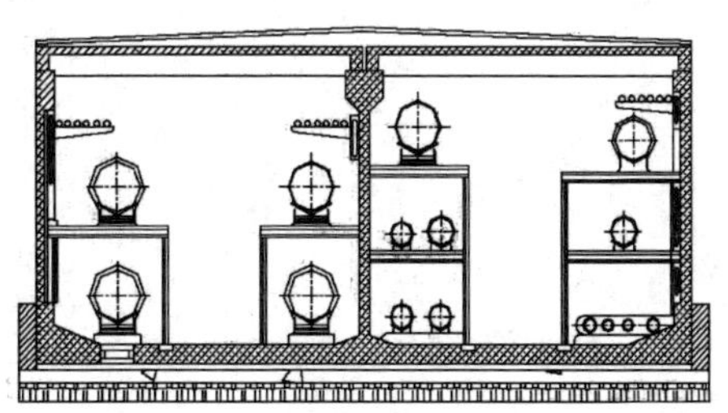 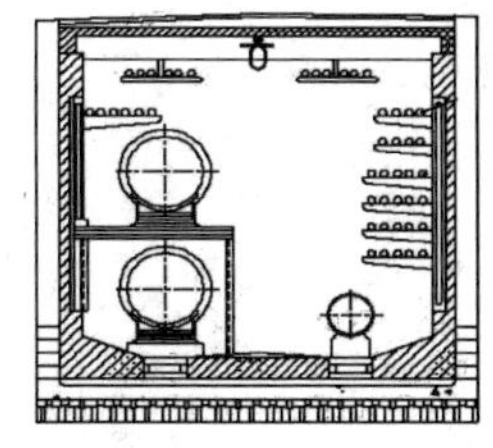

图 1-11 莫斯科综合管廊断面示意图

### 1.5.4 日本综合管廊发展的概况

日本的综合管廊技术水平位居世界前列，最早从 1926 年便开始了综合管廊的发展建设，并于 1963 年制定了《关于建设共同沟的特别措施法》的相关法规，从法律层面规定了日本相关部门需要在交通量大以及未来可能拥堵的主要干道的地下建设共同沟。于此同时，在 1991 年日本还成立了专门的共同沟管理部门，其职责体现为：在建设前期负责相关政策和具体方案的制定，在建设期负责投资、建设的监控，在建成后负责工程验收和营运监督等工作。由此，日本实现了在规划编制、实施和监督管理方面形成了较完善的机制，有相关的法规条文作为依据，明确了各个参与部门的权责，共同推动共同沟的建设工作，提高了工作效率，因此共同沟在日本的各大城市相当普及。至 21 世纪初，日本各城市共计已经建成约 1100km 的共同沟。其中东京临海副都心的市政基础设施建设相对比较全面，除雨水管道外的 9 种市政管线被纳入共同沟，10 多种市政管线（上下水、供电通信、燃气、冷暖气和垃圾收集系统）与建筑相连接，并提出了利用深层地下空间资源（地下 50m），建设规模更大的干线共同沟网络体系的设想。

### 1.5.5 新加坡管廊发展的概况

新加坡对地下空间的开发利用是有详细规划设计的：地表以下 20m 内，建设供水、供气管道；地下 15m 至地下 40m，建设地铁站、地下商场、地下停车场和实验室等设施；地下 30m 至地下 130m，建设涉及较少人员的设施，比如电缆隧道、油库和水库等。新加坡滨海湾综合管廊容纳供水管道、通信电缆、电力电缆，甚至垃圾收集系统。管廊距地面 3m，全长 3.9km，工程耗资 8 亿新元（约合 35.86 亿元人民币），如图 1-12 所示。

### 1.5.6 我国台湾地区综合管廊发展的概况

我国台湾结合新建道路、新区开发、城市再开发、轨道交通系统、铁路地下化及其他重大工程优先推动综合管廊建设，台北、高雄、台中等大城市已完成了系统网络的规划并逐步建成。此外，已完成建设的还包括台湾高速铁路沿线五大新站新市区的开发。截至 2015 年，

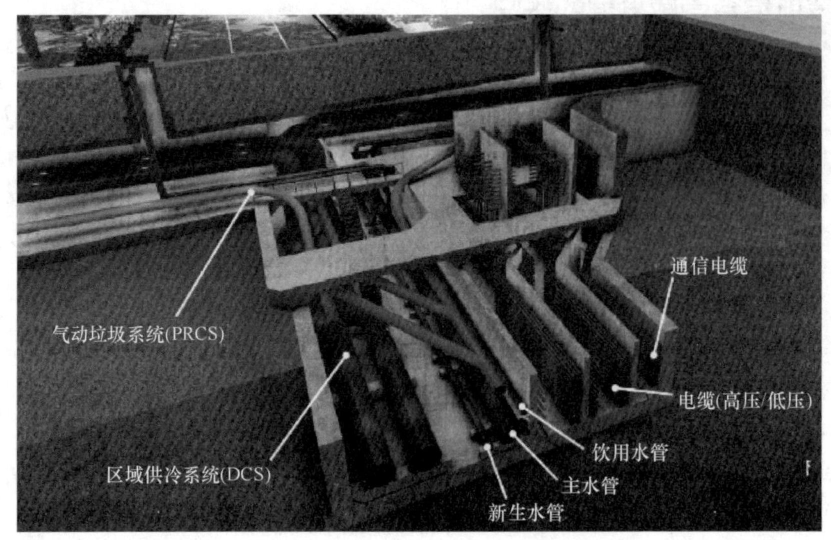


图 1-12　新加坡滨海湾综合管廊示意图

台湾综合管廊的建设已逾 400km，其累积的经验可供我国其他地区借鉴。

## 1.5.7　国内其他地区综合管廊发展的概况

我国国内综合管廊工程的起步相对较晚。1958 年，北京市在天安门广场建设了一条综合管廊，管廊内敷设了给水、通信、热力及电力 4 种管线，总长约 1076m，开创了国内地下综合管廊建设的先河。1994 年，上海市在浦东新区张杨路规划建设了综合管廊，该综合管廊高 5. 9m，宽 2. 6m，容纳了电信、电力、给水与天然气 4 种市政管线，全长约 11. 125km，是我国第一条较具规模并且已经实现投入运营的综合管廊。2007 年，上海世博园区为了配合世博园区的规划，建设了一条综合管廊，其特点体现在此综合管廊除了传统的现浇整体式综合管廊之外，还尝试了世界上较为先进的预制综合管廊技术，共容纳了 3 种管线，总长约 6. 4km。2010 年，珠海市横琴新区规划建设国内首个成套系统的区域性综合管廊，管廊平面布置呈“日”字形，分为一舱式、两舱式和三舱式，内部容纳电力、通信、给水、再生水、真空垃圾管、有线电视、冷凝水等管线，是国内容纳管线种类最多的综合管廊，同时是当时国内规模最大、建设里程最长、覆盖面积最广、一次性投入最高、体系最完善的综合管廊。住房城乡建设部将该工程作为综合管廊的样板工程向全国推广。

随着近几年为了实现改善民生的目标，全国掀起了新一轮的城市建设热潮，我国已经进入城市综合管廊规划建设的快速发展期，越来越多的大中城市（如昆明、青岛、南京等城市）已开始着手综合管廊的规划和建设，并将石家庄、杭州、包头、广州、沈阳、成都等 25 个城市定为综合管廊建设重要试点城市。截至 2015 年年底，我国已建和在建管廊 1600km；在国家提振经济发展速度，去产能，加快供给侧改革的政策鼓励下，2016 年一年完成开工建设 2005km，2017 年完成开工建设 2006km；按照当时的发展规划，以后一直到“十三五”末每年都是以近 2000km 的规模发展，最终将超过 10000km 的规模。

# 第 2 章　综合管廊的规划

## 2.1　综合管廊规划的内容

### 2.1.1　综合管廊规划编制层次与内容

综合管廊规划编制层次与内容见表 2-1。

**表 2-1　综合管廊规划编制层次与内容表**

| 编制层次 | 各层次规划编制内容 | |
|---|---|---|
| 总体规划 | 城市管廊系统总体布局 | 结合城市用地功能布局及发展时序，确定城市管廊系统总体布局 |
| | 干线管廊总体布局 | 结合城市交通主干线、市政管线主干线，明确干线管廊布局，形成管廊系统的总体框架 |
| 详细规划 | 确定入廊管道 | 与相关市政管线专业规划相衔接，确定入廊管道 |
| | 细化管廊布局 | 在城市总体规划的指导下，依据城市管线综合规划、城市地下空间利用规划，按用地单元细化管廊布局 |
| 专项规划 | 城市管廊系统总体布局 | 以城市总体规划为依据，与道路交通及相关市政管线专业规划相衔接，确定城市管廊系统总体布局 |
| | 确定入廊管道 | 合理确定入廊管道，形成以干线管廊、支线管廊、缆线管廊、支线混和管廊为不同层次主体，点、线、面相结合的完善的管廊综合体系 |

**1. 总体规划阶段**

结合城市用地功能布局及发展时序，确定城市管廊系统总体布局；结合城市交通主干线、市政管线主干线，明确干线管廊布局，形成管廊系统的总体框架；对干线、支线、缆线、干支线混合管廊的设置原则和区域提出要求。

**2. 详细规划阶段**

在城市总体规划的指导下，依据城市管线综合规划、城市地下空间利用规划，按用地单元细化管廊布局。与相关市政管线专业规划相衔接，确定入沟管道；明确管廊断面形式、道路下位置、竖向控制，并提出规划层次的避让原则和预留控制原则。

**3. 市政管廊专项规划阶段**

以城市总体规划为依据，与道路交通及相关市政管线专业规划相衔接，确定城市管廊系统总体布局；合理确定入廊管道，形成以干线管廊、支线管廊、缆线管廊、支线混和管廊为不同层次主体，点、线、面相结合的完善的管廊综合体系。明确管廊断面形式、道路下位置、竖向控制，并提出规划层次的避让原则和预留控制原则。

### 2.1.2　规划编制的层次

城市综合管廊布局规划，涉及的因素繁多，影响城市的方方面面，需要统筹考虑城市规划阶段至实施运营阶段各相关领域的各种诉求。《城市市政管廊建设指南》中明确提出需在总体规划阶段与专项规划阶段中，进行综合管廊布局规划设计。因此，城市综合管廊布局规划的设计工作不仅限于某一设计阶段，而应纵贯项目的规划设计至施工运营各个阶段。

“城市综合管廊布局”设计以“一体化设计”为指导思想，以总体规划阶段的综合管廊规划为基础，提出综合管廊发展战略与总体布局方案，统筹考虑综合管廊规划设计各个阶段的编制内容与综合管廊工程设计、实施、运营阶段的实际需求，对综合管廊适建性、综合管廊分区布局、综合管廊详细设计、综合管廊与其他类型地下空间的衔接等多方面进行综合考量，编制切实可行的综合设计方案。

综上，规划将从“专题研究”“规划方案”“实施保障”3个方向着手进行综合管廊布局规划研究。其中，“专题研究”是综合管廊布局规划研究的基础，为“规划方案”提供依据，“实施保障”包含技术、经济、政策等措施，是“规划方案”实施的有力保障。

### 2.1.3 规划的工作内容

**1. 专题研究工作内容**

（1）综合管廊发展战略

结合城市发展战略、城镇布局与土地利用总体规划、城市地下空间等相关规划提出综合管廊发展战略。

（2）综合管廊适建性分析

结合城市职能、片区主导功能、各项经济指标、市政管线密度、片区人口密度、地质条件等经济、社会、技术指标，建立综合管廊适建性评价体系。通过对城市行政区域进行综合管廊适建性评价，提供技术经济的预评估，提出综合管廊禁建区、适建区范围，初步划定综合管廊的建设区域，为决策部门提供参考依据。

（3）入廊管线论证分析

结合城市经济发展水平与城市发展需求，综合论证给水管线（生活给水、消防给水、再生水等）、排水管线（雨水、污水等）、电力管线（高压输电、高低压配电等）、电信管线（电话、电报、有线电视、有线广播、网络光电缆等）、热力管线（蒸汽、热水、冷水等）、燃气管线（煤气、天然气等）、液体燃料管线（石油、酒精等）、垃圾管线等市政管线入廊的可行性与综合效益，合理确定入廊管线种类。

（4）经济效益分析

通过对比分析综合管廊与传统管线直埋方式的工程造价、运营费用、直接社会效益、间接社会效益等，核算综合管廊建设经济性。

**2. 规划方案工作内容**

（1）解读规划

通过对城市总体的规划、各市政专项的规划、城市地下空间总体的规划、城市综合交通体系的规划、城市轨道交通的规划等相关规划进行依次解读，同时深度分析综合管廊规划与各类规划布局的相互关系（表2-2），并且结合综合管廊的适建性分析与发展战略，最终确定综合管廊总体布局的各种设置原则与控制条件。

表 2-2　规划解读引导框架

| 规划类型 | 解读内容 | 与管廊规划布局的关系 |
|---|---|---|
| 城市总体规划 | 发展规模、规划层次、开发强度<br>市域城镇体系规划、中心城区规划 | 指导综合管廊规划布局<br>管廊等级划分 |
| 城市综合交通体系规划 | 对外交通、城市道路系统、<br>综合交通枢纽 | 指导综合管廊规划布局<br>指导综合管廊线位规划<br>指导管廊等级划分 |
| 市政专项规划 | 给水、排水、再生水、电力、<br>电信、燃气、供热工程规划 | 指导管廊布局、线位选择、等级划分<br>指导入廊管线种类选择、横断面设计 |
| 地下空间总体规划 | 空间结构、功能布局 | 指导综合管廊规划布局<br>指导管廊等级划分<br>指导综合管廊建设时序 |
| 历史文化名城保护规划 | 保护控制体系、历史地段、文物古迹 | 指导综合管廊规划布局<br>指导综合管廊线位规划 |
| 城市轨道交通规划 | 城市轨道交通规划的原则与定位<br>城市轨道交通规划布局与时序 | 指导综合管廊规划布局、线位规划<br>指导综合管廊建设时序 |
| 抗震防灾规划 | 城市抗震等级、防灾标准<br>城市生命线布局 | 确定抗震等级、防灾标准<br>指导综合管廊线位规划<br>引导综合管廊建设顺序安排 |

（2）确定综合管廊的总体布局

根据综合管廊的适建性分析以及发展战略，从而提出关于干线、支线、干支线混合、缆线管廊的设计要求与原则，结合着各市政的专项规划、城市的总体规划，最终编制出综合管廊的总体布局方案。

（3）确定综合管廊的分区布局

根据综合管廊的总体布局方案，同时结合着地下空间规划、市政专项规划、区域控制性详细规划等相关规划，进一步对设计方案进行深化，最终提出管线预留、避让的相关原则；对综合管廊的平面位置、竖向深度、断面形式进行初步的设计，并且明确干线、支线、干支混合及缆线管廊的初步布局方案。

（4）确定管廊的建设时序

根据综合管廊的总体布局和分区布局等一系列方案，同时结合地下空间规划、市政专项规划、区域控制性详细规划、旧城更新计划、轨道交通规划等相关规划，最终合理安排综合管廊的建设规模与建设时序。

（5）确定入廊管线的规模及种类

根据综合管廊的类型与所处城市分区，同时结合入廊管线相关的论证分析，最终明确综合管廊入廊管线的规模以及种类。

（6）确定综合管廊的空间位置与断面形式

根据综合管廊的总体布局，同时结合建设用地规划并且根据地铁站点、过街通道、道路断面分配等相关设计方案，从而明确综合管廊的空间位置；根据入廊管线的规模和种类间存在的互斥性，最终确定综合管廊的规模（尺寸、断面形式）等。

**3. 实施保障工作内容**

(1) 近期建设规划

地下空间开发成本较高，整合地下空间资源和统筹安排项目建设时序有利于集约化利用地下空间资源和节约工程投资，综合管廊应结合大型地下工程建设时序及城市分期建设计划，合理安排近、中、远期建设规划。

(2) 投资估算

通过调查城市管廊建设的投资，结合国内其他城市的经验数据，分别对近、中、远期综合管廊的建设内容进行投资估算。

(3) 规划实施保障措施

为保障规划顺利实施，提出切实可行的政策保障和操作策略，同时制定相应的管理制度。

## 2.2 综合管廊规划与城市总体规划、地下空间规划的关系

城市规划为管廊规划的上位规划，编制管廊规划要以城市规划为依据并符合城市总体规划的发展要求。同时，城市规划应该积极吸取管廊规划的成果，并反映在城市规划的不断修正修编中，最终达到两者的和谐与协调。由于综合管廊生命周期原则上不少于100年，因此综合管廊工程规划应适当考虑城市总体规划法定期限以外（即远景规划部分）的城市发展需求。

城市地下空间规划，是城市总体规划的一个专项子系统规划。管廊规划又是地下空间规划的一个专项子系统规划，故其规划编制、审批与修改应该与城市总体规划、地下空间规划相协调一致。

## 2.3 综合管廊规划编制的主要原则

从2015年开始，国家密集出台与地下综合管廊相关的一系列文件，从建设标准、管线入廊、政策支持、资金筹措、运行管理等各方面对综合管廊建设给予大力支持和推进。对于入廊管线提出了明确的要求。

2015年8月3日颁布《国务院办公厅关于推进城市地下综合管廊建设的指导意见》（国办发〔2015〕61号），文件提出到2020年建成一批具有国际先进水平的地下综合管廊并投入运营。从2015年起，城市新区、各类园区、成片开发区域新建道路要同步建设地下综合管廊，老城区要结合旧城更新、道路改造、河道治理、地下空间开发等统筹安排管廊建设。已建管廊区域，所有管线必须入廊；管廊以外位置不予许可审批新建管线。

2016年2月国务院印发《关于进一步加强城市规划建设管理工作的若干意见》（中发〔2016〕6号），指出“城市新区、各类园区，成片开发区域新建道路必须同步建设地下综合管廊，老城区要结合地铁建设、河道治理、道路整治、旧城更新、棚户区改造等，逐步推进地下综合管廊建设，加快制定地下综合管廊建设标准和技术导则，凡建有地下综合管廊的区域，各类管线必须全部入廊，管廊以外区域不得新建管线。”

2016年5月《住房和城乡建设部、国家能源局关于推进电力管线纳入城市地下综合管廊的意见》（建城〔2016〕98号）中指出要充分认识电力等管线纳入管廊是城市管线建设

发展方式的重大转变，有利于提高电力等管线运行的可靠性、安全性和使用寿命；对节约利用城市地面土地和地下空间，提高城市综合承载能力起到关键性作用，对促进管廊建设可持续发展具有重要意义。

2016 年 6 月 17 日，住房城乡建设部召开推进城市地下综合管廊建设电视电话会议，指出坚决落实管线全部入廊的要求，绝不能一边建设地下综合管廊，一边在管廊外埋设管线。同时强调，建有综合管廊的区域，各类管线必须全部入廊，特别是燃气、污水管道必须入廊，雨水管线不做强制要求。

2016 年 8 月住房城乡建设部在《关于提高城市排水防涝能力推进城市地下综合管廊建设的通知》（建城〔2016〕174 号）中提出，“科学合理利用地下空间，充分发挥管廊为降雨的收排、适度调蓄功能”“结合地形坡度、管线路由等实际情况，因地制宜确定雨水管道入廊的敷设方式”。

2017 年 5 月，由住房城乡建设部、国家发展改革委组织编制的《全国城市市政基础设施规划建设“十三五”规划》正式发布。这是首次编制国家级、综合性的市政基础设施规划。在 12 项规划任务之一，有序开展综合管廊建设，解决“马路拉链”问题中，提出“因地制宜推进雨污分流管网改造和建设……”“对存在事故隐患的供热、燃气、电力、通信等地下管线进行维修、更换和升级改造。”“对存在塌陷、火灾、水淹等重大安全隐患的电力电缆通道进行专项治理改造，推进城市电网、通信网架空线入地改造工程。”

1. 管廊规划应以城市总体规划和城市管线综合规划为依据，与各类市政管线的专业规划相衔接，满足市政管线的容量需求和技术要求，充分发挥市政管线服务城市的功能。

2. 管廊规划应注重城市地下空间的整体开发利用，与道路综合交通规划相衔接，加强与其他地下空间的统筹协调。

3. 管廊应统一规划，分期建设，注重近期规划与远期规划的协调统一，使得管廊具有良好的扩展性。根据城市的经济能力和发展阶段，确定合适的建设规模。

### 2.3.1　需求导向原则

**1. 重要市政管线下地需求的道路优先建设管廊**

重要的市政管线（如给水干管，市政高压电力管线），一旦出现故障，将造成大面积的停水、停电，因此，这些市政管线的定期检修、维护很有必要。将这些市政管线纳入综合管廊，将有利于管线的检修维护，保障市政基础设施的完整有效运行。

**2. 新建及待改造交通干道优先建设管廊**

管廊一大特点在于管线的施工、维护均在管廊内部进行，管廊建设可大大减少路面的反复开挖，保障管廊所在道路的交通顺畅。因此，在交通干道进行管廊建设，较为有利于保障整个城市的交通功能的完整性，应优先进行管廊建设。

**3. 重要地块优先建设管廊**

重要的地块（如商业、行政、文化、旅游用地），对市政基础设施的完整性、交通系统的完整性要求均较突出，在这些地块周边进行管廊建设，可以较好地保障片区的交通及市政管线的完整，具有较大的建设意义。

**4. 地下空间集中开发区优先建设管廊**

由于地下空间开发自身的特点，如开发成本高、一旦开发很难改变等，因此需要对地下空间进行一体化城市设计。管廊与地下商业开发、地下环形车道等地下构筑物共同开发，在建设前期将地下空间的各种要素系统化协调起来，避免建设过程中乃至建设完成后出现的一些问题，节约建设成本，减少不必要的资金浪费，获得较高的土地价值。

### 2.3.2 效率化原则

**1. 促进地下空间的集约化利用**

地下综合管廊应与轨道交通、城市道路、人防设施等规划相结合，综合开发城市地下空间，提高城市地下空间开发利用的综合效率，降低地下综合管廊的造价。在进行管廊设计时，管廊的人员出入通道可考虑与地下通道、地下商业开发等进行合建。同时，在一定的保护措施条件下，管廊自身也可以作为人防空间进行使用。

**2. 保障管网系统的完整有效**

在管廊规划中，以不破坏各类市政管线的整体系统为前提，最大可能地纳入所有市政管线。一方面，管廊的建设不应成为管线的阻隔构筑物，管廊的建设不破坏与之交叉的管线的连接性；另一方面，管廊建设不刻意地改变重力管线的标高，特别是在上、下游市政管网已建设的条件下，尽量减少重力管线标高的上调或下压，以免造成上游管线无法接入或不必要的泵井提升。

**3. 保障道路交通系统的完整**

在管廊规划中，已建成的道路，特别是地下管线已建设完善的道路，在无改造计划时，尽量不布置管廊，以减少管廊施工对交通系统的破坏以及不必要的资金浪费。

### 2.3.3 前瞻性原则

地下管廊规划必须充分考虑城市未来发展对市政管线的要求，需要对管廊经过区域的需求规模进行分析预测，并预留相应的空间，为将来管线扩容及收纳其他功能的管线做好准备。管廊的设计年限和建造标准要求应按照同类高标准要求设计。

### 2.3.4 协调原则

管廊规划应充分考虑管廊自身的特点，形成点、线、面相结合的由干线、支线和缆线组成的多层次的地下综合管廊体系，在管廊规划过程中应考虑多个方面的协调，形成系统、完整的地下管线系统。

**1. 不同管线间的协调**

在同一管廊内，不同管线应协调布置，一方面要考虑不同管线之间的互斥性安全的原则，严禁将布置于同一空间会引起安全事故的管线布置于同一舱室；另一方面要考虑各管线的物理占据空间，并预留一定的维护安装空间。

**2. 管廊与管廊、管线之间的协调**

不同管廊之间，如干线管廊与支线管廊、支线管廊与管廊外管线要进行协调规划，干线管廊与支线管廊在高程、管线布置、断面尺寸等多个方面进行协调，以便于管廊之间的顺接；支线管廊与管廊外管线，则需要考虑管线与管廊的接口、管线尺寸的协调顺接。同时，对于未入廊管线，则需要考虑与管廊在道路下的布置位置上进行协调，避免出现碰撞。

**3. 管廊与地上、地下空间之间的协调**

在管廊规划过程中，充分考虑管廊与地上、地下空间的协调，一方面，对于高压电缆等可入廊地上管线，可综合考虑进入地下管廊；另一方面，对于地铁、河道、地下过道等地上、地下空间，要考虑协调布置。

## 2.4　综合管廊系统布局规划

### 2.4.1　规划解读

考虑到综合管廊建设发展的势在必行，为了避免出现无序建设和投资浪费的情况，规划编制过程不能脱离上位规划的指导，还要结合各类专项规划统筹考虑，通过梳理相关规划，为后续工作理清思路、提出理论依据。

（1）总体规划

城市总体规划是综合管廊规划的依据，例如城市发展规模、人口规模为管廊容量评估提供数据支撑；土地利用、布局结构、功能分区、开发强度对于综合管廊在区位的选择、管廊等级结构的设计上均有重要意义。通过对《城市总体规划》中市域城镇体系规划和中心城区规划进行解读，综合考虑城市建设开发强度、资源条件等相关因素，指导综合管廊的规划布局及等级划分。

1）市域城镇体系规划

重点解读城镇空间布局结构、城镇等级结构及规模，明确重点发展区域和公共活动中心，明确禁建区、限建区、适建区和已建区的范围。

2）中心城区规划

重点解读城区发展方向；主城、副城发展引导；土地利用规划；旧城更新及地下空间开发；建设用地开发强度等。

（2）综合交通规划

道路级别对综合管廊系统规划具有重要的指导意义，根据道路级别确定是否纳入规划网络，以及选取合适类型的综合管廊。

一般而言，城市快速路、主干路宜优先规划建设干线综合管廊以减少对交通动脉的反复开挖，并形成综合管廊系统的主体框架，以利于网络的延伸与拓展。

（3）市政专项规划

市政专项规划对于综合管廊规划建设的意义在于为其提供了规划预控与管理的基础。

通过解读市政专项规划可以明确综合管廊的规划布局、设计等级，如干线综合管廊主要连接原站（自来水厂、发电厂等）。因此，连接原站的干线廊道（如变电站超高压或高压进线）、原水管道、电力走廊、重要的基础设施布点等都是管廊选线、确定结构时的重要参考依据。只有在深入研究各类管线的特点、明确收纳的具体条件的基础上，对管线需求容量进行评估，对管线及周边用地进行整理分析，才能对综合管廊进行系统性规划设计，进而确定管廊的布局、选线、入廊管线的种类、管廊平面及横断面的内容。

需要解读的市政规划共有 6 类：

1）给水规划

重点解读规划供水量；重大项目的选址信息，包括水源、水厂的布局、位置及规模；输配水干管走向、管径等。

2）排水规划

重点解读雨水、污水总量；排水管渠系统规划布局，包括干线位置、走向、管径及出入口位置；排水构筑物规模及位置；污水处理厂位置、范围等。

3）供电规划

重点解读供电电源位置、供电能力；变电站位置、容量、电压等级；供电线路走向、电压等级；高压走廊用地范围、电压等级。

4）电信规划

重点解读各种通信设施位置、通信线路走向；主要邮政设施布局；收发信息、微博通道等保护范围。

5）供热规划

重点解读供热热源位置、供热量；热负荷；供热干管走向、管径。

6）燃气规划

重点解读气源位置；输配干管走向、压力、管径；调压站等设施位置及容量。

（4）地下空间总体规划

专项规划对于综合管廊规划布局、线位选择有重要的指导意义。根据地下空间的格局体系、功能布局，梳理出重点地下公共空间以及主要发展轴线，引导综合管廊规划布局、线位选择及等级结构设计。

专项规划的重点是以地铁建设为发展轴，以地铁枢纽节点为发展源，连通重点发展的老城和新区，形成点、线、面的城市地下空间格局。其重点地区、发展轴可以用于指导综合管廊的规划布局及干线综合管廊的选线设计，有助于管廊系统框架的搭建。

（5）历史文化名城保护规划

专项规划中的保护控制体系、历史地段以及文物古迹3部分内容对于综合管廊的规划布局、线位选择具有重要的指导意义。针对不同的历史地段及文物古迹，综合管廊在研究布局方案时应从文物建设和发展的需要入手。

综合管廊一般位于地下10～50m，基本不会对地面建筑造成危害和影响。但是对于世界文化遗产建筑，保护范围内除因自身发展需要，严禁对地下空间进行扰动和使用；全国重点文物保护单位、省级文物保护单位，禁止地下开挖；对于市级文物保护单位、市级控保单位，应尽量避免地下开挖。文物保护单位周围的建设控制地带可以考虑适当放宽要求，但是不得破坏文物保护单位的历史风貌。

例如，旧城街区及名城保护区范围内依据城市规划、实际街道路况以及城市、居民需求等具体情况布置断面尺寸较小的支线管廊（断面小于1m，甚至更小的管沟，不能进入检修的共同沟）。在文物所在街区内形成连续的共同沟网络，以满足街区居民日常生活的需要。

（6）城市轨道交通建设规划

城市轨道交通与综合管廊同属于重要的地下空间建设内容，两者既相互引导又相互影响，因此，城市轨道交通网络的建设对综合管廊的系统布局有着深刻影响。

《城市总体规划》与《城市地下空间总体规划》等规划提出“轨道交通要作为公共交通体系的骨干”“综合管廊要根据实际情况与城市道路、轨道交通等城市主要交通网络统筹同时进行规划和建设”等内容，并明确提出要在主城内结合地铁建设一批综合管廊，以及建成新市区主、次干道地下综合管廊等建设目标。这些内容对城市综合管廊的系统布局与管廊干线规划有着明确的指导意义。

因此，在本次规划中，将重点通过对相关的轨道交通规划原则、定位与布局等内容的研究和判断，从而指导城市综合管廊系统与线位的规划布局。

（7）抗震防灾规划

抗震防灾规划是城市规划中不可或缺的内容，尤其对生命线系统的重视也体现了城市规划以人为本，城市服务于人的本质目的。随着综合管廊的建设与发展，在城市规划过程中，综合管廊的建设内容包含了越来越多的诸如电力、供水、供气、通信等生命线系统工程，因此，综合管廊的抗震防灾对于城市而言，其重要性也更加明显。

通过城市总体规划等相关规划抗震防灾规划的解读，能够明确城市综合管廊的抗震等级、防灾标准等内容。同时，作为城市生命线系统重要载体之一的综合管廊，其线位布局规划必然会受到对城市生命线系统布局的直接影响，而这部分综合管廊的建设顺序也更有可能处于优先位置。

基于此，我们有必要对城市抗震防灾规划进行解读，从而对城市综合管廊抗震防灾等级与标准的确定、线位布局规划以及建设顺序的安排等内容提供指导与依据。

## 2.4.2　管廊系统布局规划

**1. 综合管廊发展战略**

综合管廊建设和发展的目标是建立一个与当地城市发展相适应的城市综合管廊系统。

规划后的城市综合管廊应具有如下特征：

（1）与城市空间、经济、交通、环境、文化等各要素协调一致；

（2）管廊自身系统性、功能性、安全性强；

（3）生长性网络，可实现动态、可持续发展。

城市综合管廊规划建设指导方针：城市域层面不宜大规模、均值地进行综合管廊建设，应结合城市发展战略在新区选取示范试点进行管廊的同步规划建设，老区结合棚户区和道路改造择机慎重建设，在重点及优先建设区进行系统化建设，最终实现层次清晰、重点突出、实施性强的城市综合管廊网络系统。

**2. 综合管廊布局规划原则**

（1）应尽量选择土地开发强度大、交通量大、地下管线复杂、人口密集及地下空间规划利用前景较好的新建城区进行安排，并且考虑到方便今后建设管理和维护，应优先考虑选择土地价值、城市化水平及地下空间利用程度较高的大型城建项目同步进行开发建设。

（2）城市综合管廊工程隶属于城市地下空间开发利用的一部分。城市地下空间建设涉及城市公建、市政设施等多种不同性质和类别的地下建设项目，如果不进行统筹规划，并与地面建筑进行有序的立体开发，对城市地下空间资源的浪费不可估量，同时对地面建筑的安全也将构成威胁。因此，市域范围内城市地下空间开发利用专项规划，是综合管廊布局详细规划的前提和基础。

（3）因为地下空间开发的成本一般较高，整合地下空间资源和统筹安排项目建设时序有利于集约化利用地下空间资源和节约工程投资，综合管廊应结合各个片区相关的大型地下工程建设时序合理安排近、中、远期建设规划。例如，综合管廊应与其他重大地下基础设施如地铁、大型引水管道工程等项目进行合并建设。

（4）按照系统性要求，综合技术、经济合理的角度，规划编制单位应综合考虑需要纳入统一布设综合管廊的其他项目，例如：结合高压电缆下地，城市广场建设、地下商业街等。

**3. 综合管廊规划层次**

城市综合管廊系统布局规划，首先着手的工作应是在市域范围内构建综合管廊结构，然后按照城市综合管廊结构的特点，由城市到片区到节点逐步深入地规划设计出点、线、面协调一致的综合管廊布局网络，最终达成规划设计的目标。

基于以上分析，综合管廊规划的层次：城市综合管廊规划—片区综合管廊规划—重要节点综合管廊规划与设计。

**4. 综合管廊布局方案**

（1）布局结构

城市综合管廊的布局结构应与城市空间、地下空间、市政管线的布局结构相协调，根据《城市总体规划》中所确定的各类市政主干管的布局，并结合《城市快速轨道交通网线规划》，在主要市政管线走廊、轨道交通沿线上规划主线、预留主线管廊空间；以主城中的旧城改造区、新市区核心区、新城开发区为优先建设区，以优先建设区的主导功能区、高密度开发区、地下空间综合开发区为综合管廊重要建设节点，构建“城市—片区—节点”系统化、网络化的综合管廊布局结构。

（2）布局方案

根据综合管廊设计层次，城市综合管廊布局方案主要是在管廊战略引导下，依托适建性分析，划定管廊建设区域，提出城市级干线管廊布局方案；片区管廊规划则主要研究区域干线管廊、干支线管廊布局；重要节点应对涉及的各层级管廊进行统一梳理，并结合其所在路段，进行管廊设计。

1）城市综合管廊布局

综合考虑城市建设开发强度、地质条件以及资源条件等相关因素对管廊建设条件进行评估，可分为宜建区、限建区和禁建区。在宜建区根据城市建设条件划分出优先建设区。根据限制条件不同，将限建区分为地质条件限建区和城市条件限建区。

根据适建性分析、相关规划解读、综合现状分析，综合管廊优先建设区包括新城、商业中心区、城市中心区以及新市镇，这些片区综合管廊建设区位优势明显，是城市综合管廊建设优先选择的地区。

2）干线综合管廊规划分析

连接原站的干线管廊主要考虑500kV及220kV变电站超高压或高压进线。另外，原水管道是连接城市水厂与水源地间的供水通道，是维系整个城市供水系统正常运作的重要一环，作为城市生命线管道之一，规划也考虑整合其进入综合管廊。

3）干支线综合管廊规划分析

规划考虑对110kV电力走廊、供水主干管、地下管线复杂市政道路进行管廊建设适应性分析。110kV电力走廊一般为变电所之间点对点连接的通道，且需要对周边地块分流10kV出线，适宜作为干支线综合管廊进行规划整合。同时市政给水干管主要是承担水厂出水干管向其服务区域内各用水点的给水支管进行配水或承担跨区域转输供水的主要通道，因此对规划区内管径不小于800mm以上市政给水管道的线路也作为干支线综合管廊进行规划整合。另外结合片区市政管线综合规划等有关规划资料，对各片区内给水管道（规划管径不小于300mm）、电力管道（规划电缆孔数不少于12孔）或电信管道（规划电缆孔数不少于12孔）等规格以上的市政管线分布集中的通道进行梳理分析，作为干支线综合管廊的比选线路。

4）支线综合管廊规划分析

支线综合管廊主要选择人流密集、交通繁忙的商务区、服务管理中心等区域与地下空间开发区域内规划支线管廊。支线综合管廊整合对象主要为服务于各片区内的各种管线工程。

5）线缆综合管廊规划分析

缆线综合管廊主要负责将市区架空的电力、通信、广播电视、道路照明等电缆容纳至埋地的管道中。结合各组团市政综合管线规划情况，重点针对路幅断面宽度 50m 以上新建或改建道路（规范要求 50m 以上道路应双侧布管）同步敷设缆线管廊。在建道路（规范要求 50m 以上道路应双侧布管）同步敷设缆线管廊。

（3）综合管廊形态

综合管廊的形态和城市的形态有关，与城市路网紧密结合，主干管廊一般设置在主要城市主干道下，最终形成于城市主干道相对应的地下管线综合管廊布局，在局部范围内，支干地下管线综合管廊布局可根据该地区的具体情况合理布局。其布局形态主要有以下几种：

1）树枝状：即地下管线综合管廊以树枝状向其服务区延伸，其直径随着管廊逐渐变小。这种形态的管廊总长度短，管线简单，投资省，但当管网某处发生故障时，其以下部分受到的影响大，可靠性相对较差。而且，越到管网末端，质量越下降，这种管廊往往出现在城市区域内的支干地下管线综合管廊或者综合电缆沟的布局。

2）环状：环状布置的地下管线综合管廊的干管相互联通，形成闭合的环状管网。在环状管网内，任何一条管道都可以由两个方向提供服务，因而提高了服务的可靠性。环状管网路线长，投资大，但系统的阻力小，可大幅降低动力损耗。

3）鱼骨状：这种形态布置的管廊以干线地下管廊为主骨，向两侧辐射出许多支线地下管廊或者综合电缆沟。这种布局分集明确，服务质量高，并且管网路线短，节省投资，相互影响小。

## 2.5　入廊管线分析

### 2.5.1　国内外管线入廊现状

随着人民生活水平的不断提高和城市化进程的加快，对于市政管线的需求量日益增大。城市中的电力电缆、给水管线、排水管线、通信电缆、燃气管线、供冷供热管线等市政工程管线是维持城市正常、高效运转的关键。为高效利用城市地下空间，增强管线的耐用性和管线实际使用寿命，降低由于敷设和维修地下管线对城市交通造成的影响和干扰，城市地下综合管廊作为集合给排水、电力、通信、燃气、供热供冷等各种工程管道于一体的市政设施成为市政管线布置的主要趋势。

**1. 国内管线入廊现状**

市政管线中的给水管线、电力电缆及通信电缆是我国城市综合管廊最先收纳的三大类管线，2008 年之后，纳入管廊的管线种类逐渐增多，包括再生水、交通信号、工业管道、压力污水、直饮水等，集中供暖城市还将供热管线等纳入综合管廊，少数城市将燃气管线纳入综合管廊。重力流雨水及污水多数没有纳入综合管廊。

我国部分综合管廊入廊情况如下所示：

（1）西安市地下综合管廊收纳给水管线、电力管线、通信管线、再生水管线、燃气管线、雨水管线、污水管线。

（2）杭州市地下综合管廊收纳供水管线、排水管线、电力管线、通信管线和燃气管线。

（3）鹤壁市城市地下综合管廊收纳给水管线、再生水管线、供热管线、电力管线、电信管线、燃气管线和污水管线。

（4）马鞍山市城市地下综合管廊收纳给水管线、电力电缆（高压、中压、低压）管线、通信电缆线、燃气管线以及交通信号指挥线路。

（5）台州湾循环经济产业集聚区东部新区管廊收纳给水管线、再生水管线、电力管线、电信管线和燃气管线。

国内部分综合管廊入廊管线见表2-3。

**表 2-3　国内部分综合管廊入廊管线一览表**

| 综合管廊位置 | 建设时间（年） | 长度（km） | 容纳管线 |
| --- | --- | --- | --- |
| 上海张扬路 | 1994 | 11.13 | 给水、电力、通信、燃气 |
| 连云港西大堤 | 1997 | 6.67 | 给水、电力、通信 |
| 济南泉城路 | 2001 | 1.45 | 给水、电力、通信、热力 |
| 上海安亭新镇 | 2002 | 5.8 | 给水、电力、通信、热力 |
| 上海松江新城 | 2003 | 0.32 | 给水、电力、通信 |
| 佳木斯林海路 | 2003 | 2.0 | 给水、电力、通信、燃气、供热 |
| 北京中关村西区 | 2005 | 1.9 | 给水、电力、通信、燃气、供热 |
| 杭州钱江新城 | 2005 | 2.2 | 给水、电力、通信 |
| 深圳盐田坳 | 2005 | 2.67 | 给水、电力、通信、压力污水 |
| 兰州新城 | 2006 | 2.42 | 给水、电力、通信、供热 |
| 昆明昆洛路 | 2006 | 22.6 | 给水、电力、通信 |
| 昆明广福路 | 2007 | 17.76 | 给水、电力、通信 |
| 广州大学城 | 2007 | 17.4 | 给水、电力、通信、供冷 |
| 大连保税区 | 2008 | 2.14 | 给水、电力、通信、再生水、热力 |
| 上海世博园 | 2009 | 6.6 | 给水、电力、电信、交通信号 |
| 宁波东部新城 | 2009 | 6.16 | 给水、电力、通信、再生水、热力 |
| 无锡太湖新城 | 2010 | 16.4 | 给水、电力、通信 |
| 深圳光明新城 | 2011 | 18.3 | 给水、电力、通信、再生水 |
| 石家庄正定新区 | 2013 | 24.4 | 给水、电力、通信、再生水、供热 |
| 南宁佛子岭 | 2013 | 3.36 | 给水、电力、通信、燃气、供热 |
| 青岛华贯路 | 2013 | 7.8 | 给水、电力、通信、再生水、供热、工业管道 |
| 昌平未来科技城 | 2013 | 3.9 | 给水、电力、通信、再生水、热力、预留热水、压力污水、直饮水 |
| 沈阳市南运河段 | 2015 | 12.6 | 电力、通信、给水、再生水、供热、天然气 |
| 内蒙古包头市新都市区 | 2015 | 26.85 | 电力、供热、给水、通信、广电、再生水、污水、燃气等 |
| 北京二机场高速 | 2017 | 11.93 | 电力、给水、电信、燃气 |

根据上述资料显示，我国目前已有综合管廊收纳管线包括排水管线、给水管线、通信管

线、电力管线、供冷供热管线、燃气管线及其他根据工程情况布设的管线。

**2. 国外管线入廊现状**

城市综合管廊经过将近 200 年的发展历程，不断探索、研究、改良和实践，其技术水平已非常成熟，成为了国外发达城市市政建设管理的现代化象征。

法国最先在管道中收纳自来水（包括饮用水及清洗用水的两类自来水）、电信电缆、压缩空气管及交通信号电缆 5 种管线，之后为配合巴黎市副中心的开发，规划了更加完整的综合管廊系统，在原有的基础上又增加电力管线、供冷管线、供热管线及集尘配管等。

德国的地下管廊中最先收纳的管线包括暖气管、自来水管、电力、电信缆线及煤气管，之后随着城市的发展，将瓦斯管道和自来水管道纳入地下管廊，目前德国地下管廊中的管线包括雨水管线、污水管线、饮用水管线、供热管线、工业用水干管线、电力管线、电缆管线、通信管线、路灯用电缆管线及瓦斯管线等。

美国目前的大部分综合管廊中，除了燃气管线以外，绝大多数管线均收容在综合管廊内。在阿拉斯加 Nome 建设的综合管廊系统，是唯一将整个城市市区的供水和污水系统纳入综合管廊的综合管廊系统。

英国于 1861 年在伦敦市区兴建综合管廊，之后逐渐发展，目前其综合管廊总收纳除自来水管、污水管及瓦斯管、电力、电信外，还敷设了连接用户的供给管线。

日本综合管廊的建设始于 1926 年，最初的管廊内收纳管线类型较少，包括电力、电信、自来水及瓦斯等管线，之后伴随经济的发展，为避免埋设管线影响交通，逐渐将其他管线如通信、燃气、上水管、工业用水、供热管、废物输送管等纳入综合管廊，目前日本是世界上综合管廊建设速度最快、规划最完整、法规最完善、技术最先进的国家。

### 2.5.2　给水及再生水管线纳入综合管廊的分析

给水与再生水管道属于压力管道，受综合管廊坡度及高程变化影响较小，并且管网布置较为灵活，日常维修概率较高，非常适合纳入市政综合管廊。

给水管线传统的敷设方式为直埋，管道的材质一般为钢管、球墨铸铁管等。直埋给水管道会导致水量的 20% 渗漏，而将给水管纳入综合管廊，给其优良的外部环境，使给水管道材质选择范围扩大，有利于给水管道的日常维护和安全运行，减少水量渗漏率，节约水资源，绿色环保，同时避免了土壤对管道的腐蚀，大大的延长了管道寿命，并且避免因外界因素引起的管道爆裂及管道维修对交通的影响，便于管线维护、管道升级和扩容，有利于管道安全、良性的运行，使得管道安全性得到进一步提升。

此外，综合管廊特别针对供水管道事故爆管设有报警及应对措施，可依据爆管检测专用液位开关、供水管道压力开关等信号的反馈迅速检测出供水管的异常情况，及时采取措施，关闭事故管道相应阀门、减少损失。

综上所述给水管线应该纳入综合管廊，再生水管线性质基本等同给水管线，同样建议入廊。工程实例如图 2-1 所示。

图 2-1　给水管线入廊

图 2-2　热力管线入廊

### 2.5.3　热力管线纳入综合管廊的分析

热力管线是重要的市政公用管线，其属于压力流管线，不受坡度影响，从技术角度分析，将热力管线纳入综合管廊没有问题，但供热管线的保温层以及补偿器会增加管道的尺寸，使其占用管廊空间较大，并且在供热过程中，管线内输送的热介质会带来管廊内温度的升高，从而造成安全问题，而且会降低同舱内其他管线的使用寿命，因此从安全角度及管线寿命周期角度考虑，在管线布置上应将热力管线与热敏感的其他管线保持适当的距离，若热力管道内输送的介质为蒸汽时，应独立成舱，并且建立监控、监测报警系统以提高热力管线运行时的安全性。

热力管线入廊可以为日后维护、检修以及扩容提供便利条件，提高供热系统的稳定性，并且可以避免由于管道直埋爆管而引起人员受伤。综上所述，热力管线应纳入综合管廊（图 2-2）。

### 2.5.4　电力电缆纳入综合管廊的分析

随着城市综合经济实力的提升及对城市环境整治的严格要求，目前在国内许多大中城市都建有不同规模的电力隧道和电缆沟，随着城市对电力需求的增强，电缆沟与电力廊道的规模都有扩大的趋势，将电力管线纳入综合管廊有益于管线的管理和维护，节省了建设费用，对缆线的监控保证了电力系统的安全运行。

电力电缆属于非压力流管线，管线自身不受坡度影响。电力电缆具有设置自由、弹性较大及不受空间限制等特点。电力管线入廊可以对电力管线进行“上改下”改造，避免对城市景观造成影响。电力电缆从技术和维护角度而言纳入综合管廊已经没有障碍，220kV 及以下电压等级的电缆均可以入廊。在规范方面，电力电缆隧道的设计、施工、附属系统设置等为综合管廊的建设提供了技术依据，根据《电力工程电缆设计标准》（GB 50217—2018），受城镇地下通道条件限制或交通流量较大的道路下，与较多电缆沿同一路径有非高温的水汽和通信电缆管线共同配置时，可在公用性隧道（即综合管廊）中敷设电缆。

电力管线有高压和低压之分。高压电力有架空线和电缆沟两种形式，一般在城市的外围会选用架空线方式，在城市中穿过时采用电缆沟形式。架空线造价低，但占地面积大，极大地影响了周边地块的开发和景观，目前在大城市都要求将市区内老旧架空线入地，新建的高压线路全部采用电力电缆沟或电力隧道形式，虽然一次性投资大，但从长远利益来说利大于弊。低压电力线路在城市中大部分采用电缆沟的形式。因此，在综合管廊规划中必须考虑尽量容纳高压电缆和低压电缆，可结合架空线入地建设，或将电缆沟扩展成为综合管廊，也是市政基础设施投资效益最大化的体现。

根据电力部门反馈，中低压线路（10kV 及以下等级）进出线较为频繁，且相比于高压线路事故率较高，因此建议中低压电力线路与高压线路分置于不同舱体，以保证高压线路的运行安全。

因此，电力电缆进入管廊既有现实迫切的要求，又具有相应规范的依据，应该纳入综合管廊。

### 2.5.5　通信线缆纳入综合管廊的分析

目前，通信管线采用的建设方式主要是架空和电缆敷设，部分采用光纤，沿道路两侧人行道敷设。架空方式造价较低，但影响城市景观，且安全性较差，已逐步被电缆或光纤敷设方式替代。新建的通信管线都采用光纤，它直径小，容量大，占用的空间较少，这类通信管线进入综合管廊不存在任何技术问题。

通信光纤为柔性管线，较为脆弱，一般为多芯合并为一个光缆，目前通信光纤敷设大多采用排管穿线敷设，并沿线设置标志桩以免破坏。而在管廊内通信光缆将不再穿通信排管，而改为进入光缆桥架敷设，这种方式大大提高光缆安装的便利性，同时增加了光缆的可敷设数量，并且在综合管廊内，设置的自由度和弹性较大，且不易受空间变化（管线可弯曲）的限制。

《通信管道与通道工程设计标准》（GB 50373—2019）中并未提出通信管道管廊敷设的相关内容。根据分析，通信管道孔径不大、电流微弱，对周边设施影响较小，只要避免高温或电流强磁场影响，通信管线应能与其他管线一同敷设。

通信管线入廊符合通信管道“统一规划、统一建设、统一管理”的思想，助力“无线城市”“智慧城市”的建设。

综上所述，无论是技术层面，还是政策导向，通信管线入廊都有着迫切的需求，应纳入综合管廊。

### 2.5.6　天然气管线纳入综合管廊的分析

燃气管道是一种安全性要求较高的压力管道，天然气管线采用传统的直埋方式时，比较容易受外界因素干扰和破坏造成管道破裂，引发安全事故，导致城市火灾或人员伤亡，造成十分严重的后果。因此从城市防灾的角度考虑，把燃气管线纳入综合管廊十分有利。

将天然气管线纳入综合管廊后，可减少外界因素对其干扰产生的破坏，不仅提高了城市的安全性，也提高了供气安全性，并且在管廊内，依靠综合管廊内的监控设备可随时掌握管线状况，发生燃气泄漏时，可立即采取相应的救援措施，避免了燃气外泄情形的扩大，最大限度地降低了灾害的发生和引起的损失，而且避免了由于管线维护引起的对城市道路的反复开挖和相应的交通阻塞和交通延滞以及对景观的破坏。

根据《城市综合管廊工程技术规范》（GB 50838—2015），天然气管道入廊必须独立舱室内敷设，导致整个燃气舱利用率低，经济性较差。而且高压天然气管线入廊风险极大。一旦发生泄漏，造成管廊破坏风险极大，同时，高压燃气入廊需要配置的安全措施安全等级也将需要提高，并且要对综合管廊进行实时监控，增加了工程造价及维护管理工作量。

综上所述，鉴于燃气管道的特殊性，燃气管线是否入廊需结合具体情况进行分析，因地制宜考虑是否入廊。考虑到城市和综合管廊的安全性，天然气管线纳入综合管廊必须在管廊内设置独立的舱室，而且需要配置相应的安全监控设备，会增加建设成本，但会使管线安全性提高。

### 2.5.7 污水、排水管线纳入综合管廊的分析

污水管线一般属于重力流管线，由于其中携带的杂质较多并含有固体颗粒，为避免淤积、便于清通，污水管应按一定坡度埋设，一般综合管廊的敷设一般不设纵坡或纵坡很小，如果污水管线进入综合管廊，综合管廊就需要按一定坡度进行敷设以满足污水的输送要求，并且在地势较为平坦的地区，将污水管线纳入管廊将造成综合管廊的埋深增加。

污水管线入廊，可以较大程度地延长管道使用寿命，提高污水管网运行的可靠性和稳定性，杜绝污水渗漏对土壤和环境的不利影响。由于污水管道会产生硫化氢、甲烷等有毒、易燃、易爆气体，将污水管线纳入管廊，应配套硫化氢和甲烷气体监测与防护设备，且应特别注意设置通风管道以维持空气正常流通，通常每隔 40m 左右设置检查井进行清通管理，收集污水产生的硫化氢和甲烷等有毒气体以保障管廊运营维护的安全性。

理论上污水采用管道形式纳入综合管廊可以与其他管线同舱敷设，但考虑到污水管线坡度设置、检查井设置以及一旦管道破损可能对管廊内部环境造成的影响，建议单独设置舱室或者单独一侧布置。由于污水管需设置透气系统和污水检查井，管线接入口较多，若将其纳入综合管廊，就必须考虑其对综合管廊方案的制约以及相应的管廊断面面积增大等问题，应具体分析具体不同路段路况（铁路、河道）及地下构筑物等相关设施分情况考虑是否能够将其纳入市政综合管廊。

### 2.5.8 雨水管线纳入综合管廊的分析

雨水管线一般属于重力流管线，受道路坡度及管廊埋设深度影响较大，一般情况下雨水管道以箱涵形式进入综合管廊。根据规范要求，雨水纳入综合管廊可利用结构本体或采用管道的形式。

雨水管道管径较大且支管多，每隔一定的距离需要设置雨水收集口，由于路面上汇集的雨水往往带有尘土、沙、煤屑等物，易于在管道内沉淀，因此要求管道内雨水宜有较高的流速，一般最低为0.75m/s，因此雨水管道最小纵坡不得太小。另外，为了满足管中雨水流速不超过管壁受力安全的要求，对雨水管道最大纵坡也要加以控制，通常道路纵坡大于4%时，为了不使雨水管纵坡过大，需分段设置跌水井。雨水管线纵断面设计应尽量与街道地形相适应，即管道纵坡尽可能与街道纵坡取得一致。这样不致使管道埋设过深，可节省土方量。

雨水管线中的雨水不会产生硫化氢、甲烷等有毒、易燃、易爆的气体，但作为重力流管线，若将其纳入地下综合管廊中时，会碰到与污水管线同样的技术问题。如每隔一定距离设置人孔、泵站、通风管等，在平原地区敷设将增大管廊埋深，增加造价等。

按照《城市综合管廊工程技术规范》（GB 50838—2015）的规定，可将重力流雨水管线纳入综合管廊。但需要具体问题具体分析，经过详细的经济技术比对以确定雨水管线入廊方案。

### 2.5.9 其他管线纳入综合管廊的分析

**1. 直饮水管道**

随着生活水平的提高，消费者对生活中的饮用水问题越来越重视，直饮水在家庭中的应用变得越来越广泛，直饮水管道属于压力管道，与给水管线、再生水管线相类似，其管线日

常维修概率较高，受综合管廊坡度及高程变化影响较小，非常适于将其纳入综合管廊。将直饮水管道纳入综合管廊，可充分考虑市政基础配套的发展空间，避免敷设和维修直饮水管线带来的交通影响，降低路面的翻修费用和工程管线的维修费用。

目前，我国现有管廊已有部分管廊实现将直饮水管道纳入综合管廊，如北京世界园艺博览会园区综合管廊、北京城市副中心综合管廊、济南东站综合管廊、呼和浩特丁香路综合管廊等在设计时均纳入直饮水管线。

**2. 真空垃圾管道**

伴随城市化的发展，城市中每天有大量的生活垃圾需要从城市的各个角落进行收集，之后进行集中处理，城市生活垃圾的收集和运输是垃圾最终处理的前端工作，城市越大、人口越多，生活垃圾的收集处理任务就越繁重和复杂。这是一项任务艰巨且工作量较大的工程，此时，做好城市生活垃圾的收集和运输成为一个至关重要的问题。

管道垃圾收集系统是国外发达国家近年来发展使用的一种高效、卫生的垃圾收集方法，目前技术已经相对成熟并且在国外少数地区已经得到应用。真空垃圾管线是通过负压技术把生活垃圾通过管道输送到中央垃圾收集点，再通过垃圾集中运输和处理，其优势是避免了垃圾收集、运输中的二次污染，集中收集效率高，收集过程不受雨、风、雪等自然气候的影响。

将真空垃圾管道纳入综合管廊，为日后维护提供便利，并且其受综合管廊坡度及高程变化的影响较小，非常适合纳入综合管廊。目前我国已经在某些管廊中纳入真空垃圾管道，如北京城市副中心综合管廊和南京江北新区综合管廊在设计时将真空垃圾管线纳入管廊内敷设，珠海横琴综合管廊在建设时预留了部分垃圾管线空间。

**3. 供冷管道**

目前国内大面积集中供冷的市政工程相对较少，但随着城市的发展供冷管道会逐渐增加，将其纳入综合管廊也成为发展的必要趋势。

将供冷管道纳入综合管廊在技术方面没有障碍，但供冷管道对管道保温层厚度的要求比较高，管道的总体断面尺寸比较大，进入综合管廊要占用较大的有效空间，对综合管廊工程的造价影响较大，与供热管线不同，供冷管线在运行过程中不会对环境温度产生影响，供冷管线对其周边的其他管线的影响较小，可以与大多数管线敷设在同一舱体内。但是冷热同管系统的管线应按照热力管线入廊要求进行实施。

将供冷管线纳入综合管廊可以对管道维修、检查以及扩容提供便利条件，并且由于管道内设有监测监控系统，可以及时对管线突发问题进行报警，可以提高管线运行的安全性和耐久性。

为了发挥集约制冷的优势，尤其是采用环境能制冷的技术条件下，在考虑到管道保温措施造成的尺寸较大的问题的基础上，在技术角度没有问题，可以考虑将供冷管线纳入综合管廊。

**4. 地下物流**

随着我国城镇化的快速发展，城市地表土地供应日趋紧张，交通拥堵、环境恶化等问题日益显现，需要探索新型可持续发展的城市货运交通模式。

近些年自动导引运输车、DMT、真空技术发展迅速，为物流运输转入地下提供了技术条件，通过开发地下物流系统，可对地面货运交通进行分流，降低了路面交通压力以及交通事故率并且有利的保证了货物运输的畅通性，将地下物流纳入城市综合管廊，可降低相当大的施工成本，也可充分发挥综合管廊的特性。

上海在《上海市城乡建设和管理“十三五”规划》中，明确提出至2020年上海将建设100km新型地下综合管廊，并将预留地下物流、能源输送等功能通道，以实现地下空间的集约化使用和可持续发展。

**5. 再生水管线**

再生水管线属于压力流管线，管网布置灵活，日常维修概率较高，并且受综合管廊坡度及高程变化影响较小，从技术角度分析，将再生水管线纳入市政综合管廊完全没有问题。

近年来，伴随城市的发展和人口数量的逐渐增加，水资源的需求量也日益增大，城市发展带来的水污染的问题也日益严重。因此，同时满足用水需求并解决水污染的问题成为关键。通过污水再生利用，可以大幅减少污水的排放量，有效地解决水质恶化的问题，并为城市用水提供充足的水源。

污水再生利用具有重大的意义：一方面，将污水经过处理之后回用可以大大减少污水的排放量，减少对城市水体的污染破坏；另一方面，污水再生利用也可以将污水资源化，为城市提供“第二水源”。实施污水再生利用可以实现治理与开发并举，是一种立足本地水资源的切实可行的有效措施，具有十分可观的社会、环境和经济效益。

因此，考虑到城市发展，未来再生水回用将成为水资源利用的一种重要形式，再生水管道将成为城市市政管道的重要组成部分，由于再生水管道与给水管道类似，为压力管道，不受地形坡度影响，充分考虑管廊建设的前瞻性，再生水管线非常适合纳入市政综合管廊。

**6. 温泉管线**

伴随着经济实力的增强，工业化和城镇化进程加快城镇人口快速增长，人民生活水平和生活质量的显著提高，人们需要在紧张的工作之余找到一种放松身心、呵护身体的休闲方式，此时，我国那些拥有丰富地热资源的地区，可以充分发挥自身优势，合理利用地热资源，发展温泉旅游、温泉理疗健身项目。但在地热资源的开发中，温泉开发需求的不确定性会出现普遍的破路现象，对交通出行产生很大的影响。此时可以将温泉管纳入综合管廊，便可极大地避免温泉管后期敷设对道路的破坏。温泉管线属于压力管线，较为适合在综合管廊内敷设，而且温泉管线管径较小，将其纳入综合管廊对于管廊断面尺寸的影响较小。但是由于温泉管线具有一定的温度，为了减少温泉管温度对其他管线的干扰，在综合管廊内敷设时，应做好保温措施。

### 2.5.10 入廊管线设计要求

**1. 管线材料特性**

钢管、球墨铸铁管、工程塑料管以及钢塑复合管道的部分性能对比见表2-4。

**表2-4 综合管廊中常用管材部分性能比较**

| 项目 | | 钢管 | 球墨铸铁管 | 工程塑料管 | 钢塑复合管道 |
|---|---|---|---|---|---|
| 抗腐蚀能力 | | 一般 | 适中 | 强 | 强 |
| 接口形式 | | 焊接、法兰、卡箍 | 承插、法兰 | 熔焊、承插 | 承插、卡槽 |
| 施工安装 | 效率 | 低 | 高 | 高 | 高 |
| | 空间 | 一般 | 较小 | 较小 | 较小 |
| 支墩（支架）间距 | | 大 | 大 | 小 | 大 |
| 综合造价 | | 低 | 较低 | 低 | 较高 |

**2. 电力电缆**

（1）综合管廊内的电力电缆应采用阻燃电缆或不燃电缆，110kV 及以上电缆接头处或电力电缆接头集中的区域应设专用灭火装置。

（2）电力电缆敷设安装应按照支架形式设计，当技术、经济比较合理时也可采用其他形式，但应符合现行国家标准《电力工程电缆设计标准》（GB 50217—2018）及《交流电气装置的接地设计规范》（GB/T 50065—2011）的相关规定。

（3）管道支撑的形式、间距、固定方式应通过计算确定，并应符合现行国家、行业、地方相关标准和管理规定的要求。

**3. 通信线缆**

（1）综合管廊舱室内的通信线缆应该具有阻燃特性。

（2）通信线缆的安装以及敷设应该参照桥架的设计形式，并且还要满足国家现行标准《光缆进线室设计规定》（YD/T 5151—2007）和《综合布线系统工程设计规范》（GB 50311—2016）的相关规定。

**4. 天然气管道**

（1）天然气管道的连接方式和材质的选择应该满足现行国家标准《城镇燃气设计规范》（GB 50028—2006）的相关规定。

（2）天然气管道支架的间距、固定方式、形式应该由计算而确定，并且应该满足现行国家标准《城镇燃气设计规范》（GB 50028—2006）的相关规定。

（3）天然气管道阀件、阀门的设计压力应该比实际需求提高一个压力等级进行设计。

（4）天然气管道的调压装置不应该设置在综合管廊舱室内。

（5）天然气管道的分段阀宜布设在综合管廊的外部，如果将分段阀设置在综合管廊舱室内部，应该具备远程关闭的功能。

（6）天然气管道入综合管廊时设置的紧急切断阀应该具有远程关闭的功能。

（7）天然气管道在引入、引出综合管廊时，其周围的放散管、天然气设备、埋地管线等均应该满足防静电、防雷的接地要求。

（8）天然气管道在经过重要的节点时，应该增加气动或电动的切断阀装置。

**5. 排水管渠**

（1）污水管道、雨水管渠的设计原则应该满足现行国家标准《室外排水设计规范（2016 版）》（GB 50014—2006）的相关规定。

（2）污水管道、雨水管渠应该参考规划最高时、最高日的流量进行设计从而确定其断面的尺寸，并且按照近期的实际流量对流速进行校核。

（3）排水管渠，应该先设置闸槽或检修闸门，雨水管渠在引入综合管廊之前，应该设置沉泥井。

（4）污水、雨水管道的材质可选用球墨铸铁管、塑料管、钢管等；压力管道宜采用刚性接口的方式，选用钢管时可以采用沟槽式连接。

（5）污水、雨水管道支撑的间距、固定方式、形式应该由计算结果确定，并且应该满足现行国家标准《给水排水工程管道结构设计规范》（GB 50332—2002）的相关规定。

（6）污水、雨水管道应该有严格的密闭性；在安装前对管道进行功能性试验，确保其严密性。

（7）污水、雨水管道的通气装置应该引至综合管廊外部的安全空间，并且与周围的环境相互协调。

（8）污水、雨水管道的清通及检查设施应该满足管道检修、运行、维护和安装的相关要求。具有重力流的管道应该考虑外部排水系统水位变化的情况是否会对综合管廊内部管道安全运行造成影响。

（9）在利用综合管廊的结构本体排除雨水时，其结构空间应该完全独立，从而防止雨水倒灌至其他的舱室。

**6. 热力管道**

（1）热力管道宜采用由保温层、外护管及钢管紧密结合成一体的预制管，并且应该满足《玻璃纤维增强塑料外护层聚氨酯泡沫塑料预制直埋保温管》（CJ/T 129—2000）和《高密度聚乙烯外护管硬质聚氨酯泡沫塑料预制直埋保温管及管件》（GB/T 29047—2012）的相关规定。

（2）热力管道的附件必须设置保温措施。

（3）热力管道及其附件保温结构的表面温度不得超过50℃。

（4）当综合管廊内同舱敷设的其他管线在正常运行时有对温度的限制和要求时，应该按照舱室的限定条件对保温层厚度进行校核。

（5）当热力管道的介质采用蒸汽时，排气管道应该直接引至综合管廊外部的安全空间，并且与周围环境相互协调。

（6）热力管道的设计原则应该符合《城镇供热管网结构设计规范》（CJJ 105—2005）和《城镇供热管网设计规范》（CJJ 34—2010）的相关规定。

钢管所选用的管材强度的等级不应该低于Q235，其要求应符合现行国家标准《碳素结构钢》（GB/T 700—2006）的相关规定。热力管道可以采用无缝钢管的形式，其保温的材料可以选用高温玻璃棉。管道在引入、引出口处应选用预制直埋保温管，从而便于和外部直埋敷设的管道进行连接。引入口、引出口处的综合管廊、管道均应该做好防水措施，综合管廊内部保温管端应设置收缩端帽，管道穿综合管廊处应预埋可调穿墙密封套袖。

## 2.5.11 入廊管线的兼容性要求

根据《城市综合管廊工程技术规范》（GB 50838—2015）的相关规定，综合管廊如果内部含有天然气管道的舱室，便不应该再与其他构（建）筑物进行合建；除此之外，天然气管道应该敷设在独立的舱室；当热力管道采用的介质为蒸汽时，也应敷设在独立的舱室内；同时电力电缆不应该与热力管道同舱进行敷设；通信电缆不应该与110kV及以上电力电缆进行同侧布置；热力管道与给水管道同侧布置时，热力管道宜敷设在给水管道的上方；将雨水纳入综合管廊，可采用管道排水或者利用管廊结构本体的方式实现要求；污水纳入综合管廊时应该选用管道排水的方式，宜布设在综合管廊舱室的底部。

除此之外，如果将强、弱电缆进行同舱敷设时，为了避免强、弱电之间产生相互的干扰，所以需要采用屏蔽的措施；当电缆与给水管道进行同舱敷设时，给水管道若发生爆管时对同舱室内其他管线的影响应该做好相关预防措施，具有高压的主供水管宜敷设在独立的舱室。在电力电信管线与给水管道同舱的情况下，必须注意建设施工的质量，并且需要加强维护管理，从而避免爆管事故的发生。

综合管廊内部所容纳的管线之间的相互影响关系见表2-5：

**表 2-5　综合管廊入廊管线相互影响关系表**

| 管线种类 | 给水 | 排水 | 燃气 | 电力 | 通信 | 热力 | 再生水 |
| --- | --- | --- | --- | --- | --- | --- | --- |
| 给水 | | ○ | × | ○ | × | × | ○ |
| 排水 | ○ | | × | | × | × | ○ |
| 燃气 | × | × | | √ | √ | √ | × |
| 电力 | ○ | × | √ | | √ | √ | ○ |
| 通信 | × | × | √ | √ | | ○ | × |
| 热力 | × | × | √ | √ | ○ | | × |
| 再生水 | ○ | ○ | × | ○ | × | × | |

注：√表示有影响，○表示影响视情况而定，×表示无影响。

## 2.6　断面形式选择

由于目前建筑施工技术的发展，管廊的施工建设方式也有其多样性，不同的地质条件、经济条件、工期要求以及安全要求等都会影响施工方式的选择，而施工方式直接决定管廊断面形状的选择。根据国内工程实践，矩形断面便于布置管线安装空间和检修通行空间，内部空间利用率较高，因此采取明挖现浇法施工时宜采用矩形断面；采用暗挖技术（如顶管法、盾构法、浅埋暗挖法）施工时，宜采用圆形断面或马蹄形断面；采用明挖预制拼装法施工时，综合考虑断面利用、构件加工、现场拼装等因素，宜视情况采用矩形、圆形和马蹄形断面。

### 2.6.1　矩形断面

从 1833 年法国巴黎建设第 1 条城市地下综合管廊至今，其在断面形状选择上呈现出早期以圆拱形为主，后期以矩形为主的演化规律。以 1890 年德国汉堡市城市地下综合管廊的建设为分界线，之前以法国、英国为代表的早期城市地下综合管廊，多采用圆形、半圆形或椭圆形的断面形状；之后众多国家城市开始采用矩形的断面形状。

管廊的断面形状主要根据施工方式等因素分析确定，其中矩形断面的空间利用率高、维修操作和空间结构分隔方便，因此当具备明挖条件时往往优先采用矩形断面。矩形断面一般需要现场浇筑或预制拼装施工，当管线数量多时可分舱布置。矩形断面施工方便，空间利用率较高，整体性好，根据国内外相关工程来看使用较为普遍，如图 2-3 所示。

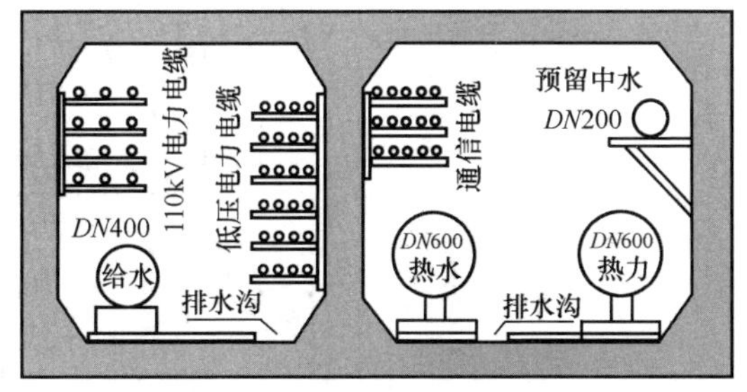


图 2-3　矩形断面双舱布置示意图

### 2.6.2　圆形断面

当施工条件有限，土质较差，土方开挖及基坑支护成为首要考虑因素时宜采用圆形和椭圆形断面。圆形断面在地下有较强的稳定性，近年来大口径成品圆形混凝土管得到很好的应用，加快了施工进度，在现状道路下施工还可采用顶管施工，避免了大量开挖道路。在穿越河流、地铁等障碍时，综合管廊的埋设深度较深，有时采用盾构或顶管的施工方法，因此该部分一般为圆形断面（图 2-4）。

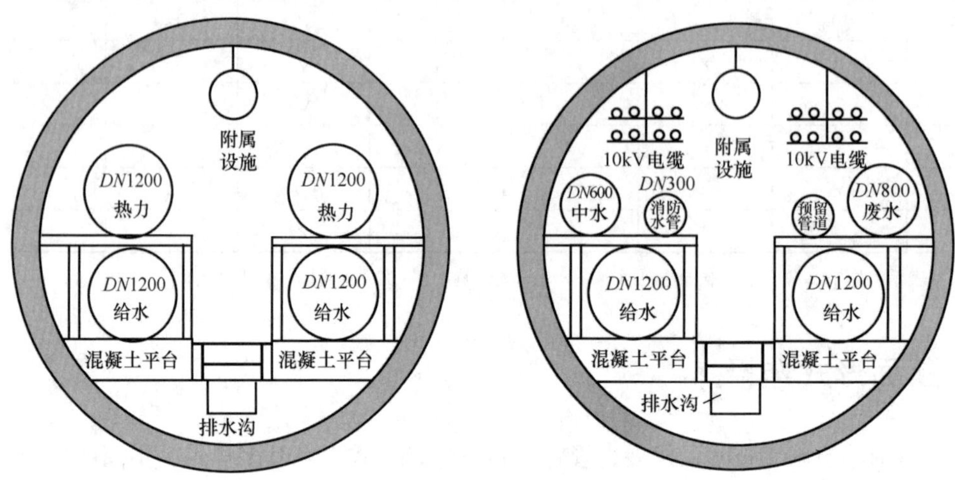


图 2-4　圆形/单舱断面

## 2.6.3　其他断面

除常见的矩形断面、圆形断面外，根据项目具体情况还有马蹄形断面、双圆形断面等，如图 2-5、图 2-6 所示。

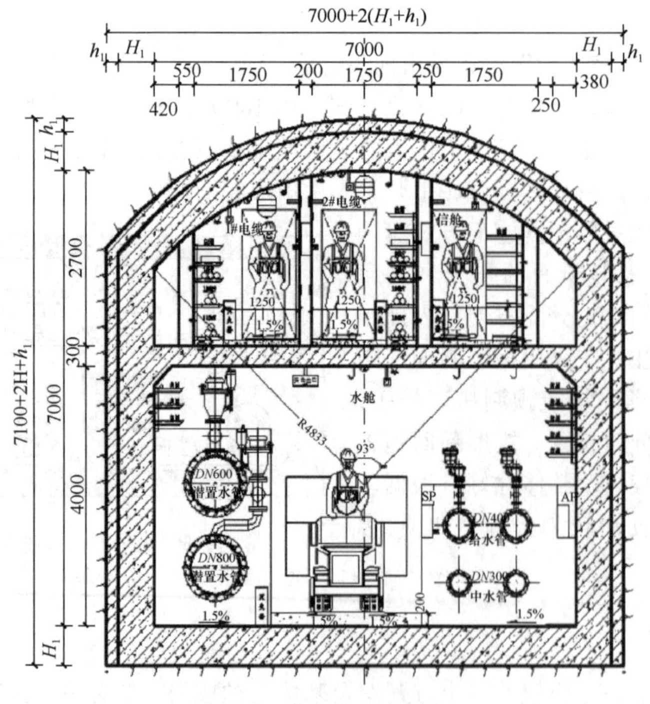


图 2-5　北京冬奥会综合管廊钻爆段——马蹄形断面

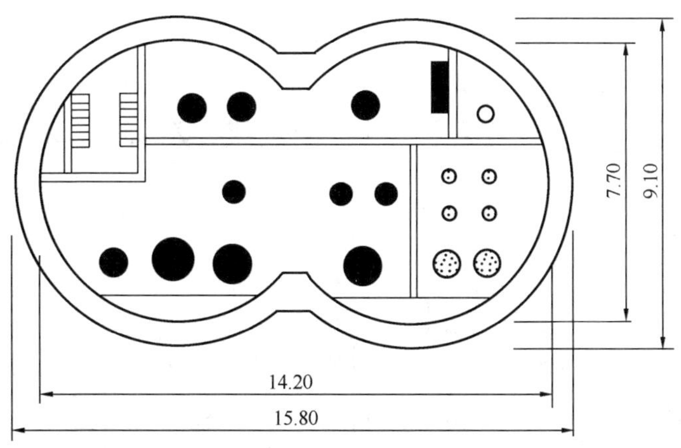


图 2-6　日本东京港综合管廊——双圆形盾构断面（m）

## 2.6.4　断面布局

管廊的断面布局选择种类较多，可依据拟入廊管线的种类及规模、管线尺寸、管线的相互关系、建设方式、空间预留以及施工方式等情况进行综合考虑。对于多舱管廊可以以“一字形”“田字形”“L 形”进行布置。另外，结合地下空间规划要求，管廊可以考虑与地下隧道、综合体等地下建筑物一起建设，但不应与天然气管道合建。“一字形”断面、“田字形”断面和与下穿隧道合建的管廊断面如图 2-7 ~ 图 2-9 所示。

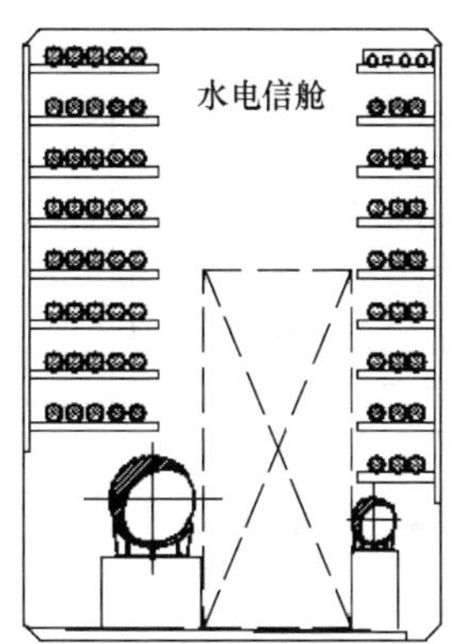

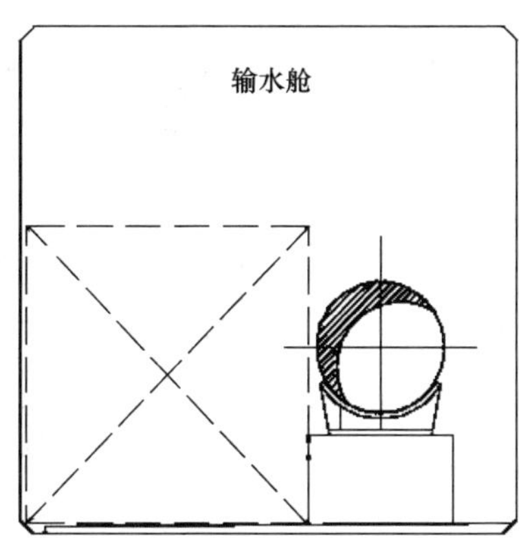

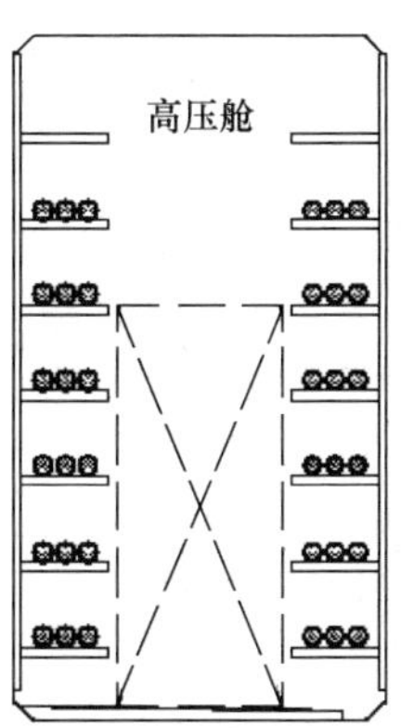

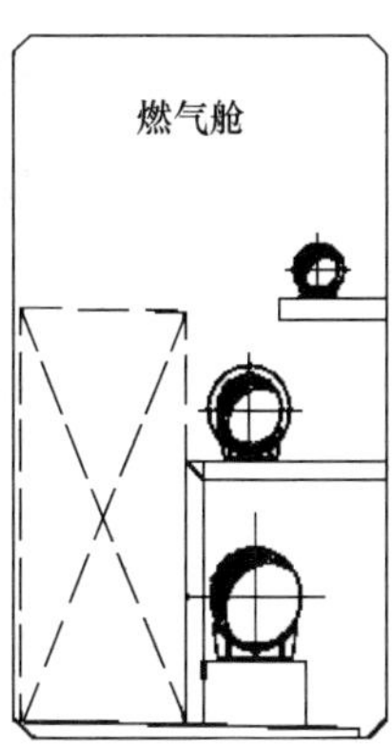


图 2-7　“一字形”断面

矩形截面的空间利用率高，当采用矩形断面时，为了便于施工、减少埋深、方便节点的设置，采用的断面形式应为“一字形”布置。当拟入廊管线种类较多、规模较大，且管廊平面敷设空间受限时，宜将管廊的断面形式布置为“田字形”或“L 形”用来减少占用平面空间，但管廊的埋设深度将会相应增加，建设成本也随之相应提高。

采用圆形断面（图 2-10）或马蹄形断面（图 2-11）时，为充分利用断面空间，采用上下重叠布置成“田字形”。

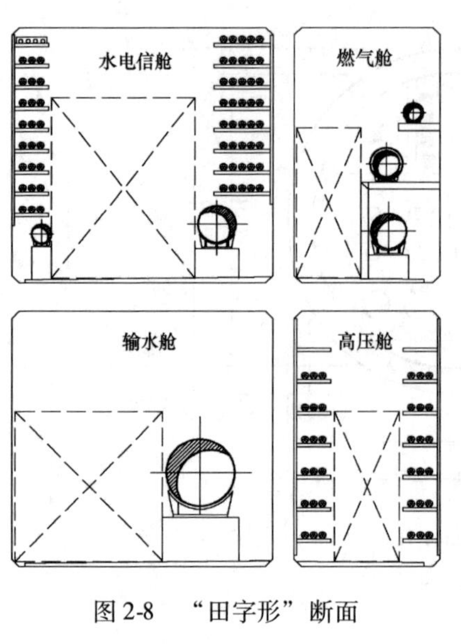


图 2-8 “田字形”断面

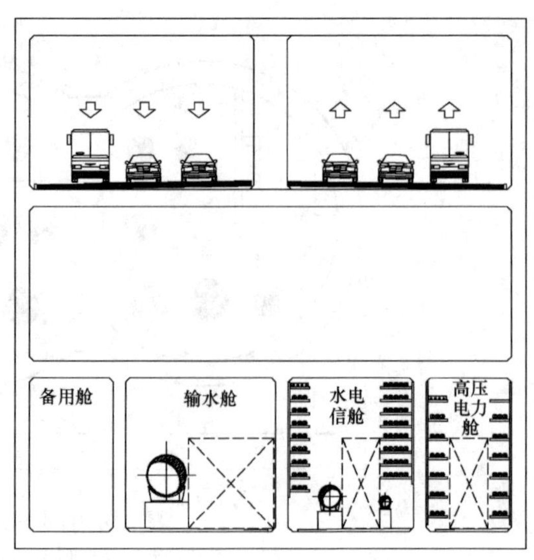


图 2-9 综合管廊与下穿隧道合建断面

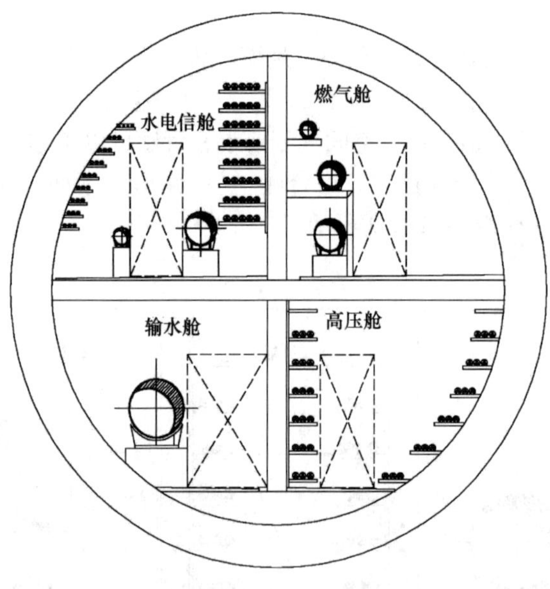


图 2-10 圆形断面

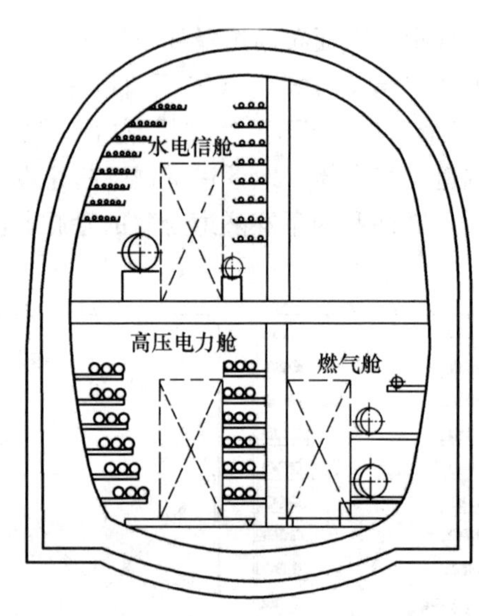


图 2-11 马蹄形断面

## 2.6.5 管廊断面布局选型影响因素

1. 发展需求：包括地区经济发展条件、现有管线量、各类管线规划容量、地下空间利用情况、地下空间规划等。发展需求在宏观层面上影响管廊建设的各个方面，如管廊规划选址、管廊入线类型、经济效益等。对于管廊断面形式的选择而言，发展需求对其所产生的影响具有直接影响和间接影响。

2. 入廊管线：包括入廊管线的类型、截面大小、管线相互影响和管线相容性等，是在确定入廊模式和入廊管线类型、数量前提下，对管廊断面产生影响作用的因素归类。入廊管线直接决定着管廊断面形式中的断面类型和断面布置，作用机理较为复杂，但呈现出一定的规律性，是管廊断面形式选择中需要重点考虑的因素。

3. 道路条件：包括道路地质条件、城市路网结构、交通量、道路挖掘频率等与道路相关的影响因素，其组成纷繁复杂，对于管廊断面形式的影响也较为复杂。道路条件会在一定程度上影响管廊建设的规划方向、走势以及建设施工的工艺方法等，对管廊断面形状和尺寸的选择存在一定影响。

4. 施工方式：包括明挖和暗挖两种基本方式。随着技术的发展，在明挖和暗挖的基础上，出现了明挖浇筑、预制施工，暗挖顶管、盾构施工等方式。由于目前建筑施工技术的发展，管廊的施工建设方式也有其多样性，不同的地质条件、经济条件、工期要求以及安全要求等都会影响施工方式的选择，而施工方式直接决定管廊断面形状的选择。根据国内工程实践，矩形断面便于布置管线安装空间和检修通行空间，内部空间利用率较高，因此采取明挖现浇法施工时宜采用矩形断面；采用非开挖技术如顶管法、盾构法、暗挖法施工时，宜采用圆形断面或马蹄形断面；采用明挖预制拼装法施工时，综合考虑断面利用、构件加工、现场拼装等因素，宜视情况采用矩形、圆形和马蹄形断面。

5. 运营维护：包括维修空间（维修人员和维修车）、监控运营、管线标识等，组成复杂。所影响的主要是管廊断面尺寸和管廊断面布置，尤其是对于管廊断面的检修通行空间的影响至关重要。管廊作为服务型基础设施，在其整个生命周期中更重要的是运营时间。运营维护是未来管廊发展的重点内容，其在信息化发展的背景下，需要系统性建设和发展，以保障管廊的正常运营发展。

## 2.7　管廊位置的规划

综合管廊的位置规划应遵循以下原则：

1. 综合管廊相较于传统管道直埋方式的优点之一是节省地下空间，位置应尽量选择城市核心区、中央商务区、地下空间高强度成片集中开发区、交通量大、地下管线复杂、人口密集及地下空间规划利用前景较好的新建城区进行安排，并且考虑到方便今后建设管理和维护，应优先考虑选择土地价值、城市化水平及地下空间利用程度较高的大型城建项目（如总部经济区）同步进行开发建设，避免在新区出现“马路拉链”“空中蜘蛛网”等问题，切实利用好地下空间资源，提高城市综合承载能力。

2. 城市综合管廊工程隶属于城市地下空间开发利用的一部分。城市地下空间建设涉及城市公建、市政设施等多种不同性质和类别的地下建设项目，如果不进行统筹规划，并与地面建筑进行有序的立体开发，对城市地下空间资源的浪费不可估量，同时对地面建筑的安全也将构成威胁。因此，综合管廊位置规划应与地下空间建设的相关规划相结合。

3. 地下空间的开发成本比较高，通过合理地整合地下空间资源、统筹安排项目建设时序避免反复开挖，不但有利于集约化利用地下空间资源还能节约工程投资。在规划综合管廊时应结合各个片区相关的大型地下工程建设时序来进行合理安排近、中、远期建设规划。在重大地下基础设施（如地铁、大型引水管道工程等）项目与综合管廊进行合并建设。

4. 综合管廊应与地下交通、地下商业开发、地下人防设施及其他相关建设项目相协调。按照系统性要求，综合技术、经济合理的角度，规划编制单位在高压电缆下地、城市广场建设、地下商业街、地下人防设施等地下开发利用项目在空间上有交叉或重叠时，应在规划、选线、设计、施工等阶段上与管廊在空间上统筹考虑，在设计施工阶段宜同步开展。

地下综合管廊布局从各个方面对综合管廊的需求出发，在考虑需求并结合实施可行性的基础上进行布局。规划从市政管线、道路交通、城市用地规划和地下空间开发等情况，结合综合管廊建设的相关标准，分析规划区域内综合管廊布局。

### 2.7.1 市政管线干线（给水、电力、通信）优先布置管廊

大管径给水干管、110kV 及 220kV 以上等级高压电缆属于城市生命线，断水、断电将直接影响城市居民生活，造成大面积停水、停电等；通信管线包括联通、移动、电信、有线电视等多种弱电管线，通信中断也将大面积影响居民的日常生活。综合管廊因其自身结构对管线优异的保护性能，可提高管线安全标准，主干管线沿线应优先设置。

### 2.7.2 交通干道考虑布置有效管廊

交通干道交通流量大，不宜进行重复开挖和管道建设。采用综合管廊的方式布置管道，新敷设管线可直接在管廊内施工，无须阻碍交通通行。因此，应优先在交通干道设置综合管廊。

### 2.7.3 性质重要地块周边优先布置管廊

居住用地、商业用地、行政办公用地、会展用地、文物古迹用地等周边开挖施工管线造成社会影响较大，直接关系到城市形象，在以上区域周边建设综合管廊可有效减少道路反复开挖，减少管线施工对环境的影响，应优先设置。

### 2.7.4 地下空间高度开发区应优先设置综合管廊

地下空间开发密集区域、地下道路沿线、高架桥沿线优先设置综合管廊。综合管廊属于地下空间的一种，与其他地下空间、地下道路、高架桥同期实施，可减少土方开挖及支护、结构成本，节约土地资源，应优先设置。

# 第 3 章　管廊的勘察

## 3.1　勘察的目的及任务

查明项目所在区域地形、地貌、岩性、构造、水文、气象、地震等条件及其与工程的关系。

查明沿线构造物地基的工程地质条件及水文地质条件，为选择构筑物类型和基础方案设计提供资料，并提供相应工程和基础设计施工的地质参数。

查明沿线特殊性岩土和不良地质的类型、分布、性质、范围及其物理力学特征，为不良地质的整治及特殊性岩土地基处理提供设计依据。

查明各岩土层的物理力学性质，提供各土层物理力学指标建议值及地基承载力基本容许值、区间值。

查明地下水的类型、分布、水位及年变幅，以及地表水和地下水发育情况，判定对建筑材料的腐蚀性。

对工程建设场地的适应性优劣进行评价，并提出工程地质意见和建议。

1. 查明地质构造、不良地质现象（地震液化、活动断裂等）及工程地质特性，查明埋藏的河道、沟浜、墓穴、防空洞、孤石等对工程不利的埋藏物，论证对地基基础稳定性的影响程度，并提出计算参数及整治措施的建议。

2. 测试岩土的物理力学特性，提供地基土的承载力参数、桩周土摩阻力标准值（如需要）、黏聚力、内摩擦角、压缩模量、岩石饱和单轴抗压强度（如需要）等，做出工程地质评价。

3. 查明地表水及地下水情况，提供抗浮设防水位，判定地下水和地基土对建筑材料的腐蚀性。

4. 查明工程范围内岩土层的类型、深度、分布、工程特性和变化规律，分析和评价地基的稳定性、均匀性和承载力；应对基础形式、地基处理、基坑支护、降水和不良地质防治等提出建议。

5. 对湿陷性黄土场地，查明黄土地层的时代、成因；湿陷性黄土的厚度；湿陷系数、自重湿陷系数和湿陷起始压力随深度的变化、场地湿陷类型和地基湿陷等级的平面分布；湿陷性黄土的变形参数和地基承载力特征值。

6. 提供地震基本烈度，划分场地土类型，场地类别，判定场地和地基的地震效应，对场地土进行液化判别，对场地的稳定性和适宜性做出评价。

7. 查明管廊周边原有地下构筑物及管线，提供其平面位置、结构形式、埋深等。

8. 提出工程设计和施工时应注意的问题，提出本工程施工和使用期间可能发生的岩土工程问题的预防措施建议。

9. 提供地质剖面图、钻孔地质柱状图、原位测试及室内试验成果报告。

### 3.1.1 可行性研究阶段勘察的目的及任务

工程可行性研究的任务是按照既定的综合管廊走向，选择合适的管廊走向，并研究工程实施的技术可行性和经济合理性。为了不因为存在特殊不良地质问题而造成突破工程投资、改变线路、工期拖延等困难，必须进行区域地质调查和灾害评估。

特殊不良地质问题的存在，一般具有地带性规律。例如：黄土地边缘地点的水土流失、崩塌、滑坡等问题；砂页岩、煤系地层分布地区的滑坡问题；石灰岩地区的岩溶、软弱地基问题；区域性断裂带内的斜坡稳定问题等。这个阶段，主要调查管线走廊范围内的区域地质格局，查找存在的特殊不良地质现象，了解特殊不良地质的分布和形成环境条件，初步判断其范围、规模和整治工程费用。为研究管廊走向和方案比选提供依据。可行性研究阶段勘察提出的工作成果包括：

1. 工程地质分区和评价；
2. 沿线工程地质图；
3. 特殊不良地质专项勘察报告。

这个阶段的勘察，一般通过踏勘调查即可完成。但是，对管线方案取舍其控制作用的特殊不良地质问题的整治方案应建立在基本性质确定、技术方案可行的基础上。在踏勘调查后仍然没有把握的情况下，必须安排必要的勘察工作。

### 3.1.2 初步设计阶段勘察的目的及任务

初步设计阶段的工程地质勘察有两个目的：一是进行管廊工程地质勘察，为管线方案设计提供地质依据；二是进行场地地质条件勘察，为工程方案设计提供基础地质数据。

**1. 管廊工程地质勘察**

应该明确认识到，一方面，绕避特殊不良地质并不是绝对的，整治还是绕避不良地质问题要根据技术可行性和经济性进行比较分析；另一方面，在一定的地质条件下某种类型的工程是适宜的。其他类型的工程就不适宜。不但管廊线形设计需要掌握地质资料，而且沿线工程布置总体设计也要考虑地质条件。所谓的地质选线，是指根据地质条件选择管廊线形方案，也就是在掌握地质资料的基础上选线。为了保证管线方案合理，有效的做法应该是让管廊设计人员在工程地质图上选线，而不是先拟订管廊方案，再沿着既定的管廊线位补充地质资料。

**2. 工程场地勘察**

初步设计是工程方案设计，工程地质勘察的任务一方面是选择合适的工程场地，另一方面是为选择工程结构类型提供地质依据。场地稳定性问题是本阶段的工作重点。如果遗漏场区内存在受灾害威胁或者失稳的问题，可能会导致工程重大变更。在特定的工程地质条件下，某些工程结构类型是适宜的，另一些类型可能是不适宜的。例如：跨越活动断裂带的综合管廊选择隧道结构最合适，箱形结构的综合管廊的地基沉降变形的要求要高一些，综合管廊的地基稳定性更是至关重要的。

**3. 特殊不良地质勘察**

要做出绕避或整治特殊不良地质的决策，必须明确其可知性和可治性。也就是说，要查明问题的基本性质（范围规模、成因类型、危害程度）和研究其工程整治的技术可行性（技术可靠性、经济合理性），就应该调查场区所在地的地形地貌、地质构造、岩土结构和水文地质条件，明确危害在地质背景格局中的位置，并据此判断问题的发展规模和产生后果，针对危害的生成条件和主要因素，确定防止危害发生和发展的技术途径。必须强调指出，在初步设计阶段要做到设计方案可靠，并应该完成查明特殊不良地质的主要勘察工作，在设计阶段则要补充查明整治工程实施的地质条件。

### 3.1.3　施工图设计阶段勘察的目的及任务

施工图设计阶段是工程结构设计，工程地质勘察的目的是复查确认初步勘察成果，取得工程设计所需要的岩土参数。本阶段工程地质勘察的重点是查明具体工程部位的地质条件，提供工程设计所需要的岩土参数。值得强调的是，在对地质问题的评价和确定岩土参数时，必须充分考虑环境条件的变化和工程实施对地质条件的改变。

## 3.2　勘察的工作量布置

布置勘察工作总的要求，应是以尽可能少的工作量取得尽可能多的地质资料。为此，进行勘察设计时，必须要熟悉勘察区已取得的地质资料，并明确勘察的目的和任务。将每个勘察工程都布置在关键地点，且发挥其综合效益。

在工程地质勘察的各个阶段中，勘察坑孔的合理布置，坑孔布置方案的设计必须建立在对工程地质测绘资料以及区域地质资料充分分析研究的基础上。

### 3.2.1　勘察工作布置的一般原则

**1. 勘察总体布置形式**

（1）勘察线

勘察线是按特定方向沿线布置勘察点（等间距或不等间距），了解沿线工程地质条件，绘制工程地质剖面图，用于初勘阶段、线形工程勘察、天然建材初查等。

（2）勘察网

勘察网选布在相互交叉的勘察线及其交叉点上，形成网状（如方格状、三角状、弧状等）。

勘察网用于了解面上的工程地质条件，绘制不同方向的剖面图，场地地质结构立体投影图，适用于基础工程场地详勘、天然建材详查阶段。

（3）综合管廊基础轮廓

根据综合管廊设计要求，勘察工作按地下综合管廊基础类型、形式、轮廓布置，并提供剖面及定量指标。

桩基——每个单独基础有一个钻孔；

箱基——基础角点、中心点应有钻孔；

拱坝——按拱形最大外荷载线布置孔。

**2. 布置勘察工作原则**

（1）勘察工作应在工程地质测绘基础上进行。通过工程地质测绘，对地下地质情况有一定的判断后，才能明确通过勘察工作需要进一步解决的地质问题，以取得好的勘察效果。否则，由于不明确勘察目的，将有一定的盲目性。

（2）无论是勘察的总体布置还是单个勘察点的设计，都要考虑综合利用。既要突出重点，又要照顾全面，点面结合，使各勘察点在总体布置的有机联系下发挥更大的效用。

（3）勘察布置应与勘察阶段相适应。不同的勘察阶段，勘察的总体布置、勘察点的密度和深度、勘察手段的选择及要求等，均有所不同。一般地说，从初期到后期的勘察阶段，勘察总体布置由网状到线状，范围由大到小，勘察点、线距离由稀到密；勘察布置的依据，由以工程地质条件为主过渡到以综合管廊的轮廓为主。

（4）勘察布置应随综合管廊的类型和规模而异。不同类型的管廊，其总体轮廓、荷载作用的特点以及可能产生的岩土工程问题不同，勘察布置也应有所区别。综合管廊工程多采用勘察线的形式，且沿线隔一定距离布置一垂直于它的勘察剖面。但管廊节点处应按基础轮廓布置勘察工程，常呈方形、长方形、I 形或丁字形；具体布置勘察工程时又因不同的基础形式而异。部分管廊由于其特殊性也有采用由勘察线渐变为以单个承重点进行布置的梅花形形式。

（5）勘察布置应考虑地质、地貌、水文地质等条件。一般勘察线应沿着地质条件等变化最大的方向布置。勘察点的密度应视工程地质条件的复杂程度而定，而不是平均分布。为了对场地工程地质条件起到控制作用，还应布置一定数量的基准坑孔（即控制性坑孔），其深度较一般性坑孔要大些。

（6）在勘察线、网中的各勘察点，应视具体条件选择不同的勘察手段，以便互相配合，取长补短，有机地联系起来。

总之，勘察工作一定要在工程地质测绘基础上布置。勘察布置主要取决于勘察阶段、管廊类型和岩土工程勘察等级 3 个重要因素，还应充分发挥勘察工作的综合效益。

### 3.2.2 勘察坑孔布置原则

**1. 按工程地质条件布置坑孔的基本原则**

（1）地貌单元及其衔接地段

勘察线应垂直地貌单元界限，每个地貌单元应有控制坑孔，两个地貌单元之间过渡地带应有钻孔。

（2）断层

在表面上盘布坑孔，在地表垂直断层走向布置坑探，坑孔应穿过断层面。

（3）滑坡

沿滑坡纵横轴线布孔、井，查明滑动带数量、部位、滑体厚度。坑孔深应穿过滑带到稳定基岩。

（4）河谷

垂直河流布置勘察线，钻孔应穿过覆盖层并深入基岩 5m 以上，防止误把漂石当作基岩。

（5）查明陡倾地质界面，使用斜孔或斜井，相邻两孔深度所揭露的地层相互衔接为原则，防止漏层。

**2. 勘察坑孔间距的确定**

各类综合管廊勘察坑孔的间距，是根据勘察阶段和岩土工程勘察等级来确定的。不同的勘察阶段，其勘察的要求和岩土工程评价的内容不同，因而勘察坑孔的间距也各异。

初期勘察阶段的主要任务是为选址和进行可行性研究，对拟选场址的稳定性和适宜性做出岩土工程评价，进行技术经济论证和方案比较，满足确定场地方案的要求。由于有若干个建设场址的比较方案，勘察范围大，勘察坑孔间距比较大。

进入中、后期勘察阶段，要对场地内建设地段的稳定性做出岩土工程评价，确定管廊总平面布置，进而对地基基础设计、地基处理和不良地质现象的防治进行计算与评价，以满足施工设计的要求。此时，勘察范围缩小而勘察坑孔增多了，因而坑孔间距是比较小的。

综上，勘察期间坑孔间距的确定原则如下：

（1）勘察阶段。初期间距大，中后期逐渐加密。

（2）工程地质条件的复杂程度。简单地段少布，间距放宽，复杂地段、要害部位间距加密。

（3）参照有关规范。

**3. 勘察坑孔深度的确定**

确定勘察坑孔深度的含义包括两个方面：一是确定坑孔深度的依据；二是施工时终止坑孔的标志。概括起来说，勘察坑孔深度应根据管廊类型、勘察阶段、岩土工程勘察等级以及所评价的岩土工程问题等综合考虑。

除上述原则外尚应考虑以下各点：

（1）综合管廊有效附加应力影响范围。

（2）与综合管廊稳定性有关的工程地质问题的研究的需要，如地基可能的滑移面深度、渗漏带底板深度。

（3）工程设计的特殊要求，如确定地基灌浆处理的深度、桩基深度、持力层深度等。

（4）工程地质测绘及物探对某种勘察目的层的推断，在勘察设计中应逐孔确定合理深度，明确终孔标志。对于规范的规定不应机械执行，应结合实际地质条件灵活运用。

进行勘察设计时，大多数综合管廊可依据其设计标高来确定坑孔深度，勘察坑孔应穿越洞底设计标高或管道埋设深度以下一定深度。

此外，可依据工程地质测绘或对物探资料的推断确定勘察坑孔的深度。在勘察坑孔施工过程中，应根据该坑孔的目的任务而决定是否终止，切不能机械地执行原设计的深度。例如：为研究岩石风化带目的的坑孔，当遇到新鲜基岩时即可终止。

## 3.3　勘察的实施

### 3.3.1　勘察工程的施工顺序

勘察工程的施工顺序合理，既能提高勘察效率，取得满意的成果，又能节约勘察工作量。为此，在勘察工程总体布置的基础上，须重视和研究勘察工程的施工顺序问题，即全部勘察工程在空间和时间上的发展问题。

一项综合管廊建筑工程，尤其是场地地质条件复杂的重大工程，需要勘察解决的问题往往较多。由于勘察工程不可能同时全面施工，而必须分批进行。这就应根据所需查明问题的轻重主次，同时考虑设备搬迁方便和季节变化，将勘察坑孔分为几批，按先后顺序施工。

先施工的坑孔，必须为后继坑孔提供进一步地质分析所需的资料。所以在勘察过程中应及时整理资料，并利用这些资料指导和修改后继坑孔的设计和施工。不言而喻，选定第一批施工的勘察坑孔是具有重要意义的。

根据实践经验，第一批施工的坑孔应为：对控制场地工程地质条件具关键作用和对选择场地有决定意义的坑孔；综合管廊重要部位的坑孔；为其他勘察工作提供条件，而施工周期比较长的坑孔；在主要勘察线上的坑孔。考虑到洪水的威胁，应在枯水期尽量先施工水上或近水的坑孔。由此可知，第一批坑孔的工程量是比较大的。

## 3.3.2 采取土样

取样是岩土工程勘察中必不可少的、经常性的工作。为定量评价岩土工程问题而提供室内试验的样品，包括岩土样和水样。除了在地面工程地质测绘调查和坑探工程中采取试样外，主要是在钻孔中采取的。

岩土工程师一般很重视岩土物理力学性质指标的获取，致力于各种实验理论和方法的研究，但对岩土试样的代表性问题，即实验成果是否确切表征实际岩土体性状的问题，则重视不够。它关系到岩土取样的问题。

### 3.3.2.1 土样的质量等级

土样的质量实质上是土样的扰动问题。土样扰动表现在原位应力状态、含水率、结构和组成成分等方面的变化，它们产生于取样之前，取样之中以及取样之后直至试样制备的全过程之中。土样扰动对试验成果的影响也是多方面的，常使人们不能确切了解实际的岩土体。从理论上讲，除了应力状态的变化以及由此引起的卸荷回弹是不可避免的之外，其余的都可以通过适当的取样器具和操作方法来克服或减轻。实际上，完全不扰动的真正原状土样是无法取得的。

有的学者从实用观点出发，提出对不扰动土样或原状土样基本质量要求：

1. 没有结构扰动。
2. 没有含水率和孔隙比的变化。
3. 没有物理成分和化学成分的改变。

之后，他们规定了满足上述基本质量要求的具体标准。

国内相关规范参照国外的经验，对土样质量级别做了四级划分，并明确规定各级土样能进行的试验项目（表3-1），其中Ⅰ、Ⅱ级土样相当于原状土样，但Ⅰ级土样比Ⅱ级土样有更高的要求。表中对四级土样扰动程度的区分只是定性的和相对的，没有严格的定量标准。

目前虽已有多种评价土样扰动程度的方法，但在实际工程中不大可能去对所取土样的扰动程度做详细研究和定量评价，只能对采取某一级别土样所必须使用的器具和操作方法做出规定。

**表3-1 土样质量等级划分表**

| 级别 | 扰动程度 | 试验内容 |
|---|---|---|
| Ⅰ | 不扰动 | 土类定名、含水率、密度、压缩变形、抗剪强度 |
| Ⅱ | 轻微扰动 | 土类定名、含水率、密度 |
| Ⅲ | 显著扰动 | 土类定名、含水率 |
| Ⅳ | 完全扰动 | 土类定名 |

### 3.3.2.2 钻孔取土器及其适用条件

取土器是影响土样质量的重要因素，所以勘察部门都注重取土器的设计、制造。对取土器的基本要求是：尽可能使土样不受或少受扰动；能顺利切入土层，并取上土样；结构简单且使用方便。

**1. 取土器基本技术参数**

取土器的取土质量，首先取决于取样管的几何尺寸和形状。目前国内外钻孔取土器有贯入式和回转式两大类，其尺寸、规格不尽相同。以国内主要使用的贯入式取土器来说，有两种规格的取样管。

（1）取样管直径（$D$）

目前土试样的直径多为 50mm 或 80mm，考虑到边缘的扰动，相应地宜采用内径（$De$）为 75mm 及 100mm 的取样管，对于饱和软黏土、湿陷性黄土等某些特殊土类，取样管直径还应更大些。

（2）面积比（$C_a$）

$$C_a = \frac{Dw^2 - De^2}{De^2} \times 100\%$$

对于无管靴的薄壁取土器，$Dw = Dt$，$C_a$值越大，土样被扰动的可能性越大，一般采取高质量土样的薄壁取土器，其 $C_a \leqslant 10\%$，采取低级别土样的厚壁取土器 $C_a$值可达 30%。

（3）内间隙比（$C_i$）

$$C_i = \frac{Ds - De}{De} \times 100\%$$

$C_i$ 的作用是减小取样管内壁与土样间因摩擦而引起对土样的扰动，$C_i$的最佳值随着土样的直径的增大而减小。国内生产的各种取土器 $C_i$值为 0% ~1.5%。

（4）外间隙比（$C_o$）

$$C_o = \frac{Dw - Dt}{Dt} \times 100\%$$

$C_o$的作用是减小取样管外壁与土层的摩擦，以使取土器能顺利入土。国内生产的各种取土器 $C_o$值为 0% ~2%。

（5）取样管长度（$L$）

取样管长度要满足各项试验的要求。考虑到取样时土样上、下端受扰动以及制样时试样破损等因素，取样管长度应较实际所需试样长度要大些。

关于取样管的直径与长度，有两种不同的设计思路：一种主张短而粗；一种主张长而细。两者优缺点互补。我国过去沿用苏联短而粗的标准。但目前国际比较通用的是长而细的一种，它能满足更多的实验项目要求。

（6）刃口角度（$\alpha$）

$\alpha$ 也是影响土样质量的重要因素。该值越小则土样质量越好。但 $\alpha$ 过小，刃口易于受损，加工处理技术和对材料的要求也更高，势必提高成本。国内生产的取土器 $\alpha$ 值一般为 5° ~10°。

**2. 贯入式取土器**

贯入式取土器取样时，采用击入或压入的方法将取土器贯入土中。这类取土器又可分为敞口取土器和活塞取土器两类。敞口取土器按取样管壁厚分厚壁、薄壁和束节式三种；活塞取土器又有固定活塞、水压固定活塞、自由活塞等几种。

**3. 回转式取土器**

回转式取土器的基本结构与岩心钻探的双层岩心管相同，分为单动和双动两类：即单动三重管取土器和双动三重管取土器。

回转式取土器可采取较坚硬、密实的土类以至软岩的样品。单动型取土器适用于软塑～坚硬状态的黏性土和粉土、粉细砂，土样质量Ⅰ～Ⅱ级。双动型取土器适用于硬塑～坚硬状态的黏性土、中砂、粗砂、砾砂、碎石土及软岩，土样质量亦为Ⅰ～Ⅱ级。

#### 3.3.2.3 钻孔取样的操作

土样质量的优劣，不仅取决于取土器具，还取决于取样全过程的各项操作是否恰当。

**1. 钻进要求**

（1）使用合适的钻具与钻进方法。一般应采用较平稳的回转式钻进。若采用冲击、振动、水冲等方式钻进时，应在预计取样位置1m以上改用回转钻进。在地下水位以上一般应采用干钻方式。

（2）在软土、砂土中宜用泥浆护壁。若使用套管护壁，应注意旋入套管时管靴对土层的扰动，且套管底部应限制在预计取样深度以上大于3倍孔径的距离。

（3）应注意保持钻孔内的水头等于或稍高于地下水位，以避免产生孔底管涌，在饱和粉、细砂土中尤应注意。

**2. 取样要求**

（1）到达预计取样位置后，要仔细清除孔底浮土。孔底允许残留浮土厚度不能大于取土器废土段长度。清除浮土时，需注意不致扰动待取土样的土层。

（2）下放取土器必须平稳，避免侧刮孔壁。取土器入孔底时应轻放，以避免撞击孔底而扰动土层。

（3）贯入取土器力求快速连续，最好采用静压方式。如采用锤击法，应做到重锤少击，且应有导向装置，以避免锤击时摇晃。饱和粉、细砂土和软黏土，必须采用静压法取样。

（4）当土样灌满取土器后，在提升取土器前应旋转2～3圈，也可静置约10min，以使土样根部与母体顺利分离，减少逃土的可能性。提升时要平稳，切忌陡然升降或碰撞孔壁，以免失落土样。

**3. 土样的封装和贮存**

（1）Ⅰ、Ⅱ、Ⅲ级土样应妥善密封。密封方法有蜡封和粘胶带缠绕等。应避免暴晒和冰冻。

（2）尽可能缩短取样至试验之间的贮存时间，一般宜超过3周。

（3）土样在运输途中要避免振动。对易于振动液化和水分离析的土样应就近进行试验。

## 3.4 工程地质评价

工程地质评价是一个完整的评价系统，包括工程地质评价的基本原则、评价内容、评价方法、评价结果等内容，下面分别进行阐述。

### 3.4.1 评价的基本原则

工程地质学是为工程建设服务的科学，其出发点就包括工程和地质这两个方面。它不是纯粹意义上的地质问题研究，而是紧密结合建设的工程、针对工程建筑物的具体特征来分析研究地质条件，这是工程地质区别于其他地质学科的关键，也是工程地质分析评价的基本出发点。因此，工程地质评价的基本原则如下：

1. 以工程地质资料的收集为基础，以保证工程建筑物的安全稳定为目标；

2. 密切结合工程建筑物的特点，针对建筑物的特点论述工程地质条件的优劣；

3. 强调地质条件与建筑物的相互适应性，即针对不同的地质条件，做不同特性建筑物的设计；同时针对不同建筑物的特性，对地质条件做相应的改良措施。

### 3.4.2　评价对象

进行工程地质评价，首先要确定评价对象。工程地质评价的对象因工程的需要而大不相同，它可大可小。

评价对象大可对一个坝址、一个地区、一个河段进行评价，如三峡坝址工程地质评价、某地区工程地质评价等。中可对一个建筑物进行评价，如某地下厂房工程地质评价、某边坡稳定性工程地质评价、某大楼工程地质评价等。小可对一个建筑物的某一具体部位进行评价，如地下厂房左边墙工程地质评价、溢洪道右边墩工程地质评价、某大桥桥墩工程地质评价等。

### 3.4.3　评价内容

工程地质评价一般来说应包括分项评价和综合评价两部分。分项评价是对工程建筑物或工程区有影响的各种工程地质因素进行逐项分析评价；综合评价是对工程建筑物或工程区的工程地质条件的优劣进行总体的分析评价。分项评价是综合评价的基础，综合评价是分项评价的结论，同时，综合评价是采取工程地质措施和工程设计的依据。

由于工程或建筑物具有不同的特点，工程地质评价内容不尽相同。有时可能是一些大项，如对某一个完整的工程来说可能包括区域环境、地形地貌、地层岩性、地质构造、风化卸荷、岩体结构及质量、水文地质条件、岩体物理力学性质等。有时可能是一些小项，如对建筑物的某一具体部位有影响的可能就是一条断层，甚至是断层宽度、延伸长度、断层充填物、起伏差、发育密度等。

### 3.4.4　评价结果

工程地质评价结果，一般包括三种类型：

**1. 可行性评价**

针对一个工程项目或工程建筑物，从工程地质条件的角度来说是否可行，即可行性评价。这种评价的结果只有两个：可行或不可行。这种评价往往是在工程勘察的早期阶段做出，它一般是比较粗略的、概念性的评价。

**2. 优劣评价**

工程中往往仅给出可行与否是不够的。一般来讲，由于工程地质条件的复杂性，任何一个地质体都存在一定的地质缺陷，将地质缺陷做适当的处理就可以将地质条件进行改良，变不可行为可行。工程处理的工程量往往与地质缺陷的严重程度有关。因此，工程地质条件的评价也就应该是针对不同的地质条件给出不同程度的评价，这种评价可以称为工程地质条件的优劣评价。目前对优劣程度尚无统一的级别和划分标准，可以划分为好、较好、一般、较差、差，也可以分别称为优、良、中、差、劣。

**3. 量值评价**

在工程实际中，有时用优劣评价仍显得粗糙，难以进行方案的比较，因此有时需要进行定量的评价。由于工程地质条件的复杂性和资料的有限性，完全做到定量评价常常是困难的。但对于一个具体的工程地质问题，或一具体的工程部位，或某一个或几个工程地质指标，是可以用数值的大小做出评价的。这种数值评价有时是一个数值，如岩体质量指标斜坡稳定性系数、抗滑安全系数、抗剪指标、安全坡角等；也可以是一个人工给定的值，如某一条件的优劣可以分别赋予不同的分值。

在工程建设中，工程地质的勘察一般按阶段进行，不同的行业，其阶段的划分方法不尽一致。如规划阶段、可行性研究阶段、初步设计阶段等。一般来讲，评价结果是与工作阶段相适应的，在较早的设计阶段中，工程地质的评价一般以定性为主，进行总体的、原则性的评价；而在较后的阶段中，工程地质的评价将具体化、定量化，是进行某一具体部位工程地质条件或地质问题的评价。

## 3.5 不良地质处理

对于威胁综合管廊工程安全的特殊不良地质，应分析其现状，研究其形成机理，预测其发展趋势，针对其形成的主要原因采取根治措施。特殊不良地质的形成要有特定的地质环境条件。勘察特殊不良地质的主要作用是有针对性地采取治理措施。

某地区综合管廊一处边坡发生滑坡，在没有查明滑坡基本情况的条件下，采取了放缓边坡和泄排水措施。一年之后，滑坡还在继续变形。现场调查发现，设置的排水盲沟根本就没有达到含水层深度，况且放缓边坡不但不能稳定边坡，而且由于削减了边坡前部重力，减小了阻滑力，更加恶化了滑坡稳定状况，最终导致治理该滑坡的直接费用达到300多万元。

特殊不良地质的整治是一个多学科协同的系统工程，从研究特殊不良地质危害机理的角度，要有结构工程的概念，提出合理的整治对策，从工程设计的角度，要明白滑坡作用的特点，有针对性地进行工程设计。特殊不良地质的整治工程本身也是特殊设计。

# 第4章　管廊的设计

## 4.1　设计准备

在城市综合管廊的设计过程中，涉及繁多的专业与部门。涉及的专业包括给排水、电力、通信、建筑、暖通、燃气、城市规划等，涉及设计部门包括规划设计、市政设计及建筑设计等。由于涉及部门及专业很多，为保证设计工作的顺利有序进行，首先需做好基础资料的收集工作以及人员工作安排。尽管由于设计单位及所在地区的不同，综合管廊设计工作的开展模式存在一定差异性，但笔者在此节结合开展综合管廊设计工作的工程经验，对设计内容、基础资料收集、人员安排等方面进行介绍，以期为综合管廊设计工作者提供参考。

### 4.1.1　设计内容的确定

**1. 设计范围的确定**

综合管廊工程设计应包含总体设计、结构设计、附属设施设计等，纳入综合管廊的管线应进行专项管线设计；综合管廊应同步建设消防、供电、照明、监控与报警、通风、排水、标识等设施。

为确保综合管廊内各类管线安全运行，纳入综合管廊内的管线均应根据管线运行特点和进入综合管廊后的特殊要求进行管线专项设计，管线专项设计应符合《城市综合管廊工程技术规范》（GB 50838—2015）和相关专业管线规范的技术规定。专项管线设计是否纳入综合管廊设计范围，需要与建设单位核实确定。比如，某些综合管廊设计，把排水管线设计纳入综合管廊设计范围。

明挖法管廊设计有时会涉及基坑支护设计。

总之，综合管廊工程设计应包含总体设计、结构设计、附属设施设计；是否包含专项管线设计、支护设计等内容依项目情况而定。

需要注意，有些工程项目不仅包含综合管廊设计，往往还包含道路工程、桥隧工程设计等内容。综合管廊设计为工程项目的控制性工程。

**2. 设计阶段的划分**

根据《市政公用工程设计文件编制深度规定》（2013年版），市政工程设计一般包括初步设计和施工图设计两个阶段。国内大多数地区的综合管廊建设起步较晚，目前存在建设经验不足、配套体制不健全等实际问题，综合管廊专项规划、可行性研究报告中的方案实施往往存在诸多问题，难以落地。考虑到目前的实际情况，并结合综合管廊实际设计经验，本书认为综合管廊设计一般应增加方案设计阶段，方案设计阶段由总体设计牵头完成并承担大部分工作。因此，综合管廊工程设计一般应分为方案设计、初步设计及施工图设计三个阶段。

### 4.1.2　基础资料的收集

在综合管廊的设计中，首先需要根据工程情况，收集当地市政管线现状资料、相关规划资料以及上一阶段工作成果和相关批文等，而且需要对地方性规范及标准等内容进行收集，此部分资料可根据地区、项目及设计阶段的不同，有针对性地增加相关资料的收集。

**4.1.2.1　现状资料**

首先需要对项目所在地区区位条件、地形特征、气候气象资料、地质勘察资料进行收集工作，之后，对区位范围内地铁、隧道、地下人行通道等地下设施的现状资料进行收集。如果综合管廊的建设与旧城改造、道路改造、地下主要管线改造等项目同步进行时，综合管廊的设计需要统筹考虑综合管廊与现状地下设施的关系，此时需要重点对当地市政管线（如给水管道、污水管道、通信管道、电力管道等）现状资料进行收集整理，如果为新建道路下综合管廊设计，一般不涉及现状地下管线，可不对现有市政管线资料进行收集。

《住房城乡建设部等部门关于开展城市地下管线普查工作的通知》（建城〔2014〕179号）中要求的普查范围：城市范围内的供水、排水、燃气、热力、电力、通信、广播电视、工业（不包括油气管线）等管线及其附属设施，各类综合管廊。在进行基础资料收集时，应着重收集相关地下管线、建（构）筑物的普查资料。建议对重要的或影响较大的地下管线、地下建构筑物进行复查，以确保设计方案的准确性。

**4.1.2.2　规划相关资料**

城市地下综合管廊的资料应包含城市总体规划、片区控制性详细规划、道路交通规划、地下空间规划等基础规划资料，以及地下综合管廊专项规划、各类管线专项规划、管线综合专项规划、地下交通专项规划等资料。

综合管廊工程建设应以综合管廊工程规划为依据。综合管廊建设实施应以综合管廊工程规划为指导，保证综合管廊的系统性，提高综合管廊的效益，应根据规划确定的综合管廊断面和位置，综合考虑施工方式和与周边构筑物的安全距离，预留相应的地下空间，保证后续建设项目的实施。

综合管廊工程规划、设计、施工和维护应与各类工程管线统筹协调。综合管廊主要为各类城市工程管线服务，规划设计阶段应以管线规划及其工艺需求为主要依据，建设过程中应与直埋管线在平面和竖向布置相协调，建成后的运营维护应确保纳入管线的安全运行。因此在进行综合管廊设计过程中的资料收集阶段应收集各类管线专项规划及城市管线综合专项规划等资料。

综合管廊工程规划与设计应与地下空间、环境景观等相关城市基础设施衔接、协调。综合管廊属于城市基础设施的一种类型，是一种高效集约的城市地下管线布置形式；城市综合管廊主体采用地下布置，属于城市地下空间利用的形式之一，因此综合管廊工程规划建设应统筹考虑与城市地下空间尤其是轨道交通的关系；综合管廊的出入口、吊装口、进风口及排风口等均有露出地面的部分，其形式与风格等应与城市环境景观相一致。

各类管线专项规划、地下空间专项规划等专项规划资料往往会存在滞后，这就需要征求规划主管部门、管线产权单位、轨道交通主管单位等的意见。

**4.1.2.3　相关批文**

方案设计、初步设计阶段一般需要收集可行性研究报告或项目建议书以及其相关的批复文件，或相关主管部门在其权属范围内要求出具的报告及相应批复文件，如环境影响评价报告及批复文件等资料。施工图设计阶段一般以初步设计及初步设计阶段的相关批复文件等资料为设计依据。

#### 4.1.2.4　设计相关资料

新区综合管廊建设应结合道路建设，管廊应与道路建设同步进行；老旧城区综合管廊建设应结合地下空间开发、旧城改造、道路改造、地下主要管线改造等项目同步进行。在城市重要地段和管线密集区，综合管廊工程往往与道路、地下空间、管线等的新建、改建工程同步进行建设。这就要求综合管廊的设计过程中需要收集其他工程的相关资料，重视与其他工程项目的沟通、调研，以确保设计成果完整、准确、与周边项目保持系统性。

#### 4.1.2.5　地方规定及标准

我国目前正处于综合管廊大量建设的时期，但综合管廊的相关国家规范并未形成完整的体系，为保证综合管廊建设的有序推进，各地方政府、团体、协会均制定了综合管廊相关的政策、规定及标准。设计应注意收集相关的地方、团体、协会有关综合管廊的规定和标准。

### 4.1.3　专业配置与人员安排

由于综合管廊设计中涉及给排水、电力、通信、建筑、暖通、燃气、城市规划等诸多专业，在专业配置及人员安排方面应充分考虑各设计单位自身实际情况进行安排，笔者根据工程经验，将综合管廊设计专业配置及人员安排情况进行总结，见表 4-1，此表仅供管廊设计从业者参考，可在保证设计工作顺利进行的基础上根据自身实际情况进行调整。

**表 4-1　综合管廊设计专业配置及人员安排**

| 设计内容 | | 专业配置 | 人员安排（人） |
|---|---|---|---|
| 总体设计（含平面布置、竖向设计、断面布置、节点设计等总体设计） | | 管廊工艺专业 | 2 ~ 5 |
| 结构设计 | | 结构专业 | 2 ~ 5 |
| 附属设施设计 | 消防系统（消防灭火设施） | 消防专业（根据选定的灭火形式也可为给排水或燃气专业） | 1 ~ 2 |
| | 供电与照明系统 | 电气专业 | 1 ~ 2 |
| | 监控与报警系统（含监控中心） | 电信、自动化、智能建筑等专业 | 2 ~ 4 |
| | 排水系统 | 给排水专业 | 1 ~ 2 |
| | 标识系统 | 管廊工艺专业 | 1 |
| 复杂基坑支护设计 | | 岩土或结构专业 | 1 ~ 2 |
| 各专业管线设计 | | 对应管线专业 | — |

注：表中人员安排的人数应根据工程规模、复杂程度确定，不含校审人员。

### 4.1.4　设计流程

综合管廊设计流程如图 4-1 所示。

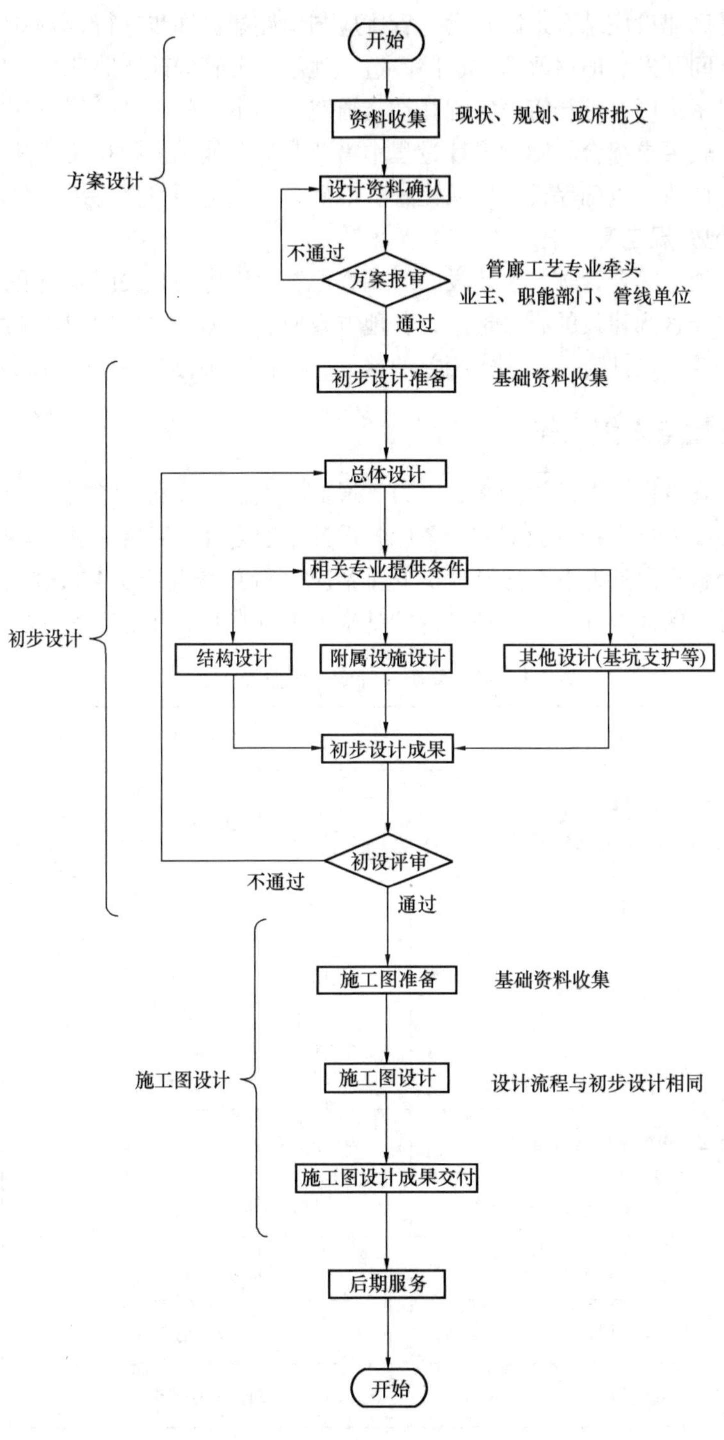


图 4-1　综合管廊设计流程

## 4.2　管廊的主体设计

综合管廊由主体结构、附属设施以及入廊管线等主要因素组成。其中主体结构部分的设计包含总体设计和结构设计。总体设计，又可称作工艺设计，其主要设计内容如下：

### 4.2.1　空间设计

#### 4.2.1.1　平面布置

综合管廊平面线形应与道路平面线形相一致，并且应对现有或规划建筑物、构筑物的平面位置相协调。应尽量敷设在道路中央绿化带和一侧的人行道下，如图 4-2、图 4-3 所示，如遇到桥梁、桥墩处，应在平面采取避让措施，如图 4-4 所示。

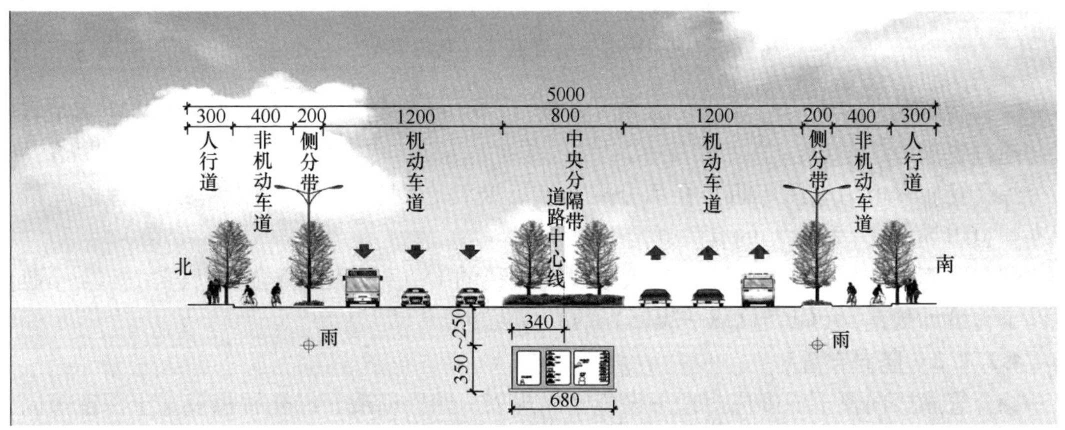


图 4-2　综合管廊断面布置方案示意图一

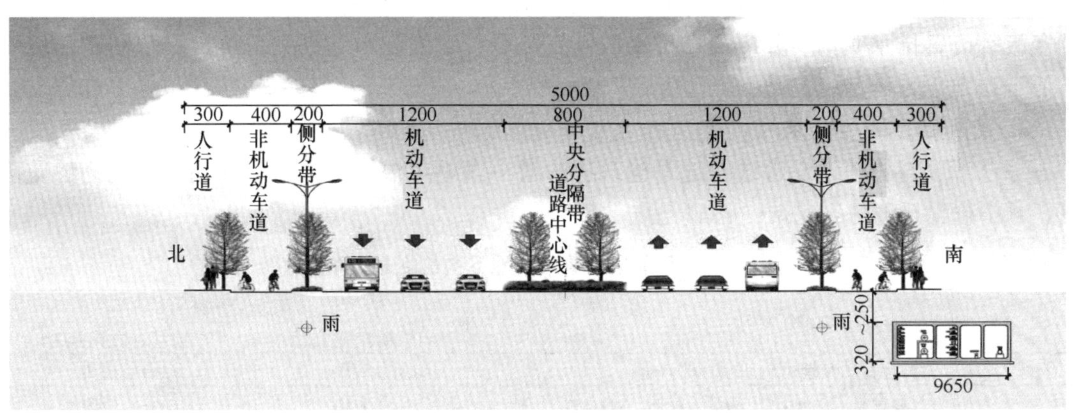


图 4-3　综合管廊断面布置方案示意图二

按照上述方式敷设综合管廊，便于综合管廊吊装口、通风口等附属设施的设置。如果受到现有建筑或地下空间的限制，也可将综合管廊敷设在机动车道下，此时需将吊装口、通风口等要引至车道外的绿化带内。

综合管廊最小转弯半径，应满足综合管廊内各种管线的转弯要求。

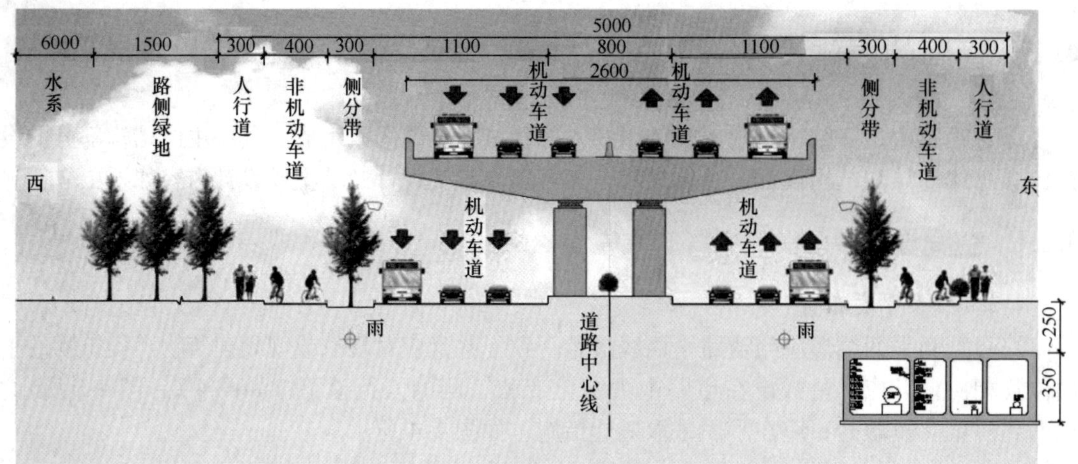


图 4-4　综合管廊避让桥墩示意图

综合管廊的监控中心与综合管廊之间宜设置专用的连接通道，通道的净尺寸应满足日常检修通行要求。

综合管廊内电力电缆弯曲半径和分层布置，应符合现行国家标准《电力工程电缆设计标准》（GB 50217—2018）的有关规定。

综合管廊内通信线缆弯曲半径应大于线缆直径的 15 倍，且应符合现行国家标准《通信线路工程设计规范》（GB 51158—2015）的有关规定。

**4. 2. 1. 2　竖向布置**

综合管廊竖向覆土深度应对地下设施竖向规划、路面荷载、绿化种植及冻土深度等因素进行综合考量后综合确定，主要从下面三个方面进行考虑：

**1. 管廊本体竖向要求**

综合管廊内纵向坡度超过 10% 时，需在人员通道部位设置防滑地坪或台阶。综合管廊的底板宜设置排水明沟，并应通过排水明沟将综合管廊内积水汇入集水坑，排水明沟的坡度不低于 0. 2%。

**2. 管廊最小净距要求**

综合管廊与相邻地下管线及地下构筑物的最小净距应根据地质条件和相邻构筑物性质确定，且不得低于表 4-2 数据。

**表 4-2　与相邻地下管线及地下构筑物最小净距**　（m）

| 相邻情况 | 施工方法 | |
|---|---|---|
| | 明挖施工 | 顶管、盾构施工 |
| 综合管廊与地下构筑物水平净距 | 1. 0 | 综合管廊外径 |
| 综合管廊与地下管线水平净距 | 1. 0 | 综合管廊外径 |
| 综合管廊与地下管线交叉垂直净距 | 0. 5 | 1. 0 |

**3. 标准覆土**

管廊布置在绿化带下时，需根据上覆植物种类的不同，考虑覆土深度，如上方植物为一般的灌木时，需保留 0. 5 ~ 1. 0m 的覆土深度，当绿化带中有较为高大的树木时，需保留 2m 以上的覆土深度。总之，在管廊覆土深度的选择上，要充分考虑绿化对管廊的影响。

在综合管廊中设有投料、通风、逃生、管线接出口等各种节点，在这些节点中往往会布置一定的设备，需要一定的安装空间，在综合管廊的标准断面的埋深上要进行考虑，若标准断面的埋深较低，会使节点设置时管廊需要局部加深，增加工程投资，并且对整个管廊的纵向设计造成影响，所以在标准断面的埋深上要综合考虑不同埋深的经济性，一般设备层安装需要的空间不超过 2m，同时要考虑设备层顶板距路面一定的埋深。

### 4.2.2　断面设计

城市综合管廊标准断面的确定需考虑诸多因素：如入廊管线类别、管线规模、舱室的分割、综合管廊的施工方法等因素，标准断面的确定是整体设计的核心组成部分。管廊断面大小与入廊管线数量及其所需空间有直接关系，其中入廊管线所需空间不仅包含敷设空间及运输、维修空间，还应设置必要的安全运行空间及扩容空间等，而且管廊断面尺寸受运营成本及整体造价的影响。

综合管廊的断面设计原则如下：

1. 综合管廊断面形式应根据所收纳管线的种类及规模、建设方式、预留空间等进行确定。

2. 综合管廊断面应满足管线安装、检修、维护作业所需的空间要求，在满足运维要求和入廊管线需求的前提下，尽量紧凑，充分体现经济的合理性。在支线管廊敷设方面，由于不需考虑检修车辆，故内部净空间可在满足规范的要求下适当缩小。

3. 综合管廊内的管线布置应根据收纳管线的种类、规模及周边用地功能确定。

4. 廊内各管线位置合理，不相互干扰，保证安全可靠运行。如热力管道不应与电力电缆同舱敷设，天然气管道和采用蒸汽介质的热力管道应在独立的舱室进行敷设。

#### 4.2.2.1　横断面形式分析

综合管廊的断面形式与施工方法有很大的关联，施工方法可以分为明挖法和暗挖法两大类，根据管廊是否为现场浇筑，可将明挖法细分为明挖现浇施工法和明挖预制拼装法，而暗挖法又可细分为浅埋暗挖法、盾构法和顶管法。

**1. 明挖法施工断面**

明挖现浇施工法即利用支护结构作为支撑，在地表进行开挖，之后在开挖的基坑内做内部结构的施作，一般断面形式为矩形，该工法具有施工方便、工艺简单、工程造价低等优点，但受天气变化影响较大，且施工作业时间长。

明挖预制拼装法一般断面形式为矩形或圆形，该工法对施工技术的要求较明挖现场浇筑法高，而且其工程造价高，但其施工速度快，工程质量易于控制，是一种较为先进的施工方法。

明挖法适用于城市新建区的浅埋部分的管线网络建设，明挖法施工图如图 4-5、图 4-6

图 4-5　明挖现浇施工法施工图

所示。

图 4-6　明挖预制拼装法施工图

明挖法一般采用的断面形式是矩形断面，其特点是：工序简单成熟，施工较为简单，但质量不易把控，内部空时在使用方面比较高效，且管廊主体的整体性好，抵抗不均匀沉降能力强，由于采用现场浇筑，管廊变形缝数量较少，施作防水时相对简单，可降低施工成本，但由于受浇筑施工的影响，施工总体进度较慢。

采用明挖预制拼装法采用圆形断面时，其特点是：由于受力均匀，其抗压性能较好，且构件均为厂家预制，现场进行拼装施工，施工速度较快，工期较短、易于施工且工程质量容易把控，但在运输、吊装过程中受交通及现场环境的影响较大，而且预制构件在拼装时会使管廊主体有很多的拼接缝，加大了管廊防水施作时的工作量。

**2. 暗挖法施工断面**

明挖法由于存在施工占地大，对交通的干扰严重以及对作业面的要求较高问题，因此在城市中的主干道或需下穿河流、地铁时，为减少管廊施工对城市生活以及周边环境的影响，多采用暗挖法进行施工。综合管廊暗挖法又可分为浅埋暗挖法、盾构法和顶管法等工法，一般采用的断面形式为矩形断面或圆形断面，圆形断面的空间利用率较低，如图 4-7 所示。

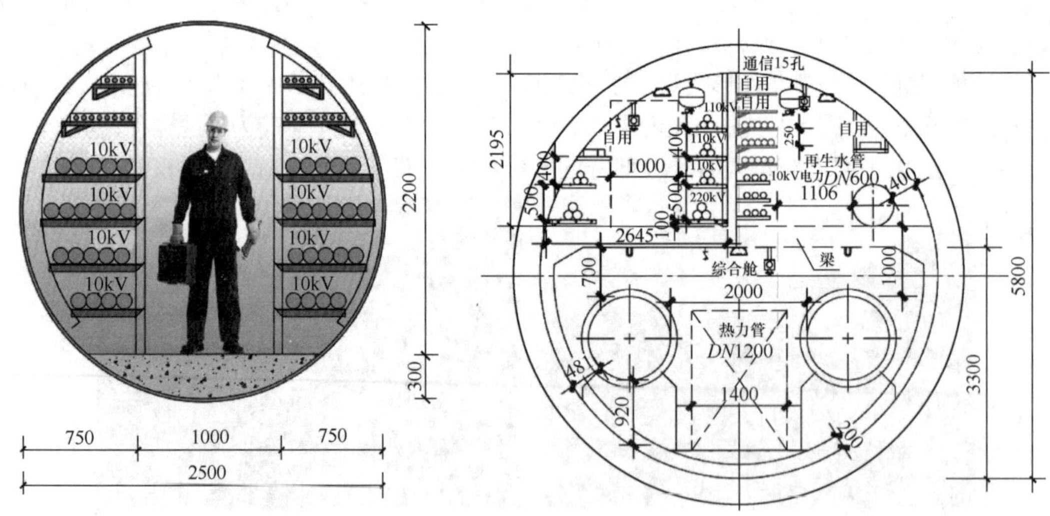


图 4-7　综合管廊标准圆形断面图

暗挖盾构法与顶管法施工图如图 4-8、图 4-9 所示。

图 4-8　暗挖盾构法施工图

图 4-9　暗挖顶管法施工图

#### 4.2.2.2　管廊分舱

综合管廊根据舱室数量的不同可分为单舱、双舱及多舱管廊。综合管廊舱室的划分应根据收纳管线的种类、规格、数量及安装要求确定。关于综合管廊分舱问题，在我国的规范和标准中已经制定严格的规定，在《城市综合管廊工程技术规范》（GB 50838—2015）中对管廊分舱的要求如下：

1. 天然气管道应该敷设在独立的舱室内；

2. 中压电力、通信管线、再生水管线、给水管线、温泉管线均可以在同舱进行敷设，同时可以分别布设在不同舱室，应该结合综合管廊建设的空间条件以及入廊管线的尺寸进行确定。

3. 含有高压电力电缆的综合管廊，考虑到电力电缆检修的便利性和一致性，最终明确高压电力电缆与中压电力电缆应进行同舱敷设。

4. 当利用综合管廊的结构本体对雨水进行排除时，雨水舱的结构空间应该设置为独立舱室的形式，并且严密防水，同时要采取渗漏至其他舱室或者避免雨水倒灌的相关措施。当排除雨水采取管道的形式纳入管廊时，可以设置独立舱室的形式，也可以与除燃气管线以外的其他管线进行同舱敷设，具体设置形式应该结合管廊建设的空间条件以及入廊管线的尺寸进行确定。

5. 由于污水具有一定的腐蚀性，所以不利于直接敷设在综合管廊结构体中，通常采用管道的形式在综合管廊内进行敷设，污水管可以设置独立的舱室，也可与除燃气管线以外的其他管线进行同舱敷设，具体设置形式应该结合管廊建设的空间条件以及入廊管线的尺寸进行确定。

不仅如此，其他相关部门、公司也有关于管廊分舱的要求，如在国家电网公司文件《国家电网公司〈关于印发城市电力电缆通道规划与使用管理规范和城市综合管廊电力舱规划建设指导意见〉的通知》中明确规定，电力舱应采用独立舱体，热力、燃气、输油、雨污水管道不得与电力电缆同舱敷设，电力舱不宜与热力舱、燃气舱、输油管道紧邻布置。

#### 4.2.2.3 入廊管线敷设对管廊断面的影响

综合管廊内的管线敷设应充分考虑其安装、维护、检修及扩容等问题，在满足其正常使用功能的基础上，力求管线敷设经济合理。受到入廊管线种类、规格、数量及安装要求的影响，管廊的断面类型呈现由单舱至多舱，由单层至多层的发展趋势。

由于管廊内各种管线之间可能存在相互影响，故需将某些管线进行分舱避让设计，下面分别论述管廊内管线对管廊断面的影响：

**1. 电缆敷设对管廊断面的影响**

以最大限度为远景城市电力建设预留充足的地下管线空间为核心，综合管廊内电缆敷设需要遵循以下原则：最短路径原则、尽量沿城市主干道或次干道敷设、尽量沿即将建设的道路或规划道路敷设、尽可能沿已建电缆通道敷设。

入廊电缆的类型、数量、间距、缆线弯曲半径及施工空间等因素均会对综合管廊的断面产生影响，故在进行管廊的断面设计时，应充分考虑以上因素。通常情况入廊电缆类型见表4-3。

**表4-3 通常入廊电缆种类**

| 电压 | 使用方 | 种类 |
|---|---|---|
| 低压（380V/220V） | 管廊自用 | 动力电缆 |
| 中压（35kV、10kV、6kV） | 市政 | 电力电缆 |
| 高压（110kV、220kV、500kV） | 市政 | 电力电缆 |

（1）电缆间距

电力电缆应根据电压等级进行分级敷设，且支架间距符合现行国家标准《电力工程电缆设计标准》（GB 50217—2018）的有关规定，通信线缆的桥架间距符合现行行业标准《光缆进线室设计规定》（YD/T 5151—2007）的有关规定，根据规划，走线托架上下层之间距离不宜小于200mm，走线托架最低层距地面不得小于300mm，最高层距离顶棚不宜小于500mm，梁下不宜小于250mm。电（光）缆的支架层间间距应满足电（光）缆敷设和固定的要求，且在多根电（光）缆同置于一层支架上时，有更换或增设任意电（光）缆的可能。电（光）缆支架层间垂直距离宜符合表4-4规定的数值。

**表4-4 电缆支架与桥架最小层间距表**

| 电缆电压等级和类型，光缆敷设特征 | | 普通支架、吊架（mm） | 桥架（mm） |
|---|---|---|---|
| 电力电缆明敷 | 控制电缆 | 120 | 200 |
| | 6kV以下 | 150 | 250 |
| | 6～10kV交联聚乙烯 | 200 | 300 |
| | 35kV单芯 | 250 | 300 |
| | 35kV三芯 | 300 | 350 |
| | 110～220kV，每层1根以上 | | |
| | 330kV、500kV | 350 | 400 |
| 电缆敷设在槽盒中，光缆 | | $H+80$ | $H+100$ |

注：$H$ 为槽盒外壳高度。

综合管廊中考虑到电缆重力、允许牵引力、侧压力和各段电缆盘长等因素，通常将110kV 以上电压等级电缆采用三相品字形进行放置，这样可以方便施工和后期检修，并且可以提升管线运营时的安全性。品字形排列电缆抱箍及电舱中电缆的布置图如图 4-10、图 4-11 所示。

图 4-10　综合管廊中电舱电缆布置图

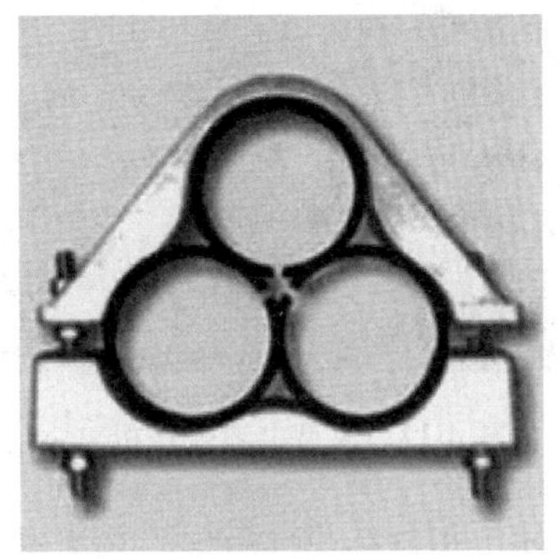

图 4-11　品字形排列电缆抱箍

按照《电力工程电缆设计标准》（GB 50217—2018）及《城市电力电缆线路设计技术规定》（DL/T 5221—2016）中相应规定，电力管线在进行蛇形敷设时，应满足规范要求的敷设幅宽及因温度升高所产生的变形量的要求，蛇形敷设可以减少电缆由于热胀冷缩时所产生的内力，可以有效地避免电缆因温度变化而造成的破坏，延长电缆的使用寿命。

（2）电缆弯曲半径

在综合管廊内进行电缆的水平敷设时，最上层支架距综合管廊顶板或梁底的净距允许最小值，且应满足电缆引接至上侧的柜盘时的允许弯曲半径要求，电（光）缆最小弯曲半径见表 4-5。

**表 4-5　电（光）缆最小弯曲半径表**

| 电（光）缆类型（直径 *D*） | | | 允许最小弯曲半径 | |
|---|---|---|---|---|
| | | | 单芯 | 3 芯 |
| 交联聚乙烯绝缘电缆 | ≥66kV | | 20*D* | 15*D* |
| | ≤35kV | | 12*D* | 10*D* |
| 油浸纸绝缘电缆 | 铅包 | | 30*D* | |
| | 铅包 | 有铠装 | 20*D* | 15*D* |
| | | 无铠装 | 20*D* | |
| 光缆 | | | 20*D* | |

（3）施工空间、通行空间与断面设计

施工人员和检修维护人员所需的通行空间，管线敷设、更换及增容时所需的空间对于综合管廊中电舱的断面尺寸的影响较大。按照《电气装置安装工程 电缆线路施工及验收标准》（GB 50168—2018）的要求：“电缆敷设时，电缆应从盘的上端引出，不应使电缆在支架上及地面摩擦拖拉。电缆上不得有铠装压扁、电缆绞拧、护层折裂等未消除的机械损伤”。在综合管廊内进行 110kV 以上电缆敷设施工时，电缆要用输送机、辅助输送机进行输送，在直线段、弯曲段要使用滑车进行协助，由牵引机牵引完成电缆的输送以达到规范要求，电缆输送机和电缆转弯铝滑轮如图 4-12、图 4-13 所示。

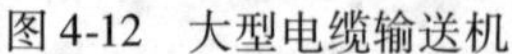

图 4-12 大型电缆输送机

图 4-13 电缆转弯铝滑轮

此外，为充分保证电缆在施工中不会出现任何损伤，故管廊的施工空间应可充分满足施工人员以及施工机具的布置要求。

**2. 给水管道敷设对管廊断面的影响**

在综合管廊中，由于给水管道是压力管道，受管廊坡度及高程变化影响较小，其管网布置较灵活，故可根据具体工程情况进行布置，布置方式不唯一，如可将给水管线与热力等管线布置在一个舱内形成水热舱；也可将电力电缆、通信电缆和给水管道、再生水管道布置在同一舱内形成水电舱。

（1）管线布置的选择

管线布置的选择见表 4-6，从表中可以看出，供水管和给水管可以和燃气管线、通信管线和热力同舱敷设，相互之间不会产生影响，而排水管和电力管线就需要具体问题具体分析，视情况而定。

**表 4-6 综合管廊中管线相互影响关系表**

| 管线种类 | 供水管 | 排水管 | 燃气管 | 电力管 | 通信管 | 热力管 |
|---|---|---|---|---|---|---|
| 给水管 | | ○ | × | ○ | × | × |
| 排水管 | ○ | | ✓ | ○ | × | × |
| 燃气管 | × | ✓ | | ✓ | ✓ | ✓ |
| 电力管 | ○ | ○ | ✓ | | ✓ | ✓ |
| 通信管 | × | × | ✓ | ✓ | | ○ |
| 热力管 | × | × | ✓ | ✓ | ○ | |

注：√表示有影响，○表示其影响视情况而定，×表示毫无影响。

（2）管线安装净距

《城市综合管廊工程技术规范》（GB 50838—2015）中明确指出，干线综合管廊、支线综合管廊内两侧设置管道时，人行通道最小净宽不宜小于 1.0m；当单侧设置管道时，人行通道最小净宽不宜小于 0.9m。配备检修车的综合管廊检修通道不宜小于 2.2m。综合管廊内通道的净宽，尚应满足综合管廊内管道、配件、设备运输净宽的要求。综合管廊的管道安装净距（图 4-14）不宜小于表 4-7 中的数值。

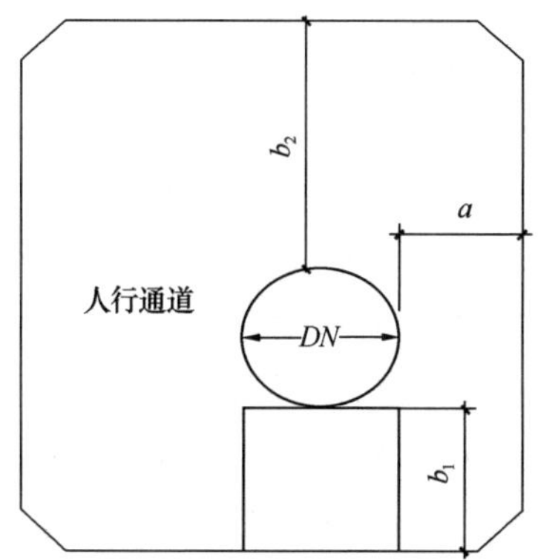


图 4-14　综合管廊的管道安装净距

**表 4-7　综合管廊的管道安装净距**（mm）

<table>
<tr><th rowspan="2">管道工程直径 DN</th><th colspan="3">铸铁管、螺栓连接钢管</th><th colspan="3">焊接钢管</th></tr>
<tr><th>$a$</th><th>$b_1$</th><th>$b_2$</th><th>$a$</th><th>$b_1$</th><th>$b_2$</th></tr>
<tr><td>$DN<400$</td><td>400</td><td>400</td><td rowspan="5">800</td><td rowspan="3">500</td><td rowspan="3">500</td><td rowspan="5">800</td></tr>
<tr><td>$400\leqslant DN<800$</td><td rowspan="2">500</td><td rowspan="2">500</td></tr>
<tr><td>$800\leqslant DN<1000$</td></tr>
<tr><td>$1000\leqslant DN<1500$</td><td>600</td><td>600</td><td>600</td><td>600</td></tr>
<tr><td>$DN\geqslant 1500$</td><td>700</td><td>700</td><td>700</td><td>700</td></tr>
</table>

除需满足上述要求外，在综合管廊中进行管道安装时，还应考虑管道的排气阀、排水阀、伸缩补偿器、阀门等配件安装、维护的作业空间。

**3. 热力管道敷设对管廊断面的影响**

从表 4-6 中可以看出，在综合管廊中，热力管道与燃气管道和电力管道之间会产生相互影响，不应将其敷设在同一舱内，热力管道与通信管道的关系需视情况而定，由于热力管道中输送的介质会使管廊内部温度升高，会对热敏感管线产生影响，故需要保持必要的距离以降低管线间的影响。供水管线和排水管线不会受热力管道的影响，可将其布置在同一舱内，此时，需要将热力管道位于给水管道和再生水管道的上方，且给水、再生水管线应做绝热层。

热力管线在综合管廊内的安装距离仍需满足图 4-14 及表 4-7 的要求，由于供热管道外部施作保温，其外径较大，无论将其水平布置或垂直布置，热力管线对综合管廊断面的影响均非常大，具体布置位置需根据工况在充分考虑管廊内其他管线位置的基础上进行详细分析。

**4. 燃气管道敷设对管廊断面的影响**

燃气管道是一种安全性要求较高的压力管道，容易受外界因素干扰和破坏造成泄漏，引发安全事故，如果将燃气管线纳入综合管廊，则需将其进行单舱布置。燃气管线在管廊内的安装间距要求与给水管线的要求相同，而且其安装净距需对管道的排气阀、排水阀、补偿器、阀门等配件安装、维护的需求进行充分考虑。

### 4.2.3 平面设计

**4.2.3.1 平面设计基本原则**

1. 综合管廊设置在道路下，平面中心线与道路中心线平行。

2. 综合管廊圆曲线半径应满足收纳管线的最小弯曲半径及要求，并尽量与道路圆曲线半径一致。

3. 综合管廊穿越城市快速路、主干路、铁路、轨道交通、公路时，宜垂直穿越；受条件限制时可斜向穿越，最小交叉角不宜小于60°。

4. 综合管廊应尽量敷设在道路一侧的人行道和中央绿化带下，便于综合管廊吊装口、通风口等附属设施的设置。若受现状建筑或地下空间的限制，综合管廊也可设置在机动车道下。综合管廊设置在机动车道下时，吊装口、通风口等要引至车道外的绿化带内。

5. 综合管廊与相邻地下构筑物的最小水平间距应根据地质条件和相邻构筑物性质确定，且不得低于表4-2规定的数值。

**4.2.3.2 平面位置**

综合管廊的平面位置应根据道路横断面、地下管线和地下空间利用情况进行确定，可以设置在机动车道、非机动车道、人行道和绿化带下。管廊与道路的位置关系示意图如图4-15所示。

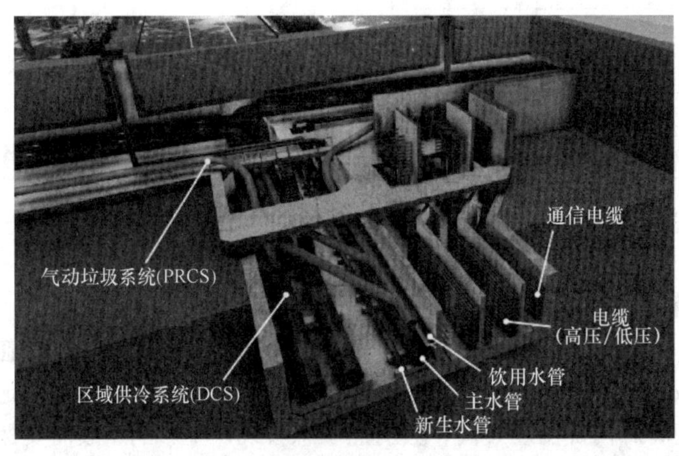


图4-15 管廊与道路的位置关系示意图

综合管廊位置应根据道路横断面、地下管线和地下空间利用情况等确定。干线综合管廊宜设置在机动车道、道路绿化带下；支线综合管廊宜设置在道路绿化带、人行道或非机动车道下；缆线管廊宜设置在人行道下。

管廊位于机动车道和非机动车道下的主要优点是不占用道路红线外的用地，节约地下空间；缺点是为满足孔口设置要求，管廊节点的结构尺寸较大，增加建设成本，如图4-16所示。管廊位于人行道或者绿化带下的主要优点是通风口、逃生口和吊装口等孔口均可直接伸出地面，管廊节点设置方便，结构尺寸较小，且便于管廊的运行维护；但是其要求人行道和绿化带下有足够的地下空间敷设管廊，如图4-17所示。

**4.2.3.3 与障碍物的距离控制**

综合管廊与相邻地下管线及地下构筑物的最小净距应根据地质条件和相邻构筑物性质

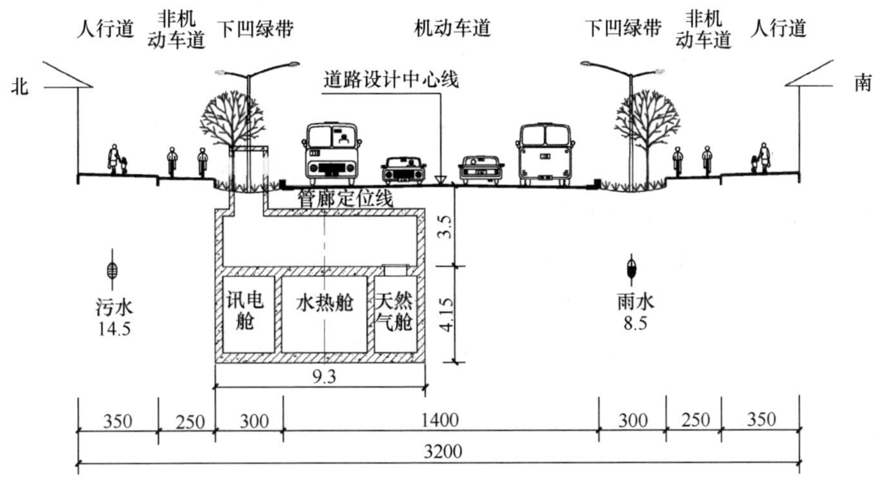


图 4-16　管廊在机动车道下方节点示意图

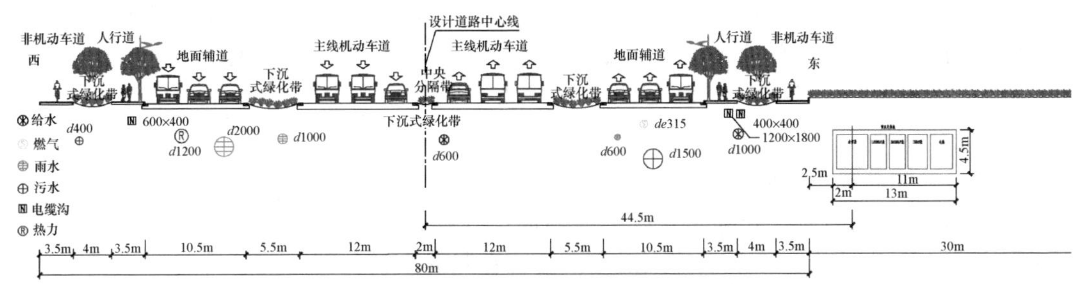


图 4-17　管廊在绿化带下方节点示意图

确定。

表 4-2 中给出的明挖施工时管廊与地下构筑物和管线的最小净距，是指采用钢板桩支护施工管廊时的净距控制要求。因此在实际工程项目中，不宜盲目套搬规范数值，而应根据所采用的具体施工方法、施工顺序以及建设条件进行技术经济分析，综合考虑确定管廊与地下构筑物和管线的净距。例如：某实际工程案例，综合管廊采用明挖法施工，基坑支护采用钻孔灌注桩支护，最大桩径为 1.2m，因此管廊与既有相邻构筑物和管线的水平净距需大于 1.2m，以满足支护桩的施工空间需求。

综合管廊与地下管线的水平净距除满足表 4-2 的要求以外，还需满足管线权属单位的要求以及相关行业标准的规定。同样在另一实际工程案例中，燃气管线权属单位要求现状次高压天然气管线两侧 5m 范围内不得开挖动土，因此管廊与现状次高压天然气管线的水平净距需大于 5m。

另外，天然气管道舱室与周边建（构）筑物间距应符合现行国家标准《城镇燃气设计规范》（GB 50028—2006）的有关规定。

#### 4.2.3.4　平面设计基本要点

管廊的平面位置及其与道路的相对位置及与相邻建（构）筑物、其他未入廊管线的水平净距确定后，即可对管廊平面进行设计，具体设计要点如下：

1. 综合管廊平面中心线宜与道路、铁路、轨道交通、公路中心线平行。综合管廊一般在道路红线范围内建设，综合管廊的平面线形应符合道路的平面线形。当综合管廊从道路的一侧折转到另一侧时，往往会对其他的地下管线和构筑物建设造成影响，因而尽可能避免从道路的一侧转到另一侧。

2. 综合管廊穿越城市快速路、主干路、铁路、轨道交通、公路时，宜垂直穿越；受条件限制时可斜向穿越，为减少交叉距离，最小交叉角不宜小于60°。

3. 综合管廊缆线体最小弯曲半径应满足综合管廊纳入的各种管线的最小弯曲半径要求，同时还需考虑其他管线在管廊内的运输。

4. 含天然气管道舱室的综合管廊不应与其他建（构）筑物合建。严禁穿越重要的地下公共设施和其他人员密集场所；同时，严禁穿越堆积易燃易爆材料和具有腐蚀性液体的场所。

5. 采用顶管和盾构等暗挖施工的综合管廊平面设计应满足暗挖工艺的施工需要及相关规范要求。

## 4.2.4 竖向设计

综合管廊的竖向设计是管廊设计的重要内容之一。管廊竖向不仅对管廊施工难度和建设成本影响巨大，也影响入廊管线的敷设及附属设施的安装和日常运维工作开展。以下主要从管廊标准覆土深度、障碍避让、坡度调节及其他要点等几个方面，对管廊竖向设计进行论述。

### 4.2.4.1 标准覆土深度

在确定管廊竖向时应首先确定管廊标准断面沿线在标准段的覆土深度（相对于设计道路路面标高）。标准覆土深度从总体上确定了管廊在竖向上的位置，对管廊的建设成本造成最直接的影响。管廊的标准覆土深度主要根据地下空间规划、路面荷载、绿化种植、冻土深度以及功能节点设置要求等因素综合确定，具体说明如下：

**1. 地下空间规划**

标准覆土深度应当以地下空间规划为依据，满足城市地下空间近、远期的发展需求。当管廊与轨道交通、地下商业、人防设施等地下空间项目在空间上有交叉或者重叠时，应在设计时与其在空间上统筹考虑。

**2. 其他因素**

路面荷载、绿化种植、冻土深度、地下建（构）筑物和其他未入廊的地下管线等均会对管廊的竖向产生影响。综合管廊的标准覆土深度应根据上述各因素所要求的设计标准覆土深度。其中路面荷载所要求由道路专业人员提供，并满足路面结构层的设置要求；绿化种植所要求由景观专业人员提出，满足植物种植要求；冻土深度所要求的标准覆土深度由管廊工艺专业设计人员根据项目所在地查询相关资料确定；现状地下构筑物所要求的标准覆土深度一般可采取管廊局部避让的措施实现，也可考虑管线穿过管廊的方案；其他未入廊的地下管线所要求的标准覆土深度应根据现状和规划管线资料与管线权属单位协商确定避让关系。

管廊布置在绿化带下，考虑覆土深度满足绿化种植的要求，一般灌木种植需要的覆土深度为0.5~1.0m，为了景观需要，往往也会种植一些较为高大上的树木，这时覆土深度往往需要2m以上。

综合管廊的管线接出口需要连接很多管线，以便于相交道路的管线相联系或服务于周边地块，这些支管都有一定的埋深要求，一般支管的埋深为1m以下。同时要考虑没有纳入管廊的管线与管廊交叉的需要，综合考虑其埋深应大于 2m 比较合适。

综合管廊的标准断面的埋深影响管廊节点的布置，因为综合管廊有吊装、通风、逃生、管线分支节点等节点，这些节点中往往会布置一定的设备，需要一定的安装空间。一般设备层安装空间需要 2m，同时设备层顶板距路面需要一定的埋深，设备层安装空间按 2.2m 考虑，顶板厚度和顶板埋深按 0.8m 考虑，管廊覆土需要 3m。

**3. 功能节点设置要求**

功能节点的设置要求也是确定管廊覆土深度的控制因素之一。功能节点作为管廊节点的一种类型，带有逃生、吊装、通风和人员出入等全部或部分功能，是综合管廊的重要组成部分。为满足《城市综合管廊工程技术规范》（GB 50838—2015）及其他综合管廊相关规范、标准的要求，通常在管廊沿线每隔一段距离设置一处功能节点，且一般为双层及以上结构。除管廊本体空间外的各层空间用于放置管廊附属设施设备以及作为管线吊装和人员出入的转换平台，一般称为夹层。夹层空间净高在考虑人员通行的情况不宜小于 2.0m。因此，管廊标准段的标准覆土深度应能确保功能节点顶板结构的覆土深度能满足路面荷载、绿化种植和冻土深度的标准覆土深度要求。

综上所述，考虑功能节点的空间要求时，管廊标准段标准覆土深度 = 夹层净空 + 节点顶板厚度（$D$） + 节点标准覆土深度（$H$） + 余量。举例说明如下：

（1）某管廊位于道路边绿化带内，其顶部覆土深度无路面荷载和冻土深度要求。功能节点处绿化种植要求可通过局部堆土实现或种植灌木等根系要求较浅的植被来实现。因此，功能节点顶板的覆土深度（相对于道路路面标高）可按不小于 0m 控制。功能节点夹层空间净高不小于 2m。功能节点顶板厚度根据结构专业计算取 0.2m。考虑一定的富余量后，管廊标准段标准覆土深度 = 2 + 0.5 + 0 + 0.2 = 2.7（m）计算示意图如图 4-18 所示。

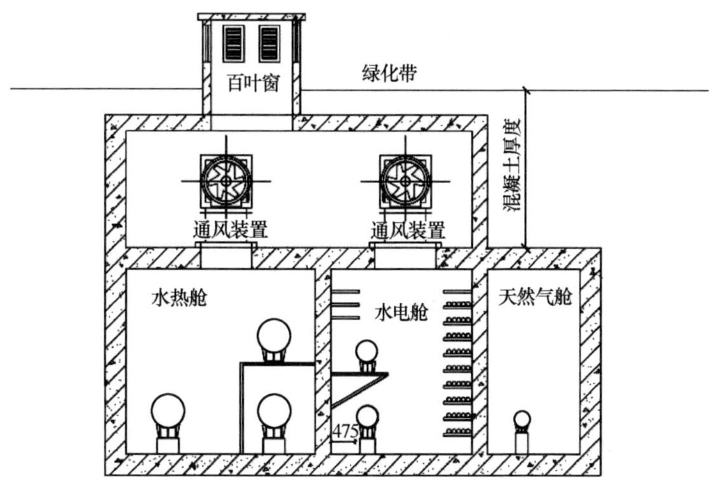


图 4-18　绿化带下节点覆土深度控制示意图

（2）某管廊位于车行道下，其顶部覆土深度无绿化种植和冻土深度要求。为满足路面荷载要求，功能节点顶板的覆土深度可按不小于 0.5m 控制，以满足路面结构层的设置要求。功能节点夹层室空间净高不小于 2m。功能节点顶板厚度根据结构专业计算取 0.5m。考虑一定的富余量后，管廊标准段标准覆土深度 = 2 + 0.5 + 0.5 + 0.2 = 3.2（m）。计算示意图如图 4-19 所示。

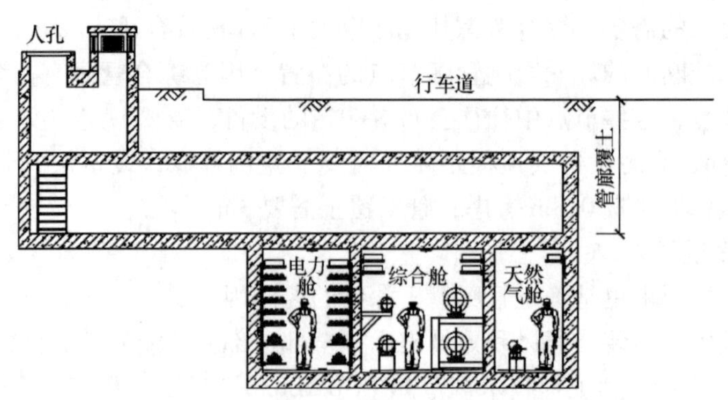


图 4-19　车行道下节点覆土深度控制示意图

当受项目建设条件限制，需大幅度减小管廊标准段标准覆土深度时，可根据项目实际情况采取相应的措施，如功能节点顶板设置搭板，以减小功能节点顶部路面结构的厚度；或者优化管廊的设计，采用侧向功能节点等方式。

**4. 其他**

采用暗挖施工的综合管廊标准覆土深度，除考虑以上因素外，还应满足暗挖相关技术规范的要求。

**4.2.4.2　障碍避让**

为保证工程可实施性、管廊及周边建（构）筑物的运行安全，综合管廊应在竖向上需与相邻地下建（构）筑物（如隧道、沟渠、地下通道、河道、轨道交通等）及地下管线保持适当的净距。

**1. 避让原则**

综合管廊与相邻地下管线及地下构筑物的最小净距应根据地质条件和相邻构筑物的性质确定。

（1）综合管廊与非重力流管道交叉时，非重力流管道避让综合管廊；

（2）综合管廊与重力流管道交叉时，需避让重力流管线，或经过技术经济分析后确定其他避让方案；

（3）综合管廊穿越河道、沟渠或市政地下构筑物时，可从河道、沟渠或地下构筑物的下部穿越，具体穿越方式应根据项目建设条件经经济技术比选后确定；

（4）综合管廊外给水管、雨污水支管、电力和通信管线原则上需避让综合管廊，为减少工程造价尽量从管廊上部穿越。

**2. 间距控制**

根据《城市综合管廊工程技术规范》（GB 50838—2015）以及工程案例的相关实践，综合管廊下穿河道、管线以及其他市政地下构筑物的垂直间距可按以下要求控制：

（1）综合管廊穿越河道时应选择在河床稳定的河段，标准覆土深度应满足河道整治和综合管廊安全运行的要求，并应符合下列规定：

① 在Ⅰ～Ⅴ级航道下面敷设时，顶部高程应在远期规划航道底高程 2.0m 以下；

② 在Ⅵ、Ⅶ级航道下面敷设时，顶部高程应在远期规划航道底高程 1.0m 以下；

③ 在其他河道下面敷设时，顶部高程应在河道底设计高程 1.0m 以下。

（2）当管廊与管线垂直交叉时，应满足表 4-8 中的净距要求。

**表 4-8　综合管廊与地下管线交叉垂直净距**　　（m）

| 施工方法 | 明挖施工 | 顶管、盾构施工 |
|---|---|---|
| 综合管廊与地下管线交叉垂直净距 | 0.5 | 1 |

（3）当管廊与地下商业等市政地下构筑物交叉时，相互之间的垂直净距一般需两项目结构专业工程师共同计算分析后综合确定。

（4）综合管廊可以考虑与地下构筑物合建以节约地下空间。有天然气管道舱室的情况下，不应与其他建（构）筑物合建。

**3. 坡度控制**

综合管廊的纵向坡度应根据入廊管线、人员或者机械通行、管廊排水系统等要求综合确定，但为控制管廊埋深，应尽量与道路坡度保持一致。

（1）入廊管线敷设要求

当重力流管线入廊时，管廊坡度和坡向的设置应结合整个片区重力流管网规划以及管线过流能力等因素综合分析计算确定，确保管线入廊后整个重力流管网的协调一致。

（2）人员或者机械通行要求

《城市综合管廊工程技术规范》（GB 50838—2015）中规定，当综合管廊纵坡超过 10% 时，在人员通道部位应设防滑地坪或台阶。当管廊内需采用机械运输或地面巡检机器人时，管廊最大坡度应根据机械类型、爬坡能力等因素综合确定。

（3）管廊排水系统要求

管廊通常采用排水沟收集输送廊内的积水。《城市综合管廊工程技术规范》（GB 50838—2015）规定综合管廊的排水明沟坡度不应小于 0.2%，除特殊情况外排水明沟坡度与综合管廊坡度一致。因此，综合管廊的最小坡度不应小于 0.2%。

（4）施工要求

采用顶管和盾构施工的综合管廊纵向坡度，除考虑以上因素外，还应满足顶管和盾构相关规范的要求。

## 4.2.5　节点设计

### 4.2.5.1　节点的定义

为了保证管廊内管线安全、可靠使用和运行需要，在综合管廊内需要设置大量的附属设施设备，如风机、电气柜等，此时管廊内需相应设置设备专用节点，同时，为保证管廊内管线安装、更换和引出的要求，也需要设置专用节点。节点即在管廊中设置，可以实现一种或若干种功能的构筑物单体，通过伸缩缝与综合管廊标准段相连接。在《城市综合管廊工程技术规范》（GB 50838—2015）中明确规定，综合管廊内需要设置的节点包括人员出入口、逃生口、吊装口、进风口、排风口和管线分支节点。

节点设计是综合管廊设计的重要部分，也是设计的难点，对工程投资、项目运营管理以及管廊的结构稳定性有着很大的影响，管廊内节点的设置需要解决内部管线衔接和检修人员通行这两方面问题，综合管廊的节点设计需要根据实际工程情况进行具体分析。

### 4.2.5.2　节点的分类和设计基本原则

下面分别对各类节点的设计原则进行阐述：

规范中明确指出，在综合管廊内每个舱室均应设置人员出入口、逃生口、吊装口、进风口、排风口、管线分支节点等，且人员出入口、逃生口、吊装口、通风口宜相互结合设置，且这些节点露出地面的孔口宜设置在绿化隔离带内，避免对车辆路口观察造成影响，需满足城市防洪要求，并采取措施防止地面水倒灌及小动物进入，露出地面的各类孔口盖板应设有在内部使用时易于人力开启、在外部使用时非专业人员难以开启的安全装置。综合管廊吊装口的最大间距不宜超过 400m，吊装口尺寸应满足管线、设备、人员进出的最小允许限界要求。

**1. 人员出入口**

人员出入口为管廊外部与管廊内部的衔接，其作用是保证人员通行安全。为方便检修人员出入，在综合管廊适当位置设置人员出入口，在出入口管廊与地面之间的夹层内设防火门和阻火墙，防火等级与管廊本体一致。出入口室外台阶高度应高于设计地面以防止雨水倒灌，且应结合周围环境进行景观性设计，人员出入口如图 4-20、图 4-21 所示。

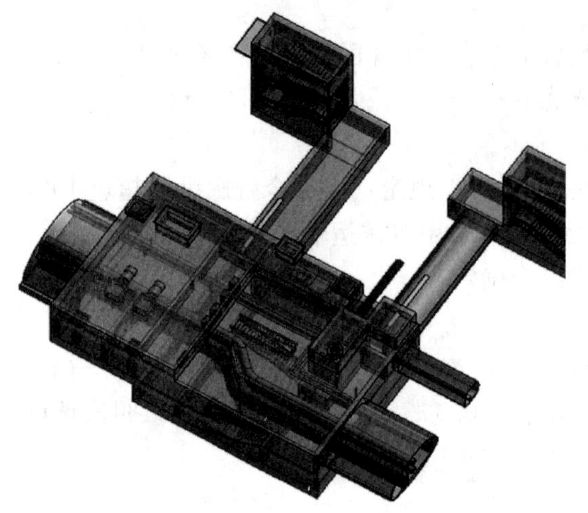

图 4-20　综合管廊人员出入口三维图

图 4-21　人员出入口

**2. 逃生口**

事故紧急人员逃生口应以保证生命安全为前提，缩短逃生半径，提高逃生概率。逃生口通常设置在管廊附近，通过逃生通道与管廊相连接，逃生节点的设置可采用管廊加舱的方式或增加结构宽度的方式实现。

逃生口间距设置见表 4-9：

**表 4-9　各舱室逃生口最小间距**　　（m）

| 管廊舱室 | 逃生口间距要求 |
| --- | --- |
| 电力电缆舱室 | 200 |
| 天然气舱室 | 200 |
| 热力管道舱室 | 200（非蒸汽介质）；100（蒸汽介质） |
| 其他舱室 | 400 |

除此之外，规范中要求逃生口的内径净直径不应小于 800mm，逃生口示意图如图 4-22 所示。

**3. 吊装口**

吊装口净尺寸应满足管线、设备、人员进出的最小允许限界要求，其位置宜垂直开在检

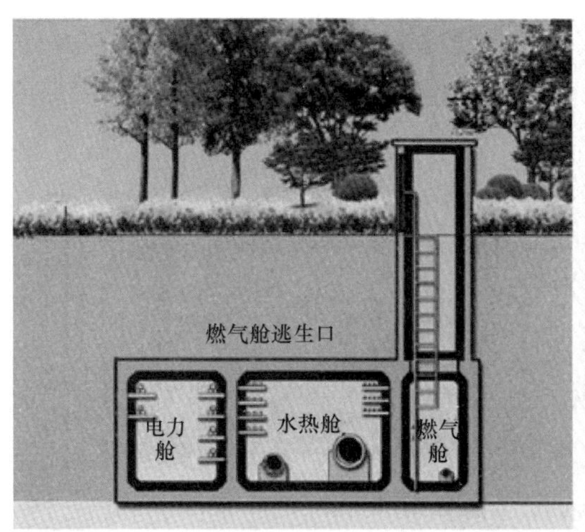


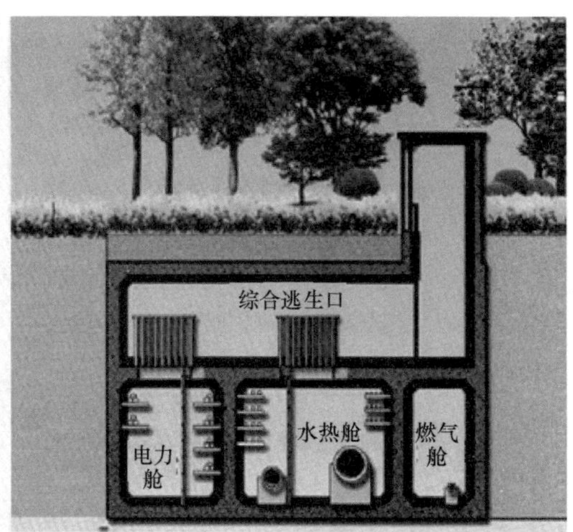


图 4-22　逃生口示意图

修通道正上方，以提高投料吊装的便捷性。并且吊装口应尽量减小对城市景观的影响。

在综合管廊中吊装口宽度不应小于 0. 6m 且应大于管廊内最大管径管线的外径加 0. 1m，其长度应满足 6m 长的管线进入管廊且其最大间距不宜超过 400m。当需要考虑设备进出时，吊装口宽度还应满足设备进出的需要，吊装口宜布置直爬梯等设施，兼顾人员出入的功能。

吊装口示意图如图 4-23、图 4-24 所示。

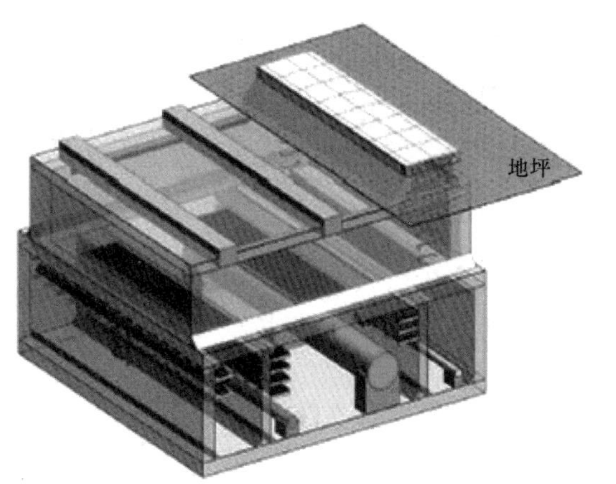


图 4-23　水热舱吊装口示意图

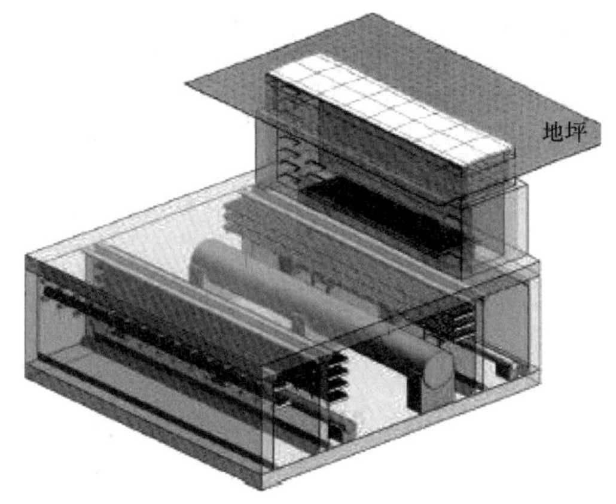


图 4-24　燃气舱吊装口示意图

**4. 通风口**

通风口的设置目的是为管廊内部提供新鲜空气，并将管廊内部产生的废气及管线产生的热量排出，还可在管廊发生火灾时起到排烟的作用。通风系统由风孔、风道、风机、防火阀等组成，在每个防火分区设置独立的通风系统。根据规范要求，在综合管廊内的通风宜采用自然进风和机械排风相结合的通风方式，在天然气管道舱和含有污水管道的舱室应采用机械进、排风的通风方式。

通风口的间距一般不超过 400m，露出地面的通风口应结合周围环境进行景观性设计，通风口示意图如图 4-25 所示。

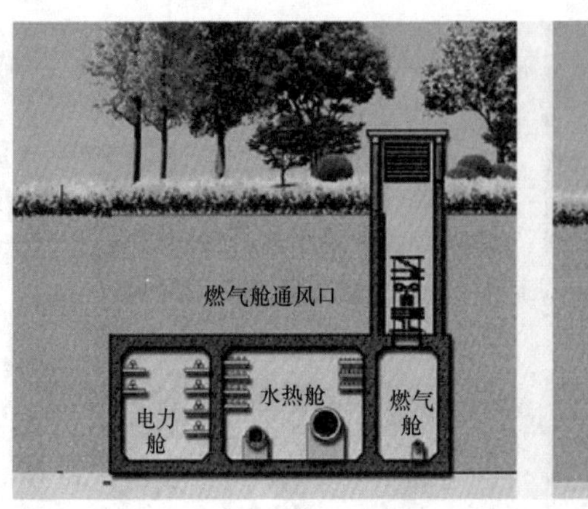


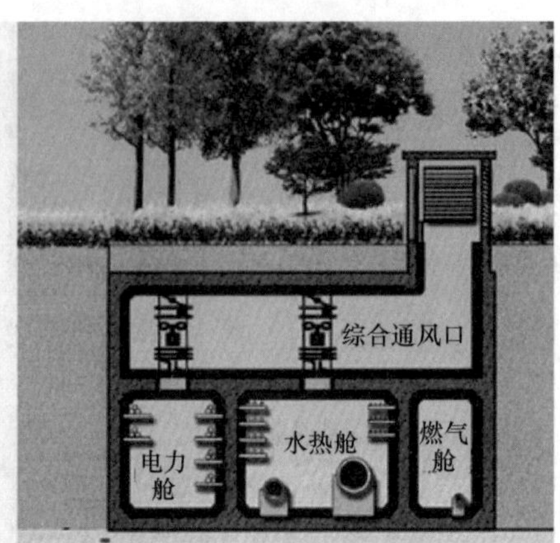


图 4-25　通风口示意图

**5. 管线分支节点**

管线分支节点是管廊内部管线与外部管线相互衔接的部位，其作用是用于综合管廊内各种管线的出线，管线分支节点可分为路口型管线分支节点和地块型管线分支节点，具体设置位置及间距需根据区域规划和市政管线规划而定。

**6. 管廊交叉节点**

管廊交叉节点是两条管廊相交的地方，属于设计中较为复杂的节点。其处理方法有两种：其一是将综合管廊在平面展开，管线从一个层面实现交叉；另一种方法是将综合管廊在此布置为上下两层，解决管线的交叉问题，管廊上下顺序的确定原则为一条管廊下倒虹，两条管廊共用顶板（地板）的形式。没有重力流管道的管廊应避让有重力流管道的管廊，以避免重力流管道倒灌。若均无重力流，则舱室较多或尺寸较大的管廊设置在管廊下方以提高结构整体的稳定性。

**7. 端部节点**

通常将端部节点设置在各条管廊的起止点，每条管廊 2 个，其作用是将管廊内部管线与外部管线进行衔接满足管线出线要求，并且具备逃生、吊装和进风等功能。

**8. 转化节点**

为使检修人员及其他工作人员可以在不同断面管廊之间穿行，在综合管廊内断面尺寸不同的部位及管廊种类不同的部位设置转化节点，提高管线间的互通性。

**9. 附属设施用房**

管廊内的附属设施包括通风系统、消防系统、排水系统、照明与供配电系统、监控与报警系统、标识系统等，为满足某些附属设施的使用要求，需要设置专门的附属设施用房，如变电所、消防水泵房、雨水处理间等，这些附属设施用房通常以节点的形式与综合管廊相结合，为达到减小用地这一目的，附属设施用房一般位于管廊的上部或侧方，附属设施用房中分变电所如图 4-26 所示。

在满足规范要求的前提下，应适量减少节点数量和尺寸，这样不仅可以降低节点露出对城市景观和行车的影响，而且可以降低工程建设成本。人员出入口、逃生口、吊装口、通风口和附属设施用房等节点在满足要求的前提下，可进行结合设置。

根据节点功能类型和节点位置，综合管廊内的节点可分为功能节点、管线分支节点、交叉节点、端部节点和转换节点。下面将对这五类节点的设计进行详细论述。

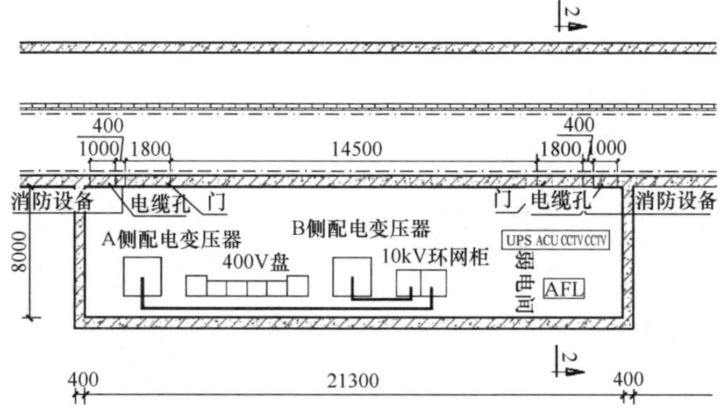


图 4-26　北京某管廊分变电所

#### 4.2.5.3　节点设计要点

该部分针对综合管廊的主要节点即通风口、投料口、管线分支节点和人员出入口进行详尽叙述。

**1. 通风口设计**

设置通风口的目的是将管廊内的陈旧空气排出，并为管廊内运行维护人员提供足够的新鲜空气，并且可以将管廊内管线生成的余热带出管廊，如果管廊内存在有害物质，可以通过通风系统进行稀释，在火灾发生时，可以控制逃生通道内气压，防止烟气侵入逃生通道。

综合管廊的通风方式按照《城市综合管廊工程技术规范》（GB 50838—2015）的规定，在含有天然气管道和污水管道的舱内，为防止易燃气体聚集，缩短易燃气体滞留时间，需要保证舱体内及时通风，故采用机械进风和机械排风的通风方式。其他舱内的通风方式采用自然进风，机械排风，将自然通风和机械排风相结合的方式进行。通风口包括进风口和排风口，分别设置在每个通风区的两端，在电舱的每个通风分区中间设常开防火门分隔出防火分区，在综合管廊的每个防火区段内设置进风口和排风口各一个，根据规范要求，通风分区的长度不应大于 400m，通风次数要求见表 4-10。

**表 4-10　舱体通风次数要求**　（次/h）

| 舱体类型 | | 通风次数 |
|---|---|---|
| 综合舱、水电舱 | 正常通风换气 | 2 |
| | 事故通风换气 | 6 |
| 天然气舱 | 正常通风换气 | 6 |
| | 事故通风换气 | 12 |

通风口出地面的部分设在绿化带内并高出地面以防雨水倒灌，百叶窗建议使用水平防雨百叶，并根据布设路段结合道路景观，以城市小品或隐藏方式设计，与绿化融为一体，通风口示意图如图 4-27 所示。

**2. 投料口设计**

投料口的设计需考虑到综合管廊内所需投入管材的尺寸、人员紧急出入口以及综合管廊内部通风换气的因素。投料口宜与自然进风口结合设计，兼作事故状态时的紧急人员出入口，投料口的设置间距均不应超过 200m。投料口露出地面部分应设于人行道的绿化带内，并应与整体的街景设计相协调，其中投料口应高出地面 0.2m（图 4-28）。通风口百叶窗底需要高出路面 0.5m。

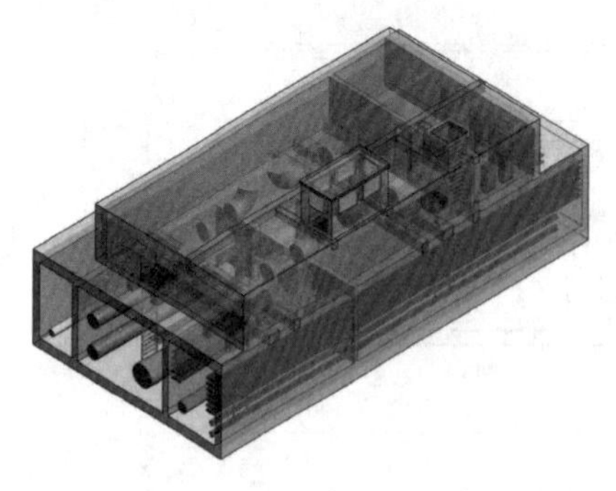
图 4-27　通风口示意图

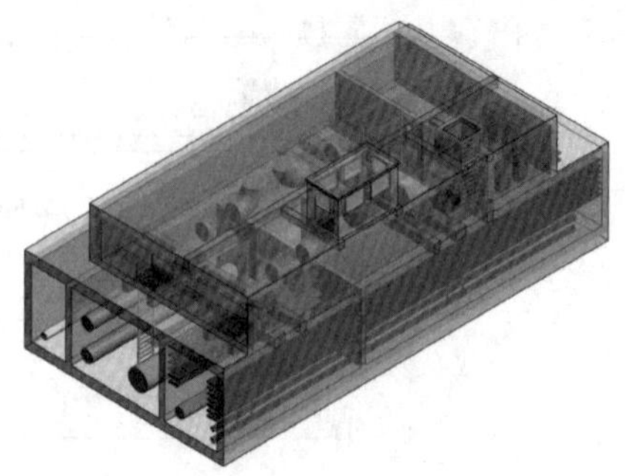
图 4-28　综合舱投料口示意图

**3. 管线分支节点设计**

综合管线分支是城市综合管廊系统中较为重要的一部分，是将管廊内部管线与外部管线进行连接的构筑物，具体尺寸、高程、数量及间距等问题应根据接入管线种类、要求进行确定。管线分支节点的引出方式可分为单侧引出和双侧引出两种，管线的引出一般位于管廊上部，为保证综合管廊内检修通道不被占用以及满足某些管线弯曲半径的要求，需要增加管线分支节点的高度和宽度。

根据引出管线种类的不同可以分为：电力专用分支节点、供水管道分支节点、信息管道分支节点、热力管道分支节点、天然气管道分支节点等。根据管线分支节点的设置位置可以分为地块型支管口和路口型管线支管口，其中地块型管线分支节点的设置间距一般为 150 ~ 200m，而路口型管线支管口则设置在管廊与道路横向交叉的路口。

给水、再生水、热力、燃气、电力和通信等市政管线根据常规设计标高，一般在接出管廊时满足 1.4 ~1.5m 的覆土，便于与直埋管线相接。采用支管廊形式的分支节点较为复杂，需要综合考虑支管廊对管廊防火、通风分区划分及方案的影响，及支管廊人员的通行，同时，要考虑管线在支管廊段的运输与维护。如图 4-29、图 4-30 所示。

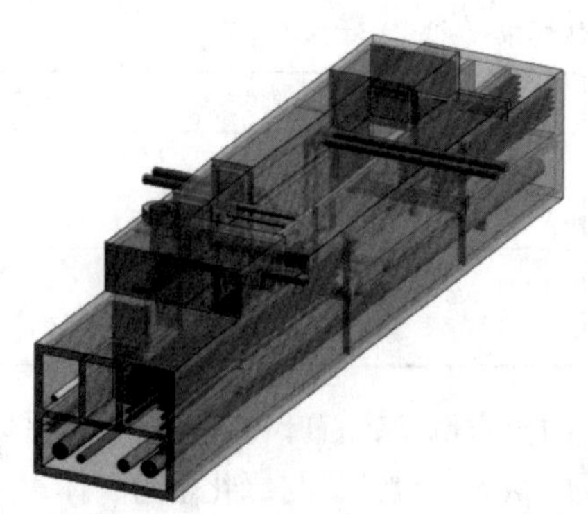
图 4-29　管线/套管直埋分支节点示意图

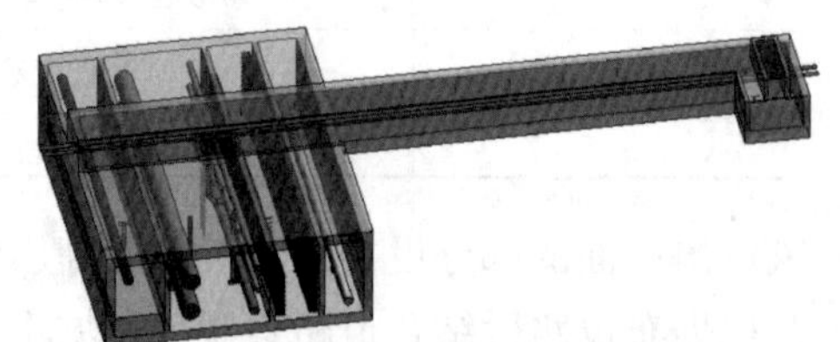
图 4-30　支管廊管线分支节点示意图

**4. 人员出入口设计**

综合管廊出入口主要分为两种类型：管廊本体出入口和事故紧急逃生口。出入口为管廊外部与管廊内部的衔接，保证人员通行安全。

人员出入口是设置在综合管廊沿线供工作人员和参观人员进出管廊的构筑物，其设置为一般在管廊的两端，若管线较长，也可在管廊的中段增加出入口。人员出入口在管廊正常运营阶段供施工、维修、检修等工作人员进出，在突发事件发生时，为人员撤离提供通道。

图 4-31　人员出入口

人员出入口露出地面的构筑物一般设置在绿化带内或人行道旁边，为降低管廊露出部分对环境及交通的影响，可将综合舱与电力舱的人员出入口合建，以减少管廊露出地面的孔口数量，但燃气舱的人员出入口需单独设置。人员出入口管廊与地面之间的夹层内设防火门和阻火墙，其防火等级与管廊本体一致，为防止雨水倒灌，出入口室外台阶高度应高于设计地面并符合城市防洪要求，人员出入口如图 4-31 所示。

## 4.3　辅助构筑物设计

为了便于管理人员对综合管廊进行日常巡查和监控，需要设置监控中心。由于监控中心布置的数量要少，所以其设置的位置要便于实时监控管理，监控中心的布置原则如下：

1. 监控中心布置的规模以远期为主，布置的位置原则上位于各个独立的综合管廊的中心，一般宜在近期综合管廊或 10kV 变电站附近，并能兼顾远期，同时为了节约用地，结合用地性质设置在道路旁的绿地中。
2. 设置一个控制中心，能将测区范围内的所有信号同时反馈到该中心，便于及时调度和监控。
3. 在每个区设置一个监控中心，便于该区实时监控，及时调度。
4. 独立、不连通的综合管廊，需单独设置一个片区级的监控中心。
5. 监控中心的建筑面积一般要求在 $400m^2$ 以上。

监控中心的效果图及内部示意图如图 4-32、图 4-33 所示。

图 4-32　监控中心效果图

图 4-33　监控中心内部示意图

## 4.4 管廊附属设施设计

### 4.4.1 消防系统

#### 4.4.1.1 建筑消防设计

消防设计时应考虑综合管廊舱室内容纳管线的火灾危险性，火灾危险性分类见表4-11：

表 4-11 火灾危险性类别

| 舱室内容纳管线种类 | | 舱室火灾危险性类别 |
|---|---|---|
| 天然气管道 | | 甲 |
| 阻燃电力电缆 | | 丙 |
| 通信线缆 | | 丙 |
| 污水管道 | | 丁 |
| 雨水管道、给水管道、再生水管道 | 塑料管等难燃管材 | 丁 |
| | 钢管、球墨铸铁管等不燃管材 | 戊 |

1. 当综合管廊的舱室内部含有两类及以上的管线时，舱室内部的火灾危险性类别应该按照火灾危险性较大的管线进行确定。

2. 综合管廊不同舱室之间的分隔墙、主结构体应该选用耐火极限不低于 3. 0h 的不燃性结构。

3. 容纳电力电缆的舱室以及容纳天然气管道的舱室应该每隔 200m 采用耐火极限不低于 3. 0h 的不燃性墙体进行防火分隔。防火分隔处还应该设置甲级防火门，应该选用阻火包等防火封堵措施对管线穿越防火隔断的部位进行严密封堵。

4. 综合管廊交叉节点及各舱室交叉部位应采用耐火极限不低于 3. 0h 的不燃性墙体进行防火分隔。防火分隔处的门应采用甲级防火门，管线穿越防火隔断部位应采用阻火包等防火封堵措施进行严密封堵。

5. 综合管廊内部应该在人员出入口、逃生口、沿线等处分别设置灭火器材，灭火器材的设置间距不应大于 50m，灭火器的设置要求应该满足现行国家标准《建筑灭火器配置设计规范》（GB 50140—2005）的相关规定。

6. 支线综合管廊内部容纳 6 根及以上电力电缆的舱室，干线综合管廊内部容纳电力电缆的舱室应该设置自动灭火装置；其他容纳电力电缆的舱室宜设置自动灭火系统。

7. 综合管廊内部应该设置火灾自动报警系统，并且在综合管廊的每个防火分区检查井端口或者入口处设置固定报警电话，报警电话应该实时反馈至控制中心。

8. 综合管廊各个舱内部宜设置手提式灭火器，并且每个设置点灭火器配置的数量均不应该少于 2 具，但也不应该多于 5 具。

9. 综合管廊的电力舱内部宜设置水喷雾灭火系统、气体灭火系统或者自动喷水灭火系统等固定装置，电力舱内部设置灭火器的形式应该选用磷酸铵盐干粉灭火器。

10. 综合管廊内部敷设的电缆阻燃与防火性能参数应该符合国家现行标准《电力工程电缆设计标准》（GB 50217—2018）的相关规定。

11. 综合管廊内的电缆防火与阻燃应符合国家现行标准《电力工程电缆设计标准》（GB 50217—2018）和《电力电缆隧道设计规程》（DL/T 5484—2013）及《阻燃及耐火电缆 塑

料绝缘阻燃及耐火电缆分级和要求 第 1 部分：阻燃电缆》（GA 306.1—2007）和《阻燃及耐火电缆 塑料绝缘阻燃及耐火电缆分级和要求 第 2 部分：耐火电缆》（GA 306.2—2007）的有关规定。

**4.4.1.2　灭火系统**

目前可用于综合管廊的消防系统主要有二氧化碳气体灭火系统（图 4-34）、气溶胶灭火系统、细水雾灭火系统、超细干粉灭火系统。

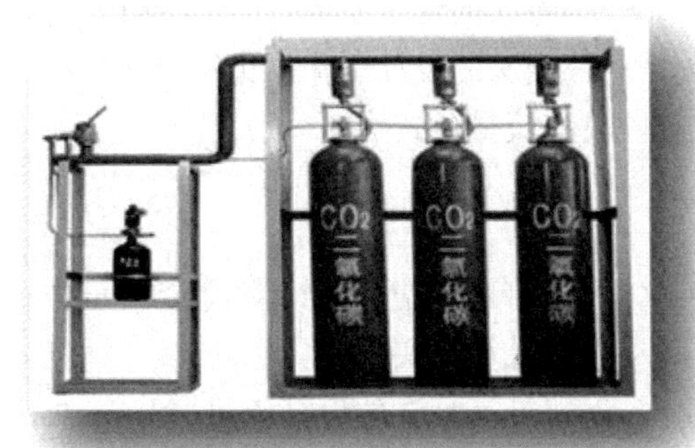


图 4-34　$CO_2$ 气体灭火装置

1. 二氧化碳系统可带电消防；不对任何物体造成损坏；能使人窒息，须在人员撤离后使用；需设置较多数量的二氧化碳储存站以避免长距离输送气体带来的压力下降和蒸发，投资费用较高；在日常储存中会发生泄漏需及时进行补充或更换，造价较高一般不采用。

气溶胶灭火机理主要是气相、固相的化学抑制燃烧作用及生成的惰性气体对保护区氧气的稀释作用，该系统设置方便，系统设备简单，可带电消防，但气溶胶喷射物和分解产物主要成分为金属盐类、金属氧化物以及水蒸气、$CO_2$、$N_2$ 等，对人体和周围环境都会造成一定影响，药剂需定期更换。造价较低（图 4-35）。

2. 细水雾灭火系统是利用水雾喷头在一定水压下将水流分解成细小水雾滴进行灭火或防护冷却的一种固定式灭火系统（图 4-36）。该系统是在自动喷水系统的基础上发展起来的，不仅安全可靠、经济实用，而且具有适用范围广，灭火效率高的优点。细水雾的灭火机理主要是具有表面冷却、窒息、乳化、稀释的作用，造价较高。

图 4-35　气溶胶灭火装置

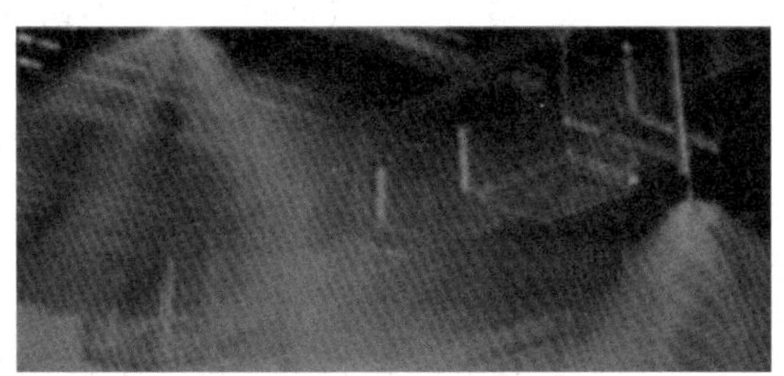

图 4-36　细水雾灭火装置

采用细水雾灭火系统与二氧化碳气体、气溶胶或泡沫灭火相比，设备较简单、修理维护方便、灭火范围广、效率高，同时细小的雾滴能降低火场的温度，适用于有电缆的管廊，同时运行费用较低。

高压细水雾灭火系统的设计可依据《细水雾灭火系统技术规范》（GB 50898—2013）、《泵站设计规范》（GB 50265—2010）、《城市综合管廊工程技术规范》（GB 50838—2015）、《建筑设计防规范（2018 年版）》（GB 50016—2014）、《建筑给水排水设计规范》（GB 50015—2019）、《细水雾灭火系统设计、施工、验收规范》（DBJ 01-74—2003）等相关规范。

喷头的设计流量公式

$$q = K\sqrt{10P} \tag{4-1}$$

式中 $q$——喷头的设计流量（L/min）；

$K$——喷头的流量系数［L/（min · $MPa^{1/2}$）］；

$P$——喷头的设计工作压力（MPa）。

管段设计流量公式为

$$Q_S = \sum_{i=1}^{n} q_i \tag{4-2}$$

式中 $Q_S$——管道系统的设计流量（L/min）；

$n$——计算喷头数；

$q_i$——计算喷头的设计流量（L/min）。

雷诺数公式为

$$Re = 21.22\frac{Q_\rho}{d\mu} \tag{4-3}$$

式中 $Q$——管道的流量（L/min）；

$d$——管道内径（mm）；

$\rho$——流体密度（$kg/m^3$）；

$Re$——雷诺数；

$\mu$——动力黏度（cp）。

管道粗糙度公式为

$$\Delta = \frac{\varepsilon}{d} \tag{4-4}$$

式中 $d$——管道内径（mm）；

$\Delta$——管道相对粗糙度；

$\varepsilon$——管道粗糙度（mm），对于不锈钢管，取0.045mm。

管道水力损失公式为

$$P_f = 0.2252\frac{fL\rho Q^2}{d^5} \tag{4-5}$$

式中 $P_f$——管道的水头损失，包括沿程水头损失和局部水头损失（MPa）；

$Q$——管道的流量（L/min）；

$L$——管道计算长度，包括管段的长度和该管段内管接件、阀门等的当量长度（m）；

$f$——摩阻系数，根据 $Re$ 和 $\Delta$ 值确定；也可根据 Colebrook 方程确定。

储水箱有效容积公式为

$$V = Q_S \cdot t \tag{4-6}$$

式中 $V$——储水箱或储水容器的设计所需有效容积（L）；

$t$——系统的设计喷雾时间（min）；

节点压力公式为

$$P_t = \sum P_f + P_e + P_s \tag{4-7}$$

式中 $P_t$——系统的设计供水压力（MPa）；

$P_e$ ——最不利点处喷头与储水箱或储水容器最低水位的高程差（MPa）；

$P_s$ ——最不利点处喷头的工作压力（MPa）。

3. 超细干粉灭火系统特点是可广泛应用于各种场所扑救 A、B、C 类火灾及带电电气火灾。该灭火剂 90% 的颗粒粒径 ≤20μm，在火场反应速度快，灭火效率高。超细干粉灭火剂粒径小，流动性好，具有良好的抗复燃性、弥散性和电绝缘性。当灭火剂与火焰混合时，发生化学反应并迅速捕获燃烧自由基，使自由基被消耗的速度大于生产的速度，燃烧自由基很快被耗尽，从而切断燃烧链实现火焰被迅速扑灭（图 4-37）。

图 4-37　超细干粉装置

超细干粉自动灭火系统依据不同地区的地标规范，设计也有所不同，下面以山东、福建、云南三种不同地标为例展开说明。

（1）山东地方标准《超细干粉灭火系统设计、施工及验收规范》（DB37/T 1317—2009）：

$$m = C \times (V_v - V_g) \times K_1 \times K_2 \times K_3 \tag{4-8}$$

$$N \geqslant m/m_1 \tag{4-9}$$

式中　$m$ ——超细干粉灭火剂设计用量（kg）；

$C$ ——超细干粉灭火剂设计灭火浓度（$kg/m^3$）；

$K_1$ ——配置场所危险等级补偿系数；

$K_2$ ——防护区不密封度补偿系数；

$K_3$ ——超细干粉灭火装置喷射不均匀补偿系数；

$V_g$ ——防护区内不燃烧体和难燃烧体的总体积（$m^3$）；

$V_v$ ——防护区容积（$m^3$）。

$N$ ——悬挂式超细干粉灭火装置数量（具）；

$m_1$ ——单具悬挂式灭火装置超细干粉额定充装量（kg）。

（2）福建地方标准《超细干粉自动灭火装置设计、施工及验收规范》（DB35/T 1153—2011）：

$$M \geqslant M_1 + \sum M_2 \tag{4-10}$$

$$M_1 = V_1 \times C \times K_1 \times K_2 \tag{4-11}$$

$$M_2 = M_1 \times \delta_1 \tag{4-12}$$

$$N \geqslant M/M_3 \tag{4-13}$$

式中　$M$——超细干粉灭火剂实际用量（kg）；

$M_1$——超细干粉灭火剂设计用量（kg）；

$M_2$——超细干粉灭火剂喷射剩余量（kg）；

$V_1$——防护区容积（$m^3$）；

$\delta_1$ ——灭火装置喷射剩余率（柜式装置取 10%，其他类型取 5%）（%）；

$C$——灭火设计浓度（$kg/m^3$）；

$K_1$——配置场所危险等级补偿系数，单位为无量纲；

$K_2$——防护区不密封度补偿系数，单位为无量纲；

$N$——超细干粉自动灭火装置数量，单位为具；

$M_3$——单具超细干粉自动灭火装置额定充装量（kg）。

（3）云南地方标准《非贮压式超细干粉灭火系统设计、施工及验收规范》（DB53/T 448—2012）：

$$M = K_1 \times C \times V_1 \times K_2 \tag{4-14}$$

$$N = 1.1M/m \tag{4-15}$$

式中 $M$——超细干粉灭火剂设计用量（kg）；

$K_1$——配置场所危险等级补偿系数；

$V_1$——防护区净容积（$m^3$）；

$C$——灭火设计浓度（$kg/m^3$），$C$ 的取值不应小于 0.11$kg/m^3$ 且不小于经权威机构认证合格的灭火浓度的 1.2 倍；

$K_2$——防护区不密封度补偿系数；

$N$——灭火装置的配置数量（具）；

$m$——单具灭火装置的充装量（kg）。

图 4-38　通风口

### 4.4.2　通风系统

为了消除综合管廊舱室内敷设的电缆所散发的热量，并且为了能不断补充新鲜空气，所以需要在综合管廊内部设置一套通风系统（图 4-38）。当综合管廊内发生了火灾事故时，火情监测器应该发出相应的信号从而关闭电动防烟防火阀，同时将通风机关闭。等火灾警报解除以后再由排风机对烟雾进行排除。

#### 4.4.2.1　通风系统设计原则

1. 通风系统控制要求：

（1）消防连锁。当接收到火灾报警信号时，自动关闭防火阀和通风机，从而切断了综合管廊内进风井和排风井之间构成的空气通道，待火灾警报解除以后，应开启排风机对综合管廊内的烟雾进行排除，从而便于工作人员进入综合管廊内部进行维修。

（2）高温连锁。当综合管廊内部空气的温度高于 40℃时，应开启排风机进行通风。

（3）氧气浓度风机连锁。综合管廊属于封闭型地下构筑物，微生物和人员的活动、废气的沉积等因素都会导致综合管廊舱室内部氧气浓度的下降，所以需要在综合管廊舱室内设置测量含氧量的装置。当出现了氧气浓度过低的情况时，检测仪发出信号，从而自动开启排风机，确保综合管廊内部新鲜空气的进入，仅当综合管廊内部的氧气指标达到规定要求时，工作人员才可进入综合管廊内部。

2. 综合管廊的通风量应根据断面尺寸、通风区间长度并经过相关计算而确定，并且应该符合以下规定：

（1）正常通风的换气次数不应小于 2 ~ 3 次/h，事故通风的换气次数不应小于 6 次/h。

（2）天然气管道舱室内部正常通风的换气次数不应小于 6 次/h，事故通风的换气次数不应小于 12 次/h。天然气舱风机及附属设备选用防爆型，设备按照爆炸性气体环境 2 区的标准进行选择。

（3）综合管廊舱室内部可燃气体的浓度大于其爆炸下限浓度值（体积分数）20% 时，应该启动该事故段及其相邻分区的事故通风设备。

（4）综合管廊电力舱室的通风设计还需要考虑电缆的发热量。

3. 综合管廊通风口处的出风风速不宜大于 5m/s。

4. 综合管廊内部所选用的通风设备应该符合节能环保的相关要求。天然气管道舱室所选用的风机应该具有防爆功能。

5. 综合管廊内部应该布设对事故后的舱室进行机械排烟的设备。当综合管廊舱室的内部发生火灾时，发生火灾的分区及其相邻分区的通风设备均应能够实现自动的关闭。

6. 综合管廊天然气管道舱室的排风口与其他舱室送风口、排风口、周边建（构）筑物口以及人员出入口等之间的距离不应小于 10m。综合管廊天然气管道舱室的各类孔口不应与其他舱室的相互连通，并且还应该设置明显的安全警示标识。

7. 综合管廊的通风口应加设防止小动物进入的金属网络，网孔净尺寸不应大于 10mm × 10mm。

8. 综合管廊的通风口底部，应设置高度不低于 300mm 挡水墙。

9. 当综合管廊内空气温度高于 40℃或需进行线路检修时，应开启排风机，并应满足综合管廊内环境控制的要求。

#### 4.4.2.2　通风量计算

**1. 电力通风量计算**

（1）电缆的散热量计算

1 条 $n$ 芯（不包括不载流的中性线和 PE 线）电缆的热损失功率为

$$q_R = \frac{n I^2 \sigma}{S} \tag{4-16}$$

式中，$q_R$ 为 1 条电缆的热损失功率，W/m；$n$ 为 1 条电缆的芯数；$I$ 为 1 条电缆的允许持续载流量，A；$\sigma$ 为电缆运行时平均温度为 60℃时的电缆芯电阻率，对于铝芯电缆为 $3.3 \times 10^{-8}\Omega \cdot m$，对于铜芯电缆为 $2.0 \times 10^{-8}\Omega \cdot m$；$S$ 为电缆芯截面面积，$m^2$。

综合管廊（电力舱）内 $N$ 条 $n$ 芯（不包括不载流的中性线和 PE 线）电缆的热损失功率为

$$Q_1 = \frac{K_0 \cdot L \cdot (q_{R1} + q_{R2} + \cdots + q_{Ri})}{1000} \tag{4-17}$$

式中，$Q_1$ 为电缆的热损失功率，kW；$K_0$ 为同时使用系数，可取 0.85 ~ 0.95，当舱内电缆较多时取下限，舱内电缆较少时取上限；$L$ 为电缆长度，m；$q_{Ri}$ 为第 $i$ 条电缆的热损失功率，W/m。

由于电流通过电缆的损失基本转换为热量散发到管廊中，电缆的热损失功率可以看作电缆的散热量。需要注意的是，在实际运行时，电缆的允许持续载流量应按照敷设条件、环境温度、排列方式、电缆间距、护层接地方式等因素进行修正，切不可按照电气相关手册的电缆允许载流量作为计算输入条件，有条件时应由电缆的管线设计单位提供电缆的载流量；同时，考虑到电力电缆供电的区域存在双回路供电、不同供电区域的用电高峰出现的时间差异等因素，某个供电回路出现满载的可能性非常低，而电力舱内所有电力电缆同时出现满载的可能性更低，因此必须考虑一定的同时使用系数。

（2）排除余热所需的通风量计算

$$G = 3600\frac{Q_1}{c \cdot \rho(t_p - t_j)} \tag{4-18}$$

式中，$G$ 为所需通风量，$m^3/h$；$c$ 为空气比热容，取 1.01 kJ/（kg·℃）；$\rho$ 为空气平均密度，$kg/m^3$；$t_p$为排风温度，排热工况取 40℃，巡视工况取 35℃；$t_j$为进风温度,℃，按当地夏季室外通风计算干球温度进行取值。

如果考虑舱室内的部分热量通过侧壁和底板（顶板）传递给土壤，通风量可以减少。考虑土壤传热后，每个通风区间排除余热所需的通风量计算公式为

$$G = 3600\frac{Q_1 - Q_0}{c \cdot \rho(t_p - t_j)} \tag{4-19}$$

式中，$Q_0$ 为舱室通过侧壁和底板（顶板）传递给土壤的热量，kW。

$Q_0$ 精确的计算方法可参照《人民防空地下室设计规范》（GB 50038—2005）无恒温要求的防空地下室围护结构的传热量计算方法，本文采用下式简化计算：

$$G = \frac{KF\Delta t}{1000} \tag{4-20}$$

式中，$K$ 为管廊侧壁和底板（顶板）向土壤的平均传热系数，$W/(m^2 \cdot K)$，综合管廊可取 0.20 $W/(m^2 \cdot K)$；$F$ 为管廊侧壁和底板（顶板）向土壤的传热面积，$m^2$；$\Delta t$ 为管廊内空气与侧壁（底板）表面平均温差，℃。

通过式（4-18）计算得到的通风量较大，电缆的散热量全部由通风系统排除；式（4-19）考虑电力舱侧壁和底板（顶板）向土壤的传热，排除舱内余热的通风量相应减少。

（3）设计通风量的确定

电力舱通风量除了应满足排除舱内余热的通风量要求之外，还需符合规范规定的正常和事故通风换气次数，取两者中较大值作为设计通风量。

**2. 热力舱通风量计算**

能源舱中的热力管道主要包括热水管道。《城市综合管廊工程技术规范》（GB 50838—2015）第 6.5.3 条规定“管道及附件保温结构的表面温度不得超过 50℃”。该温度低于《城镇供热管网设计规范》（CJJ 34—2010）第 11.1.3 条规定的 60℃，在确定热力管道的保温材料厚度时需注意。

（1）热力管道的散热损失计算

热力管道在管廊内一般为架空敷设，管道表面单位面积的散热损失计算公式为

$$q = \frac{t_0 - t_a}{\frac{1}{2\lambda}D_1\ln\frac{D_1}{D_0} + \frac{1}{\alpha_s}} \tag{4-21}$$

热力管道的散热损失为

$$Q_2 = q\pi D_1\frac{L_1}{1000} \tag{4-22}$$

式（4-21）、式（4-22）中 $q$ 为热力管道表面单位面积的散热损失，$W/m^2$；$t_0$为热力管道的外表面温度,℃；$t_a$为热力管道舱内的环境温度,℃；$\lambda$ 为保温材料在平均使用温度下的导热系数，W/(m·K)；$D_1$ 为热力管道保温层的外径(直径)，m；$D_0$为热力管道的外径(直径)，m；$\alpha_s$为保温层外表面的表面传热系数，$W/(m^2 \cdot K)$；$L_1$ 为热力管道的长度，m；$Q_2$为热力管道的散热损失，kW。

（2）排除余热所需的通风量计算

舱室内余热全部由通风排除，通风量计算公式为

$$G = 3600 \frac{Q_2}{c \cdot \rho(t_p - t_j)} \tag{4-23}$$

如果考虑舱室内的部分热量通过舱壁和底板传递给土壤，通风量可以减少，其通风量计算公式为

$$G = 3600 \frac{Q_2 - Q_0}{c \cdot \rho(t_p - t_j)} \tag{4-24}$$

（3）设计通风量确定

能源舱通风量除了应满足排除舱内余热的通风量要求之外，还需符合规范规定的正常和事故通风换气次数，取两者中较大值作为设计通风量。

**3. 天然气舱通风量计算**

天然气舱的通风量应根据舱室断面尺寸、通风区间长度、规范规定的正常和事故通风换气次数要求确定，即正常通风 6 次/h 换气计算，事故通风按照 12 次/h 换气计算。

**4.4.2.3　通风设施选型**

通风设施的选型应满足具体工程提出的相应要求。若需满足地面景观的要求，应适当加大通风分区长度，以减少地面风井数量，降低对地面景观的影响，同时降低工程投资和运行电耗，通风分区间距按不大于400m 设置，出地面通风口采用低矮型，百叶窗选用不锈钢格栅风口。通风区间设置及出地面通风口形式可见表 4-12、表 4-13，如图 4-39 、图 4-40 所示。

**表 4-12　通风区间设置对比表**

| 通风区间 | 优点 | 缺点 |
| --- | --- | --- |
| $L=200m$ | 1. 技术成熟，应用广泛；<br>2. 自然进风与机械排风相结合，通风分区与防火分区一致，运行可靠度较高；<br>3. 出地面通风设施占地少；<br>4. 舱室内断面风速 $v \leq 1.5m/s$，通风阻力 250Pa 左右 | 出地面节点较多 |
| $L=400m$ | 1. 出地面节点少；<br>2. 舱室内断面风速 $v \leq 1.5m/s$，通风阻力 430Pa 左右 | 1. 处于试验性应用阶段，应用案例较少；<br>2. 出地面通风设施占地较少；<br>3. 机械进风与机械排风相结合，通风分区跨越两个防火分区，控制可靠度要求较高；<br>4. 通风设备选型较大，运行不节能 |

续表

| 通风区间 | 优点 | 缺点 |
|---|---|---|
| $L>400$m | 出地面节点少 | 1. 实际案例较少，出于探索阶段；<br>2. 出地面通风设施占地少；<br>3. 通风设备选型大，运行不节能；<br>4. 舱室内部断面风速过大，$v>1.5$m/s，通风阻力650Pa左右。通风阻力较大 |

**表4-13　通风口形式设置对比表**

| 通风口形式 | 优点 | 缺点 |
|---|---|---|
| 低矮型 | 1. 技术成熟，应用广泛；<br>2. 风亭总高度400～600mm；<br>3. 有效通风系数较高，为0.5～0.7；<br>4. 与道路绿化景观等较为协调；<br>5. 部分设备便于从通风口吊装 | 1. 容易被破坏；<br>2. 落叶、蛇鼠等易进入，需增加防护措施；<br>3. 暴雨时容易倒灌 |
| 中高型 | 1. 技术成熟，应用广泛；<br>2. 风亭高度600～1100mm；<br>3. 有效通风系数较高，约为0.3；<br>4. 与道路绿化景观等较为协调；<br>5. 能有效防雨、防倒灌 | 1. 同等通风量时尺寸较低矮风亭时大；<br>2. 出地面通风口需结合道路绿化景观做造型 |
| 高型 | 1. 技术成熟，应用广泛；<br>2. 风亭高度1200～1500mm；<br>3. 有效通风系数较高，约为0.3；<br>4. 能有效防雨、防倒灌；<br>5. 部分设备便于从通风口吊装 | 1. 同等通风量时尺寸较低矮风亭时大；<br>2. 影响道路景观形象 |

图4-39　低矮型通风口

图4-40　中高型、高型通风口

### 4.4.3　供电系统

综合管廊的电源供电电压、供配电系统接线方案、容量、供电回路数、供电点等方案应该根据综合管廊的运行管理模式、建设规模、周边电源情况，经过技术经济比较进行明确。综合管廊附属设施中应急照明、消防设备、监控设备宜按照二级负荷进行供电，其余用电设备可以按照三级负荷进行供电。

综合管廊变配电的主接线应符合现行国家标准《20kV 及以下变电所设计规范》（GB 50053—2013）的有关规定。

变配电所内变压器的容量应根据综合管廊的计算负荷以及用电设备的启动方式、运行方式，并充分考虑变压器的节能运行要求等综合因素确定。变压器负载率宜控制为 0.6 ~0.7。对 10（6）kV/0.4kV 的变压器联结组标号宜选用 D/Yn-11 接线。

消防用电设备应采用专用的供电回路，当生产、生活用电被切断时，应仍能保证消防用电。其配电设备应有明显标志。

**4.4.3.1　附属设施配电系统要求**

1. 综合管廊内部的配电系统宜采用交流 220V/380V 三相四线制的 TN-S 系统，并且宜使三相负荷保持平衡；

2. 综合管廊应该以防火分区作为划分配电单元的依据，综合管廊各配电单元所用电源进线的截面面积应该满足该配电单元内所有设备同时投入使用时所需的负荷要求；

3. 设备受电端的电压偏差：照明设备不宜超过供电标称电压的 5% ~10%，动力设备不宜超过供电标称电压的 ±5%；

4. 应该设置无功功率补偿的措施；

5. 应该在各个供配电单元的总进线处设置电能的计量设备；

6. 宜设置电力监控系统。

**4.4.3.2　管廊内供配电设备要求**

1. 供配电设备防护等级应适应地下环境的使用要求，应采取防水防潮措施，防护等级不应低于 IP54，靠近带压水管阀门或接口处箱体防护等级不应低于 IP55；

2. 供配电设备应该布置在便于操作和维护的地方，不应该安装在可能受积水浸入、低洼的地方；

3. 电源的总配电箱宜设置在综合管廊的进出口处；

4. 天然气管道舱内的电气设备应符合现行国家标准《爆炸危险环境电力装置设计规范》（GB 50058—2014）有关爆炸性气体环境 2 区的防爆规定。

**4.4.3.3　管廊配电线路规定**

1. 非消防设备的供电电缆、控制电缆应采用阻燃电缆，火灾时需继续工作的消防设备应采用耐火电缆或不燃电缆。

2. 天然气管道舱内的电气线路不应有中间接头，线路敷设应符合现行国家标准《爆炸危险环境电力装置设计规范》（GB 50058—2014）的有关规定。

3. 配电线路采用电缆桥架布线时，应根据腐蚀介质的特点对电缆桥架采取相应的防护措施。

4. 下列不同电压、不同用途的电缆，不宜敷设在同一桥架上：1kV 以上和 1kV 以下的电缆；同路径向级负荷供电的双路电源电缆；应急照明和其他照明的电缆；强电和弱电电缆。如受条件限制需安装在同一层上时，应用隔板隔开。

5. 综合管廊内应有交流220V/380V带剩余电流动作保护装置的检修插座，插座沿线间距不宜大于60m。检修插座容量不宜小于15kW，应采取防水防潮措施，防护等级不低于IP54，安装高度不宜小于0.5m。天然气管道舱内的检修插座箱还应满足防爆要求，且应在检修环境安全的状态下送电。

**4.4.3.4　管廊接地应规定**

1. 综合管廊内的接地系统应形成环形接地网，接地电阻不应大于10。

2. 电力电缆舱室接地装置的接地电阻值应符合现行国家标准《交流电气装置的接地设计规范》(GB/T 50065—2011)有关规定，接地电阻值应小于58Ω，综合接地电阻应小于12Ω。

3. 综合管廊的接地网宜采用热镀锌扁钢，且截面面积不应小于40mm×5mm。接地网应采用焊接搭接，不应采用螺栓搭接。其焊接搭接长度应符合现行国家标准《电气装置安装工程　接地装置施工及验收规范》（GB 50169—2016）的相关规定。

4. 接地网在腐蚀性较强的地区宜采用钢镀铜或铜材。

5. 综合管廊内的金属构件、电缆金属套、金属管道以及电气设备金属外壳均应与接地网连通。

6. 天然气管道舱的接地系统尚应符合现行国家标准《爆炸危险环境电力装置设计规范》（GB 50058—2014）的有关规定。

7. 含天然气管道舱室的接地系统尚应符合现行国家标准《爆炸危险环境电力装置设计规范》（GB 50058—2014）的有关规定。

8. 综合管廊内敷设有系统接地的高压电网电力电缆时，综合管廊接地网尚应满足当地电力公司有关接地连接技术要求和故障时热稳定的要求。

**4.4.3.5　监控与报警系统供电规定**

综合管廊监控与报警系统中环境与设备监控系统、安全防范系统、通信系统、统一管理平台的供电应符合下列规定：

1. 应由在线式不间断电源装置供电。

2. 各系统可共用不间断电源装置，共用的不间断电源装置至各系统的供电应采用专用回路。

3. 不间断电源应有自动和手动旁路装置。

4. 不间断电源装置的容量不应小于接入设备计算负荷总和的1.3倍，且后备蓄电池连续供电时间不宜小于60min。

**4.4.3.6　管廊内检修插座规定**

1. 应为交流220V/380V带剩余电流动作保护装置的检修插座；

2. 沿线间距不宜大于60m；

3. 容量不宜小于15kW；

4. 安装高度不宜小于0.5m；

5. 天然气管道舱内的检修插座应满足防爆要求，且应在检修环境安全的状态下送电。

综合管廊地上建（构）筑物部分的防雷应符合现行国家标准《建筑物防雷设计规范》（GB 50057—2017）的有关规定：地下部分可不设置直击雷防护措施，但应在配电系统中设置防雷电感应过电压的保护装置，并应在综合管廊内设置等电位联结系统。

#### 4.4.3.7　负荷计算

综合管廊电气设计负荷计算，采用需要系数法计算。需要系数法源于负荷曲线的分析。设备功率乘以需要系数得出需要功率，多组负荷相加时，再逐级乘以同时系数，得出供配电系统的计算负荷。综合管廊电气设计负荷计算主要包括两部分内容：第一部分为各设备组的负荷计算；第二部分为配电干线或变电站的负荷计算。

**1. 综合管廊电气设计负荷计算**

第一部分为各设备组的负荷计算部分。

多台用电设备的设备功率的合成原则是：计算范围内不可能同时出现的负荷不叠加。

用电设备组的设备功率是所有单个用电设备的设备功率之和，但不包括下列设备：

（1）备用设备

注：包含工作设备和备用设备的一组负荷分属不同的计算范围时，应按可能出现的组合方式取值。

（2）专门用于检修的设备（如综合管廊内的检修电源箱）和工作时间很短的设备（如电动阀门）。

注：计算范围内以这些负荷为主时，应按实际情况处理。

第二部分为配电干线或变电站的负荷计算部分。

计算范围（配电点）的总设备功率应取所接入的各用电设备组设备功率之和，并符合下列要求。

（1）计算正常电源的负荷时，仅在消防时才工作的设备不应计入总设备功率。

（2）同一计算范围内的季节性用电设备（如采暖设备和舒适性空调的制冷设备），应选取两者中较大者计入总设备功率。

（3）计算备用电源的负荷时，应根据负荷性质和供电要求，选取应计入的设备功率。

（4）应急电源的负荷计算。

**2. 各设备组的负荷计算**

（1）输入条件

负荷计算输入量及输出量见表 4-14。

**表 4-14　负荷计算输入/输出量表**

| 序号 | 代号 | 计算参数 | 单位 | 输入/输出 |
|---|---|---|---|---|
| 1 | $P_e$ | 用电设备组的设备功率 | kW | 输入量 |
| 2 | $K_d$ | 需要系数 | | 输入量 |
| 3 | $\tan\phi$ | 计算负荷功率因数角的正切值 | | 输入量 |
| 4 | $K\sum P$ | 有功功率同时系数 | | 输入量 |
| 5 | $K\sum q$ | 无功功率同时系数 | | 输入量 |
| 6 | $U_n$ | 系统标称电压 | kV | 输入量 |
| 7 | $P_c$ | 计算有功功率 | kW | 输出量 |
| 8 | $Q_c$ | 计算无功功率 | kV・A | 输出量 |
| 9 | $S_c$ | 计算视在功率 | kV・A | 输出量 |
| 10 | $I_c$ | 计算电流 | A | 输出量 |

（2）输入条件解释

1）$P_e$——用电设备组的设备功率（kW）：通常是指所有单个用电设备的设备功率之

和，需除去备用设备和专门用于检修的设备和工作时间很短的设备。

2）$K_d$——需要系数：指用电设备组实际所需要的功率与额定负载时所需的功率的比值。

3）$\tan\phi$——计算负荷功率因数角的正切值。功率因数角是电压相量和电流相量初相角的差值。

4）$K\sum p$——有功功率同时系数：整个系统运行时的最大有功功率与系统各部分额定有功功率之和的商值。

5）$K\sum q$——无功功率同时系数：整个系统运行时的最大无功功率与系统各部分额定无功功率之和的商值。

6）$U_n$——系统标称电压（kV）：通常指的是系统的开路输出电压，也就是不接任何负载，没有电流输出的电压值。

7）$P_c$——计算有功功率（kW）：假想的持续性负荷，它在一定的时间间隔中产生的特定效应与变动的实际负荷相等，这一假想的持续负荷对应消耗的有功功率即计算有功功率。

8）$Q_c$——计算无功功率（kV·A）：假想的持续性负荷，它在一定的时间间隔中产生的特定效应与变动的实际负荷相等，这一假想的持续负荷对应消耗的无功功率即计算无功功率。

9）$S_c$——计算视在功率（kV·A）：假想的持续性负荷，它在一定的时间间隔中产生的特定效应与变动的实际负荷相等，这一假想的持续负荷对应消耗的视在功率即计算视在功率。

10）$I_c$——计算电流（A）：假想的持续性负荷，它在一定的时间间隔中产生的特定效应与变动的实际负荷相等，这一假想的持续负荷对应消耗的有功功率折算出的负载电流即计算电流。

**3. 设备功率的确定**

（1）单台用电设备的设备功率

单台用电设备功率换算的基本原则是：不同工作制用电设备的额定功率统一换算为连续工作制的功率，不同物理量的功率统一换算为有功功率。单台用电设备功率取值的原则是简单方便。

1）连续工作制电动机的设备功率等于额定功率。

2）周期工作制电动机的设备功率是将额定功率一律换算为负载持续率100%的有功功率。

$$P_e = P_r\sqrt{\varepsilon_r} \tag{4-25}$$

式中 $P_e$——统一负载持续率的有功功率（kW）；

$P_r$——电动机额定功率（kW）；

$\varepsilon_r$——电动机额定负载持续率。

3）短时工作制电动机的设备功率是将额定功率换算为连续工作制的有功功率。为解决缺乏简单可靠换算法的问题，可把短时工作制电动机近似地看作周期工作制电动机，再用式（4-25）换算。

4）以下电光源的设备功率应直接取灯功率（即输入功率）：a. 白炽灯，没有附件；b. 低压卤素灯，灯功率已含电子变压器功率损耗；c. 自镇流荧光灯，已含内装的镇流器功率损耗；d. LED灯，已含驱动电源功率损耗。

5）表 4-15 中电光源的设备功率应取总输入功率或灯功率加镇流器功率损耗。

**表 4-15　电光源的总输入功率或镇流器的功率损耗**

| 电光源类型 | 配用的镇流器 | 灯功率（W） | 总输入功率（W） |
|---|---|---|---|
| T8 直管荧光灯 | 高频电子镇流器 | 36 | 36 ~ 38 |
| | | 18 | 20 ~ 22 |
| | 节能电子镇流器 | 36 | 41 ~ 43 |
| | | 18 | 23 ~ 25 |
| T5 直管荧光灯 | 高频电子镇流器 | 28 | 32 ~ 34 |
| | | 14 | 18 ~ 20 |

（2）多台用电设备的设备功率

多台用电设备的设备功率的合成原则是：计算范围内不可能同时出现的负荷不叠加。

用电设备组的设备功率是所有单个用电设备的设备功率之和，但不包括下列设备：

1）备用设备

注：包含工作设备和备用设备的一组负荷分属不同的计算范围时，应按可能出现的组合方式取值。

2）专门用于检修的设备和工作时间很短的设备（如电动阀门）。

注：计算范围内以这些负荷为主时，应按实际情况处理。

**4. 用电设备组的计算功率**

有功功率
$$P_c = K_d \cdot P_e \tag{4-26}$$

无功功率
$$Q_c = P_c \cdot \tan\phi \tag{4-27}$$

式中　$P_c$——计算有功功率（kW）；

$K_d$——需要系数；

$P_e$——用电设备组的设备功率（kW）；

$Q_c$——计算无功功率（kV · A）；

$\tan\phi$——计算负荷功率因数角的正切值。

**5. 配电干线或变电站的负荷计算**

（1）配电干线或分变电站的计算功率

计算公式：

有功功率
$$P_c = K\Sigma P\Sigma(K_d \cdot P_e) \tag{4-28}$$

无功功率
$$Q_c = K\Sigma P\Sigma(K_d \cdot P_e \cdot \tan\phi) \tag{4-29}$$

（2）计算视在功率和计算电流

计算公式：

视在功率
$$S_c = \sqrt{P_c^2 + Q_c^2} \tag{4-30}$$

计算电流
$$I_c = \frac{S_c}{\sqrt{3}U_n} \tag{4-31}$$

式中　$P_c$——计算有功功率（kW）；

$Q_c$——计算无功功率（kV · A）；

$S_c$——计算视在功率（kV · A）；

$I_c$——计算电流（A）。

$P_e$——用电设备组的设备功率（kW）；

$K_d$——需要系数；

$\tan\phi$——计算负荷功率因数角的正切值；

$K\sum P$——有功功率同时系数；

$K\sum q$——无功功率同时系数；

$U_n$——系统标称电压（kV）；

同时系数也称参差系数或最大负荷重合系数，$K\sum P$ 可取 0.8～0.9，$K\sum q$ 可取 0.93～0.97，简化计算时可与 $K\sum P$ 相同。通常，用电设备数量越多，同时系数越小。对于较大的多级配电系统，可逐级取同时系数。

配电站或总降压变电站的计算负荷，为各路段变电站计算负荷之和再乘以同时系数 $K\sum P$ 和 $K\sum q$。配电站的 $K\sum P$ 和 $K\sum q$ 分别取 0.85～1 和 0.95～1，总降压变电站的 $K\sum P$ 和 $K\sum q$ 分别取 0.8～0.9 和 0.93～0.97。当简化计算时，同时系数 $K\sum P$ 和 $K\sum q$ 可都取 $K\sum P$ 的值。

综合管廊内相关用电设备的需要系数典型值详见表 4-16。

**表 4-16　综合管廊内相关用电设备需要系数典型值**

| 序号 | 项 目 | 需要系数典型值 |
|---|---|---|
| 1 | 照明 | 0.80 |
| 2 | 弱电监控 | 0.80 |
| 3 | 疏散指示系统 | 0.80 |
| 4 | 检修插座 | 0.30 |
| 5 | 通风风机 | 0.80 |
| 6 | 排水泵 | 0.35 |
| 7 | 预留负荷 | 0.80 |

### 6. 计算结果和计算分析

（1）各设备组的负荷计算（表 4-17）

**表 4-17　综合管廊负荷计算示例（各设备组负荷）**

| 序号 | 项目 | 单台设备额定功率（kW）$P_e$ | 数量 | 工作容量（kW） | 需要系数 $K_d$ | 正切值 $\tan\phi$ | 计算负荷 | | |
|---|---|---|---|---|---|---|---|---|---|
| | | | | | | | 有功功率 $P_c$(kW) | 无功功率 $Q_c$(kV·A) | 视在功率 $S_c$(kV·A) |
| 1 | 照明 | 2.00 | 12 | 24 | 0.80 | 0.75 | 19.20 | 14.40 | 24.00 |
| 2 | 弱电监控 | 6.00 | 6 | 36 | 0.80 | 0.75 | 28.80 | 21.60 | 36.00 |
| 3 | 疏散指示系统 | 1.00 | 12 | 12 | 0.80 | 0.75 | 9.60 | 7.20 | 12.00 |
| 4 | 检修插座 | 15.00 | 12 | 180 | 0.30 | 0.75 | 54.00 | 40.50 | 67.50 |
| 5 | 送风机 | 5.5 | 6 | 33 | 0.80 | 0.75 | 26.40 | 19.80 | 33.00 |
| 6 | 排风机 | 6.5 | 3 | 20 | 0.80 | 0.75 | 15.60 | 11.70 | 19.50 |
| 7 | 送风机 | 2.5 | 8 | 20 | 0.80 | 0.75 | 16.00 | 12.00 | 20.00 |
| 8 | 排风机 | 3 | 8 | 24 | 0.80 | 0.75 | 19.20 | 14.40 | 24.00 |
| 9 | 排风机 | 3.5 | 2 | 7 | 0.80 | 0.75 | 5.60 | 4.20 | 7.00 |

续表

| 序号 | 项目 | 单台设备额定功率（kW）$P_e$ | 数量 | 工作容量（kW） | 需要系数 $K_d$ | 正切值 $\tan\phi$ | 计算负荷 | | |
|---|---|---|---|---|---|---|---|---|---|
| | | | | | | | 有功功率 $P_c$(kW) | 无功功率 $Q_c$(kV·A) | 视在功率 $S_c$(kV·A) |
| 10 | 送风机 | 4 | 8 | 32 | 0.80 | 0.75 | 25.60 | 19.20 | 32.00 |
| 11 | 排风机 | 4.5 | 4 | 18 | 0.80 | 0.75 | 14.40 | 10.80 | 18.00 |
| 12 | 排水泵 | 14.8 | 4 | 59 | 0.35 | 0.75 | 20.72 | 15.54 | 25.90 |
| 13 | 预留负荷 | 50 | 1 | 50 | 0.80 | 0.75 | 40.00 | 30.00 | 50.00 |
| 14 | 总设备功率(kW) | | | 515 | | | 295.12 | 221.34 | 368.90 |

注：表中，工作容量是指除去备用设备之外的本组用电设备的总的额定功率。

（2）配电干线或变电站的负荷计算（表 4-18）

**表 4-18　综合管廊负荷计算示例（配电干线或变电站负荷）**

| 序号 | 项 目 | 工作容量（kW） | 计算负荷 | | |
|---|---|---|---|---|---|
| | | | 有功功率 $P_c$(kW) | 无功功率 $Q_c$(kV·A) | 视在功率 $S_c$(kV·A) |
| 1 | 总设备功率 | 515 | 295.12 | 221.34 | 368.90 |
| 2 | 有功功率、无功功率同时系数 | | 0.90 | 0.93 | |
| 3 | 计算负荷 | | 265.61 | 205.85 | 336.04 |

注：表中，总设备功率为供电区段内各设备组工作容量之和。

## 4.4.4 照明系统

### 4.4.4.1 正常照明和应急照明系统技术要求

1. 在综合管廊舱室内部人行道上的一般照明，其平均照度要求不应小于 15lx，最小照度要求不应小于 5lx，在设备操作处和人员出入口的局部照度可以提高到 100lx。而监控室一般照明的照度要求不宜小于 300lx，变电所一般照明照度不宜小于 200lx。

2. 综合管廊内部应急疏散照明的照度要求不应低于 5lx，并且应急电源的持续供电时间不应小于 60min。

3. 监控室所设置的备用应急照明其照度要求不应低于正常照明照度值。

4. 综合管廊各防火分区防火门和人员出入口的上方应该设有安全出口标识灯，其中灯光疏散指示标识应该安装在距地坪高度 1.0m 以下，间距不应大于 20m。

### 4.4.4.2 照明灯具技术要求

1. 交流 220V 电压供电的灯具应为防触电保护等级 I 类设备，能触及的可导电部分应与固定线路中的保护（PE）线可靠连接。

2. 灯具应防水防潮，防护等级不宜低于 IP54，并具有防外力冲撞的防护措施。

3. 灯具应采用节能型光源，并应能快速启动点亮。

4. 安装在天然气管道舱内的灯具应符合现行国家标准《爆炸危险环境电力装置设计规范》（GB 50058—2014）的有关规定。

5. 安装高度低于2.2m的照明灯应采用24V及以下安全电压供电。当采用220V电压供电时，应采取防止触电的安全措施，并应敷设灯具外壳专用接地线。照明回路导线应采用不小于2.5mm$^2$截面面积的硬铜导线，线路明敷设时宜采用保护管或线槽穿线方式布线。

**4.4.4.3　照明线路技术规定**

1. 照明回路导线应采用硬铜导线，截面面积不应小于2.5mm$^2$。线路明敷设时宜采用保护管或线槽穿线方式布线。

2. 天然气管道舱内的照明线路应采用低压流体输送用镀锌焊接钢管明敷配线，并应进行隔离密封防爆处理。

综合管廊内设置的消防疏散指示标志和消防应急照明灯具，除应符合本规程的规定外，还应符合现行国家标准《消防安全标志　第1部分：标志》(GB 13495.1—2015)、《消防应急照明和疏散指示系统》(GB 17945—2010) 和北京市地方标准《消防安全疏散标志设置标准》(DB11/1024—2013) 的有关规定。

### 4.4.5　给排水系统

1. 综合管廊宜设置自用给水系统，应优先使用再生水水源，并设置单独计量装置。
2. 综合管廊自用给水系统取水装置间距不宜大于50m，并设置防污染倒流装置。
3. 综合管廊自用给水系统使用再生水水源，应设置“严禁饮用”等警示标识。
4. 综合管廊内应设置自动排水系统。
5. 综合管廊的排水区间应根据道路的纵坡确定，排水区间不宜大于200m。
6. 集水坑的有效容积应根据渗入综合管廊内的水量确定。且应满足以下要求。
(1) 集水坑除满足有效容积外，还应满足水泵及水位控制器等的安装、检查要求；
(2) 集水坑的最低水位应满足水泵吸水要求；
(3) 集水坑上口设置格栅盖，集水坑边缘距离沉降缝不应小于2m。
7. 综合管廊各舱内均设置排水沟收集积水，排水沟断面尺寸150mm×50mm。
8. 综合管廊横断面地坪以约0.5%的坡度坡向排水沟，排水沟纵向坡度与管廊纵坡一致，坡向排水集水坑。
9. 综合管廊的低点应设置集水坑及自动水位排水泵。
10. 综合管廊的底板宜设置排水明沟，并应通过排水明沟将综合管廊内积水汇入集水坑，排水明沟的坡度不应小于0.2%。
11. 综合管廊的排水应就近接入城市排水系统，并应设置止逆阀。
12. 天然气管道舱室应该设置独立的集水坑。
13. 综合管廊排出废水的温度不应该高于40℃。

### 4.4.6　监控与报警系统

综合管廊内部设置的监控与报警系统宜分为安全防范系统、环境与设备监控系统、预警与报警系统、通信系统、统一管理信息平台和地理信息系统等。监控与报警系统的组成元素及其系统配置、系统架构应该依据综合管廊运营维护管理的模式、综合管廊的建设规模、纳入管线的种类等因素而确定。监控与报警系统的联动反馈信号均应该传输至监控中心。

**4.4.6.1　环境与设备监控系统技术规定**

1. 应该能够对综合管廊内部的环境参数进行实时的监测与报警。环境参数检测内容应符合表 4-19 的规定，含有两类及以上的管线的舱室，应按较高要求的管线设置。气体报警系统设定值应符合国家现行标准《密闭空间作业职业危害防护规范》（GBZ/T 205—2007）的有关规定。

2. 应对通风设备、排水泵、电气设备等进行状态监测和控制；设备控制方式宜采用就地手动、就地自动和远程控制。

3. 应设置与综合管廊内各类管线配套的检测设备、控制执行机构联通的信号传输接口；当管线采用自成体系的专业监控系统时，应通过标准通信接口接入综合管廊监控与报警系统的统一管理平台。

4. 环境与设备监控系统所选用的设备宜采用工业级产品。

5. $CH_4$、$H_2S$ 气体探测器应该设置在管廊内通风口和人员出入口处。

6. 除固定监测设备外．还应配备移动监测设备。

**表 4-19　环境参数检测内容表**

| 舱室容纳管线类别 | 给水管道/再生水管道/雨水管道 | 污水管道 | 天然气管道 | 热力管道 | 电力电缆/通信线缆 |
|---|---|---|---|---|---|
| 温度 | ● | ● | ● | ● | ● |
| 湿度 | ● | ● | ● | ● | ● |
| 水位 | ● | ● | ● | ● | ● |
| $O_2$ | ● | ● | ● | ● | ● |
| $H_2S$ 气体 | ▲ | ● | ▲ | ▲ | ▲ |
| $CH_4$ 气体 | ▲ | ● | ● | ▲ | ▲ |

注：●应监测；▲宜监测。

#### 4.4.6.2　安全防范系统技术规定

1. 综合管廊内设备集中安装地点、人员出入口、变配电间和监控中心等场所应设置摄像机；综合管廊内沿线每个防火分区内应至少设置一台摄像机，其清晰度不小于 1080P，宜选择日夜转换型，并配用红外辅助光源，不分防火分区的舱室，摄像机设置间距不应大于 100m。局部重要区域可采用智能视频分析报警应用系统。

2. 综合管廊人员出入口、通风口应设置入侵报警探测装置和声光报警器。

3. 综合管廊人员出入口应设置出入口控制装置。

4. 综合管廊应设置电子巡查管理系统，并宜采用离线式。管廊内井盖应设置井盖报警系统，监控信号通过数据通信网传至监控中心，从而实现对管廊井盖的集中控制、远程开启、非法开启报警等功能。

5. 综合管廊电子巡查系统宜在人员出入口、逃生口、吊装口、通风口、管线分支节点、重要附属设施安装处、管道上阀门安装处、电力电缆接头区及其他需要重点巡查的部位设置巡查点。电子巡查系统应配备手持巡检终端设备。

6. 设置有在线式电子巡查系统或无线通信系统的综合管廊，可利用在线式电子巡查系统或无线通信系统兼做人员定位系统。人员定位系统应能满足将人员定位于单个舱室的要求，在单个舱室内定位精度不宜大于 100m。

7. 当安防系统报警或接收到环境与设备监控系统、火灾自动报警系统的联动信号时，应能打开报警现场照明并将报警现场场景切换到指定的图像显示设备显示。

8. 出入口控制装置应与环境与设备监控系统、火灾自动报警系统联动，在紧急情况下应联动解除相应出入口控制装置的锁定状态。

9. 综合管廊的安全防范系统应该符合现行国家标准《入侵报警系统工程设计规范》(GB 50394—2007)、《安全防范工程技术标准》(GB 50348—2018)、《出入口控制系统工程设计规范》(GB 50396—2007)和《视频安防监控系统工程设计规范》(GB 50395—2007)的相关规定。

**4.4.6.3 配套通信系统技术规定**

1. 综合管廊内部应该设置固定式通信系统，同时电话应该与监控中心直接联通，信号应该与通信网络相互联通。综合管廊每一个防火分区内或人员出入口应该设置对应的通信点；不区分防火分区的舱室，其通信点之间设置的间距不应大于100m。

2. 消防专用电话与固定式电话合用时，应该选用独立的通信系统。

3. 除了天然气管道舱以外，在其他舱室内宜设置无线信号覆盖系统，确保对讲通话的功能。

4. 通信系统应能够实现内部通信，解决有线、无线、公网、内网、模拟、数字终端之间的通信联络、信息传输、电话会议、用户管理等功能。

**4.4.6.4 监控设备技术规定**

1. 天然气管道舱内设置的监控与报警系统设备、安装与接线技术要求应符合现行国家标准《爆炸危险环境电力装置设计规范》(GB 50058—2014)的有关规定;

2. 综合管廊内监控与报警设备防护等级不宜低于IP65;

3. 监控与报警设备应由在线式不间断电源供电。

**4.4.6.5 火灾自动报警系统技术规定**

干线综合管廊以及支线综合管廊电力电缆的舱室内部应该设置火灾自动报警系统，并且应该符合以下相关规定:

1. 首先应该在电力电缆的表层设置线型感温火灾探测器，并且应该在电力舱室的顶部设置感烟火灾探测器或线型光纤感温火灾探测器。

2. 应该设置防火门监控系统。

3. 安装火灾探测器的场所应该设置火灾报警器和手动火灾报警按钮，手动火灾报警按钮处宜设置电话插孔。

4. 在确认火灾发生后，防火门的监控器应该联动关闭常开防火门，消防联动控制器应联动关闭事故段分区及其相邻分区的通风设备，并且启动自动灭火系统。

5. 应该符合现行国家标准《火灾自动报警系统设计规范》(GB 50116—2013)的相关规定。

6. 火灾报警系统相关联动控制如下:

(1) 管廊舱室内发生火灾时，发生火灾的防火分区及相邻分区的通风设备应能够自动关闭。

(2) 消防联动控制器应在火灾时切断火灾区域及相关区域的非消防电源并联动消防应急照明和疏散指示系统。

(3) 消防联动控制器联动开启相关区域安全技术防范系统的摄像机监视火灾现场。

(4) 消防联动控制器应具有打开疏散通道上门禁系统控制的功能。

**4.4.6.6 可燃气体探测报警系统技术规定**

天然气管道舱应设置可燃气体探测报警系统，并应符合下列规定:

1. 天然气舱室的项部，管道阀门安装处、人员出入口、吊装口、通风口及每个防火分区的最高点，其他气体易积聚处、气流不顺畅处等应设置天然气探测器。

2. 舱室内沿线天然气探测器设置间隔不应大于 15m，并满足探测器有效探测范围要求。

3. 当天然气探测器位于管道阀门上方时，探测器的安装高度应高出释放源 0.5 ~2.0m。

4. 天然气报警浓度的设定值（上限值）不应高于其爆炸浓度的下限值（体积分数）的 20%。

5. 天然气含量的探测器应该接入可燃气体报警控制器。

6. 当燃气舱室内天然气浓度数值超过了报警浓度的设定值（上限值）时，应该由消防联动控制器或可燃气体报警控制器联动启动事故段分区及其相邻分区的进排风设备。

7. 紧急切断的浓度设定值（上限值）不应高于其爆炸浓度下限值（体积分数）的 40%。

8. 应该满足现行国家标准《城镇燃气设计规范》（GB 50028—2006）、《火灾自动报警系统设计规范》（GB 50116—2013）和《石油化工可燃气体和有毒气体检测报警设计标准》（GB 50493—2019）的相关规定。

**4.4.6.7　地理信息系统技术规定**

综合管廊内部宜设置地理信息系统，并且应该符合以下相关规定：

1. 应该使综合管廊具有图档管理、管线拓扑维护和内部各专业管线基础数据管理、基础数据、数据离线维护、维修与改造管理共享等相关功能。

2. 应能够实现为综合管廊监控与报警系统统一管理信息平台提供人机交互界面的功能。

**4.4.6.8　统一管理平台技术规定**

1. 应该将监控与报警系统内部各组成元素进行系统集成，并且应该具有综合处理、数据通信和信息采集等功能。

2. 应该与各专业管线所配套的监控系统相互联通。

3. 应该与和各专业管线单位相关的监控平台相互联通。

4. 宜与城市总体的地理信息系统相互联通或预留通信接口。

5. 应该具有容错性、可靠性、可扩展性和易维护性。

## 4.4.7　标识系统

**4.4.7.1　标识系统的分类**

综合管廊内部标志标识系统的主要功能是以形状、字符、图形、颜色等向方式使用者传递相关信息，可用于综合管廊设施的管理和使用。标识系统主要分为以下五大部分：

1. 安全标识：主要包含警告标志、禁止标志、提示标志、消防安全标志和指令标志等，如图 4-41 所示。

图 4-41　安全标识示例图

2. 导向标识：主要包含方向标志、方位标志、临时交通标志、特殊节点标志（如交叉段、倒虹段、各口部标志）、距离标志（里程）等，如图4-42所示。

图4-42 导向标识示例图

3. 管线标识：主要包括热、水、电、信、燃等各专业管线的标志，如图4-43所示。

图4-43 管线标识示例图

4. 管理标识：主要包括设备类标志、结构类标志等，如图4-44所示。

图4-44 管理标识示例图

5. 其他标识：告知标志、植入广告标志、临时作业区标志等。

#### 4.4.7.2 标识的安装设置

1. 在综合管廊的主要人员出入口处应该设置综合管廊的介绍牌，对综合管廊的规模、建设时间、容纳的管线等相关情况进行有序介绍。

2. 纳入综合管廊的各类管线，应该选用符合要求的标识进行不同的区分，应该将标识的铭牌安装于较为醒目的位置，同时安装的间隔应不大于100m。标识的铭牌应该标明管线的规格、属性、紧急联系电话及其产权单位名称等信息参数。

3. 在综合管廊所用设备的旁边，应该设置相应的设备铭牌，铭牌上应该标明设备的名称、使用方式、基本数据及其紧急联系电话。

4. 综合管廊的内部应该安装里程标志，同时在交叉节点处应该安装方向的标志。

5. 逃生口、人员出入口、灭火器材设置处、管线分支节点等部位，均应该安装带编号的标识。

6. 综合管廊内应设置“禁烟”“注意碰头”“注意脚下”“禁止触摸”“防坠落”“易爆”“严禁饮用”等警示、警告标识。

7. 综合管廊穿越河道时，应在河道两侧醒目位置设置明确的标识。

8. 投料口、抽头位置在地下。为确定其位置，在投料口、抽头上方地面设置标识桩，注明投料口、抽头种类、埋深等信息。

## 4.5 入廊管线设计

### 4.5.1 给水及再生水管线入廊设计要点

#### 4.5.1.1 设计原则

1. 给水、再生水管道的设计应以满足用户用水为前提，以便捷运维为目标，并预留必要的发展空间为最佳。

2. 管廊内给水及再生水管道的管径应通过计算确定。因规划阶段的设计深度有限。设计阶段应重新对规划中的管径进行核算。因管廊的使用期限为 100 年，设计应考虑远期管道数量和管径变动的可能性。

3. 给水、再生水管道应考虑水锤的影响，应进行水锤分析计算，必要时进行仿真模拟，并按计算（仿真）结果对管路系统采取水锤防护设计，应根据管道的布置、管径、设计水量、功能要求等因素确定空气阀的数量、形式、口径。

**4.5.1.2　管材、接口及支撑**

**1. 管材及接口**

给水、再生水管道可选用钢管、球墨铸铁管、铜塑复合管、化学管材等。由于综合管廊内给水、再生水管道均为明装，管道需避免意外碰撞等外压对其造成的破坏因而需有一定的刚度；若使用钢管，需进行可靠的防腐处理。管材的选用应结合管径、造价、使用条件等因素进行综合技术经济比较后确定。

综合管廊投料口大小受地面状况、景观要求等因素的限制，管廊中管材长度的选用应与投料口尺寸相适应。

综合管廊存在各种水平、纵向弯角，且各种管廊节点处给水、再生水管道需避让其他进出线。因此，综合管廊内的给水、再生水管道需根据实际需要设置各种弯通、三通、四通等管件。选择管材时需考虑所选用的管材是否可配用成品管件。由于钢制管件具有现场制作容易且便于加工的特点，宜在综合管廊的给水、再生水设计中优先考虑。钢制管件的制作可参照国家建筑标准图集《钢制管件》(02S403)。

管道接口通常采用刚性连接，管径小于 *DN*400mm 的钢管可采用沟槽式连接。球墨铸铁管采用柔性接口时可采用自锚式接口、法兰连续或支墩连接。

**2. 防腐**

给水、再生水管道采用金属管道时应采取防腐措施。

钢管内防腐可采用环氧粉末涂层或 3PE 内衬等；外防腐可采用 3PE 防腐及涂装防腐漆等。并应符合《给水排水管道工程施工及验收规范》(GB 50268—2008) 的有关规定。球墨铸铁管内防腐宜采用硅酸盐水泥衬里，也可采聚氨酯涂层等内防腐措施；外防腐采用锌层加合成树脂终饰层，并应符合相关标准的规定。

此外，给水管道的防腐应符合《生活饮用水输配水设备及防护材料的安全性评价标准》(GB/T 17219—1998) 的有关规定。

**3. 支撑**

给水、再生水管道支撑形式应根据管廊断面形式、管径大小及连接方式等确定，可采用支（吊）架或支墩等多种形式。

管道的支撑形式、间距、固定方式应根据管材特性及运行工况通过计算确定，并应符合《给水排水工程管道结构设计规范》(GB 50332—2002) 的有关规定。非整体连接管道在转弯、分支、管道端部以及管径发生变化等的部位设置支（吊）架或支墩。应根据管径、转弯角度、设计压力和接口形式等因素确定。

管线支（吊）架与主体结构的连接，应固定在对应预埋件上，管径较小时可固定在锚固件上。

#### 4.5.1.3 管道布置

1. 给水、再生水管道在综合管廊内的布置位置应根据综合管廊断面设计确定，其线形应与综合管廊的线形保持一致；

2. 给水、再生水管道与其他入廊管线在管廊内的分舱与布置原则应遵循兼容性原则；

3. 给水、再生水管道与其他管线交叉时的最小垂直净距不宜小于0.15m；

4. 给水、再生水管道在管廊内的安装净距应满足《城市综合管廊工程技术规范》（GB 50838—2015）的要求，当管径小于等于*DN*400的管道采用支（吊）架安装时，在满足安装施工的前提下，与管廊侧壁的净距可适当减小；

5. 给水管道应布置于再生水管道的上方，若特殊情况下再生水管道布置于给水管道上方时，应尽量避免布置于给水管道的正上方，且接口应保证一定水平间距；

6. 在综合管廊的各类节点处，为满足各种管道的安装及出线要求，给水、再生水管道等压力流管道宜避让重力流排水管道、小管径管道宜避让大管径管道、分支管线宜避让主干管线；

7. 输水管一般不出线或仅在相交管廊（道路）交叉节点分出支线，可通过管廊交叉节点或管线分支节点实现；而配水管需向周边地块用户配水，可通过管线分支节点实现配水管线出水，配水管有消防给水任务时，可采用从廊内配水管道上设置三通管件引出消防支管。

#### 4.5.1.4 管廊节点管道布置

综合管廊断面为各专业工程管线平行布置的最小断面。各专业管线也需同时进行特殊处理后满足与管廊内外管道的连接。给水、再生水管道以及其他专业管道在上述节点处的处理方式如下：

**1. 管线分支节点**

管线分支节点处管廊断面会局部拓宽、加高或下沉，给水、再生水管道通过三通引出支管至廊外。为避免管道压力损失较大及产生不必要的水锤，管廊内管道宜采用45°及以下角度的弯头。如图4-45～图4-47所示。

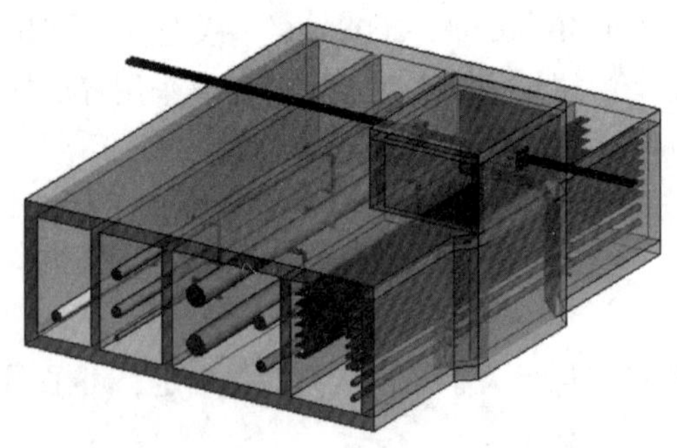

图4-45　电缆分支节点管道出线三维示意图

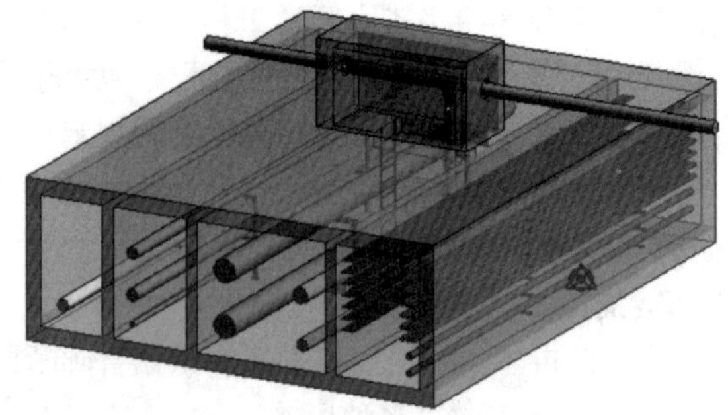

图4-46　给水分支节点管道出线三维示意图

**2. 管廊交叉节点**

管廊交叉节点处两条管廊上下交叠，形成多层结构，且交叉节点处管廊会局部横向扩宽，给水、再生水管道通过在重叠处开设的孔洞采取上翻或下卧的形式进行连接，如图4-48、图4-49所示。

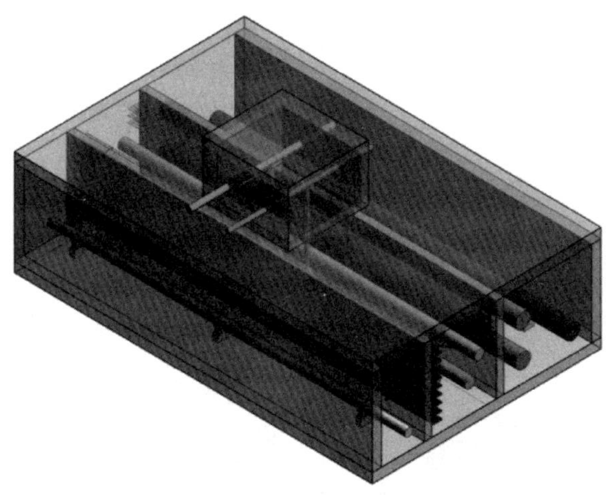

图 4-47　给水、再生水分支节点管道出线三维示意图

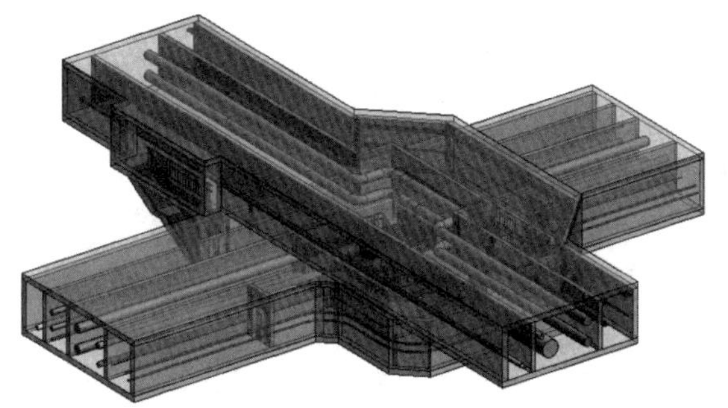

图 4-48　管廊十字交叉节点三维布置示意图

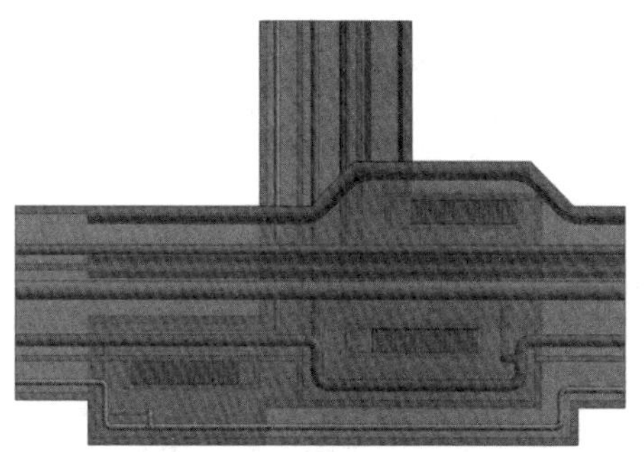

图 4-49　管廊 T 字交叉节点三维布置示意图

**3. 端部节点**

综合管廊内管道的埋设深度一般会比直埋敷设时要深。因此，在端部节点处管廊会局部拓宽和加高。给水、再生水等压力流管通过弯头将管道引至管廊外，如图 4-50、图 4-51 所示。

**4. 功能节点**

各类功能节点处管廊断面一般会局部拓宽、加高或下沉，给水、再生水管道的避让方式与管廊交叉节点及端部井处一致。

**4.5.1.5　附属设施**

给水、再生水管道在综合管廊内敷设时一般设置如下配件：阀门、排气阀、泄水阀、吊钩、伸缩管配件、防水套管，配水支管负有消防任务时需设置市政消火栓。

**1. 阀门**

给水、再生水管道在进出管廊处以及分支处一般需设置阀门。进出管廊处的阀门可根据当地自来水公司的要求设置；分支处的阀门一般设置在分支管道起端。给水、再生水管道通过管线分支节点引出管廊后需设置阀门井。

输水管道还应考虑自身检修和事故维修的需要设置阀门。管廊内部需考虑阀门拆卸及运输的空间。负有管廊外部消防任务的给水管道设有市政消火栓时，给水管道应采用阀门分成若干独立段，每段内室外消火栓不宜超过 5 个。

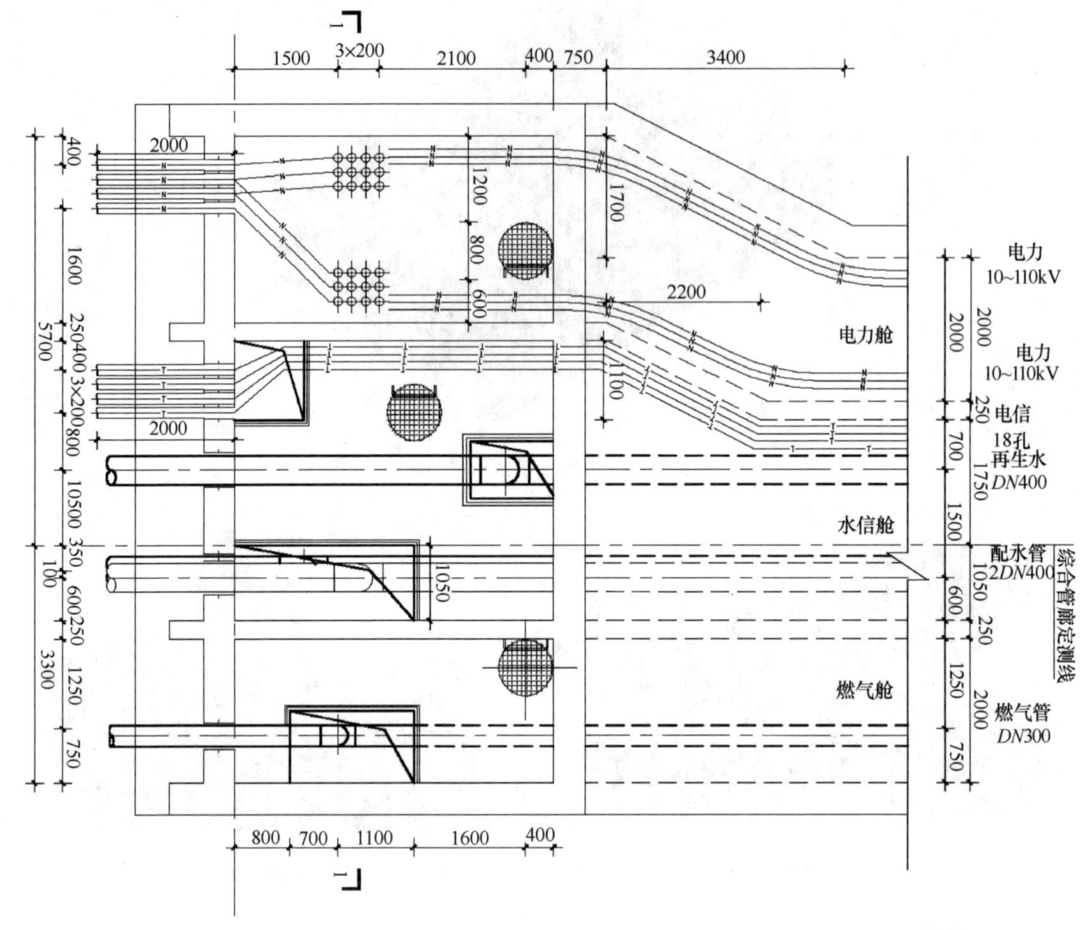


图 4-50　端部节点平面示意图

为便于管道安装及维护，阀门宜设置在靠近投料口和管廊分支节点处。

阀门宜选用带远程关断功能的电动阀门，以确保发生爆管事故时在最短时间内切断事故点周边水源。

**2. 排气阀**

与室外给水管道相同，综合管廊内给水、再生水管道隆起点上应设排气装置，并根据管道竖向布置、管径、设计水量、功能要求，确定排气阀的数量、形式、口径。疏水管道竖向布置平缓时，通常间隔 1000m 左右设一处排气装置即可满足要求。配水管道由于出支较多、避让其他管线较多，需根据实际需要设置排气装置。

排气阀宜采用自动阀，采用管顶侧开叉的形式设置排气阀能够有效地节省管廊内部空间。

**3. 泄水阀**

同样与室外给水管道相同，给水、再生水管道应在低洼处及阀门间管段最低处设置泄水阀，并通过管道排至管廊排水边沟或集水坑。泄水阀的直径，可根据放空管道中泄水所需要的时间通过计算确定。泄水阀大样如图 4-52 所示。

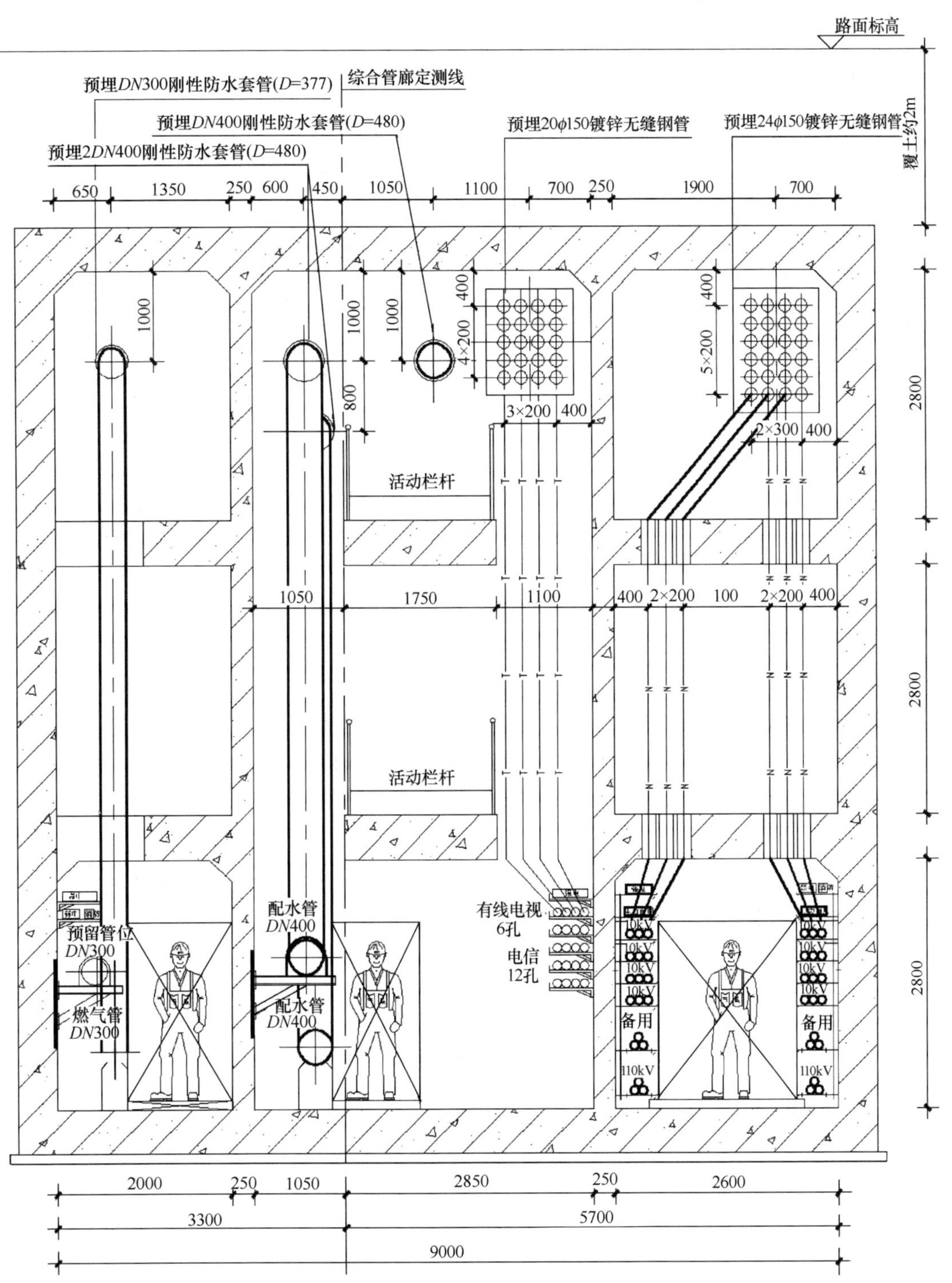


图 4-51　端部节点示意图

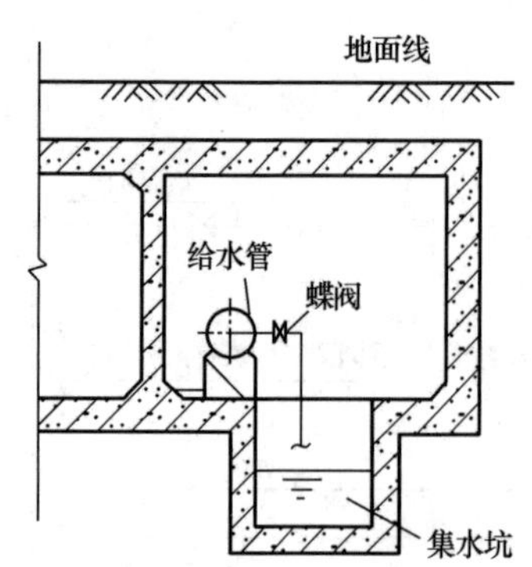

图 4-52　泄水阀大样图

**4. 吊钩**

综合管廊顶板处，应设置供给水、再生水管道及附件安装、运输、检修、更换用的吊钩、拉环或导轨。吊钩、拉环间距不宜大于6m。

**5. 伸缩管配件**

整体连接的管道应根据伸缩量在适当间距单独或结合阀门安装伸缩管件，以防止管道伸缩效应产生的不良影响。

**6. 防水套管**

给水、再生水管道穿越管廊壁时，应设置防水套管。防水套管具体结构形式选择应满足现行国家标准图集的要求。综合管廊防水要求较高，宜采用柔性 A 形防水套管、H 形密封圈。

**7. 压力检测**

由于管廊内部空间狭小，给水、再生水管道一旦发生爆管，必须马上停止供水进行抢修，否则将会危及其他工程管线及配套附属设施，严重时甚至会造成人身伤亡。因此需要对管道进行分区段的压力监测，以使监控人员能及时了解管网的运行情况，并根据管网压力的变化分析判断事故的位置，然后关闭事故两侧的分段阀门，便于开展进一步的抢修工作。

**8. 消火栓**

负有管廊外部消防任务的配水管道应每隔 80～120m 设置一处消火栓，每处消火栓从主管上设置三通管件引出 *DN*100 支管并通过在管廊顶部（或侧壁）预留的防水套管伸出管廊，同时根据道路人行道、绿地及建筑外墙等设置消火栓井，并应符合《消防给水及消火栓系统技术规范》（GB 50974—2014）及《市政给水管道工程及附属设施：室外消火栓安装》（07MS101-1）的相关要求。具体采用地上式消火栓还是地下式消火栓，需根据当地消防部门及其他行政主管部门的意见进行选择。消火栓大样如图 4-53 所示。

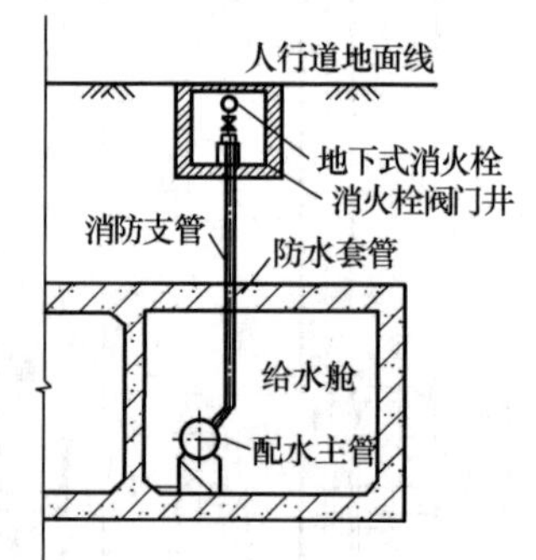

图 4-53　消火栓大样图

**4.5.1.6　水压试验**

给水、再生水管道安装完成后应进行水压试验，水压试验应符合现行国家标准《给水排水管道工程施工及验收规范》（GB 50268—2008）的有关规定。

**4.5.1.7　施工及验收**

工程所用的管材、管道附件、构（配）件和主要原材料等产品进入施工现场时必须进行进场验收并妥善保管，同时应检查相关质量合格证书、性能检验报告、使用说明书等，并按国家有关规定进行复验。验收合格后方可使用。

给水、再生水管道工程的施工质量控制一般应符合下列规定：

1. 各分项工程应按照施工技术标准进行质量控制，各分项工程完成后，必须进行检验；

2. 相关各分项工程之间，必须进行交接检验，未经检验或验收不合格不得进行下道分项工程；

3. 给水、再生水管道的施工及验收应符合《给水排水管道工程施工及验收规范》（GB 50268—2008）及《建筑给水排水及采暖工程施工质量验收规范》（GB 50242—2002）的有关规定。

**4.5.1.8　维护管理**

给水管道的维护管理应符合现行行业标准《城镇供水管网运行、维护及安全技术规程》（CJJ 207—2013）的有关规定。

给水、再生水管线权属单位应确保各自管线的安全运营，同时配合综合管廊运营管理单位工作。

给水、再生水管线权属单位应编制年度管理维修计划，同时报送综合管廊运营管理单位，经协调后统一安排管线的维修时间。

### 4.5.2　热力管线入廊设计要点

**4.5.2.1　设计原则**

1. 热力管道的设计应与综合管廊及其他入廊管线相协调，管道的敷设应安全、合理，满足检修、通行以及其弯曲半径的要求；

2. 热力管道与其他入廊管线在管廊内的分舱与布置原则需满足兼容性原则；

3. 采用热水介质的热力管道可与给水管道、再生水管道、通信线路同舱敷设，但热力管道应高于给水管道、再生水管道，并且给水管道、再生水管道应做绝热层和防水层；

4. 热力舱室内环境温度不应高于 40℃；

5. 热力舱室应设独立的集水坑，集水坑内排水泵宜采用热水泵；

6. 敷设输送介质为热水的热力管道时，逃生口间距不应大 400m；当热力管道输送蒸汽或高温热水（水温超过 100℃）时，逃生口间距不应大于 100m。

**4.5.2.2　管材及接口**

热力管道应采用无缝钢管、保温层、外护管紧密结合成一体的预制管，预制管应符合国家现行标准《高密度聚乙烯外护管硬质聚氨酯泡沫塑料预制直埋保温管及管件》（GB/T 29047—2012）和《玻璃纤维增强塑料外护层聚氨酯泡沫塑料预制直埋保温管》（CJ/T 129—2000）的有关规定。

管道管材宜采用 Q235B、10 号钢、20 号钢，并应满足相应的设计压力、设计温度条件下的强度要求。

热力管道的连接应采用焊接管道与设备。阀门、管件宜采用焊接。当设备、阀门等需要拆卸时，应采用法兰连接；公称直径小于或等于 25mm 的放气阀，可采用螺纹连接，但连接放气阀的管道应采用厚壁钢管。

**4.5.2.3　附件与设施**

**1. 附件**

热力管道应考虑热补偿，可采用自然补偿和管道补偿器两种形式。管道的温度变形应充分利用管道的转角管道进行自然补偿。

管道补偿器可采用套筒补偿器、波纹管补偿器、方形补偿器和旋转补偿器。选用管道补偿器时，应根据敷设条件采用维修工作量小、工作可靠和价格较低的补偿器。

补偿器应设置在两个固定支架之间，补偿器的补偿能力应满足两固定支架之间管段的热变形要求。并依据管道各种工况状态、管道变形方式、补偿器的特点、受力情况合理设置固定支架、滑动支架、导向支架等功能支架。

在进行补偿器的选用时首先应确定补偿管段的长度，之后分别计算各有补偿管道的位移量，最终按照计算膨胀量的1.1～1.2倍对补偿器进行选择。补偿器从类型上可以分为普通轴向型和直管压力平衡式两种。

管道位移量计算公式如下：

$$\Delta L = \alpha \times L \times (T_2 - T_1) \times 1000 \tag{4-32}$$

式中 $\Delta L$——管道位移量（mm，对应补偿器额定补偿量）；

$L$——固定支架间直管段长度（m）；

$T_2$——管道介质温度（℃）；

$T_1$——管道安装温度（℃），根据实际情况设计；

$\alpha$——管道材料线性膨胀系数［$10^{-6}$m/（m·℃）］。

管道材料线性膨胀系数见表4-20。

**表4-20 管道材料线性膨胀系数**

| 计算温度（℃） | 钢号 | | |
|---|---|---|---|
| | 10 | 20 | Q235B |
| 20 | — | — | — |
| 100 | 11.9 | 11.2 | 12.2 |
| 130 | 12.0 | 11.4 | 12.4 |
| 140 | 12.2 | 11.5 | 12.5 |
| 150 | 12.3 | 11.6 | 12.6 |

热力管道支座宜采用专业厂家预制生产的管道支座，避免采用施工现场制作、加工。根据管道位移量计算公式及补偿器选型手册可以确定固定支架间管段长度。管道支座布置于支墩或钢结构支架上。

管道对固定墩的作用力，应包括管道热胀冷缩受约束产生的作用力、内压产生的不平衡力及活动端位移产生的作用力三部分。在固定墩两侧管段作用力合成时，应根据两侧管段摩擦力下降造成的轴向力变化的差异，按最不利情况进行合成，当两侧管段由热胀受约束引起的作用力和活动端作用力的合力相互抵消时，荷载较小方向力应乘以0.8的抵消系数；当两侧管段均为锚固段时，抵消系数取0.9；两侧内压不平衡力的抵消系数取1。

（1）普通轴向型波纹补偿器固定支架轴向力计算：

普通轴向型波纹补偿器固定支架受力简图如图4-54所示，其轴向力计算公式如下所示：

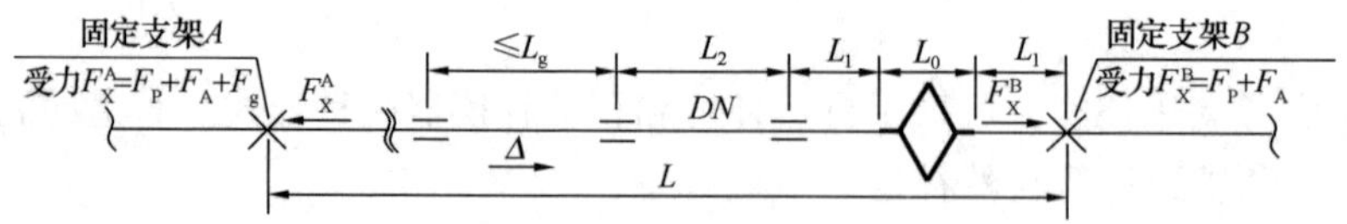


图4-54 受力简图

$$F = F_P + F_A + F_G \tag{4-33}$$

其中：

$$F_A = K_X \cdot \Delta \tag{4-34}$$

式中 $F_A$——波纹补偿器轴向位移反力（N）；

$K_X$——波纹补偿器轴向刚度（N/mm，查手册）；

$\Delta$——管道热伸长量（mm，计算得到）。

$$F_p = A_e \cdot P \tag{4-35}$$

式中　$F_p$——波纹补偿器压力推力（kN，内压不平衡力）；

$A_e$——波纹补偿器有效面积（$mm^2$，查手册）；

$P$——系统设计压力（MPa）。

$$F_g = \mu L q \tag{4-36}$$

式中　$F_g$——管段摩擦力（N）；

$\mu$——摩擦系数（查表 4-21）；

$L$——管段长度（m）；

$q$——管道单位长度重力（N/m，管重加水重）。

设置补偿器端固定支架不受摩擦力影响，计算时无 $F_g$ 受力。管段组合时需考虑两侧管段的设计长度及补偿类型计算受力，根据受力矢量图乘以 0.8 的抵消系数减去计算数值。

**表 4-21　摩擦系数**

| 接触情况 | | $\mu$ |
|---|---|---|
| 滑动支座 | 钢与钢接触 | 0.3 |
| | 钢与混凝土接触 | 0.6 |
| | 钢与木接触 | 0.28～0.4 |
| 滚柱支座 | 钢与钢接触 | 0.15 |
| | 沿滚柱轴向移动时 | 0.3 |
| | 沿滚柱径向移动时 | 0.1 |
| 滚珠支座 | 钢与钢接触 | 0.1 |
| 管道与墙 | | 0.6 |
| 管道与保温材料 | | 0.6 |
| 管道与橡胶填料 | | 0.15 |
| 管道与浸油和涂石墨粉的石棉垫 | | |

（2）直管压力平衡型波纹补偿器固定支架轴向力计算：

直管压力平衡型波纹补偿器固定支架受力简图如图 4-55 所示，其轴向力计算公式如下所示：

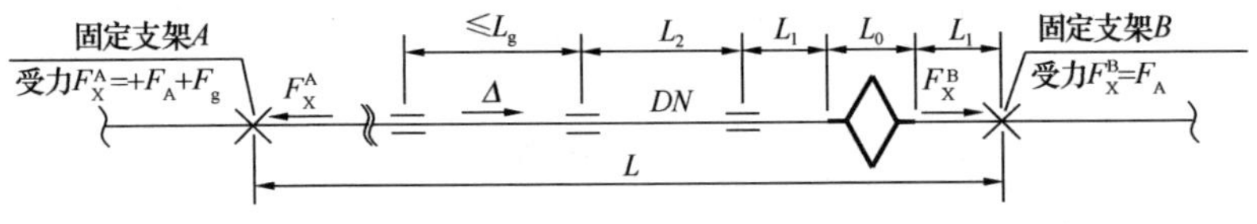


图 4-55　受力简图

$$F = F_A + F_G \tag{4-37}$$

其中：

$$F_A = K_X \cdot \Delta$$

式中　$F_A$——波纹补偿器轴向位移反力（N）；

$K_X$——波纹补偿器轴向刚度（N/mm，查手册）；

$\Delta$——管道热伸长量（mm，计算得到）。

支吊架的设置和选型，应保证正确支吊管道，符合管道补偿、热位移和对设备（包括固定支架等）推力的要求，防止管道振动。

支架吊装设备应保证不影响设备检修以及其他管道的安装和扩建。

**2. 设施**

热力管网干线、干支线、支线的起点应安装关断阀门。

热力管道的关断阀门宜选用电动蝶阀，应具有远传功能，并可实现本地与远程操作，以便在热力管道发生泄漏时，及时关闭事故管段阀门，缩小事故影响范围。

热水热网干线应装设分段阀门。输送干线分段阀门的间隔宜为2000～3000m；输配干线分段阀门的间距宜为1000～1500m；蒸汽管道可不安装分段阀门。

热水、凝结水管道的高点和低点（包括分段阀门划分的每个管段的高点和低点）应分别安装放气装置和泄水装置。

蒸汽管道的低点和垂直升高的管段前应设启动疏水和经常疏水装置。同一坡向的管段，顺坡时每隔400～500m、逆坡时每隔200～300m应设启动疏水和经常疏水装置。

为了保证综合管廊内热力管道的安全正常运行，应对综合管廊内热力管道的压力、温度进行监测，一般阀门前后设本地压力表、温度计，并设置压力、温度变送器，将压力、温度参数上传至综合管廊集中控制中心。

#### 4.5.2.4　保温与防腐

管道及附件必须进行保温。保温结构设计应符合国家现行标准《设备及管道绝热技术通则》（GB/T 4272—2008）、《设备及管道绝热设计导则》（GB/T 8175—2008）、《工业设备及管道绝热工程设计规范》（GB 50264—2013）及《城镇供热管网设计规范》（CJJ 34—2010）的有关规定。

管道及附件保温结构的表面温度不得越过50℃。

热力管道及配件的保温材料应采用难燃材料或不燃材料。

保温层外应有性能良好的保护层，保护层的机械强度和防水性能应满足施工、运行的要求。预制保温结构还应满足运输的要求。

管道采用硬质保温材料保温时，支管段每隔10～20m及弯头处应预留伸缩缝。缝内应填充柔性保温材料。伸缩缝的外防水层应采用搭接。

热力管道应涂刷耐热、耐湿、防腐蚀性能良好的涂料，涂料的选用应符合国家现行标准《城镇供热管网设计规范》（CJJ 34—2010）和《防腐蚀涂层涂装技术规范》（HG/T 4077—2009）的有关规定。

常年运行的蒸汽管道及附件，可不涂刷防腐涂料。

#### 4.5.2.5　压力试验

1. 压力试验方法和合格判定标准应符合《城镇供热管网工程施工及验收规范》（CJJ 28—2014）的有关规定；

2. 热力管道压力试验应按强度试验、严密性试验的顺序进行；

3. 强度试验压力、严密性试验压力应按设计要求进行，设计无要求时应按照《城镇供热管网工程施工及验收规范》（CJJ 28—2014）的规定执行；

4. 压力试验前，应确保试压管段范围内有可靠的排水设施，避免试压结束后管廊内积水。

**4.5.2.6　施工及验收**

1. 承担热力管道工程的施工单位应取得相应的施工资质，并应在资质许可范围内从事相应的管道施工。检验单位应取得相应的检验资质，且应在资质许可范围内从事相应的管道工程检验工作。

2. 工程开工前应根据工程规模、特点和施工环境条件，确定项目组织机构及管理体系，并应具备健全的质量管理制度和相应的施工技术标准。

3. 参加热力管道施工的人员和施工质量检查、检验的人员应具备相应的资格。

4. 热力管道施工及验收应符合现行行业标准《城镇供热管网工程施工及验收规范》（CJJ 28—2014）的有关规定。

5. 工作压力大于 1.6MPa、介质温度大于 350℃的蒸汽管网和工作压力大于 2.5MPa、介质温度大于 200℃的热水管网的施工和验收应符合现行国家标准《工业金属管道工程施工规范》（GB 50235—2010）和《工业金属管道工程施工质最验收规范》（GB 50184—2011）的有关规定。

6. 工作压力大于 1.6MPa、介质温度大于 350℃的蒸汽管网和工作压力大于 2.5MPa、介质温度大于 200℃的热水管网的绝热工程施工和验收应符合现行国家标准《工业设备及管道绝热工程施工规范》（GB 50126—2008）和《工业设备及管道绝热工程施工质量验收规范》（GB 50185—2010）的有关规定。

7. 焊接工艺应符合现行国家标准《现场设备、工业管道焊接工程施工规范》（GB 50236—2011）的有关规定。

**4.5.2.7　维护管理**

1. 综合管廊热力管道舱室及管线应满足《通风与空调工程施工质量验收规范》（GB 50243—2016）和《城镇供热管网工程施工及验收规范》（CJJ 28—2014）的质量要求。

2. 热力管道舱室应有照明设备和良好的通风，空气温度不得超过 40℃，一般可利用自然通风。但当自然通风不能满足要求时，可采用机械通风。排风井和进风井必须沿热力管道舱室长度方向交替设置，其截面尺寸应经计算确定，且正常通风换气次数不应少于 2 次/h，事故通风换气次数不应少于 6 次/h。

3. 热力管道舱室应采用防潮的密封性灯具。安装高度低于 2.2m 的照明灯具应采用 24V 及以下安全电压供电。当采用 220V 电压供电时，应采取防止触电的安全措施，并应敷设灯具外壳专用接地线。

4. 热水管线在采暖期间应每周检查一次。较长时期停止运行的管道，必须采取防冻、防水浸泡等措施，对管道设备及附件应进行除锈、防腐处理。热水管线停止运行后，应充水养护，充水量以保证最高点不倒空为宜。

5. 必须进行夏季防汛及冬季防冻的检查，及时排除舱内积水。

6. 综合管廊中的热力管道应设置检测报警和数据采集系统。

### 4.5.3 电力电缆入廊设计要点

**4.5.3.1 设计原则**

1. 满足城市近期、远期及远景经济社会可持续发展的要求；

2. 与电力专项规划相协调。

**4.5.3.2 电力电缆舱技术要求**

1. 在进行城市电力规划时，已有地下综合管廊的区域。高压电力电缆线路应优先采用入廊敷设的方式。

2. 电力电缆入廊时，管廊的最小弯曲半径应满足电力电缆最小弯曲半径的要求。

3. 110kV 及以上电力电缆，不应与通信电缆同侧布置。

4. 电力电缆不应与输送甲、乙、丙类液体的管道及热力管道同舱敷设。

5. 综合管廊电力电缆舱断面应满足电缆安装、检修维护作业所需要的空间要求，电力电缆舱内通道宽度在单侧布置支架时不小于 900mm，双侧布置支架时不小于 1000mm。

6. 电力电缆舱应每隔不大于 200m 采用耐火极限不低于 3.0h 的防火墙进行防火分隔，防火墙上的防火门应采用甲级防火门。管线穿越防火分隔部位应采用阻火包等防火措施进行严密封堵。

7. 电力电缆舱内金属支架、金属管道以及电气设备金属外壳均应接地。高压电缆金属套、屏蔽层应按接地方式的要求接地。靠近高压电缆敷设的金属管道应计算高压电缆短路时引起工频感应电压的影响。管道应隔一定距离接地以将感应电压限制在 50V 内。

8. 电力电缆舱的接地系统宜采用综合管廊本体结构钢筋等形成环形接地网。应设置专用的接地干线，并宜采用在截面尺寸不小于 40mm × 5mm 的镀锌扁钢。当电压等级为 110kV 及以上时，可采用截面尺寸不小于 50mm × 5mm 的扁铜带。

9. 电缆支架的层间垂直间距应满足敷设电缆及其固定、安装接头的要求，同时应满足电缆纵向蛇形敷设幅宽及温度升高所产生的变形量要求。电缆支架的层间净距不宜小于表 4-22 的规定。

**表 4-22 电缆支架的层间最小净距** （mm）

| 电缆类型及敷设特征 | | 支架最小层间净距 |
|---|---|---|
| 控制电缆 | | 120 |
| 动力电缆 | 电力电缆每层多于一根 | $2d+50$ |
| | 电力电缆每层一根 | $d+50$ |
| | 电力电缆三根品字形布置 | $2d+50$ |
| | 电缆敷设于槽盒内 | $h+80$ |

注：$h$ 表示槽盒外壳高度，$d$ 表示电缆最大外径。

通常情况下，考虑支架本身的结构尺寸，10kV 电缆支架层间距按 300mm 考虑，110kV 及 220kV 电缆支架层间距按 500mm 考虑。综合管廊内的电力电缆支架可以按 650mm 长度考虑，除交流系统用单芯电缆外，电力电缆在放置时相互之间宜有 1 倍电缆外径的空隙。

## 4.5.4 通信线缆入廊设计要点

### 4.5.4.1 设计原则

1. 满足城市近期、远期及远景经济社会可持续发展的要求；

2. 与通信专项规划相协调。

### 4.5.4.2 通信线缆舱技术要求

1. 综合管廊中的通信线缆舱断面．应满足不同规模容量、不同规格型号的光（电）缆敷设、检修及维护作业所需要的空间等相关要求。

2. 通信线缆入综合管廊时应充分考虑所辖区域的通信需求，结合已有的通信设施如机房、基站、管道、架空线缆等现状资源情况，合理测算通信线缆及其他信息线缆规模及分支节点位置。

3. 进、出综合管廊的通信管道及从管廊向外引出的各节点管道，应符合现行国家标准《通信管道与通道工程设计标准》（GB 50373—2019）的有关规定，进、出管廊的管道容量及各节点引出的各分支管道容量，应结合所在区域市政规划和对通信业务的总体需求综合考虑确认，并统筹安排相应的节点配套设计。

4. 通信线缆不应与天然气管道、采用蒸汽介质的热力管道同舱敷设。

5. 通信线缆不宜与 110kV 及以上的高压电力电缆同舱敷设：遇特殊情况或受条件限制，通信线缆与 35kV 及以上的电力电缆不能分舱布置时，在同一舱内，通信线缆应与其分侧布置并满足《通信线路工程设计规范》（GB 51158—2015）中直埋光（电）缆与其他建筑设施间的最小净距规定，同时在舱内设置安全隔离措施。

6. 通信线缆与其他管线同舱敷设时，其他管线与通信线缆间应满足《通信线路工程设计规范》（GB 51158—2015）中直埋光（电）缆与其他建筑设施间的最小净距规定。管廊中的工作通道应接近通信线缆桥架或支架一侧，工作通道宽度应大于 1000mm。

## 4.5.5 天然气管线入廊设计要点

### 4.5.5.1 设计原则

1. 纳入综台管廊的天然气管线一般为城镇天然气管线，目前鲜有将工业燃气管线纳入综合管廊的案例；

2. 天然气管线设计应与城市天然气专项规划相协调，管径及供气规模应满足城市近期、远期及远景经济社会可持续发展的要求；

3. 满足入廊管道功能的要求；

4. 安全可靠、成熟先进、功能适用、利于实施以及运行经济的设计原则。

### 4.5.5.2 管道功能与设计参数

1. 综合管廊内天然气管道功能应根据天然气发展规划、输配系统项目前期方案确定，入廊管道是区域天然气系统的组成部分，必须服从天然气利用整体规划与方案设计；

2. 综合管廊内天然气管道设计参数中设计压力、运行压力、计算流量、管道规格由天然气利用整体规划与方案设计提供；

3. 综合管廊内天然气管道设计及运行温度由气源条件、输配管网走向、管道介质运行速度、管廊环境温度等确定；

4. 位于一级、二级地区的综合管廊内天然气管道的设计压力不宜大于 4.0MPa，位于三级地区的综合管廊内天然气管道的设计压力不应大于 1.6MPa，位于四级地区的综合管廊内天然气管道的设计压力不宜大于 0.4MPa，位于四级 A 类地区的综合管廊内天然气管满足的设计压力不应大于 0.4MPa，低压管道不应进入综合管廊；

5. 综合管廊内天然气管道应满足安装、检修、维护等作业要求。

**4.5.5.3　入廊天然气管道质量要求**

城市地下综合管廊内敷设的天然气管道的输送介质应为符合现行国家标准《天然气》（GB 17820—2018）的一类气或二类气，输送其他类别城镇天然气的管道不得进入。

**4.5.5.4　管道强度**

综合管廊内的天然气管道直管段壁厚应按式（4-38）进行计算，且管道最小公称壁厚不应小于《城镇燃气设计规范》（GB 50028—2006）的规定。

$$\delta = \frac{PD}{2\sigma_s F\phi} \tag{4-38}$$

式中　$\delta$——钢管计算壁厚，mm；

$P$——设计压力，MPa；

$D$——钢管外径，mm；

$\sigma_s$——钢管的最低屈服强度，MPa；

$F$——强度设计系数，取 0.3；

$\phi$——中焊缝系数；

综合管廊内用于改变方向的弯管弯曲后其外侧减薄处壁厚不应小于式（4-38）计算所得的计算厚度。

### 4.5.6　污水、排水管线入廊设计要点

**4.5.6.1　设计原则**

1. 排水管设计应与城市总体规划综合管廊工程规划及污水专项规划相协调。

2. 排水管渠入廊应综合考虑路面高程、排水管道高程及坡度、管廊竖向高程，因地制宜地实施排水管渠入廊。

3. 纳入综合管廊的排水管渠，应以重力流为主，不设或少设提升泵站，当无法采用重力流或重力流不经济时，可采用压力流。

4. 排水管渠设计水量、断面尺寸及形状、坡度、充满度、流速、设计重现期等参数设计时应符合《室外排水设计规范》（GB 50014—2006，2016 年版）的有关规定。排水管渠应按规划最高日最高时设计流量确定其断面尺寸，并应按近期流量校核流速，同时考虑远景发展的需要和为管道达到使用年限后进行改造实施预留断面空间。

5. 纳入综合管廊的排水管道应采用分流制。

**4.5.6.2　管材及接口**

排水管道可选用钢管、球墨铸铁管、塑料管和其他满足设计使用和敷设要求的管材。重力流排水管道应选择能承受一定内压的管材，排水管道的公称压力不宜低于 0.2MPa。压力管道宜采用刚性接口，管径小于 *DN*400mm 的钢管可采用沟槽式连接，球墨铸铁管采用柔性接口时可采用自锚式接口、法兰连接。

**4.5.6.3　防腐**

排水管道采用金属管道时应采取防腐措施，防腐措施应符合环保要求。钢管内防腐可采

用环氧粉末涂层、铝酸盐水泥或塑料材料内衬等；外防腐可采用环氧粉末涂层及涂装防锈漆等，并应符合相关标准的规定。球墨铸铁管内防腐首先采用硅酸盐水泥内衬，也可采用聚氨酯涂层或环氧陶瓷涂层；外防腐宜采用镀锌层加合成树脂装饰层，并应符合相关标准的规定。

**4.5.6.4　支撑**

排水管道的支撑形式、间距、固定方式应通过计算确定，并应符合现行国家标准《给水排水工程管道结构设计规范》（GB 50332—2002）的有关规定。一般来讲，管廊内排水管道采用支架或支墩支撑的方式。在实际工程案例中，入廊排水管道若为压力流且管径较小时，通常可采用支架支撑的方式，布置于管廊上方；入廊排水管道为重力流且管径大于等于 *DN*300mm 时，宜采用支墩支撑的方式，布置于管廊底部，并设置卡箍，避免将大口径排水管道采用支架支撑的形式或者悬吊的形式设置在舱室的上方或侧面。还需要注意的是，管道采用柔性连接时，应在水力推力产生处设置止推墩：承压式压力排水管道应根据管径、流速、转弯角度、试压标准和接口的摩擦力等，通过计算确定在垂直或水平方向转弯处设置支墩。

### 4.5.7　雨水管线入廊设计要点

**4.5.7.1　设计原则**

在设计原则方面雨水管的入廊设计与污水相近，其设计原则如下：

1. 雨水管设计应与城市总体规划综合管廊工程规划、雨水（含海绵城市专项规划、防涝综合专项规划）及污水专项规划相协调。

2. 雨水管入廊应综合考虑路面高程，管道高程及坡度、管廊竖向高程，因地制宜地实施雨水管线入廊。

3. 纳入综合管廊的雨水管，应以重力流为主，不设或少设提升泵站，当无法采用重力流或重力流不经济时，可采用压力流。

4. 雨水管设计水量、断面尺寸及形状、坡度、充满度、流速、设计重现期等参数设计时应符合《室外排水设计规范》（GB 50014—2006，2016 年版）的有关规定。排水管渠应按规划最高日最高时设计流量确定其断面尺寸，并应按近期流量校核流速，同时考虑远景发展的需要和为管道达到使用年限后进行改造实施预留断面空间。

5. 纳入综合管廊的雨水管道应采用分流制。

**4.5.7.2　雨水管道入廊设计**

工程中，将雨水管线纳入管廊的要求不尽相同，雨水可采用管道或者利用管廊结构本体纳入管廊，一般雨水管管径较大，故雨水多考虑利用管廊结构本体纳入管廊的方式。利用管廊结构本体输送雨水时，可采用独立舱室或采用管渠与其他管道共舱，当与其他管道共舱时，雨水渠道结构空间应完全独立和严密，并应采取防止雨水倒灌或渗漏的措施，且应保证雨水舱室内壁光滑，粗糙度可参照钢筋混凝土管道粗糙度数值相关要求。

1. 入廊排水管线的安装间距应符合《城市综合管廊工程技术规范》（GB 50838—2015）断面设计章节的有关规定；

2. 排水管渠在综合管廊内的布置位置根据综合管廊断面设计确定，并应与综合管廊的线形保持一致；

3. 一般而言，采用重力流方式的排水管线布设于管廊底部，并综合考虑排水管渠的检查井、通风、冲洗设施布置需求；

4. 压力流排水管道多用于泵房出水管或跨越河道等障碍物及其他情况，采用压力流的排水管线可选择布置于管廊上方，且由于流速较高，堵塞可能性较小，一般需考虑在高点设置排气装置。

## 4.6 管廊结构设计

### 4.6.1 综合管廊结构设计总则

根据《建筑结构可靠度设计统一标准》（GB 50068—2018）、《城市综合管廊工程技术规范》（GB 50838—2015），管廊结构设计使用年限为 100 年，结构重要性系数取值为 1.1。

综合管廊结构承受的主要荷载有结构及设备自重、管廊内部管线自重、土压力、地下水压力、地下水浮力、汽车荷载以及其他地面活荷载。

根据沿线不同地段的工程地质和水文地质条件，并结合周围地面建筑物和构筑物、管线和道路交通状况，通过对技术、经济、环保及使用功能等方面的综合比较，合理选择施工方法和结构形式。设计时应尽量考虑减少施工中和建成后对环境造成的不利影响。

管廊结构设计应按最不利情况进行抗浮稳定验算，在不考虑侧壁摩阻力时，其抗浮安全系数不得小于 1.05。当结构抗浮不能满足要求时，应采取相应的抗浮措施。

围护结构设计中应根据基坑的安全等级和允许变形的控制标准，严格控制基坑开挖引起的地面沉降量和水平位移。应对周围建筑、构筑物、地下管线可能产生的危害加以预测，并提出安全、经济、技术合理的基坑支护措施。

结构构件设计应力求简单、施工简便、经济合理、技术成熟可靠，尽量减少对周边环境的影响。

### 4.6.2 明挖管廊结构设计

#### 4.6.2.1 管廊结构设计一般规定

1. 综合管廊的结构设计应采用以概率论为基础的极限状态设计方法，按承载力极限状态进行强度计算时，采用分项系数的设计表达式进行设计。验算稳定性时采用单一安全系数法。

2. 综合管廊结构应进行承载力极限状态计算和正常使用极限状态验算，并应根据施工和使用过程中在结构上可能出现的荷载，按承载力极限状态和正常使用极限状态分别进行荷载组合，并应取各自最不利的荷载效应组合进行包络设计、构件的承载能力极限状态计算及正常使用极限状态验算按《混凝土结构设计规范》（GB 50010—2010，2015 年版）的第 6 章和第 7 章规定执行。

3. 综合管廊在地震烈度 6 度、7 度时抗震等级为三级，8 度时抗震等级为二级。

4. 综合管廊应进行防水设计，防水设计应执行现行国家标准《地下工程防水设计技术规范》（GB 50108—2008）的相关规定，防水等级标准应为二级；通信工程、配电间、电站控制室发电机房、种植顶板应为一级防水。

5. 现浇混凝土综合管廊结构的截面内力计算模型宜采用闭合框架模型，作用于结构底板的基底反力分布应根据地基条件确定，当地层较为坚硬或经加固处理的地基，基底反力可视为直线分布。未经处理的软弱地基，基底反力应按弹性地基上的平面变形截面设计确定。

6. 现浇混凝土综合管廊结构设计应符合现行国家标准《混凝土结构设计规范》（GB 50010—2010，2015 年版）、《纤维增强复合材料建设工程应用技术规范》（GB 50608—2010）的相关规定。

### 4.6.2.2　管廊结构上的荷载

**1. 荷载的分类**

综合管廊所承受的荷载，按其作用特点及使用中可能出现的情况分为永久荷载、可变荷载和偶然荷载三类。

（1）永久荷载

永久荷载也称长期作用恒载，主要包括结构自重、覆土荷载、侧向土压力、静水压力（含浮力）、弹性抗力、混凝土收缩和徐变影响力、预加应力、管线荷载及设备自重等。

（2）可变荷载

可变荷载包括管廊内部活荷载、起重机荷载、设备重力、车辆荷载、人群荷载、施工荷载（施工机具荷载、盾构千斤顶推力、注浆压力）、地面堆载、结构构件温湿变化作用、风雪荷载等。

（3）偶然荷载

偶然荷载是指偶然发生的荷载，如地震力、人防荷载或爆炸冲击动荷载。对于一个特定的地下空间结构，上述几种荷载不一定同时存在，设计中应根据荷载实际可能出现的情况进行组合。所谓荷载组合，是指将可能同时出现在地下空间结构上的荷载进行编组，取其最不利组合作为设计荷载，以最危险截面中最大内力值作为设计依据。

结构设计时，对不同的作用采用不同的代表值。永久作用采用标准值作为代表值；可变作用应根据设计要求采用标准值、组合值或准永久值作为代表值。

承载力极限状态设计或正常使用极限状态设计按标准组合设计时，对可变作用应按规定的作用组合采用其标准值或组合值作为代表值。可变作用的组合值，应为可变作用的标准值乘以组合系数。

正常使用极限状态按准永久组合设计时，对可变作用应采用准永久值作为代表值。可变作用的准永久值，应为可变作用的标准值乘以其准永久值系数。

**2. 荷载组合**

（1）基本组合效应设计值

$$S_d = \gamma_0\left(\sum_{j=1}^{m}\gamma_{G_j}S_{G_jk} + \sum_{i=1}^{n}\gamma_{Q_i}\gamma_{L_i}\psi_{c_i}S_{Q_ik}\right) \tag{4-39}$$

式中　$\gamma_{G_j}$——第 $j$ 个永久荷载的分项系数，取值 1.3；

$\gamma_{Q_i}$——第 $i$ 个可变荷载的分项系数，取值为 1.5；

$\gamma_{L_i}$——第 $i$ 个可变荷载考虑设计使用年限的调整系数，max（汽车荷载、地面堆载）按 1.0 考虑，水压调整系数按 1.1；

$\psi_{c_i}$——第 $i$ 个可变荷载的组合值系数；

$\gamma_0$——结构重要性系数，取 1.1。

有地下水时：地下水组合值系数为 1.0，max（汽车荷载、地面堆载）及温度应力为 0.9；无地下水时：max（汽车荷载，地面堆载）组合系数为 1.0。

（2）准永久组合效应设计值

$$S_d = \sum_{j=1}^{m} S_{G_j k} + \sum_{i=1}^{n} \psi_{q_i} S_{Q_i k} \tag{4-40}$$

式中 $\psi_{q_i}$——第 $i$ 个可变荷载的准永久值系数，水压力取 1.0，温度应力取 1.0，其他取 0.5。

（3）其他荷载组合

其他荷载组合参考荷载基本组合。

**4.6.2.3 结构计算**

**1. 标准段内力计算**

地下通道纵向较长，结构所受荷载沿纵向的大小变化很小，在不考虑结构纵向不均匀变形的前提下，将此结构按纵向取 1m 平面刚架进行计算，如图 4-56 所示，同时将杆件简化为等截面杆件。

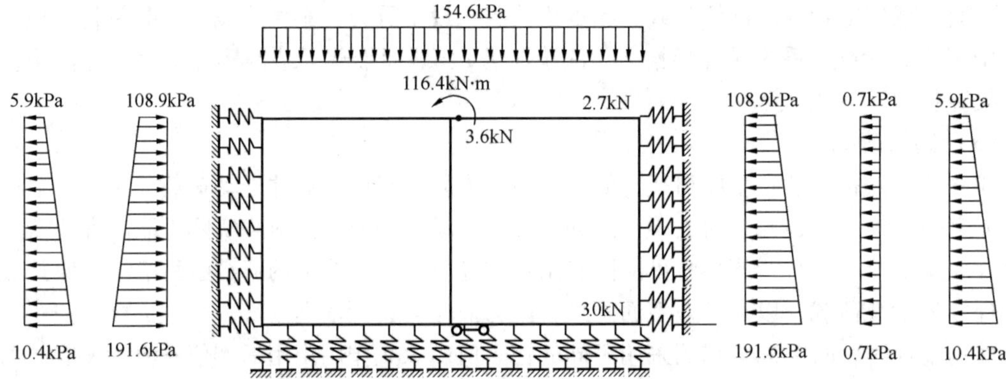


图 4-56 矩形断面板式结构考虑地震荷载作用时的计算简图

**2. 单跨中间吊装口节点**

因吊装管道长度不同，吊装口开洞长度分为 6.5m 和 12.5m 两种。结构设计前，结构工程师须先与管廊工艺设计师沟通，尽量将 12.5m 吊装口改为 6.5m 吊装口。因为 12.5m 吊装口有经济性差的缺点。对开口较长的情况，尽量采用三维软件计算。

吊装口节点平面图如图 4-57 所示，吊装口剖面图如图 4-58 所示。

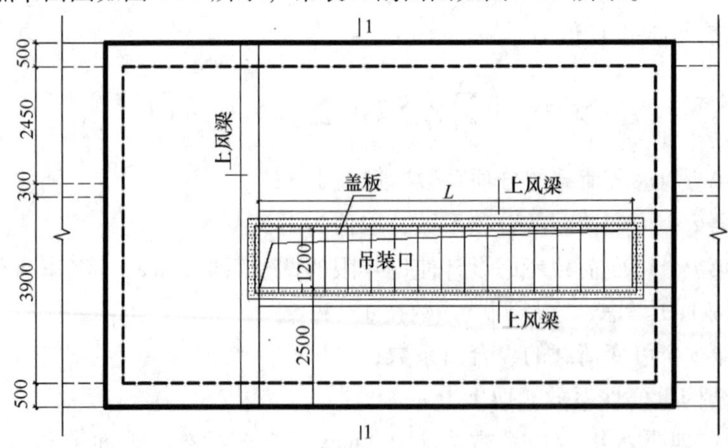


图 4-57 吊装口节点顶板平面图

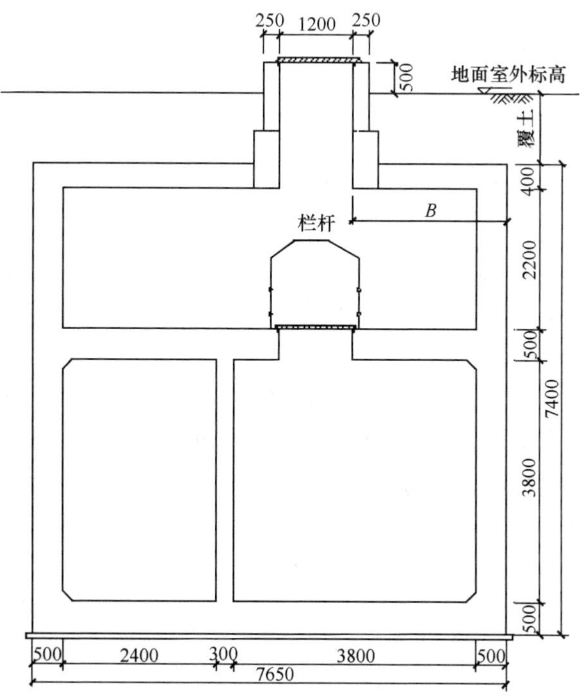


图 4-58　吊装口节点 1-1 剖面图

**3. 复杂口部计算**

复杂口部是指体量较大、受力复杂，需整体建模分析才能计算清楚的管廊口部节点，此类节点一般指交叉节点、出入口等。对这类节点一般采用整体建模有限元分析计算，计算软件采用 SAP2000、迈达斯、世纪旗云等。

复杂口部整体建模计算经常忽略又需额外注意冲切验算和局压验算。冲切验算公式详见《混凝土结构设计规范》（GB 50010—2010，2015 年版）第 6. 5 节相关内容。局部受压承载力公式详见《混凝土结构设计规范》（GB 50010—2010，2015 年版）第 6. 6 节相关内容。

#### 4. 6. 2. 4　抗浮计算

当管廊抗浮不满足设计要求时，轻则引起管廊底板局部降起或者开裂，需进行加固处理，重则将发生上拱或上浮失稳破坏，甚至丧失结构的正常使用功能，无论何种情况都造成巨大的经济及社会效益损失。因此，进行管廊抗浮设计、采取永久性的抗浮措施十分必要。

**1. 管廊抗浮失效问题分类及其破坏特征**

管廊抗浮失效问题分为整体抗浮失效和局部抗浮失效两大类。

整体抗浮失效是指当建筑物的自重不能够克服地下水浮力，管廊发生整体上浮位移或倾斜。其失效形式与管廊结构刚度关系密切，若管廊结构刚度小，可能会出现局部上浮或倾斜，刚度大则可能整体上浮。

局部抗浮失效是指水浮力不超过建筑物的总重力，但局部自重小于水浮力，造成抗浮承载力不均衡。其失效形式表现为管廊产生裂缝，部分结构上浮。由于受周边墙体以及内部墙（框架柱）的制约，裂缝一般分布于底板或地梁跨中，其分布范围广并且具有一定规律性。

**2. 管廊抗浮计算**

（1）浮力的计算方法

管廊抗浮验算的关键是准确计算管廊结构所承受的水浮力。该问题可采用阿基米德定律来计算。该定律简要表述如下

$$N_w = \gamma_w V_w g \tag{4-41}$$

式中 $\gamma_w$——水的重度，取 $10kN/m^3$；

$V_w$——管廊浸入地下水部分的体积（$m^3$）；

$g$——重力加速度。

$N_w$——水浮力，在实际抗浮计算中，$V_w = Ah$，$A$ 为管廊底板面积，$h$ 为管廊浸入地下水部分上下水压力差高度，依据抗浮设计水位以及实际情况具体确定。

（2）结构抗浮设计水位的合理取值

抗浮设计的关键在于选择合理的抗浮设防水位，设计人员在设计过程中应充分结合场地特点和区域工程地质、水文地质以及周边环境选择合理的抗浮设计水位。

抗浮设防水位是为满足地下结构抗浮设防安全及抗浮设计技术经济合理的需要，根据场地水文地质条件、地下水长期观测资料和地区经验，预测地下结构在施工期间和使用年限内可能遭遇到的地下水最高水位。

抗浮设计水位的确定按照现行《岩土工程勘察规范》（GB 50021—2001，2009 年版）的要求，需由岩土工程勘察单位在地质勘察报告中提供。然而，其合理性参差不齐，有的是提供历史最高水位，有的是按勘察期间水位加上变化幅度，北京地区是根据对水位的预测再经渗流分析提出的。经渗流分析得出的抗浮设防水位不是客观存在的水位，是先分析出基底的水压力，再折算为水头高度。在使用抗浮设防水位时，设计人应进行甄别，如发现不合理之处应与勘察方进一步协商。

**3. 结构抗浮及抗浮措施**

（1）整体抗浮稳定性验算

整体抗浮系指使用阶段整个地下结构的抗浮，对应抗浮设防水位。

$$\frac{G_k}{N_{w,k}} \geqslant 1.05 \tag{4-42}$$

式中 $G_k$——建筑物、构筑物结构自重加配重，不包括可变荷载，对于构筑物不包括管线和设备自重，对于建筑物可包括建筑墙体、面层等永久荷载；

$N_{w,k}$——水浮力，按抗浮设防水位和基底面积计算。

给排水构筑物抗浮稳定性安全系数取 1.05，管道抗浮稳定性安全系数取 1.1。地下管廊抗浮稳定性安全系数取 1.05。

对于施工阶段的抗浮验算，是用来决定停止降水的时机，如地下结构施工到 ±0.000 后是否可以停止降水，其水浮力计算水位不是抗浮设防水位，应采用停止降水后恢复的水位，一般低于抗浮设防水位。

（2）局部抗浮稳定性验算

局部抗浮稳定性验算系指在结构整体抗浮满足的前提下，验算底板的受冲切承载力、受剪切承载力和受弯承载力是否满足要求，防止底板隆起开裂破坏。

（3）常用永久性的抗浮措施

目前常用的永久性抗浮处理措施包括压载法、抗浮锚杆以及抗浮桩。通常，抗浮锚杆是造价较低的一种抗浮措施。

① 压载抗浮

压载抗浮一般有两种方法：一是在底板上设低强度等级的混凝土压重，若条件允许还可将底板向外伸出，利用其上部填土的自重压力；二是设置较厚的钢筋混凝土底板。

第一种方法的优点是简单可靠，当建筑物的自身重度与浮力相差不大时，应尽量采用压载抗浮，其优点是施工速度快、造价低；但若管廊的自重与浮力相差较大，因压载部分厚度增大，基坑开挖加深，挖土方量和浮力相应增大会增加围护的造价，顶板配筋随上部覆土增加而增加，将大大增加工程量，进而提高造价，一般不宜采用。

② 抗浮锚杆

锚杆是一种埋入岩土体深处的受拉杆件，并承受由土压力、水压力或其他荷载所产生的拉力。抗浮锚杆的锚固机理与抗浮桩相似，也是通过与锚侧岩土层的摩阻力来提供抗拔力。

③ 抗浮桩

抗浮桩利用桩体自重和桩侧摩阻力来提供抗拔力，是一种常用的抗浮技术措施。桩型可采用钻孔灌注桩、扩底钻孔灌注桩、钻孔灌注桩、桩侧后注浆抗拔桩或预应力管桩。

抗浮措施应根据工程水文地质资料、施工条件、地下结构情况进行周密的设计计算、精心施工，设计中应考虑工程造价的经济合理性。

#### 4.6.2.5　变形缝设置

地下结构变形缝可分为伸（膨胀）缝、缩（收缩）缝、沉降缝三种。变形缝设置时应综合考虑，即所谓的三缝合一。变形缝的间距应按伸缩缝的最大间距要求设置，根据《混凝土结构设计规范》（GB 50010—2010，2015 年版）中的规定，土中现浇式地下结构最大伸缩缝距离为 30m。变形缝的设置尚应考虑沉降缝的作用，一般应设置于标准段与各节点段相交处、地质情况变化处以及管廊纵坡边坡点处。节点处的变形缝为便于施工，不直接将缝设置于节点端部，应外接出一定长度的标准段，建议两端各接出 1m 长标准段。

由于地下结构的变形缝是防水防渗的薄弱部位，应尽可能少设，在变形缝采取以下措施的情况下，变形缝的间距可适当加大，但不宜大于 40m：

1. 采取减小混凝土收缩或温度变化的措施；

2. 采用专门的预加应力或增配构造钢筋的措施；

3. 采用低收缩混凝土材料，采取跳仓浇筑、后浇带、控制缝等施工方法，并加强施工养护。

#### 4.6.2.6　明挖预制装配式混凝土管廊的特殊设计

预制装配式混凝土综合管廊其结构设计依据、结构设计主要技术标准、结构上的荷载、荷载组合均与明挖现浇混凝土综合管廊相一致。仅带纵向拼接头的预制拼装综合管廊结构的截面内力计算模型采用与现浇混凝土综合管廊结构相同的闭合框架计算模型，其基底反力分布及计算方法同现浇混凝土综合管廊标准段。

然而，由于特殊的施工工艺，预制装配式管廊在局部细节方面有着特殊的设计要求。

**1. 预制管廊构造要求**

（1）预制管廊混凝土强度等级不宜低于 C40。

预制管廊一般采用承插口连接，在承插口处预留检测孔。具体操作为向检测孔内打压测试，使压力空气（或水）充满分缝处形成的环形密封槽。试验气压（或水压）为 0.1MPa，恒压过程中不得有漏气（渗水）情况和压力下降情况出现。施工期间，每拼装一个管节，均应进行检测孔压力试验，1min 内加压至 0.1MPa，保持 10min 压力不变方可进行下一步施工。如出现压力下降需重新拼装。

（2）预制管廊一般在预制管节四角留置预留孔、横断面、张拉盒，预制与现浇。

（3）预制管廊一般采用无粘结预应力钢绞线。

（4）构件运输及吊装时，混凝土强度应符合设计要求。当设计无要求时，不应低于设计强度的80%。

（5）楔形橡胶圈及遇水膨胀橡胶条材料性能参数应符合规范要求。

预制装配式管廊可以分为四类：节段预制装配式、分块预制装配式、顶板预制装配式及叠合装配式。下面主要针对节段预制装配式的结构设计进行介绍。

**2. 节段预制装配式管廊结构设计的主要内容**

（1）接头设计

预制拼装综合管廊的结构宜采用预应力钢筋连接接头、螺栓连接接头或承插式接头。当场地条件较差，或易发生不均匀沉降时，宜采用承插式接头。当有可靠依据时，也可用其他能够保证预制拼装综合管廊结构安全性、适用性和耐久性的接头构造。

（2）构件及接头计算

《城市综合管廊工程技术规范》（GB 50838—2015）中第8.5.4条规定用“预制拼装综合管廊结构中，现浇混凝土截面的受弯承载力、受剪承载力和最大裂缝宽度宜符合现行国家标准《混凝土结构设计规范》（GB 50010—2010，2015年版）的有关规定”，第8.5.12条规定的“采用高强钢筋或钢绞线作为预应力筋的预制综合管廊结构的抗弯承载能力应按现行国家标准《混凝土结构设计规范》（GB 50010—2010，2015年版）的有关规定进行计算”，第8.5.14条规定：“预制拼装综合管廊拼缝的受剪承载力应符合现行行业标准《装配式混凝土结构技术规程》（JGJ 1—2014）的有关规定”，第8.5.5条规定“预制拼装综合管廊结构采用预应力钢筋连接接头或螺栓连接接头时，其拼缝接头的受弯承载力应符合下列公式要求……”《混凝土结构设计规范》（GB 50010—2010，2015年版）第9.6.2条规定“预制混凝土构件在生产、施工过程中应按实际工况的荷载、计算简图、混凝土实体强度进行施工阶段验算”，第10.1.1条规定“预应力混凝土结构构件，除应根据设计状况进行承载力计算及正常使用极限状态验算外，尚应对施工阶段进行验算”。

### 4.6.3 浅埋暗挖法结构设计

浅埋暗挖法结构设计主要是指支护结构的设计，支护结构的设计应根据围岩条件（围岩的强度特性、初始地应力场等）和设计条件（断面形状、周边地形条件、环境条件等）选择合适的设计方法。

在设计支护构件、衬砌时，多采用根据以往工程实际经验确定的支护参数的设计方法。采用类比设计方法，应充分研究其设计条件及设计的可比性，根据具体围岩的性质加以修正。

浅埋暗挖法的支护体系一般是由围岩、初期支护、二次衬砌构成的，在某些条件下，还包括超前支护。其中初期支护有喷射混凝土、锚杆和钢支撑或格栅。

#### 4.6.3.1 结构设计的总体原则

1. 支护结构的基本作用在于：保持断面的使用净空：防止围岩质量进一步恶化；承受可能出现的各种荷载；使支护体系有足够的安全度。因此，任何一种类型的支护结构都应具有与上述作用相适应的构造、力学特性和施工可能性。

2. 支护结构应满足以下基本要求：

第一，必须能与周围围岩大面积地牢固接触，即保证支护围岩体系作为一个统一的整体工作。接触状态的好坏，不仅改变了荷载的分布图形，也改变了两者之间相互作用的性质。

第二，重视初期支护的作用，并使初期支护与永久支护相互配合，协调一致地工作。

第三，要允许隧道支护结构产生有限制的变形，以充分协调地发挥两者的共同作用，这就要求对支护结构的刚度、构造给予充分地注意，即要求支护结构有一定的柔性或可缩性。要允许坑道支护结构产生一定的变形，这样可以充分发挥围岩的承载作用而减小支护结构的作用。综上，就是使两者更加协调地工作。因此，目前的支护结构，其刚度相对降低很多，即以采用柔性支护结构为主。

第四，必须保证支护结构架设及时。支护过晚会使围岩暴露，产生过度的位移而濒临破坏（极限平衡）。因此，应在围岩达到极限平衡之前开始发挥作用。

简而言之，支护结构设计应满足以下条件：

（1）应与开挖后的周边围岩成为一体；

（2）能够发挥初期支护的功能；

（3）支护构件应具备所需的性能，同时能安全、有效率地进行洞内作业。

考虑到综合管廊结构具有较高的使用及防水要求，一般都采用复合式衬砌结构。

3. 复合式衬砌结构设计应符合以下规定：

（1）初期支护宜采用锚喷支护，即由喷射混凝土、锚杆、钢筋网和钢架等支护形式单独或组合使用。锚杆宜采用全长粘结锚杆。

（2）二次衬砌宜采用模筑混凝土或模筑钢筋混凝土结构，衬砌截面宜采用连接圆顺的等厚衬砌断面，仰拱厚度宜与拱墙厚度相同，当采用钢筋混凝土衬砌结构时，混凝土强度等级不应小于 C30，受力主筋的净保护层厚度不小于 40mm。

（3）在确定开挖断面时，除应满足净空和结构尺寸外，还应考虑围岩及初期支护的变形，并预留适当的变形量。预留变形量的大小可根据围岩级别、断面大小、埋置深度、施工方法和支护情况等，采用工程类比法预测。

4. 地下结构的设计应以地质勘察资料为依据，根据现行国家标准《城市轨道交通岩土工程勘察规范》（GB 50307—2012）的有关规定按不同设计阶段的任务和目的确定工程勘察的内容和范围，以及按不同施工方法对地质勘探的特殊要求，通过施工中对地层的观察和监测反馈进行验证。

5. 地下结构设计应以“结构为功能服务”为原则，满足城市规划、行车运营、环境保护、抗震、防水、防火、防护、防腐蚀及施工等要求，并应做到结构安全、耐久、技术先进、经济合理。

6. 地下结构设计，应减少施工中和建成后对环境造成的不利影响，以及城市规划引起周围环境的改变对结构的作用；对分期建设的管廊，应根据管网规划，合理确定节点结构形式及是否同步实施或预留远期实施条件。

7. 地下结构的设计，应根据工程建筑物的特点及其所在场地的具体情况，通过技术、经济、工期、环境影响等多方面综合评价，选择合理的施工方法和结构形式。

**4.6.3.2　设计标准**

1. 综合管廊工程的结构设计使用年限应为 100 年。

2. 地下结构的耐久性设计宜按现行国家标准《混凝土结构耐久性设计标准》（GB/T

50476—2019）的有关规定执行。

3. 暗挖隧道结构的围岩分级应按现行行业标准《铁路隧道设计规范》（TB 10003—2016）的有关规定执行。

4. 地下结构在工程实施阶段应结合施工监测进行信息化设计。

5. 地下结构的净空尺寸必须符合管廊建筑限界要求，并应满足使用及施工工艺要求，同时应计入施工误差、结构变形和位移的影响等因素。

6. 地下结构应根据现行行业标准《地铁杂散电流腐蚀防护技术规程》（CJJ 49—1992）的有关规定采取防止杂散电流腐蚀的措施。钢结构及钢连接件应进行防锈处理。

7. 暗挖管廊隧道应结合断面大小、工程地质、水文地质及环境条件等因素，合理确定其埋置深度及与相邻隧道的距离，最小覆土厚度不宜小于隧道开挖宽度的1倍。当无法满足时，应结合隧道所处的工程地质、水文地质和环境条件进行分析，必要时应采取相应的措施。

8. 综合管廊工程应按乙类建筑物进行抗震设计，并应满足国家现行标准的有关规定。

9. 综合管廊的结构安全等级应为一级，结构中各类构件的安全等级宜与整个结构的安全等级相同。

10. 综合管廊结构构件的裂缝控制等级应为三级，结构构件的最大裂缝宽度限值应小于或等于0.2mm，且不得贯通。

11. 综合管廊应根据气候条件、水文地质状况、结构特点、施工方法和使用条件等因素进行防水设计，防水等级标准应为二级，并应满足结构的安全、耐久性和使用要求。综合管廊的变形缝、施工缝和预制构件接缝等部位应加强防水和防火措施。

#### 4.6.3.3 荷载的确定

**1. 荷载的种类**

地下空间结构所承受的荷载，按其作用特点及使用中可能出现的情况分为以下三类，即永久（主要）荷载、可变（附加）荷载和偶然（特殊）荷载。

（1）永久（主要）荷载

该荷载也称为长期作用恒载，主要包括结构自重、回填土层重力、围岩压力、弹性抗力、静水压力（含浮力）、混凝土收缩和徐变影响力、预加应力及设备自重等。围岩压力和结构自重是衬砌承受的主要静荷载，弹性抗力是地下空间结构所特有的一种被动荷载。

（2）可变（附加）荷载

可变（附加）荷载又分为基本可变荷载和其他可变荷载两类。基本可变荷载，即长期的经常作用的变化荷载，如起重机荷载，设备重力，地下储油库的油压力，车辆、人群荷载等。其他可变荷载，即非经常作用的变化荷载，如施工荷载（施工机具荷载、盾构千斤顶推力、注浆压力）等。

（3）偶然（特殊）荷载

偶然（特殊）荷载是指偶然发生的荷载，如地震力或战时发生的武器爆炸冲击动荷载。对于一个特定的地下空间结构，上述几种荷载不一定同时存在，设计中应根据荷载实际可能出现的情况进行组合。所谓荷载组合，是指将可能同时出现在地下空间结构上的荷载进行编组，取其最不利组合作为设计荷载，以最危险截面中最大内力值作为设计依据。

采用浅埋暗挖法施工的城市综合管廊的荷载，可以参照《地铁设计规范》（GB 50157—2013）加以确定，见表4-23，具体确定原则参照以下几点：

表 4-23　暗挖法隧道设计荷载分类

| 荷载分类 | | 荷载名称 |
|---|---|---|
| 永久荷载 | | 结构自重 |
| | | 地层压力 |
| | | 结构上部和破坏棱体范围内的设施及建筑物压力 |
| | | 水压力及浮力 |
| | | 混凝土收缩及徐变影响 |
| | | 预加应力 |
| | | 设备重力 |
| | | 地基下沉影响 |
| 可变荷载 | 基本可变荷载 | 地面车辆荷载及其动力作用 |
| | | 地面车辆荷载引起的侧向土压力 |
| | | 人群荷载 |
| | 其他可变荷载 | 温度变化荷载 |
| | | 施工荷载 |
| 偶然荷载 | | 地震影响 |
| | | 沉船、抛锚或河道疏浚产生的撞击力等灾害性荷载 |
| | | 人防荷载 |

**2. 荷载的计算**

（1）土压力

1）隧道深浅埋的判定原则

深、浅埋隧道分界深度至少应大于塌方的平均高度且有一定余量。根据经验，这个深度通常为 2 ~2.5 倍的塌方平均高度值，即

$$H_P = (2 \sim 2.5)\, h_q \tag{4-43}$$

式中　$H_P$——深浅埋隧道分界的深度（m）；

$h_q$——等效荷载高度值（m）；

系数 2 ~2.5 在松软的围岩中取高限，在较坚硬围岩中取低限。

当隧道覆盖层厚度 $h \leqslant h_q$ 时为超浅埋，$h_q < h < H_P$ 时为浅埋，$h \geqslant H_p$ 时为深埋。

2）超浅埋隧道围岩压力的计算

当隧道埋深 $h$ 小于或等于等效荷载高度 $h_q(h \leqslant h_q)$ 时，为超浅埋隧道，围岩压力按隧道顶部全土柱重力计算。

围岩垂直均布松动压力为

$$q = \gamma h \tag{4-44}$$

式中　$\gamma$——围岩重度（$kN/m^3$）；

$h$——隧道埋置深度（m）。

围岩水平压力 $e$ 按朗金公式计算：

隧道顶部水平压力：

$$e_1 = q\tan^2\left(45° - \frac{\phi_0}{2}\right) \tag{4-45}$$

隧道底部水平压力：

$$e_2 = (q + \gamma H_t)\tan^2\left(45° - \frac{\phi_0}{2}\right) \tag{4-46}$$

3）浅埋隧道围岩压力的计算

当隧道埋深 $h$ 大于等效荷载高度 $h_q$ 且小于深浅埋分界深度（$h_q < h < H_p$）时，为一般浅埋隧道，围岩压力按谢家烋公式计算。

围岩垂直均布松动压力为：

$$q = \frac{Q}{B} = \gamma h\left(1 - \frac{\gamma h_t \tan\theta}{B}\right)q \tag{4-47}$$

$$\lambda = \frac{\tan\beta - \tan\phi_0}{\tan\beta[1 + \tan\beta(\tan\phi_0 - \tan\theta) + \tan\phi_0\tan\theta]} \tag{4-48}$$

$$\tan\beta = \tan\phi_0 + \sqrt{\frac{(\tan^2\phi_0 + 1)\tan\phi_0}{\tan\phi_0 - \tan\theta}} \tag{4-49}$$

式中　$B$——坑道跨度（m）；

$\gamma$——围岩的容度（$kN/m^3$）；

$h$——洞顶覆土厚度（m）；

$\theta$——岩体两侧摩擦角（°）；

$\lambda$——侧压力系数；

$\phi_0$——围岩计算摩擦角（°）；

$\beta$——产生最大推力时的破裂角（°）；

$h_t$——隧道开挖高度（m）。

围岩水平压力按梯形分布，由下式确定：

隧道顶部水平压力：

$$e_1 = \gamma h\lambda \tag{4-50}$$

隧道底部水平压力：

$$e_2 = \gamma(h + h_t)\lambda \tag{4-51}$$

4）深埋隧道围岩压力的计算

当隧道埋深 $h$ 大于或等于深浅埋分界深度 $H_p$（$h \geq H_p$）时，为深埋隧道，围岩压力按自然拱内岩体重力计算：

单线、双线及多线铁路隧道按破坏阶段设计，垂直均布压力为

$$q = \gamma h_q = 0.45 \times 2^{S-1} \times \gamma\omega \tag{4-52}$$

式中　$h_q$——等效荷载高度值（m）；

$S$——围岩级别，如Ⅲ级围岩 $S = 3$；

$\gamma$——围岩的容重（$kN/m^3$）；

$\omega$——宽度影响系数，其值为

$$\omega = 1 + i(B - 5) \tag{4-53}$$

式中　$B$——坑道宽度（m）；

$i$ ——$B$ 每增加 1m 时，围岩压力的增减率（以 $B=5\text{m}$ 为基准），当 $B<5\text{m}$ 时，取 $i=0.2$，$B>5\text{m}$ 时，取 $i=0.1$。

（2）水压力

作用在地下空间结构上的水压力可根据施工阶段和长期使用过程中地下水位的变化，区分不同围岩条件，按静水压力计算或把水作为土的一部分计入土压力。

静水压力对不同类型的地下空间结构将产生不同的荷载效应，对圆形或接近圆形的结构而言，静水压力使结构的轴力加大，对抗弯性能差的混凝土结构来说，相当于改善了它的受力状态。因此，验算结构的强度时，则需按可能出现的最低水位考虑。反之，验算结构的抗浮能力时，则需按可能出现的最高水位考虑。可见地下水位对结构受力影响很大，需慎重处理。

水压力的确定还应注意以下问题：

1）作用在地下空间结构上的水压力，原则上应采用孔隙水压力，但孔隙水压力的确定比较困难，从实用和偏于安全考虑，设计水压力一般都按水头高度的静水压力计算。

2）在评价地下水位对地下空间结构的作用时，最重要的三个条件是水头、地层特性和时间因素。其具体计算方法如下：

① 使用阶段。无论砂性土或黏性土，都应根据正常的地下水位按安全水头和水土分算的原则确定。

② 施工阶段。可根据围岩情况区别对待：

置于渗透系数较小的黏性土地层中的隧道，在进行抗浮稳定性分析时，可结合当地工程经验，对浮力做适当折减或把地下空间结构底板以下的黏性土层作为压重考虑；并可按水土合算的原则确定作用在地下空间结构上的水平水压力。

置于砂性土地层中的隧道，应按全水头确定作用在地下空间结构上的浮力，按水土分算的原则确定作用在地下空间结构上的水平水压力。

3）确定设计地下水位时应注意的问题：

① 由于季节和人类的工程活动（如邻近场地工程降水影响）等都可能使地下水位发生变动，所以在确定设计地下水位时，不能仅凭地质勘察取得的当前结果，必须估计到将来可能发生的变化。尤其近年来对水资源保护的力度加大，需要考虑结构在长期使用过程中城市地下水回灌的可能性。

② 地形影响：在盆地和山麓等处，有时会出现不透水层下面的水压力变高的情况，使地下水压力从上到下按线性增大的常规形态发生变化。

③ 符合结构受力的最不利荷载组合原则：由于超静定结构某些构件中的某些截面是按侧压力或底板水反力最小的情况控制设计的，所以在确定设计地下水位时，应分别考虑最高水位和最低水位两种情况。

计算静水压力有两种方法，一种是和土压力分开计算；另一种是将其视为土压力的一部分和土压力一起计算（图 4-59）。水土分算时，地下水位以上的土采用天然重度 $\gamma$，水位以下的土采用有效重度 $\gamma'$ 计算土压力，另外计算静水压力的作用。水土合算时，地下水位以上的土与前者相同，水位以下的土采用饱和重度 $\gamma_s$ 计算土压力，不计算静水压力。其中土的有效重度 $\gamma'$ 为

$$\gamma' = \gamma_s - \gamma_w \tag{4-54}$$

式中　$\gamma_w$ ——水的重度。

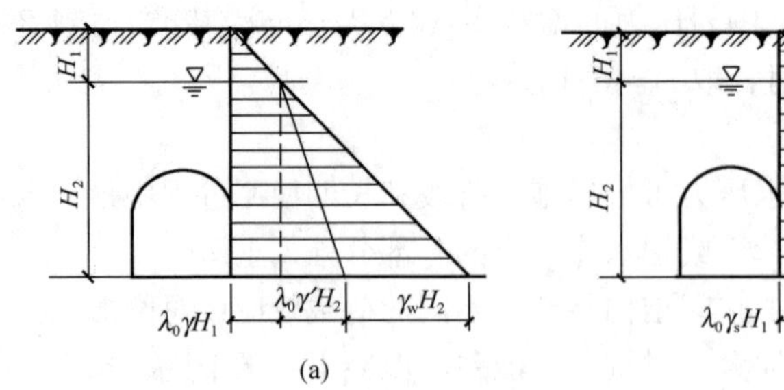


图 4-59　两种计算静水压力的方法

（a）水土分算；（b）水土合算

（3）车辆荷载

1）竖向压力

一般情况下，地面车辆荷载可按下述方法简化为均布荷载：

① 单个轮压传递的竖向压力（图 4-60）可按下式计算：

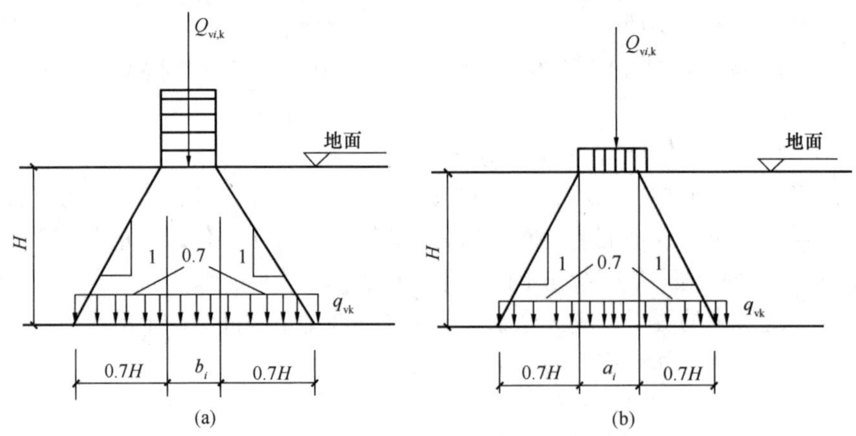


图 4-60　两种计算静水压力的方法

（a）顺轮胎着地宽度的分布；（b）顺轮胎着地长度的分布

$$q_{vk} = \frac{\mu_D Q_{vi,k}}{(a_i + 1.4H)(b_i + 1.4H)} \tag{4-55}$$

② 两个以上轮压传递的竖向压力（图 4-61）可按下式计算：

$$q_{vk} = \frac{n\mu_D Q_{vi,k}}{(a_i + 1.4H)\left(n b_i + \sum_{j=1}^{n-1} d_{bj} + 1.4H\right)} \tag{4-56}$$

式中　$q_{vk}$——地面车辆传递到计算深度 $H$ 处的竖向压力标准值（kN/m²）；

$Q_{vi,k}$——车辆的 $i$ 个车轮承担的单个轮压标准值（kN）；

$a_i$、$b_i$——$i$ 个车轮的着地分布长度和宽度；

$d_{bj}$——沿车轮着地分布宽度方向，相邻两个车轮间的净距（m）；

$n$——车轮的总数量；

$\mu_D$——动力系数，可参照表 4-24 选用。

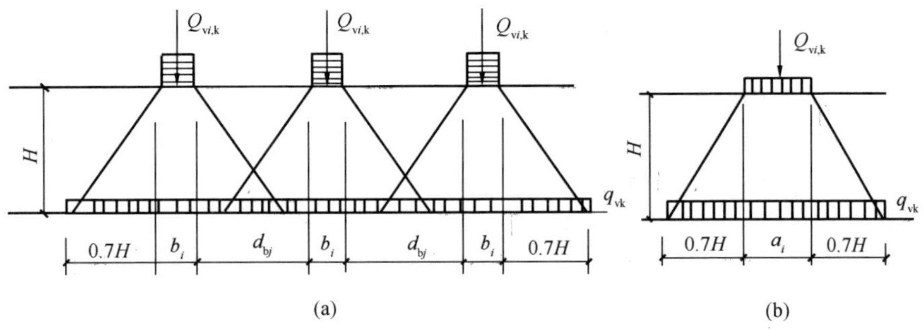


图 4-61　车辆荷载多轮压力计算图式

（a）顺轮胎着地宽度的分布；（b）顺轮胎着地长度的分布

**表 4-24　动力系数**

| 覆盖层厚度（m） | 0.25 | 0.30 | 0.40 | 0.50 | 0.60 | ≥0.70 |
|---|---|---|---|---|---|---|
| 动力系数 $\mu_D$ | 1.30 | 1.25 | 1.20 | 1.15 | 1.05 | 1.00 |

注：本表取自《给水排水工程管道结构设计规范》（GB 50332—2002）。

当覆盖层厚度较小时，即两个轮压的扩散线不相交时，可按局部均布压力计算。

在道路下方的浅埋暗挖隧道，地面荷载可按 10kPa 的均布荷载取值，并不计冲击力的影响。当无覆盖层时，地面车辆荷载则应按集中力考虑，并用影响线加载的方法求出最不利荷载位置。

2）水平压力

地面车辆荷载传递到地下空间结构上的水平压力，可按下式计算：

$$q_{hk} = \lambda_a q_{vk} \tag{4-57}$$

式中　$\lambda_a$——侧向压力系数，分石质地层和土质地层。石质地层查规范表，土质地层按库仑主动土压力计算。

（4）地震荷载

对一般地下结构可采用实用方法，即静力法或拟静力法计算地震荷载。静力法或拟静力法就是将随时间变化的地震力或地层位移用等代的静地震荷载或静地层位移代替，然后用静力计算模型分析地震荷载或强迫地层位移作用下的结构内力。

在衬砌结构横截面的抗震设计和抗震稳定性验算中采用地震系数法（惯性力法），即静力法；验算衬砌结构沿纵向的应力和变形则用地层位移法，即拟静力法。

等代的静地震荷载包括结构本身和洞顶上方土柱的水平、垂直惯性力以及主动土压力增量。

由于地震垂直加速度峰值一般为水平加速度的 1/2 ~ 2/3，而且缺乏足够的地震记录，因此对震级较小和对垂直地震振动不敏感的结构，可不考虑垂直地震荷载的作用。只有在验算结构的抗浮能力时才计及垂直惯性力。

水平地震荷载可分为垂直和沿着隧道纵轴两个方向进行计算：

1）隧道横截面上的地震荷载（垂直隧道纵轴）

① 结构的水平惯性力

作用在构件或结构重心处的地震惯性力一般可表示为

$$F = \frac{\tau}{g}Q = K_c Q \tag{4-58}$$

式中 $\tau$——作用于结构的地震加速度；

$g$——重力加速度；

$Q$——构件或结构的重力；

$K_c$——与地震加速度有关的地震系数。

对于隧道结构，我们可以将其具体化并简化如下：

浅埋暗挖法所采用的马蹄形曲墙式衬砌（图4-62），其均布的水平惯性力为

$$\left.\begin{aligned} F_1^1 &= \eta_c K_h \frac{m_1 g}{H} \\ F_1^2 &= \eta_c K_h \frac{m_2 g}{H} \end{aligned}\right\} \tag{4-59}$$

式中 $\eta_c$——综合影响系数，与工程重要性、隧道埋深、地层特性等有关，规范中建议，对于岩石地基，$\eta_c$ = 0.2，非岩石地基，$\eta_c$ = 0.25；

$K_h$——水平地震系数，7度地区，$K=0.1$；8度地区，$K=0.2$；9度地区，$K=0.4$；

$m_1$——上部衬砌质量；

$H$——上部衬砌的高度；

$m_2$——仰拱质量；

$f$——仰拱的矢高。

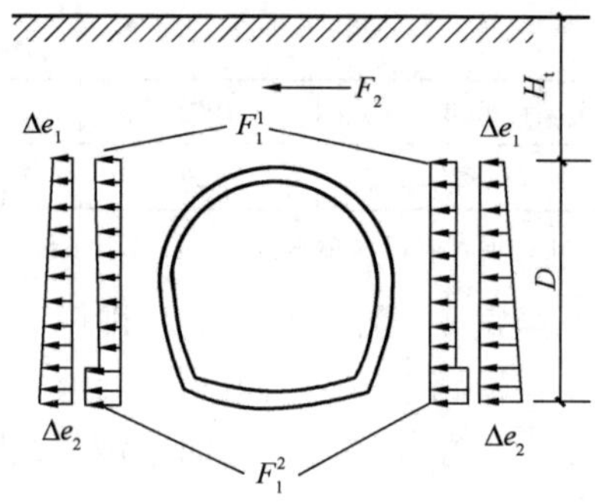


图4-62 马蹄形隧道衬砌地震荷载图式

② 洞顶上方土柱的水平惯性力

$$F_2 = \eta_c K_h m_{上} g \tag{4-60}$$

式中 $m_{上}$——上方土柱的质量（kg）。

③主动侧向土压力增量计算

主动侧向土压力的增量地震时地层的内摩擦角要发生变化，由原来的 $\phi$ 值减小为（$\phi-\beta$），其中 $\beta$ 为地震角，在7度地震区 $\beta=1°30'$；8度地震区 $\beta=3°$；9度地震区 $\beta=6°$。因此，结构一侧的主动侧向土压力增量为

$$\Delta e = (\lambda'_a + \lambda_a) q_i$$

式中 $\lambda_a = \tan^2\left(45° - \dfrac{\phi}{2}\right)$；$\lambda'_a = \tan^2\left(45° - \dfrac{\phi-\beta}{2}\right)$。

而结构另一侧的主动侧向土压力增量可按上述值反对称布置。

④ 结构和隧道上方土柱的垂直惯性力

一般可按照以下公式计算：

$$\left.\begin{aligned} F'_1 &= \eta_c K_v Q \\ F'_2 &= \eta_c K_v P \end{aligned}\right\} \tag{4-61}$$

式中 $K_v$——垂直地震系数，一般取 $K_v = \dfrac{K_h}{2} \sim \dfrac{2K_h}{3}$；

$Q$、$P$——衬砌和隧道上方土柱的重力。

由于垂直惯性力仅在验算结构抗浮能力时需要考虑，因此，即可按集中力考虑。

2）沿隧道纵轴方向的地震荷载

地震动的横波与隧道纵轴斜交或正交，或地震动的纵波与隧道纵轴平行或斜交，都会沿隧道纵向产生水平惯性力，使结构发生纵向拉压变形，其中以横波产生的纵向水平惯性力为主。地震波在冲积层中的横波波长为 160m 左右。因此，孙钧院士在其《地下结构》一书中建议：计算纵向水平惯性力时，对区间隧道可按半个波长的结构重力考虑，即

$$T = \eta_c K_h w' \tag{4-62}$$

式中　$w'$——纵向 80m 长的重力。

#### 4.6.3.4　结构建模与内力计算

**1. 荷载-结构法建模**

（1）在决定荷载的数值时，应根据现行国家标准《建筑结构荷载规范》（GB 50009—2012）等的有关规定，并应根据施工和使用阶段可能发生的变化，按可能出现的最不利情况，确定不同荷载组合时的组合系数。

（2）地层压力应根据结构所处工程地质和水文地质条件、埋置深度、结构形式及其工作条件、相邻隧道间距等因素，结合已有的试验、测试和研究资料确定。岩质隧道的围岩压力可根据围岩分级，按现行行业标准《铁路隧道设计规范》（TB 10003—2016）的有关规定确定。

（3）作用在地下结构水压力，应根据施工阶段和长期使用过程中地下水位的变化，以及不同的围岩条件，分别按规定计算。

（4）地下结构的施工荷载应按下列之一或可能发生的荷载组合设计：

1）设备运输及吊装荷载；

2）施工机具荷载，不宜超过 10kPa；

3）地面堆载，宜采用 20kPa；

4）邻近隧道开挖的影响；

5）注浆引起的附加荷载；

（5）道路下方的隧道，应按照现行行业标准《公路桥涵设计通用规范》（JTG D60—2015）的有关规定确定地面车辆荷载及排列；铁路下方的隧道荷载，应按现行行业标准《铁路桥涵设计规范》（TB 10002—2017）的有关规定执行。

采用主动荷载模型进行结构计算，承受的荷载如图 4-63 所示。图中 $q$ 为竖向土压力，$e_i$ 为水平土压力，$w$ 为水压力，$q_{vk}$ 为地面车辆竖向荷载，$q_{hki}$ 为地面水平荷载，$\Delta e_i$ 为主动侧向土压力增量，$F_1^i$ 为均布水平惯性力，$F_2$ 为洞顶上方土柱的水平惯性力。

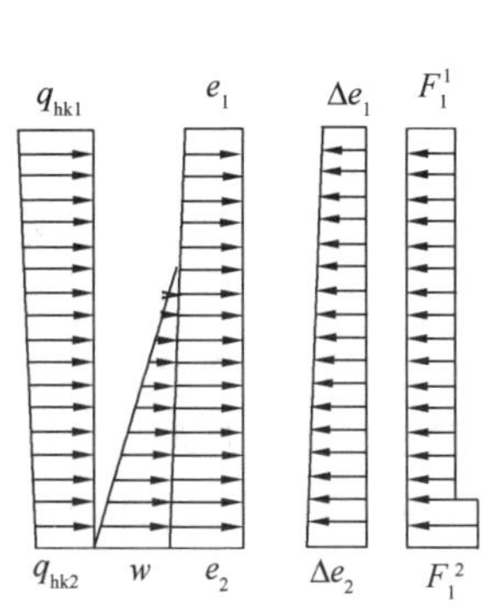


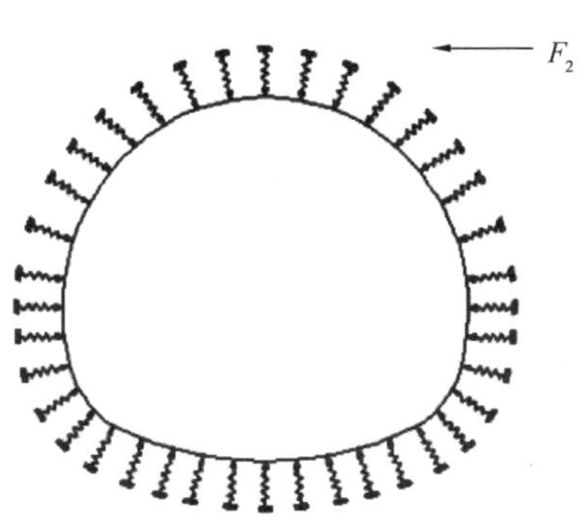


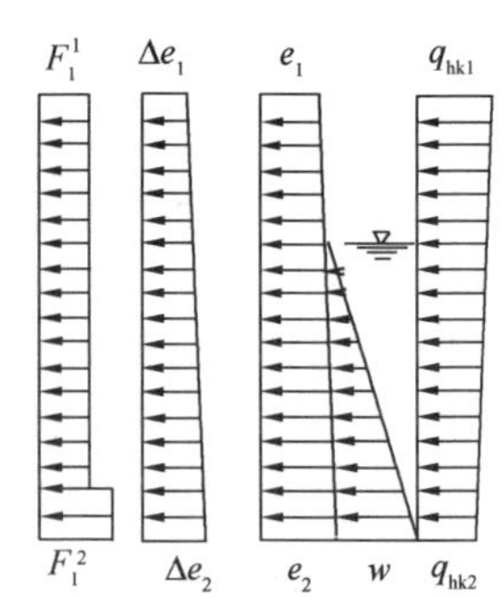


图 4-63　荷载-结构计算模型图

**2. 内力计算**

内力计算可采用 Midas GTS、SAP 等有限元程序进行相关结构的计算分析。

计算时隧道二衬采用梁单元模拟，纵向取 1.0m，拱脚宽度 1.0m，环向单元长度拱墙厚度 0.7m、仰拱厚度 0.8m，地基弹簧的刚度根据规范与设计文件规定，隧底围岩地基弹簧刚度取 200MPa/m。隧道所受荷载按照基本组合考虑，即结构自重 + 围岩压力或土压力 + 施工荷载，组合系数取 1.0。

隧道的计算模型如图 4-64 所示。对应的结构弯矩分布和轴力如图 4-65、图 4-66 所示。

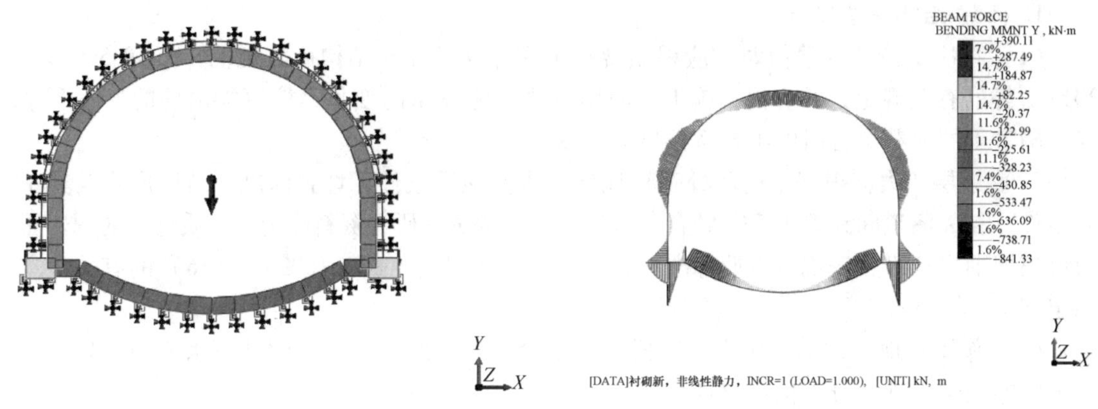


图 4-64　隧道计算模型简图

图 4-65　弯矩图（单位：kN · m）

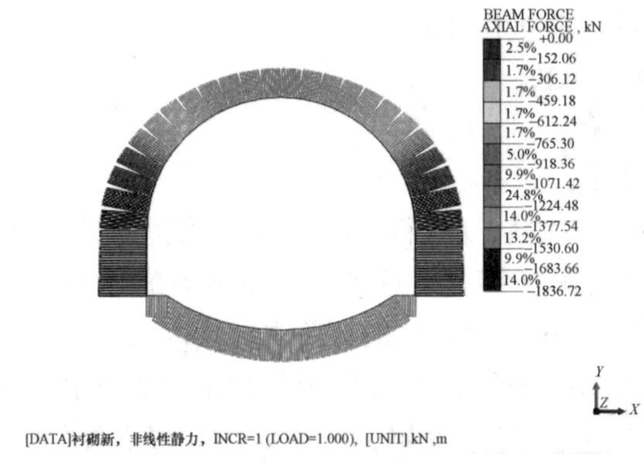


图 4-66　轴力图（单位：kN）

## 4.6.4　盾构法结构设计

### 4.6.4.1　设计原则

1. 结构设计根据结构类型、使用条件、荷载特性、工程地质及水文地质、施工工艺等条件进行。

2. 结构尺寸除应满足建筑限界和建筑设计要求外，还应考虑施工误差、测量误差、结构变形等因素，并根据地质条件、埋设深度、荷载、结构类型、施工工序等条件确定。

3. 满足线路设计要求，考虑施工时对现有环境、城市规划、建设引起的环境改变，及应采取的环境保护措施。

4. 结构设计在满足强度和刚度的前提下，还应同时满足防水、防腐蚀、防迷流等的要求。

5. 在满足使用功能的前提下，对管片形式、厚度、宽度等做出经济合理的比选。

**4.6.4.2　设计标准**

1. 地下结构工程的安全等级为一级。

2. 区间隧道采用盾构法施工时地面沉降量一般宜控制在 30mm 以内，隆起量控制在 10mm 以内：当穿越主要建筑物或地下管线时，上述数值应按允许的条件确定，对于空旷地区可适当放宽。

3. 结构设计抗浮安全系数不得小于 1.05。当结构抗浮不能满足要求时，应采取相应的工程措施。

4. 管片结构允许裂缝开展，但裂缝宽度≤0.2mm。

5. 管片衬砌结构变形验算：直径变形≤1‰$D$（$D$ 为隧道外径）。

6. 管片隧道结构防水标准：0.1L/(m$^2$·d)。

7. 防水设计按要求：在 0.6MPa 外水压力下，环缝张开 8mm，纵缝张开 6mm 时不渗漏。

8. 当地下结构位于有侵蚀性地段时，应采取抗侵蚀措施，混凝土抗侵蚀系数不得低于 0.8。

9. 地下结构应满足防（火）灾要求，结构的耐火等级为一级。

10. 结构按地震设防烈度 7 度进行抗震验算。

11. 结构按 6 级人防设防进行验算。

12. 区间隧道顶部覆盖层厚度应根据地层特性、盾构类型、埋置深度等合理确定，一般不小于 1$D$($D$ 为隧道外径)，困难地段可以适当减少，但应有相应的技术保证措施。

13. 两条单线隧道之间当隧道贯通长度大于 600m 时应设联络通道，在通道内设双向开启的甲级防火门。区间隧道内排水泵站宜结合联络通道设计。

**4.6.4.3　衬砌结构设计计算**

**1. 计算方法**

盾构管片按平面问题计算，设计成具有一定刚度的柔性结构，严格限制荷载作用下的直径变形≤0.1%$D$（计算值）和接头张开量≤4mm。接头设计以满足受力、防水和耐久的要求为前提。

盾构管片按自由变形的弹性均质圆环计算。

**2. 计算荷载及组合**

计算中主要考虑的荷载除图 4-67 所示荷载外，尚需考虑以下荷载：

（1）施工荷载（盾构千斤顶顶力、不均匀注浆压力、相邻隧道施工的影响等）；

（2）结构内部荷载（地铁车辆震动荷载、固定设备荷载等）；

（3）特殊荷载（地震、人防等）。

荷载组合按表 4-25 进行。

**表 4-25　荷载组合简表**

| 荷载组合 | 永久荷载＋可变荷载 | 永久荷载＋可变荷载＋地震荷载 | 永久荷载＋可变荷载＋人防荷载 |
|---|---|---|---|
| 施工阶段 | + | — | — |
| 使用阶段 | + | + | + |
| 荷载组合分项系数：永久荷载取 1.35，可变荷载取 1.4，地震荷载 1.3，人防荷载取 1.0。 | | | |

**3. 计算结果**

计算结果如图 4-68 所示。

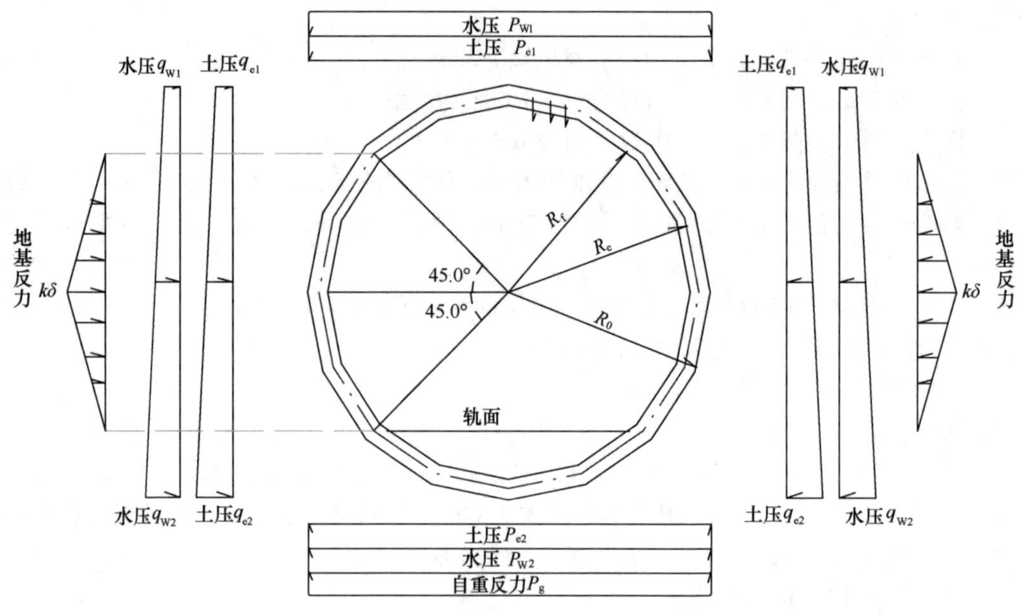


图 4-67　管片计算简图

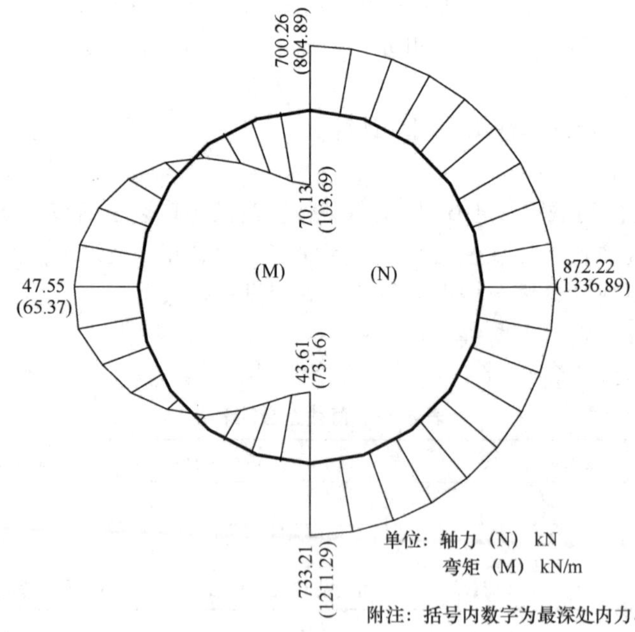


图 4-68　管片内力图

**4. 配筋计算**

根据以上计算结果，按埋深最深、最浅的内力进行配筋计算。

### 4.6.4.4　抗震设计

工程实践经验表明：地下结构在地震中遭受的震害，一般比地面结构所受震害较少、较轻。地震时，由地震引起振动，地层中产生位移和地震力作用到结构上，使结构产生应力和变形。

根据国内外资料和实践经验，建于较弱地层中的隧道的变位与软土地层的变位大致相同。即在隧道结构抗震计算中，可忽略隧道结构软弱土体对地震变形的限制作用。

**1. 抗震设计的基本原则**

（1）地下结构抗震设计，主要是保证结构在整体上的安全，允许个别部位出现裂缝和塑性变形。

（2）结构应具有必要的强度、良好的延性。

（3）使结构具有整体性和连续性，在装配式钢筋混凝土结构设计中，要采取必要的措施，加强管片间连接，使之整体化。

（4）因地震波长通常总比区间隧道短，故地下结构纵向将产生不同相位的变形；再因在隧道沿线地层突变处，不同形状、刚度的结构连接处均存在一定的变形，故可设置必要的抗震缝（变形缝），允许其在一定限度内变形。

**2. 抗震措施**

通过分析与计算，7 度地震力作用对结构设计不起控制作用，故抗震设计的重点是加强如下构造措施。

（1）衬砌接头间用螺栓进行拉力联系，保持结构连续性。

（2）在环向和纵向接头处设弹性密封垫，以适应地震中地层施加的一定的变形。

（3）纵向产生的拉应力按由纵向螺栓承担进行设计。

（4）一般情况下不设抗震缝，但在特殊地段（地层急剧变化、结构可能产生不均匀下沉）必须设抗震缝。对地震时可能产生砂土液化的地段，在施工中应采取技术措施。

### 4.6.4.5　设计人防荷载下的结构验算

人防荷载下的计算按等效静载法进行结构计算，即将核爆动荷载转化为等效的荷载。

根据《人民防空地下室设计规范》（GB 50038—2005），确定作用在地铁圆形隧道结构顶部、侧向荷载为

$$\left.\begin{aligned} q_{e1} &= k_{d1} \cdot K \cdot p_h \\ q_{e2} &= k_{d2} \cdot \xi \cdot p_h \end{aligned}\right\} \tag{4-63}$$

式中　$q_{e1}$、$q_{e2}$——结构顶部、侧向等效静荷载（$kN/m^2$）；

$k_{d1}$、$k_{d2}$——结构顶部，侧向动力系数；

$\xi$——土的侧压力系数；

$p_h$——土中压缩波最大压力值。

计算时考虑材料强度设计值的提高，经验算，地铁区间圆形隧道结构满足六级人防要求。

### 4.6.4.6　防水设计

**1. 防水原则**

（1）以防为主，多道防线，综合治理；

（2）以衬砌混凝土自防水为根本，衬砌结构接缝防水为重点，保证隧道整体防水；

（3）采用高精度钢模制作的高精度管片进行拼装，应用弹性密封的原理，设计制作构造形式特定、适应变形大、防水性能好、耐久性及耐应力松弛优良的框形橡胶圈以满足接缝防水要求。

**2. 防水等级标准**

隧道防水等级为二级，渗水量小于0.1L/m$^2$，隧道顶部不允许滴水，侧墙表面允许有少量湿迹。

**3. 混凝土结构自防水**

混凝土管片结构采用自防水混凝土，其抗渗等级≥P10。同时提高管片制作与拼装的精度，减少直径变形及环面不平整度。单块管片的检漏应在0.8MPa水压下6h要求渗水高度小于5cm。

**4. 衬砌接缝防水**

（1）弹性密封垫

管片接缝外侧设置多孔特殊断面的三元乙丙橡胶与遇水膨胀橡胶嵌入复合型框形弹性密封垫，该弹性密封应确保0.6MPa水压下环缝张开8mm，纵缝张开6mm（包括沟槽制作误差、拼装误差、后期隧道纵向变形造成的接缝张开）时不渗漏，且满足隧道长期使用下的防水要求。

（2）变形缝环密封垫

采用变形缝环专用弹性密封垫，方法是在普通环密封垫表面加贴遇水膨胀橡胶薄片，工艺简单而效果明显。

（3）螺孔密封圈

采用遇水膨胀橡胶螺孔密封圈，设置在密封圈槽中，其断面既利于止水，又不影响金属垫片与预埋件的接触，确保防迷流发挥功效。

（4）管片内侧的嵌缝槽

可局部范围内嵌填，材料可采用聚合物砂浆和弹性密封胶。

（5）注浆孔与闷头的密封防水

与结构设计相配合，采用顶留单向阀式注浆管，以遇水膨胀橡胶O形圈，加强注浆管与混凝土、注浆管与闷头的密封。

## 4.6.5 顶管法结构设计

顶管技术最初主要用于下水道施工，随着城市建设的发展，其应用的领域也越来越广泛。目前广泛应用于城市给水排水管道、煤气管道、电力隧道等基础设施建设以及公路、铁路、隧道等交通运输的施工中。

目前采用顶管施工的管廊结构设计尚无规范标准明确规定，建议顶管设计主要依据《给水排水工程顶管技术规程》（CECS 246—2008）及《给水排水管道工程施工及验收规范》（GB 50268—2008）进行。顶管法结构设计的主要内容包括工作井设计、顶力计算、管廊结构设计等。

**4.6.5.1 工作井设计**

工作井是指顶管法施工时，从地面竖直开挖至管道底部的辅助通道，一般为方形或圆形的基坑。顶管施工常需设置两种形式的工作井：另一种是顶管始发端放置顶进设备并进行作业的顶管工作井；另一种是顶管终端接收顶管机的接收工作井。工作井的设计内容包括支护类型、平面布置、平面形状及尺寸、竖向深度、后背墙设计等。

**1. 支护类型**

工作井的支护类型类似普通基坑，可采用地下连续墙、灌注桩、沉井、SMW 工法、钢板桩等。当工作井埋深较浅、地下水位较低、顶进距离较短时，宜选用钢板桩或 SMW 工法，工作井内的水平支撑应形成封闭式框架，在矩形工作井水平支撑的四角应设置斜撑；在顶管埋置较深、顶管顶力较大的软土地区，工作井宜采用沉井、灌注桩或地下连续墙；当场地狭小且周边建筑需要保护时，工作井宜优先选用地下连续墙；在地下水位较低或无地下水的地区，工作井宜优先选用灌注桩支护。

当采用钢板桩支护时，为确保后座土体稳定，一般采用单向顶进：当采用沉井作为工作井时，为减少顶管设备的转移，一般采用双向顶进。除沉井外其他形式的工作井，当顶力较大时，均应设置钢筋混凝土后座墙。

**2. 平面布置**

工作井的平面布置应按以下因素确定：

（1）工作井的间距应根据综合管廊的结构尺寸、穿越土层地质情况进行顶进力估算，进而估算出顶管顶进长度后确定；工作井的布置应兼顾作为综合管廊节点的基坑支护，利用工作井进行节点施工；

（2）应考虑施工过程中排水、出土和运输的方便；

（3）为保证施工便利，工作井应靠近电源和水源；

（4）为避免对周边环境的影响，应远离居民区；

（5）为保证安全施工，应远离高压线；

（6）当综合管廊的坡度较大时，工作井宜设置在管线埋置较深的一端；

（7）在有曲线且有直线的顶管中，工作井宜设置在直线段一端。

**4.6.5.2　顶力计算**

顶管施工中的顶力是指在施工中推动整个管道系统和相关机械设备向前运动的力。根据管廊轴向力平衡的原理，顶力在数值上等于顶进阻力。顶进阻力一般包括管廊结构前的迎面阻力和管土间的摩擦阻力。

顶力计算实质是估算。多年来的施工实践表明，影响顶力的主要因素是土的性质、管道弯曲半径的大小和施工技术水平的高低。在同样的土层中顶管，施工人员操作方法不同，顶力也有所不同，因此顶力计算公式有一定的误差。顶力计算公式可按《给水排水工程顶管技术规程》（CECS 246—2008）中公式进行计算，即

$$F_0 = \pi D_1 L f_k + N_F \tag{4-64}$$

式中　$F_0$——总顶力标准值，kN；

$D_1$——管道外径，m；

$L$——管道设计顶进长度，m；

$f_k$——管道外壁与土的平均摩擦阻力，kN/m$^2$，

$N_F$——顶管机的迎面阻力，kN。

公式中的总顶力由管土间摩擦阻力及顶管机迎面阻力组成。管道外壁与土的平均摩擦阻力按《给水排水工程顶管技术规程》（CECS 246—2008）中表 12.6.14 采用，顶管机的迎面阻力按该规范的第 12.4.2 条计算。

在结构设计图纸中，应明确指出顶管施工的总顶力，避免施工顶力过大导致管壁及后背墙结构破坏。

**4.6.5.3 管廊结构设计**

**1. 作用在顶管结构上的荷载**

作用在顶管结构上的可变作用主要是车辆荷载、人行荷载、地面堆载。无论是圆形顶管结构还是矩形顶管结构，其荷载的取值相同。

作用在顶管结构上的永久作用力主要有结构自重、竖向土压力、侧向土压力。对于圆形顶管结构和矩形顶管结构，其竖向土压力、侧向土压力的计算不尽相同，应区别考虑。

对于圆形顶管结构，其竖向土压力按覆盖层厚度和土质确定：

（1）当管顶覆土厚度不大于管外径或覆盖层均为淤泥土时，管顶的竖向土压力标准值可按管道上土体重力考虑。

（2）当管顶覆盖层不属于上述情况时，其管顶覆土厚度较厚，顶管施工改变了地层中的原始应力状态，同时还形成了一定的超挖量，这不可避免地要引起管道上部和周围邻近土体的位移，形成土拱效应，顶管上的竖向土压力标准值可按《给水排水工程顶管技术规程》（CECS 246—2008）中第 6.2.2 条第 2 款进行计算。

圆形顶管结构的侧向土压力应按如下原则确定：

（1）当管廊位于地下水位以上时，侧向土压力标准值应按主动土压力计算。

（2）当管廊位于地下水位以下时，侧向水土压力应采用水土分算。

对于矩形顶管结构，参考《四川省城市综合管廊工程技术规范》（DBJ51/T077—2017），本书认为作用在结构上的竖向土压力和侧向土压力同明挖现浇混凝土管廊的荷载取值，对于结构偏于安全考虑，不计土体的土拱效应。

当综合管廊兼具城市人防功能的，应考率人防荷载作为偶然荷载。

**2. 荷载组合**

顶管结构应按承载力极限状态和正常使用极限状态进行计算，由于《城市综合管廊工程技术规范》（GB 50838—2015）中为具体给出荷载组合时各项的组合系数，具体工程可参照《给水排水工程管道结构设计规范》（GB 50332—2002）中相关内容进行确定。

**3. 结构计算**

综合管廊结构的内力计算可按《给水排水工程顶管技术规程》（CECS 246—2008）中第 8.2.4 的规定进行。

管廊结构截面的受弯承载力、受剪承载力、最大裂缝宽度均应按现行国家标准《混凝土结构设计规范（2015 年版）》（GB 50010—2010）的有关规定计算。

相比明挖预制装配式混凝土综合管廊结构，顶管结构设计的承载力极限状态应额外计算顶管结构纵向超过最大顶力破坏，这是由于顶管结构在纵向上受到顶进力作用的缘故。

对于圆形顶管来说，结构所能承担的最大顶力设计值可按《给水排水工程顶管技术规程》（CECS 246—2008）中第 81.1 条进行计算，结构最大顶力主要由结构断面尺寸决定。对于矩形顶管，其最大顶力设计值也可参照圆形顶管计算。要注意的是，最大顶力值为设计值，而顶力估算中的顶力值为标准值。顶力值、管廊断面、顶进距离、工作井的布置均相互影响又相互联系，设计时应综合考虑，既要结合工艺节点的位置考虑工作井的位置，又要考虑顶进距离，顶距过长则顶力过大，管廊断面也较大，如顶距过短则工作井数量较多，也不经济。

### 4.6.6 抗震设计

**4.6.6.1　抗震设防目标**

根据《市政公用设施抗灾设防管理规定》，住房和城乡建设部组织制定了《市政公用设施抗震设防专项论证技术要点（地下工程篇）》（建质〔2011〕13 号），文件中明确提出了抗震设防目标：

1. 当遭受低于设计工程抗震设防烈度的地震影响时，综合管廊不损坏，对周围环境和综合管廊工程正常运营无影响；

2. 当遭受相当于设计工程抗震设防烈度的地震影响时，综合管廊不损坏或仅需对非重要结构部位进行一般修理，对周围环境影响轻微，不影响综合管廊工程正常运营；

3. 当遭受高于设计工程抗震设防烈度的罕遇地震（高于设防烈度）影响时，综合管廊主要结构支撑体系不发生严重破坏且便于修复、对周围环境不产生严重影响，修复后的综合管廊工程仍能正常运营。

**4.6.6.2　抗震专项论证**

抗震专项论证应由建设单位在初步设计阶段组织专家进行。建设单位组织抗震专项论证时，应至少有 3 名国家或工程所在地省、自治区、直辖市市政公用设施抗震专项论证专家库相关专业的成员参加，抗震专项论证的专家数量不宜少于 5 名。

项目建设单位组织抗震专项论证时，应提供相应抗震专项论证技术资料，并至少提前 3d 送交参加论证的专家。抗震专项论证报告应由设计单位编写，抗震专项论证的主要内容包括抗震设防类别的确定，设防烈度及设计地震动参数等抗震设防数据的采用情况；岩土工程勘察成果及不良地质情况；抗震基本要求：抗震计算、计算分析方法的适宜性和结构抗震性能评价：主要抗震构造措施和结构薄弱部位及其对应的工程判断分析：可能的环境影响、次生灾害及防御和应对措施等。

**4.6.6.3　管廊抗震设计**

**1. 地震作用及抗震等级**

《城市综合管廊工程技术规范》（GB 50838—2015）第 8.1.5 条规定：综合管廊应按乙类建筑物进行抗震设计，并应满足国家现行标准的有关规定。对于乙类建筑工程应按本地区抗震设防烈度确定其地震作用。

《建筑工程抗震设防分类标准》（GB 50223—2008）第 3.0.3 条规定："重点设防类，应按高于本地区抗震设防烈度一度的要求加强其抗震措施；但抗震设防烈度为 9 度时，应按比 9 度更高的要求采取抗震措施；同时，应按本地区抗震设防烈度确定其地震作用。"

《建筑抗震设计规范（2016 年版）》（GB 50011—2010）第 3.3.2 条规定："建筑场地为Ⅰ类时，甲、乙类建筑应允许仍按本地区抗震设防烈度的要求采取抗震构造措施；丙类建筑应允许按本地区抗震设防烈度降低 1 度的要求采取抗震构造措施，但抗震设防烈度为 6 度时仍应按本地区抗震设防烈度的要求采取抗震构造措施。"

《建筑抗震设计规范（2016 年版）》（GB 50011—2010）第 3.3.3 条规定："建筑场地为Ⅲ、Ⅳ类时，对设计基本加速度为 0.15$g$ 和 0.30$g$ 的地区，除本规范另有规定外，宜分别按抗震设防烈度 8 度（0.20$g$）和 9 度（0.40$g$）时各类建筑的要求采取抗度构造措施。"

**2. 抗震计算方法**

《城市综合管廊工程技术规范》（GB 50838—2015）要求抗震设计"应满足国家现行标

准的有关规定”，但未明确提出按照哪个行业的规范标准的抗震计算方法进行计算。

综合管廊除应进行抗震设防等级条件下的结构抗震分析外，尚应进行罕遇地震工况的结构抗震验算。地震效应方法较多，且没有规范规定、统一，目前按《室外给水排水和燃气热力工程抗震设计规范》（GB 50032—2003）设计。

（1）《地下结构抗震设计标准》（GB/T 51336—2018）（表4-26）

**表4-26 地下结构抗震计算方法**

| 抗震设计方法 | 维度 | 地层条件 | 地下结构 |
|---|---|---|---|
| 反应位移法Ⅰ | 横向 | 均质 | 断面形式简单 |
| 反应位移法Ⅱ | 横向 | 均质/水平成层/复杂成层 | |
| 整体式反应位移法 | 横向 | 均质/水平成层/复杂成层 | 断面形式简单/复杂 |
| 反应位移法Ⅲ | 纵向 | 沿纵向均匀 | 线长形 |
| 反应位移法Ⅳ | 纵向 | 沿纵向变化明显 | 线长形 |
| 等效线性化时程分析法 | 二维/三维 | 均质/水平成层/复杂成层/含软弱土层 | 线长形、断面形状或几何形体简单/复杂 |
| 弹塑性时程分析法 | 二维/三维 | 均质/水平成层/复杂成层/含软弱土层/含液化土层 | |

反应位移法是地震时将地表上产生的位移强制地施加在构造物上的方法。

（2）《室外给水排水和燃气热力工程抗震设计规范》（GB 50032—2003）

1）抗震设防烈度为6度及高于6度地区的室外给水、排水和燃气、热力工程设施，必须进行抗震设计。

2）室外给水、排水和燃气、热力工程中的房屋建筑的抗震设计，应按现行的《建筑抗震设计规范（2016年版）》（GB 50011—2010）执行；水工建筑物的抗震设计，应按现行的《水电工程水工建筑物抗震设计规范》（NB 35047—2015）执行；其余未列出的构筑物的抗震设计，应按现行的《构筑物抗震设计规范》（GB 50191—2012）执行。

3）埋地管道的地震作用，一般情况可仅考虑剪切波行进时对不同材质管道产生的变位或应变；可不计算地震作用引起管道内的动水压力。

4）埋地管道应计算在水平地震作用下，剪切波所引起管道的变位或应变。

5）对高度大于3.0m的埋地矩形或拱形管道，除应计算管道纵向作用效应外，尚应计算在水平地震作用下动土压力等对管道横截面的作用效应。

（3）给水排水工程结构设计手册

埋地管道在地震作用下的动力反应，不同于地面结构。由于管道结构的自振频率高并且受到的阻尼影响大，因此结构的自重惯性力可以忽略不计。另外，管道内的动水压力，也因在常规设计中考虑了残余水锤压力，可以不再计及。据此埋地管道的地震动反应，主要是随着地震波行进而引发变位。这种变位，对管道的某一部位将是瞬间变化的，当其变位量超过管道能承受的变位极限时，管道即发生震害损坏。

（4）北京市《城市综合管廊工程设计规范》（DB11/1505—2017）

1）综合管廊结构抗震设防分类为重点设防类（乙类）。设计时应根据场地条件、结构类型和埋深等因素选用能较好反映其地震工作性状的分析方法，采取相应的抗震构造措施，提高结构的整体抗震性能。

2）综合管廊结构的抗震等级：当地震设防烈度为 7 度时，为三级；当地震设防烈度为 8 度时，为二级。

3）抗震分析方法可采用反应位移法或惯性力法计算，当结构体系复杂、体形不规则以及结构断面变化较大时宜采用动力分析法计算结构的地震反应。

4）综合管廊的纵向抗震应符合现行国家标准《室外给水排水和燃气热力工程抗震设计规范》（GB 50032—2003）的相关规定。

（5）综合管廊的抗震构造措施应符合下列规定：

现浇及预制结构应符合现行国家标准《建筑设计抗震规范（2016 年版）》（GB 50011—2010）及《室外给水排水和燃气热力工程抗震设计规范》（GB 50032—2003）的相关规定；

盾构隧道的抗震构造措施应符合现行国家标准《地铁设计规范》（GB 50157—2013）的相关规定。

## 4.6.7　防水设计

### 4.6.7.1　管廊防水原则

综合管廊主体防渗的原则是“以防为主，防、排、截、堵相结合，刚柔相济，因地制宜，综合治理”。主要通过采用防水混凝土、合理的混凝土级配、优质的外加剂、合理的结构分缝、科学的细部设计来解决综合管廊钢筋混凝土主体的防渗问题。

### 4.6.7.2　防水等级划分

防水等级划分见表 4-27。

**表 4-27　防水等级划分**

| 防水等级 | 标准 |
|---|---|
| 一级 | 不允许渗水、无湿迹 |
| 二级 | 不允许渗漏、有少量湿迹 |
| 三级 | 任意 $100m^2$ 防水面积上的漏水点数不超过 7 处，单个漏水点的最大漏水量不大于 2.5L/d，单个湿渍的最大面积不大于 $0.3m^2$ |
| 四级 | 有漏水点，不得有线漏和漏泥砂，整个工程平均漏水量不大于 $2L/(m^2\cdot d)$；任意 $100m^2$ 防水面积的平均漏水量不大于 $4L/(m^2\cdot d)$ |

地下管廊一般部位防水等级为二级。而以下功能处防水等级为一级：通信工程、电站控制室、配电间、发电机房及种植顶板等。各地建设公司根据当地特殊要求，有时把管廊的防水等级定位一级。

防水等级为一级时外防水层数为二道，二级时外防水层数为一道。

### 4.6.7.3　管廊防水设计

**1. 主体防水设计**

管廊防水以混凝土自防水为主，外防水为辅，按承载力极限状态及正常使用极限状态进行双控方案设计。

（1）混凝土结构自防水：采用 C40 级防水混凝土，迎水面裂缝宽度不大于 0.2mm，不得贯通。

（2）配合外防水卷材级防水涂料，以变形缝、施工缝为防水重点，多道设防。为保护防水卷材不受钢筋安装施工和回填施工的损伤，在底板及侧墙设置保护层，转角位置附加一层防水卷材。

（3）在变形缝、施工缝、通风口、吊装口、出入口、预留口等部位，是渗漏设防的重点部位。施工缝中埋设遇水膨胀止水条。通风口、吊装口、出入口等设置防地面水倒灌的措施。

**2. 变形缝防水设计**

变形缝的设计要满足密封防水、适应变形、施工方便、检修容易等要求。变形缝处混凝土结构厚度应不小于300mm。用于沉降的变形缝的宽度宜为30mm。变形缝的防水采用复合防水构造措施，内设钢边橡胶止水带，配合外贴橡胶止水带及使用聚硫密封胶嵌缝处理的复合防水构造措施。顶板、侧壁处变形缝应设置接水盒。

**3. 施工缝防水设计**

综合管廊为现浇钢筋混凝土地下箱涵结构，在浇筑混凝土时需要分期进行。施工缝均设置为水平缝，水平施工缝一般设置在综合管廊底板上 300 ~ 500mm 处及顶板下部 300 ~ 500mm 处。施工缝设钢板止水带，预埋膨胀止水胶。

**4. 预埋穿墙管防水设计**

在综合管廊中，多处需要预埋电缆或管道的穿墙管。根据以往地下工程建设的教训，预埋穿墙管处是渗漏最严重的部位，建议采用成品预埋套管和套盒。

**5. 在各类管道安装之前孔口需要临时封堵，以防雨水倒灌**

#### 4.6.7.4 防水卷材

地下混凝土都需要采用自防水混凝土，除采用自防水混凝土以外，外面都加防水卷材或喷涂涂料。抗渗等级根据埋深确定。

防水卷材分两大类：高聚物改性防水卷材和合成高分子防水卷材，常用卷材名称及简称如下：

改性沥青防水卷材主要是指高聚物沥青防水卷材，它可以这样概括：以玻纤毡、聚酯毡、黄麻布、聚乙烯膜、聚酯无纺布等为胎基，以合成高分子聚合物改性沥青为浸涂材料，以粉状、片状、粒状矿质材料，合成高分子薄膜等为覆面材料制成的可卷曲的片状类防水材料，主要有 SBS 改性沥青防水卷材、APP 改性沥青防水卷材、丁苯橡胶改性沥青油毡、废胶粉改性纸胎油毡、再生胶改性沥青油毡、焦油沥青耐低温油毡、铝箔塑胶聚酯油毡等，其中最常用的也是发展前景最好的是 SBS 改性沥青防水卷材和 APP 改性沥青防水卷材。

由于所用改性材料的优良特性，使得这种材料具有良好的力学和化学性能。如 SBS 改性沥青防水卷材，由于 SBS 橡胶属热塑性橡胶，具有优异的低温性能，在 -75℃仍保持柔软性，脆点为 -100℃，可以和石油沥青共混，这是这种胶与其他橡胶的最大区别，所以该种改性沥青防水卷材具有优良的低温性能，特别适用于寒冷地区和结构变形频繁的建筑物防水；若改性沥青与聚酯胎体相配合，生产出的改性沥青卷材，其耐低温性能、拉力、延伸率等都非常优异；再如 APP 防水卷材，由于 APP 树脂与沥青具良好的相溶共混性，有非常好的稳定性，受高温、阳光照射后，分子结构不会重新排列，提高了沥青的软化点，APP 卷材耐热度可达 130℃，具有优良的耐高温性能，因此特别适用于高温或有强烈太阳日照地区的建筑物防水。当然其他的改性沥青防水卷材也有各自的优良特性，如再生胶防水卷材具有一定的延伸性，且低温柔性较好，有一定的防腐蚀能力，价格低等优点；废胶粉改性沥青防水卷材具有比普通石油沥青纸胎油毡的抗拉伸强度、低温柔性均有明显改善的特点等。

综合各种改性沥青防水卷材的特性，可知改性沥青防水卷材与一般氧化沥青纸胎卷材相比，具有软化点高、低温柔性好、断裂延伸率大，且有良好的不透水性和抗腐蚀性等优点，这正是改性沥青防水卷材逐渐占据市场主导地位的原因之所在。

它是以合成橡胶、合成树脂或它们两者的共混体系为基料，加入适量的化学助剂和填充料等，经过橡胶或塑料加工工艺（塑炼、混炼、挤出成型、硫化、定型等工序）制成的无胎加筋或不加筋的弹性或塑性的卷材（片材）。

合成高分子防水卷材主要包括三元乙丙橡胶防水卷材、聚氯乙烯防水卷材、氯化聚乙烯防水卷材、氯磺化聚乙烯防水卷材、高分子树脂与合成纤维复合防水卷材等，其中三元乙苯橡胶防水卷材应用最广。

相对于改性沥青防水卷材，合成高分子防水卷材除了有低温柔性好、抗拉能力强、耐腐蚀等共性外，还有一些特性，如氯磺化聚乙烯防水卷材难燃性好，离火自熄的特点是很多防水卷材所不具备的；且合成高分子防水卷材施工方便，所有的合成高分子防水卷材均可用冷粘法施工，这是改性沥青防水卷材所不完全具备的。但是合成高分子防水卷材的施工温度有一定的限制，最低环境温度不宜低于 8℃，最高不大于 28℃，当温度偏高时，工作面不宜铺得过大，涂刷胶液不宜时间过长，边涂胶液边铺贴，遇粗立面施工时，立墙面应先涂胶液待过 4h 左右再涂卷材面胶铺贴卷材，所以需在高温或者低温施工的地方需要适当人为改变温度，否则不宜采用该种材料。

而改性沥青防水材料与合成高分子防水卷材相比，材料的物理性能和对温度变化的适应性稍差，但可采用热熔焊接，粘结牢固，接缝渗漏现象大大减少，防水可靠性好。

另外，改性沥青防水卷材有一个致命的弱点，就是环境污染。虽然相对于传统的沥青防水卷材已有很大的改善，但是问题仍然存在，所以这也是今后该种材料重点要解决的问题之一。而这方面，合成高分子材料相对优势就比较大。

总体而言，合成高分子防水卷材的各项材性指标优于聚合物改性沥青防水卷材，所以使用年限也相对较长，但同时一次性工程造价也相对略高。

每种卷材都有对应的规范，要注意有的卷材有不同型号区别，如果有不同型号在选用时应给定型号。

目前在管廊设计中常用的一级防水组合：

1. 3.0mm 厚自粘聚合物改性沥青防水卷材 +2.0mm 厚非固化橡胶沥青防水涂料；

2. 4.0mm 厚改性沥青防水卷材 +2.0mm 厚非固化橡胶沥青防水涂料；

3. 1.5mm 厚高分子湿铺反应粘结型防水卷材 +1.5mm 厚高分子湿铺反应粘结型防水卷材；

4. 管廊底板：1.5mm 厚预铺高分子自粘胶膜防水卷材；管廊侧墙、顶板：2.0mm 厚聚氨酯防水涂料；

5. 1.2mm 厚喷涂速凝橡胶沥青防水涂料 +2mm 厚喷涂速凝橡胶沥青防水涂料；

6. 1.2mm 厚喷涂聚脲防水涂料 +1.0mm 厚水泥基渗透结晶型防水涂料（≥1.5kg/m$^2$）；

注：水泥基渗透结晶型防水涂料施工在管廊内壁。

#### 4.6.7.5　防水混凝土

防水混凝土的施工配合比应通过试验确定，试配混凝土的抗渗等级应比设计要求高 0.2MPa。防水混凝土底板的混凝土垫层，强度等级不应小于 C15，厚度不应小于 100mm，在软弱土层中宜不小于 150mm。

#### 4.6.7.6 施工缝一般规定及防水和裂缝修复常用规范

墙体水平施工缝不应留在剪力最大处或底板与侧墙的交接处，应留在高出底板表面不小于300mm的墙体上（人防规范要求此缝高度不小于500mm）。板墙结合的水平施工缝，宜留在板墙结缝线以下150～300mm处，也有施工单位侧墙和顶板一次性浇筑，此处可不设置施工缝。在混凝土初凝前连续浇筑的混凝土接缝处不算施工缝，而应该看成连续浇筑的混凝土。燃气仓与邻近仓在变形缝处应设橡胶止水带。

**1. 防水材料常用规范**

《水泥基渗透结晶型防水材料》（GB 18445—2012）

《聚硫、聚氨酯密封胶给水排水工程应用技术规程》（CECS 217—2006）

《聚合物水泥防水浆料》（JC/T 2090—2011）

《高分子防水材料　第3部分：遇水膨胀橡胶》（GB/T 18173.3—2014）

《高分子防水材料　第2部分：止水带》（GB 18173.2—2014）

《高分子防水材料　第1部分：片材》（GB 18173.1—2012）

《防裂抗渗复合材料在混凝土中应用技术规程》（T/CECS 474—2017）

**2. 堵漏常用规范列表**

《地下工程渗漏治理技术规程》（JGJ/T 212—2010）

《混凝土裂缝修补灌浆材料技术条件》（JG/T 333—2011）

《混凝土裂缝修复灌浆树脂》（JG/T 264—2010 ）

《混凝土裂缝用环氧树脂灌浆材料》（JC/T 1041—2007）

《聚氨酯灌浆材料》（JC/T 2041—2010）

《水泥基灌浆材料》（JC/T 986—2018）

《水泥基灌浆材料应用技术规范》（GB/T 50448—2015）

# 第 5 章　管廊的施工

## 5.1　明挖法施工

明挖法在地下工程建设中以造价低、工期短为其最大优势，尤其对于管廊工程，在所有城市地下工程中，其埋深较浅。所以，特别适合采用明挖法施工。同时，目前我国开展的管廊工程，多数集中在三、四线城市，或一、二线城市的规划新区中，地表建筑物、人口较少，工程环境相对简单，具备大开挖所要求的开放空间，所以，截至目前，国内的管廊工程施工以明挖法为最多。

采用明挖法进行管廊主体结构的施工，其工艺包括基坑工程施工、管廊结构施工和防水施工三个主要方面。

### 5.1.1　基坑工程

#### 5.1.1.1　围护结构施工

采用明挖法施工，基坑围护结构是关键工艺。其安全、质量决定了管廊工程施工的成败。所以，必须加以重视。目前，业内采用的基坑围护结构主要有土钉墙、锚拉桩（墙）和桩墙与内支撑三种工艺。下面依据工艺特点分别加以介绍。

**1. 土钉墙施工**

（1）概述

土钉是土层中的全长粘结型或摩擦型锚杆，与网喷混凝土面板组合形成对土体边坡的加固结构，如图 5-1 所示。

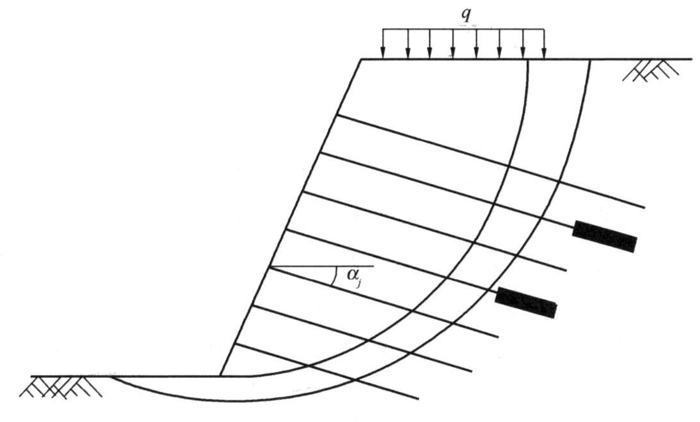


图 5-1　土钉加固土坡示意图

土体通过土钉的加固并与喷射混凝土面板相结合，形成一个挡土墙，以此来抵抗墙后传来的土压力和地面荷载，从而使开挖坡面稳定。土钉一般是通过钻孔、插筋、注浆、喷射混凝土面板来实现。对于流塑状态的黏性土、松砂等难以成孔的软弱松散地层，宜采用打入式钢管，钢管管壁应设置注浆孔，打入后再行注浆。

（2）适用条件

一般情况下，土钉支护适用于地下水以上或经降水处理后的杂填土、普通黏土或非松散性的砂土，一般认为可用于 $N$ 值在 5 以上的砂质土及 $N$ 值在 3 以上的黏性土。适用土钉支护的土体大致有如下三类：

1）有一定毛细水黏聚力的中细砂土（含水率不小于 5%）；

2）具有一定天然胶结力的砂土黏土；

3）具有天然黏聚力的粉土及低塑黏土等。

这些土体能够保持开挖过程中边坡面的短时间稳定，为土钉支护提供条件。

根据《岩土锚杆与喷射混凝土支护工程技术规范》（GB 50086—2015），土钉墙支护适用于土层中基坑安全等级二级或三级的临时基坑支护，对变形限制很严格的基坑不应采用土钉墙支护。此外，土钉墙及复合土钉墙支护的选型应根据坑深、地层性质、周边环境条件等因素确定，可采用土钉墙，或土钉与预应力锚杆、水泥搅拌桩（墙）或超前微桩等两种或两种以上的复合支护形式，并应符合下列要求：

1）非软土地层中，深度小于 10m，周边环境对变形控制要求不高的基坑，可采用土钉墙支护；

2）非软土地层中，深度大于 10m，或周边环境对基坑变形控制要求较为严格的基坑，可采用土钉墙与预应力锚杆相结合的复合支护，该复合支护的基坑深度不宜大于 15m；

3）对于自立性较差土层或直立边坡宜采用土钉墙与超前微桩相结合的复合支护；

4）在高水位、软土地层中，坑深不大于 5m 的基坑，周边环境对基坑变形控制要求不高，可采用水泥搅拌桩（墙）与土钉相结合的复合支护；

5）基坑深度较大，且上部土层较好，可采用上部为土钉墙或其与预应力锚杆复合支护，下部为锚拉桩（墙）支护体系。

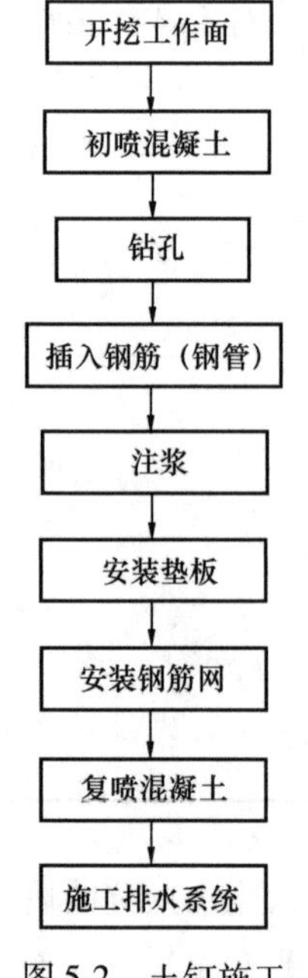

图 5-2　土钉施工工艺流程图

（3）施工工艺

土钉施工工艺如图 5-2 所示。

（4）施工要点

1）土体开挖

土钉是随着边坡开挖分层施工的，开挖面暴露的土体能在设置土钉支护之前的短时间内保持稳定，这对于限制边坡的变形至关重要。每步的开挖深度一般与土钉的竖向间距相对应，通常为 1 ~ 2m。对于粒状砂土，能够保持开挖面直立稳定的高度取决于土体的密度和黏聚力，包括毛细水黏聚力和天然黏聚力；仅具有毛细水黏聚力时，砾砂、中密砂和密实砂土的直立高度分别约为 0.5m、1.2m、1.5m。黏性土的直立高度与含水率有很大关系，对于松散低密砂、无天然黏聚力的干砂（含水率不小于 1%），或有渗流压力的含水层时，可在开挖后立即喷上 2 ~ 3cm 厚的砂浆。对于软土，需预先沿开挖面插入钢筋、钢管或通过注浆加固土体。在不良地层中施工，还可以采取跳槽间隔开挖，以及暂时开挖成斜坡，待设置土钉后再清坡的办法。每层开挖的纵向长度，取决于土体维持不变形的最长时间和施工流程的相互衔接，一般为 6 ~ 15m，开挖用的机具应对土的扰动破坏最小，最后必须形成一个光滑规则的坡面，在用挖土机挖土时，应辅以人工修整。开挖过程中必须遵循在完成上步支护前不得继续往下开挖的原则。

2）钻孔和土钉安设

由于土钉是群体起作用，因此应严格控制施工误差，钻孔的孔位允许偏差不大于15mm，倾角允许偏差小于2°，孔径允许偏差为 +20mm 和 -5mm，孔深不应小于土钉设计长度 +300mm；钻孔遇到坍塌孔、地下水等异常情况时，应进行处理。土钉钢筋送入孔中之前应设置支架，保证钢筋处于钻孔的中心位置，支架沿钉长方向间隔一般为 2 ~ 3m。

打入钢管型土钉应按设计要求钻设注浆孔和焊接倒刺，并应将钢管前端部加工成封闭式尖锥状。土钉定位误差应小于 50mm，打入深度误差应小于 100mm，打入角度误差应小于2°。钢管内压注水泥浆液的水灰比宜为 0.4 ~ 0.5，注浆压力大于 0.6MPa，平均注浆量应满足设计要求。

3）注浆

注浆材料一般为水泥砂浆或水泥浆，水泥砂浆的水灰比不宜超过 0.45，水泥浆的水灰比不应超过 0.5，并可加入一定数量的外加剂，以改善浆液性能。常用的注浆方法：将塑料管与土钉钢筋捆绑在一起送入孔底，出浆口距孔底不大于 0.3m，孔口用止浆塞或黏土封堵并预留排气孔，边注浆，边拔管。土钉注浆可采用重力、低压（0.4 ~ 0.6MPa）、高压（1.0 ~ 2.0MPa）方式，压力注浆达到设计压力时应保持压力 3 ~ 5min，重力注浆以孔满为止，但在初凝前需要补浆 1 ~ 2 次。浆液的充盈系数必须大于 1.0。

4）支护面层

土钉一般分为临时性土钉和永久性土钉，临时性土钉支护的面层通常用 50 ~ 80mm 厚的网喷混凝土做成，一般用一层钢筋网，钢筋直径为 6 ~ 8mm，网格为正方形，边长 150 ~ 200mm。土钉端部与面层的连接宜使用螺母、垫板，高度不大的临时性支护且无水压或地面超载作用时，也可将土钉伸出孔口并折弯到钢筋网上，和附加的加强筋焊接，或者紧贴土钉钢筋侧面，沿纵向对称焊上短钢筋，再将后者与钢筋网上附加的加强筋焊接。上述连接处的喷混凝土层内均宜加设局部短钢筋网，以增加混凝土的局部承压强度。非饱和土中的土钉面层不是主要受力部件，并不需要很厚，也可以用预制混凝土板拼起来作为面层。

对于永久性土钉支护，面层喷混凝土的厚度至少取 150mm，设两层钢筋网，分两次喷成。为改善建筑外观，也可在第一次网喷混凝土的基础上，现浇一层钢筋混凝土面层或贴上一层预制钢筋混凝土板，永久性土钉需要安装垫板和螺母。

喷射混凝土性能一般：初凝时间在 3min 左右，不得超过 5min；终凝时间在 10min 以内；8h 后的强度不小于 0.3MPa；28d 龄期极限强度应不低于加速凝剂的 70%。

如果土体的自立稳定性不良，也可以在挖土后先做初喷混凝土封闭开挖面，然后钻孔安设土钉。

施工中应及时封闭临空面，应在 24h 内完成土钉安设和喷射混凝土面层施工，软弱土层中，则应在 12h 内完成；每排土钉完成注浆后，应至少养护 48h，待注浆体强度达到设计允许值时，方可开挖下一层土方；施工期间坡顶应按设计要求控制施工荷载。

5）排水系统

为了防止地表水渗透对喷混凝土面层产生压力，并降低土体强度和土体与土钉之间的界面粘结力，土钉支护在一般情况下都必须有良好的排水系统。施工开挖前要先做好地面排水工作，设置地面排水沟将地表水引走，或设置不透水的混凝土地面，防止近处的地表水向下渗透。沿基坑边缘地面要设置挡水墙，防止地表水流入基坑。随着向下开挖和支护，可从上到下设置浅层排水管，即用直径60~100mm、长300~400m的短塑料管插入坡面，以便将喷混凝土面层背后的水排走，其间距和数量随水量而定。在基坑底部应设排水沟和集水井，排水沟需防渗漏，并宜离开面层一定距离。

在永久性支护中，可以采用深部排水系统，埋设带孔的长管（直径50~80mm），其长度超过土钉，向外倾斜5°~10°排水，$3m^2$的面积上宜设置一根。这些排水管都要向内填滤料。此外，还可在混凝土面层后设置用土工织物做成的宽20~30cm的竖向排水通道，或设置带孔的竖向排水管，间距5m左右，这些排水通道在每步施工的开挖面喷射混凝土面层之前铺设，在支护底部横向连通，并将水引走。

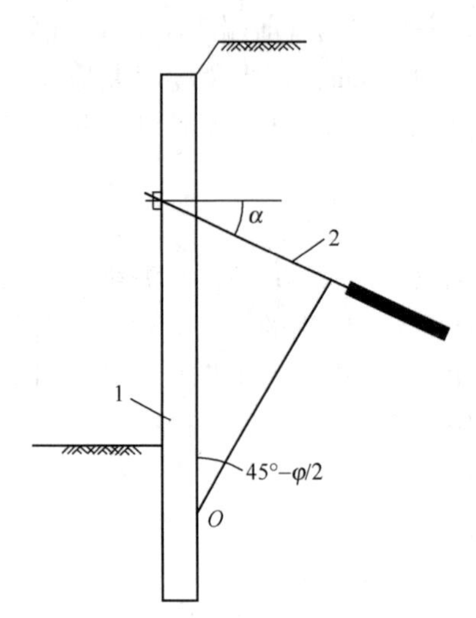


图5-3　桩锚支护示意图

1—桩墙；2—锚杆（索）

**2. 锚索施工**

锚拉桩（墙）结构是明挖深基坑法常用的支护结构，由排桩或地下连续墙作为挡土结构，由预应力锚索（杆）提供拉力，形成整体支护结构，以平衡基坑开挖产生的侧向土压力，如图5-3所示。

锚拉桩（墙）结构主要由预应力锚索和排桩墙或地下连续墙组成。目前，针对不同的地质条件和工况特点，业内已开发出不同的锚索形式和排桩工艺，下面分别加以详细阐述。

（1）预应力锚索施工

1）概述

预应力锚索是将张拉力传递到稳定的或适宜的岩土体中的一种受拉杆件（体系），一般由锚头、锚杆自由段和锚杆锚固段组成。它依靠锚固在稳定土层中的钢绞线提供的抗拔力平衡围护结构受到的土压力及其他荷载。

根据锚固段注浆体受力性质的不同可以分为拉力型锚杆和压力型锚杆，根据锚固段注浆与锚杆体之间荷载作用方式的不同可以分为荷载集中型锚杆和荷载分散型锚杆。

拉力型锚杆是将张拉力直接传递到杆体锚固段，锚固段注浆体处于受拉状态的锚杆。拉力型锚杆（图5-4）应由与注浆体直接粘结的杆体锚固段、自由段和锚头组成。

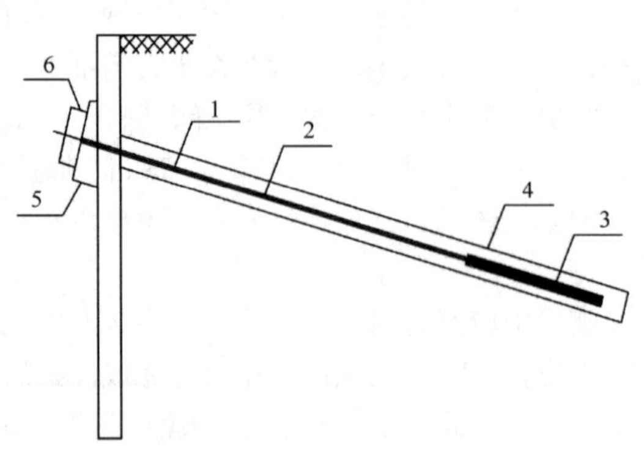


图5-4　拉力型预应力锚杆结构简图

1—杆体；2—杆体自由段；3—杆体锚固段；4—钻孔；5—台座；6—锚具

压力型锚杆是将张拉力直接传递到杆体锚固段末端，且锚固段注浆体处于受压状态的锚杆。压力型锚杆（图5-5）应由不与灌浆体相互粘结的带隔离防护层的杆体和位于杆体底端的承载体及锚头组成。

荷载分散型锚杆是在同一钻孔内，由两个或两个以上独立的单元锚杆所组成的复合锚固体系，又称单孔复合锚固体系。其中，拉力分散型锚杆（图 5-6）应由两个或两个以上拉力型单元锚杆复合而成，各拉力型单元锚杆的锚固段应位于锚杆总锚固段的不同部位。而压力分散型锚杆（图 5-7）应由两个或两个以上压力型单元锚杆复合而成，各压力型单元锚杆的锚固段应位于锚杆总锚固段的不同部位。

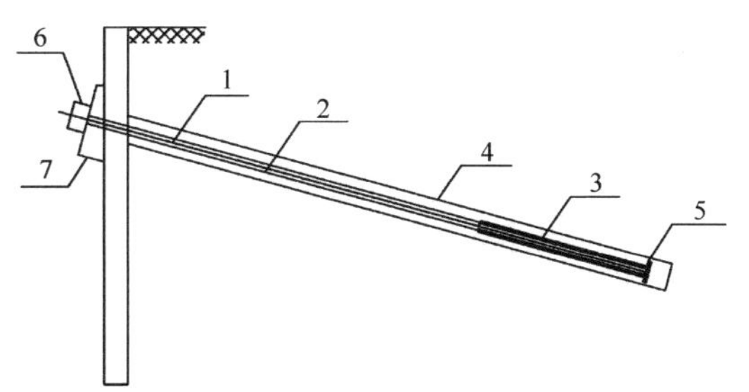


图 5-5　压力型预应力锚杆结构简图

1—杆体；2—杆体自由段；3—杆体锚固段；4—钻孔；5—承载体；6—锚具；7—台座

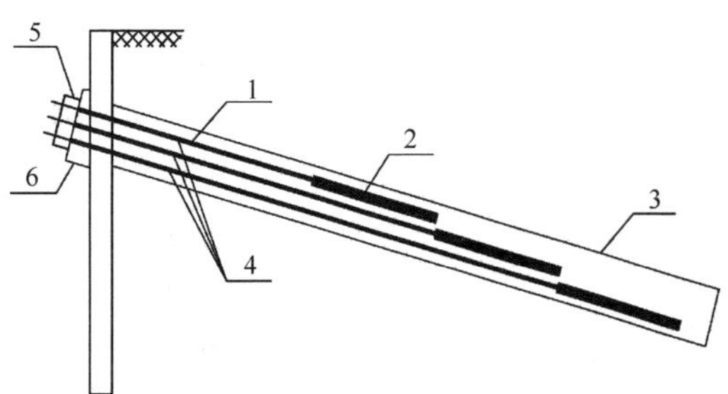


图 5-6　拉力分散型预应力锚杆结构简图

1—拉力型单元杆体自由端；2—拉力型单元杆体锚固段；3—钻孔；4—杆体；5—锚具；6—台座

2）适用条件

锚索适用于较密实的砂土、粉土、硬塑到坚硬的黏性土层或岩层中的深、大基坑。对于形状复杂、开挖面积较大而设置内支撑比较困难的基坑，应考虑采用；对存在地下埋设物而不允许损坏的场地不宜采用。永久性锚索的锚固段不宜设置在下列未经处理的地层：

① 有机质土；

② 液限 >50% 的地层；

③ 相对密实度 $D>0.3$ 的土层。

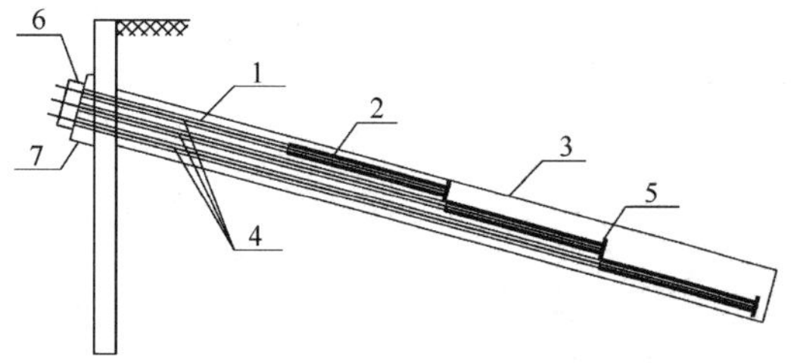


图 5-7　压力分散型预应力锚杆结构简图

1—压力型单元杆体自由端；2—压力型单元杆体锚固段；3—钻孔；4—杆体；5—承载体；6—锚具；7—台座

在锚固工程设计中，锚杆的类型应根据工程要求、锚固地层性态、锚杆极限受拉承载力、不同类型锚杆的工作特征、现场条件及施工方法等综合因素选定。在软岩或土层中，当拉力或压力型锚杆的锚固段长超过 8m（软岩）和 12m（土层）仍无法满足极限抗拔承载力要求或需要更高的锚杆极限抗拔承载力时，宜采用压力分散型或拉力分散型锚杆。预应力锚杆类型可按表 5-1 选择。

**表 5-1　预应力锚杆类型的选择**

| 序号 | 锚杆类型 | 锚杆工作特性与适用条件 |
|---|---|---|
| 1 | 拉力型锚杆 | （1）锚固地层为硬岩、中硬岩或非软土层；<br>（2）单锚的极限受拉承载力为 200 ~ 10000kN；<br>（3）当锚固段长大于 8m（岩层）和 12m（土层）时，锚杆极限抗拔承载力的提高极为有限或不再提高；<br>（4）锚杆长度可达 50m 或更大 |

续表

| 序号 | 锚杆类型 | 锚杆工作特性与适用条件 |
|---|---|---|
| 2 | 压力型锚杆 | (1) 锚固地层为腐蚀性较高的岩土层;<br>(2) 单锚的极限受拉承载力不大于300kN(土层)和1000kN(岩石);<br>(3) 当锚固段长大于8m(岩层)和12m(土层)时,锚杆极限抗拔承载力的提高极为有限或不再提高;<br>(4) 良好的防腐性能;<br>(5) 锚杆长度可达50m或更大 |
| 3 | 压力分散型锚杆 | (1) 锚固地层为软岩、土层或腐蚀性较高的地层;<br>(2) 锚杆极限抗拔承载力可随锚固段长度增大成比例增加;<br>(3) 单位长度锚固段承载力高,且蠕变量小;<br>(4) 良好的防腐性能;<br>(5) 锚杆长度可达50m或更大 |
| 4 | 拉力分散型锚杆 | (1) 锚固地层为软岩或土层;<br>(2) 锚杆极限抗拔承载力可随锚固段长度增大按比例增加;<br>(3) 单位长度锚固段承载力高,且蠕变量小;<br>(4) 锚杆长度可达50m或更大 |

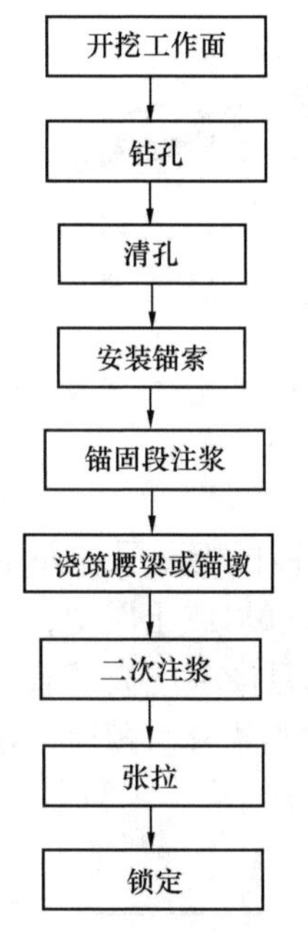

图5-8 锚索施工工艺流程图

3)施工工艺

锚索施工工艺如图5-8所示。

4)施工要点

①锚索体制作

荷载集中型锚索体制作:钢绞线应清除油污、锈斑,严格按设计尺寸下料,每根钢绞线下料的长度误差不应大于50mm;在组装锚索体时,钢绞线应平直排列,沿轴线方向每隔1.0~1.5m应设置一个隔离架,注浆管和排气管应和锚索绑扎牢固,绑扎材料不宜采用镀锌材料。

荷载分散型锚索体制作:荷载分散型锚索一般采用无粘结钢绞线,压力或拉力分散型锚索应先制成单元锚索,再由2个或2个以上的单元锚索组成复合型锚索。当荷载分散型锚索中单元锚索的端部采用聚酯纤维承载体时,无粘结钢绞线应绕承载体弯曲呈U形,并用钢带与承载体捆绑牢固,并不得损坏钢绞线的防腐油脂和外包塑料套管。二次注浆管的出浆口和端头应密封,以保证一次注浆时,浆液不进入二次注浆管。

杆体的组装、存放、搬运过程中,应防止筋体锈蚀、防护体系损伤、泥土或油渍的附着和过大的残余变形。

②钻孔

锚索钻孔可采用冲击、回转钻进,应尽量不扰动地层。在软弱、松散、破碎的不稳定地层中钻孔,应采用套管护壁,不宜采用泥浆护壁。钻孔精度要求:开孔孔位误差不应大于5cm,钻头直径不应小于设计钻孔直径3mm;水平、垂直孔距误差应不大于±10cm;钻孔长度应不大于设计长度50cm,钻孔偏斜率应不大于2%;安装锚索前,宜将孔内岩粉和碎屑用风吹出。压力分散型锚杆和可重复高压注浆型锚杆施工宜采用套管护壁钻孔。

③ 下锚

在下锚之前，在防护管与内锚固段钢绞线的交界处必须用胶布将端口密封牢固，防止水泥浆渗入管内，注浆管应和锚索体一同放入孔内，下锚方向应和钻孔方向一致，应防止锚索扭曲。如果钻孔容易坍塌，应在套管中下锚，边注浆，边拔套管。杆体正确安放就位后至注浆浆体硬化前不得被晃动。

④ 注浆

浆液材料、配合比、强度、注浆管的插入深度、注浆压力等必须符合有关规范要求。在砂浆未完全固化前，不得拉拔和移动锚索。永久性锚索张拉后，应对锚头和锚索自由段间的空隙进行补充注浆。

注浆设备应具有1h内完成单根锚杆连续注浆的能力；对下倾的钻孔注浆时，注浆管应插入距孔底300～500mm处；对上倾的钻孔注浆时，应在孔口设置密封装置，并应将排气管内端设于孔底；

注浆材料应根据设计要求确定，并不得对杆体产生不良影响，对锚杆孔的首次注浆，宜选用水灰比为0.5～0.55的纯水泥浆或灰砂比为1∶0.5～1∶1的水泥砂浆，对改善注浆料有特殊要求时，可加入一定量的外加剂或外掺料；注入水泥砂浆浆液中的砂子直径不应大于2mm；浆液应搅拌均匀，随搅随用，浆液应在初凝前用完。

⑤ 张拉和锁定

浆体和台座混凝土强度达到规定强度后，才能进行张拉。锚索张拉可采用整体张拉、先单根张拉然后整体张拉、单根一对称一分级循环张拉方法。锚索张拉前，应取轴向拉力设计值$N$的1/10～1/5对锚索张拉1～2次，使锚索完全平直。分级张拉前要计算锚索钢绞线的理论伸长值，张拉需分级加载，应记录每一级荷载钢绞线的伸长值和稳定过程的伸长值，且与理论伸长值进行比较。实测伸长值不得大于理论伸长值的10%，也不得小于理论伸长值的5%，否则应查明原因并做相应处理。锚索张拉至（1.05～1.10）$N_t$时，对岩层、砂性土层保持10min，对黏性土层保持15min，然后卸载至设计值进行锁定。

荷载分散型锚索张拉可按设计要求先张拉单元锚索，以消除自由段长度不同引起的伸长差，再同时张拉并锁定，也可按设计要求由远至近对各单元锚索顺序张拉锁定。

（2）人工挖孔灌注桩施工

1）概述

人工挖孔桩是通过人工向下垂直开挖形成一定直径的桩孔，并在桩孔中吊装钢筋笼（如果为素桩，则不放置钢筋笼），最后浇筑混凝土的施工方法，它由多个桩组成桩墙而起承载作用。该工法适用与以下工况；

① 人工挖孔桩一般适用于无地下水或地下水较少的黏土、粉质黏土，含少量的沙、砂卵石、砾石的黏土层和全、强风化地层，特别适合于黄土层使用，深度一般控制在20m左右。

② 人工挖孔桩适用于建筑物、构筑物拥挤、作业场地狭小，而且大型施工机械无法到达和无法施工的场地。

③ 人工挖孔桩不适用于地下水位较高和水压力较大，可能发生流沙、涌水的冲积地带及近代沉积的含水率高的淤泥、淤泥质土层。

④ 孔深超过25m或孔径小于1.2m时不宜采用人工挖孔桩。

2）工艺流程

挖孔桩施工工艺流程如图 5-9 所示。

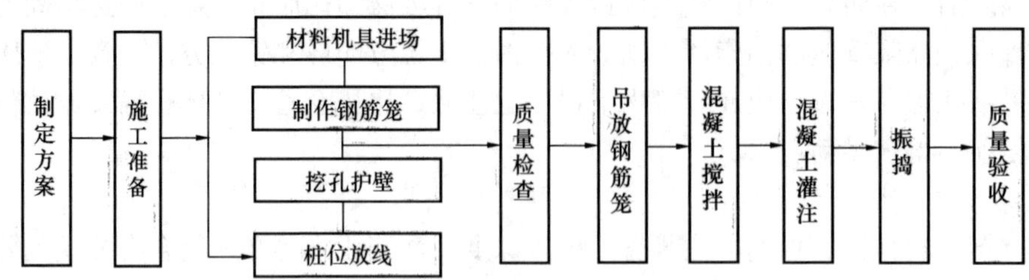


图 5-9 挖孔桩施工工艺流程图

3）工艺要点

① 挖孔桩在施工过程中，操作人员的人身安全是要特别注意的问题，应采取强有力的管理措施并加强安全教育，防止如漏电、流沙、塌方、孔下缺氧、中毒等事故的发生。如挖孔桩孔内岩石需要爆破时，应采取浅眼爆破法，严格控制循环进尺和炸药用量，并选用合适的起爆方式，并按国家现行的《爆破安全规程》（GB 6722—2014）等规程、规定施工。

② 防止有害气体窒息中毒。某些地区的土壤中掩埋的物质产生的一些异常气体导致桩孔中氧气不足而导致作业人员窒息，或吸入有害气体而发生中毒。为了预防窒息中毒，应对下孔作业人员进行相关知识的培训，并配备防毒面具等防护用品，在下孔前和施工过程中应对孔下的有毒有害气体进行经常性测试，超标时，必须进行处理，桩孔内的空气质量符合有关标准，才能下人作业。同时，还应预防施工过程中突然产生的有毒有害气体。因此，应保持孔下空气流通，一般采用机械送风或排风的方式。在实践中，当孔深超过 15m 时，如采用排风方式，从吸风口强制吸走孔底气体时，吸风口附近便形成负压，周围的空气从四面八方向吸风口流动，有利于孔下有毒有害气体的排出和孔内新鲜气体的补充。

③ 孔内施工照明采用电压不超过 12V 的安全灯，不仅光线不足而且不便移动，不利于施工。可采用安全矿灯，既保证照明光线，又能促使作业人员佩戴好安全帽。

④ 当孔深超过 10m 时，孔上、孔下作业人员通过喊话联系十分困难且不清晰，易产生配合失误，导致事故的发生。可在孔上、孔下安装电铃，使用预先约定的信号，有条件的，最好采用对讲机等简单的对讲系统，便于及时联系和沟通，避免发生误操作。

⑤ 孔底地层含水破碎或岩溶发育，承载力达不到设计要求。其防治措施：依据地质条件制订有效措施，必要时进行超挖、换填、夯实或注浆处理，完孔后，孔底承载力必须达到设计要求。如孔底部遇到砂层或岩溶发育地层时，应采取加强支护措施。

⑥ 桩孔倾斜及柱顶位移偏差大。在施工过程中，应严格按图定位，并有复检制度。轴线桩与边柱钢筋笼应用颜色区分，不得混淆。开始挖孔前，要在孔口用定位圆环固定刻度十字架放挖孔桩中线，或在桩位外定位龙门桩；安装护壁模板必须用桩中心点校正模板位置，并由专人负责。定位圈中心线与设计轴线偏差不得大于 20mm。挖孔过程中，应随时用线坠吊放中心线，发现偏差过大立即纠偏。要求每次支护壁模板都要吊线一次（以顶部中心的十字圆环为准）。扩底时，应从孔口中心点吊线放扩底中心桩。应均匀环状开挖，每次进尺以 100mm 为宜，以防局部开挖过多造成塌壁。成孔完毕后，应立即检查验收，紧随下一工序，吊放钢筋笼，浇筑混凝土，避免晾孔时间过长，造成不必要的塌孔，特别是雨季或有渗水的情况下，成孔不得过夜。在挖孔过程中，应经常检查桩孔尺寸和平面位置，一般情况

下，群桩桩位误差不大于100mm，排架桩桩位误差不大于50mm；直桩倾斜度不超过±1%，斜桩倾斜度不超过±2.5%。

⑦ 吊放钢筋笼与浇筑混凝土不当。成孔验收后，应立即吊放钢筋笼，发现长度不够时，应测孔深，清除孔底虚土、回落土。吊放钢筋笼要选择好吊点位置。吊立时，要速度均匀地慢起，若起吊较长的钢筋笼，要采取加固措施，避免变形。遇到卡笼时，要找出原因，排除故障，正常放入。吊放钢筋笼前，对欠挖的混凝土护壁进行处理，以保证钢筋笼顺利吊入。混凝土配合比要计算准确，保证坍落度均匀。浇筑混凝土前，要放孔口漏斗，当浇筑扩底混凝土时，第一次应灌到扩底部位的顶面，随即振捣密实，特别是浇筑桩顶以下5m范围内混凝土时，应随浇随振捣，每次浇捣高度不得大于1.5m。当渗水量过大时，应采取有效措施，保证混凝土的浇筑质量。浇筑混凝土要连续进行，不得过夜。

⑧ 桩身混凝土产生离析处理。对离析位置距桩顶距离小的，采取凿除上部混凝土及离析层重新浇筑混凝土接桩；对离析位置距桩顶距离较大的，用风钻沿桩身垂直钻孔，穿过离析层，然后以高压注浆填补离析层的空间。

（3）钻孔灌注桩施工

1）概述

泥浆护壁钻孔灌注桩主要原理是利用泥浆循环，保证孔壁稳定和携带渣土，冷却、润滑钻具，成孔后，使用水下混凝土浇筑的方法将泥浆置换出来。根据泥浆循环及出渣方式的不同，可分为正循环钻进和反循环钻进。泥浆护壁钻孔灌注柱施工通常也称为湿法钻孔灌注桩施工。该工法适合于地下水位较高的土层、砂砾石地层及软岩。

2）工艺流程

泥浆护壁钻孔灌注桩施工工艺：施工准备→泥浆制备→埋设护筒→锚设工作平台→安装钻机并定位→钻进成孔→成孔检查和清孔→下放钢筋笼→灌注水下混凝土→拔出护筒→检查质量。工艺流程如图5-10所示。

3）工艺要点

① 埋设护筒

为了防止孔口坍塌，当钻孔较深时，地下水位以下的孔壁土在静水压力下会向孔内坍塌，甚至发生流沙现象。钻孔内若能保持比地下水位高的水头，增加孔内静水压力，能防止塌孔。护筒除起到防止塌孔作用外，同时有隔离地表水、保护孔口地面、固定桩孔位置和钻头导向等作用。一般情况下，采用钢护筒，并要求坚固耐用，不漏水，其内径应比钻孔直径大20（旋转钻）~40cm（潜水钻、冲击锥或冲抓头），每节长度2~3m。

② 泥浆制备

钻孔泥浆由水、黏土（膨润土）和添加剂组成，具有浮悬钻渣、冷却钻头、润滑钻具、增大静水压力，在孔壁形成泥皮，隔断孔内外渗流，防止塌孔的作用。调制的钻孔泥浆及经过循环净化的泥浆，应根据钻孔方法和地层情况来确定泥浆稠度，泥浆稠度应视地层变化或操作要求机动掌握，泥浆太稀，排渣能力小、护壁效果差；泥浆太稠，会削弱钻头冲击功能，降低钻进速度。一般要求泥浆漏斗黏度为10~25s，含砂率小于4%，密度为11~12.5kN/m$^3$，胶体率大于95%，泥皮厚度为1~3mm，pH值为7~9。如对护壁有特殊要求，可采用聚合物泥浆等。

③ 钻孔

地质条件复杂和用作挡墙的灌注桩施工前必须试成孔，数量不得少于2个，以便核对地

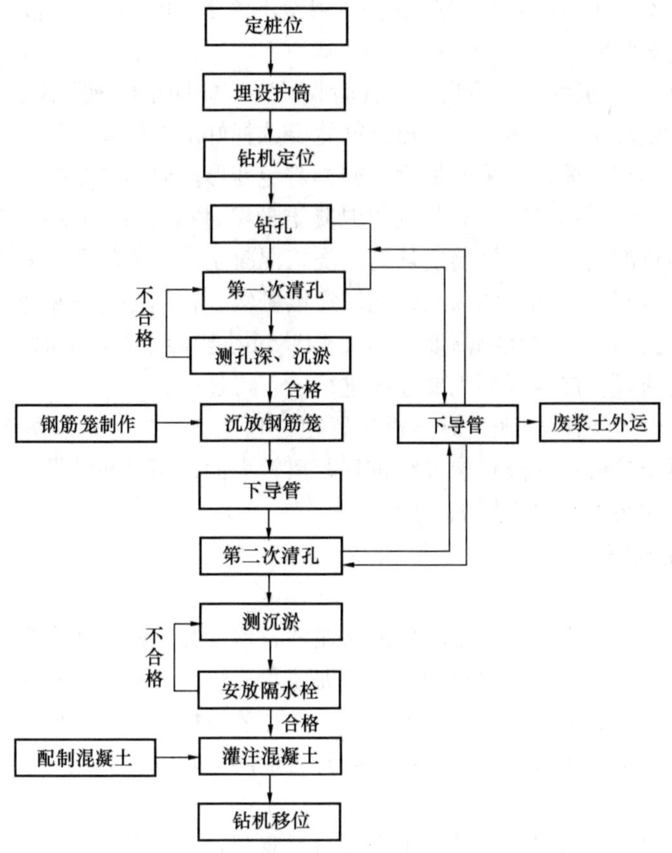


图 5-10　工艺流程图

质资料，检验所选的方案、设备、机具、施工工艺以及技术措施是否合适。如孔径、垂直度、孔壁稳定和沉淤等检测指标不能满足设计要求时，应分析原因，调整施工方案，优化施工工艺。

a. 正循环成孔。正循环成孔即是从地面向钻管内注入一定压力的泥浆水（孔壁稳定液），泥浆水压送至孔底后，与钻孔产生的泥渣搅拌混合，然后经钻管与孔壁之间的空腔上升并排出地面。混有大量泥渣的泥浆水经沉淀、过滤并做适当处理后，可再次重复使用，称泥浆循环。沉淀后的废液或废土应及时运走，防止地面超载。正循环法是国内常用的一种成孔方法，这种方法由于泥浆水在空腔内的流速不大，所以出土效率较低。正循环法的泥浆循环系统由泥浆池、沉淀池、循环槽、泥浆泵等设备组成，并有排水、清洗、排废等设施。

b. 反循环成孔。反循环法是将钻孔时孔底混有大量泥渣的泥浆水通过钻管的内孔抽吸到地面，新鲜泥浆水则由地面直接注入钻孔。反循环法吸泥有两种方式，即反循环泵方式和空气升液方式。反循环泵方式是钻管上端用软管与离心泵连接，吸泥时先用真空泵排出软管和钻管中的空气，再启动离心泵抽吸泥水。空气升液方式是向钻管底端附近喷吹压缩空气，产生相对密度较小的空气和泥水的混合体，形成管内外的相对密度差值，由此在管内产生向上的水流。空气升液方式装置简单，成孔深度大，排泥和清孔的效果好，但钻孔较浅时，能喷出空气，所以最初的 7m 需用其他方式排泥。此外，这种方式抽水效率比反循环泵方式低 30% ~50% 。反循环法的泥浆循环也是由泥浆池、沉淀池、循环槽、砂石泵、除渣设备等组成，并设有排水、排废浆等设施。

地面循环系统一般分为自流回灌式和泵送回灌式两种，循环方式可根据施工场地、地层和设备情况合理选择。

④ 成孔检查和清孔

钻孔到设计深度后，应进行孔深、孔径、垂直度、沉浆浓度、沉渣深度等测试检查。在钻孔检查符合设计要求时，应立即进行孔底清理，避免隔时过长，以致泥浆沉淀，引起钻孔坍塌。清孔应分两次进行。第一次清孔在成孔完毕后，立即进行；第二次在下放钢筋笼和灌注混凝土导管安装完毕后进行。常用的清孔方式有正循环清孔、泵吸反循环清孔和空气升液反循环清孔，通常随成孔时采用的循环方式而定。清孔时先使钻头稍作提升，然后通过不同的循环方式排除孔底沉淤，与此同时，不断注入洁净的泥浆水，用以降低桩孔泥浆水中的泥渣含量。清孔过程中应测定沉浆指标。清孔后的泥浆的相对密度应小于 1.15。清孔结束时应测定孔底沉淤，孔底沉淤厚度一般应大于 30cm。第二次清孔结束后孔内应保持水头高度，并应在 30min 内灌注混凝土；若超过 30min，灌注混凝土前应重新测定孔底沉淤厚度。对于摩擦桩，当孔壁容易坍塌时，要求在灌注水下混凝土前沉渣厚度不大于 30cm；当孔壁不易坍塌时，沉渣厚度不大于 20cm。对于柱桩，要求在射水或射风前，沉渣厚度不大于 5cm。

⑤ 钢筋笼吊装

钢筋笼宜分段制作，分段长度应按钢筋笼的整体刚度、来料钢的长度及起重设备的有效高度等因素确定，一般不超过 10m。

钢筋笼在起吊、运输和安装中应采取措施，防止变形。起吊吊点宜设在加强箍筋部位。钢筋笼采用分段沉放法时，纵筋的连接须用焊接，要特别注意焊接质量，同一底面上的接头数量不得大于纵筋数量的 50%，相邻接头的间距不小于 500mm。

⑥ 水下混凝土灌注

配制混凝土必须保证满足设计强度以及施工工艺要求。混凝土的强度指标和抗渗性能应满足设计要求，并具有良好的和易性和流动度。坍落度损失应满足灌注要求，混凝土初凝时间应为正常灌注时间的 2 倍。一般情况下配比应通过试验确定，坍落度宜为 180～220m，混凝土的水泥和矿物掺合料的总量不宜小于 360kg/m$^3$，含砂率宜为 40%～45%，选用中粗砂，粗骨料（碎石）最大粒径为 5～20mm。

混凝土灌注是确保成桩质量的关键工序，灌注前应做好一切准备工作，保证混凝土灌注连续紧凑地进行。单桩混凝土灌注时间不宜超过 8h。混凝土灌注的充盈系数不得小于 1，也不宜大于 1.3 混凝土灌注用的导管内径应按桩径和每小时灌注量确定，一般为 200～250mm，壁厚不小于 3mm。导管第一节底管长度应大于 4.0m，导管标准长度以 3.0m 为宜。浇灌水下混凝土所用的隔水塞可采用混凝土浇制，混凝土强度等级不低于 C20，外形应光滑并配用橡胶片。

混凝土浇灌时，导管应全部安装放孔，安装位置应居中。隔水塞采用铁丝悬挂于导管内。混凝土灌入前应先在灌斗内灌入 0.1～0.2m$^3$ 的 1∶1.5 水泥砂浆，然后灌入混凝土。等初灌混凝土足量后方可截断隔水塞的系结铁丝，将混凝土灌至孔底。混凝土初灌量应能保证混凝土灌放后，导管埋放混凝土深度不小于 0.8m，保持导管内混凝土柱和管外泥浆桩压力平衡。

为防堵管，必须保持导管埋入混凝土内不得过深或过浅，一般以 2～6m 为宜；严格控制混凝土配合比和搅拌质量，不合格的混凝土不能进入导管；混凝土灌注达到规定高度后，必须拆管，导管应勤提勤拆，一次提留拆管不得超过6m。混凝土灌制中应防止钢筋上拱。防止埋管过深，每次拆管前应测定混凝土面的高度，并与理论值进行比较，按偏于保守的数值确定埋管深度。

控制钢筋笼上浮的措施：混凝土由漏斗顺导管向下灌注时，产生一种顶托力，使钢筋笼上浮。具体措施：钢筋骨架上端在孔口处与护筒连接固定，当混凝土灌注接近钢筋笼底时，应放慢混凝土灌注速度，并应使导管保持较大埋深，以便减小对钢筋笼的冲击。

混凝土灌注中如遇停水、停电或机械故障而无法正常灌注时，须采取应急措施尽快恢复灌注，如预计1h可恢复灌注，应将导管尽量浅埋至1m左右，并每隔10min左右上下晃动导管，以免混凝土在导管内凝固；如预计1h内无法恢复灌注，应启动应急措施，采用备用水源、电源和机械设备。

（4）钢板桩施工

1）概述

钢板桩围护结构是将预制的钢板桩打入土层，并设置必要的支撑或拉锚，以抵抗土压和水压，并保持周围地层的稳定，以确保基坑和沟槽施工安全。钢板桩常见的断面形式有U形、Z形、直腹板式等多种形式。需要连接的时候，钢板桩通过边缘的锁口或钳口相互咬合而形成连续的钢板墙，起到支护的作用。直腹板式板桩容易打入，但侧向抗弯能力较小，受力后变形较大，因此在建筑工程上施工较少。波浪形板桩（如U形、Z形）的抗弯性能优于直腹板式板桩，防水性能也较好，一般用于开挖深度为5～10m的基坑。与其他桩型相比，钢板桩的抗弯刚度较小，采用U形或Z形之后，可增加抗弯能力，但悬臂的钢板桩仍会有较大的变形，使用中应预先对基坑可能发生的位移量进行估算。

钢板桩可采用锤击打入法、振动打入法、静力压入法及振动锤击打入法等多种方法。目前采用振动打入法较多，该方法既可以打桩，又可以拔桩，适应性强。根据不同的施打方法应采用相应的打桩机械同时在选择打桩机械型号时，应考虑工程地质，现场作业环境，钢板桩形式、质量、长度、总数量、作业效率、成本等具体条件，以使选用机械适用、经济、安全。

钢板桩围护是由钢板桩挡墙和钢板桩支撑结构（或拉锚结构）组成的。支撑结构一般由纵向围檩、水平横撑、角撑等组成，基槽较宽时需在基槽中加设中间桩和横梁支撑构件，甚至需增加水平及垂直连系杆件。钢板桩还有一定的挡水能力，其挡水效果取决于板桩锁口或钳口咬合的紧密程度。在高水位地区用板桩做挡墙时，应选择咬合紧密、不易漏水的波浪形板桩，必要时应在桩后设置止水帷幕，基坑或沟槽施工完毕后，可以将桩拔出，重复利用。

钢板桩适用于含水率较大的填土层、粉土、黏土、砂土等软土层。

2）工艺流程

钢板桩施工工艺：施工准备→钢板桩检验和矫正→钢板桩的吊运和堆放→测量放线→钻机就位→导架安装→打桩→检查质量→拔桩。工艺流程如图5-11所示。

3）工艺要点

① 钢板桩的检验和矫正

对于钢板桩，一般有外观检验和材质检验，对异型钢板桩等焊接制品，尚需进行焊接部位的检验，以便对不符合形状要求的钢板桩进行更换和矫正，以减少打桩过程中的困难。外观检验的项目主要包括表面缺陷、长度、宽度、厚度、高度、端头矩形比、平直度和锁口形状等。检查中应注意：对桩上影响打设的焊接件应割除；如有割孔、断面缺损应补焊；若有严重锈蚀，应量测断面实际厚度，以便计算时予以折减。经过检验，如误差超过质量标准规定时，则在打设前予以矫正。

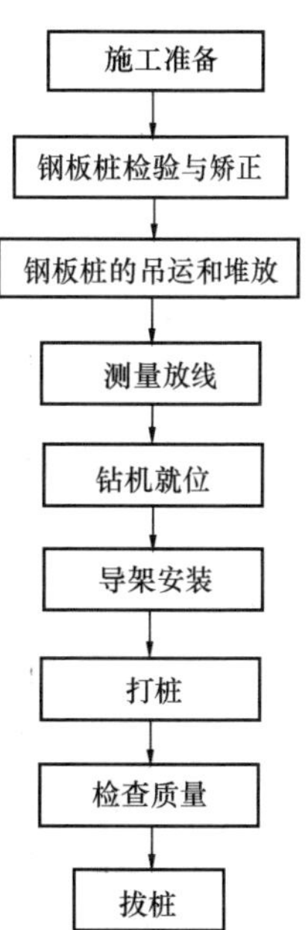


图5-11 工艺流程图

② 导架的安装

导架的作用是保证沉桩轴线位置的正确和桩的垂直，控制桩的打入精度，防止板桩的屈曲变形和提高桩的贯入能力。

导架通常由导梁和围檩桩等组成。它的形式，在平面上有单面和双面之分，在高度上有单层和双层之分。一般常用的是单层双面导架。围檩桩的间距一般为2.5～3.5m，双面围檩之间的间距一般比板桩墙厚度大8～15mm。图5-12为单层双面导架示意图。安装导架时应注意：导架不能与钢板桩相碰，围檩桩不能随着钢板桩的打设而产生下沉和变形，导梁的高度要有利于控制钢板桩的施工高度和提高施工工效，采用精度较高的测量仪器控制导梁的位置和设计高程。

③ 钢板桩的打设

a. 单根打入法：将钢板桩一根根地打入至设计标高（图5-13），该方法施工速度快，桩导架高度相对较低，但容易倾斜，当打设要求精度高或桩长超过10m时则不宜采用。

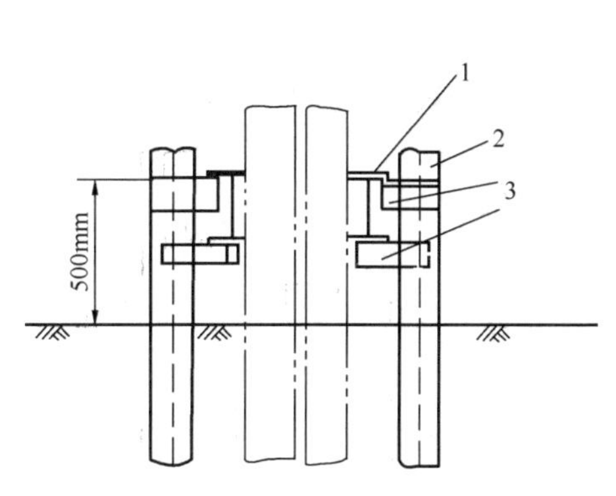


图5-12 单层双面导架

1—导梁；2—围檩桩；3—牛腿

图5-13 单根打入法施工

b. 屏风式打入法：将10～20根钢板桩成排插入导架，呈屏风状（图5-14），然后桩机来回施打，并使两端先打到要求深度，再将中间钢板桩顺次打入。这种施工方法可防止钢板桩发生倾斜与转动，对要求闭合的围护结构常用此法，该方法施工精度高但其缺点是施工速度慢，需搭设较高的施工桩架。

c. 围檩打入法：分单层围檩和双层围檩。围檩打桩法是在地面上一定高度处离轴线一定距离，先筑起单层或双层围檩架，而后将钢板桩依次在围檩中全部好，待四角封闭合拢后，在逐渐按阶梯状将钢板桩逐块打至设计标高。这种方法能保证钢板桩墙的平面尺寸、垂直度和平整度，适用于精度要求高、数量不大的场合，缺点是施工复杂，施工速度慢，封闭

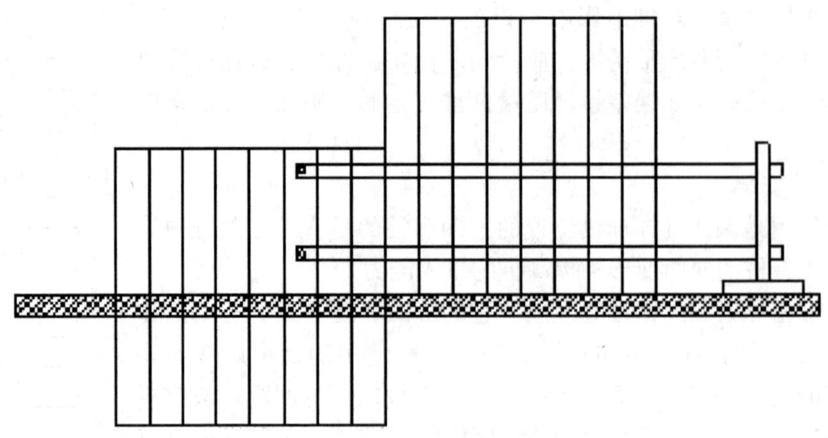

图 5-14　屏风式打入法施工

合龙时需要异型桩，使用较少。

打桩过程中遇到障碍物时，导致钢板桩打入深度不够或无法打入，可采用转角柱或弧形桩绕过障碍物。

钢板桩在杂填土地段下行过程中受到石块等侧向挤压作用时容易发生偏斜，采取的纠偏办法为在发生偏斜位置将钢板桩往上拔 1.0～2.0m，再往下锤击，如此上下往复振拔数次，可使大的块石被振碎或使其发生位移，让钢板桩的位置得到纠正，减少钢板桩的倾斜度。

钢板桩沿轴线倾斜度较大时，可采用异型桩来纠正，异型桩一般为上宽下窄或宽度大于或等于标准宽度的板桩，异形桩可根据实际倾斜度进行焊接加工；倾斜度较小时也可用卷扬机或电动葫芦和钢索将桩反向拉出再锤击。

在基础较软处，有时会发生施工时将邻桩带入现象，采取的处理措施是将相邻的数根桩焊接在一起，并且在施打桩的连接锁口上涂以润滑脂等润滑剂，减少与临近桩之间的摩擦阻力。

钢板桩振动频率控制：对不同地层，例如砂性土或黏性土，其阻力是不一样的，黏性土阻力较大，砂性土阻力较小。若钢板桩进入黏性土深度较大，要保证钢板桩顺利插入，须使用高频冲击，要增大振动频率；在砂性土中插打钢板桩，阻力较小，为提高插入速度须增大振幅。

钢板桩的合龙方法：钢板桩施工中，大多是 2～3 台机组同时作业，就存在 1～2 个合龙口，合龙口控制不好则合不了龙，形成渗漏缺口，要控制合龙口附近 10～20 根钢板桩的垂直度，准确测量合龙口宽度，合龙口异型钢板桩加工前要做试焊、试插，保证试插特殊形钢板桩上下滑动自如，然后根据试插情况，正式焊接合龙异型钢板桩。

板桩围护的基坑采用墙体自防渗时，板桩挡墙的抗渗等级不宜小于 P6，并在板桩接缝处设置可靠的防渗止水构造。钢板桩挡墙当采用锁口式防水构造时，沉桩前应在锁口内嵌填黄油、沥青或其他密封止水材料，必要时可在沉桩后坑外锁口处注浆防渗。在基坑转角处应根据转角的平面形状做成相应的异型转角板桩，且转角桩宜适当加长，通常比围护桩长 0.5～1.0m。

④ 钢板桩的拔出

基坑和沟槽主体结构施工完毕后，可将钢板桩拔出。根据所用机械的不同，拔柱方法分为静力拔桩、振动拔柱和冲击拔桩 3 种。

静力拔桩所用的设备较简单，主要为卷扬机或液压千斤顶，受设备及能力所限，这种方法往往效率较低，有时不能将桩顺利拔出，但成本较低。

振动拔桩是利用机械的振动，引起钢板桩的振动，以克服板桩的阻力，将桩拔出。这种方法的效率较高，由于大功率振动拔桩机的出现，使多根板桩一起拔出有了可能。

冲击拔桩是以蒸汽、高压空气为动力，利用打桩机的原理，给予板桩向上的冲击力，同时利用卷扬机将板桩拔出。这类机械国内不多，工程中不常应用。

a. 静力拔桩。用卷扬机与滑轮组拔桩：先架设立柱或台架，可以用型钢、钢管甚至钢桁架等，只要能承受轴向压力并移动方便即可。有时也可用打桩架，立柱的长度需考虑到板桩的长度，立柱或台架要承受较大的拔力，应进行结构检算，安全系数应符合有关规范规定。由于拔桩过程中，总起拔力很大，对地面的接地压力较高，要防止桩架或板桩设备的沉降，宜在桩架或拔桩设备下设置钢板或路基箱，以扩散荷载。静力拔桩不同于振动或冲击拔桩，在拔桩初期因柱周阻力从静止到破坏需要一段过程，不能操之过急。宜将卷扬机间歇启动，渐渐地将桩拔出，切忌一次性启动卷扬机，否则会因冲击荷载太大，导致钢索崩断，设备损坏，甚至伤人。

b. 振动拔桩。振动拔桩，效率高，操作简便，是施工人员优先考虑的一种方法。振动拔柱产生的振动为纵向振动，这种振动传至土层后，对砂性土层颗粒间的排列被破坏，使强度降低；对黏性土由于振动使土的天然结构破坏，密度发生变化，黏着力减小，土的强度降低，最终大幅度减少桩与土间的阻力，板桩被轻易拔出。

振动频率：在某一振动频率时，土对板桩的阻力会被破坏，从而使板桩能容易拔出，这一频率对不同的土质是不一样的。粗砂在 5Hz 时，产生液化；坚硬的黏土在 50Hz 时，出现松动现象，工程中的土层由各类土质分层构成，常用的振动频率为 8.3 ~ 25Hz。

振幅：要使砂层产生液化或使黏土、粉土减少黏着力，而使用强制振动的最小振幅值（当振动频率为 16.7Hz 时），对砂土需达到 3mm 以上，对粉土、黏土要达到 4mm 以上。

激振力：强制振动的激振力必须超过已被振动减弱后的土的阻力。

选用振动拔桩机：目前市场上振动拔桩机型号较多，有国产的也有进口的，功率从几千瓦至几百千瓦，甚至达到 1000kW。机种选择的合适与否，直接影响工程的成败，应尽可能使拔桩机在机器限定的范围内作业。

（5）SMW 水泥搅拌桩施工

1）概述

SMW 工法也叫柱列式土壤水泥墙工法，即利用多轴型长螺旋钻机在土壤中钻孔，达到预定深度后，边提钻边从钻头端部注入水泥浆，将其与地基土反复混合搅拌，在原位置上建成一段土壤水泥墙。然后进行第二段墙施工，使相邻的土壤水泥墙彼此连续重叠搭接即可做成连续的桩墙。同时根据不同需要，插入工字钢，在水泥土混合体未结硬前插入 H 型钢或钢板作为其补强材料，至水泥结硬，便形成一道具有一定强度和刚度的连续完整的无接缝的地下墙体，作为深基坑或沟槽开挖的支护结构。SMW 工法最常用的是三轴型钻掘搅拌机，其中钻杆和钻头对于在黏性土、砂砾土、岩层中施工是有区别的。

该工法可在含水量不大的黏性土、粉土、砂土、砂砾土等软土地层中应用。

2）工艺流程

SMW 工法施工工艺流程如图 5-15 所示。

3）施工要点

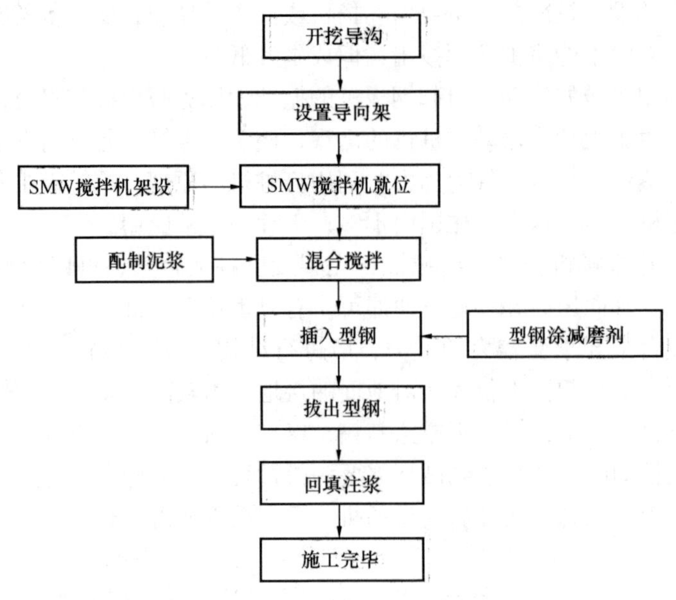


图 5-15　施工流程图

① 开挖导沟，设置导向架

采用挖掘机开挖沟槽，人工清理沟槽内土体，为确保桩位以及安装型钢提供导向装置，在沟槽边沿纵向打入 5m 长型钢作为固定支点，垂直沟槽方向放置两根工字钢与支点焊接，平行沟槽方向放置两根工字钢与下面的定位工字钢焊接，定位型钢上设桩位标志。

② SMW 搅拌桩机就位

施工中一般采用履带型三轴搅拌桩机。在桩机机头前端焊接两根 20mm 钢筋，钢筋与钻机钻杆垂直，钢筋端部距钻杆中心 1.0m，两根钢筋的距离为 1.2m，在钢筋端部悬挂垂球。相邻两柱位控制点拉线，沿直线放置桩位定位型钢，根据桩位，在型钢上做好标记。当垂球与桩位标记对齐，就确定了桩机位置，然后用经纬仪检查钻杆的垂直度。

③ 成桩

搅拌桩施工成桩过程与深层水泥土搅拌桩相同。搅拌机在下沉过程中和提升过程中注入水泥浆液，同时严格控制下沉和提升速度，下沉速度不大于 1.0m/min，提升速度不大于 2.0m/min。严格控制水灰比、搅拌时间、浆液质量，注浆时控制注浆压力和注浆速度，根据现场情况，及时调整水灰比和外加剂，一般情况下，应注意以下几点：

a. 配合比应进行试验确定，各种材料应按比例和顺序混合，并严格计量。为使浆液泵送减少堵管，应改善水泥的和易性，增加水泥浆的稠度，可适量加入减水剂（如木质素磺酸钙，一般为水泥用量的 0.2%）。

b. 水泥浆从砂浆搅拌机倒入储浆桶前，须经筛过滤，以防出浆口堵塞，并控制储浆桶内储浆量，以防浆液供应不足而断桩。储浆桶内的水泥浆应经常搅动，以防沉淀结块。水泥浆液必须充分拌和均匀，每次投料后拌和时间不得少于 3min，分次拌和必须连续进行，确保供浆不断。

c. 制备好的水泥浆液不得停置时间过长，一般应在 2h 之内用完。

d. 必须待水泥浆从喷浆口喷出并具有一定压力后，方可开始钻进喷浆搅拌操作，钻进喷浆必须到设计深度，误差不超过 5.0cm，并做好记录。

e. 按成桩试验确定的压力档次操作高压泵，并随时观察送浆管的送浆情况。柱机操作者应与制浆施工人员保持密切联系，保证搅拌机喷浆时供浆连续。因故停机时，须立即通知桩机操作者，并从地面重新开始钻进喷浆，不得留一定长度搭接后从中途开始工作。送浆异常时应迅速查明原因，妥善处理并记录。

f. 若施工过程中因停电或设备故障停工 1h 以上，则必须立即进行全面冲洗，防止水泥在设备用管中结块，影响施工。

g. 尽量采用沿挡墙纵向走机。桩排之间的搭接时间不应超过 24h。如因故超过上述时间，出现施工缝时，需采用搭接套钻或在后排加做一定数量的水泥土搅拌桩或旋喷桩，以防止因为时间过长造成新老搅拌桩接触面的缝隙渗水。

h. 若成桩过程中，出现反土或冒浆现象，必须在一定深度内增加一次搅拌。若出现注浆阻塞或断浆现象，应及时停泵，排除故障后，再采取有效措施进行复喷浆，严防断桩、空桩。

④ 插 H 型钢

深搅桩成桩后，SMW 桩机移到下根桩的位置继续施工。SMW 桩机移位后紧接着在型钢插入位置安放型钢定位卡，用吊机起吊 H 型钢放入定位卡，靠型钢的重力自动下沉到设计高程，当下沉困难时可以用振动锤辅助下沉至设计高程。为了拔出顺利，可在型钢上涂抹减磨材料，以减小拔出的阻力。

⑤ 围护结构成形

为确保桩身强度和止水效果，施工过程中要求做到：严格按设计要求配置浆液，土体应充分搅拌，严格控制下沉速度，使原状土充分破碎，有利于同水泥浆均匀拌和；浆液不能发生离析，水泥浆液严格按预定配合比制作，为防止灰浆离析，注浆前必须搅拌 30s 再倒入储浆桶，存浆桶内设置搅拌机，不停搅拌；压浆阶段不允许发生断浆现象，输浆管道不能堵塞，全桩须注浆均匀，不得发生夹芯层；如发生管道堵塞，立即停泵处理，待处理结束后立即把搅拌钻具上提或下沉 1.0m 后方能注浆，等注浆 10～20s 恢复向上提升搅拌，以防断桩。所有 SMW 桩施工完毕后，就形成了连续完整的支护结构，可以进行基坑或沟槽开挖。

⑥ H 型钢拔出

如条件允许，施工完毕后可进行 H 型钢回收，在施工前应进行型钢抗拔验算与拉拔试验，以确保型钢顺利拔出，并在型钢上涂刷减磨剂，使 H 型钢的抗拔力降低。由于围护结构变形会导致型钢扭曲，使型钢很难拔出，因此应确保搅拌桩水泥土强度，围护钢支撑按设计要求施加预加应力且各钢支撑受力均匀，使围护结构变形量减小，是提高 H 型钢回收率的有效手段。型钢拔出采用组合拔桩机施工。

⑦ 注浆填充

主体结构施工完毕后，在 H 型钢拔出留下的孔隙中注入水泥浆，进行填充。注浆材料采用水泥浆或水泥砂浆，可以通过高效减水剂及膨润土调整浆液的流动性。

（6）旋喷桩施工

1）概述

旋喷桩是利用钻机钻孔后，将旋喷喷头钻置孔底，将预先配制好的浆液通过高压注浆泵使液流获得巨大能量后，从喷嘴中高速喷射出来，形成一股能量高度集中的液流，直接破坏土体，喷射过程中，钻杆边旋转边提升，使浆液与土体充分搅拌混合，在土中形成一定直径的柱状固结体，从而使地基加固。施工中一般分为两个工作流程，即先钻后喷，再下钻喷射，然后提升搅拌，保证每米桩浆液的含量和质量。旋喷桩一般有单管旋喷、双管旋喷和三管旋喷。

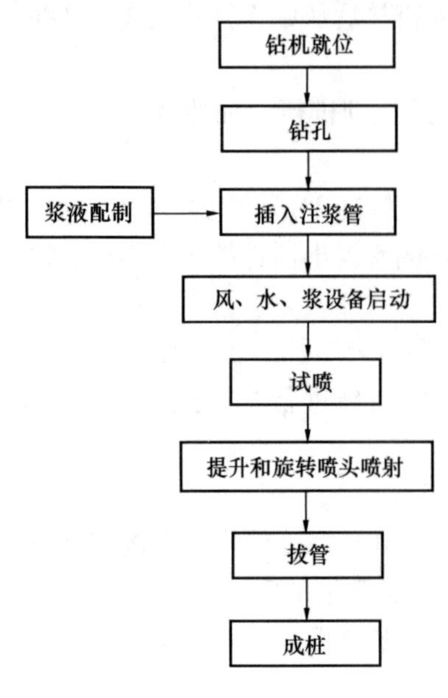

图 5-16　旋喷桩施工工艺流程图

旋喷桩主要适用于淤泥、砂性土、黏性土、粉质黏土、粉土等软弱地层，在土层硬度 $N=0\sim30$ 的淤泥、砂性土、黏性土等含水层中，效果尤其显著，对于卵砾石层、地下水流速过大的地层及岩溶发育地层不应采用旋喷法。

2）工艺流程

旋喷桩的施工工艺流程如图 5-16 所示。

① 钻机就位。采用起重机悬吊搅拌机到达指定桩位附近，利用桩机底部步覆装置，缓慢移动至施工部位，由专人指挥，用水平尺和定位测锤校准桩机，使桩机水平，导向架和钻杆应与地面垂直，倾斜率小于 1%。对不符合垂直度要求的钻杆进行调整，直到钻杆的垂直度达到要求。为了保证桩位准确，必须使用定位卡，桩位对中误差不大于 5cm。

② 启动钻机边旋转边钻进，至设计高程后停止钻进。采用单管旋喷法施工，插管与钻孔两道工序合二为一，即钻孔完成时插管作业同时完成。在插管过程中，为防止泥沙堵塞喷嘴，高压水喷嘴边射水边插管，水压力一般不超过 1MPa，至设计高程后停止钻进。

③ 浆液配置。高压旋喷桩的浆液，可采用硅酸盐水泥、普通硅酸盐水泥（强度不低于 42.5MPa）、矿渣硅酸盐水泥（强度不应低于 32.5MPa），水泥浆液配制严格按设计要求控制，水灰比一般为 0.6∶1～1.2∶1。搅拌灰浆时，先加水，然后加水泥，每次灰浆搅拌时间不得少于 2min，水泥浆应在使用前 1h 制备，浆液在灰浆拌合机中要不断搅拌，防止结块。

④ 旋喷作业系统的各项工艺参数都必须按照预先设定的要求加以控制，并随时做好旋喷时间、用浆量、冒浆情况、压力变化等的记录。如采用单管旋喷，浆液压强应大于 20MPa，浆液流量一般为 60～80L/min；如采用双管旋喷，空气压强应大于 0.7MPa，浆液压强应大于 20MPa，浆液流量一般为 80～120L/min；如采用三管旋喷，水压强一般大于 25MPa，供水量一般为 50～100L/min，空气压强应大于 0.7MPa，浆液压强应大于 1.0MPa，浆液流量一般为 120～150L/min。

⑤ 喷射浆液。在插入旋喷管前先检查高压设备和管路系统，设备的压力和排量必须满足设计要求。各部位密封圈必须良好，各通道和喷嘴内不得有杂物，并做高压水射水试验，合格后方可喷射浆液。喷浆时，水泥浆从拌合机倒入集料斗时，用过滤筛筛出水泥硬块。最后，水泥浆通过胶管送到旋喷钻机的喷头喷出。喷射时，先应达到预定的喷射压力，喷浆旋转 30s，水泥浆与桩端土充分搅拌后，再边喷浆边反向匀速旋转提升注浆管，旋转速度一般为 7～15r/min，提升速度一般为 12～25cm/min，直至加固设计高程时停止喷浆，在桩顶原位转动 2min，保证桩顶密实均匀。中间发生故障时，应停止提升和旋喷，以防桩体中断，同时立即检查，排除故障，重新开始喷射注浆的孔段与前段搭接不小于 1m，防止固结体脱节。

⑥ 冲洗。喷射施工完成后，应把注浆管等机具设备用清水冲洗干净，防止凝固堵塞。管内、机内不得残存水泥浆，通常把浆液换成清水在地面上喷射，以便把泥浆泵、注浆管和软管内的浆液全部排除。

3）工艺要点

① 对于软硬不均的地层，可以先进行钻孔，然后沿钻孔方向将喷射管插到孔底进行旋喷；对于软弱地层，可直接压入喷射管进行喷射。

② 施工过程中按设计参数操作，对桩的个别部位进行复喷，可满足桩径的要求。

③ 钻孔钻至设计深度以下 0.2m，喷浆管要插到设计层位。在插管过程中，为防止泥沙堵塞喷嘴，可边射水边插管，射水压强一般不超过 1.0MPa，防止射塌孔壁。喷浆管提升总长度要大于设计柱长的 0.2m 以上。

④ 严格按设计配合比控制浆液，保证喷浆量，随时观察返浆情况，对返浆量超过规定或仅有少量返浆或无返浆时，应立刻停止喷浆，做好记录，取返浆试块做抗压试验。随时调整浆液的配比，使施工质量满足工程的设计要求。

⑤ 为了避免出现断桩、缩径等问题，喷嘴的搭接长度应大于 10cm，同时，旋喷速度要均匀，泵压要稳定，成桩长度应大于设计长度 0.2m 以上。

（7）内支撑体系施工

1）概述

对于地质条件和环境条件复杂，开挖宽度和深度比较大，且对变形要求严格的基坑，为了保证基坑稳定和环境安全，还需要在基坑内部设置内支撑体系，以保证施工安全，抑制基坑变形，减小施工对周边环境的影响。内支撑体系主要包括冠梁、腰梁、水平横撑、角撑、立柱、纵梁等。

2）内支撑体系形式

内支撑可做成水平式、斜撑式及复合式。复合式即水平与斜撑相结合的形式。水平式内支撑根据基坑平面形状和施工要求，可以设计成多种形状。常用的有孔字形、角撑形、圆环形、连环形、水平桁架形及椭圆形等。竖向斜撑式内支撑可以设计成单杆形、桁架形、立体格构形等，应根据基坑高度、支承条件、材料供应及施工要求等因素确定。

无论采用何种形式，都要结合具体工程实际情况，充分利用有利条件，做出受力明确、构造合理、施工方便、经济安全的设计，不受形式的约束，因为内支撑毕竟是临时性结构。

如狭窄的长条形基坑可采用水平对撑，当长条形基坑的短边也较长时则做成十字形或分段桁架形或连环形、桁架形。

如方形或接近方形的基坑则可设计成桁架式角撑形或圆环形、连环形。实际遇到的基坑平面是多种多样的，因此支撑的平面设计常富有创造性。但在一些特定条件下必须注意以下问题：在水平支撑布置中特别要注意支撑内力的对称平衡和整体稳定。如当基坑有一侧靠近河岸或路堤时就要充分注意平衡问题，这时就不能完全按对称原则来布置支撑。在靠近河岸或路堤一边必须采取一些措施，如加固河堤结构；垂直河堤两边加对撑；在基坑靠近河岸或路堤一侧加一个平行于河岸或路堤的桁架式支撑，在河岸或路堤对边设置水平撑与斜撑相结合的复合式支撑等，使垂直河岸或路堤方向传来的水平力尽量自相平衡，从而减少对路堤或河岸的威胁，保证了基坑支护结构本身的安全。内支撑布置时一般应注意以下几点：

① 水平支撑的层数根据基坑开挖深度、地质条件、层数、设计高程等条件，结合选用的支护构件和支撑系统酌情决定，另外应满足支护结构的变形控制要求，以控制对周围环境

的影响。

② 设置的各层支撑设计高程以不妨碍主体工程地下结构各层构件的施工为标准。一般情况下，支撑构件底与主体结构面之间的净距不宜小于50cm，或与施工单位配合商定。

③ 各层支撑的走向应尽量一致。即上、下层水平支撑轴线在投影上应尽量接近，并力求避开主体结构的柱、墙位置。

④ 支撑形成的水平净空以大为好，方便施工。

⑤ 立柱布置在纵横向支撑的交点处或桁架式支撑的节点位置上，并力求避开主体工程梁、柱及结构墙的位置；立柱的间距尽量拉大，但必须保证水平支撑的稳定且足以承担水平支撑传来的竖向荷载；立柱下端应支承在较好的土层中。

3）施工方法

① 腰梁的施工

腰梁也称为围檩，常用围檩有钢筋混凝土围檩和钢围檩，钢筋混凝土围檩整体性和稳定性好，抗变形能力强，在深大基坑施用较多。钢筋混凝土围檩的具体施工步骤：当基坑开挖到围檩安装位置，在围护结构上植入钢筋，作为定位连接钢筋和定位钢筋，然后按设计要求绑扎钢筋和灌注混凝土，混凝土接头施工缝部位按要求进行处理。

钢围檩的截面宽度一般不小于300mm。基坑两侧先开挖到檩设计高程位置后，准确定位钢围檩的设计高程，将牛腿焊接在围护结构钢筋或型钢上，钢围檩采用履带吊车就位，而后进行焊接和固定。

② 水平支撑施工

作为水平支撑的材料主要有钢筋混凝土结构、钢管、型钢、组合空间桁架和木材等，一般采用人工配合吊机安装，连接及接头按有关规范和规定处理。

钢管和型钢是工厂定型生产的规格化的现成材料，施工时根据受力大小和长度要求可以直接选购，然后截割或拼接后使用，因此施工速度快。由于材料本身密度小、强度高，稳定性好，并可施加预应力以合理控制基坑变形，因此被广泛用于支撑构件中。常用的钢管支撑有$\phi$609/16mm、$\phi$609/14mm及$\phi$580/16mm、$\phi$580/12mm及直径仅为406mm的钢管等。其优点是单根支撑承载力较大，安装拆除周期较短，无需养护期，钢管可以重复回收；其缺点是支撑体系的整体性较差，安装与连接施工要求高，现场拼装尺寸不易精确，施工质量难以保证。H型钢有焊接H型钢及轧制H型钢。H型钢节点处理较为灵活，可用螺栓连接，现场装配简单，在支撑杆件上安装检测仪器较为简单。钢支撑一般均为标准节段，在安装时根据钢支撑长度再辅以非标准节段，非标准节段通常在工地上切割加工。标准节段长度为6m左右，节段间连接多为法兰（钢板）高强度螺栓连接，也可采用焊接的方式，螺栓连接施工方便，尤其是坑内的拼装，但整体性不如焊接的好，为减小节点变形，宜采用高强度螺栓。

钢支撑的优点是安装和拆除速度较快，能尽快发挥支撑的作用，减小时间效应，能使围护墙因时间效应增加的变形减小；可以重复利用，便于专业化施工；可以施加预紧力，还可根据围护墙变形发展情况，多次调整预紧力值以限制围护墙变形发展。其缺点是整体刚度相对较弱，支撑的间距相对较小；由于在两个方向施加预紧力，使纵、横向支撑的连接处处于铰接状态。不过作为一种工具式支撑要考虑能适应多种情况。在纵、横向支撑的交叉部位，可用上下叠交固定；也可用专门加工的“十”字形定型接头，以便连接纵、横向支撑构件。前者纵、横向支撑不在一个平面上，整体刚度差；后者则在一个平面上，刚度大，受力性能好。

钢筋混凝土水平支撑一般作为大型基坑的第一道支撑。钢筋混凝土支撑是随着基坑挖土的加深，达到设计规定的位置时，现场绑扎钢筋，支模浇筑混凝土。其优点是形状多样性，由于是现浇而成，可浇筑成直线、曲线构件；可根据基坑平面形状，浇筑成最优化的布置形式；整体刚度大、安全可靠，可使围护墙的变形小，有利于保护周围环境；可方便地变化构件的截面和配筋，以适应其内力的变化。其缺点是支撑成形和发挥作用时间长，现场浇筑需时较长，再加上养护达到规定的强度，时间更长，且一般不施加预应力，为此基坑变形时空效应大，可能使围护结构产生的变形增大；属一次性的支撑结构，一般不能重复利用（做成装配式的例外）；拆除相对困难，如利用控制爆破拆除，有时周围环境不允许；如用人工拆除，时间较长、劳动强度大。

从目前我国工程应用的情况来看，在软土地区施工，有时在同一个基坑工程中，钢支撑和钢筋混凝土支撑同时应用。如为了较好地保护环境、控制地面变形，上层支撑用钢筋混凝土支撑，增加支护结构整体性和稳定性；基坑下部为了加快支撑的装拆，加快施工速度，下层支撑采用钢支撑。

支护结构的支撑在平面上的布置形式有角撑、对撑、桁架式、框架式、环形等有时在同一基坑中混合使用，如对撑加角撑、环梁加边桁（框）架、环梁加角撑等多种形式，主要是因地制宜，根据基坑平面形状和尺寸设置最适合的支撑形式。控制水平横撑变形的措施有以下几点：

a. 在横撑节点处加八字形斜撑

横撑节点处在受力上来看，属于薄弱环节，横撑在制作安装时存在一定误差，在横撑节点处加斜撑形成八字撑形式能有效增加横撑节点处的刚度，可以提高横撑承载能力和稳定性及各项力学性能。

b. 横撑两端头栓钢丝绳固定

在采用钢支撑形式时，为了防止钢支撑因轴力变化而产生不稳定的现象，可用钢丝绳拴住钢支撑，钢丝绳固定在基坑边上，防止其掉落或倾覆。

c. 在横撑节点处加钢托盘

为了保证支撑尤其是钢支撑的稳定性，在横撑节点与围檩的连接处，采用架设托盘钢板等措施，限制钢支撑横向位移，并防止掉落。

d. 增加纵向连系梁

为了提高内支撑的纵向稳定性，可在水平支撑下安装纵向连系梁和水平支撑及立柱，连成空间桁架结构，以提高整个内支撑系统的稳定性。

#### 5.1.1.2　降水排水施工

**1. 地下水处理的原则**

根据国内外施工经验及有关规范规定，明挖法地下水处理的原则应为“堵降结合，以降为主，以堵为辅，因地制宜，综合治理”。

**2. 降水方法的适用条件**

开挖基底低于地下水位的基坑、沟槽时，如环境条件允许，应根据基坑地质条件及工程特点，采取措施降低地下水位，一般要降至低于开挖底面下50~100cm，然后才能开挖。降水的方法主要有电渗井点降水、喷射井点降水、轻型井点降水、管井降水。电渗井点降水一般用于淤泥或淤泥质黏土等渗透系数非常小的地层；喷射井点降水深度大，但需要双层井点管，安装工艺比较复杂，造价较高；轻型井点设备简单，安装快捷，是降水中常用的方法，但降水速度慢，影响半径小；管井降水深度大，降水速度快，影响半径大，但费用较高，常和其他方法联合使用。

管井降水井一般布置在基坑开挖范围外或基坑内部，管井一般分为疏干井和降压井，用于降低潜水位的降水井一般称为疏干井，用于降低承压含水层水头的降水井一般称为降压井，疏干井一般较浅，降压井一般较深。井点降水的井点管可布置在基坑开挖范围外、基坑边坡平台上或基坑内部，并可做成辐射状，如基坑深度较大，可采用分层接力降水。

**3. 主要降水工法施工**

（1）轻型井点降水工艺要点

1）轻型井点宜采用水冲法成孔，成孔机具宜采用带有平板振动器的导杆式冲枪；

2）轻型井点成孔直径不宜小于200mm，成孔深度应大于井点管总长500mm。

3）滤料应根据井点滤网孔径与降水施工区域土层颗粒级配进行选择；选用砂滤料时，其含泥量不得大于3%；滤料应填至距井孔上口1m处，滤料顶面距孔口部位用黏土密封。

4）轻型井点与集水总管连接接口的规格应一致，宜选用透明的、能够承受0.1MPa负压的软管，连接后接口应密封；抽水机组应设置在集水总管的中间部位，其吸水口应接近集水总管与井点的排水口；降水井点、集水总管、抽水机组安装前应将内部清理干净；运行期间轻型井点抽水机组真空度不小于60kPa；每套轻型井点抽水机组所连接的井点数量，不宜超过30个或50个。

5）每套井点沉设后应及时运行，将井点内的泥水排除，降水井点运行期间应安排维护人员进行巡检，保证井点的正常运行；降水设备运行期间应定期进行保养，不得随意停抽，冬季降水期间，应采取防冻措施。

6）降水井点管的有效长度不宜大于6.0m，井点过滤管的长度不宜小于1.0m。宜采用UPVC给水管，管材的压力等级不应小于1.0 MPa；降水井点滤管开孔率不低于15%，外包60～80目尼龙细纱1～2层；集水总管宜采用UPVC给水管，其直径应大于井点管直径的1.5倍，管材的压力等级不应小于1.0MPa；井点抽水机组在使用前应进行全面检修，空载试验真空度应大于90kPa。

（2）管井降水工艺要点

1）钻孔过程中为防止孔壁坍塌，应采用泥浆护壁，终孔后应彻底清孔，直到返回泥浆内不含泥块，泥浆的相对密度控制在1.05左右，返出的泥浆含砂量小于8%后可终孔提钻，成孔孔径不宜小于650mm，管直径一般不小于350mm，钻孔垂直度最大允许偏差为±1%。

2）管井井管一般采用无砂混凝土滤水管，井管长度根据管井深度确定，井管口应高出地面30～50cm。井管应平稳入孔，每节井管的两端口要找平，确保焊接垂直，完整无隙，保证焊接强度，避免脱落。

3）填砾粒径必须按抽水含水层的颗粒分析资料确定。填砾进入现场后，应经筛分试验确定是否合格。降水井的填砾施工均应按设计要求进行。

4）对于疏干井，井管底部为沉淀管，长度1.0m左右，管周围可填充砾石滤料，沉淀管上方的滤水管周围一般填充粗砂滤料，其$d_{50}$一般为1mm左右。对于降压井，为了防止上部土层中的潜水沿砾料进入抽水井，宜在降压井滤水管段上部填一定厚度的黏土止水。

5）泵体安装完毕应进行试抽水，测定抽水井和观测井的水位变化，水位恢复后再进行试验性抽水。

6）基坑降水时，对于疏干井应给予充分的预抽水时间，一般不少于20d，尽量多抽水，将水位控制在基坑开挖面以下0.5～1.0m；对于减压井，为减少降水对周围环境的影响，应按需降水，水位控制应通过对基底的抗隆起、抗管涌稳定性分析确定。

7）降水运行期间，观测井应每天至少监测一次；降压井在条件许可的情况下，可采用自动监测，便于及时了解坑外的水位变化情况。

8）地下水位观测井的位置和间距应按设计要求布置，可用井点管作为观测井；在开始抽水时，应每隔2h观测一次，以了解地下水位下降规律；当地下水位降到预期高程前，可每天观测2次；当地下水位降到预期高程后，可3～7d观测一次，直至降水结束；当遇到下雨或有异常情况时，应加密观测。

9）应对抽水量进行监测，若发现流量过小且水位降低缓慢甚至降不下去时，可考虑改用流量较大的水泵，若是流量较大而水位降低较快则可改用小流量泵，以免出现水泵无水发热。流量观测次数应与地下水位观测同步。

10）应对降水影响范围以内的地下水位、降水漏斗半径、空隙水压力、地面沉降、地层分层沉降、建筑物和地下管线进行沉降监测，严格控制总沉降和差异沉降。沉降观测的基准点应设置在降水漏斗影响范围之外。正常情况下，应每天监测一次；异常情况下应加密观测，每天不应少于2次。通过监测，及时掌握降水对基坑稳定性和周围环境的影响，以便采取施工对策。

（3）真空井点降水工艺要点

1）宜根据现场条件及地质情况选用合适钻机成孔，并进行井点埋设。

2）井点间距宜为0.8～1.5m。

3）滤管顶端应埋设在开挖基底面以下1.0～1.2m，或根据计算确定，每组井点管埋设深度必须保持一致。

4）井点管的方向可竖直或根据具体情况倾斜50°～55°。

5）钻孔深度必须比滤管底端深0.5m，孔壁与井管之间应及时用粗砂填实，粗砂50%的粒径$D_{50}$一般为地层50%的粒径$d_{50}$的6～7倍，孔口下至少0.5m的深度内应用黏土填塞密实，以防漏气。

6）井点埋设后，应进行试验，埋管合格后再装上弯联管，并与总管连接。

7）总管与泵的位置应按设计安装，各部连接应严密，防止漏气。井点系统安装完毕后，应进行试验性运转，检查系统的真空度。正式运转后，应根据泥沙含量及降水速度判断排水管开启的大小及泵的流量，并及时进行调整。

8）抽水过程中，应经常检查管路有无漏气及堵塞，如发生堵塞，应进行疏通或重新埋设井点管。

9）洞内轻型井点降水后水位线应低于底板开挖线0.5m以下。

**4. 集水明排施工要点**

（1）管廊基坑外侧应设置排水沟、集水井等地表排水系统，排水系统的规模应满足基坑降水与最大降雨量的综合要求。

（2）地表排水沟、集水井应布置在大开挖基坑外侧的一定距离，也可布置在有截水帷幕基坑的帷幕外侧，距基坑的距离不宜小于0.5m。

（3）基坑外侧的排水沟、集水井应有可靠的防渗措施，排水系统应保持畅通，使用过程中应对排水系统进行日常检查与维护，保证其正常运行。

（4）土方开挖至基坑底部后，宜在坑内设置排水沟、盲沟、集水井，集水井内抽水设备应满足基坑排水要求。

（5）对深度较大的基坑可采用分级接力排水，分级接力排水设施应进行容量与排量设计计算。

（6）对坑底汇水、基坑周边地表汇水及降水井抽出的地下水，可采用明沟排水，对坑底渗出的地下水可采用盲沟排水。

（7）沿排水沟宜每隔 30～50m 设置一口集水井，基坑排水设施与市政管网连接口之间应设置沉淀池，明沟、集水井、沉淀池使用时应排水通畅并应随时清理淤积物。

（8）配合基坑的开挖，及时降低排水沟深度，其深度不宜小于 0.3m，排水沟纵坡宜不小于 2‰；基坑挖至设计高程，渗水量较少时，宜采用盲沟排水；基坑挖至设计高程，渗水量较大时，宜在排水沟内埋设直径 150～200mm，设有滤水水管的排水管，且排水管两侧和上部应回填卵石和碎石。

**5.1.1.3　土方开挖与回填**

**1. 放坡开挖施工**

（1）概述

放坡开挖施工是指在地面上以一定角度（一般情况下小于 90°）向地面以下开挖，挖至设计高程后，从基底开始，由下向上顺序施做主体结构，待主体结构施工完毕后回填土方，恢复路面和管线。

放坡开挖一般适用于场地条件比较开阔的基坑或沟槽，且基坑底位于地下水位以上 50cm，或经过降水以后边坡和基底具有良好自稳能力的地层。

施工的总原则：垂直分层，纵向分段，横向分区和分块，边挖边支，对称均衡开挖，快速封闭底板，做好主体结构。

（2）工艺流程

放坡开挖的主要施工步骤：施工准备→测量放线→围挡和排水→降水施工→土方开挖和支护→主体结构施工→回填土方→恢复路面。放坡开挖示意如图 5-17 所示。

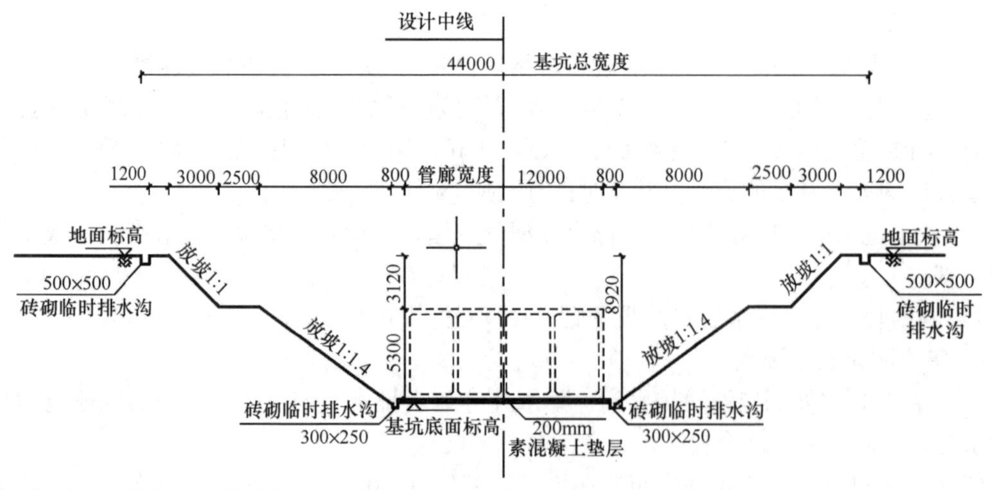


图 5-17　放坡开挖示意图

（3）工艺要点

1）围挡、排水及防护栏杆

为了保证施工安全，基坑周围应进行围挡，并设置标志牌。基坑围挡一般离基坑边线不小于1.5m。为了减少地表水渗入边坡土体，应在边坡滑动面外设置地表截水沟。截水沟断面尺寸宜为30cm×30cm，转角处集水井断面宜为100cm×100cm。边坡坡面土体应设置泄水管，表面应设置排水系统，边坡平台、坡脚应设置排水沟和集水井，排除渗入土体中的雨水和坡面水，排水沟边缘离坡脚不小于0.3m，坡度宜为0.1%～0.5%，并应比地面低30～50cm，集水井比排水沟低50～100cm，井壁应进行加固，集水井内水应及时排出。基坑边应设置防护栏杆并加挂安全网，栏杆高度应不小于1.5m，上杆距地高度宜为1.0～1.2m，下杆距地高度宜为0.5～0.6m，横杆长度大于2.0m，必须架立立柱，立柱打入地面以下不应小于70cm，距离基坑边沿不应小于50cm，防护栏杆整体结构应使防护栏杆上杆在任何处能够承受任何方向1000N的外力，当栏杆所处位置有发生人群拥挤、车辆冲击或物体碰撞的可能时，应加大横杆截面面积或加密立柱。

2）开挖和支护

① 合理确定台阶高度和宽度

对于开挖深度较大的基坑，宜分台阶进行开挖和支护，确定每级台阶高度要考虑地质、环境条件和设计要求，每级边坡的高度一般不超过12m；平台宽度不但影响开挖的方量、施工条件，也影响边坡的稳定，一般情况下，土质边坡不宜小于1.5m，岩石边坡一般不宜小于1.0m。

② 土方开挖方法

土方开挖必须自上而下分层分段进行，边开挖，边支护，尽量缩短开挖和支护之间以及和结构底板施作之间的时间间隔，减小空间效应，严禁超挖。放坡开挖的边坡如果地层稳定性很好，不进行支护；如无自稳能力或自稳能力差，常用土钉墙、喷锚支护、预应力锚杆（索）等支护方式。考虑边坡的稳定和支护时机，一般情况下，一次垂直开挖高度要求：对于土质边坡不宜超过1.5m，对于岩石边坡不宜大于2.5m。

如基坑的长度、宽度及深度都比较大，可采用分段纵挖法，即分段、分层、分块对称、均衡开挖，每层可沿基坑两侧或一侧纵向先挖出一条或两条通道，然后开挖通道旁土体。如果基坑很长，可采用多个工作面，把基坑分成几段，各段再采用纵向开挖，以加快施工速度和方便出渣、排水，这种开挖方法，相互干扰比较小，施工效率高。分层分段开挖时，基底以上每段的长度不宜大于20m；基底开挖时，为了快速封底，每段的长度不宜大于15m。对于深大基坑也可采用中心岛法或盆边预留核心土法进行开挖。

a. 中心岛法挖土

中心岛式法挖土，宜用于面积较大的基坑，内支撑形式一般为角撑、环梁式或边桁（框）架式。此时可利用中间的土墩作为支点搭设栈桥。挖土机可利用栈桥下到基坑内挖土，运土的汽车也可利用栈桥进入基坑内运土，这样可以加快挖土和运土的速度。

中心岛式法挖土时，中间土墩的留土高度、边坡的坡度、挖土层次与高差都要经过稳定性验算确定。若遇大雨，中间土墩边坡易滑坡，必要时应对坡体进行临时加固，如图5-18所示。

b. 盆式挖土法

盆式挖土法是先开挖基坑中间部分的土，周围四边留土坡，土坡最后挖除。这种挖土方式的优点是周边的土坡对围护墙有支撑作用，有利于减少围护墙的变形。其缺点是大量的土方不能直接外运，需集中提升后装车外运。

盆式挖土周边留置的土坡，其宽度、高度和坡度大小均应通过稳定性验算确定。如坡度

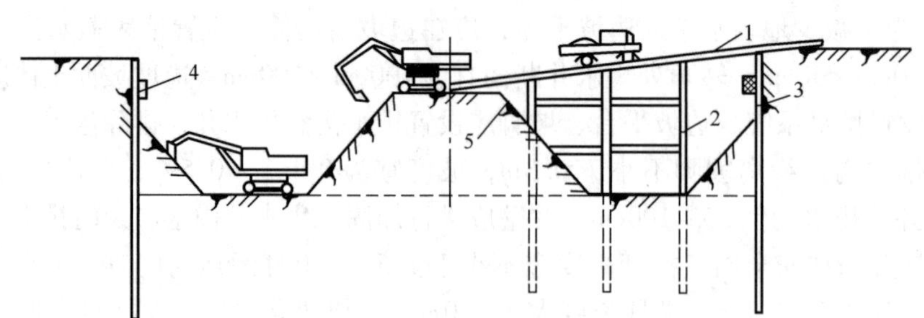


图 5-18　中心岛法开挖示意图

1—栈桥；2—支架；3—围护墙；4—腰梁；5—土墩

过小，对围护墙支撑作用不明显，失去盆式挖土的意义；如坡度太陡，边坡不稳定，在挖土过程中可能失稳滑动，不但失去对围护墙的支撑作用，影响施工，而且影响围护墙的稳定。盆式挖土需设法提高土方上运的速度，以加快基坑开挖，如图 5-19 所示。

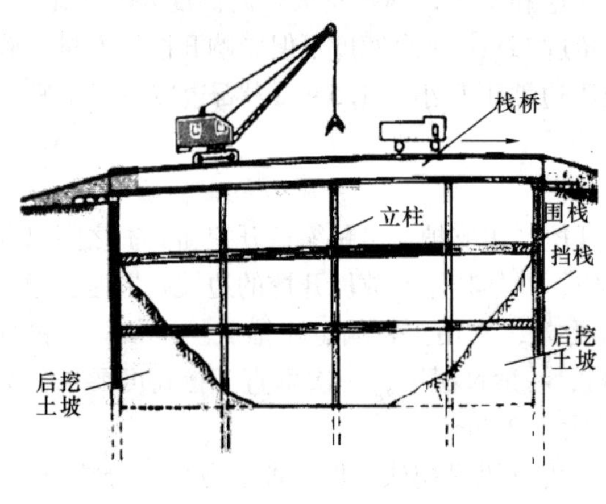


图 5-19　盆式开挖示意图

基坑开挖距离底板 30～50cm 时，应核对设计高程、中线及开挖断面，当确认无误，向下继续开挖时，对于土质地层，一般不宜挖至设计高程，应留 30～50mm 厚的土进行人工开挖，并整平和夯实。

③ 支护

对于地层条件较好，边坡较缓，边坡稳定性较好，放坡开挖可采用无支护开挖；如地层较差，边坡无自稳能力，可采用土钉支护、喷锚支护、挡土墙支护等多种形式。如采用土钉支护或喷锚支护，应边开挖、边支护，确保边坡稳定。

④ 相邻作业安全距离

人工挖土方时，操作人员之间要保持一定的安全距离，一般应大于 2～3m；多台机械开挖，挖土机械间距应大于 10m，在上层边坡土钉墙及喷锚网支护施工完毕一天后，下层土才可继续开挖。

⑤ 基坑边堆载

在坑边堆放弃土、材料和移动机械时，应与坑边保持一定的距离。当土质良好时，距坑边距离应大 1.0m，堆方高度不能超过 1.5m，堆放模板高度不应超过 1.0m，基坑边外部荷载一般不得大于 5kPa，当土质不好时，应根据计算确定。

⑥ 底板快速封闭

基坑开挖施工至底板设计高程时，必须快速封闭，在 24h 内必须完成混凝土底板施工，在前一区块完成底板混凝土施工，并具有一定强度后，才能进行下一相邻区块的土方开挖。

⑦ 监测及异常情况处理

边坡施工中应做好监测工作，如发现边坡、支护结构、建筑物和管线变形超标，必须立即停止开挖进行处理，待稳定后继续开挖。如施工过程中发现边坡或基底涌水量增大，应立即停止施工，进行降水堵水、隔断或排水处理。

⑧ 雨期和冬期施工

一般情况下，土方开挖最好避开雨期、大雨（日降水量在25mm以上）天气，以上恶劣天气严禁开挖土方，如需要在雨期开挖基坑（槽）或管沟时，应注意降雨量对边坡稳定的影响，必要时可适当放缓边坡或设置支撑。同时，应在坑（槽）外围增设土提或水沟，防止地面水流入。施工时，应加强对边坡、支撑、土堤等的观察和监测。

一般情况下，土方开挖不宜在冰冻天气施工。如必须在冰冻天气施工时，应制订专项方案，采取措施，防止土体冻结。可在冻结前用保温材料覆盖或将表层土翻耕耙松，其翻耕深度应根据当地气候条件确定，一般不小于0.3m。必须防止基础下的土层遭受冻结。如基坑（槽）开挖完毕后，有较长的停歇时间，应在基底高程以上预留适当厚度的松土，或用其他保温材料覆盖，地基土不得受冻。如遇开挖土方引起邻近建筑物（构筑物）的地基和基础暴露时，应采取防冻措施，以防产生冻结破坏。

**2. 垂直开挖法施工**

（1）概述

垂直明挖施工是地下工程常用的一种施工方法，它是指在围护结构和支撑体系的保护下，自地面向下垂直开挖，挖至设计高程后，在基坑底部由下向上施作主体结构，待主体结构施工完毕后回填土方，恢复路面和管线。

垂直明挖法施工一般适用于建筑物比较密集，场地条件比较狭窄的基坑或沟槽，如基坑深度较大，地下水位高，地层基本无自稳能力，环境保护要求较高，采用放坡开挖难以保证基坑的安全和稳定，可施工围护桩、墙，采用垂直明挖法施工，如图5-20所示。

图5-20　垂直明挖图

开挖原则：垂直分层，纵向分段，横向分块，快挖快支，对称均衡开挖，严禁超挖，快速封闭底板，合理拆撑和换撑，做好主体结构。

（2）工艺流程

垂直明挖的主要施工步骤：施工准备→测量放线→围挡和排水→围护结构施工→降水施工→土方开挖和设置内支撑体系→主体结构施工→回填土方→恢复路面。

（3）工艺要点

垂直明挖在施工准备、测量放线、围挡和排水、降水施工、土方开挖、回填土方等方面和放坡明挖施工类似。但在围护结构和支撑体系施工方面，垂直明挖和放坡明挖明显不同，同时在主体结构施工方面也有一定的差别。

在垂直明挖施工方面，应注意以下几个方面：

1）应根据地质条件、基坑规模、环境条件及设计要求，选择合理的围护结构形式及施工方法，达到合理、安全、经济、环保的目的。

2）如围护结构和主体结构组成复合承载结构，围护结构宜选择地下连续墙。

3）围护结构一般在降水之前施工，如果围护结构施工后，止水效果比较好，可不进行基坑外的降水施工，如开挖过程中围护结构出现变形超限、渗漏水、开裂、涌水流沙，应停止施工进行处理，防止围护结构破坏失稳。

4）在基坑施工过程中，如果地面沉降过大、开裂或建筑物及管线变形超标，危及施工和环境安全则要立即停止施工，采取措施，必要时向基坑内倒土或灌水，进行反压。

5）为保证基坑的安全，基坑的第一层横撑宜为钢筋混凝土支撑，其他横撑可选择钢管支撑或型钢组合支撑。第一层钢筋混凝土支撑一般应高于结构顶板0.5～1.0m，基坑最下面一层的钢管支撑一般应高于基底1.0～1.5m。

6）如没有出土斜坡道，基坑土方应采用后退式分台阶反铲接力进行开挖，每个开挖面应分台阶放坡开挖，纵、横向宜按1∶1.5～1∶1的坡度进行控制，每层台阶宽度4～5m。竖向分层高度应根据基坑横断面上水平支撑的道数确定，一般控制在该层底面支撑下50cm左右，以便进行腰梁施工和支撑架设。

7）基坑底面开挖应控制其开挖长度和宽度。一般情况下，宽度不超过20m，长度不超过15m。如果基坑宽度太大，基底地质条件又很差，为确保基底稳定，可在基坑中间施作临时混凝土或型钢纵梁，以便底板混凝土能够临时封闭。

8）主体结构施工前，围护结构桩或墙上凹凸不平的部位应用水泥砂浆抹平，必要时，可在桩之间加砖块抹平，围护结构欠挖的部位一定要进行处理

9）主体结构混凝土应分段施工，分段拆除水平横撑，并且在同一横断面上，如果结构顶板或中板在水平横撑的下方，当结构顶板或中板混凝土达到设计强度后，可拆除上面一道支撑。如主体结构为上端不封口的U形结构，应在主体结构边墙混凝土强度达到设计强度后，在主体结构上架设临时横撑并施加预应力后，才能拆除上面的一道支撑。

10）如围护结构旁边需要堆载，应按有关规范、标准、规定办理。如围护结构上需要安装龙门吊等提升设备，则必须进行设计计算和验算，承载能力和安全系数应符合有关要求。如由于种种原因，主体结构施工在未形成封闭结构之前发生了停工，则基坑横撑不能拆除，如有必要还要增加横撑，以确保基坑稳定，同时应做好基坑的防淹处理。

**3. 基坑回填**

基坑回填工艺：施工准备→检验土质→分层摊铺→分层夯击和碾压→检验密实度→修整找平→验收。

回填土应分层摊铺，每层摊铺土厚度应根据土质、密实度要求和机具性能确定，一般情况下不应超过30cm。摊铺应从低处向高处进行，从侧面向中间进行。对于外形比较复杂的结构，应均匀、对称进行，防止偏压和应力集中，引起主体结构破坏。结构的侧、顶板必须用黏土回填，一般情况下厚度不小于1.0m，如主体结构顶板回填后需要承受上部荷载作用，回填厚度应根据设计确定。在主体结构顶板没有回填覆盖之前，不允许车辆通过和直接承受荷载。

#### 5.1.1.4 监控量测与安全预警

**1. 监测目的**

1）监控施工过程中周围地层的变位情况，掌握施工中地层的变位和破坏规律，选择合理的施工方法和工艺，采取有效的措施进行控制，确保施工质量和安全。

2）掌握支护体系的受力和变形规律，并对其合理性、安全性、稳定性和经济性进行评价，以便优化设计方案和参数。

3）根据地质条件和施工方法，对基坑附近的建（构）筑物、地下管线及其他重要设施的影响做出定量评价，并根据其受力和变形特点，提出加固和保护方案，确保环境的安全。

4）通过现场监测成果反馈和信息化施工，及时调整施工组织，优化资源配置，选择较佳的施工时机，达到安全、优质、高效施工的目的，并为今后类似工程提供借鉴。

5）通过监测信息反馈，进行安全和经济评价。在确保质量和安全的前提下，降低工程成本和造价，使工程投资得到有效的控制。

**2. 监测范围和控制点**

根据基坑的重要程度、地质条件和环境条件，确定基坑监测范围。一般情况下，一级基坑监测范围为基坑边线外3~5倍的开挖深度，二级基坑监测范围为基坑边线外2~3倍的开挖深度，三级基坑监测范围为基坑边线外1~2倍的开挖深度，遇到特殊情况，应进行调整。根据基坑可能的影响范围，确定监测控制点的布置。控制点一般包括水准基准点和工作基准点。水准基准点一般应布置在距离基坑开挖边线外一定距离，该距离一般应大于3~5倍基坑开挖深度，为方便校核，水准基准点个数不应少于3个；水准基准点和测点之间可设置工作基准点，组成监测控制网。

**3. 监测项目**

根据基坑的重要性、地质条件、基坑形状和规模以及周边环境条件，确定基坑重要程度，而后根据基坑的重要程度确定监测项目、测点布置。明挖法施工监测项目和测点布置见表5-2、表5-3。

**表5-2　明挖法施工围护结构、支撑体系、主体结构监测项目**

| 序号 | 测试对象 | 测试内容 | 测试方法及精度 | 测点布置 |
|---|---|---|---|---|
| 一 | 围护结构 | | | |
| 1 | 地下连续墙/SMW工法桩/重力挡墙 | 墙（桩）顶沉降 | 精密水准仪、铟钢尺、全站仪，监测精度为0.5mm | 布置于围护墙（桩）顶，纵向间距为15~20m，监测的桩数一般不少于总柱数的10%~20% |
| 2 | | 墙（桩）体倾斜 | 测斜管、测斜仪，精度为0.1mm | 基坑周边墙（桩）体内布设观测孔，纵向间距为15~20m，监测的桩数一般不少于总桩数的10%~20% |
| 3 | | 墙（桩）体内力 | 钢筋计、应变计、频率接收仪，精度为5/1000（F·S） | 布置于墙（柱）体内竖向主筋上，竖向间距为5~10m |
| 4 | | 墙（桩）侧土压力 | 土压计、频率接收仪，精度为5/1000（F·S） | 沿墙（桩）体外侧布设于土体内，竖向间距为5~10m |
| 5 | | 桩侧水压力 | 渗压计、频率计，精度为5/1000（F·S） | 沿墙（柱）体外侧布设于土体内，竖向间距为5~10m |
| 二 | 支撑体系 | | | |
| 1 | 支撑 | 支撑轴力 | 钢筋计、应变计（混凝土支撑）轴力计、频率接收仪，精度为5/1000（F·S） | 布设在支撑一端或中间，纵向间距为10~20m，监测的支撑数一般不少于总数的20% |
| 2 | 中间柱 | 中间柱轴力 | 钢筋计、频率接收仪，精度为5/1000（F·S） | 选取典型柱和断面布设，一般不少于总数的10% |
| 3 | | 中柱隆起、下沉 | 精密水准仪、铟钢尺，精度为0.5mm | |

续表

| 序号 | 测试对象 | 测试内容 | 测试方法及精度 | 测点布置 |
|---|---|---|---|---|
| 二 | 支撑体系 | | | |
| 4 | 锚索（杆） | 内力 | 钢筋计、测力计、频率接收仪，精度为5/1000（F·S） | 一般情况下，对永久性铺索（杆），应不少于总数的5%～10%；对临时性锚索（杆），应不少于总数的3%，且不少于3根 |
| | | 位移 | 全站仪，精度为0.5mm | 一般情况下，应不少于总数的5%，应布置在监测主断面对应位置 |
| 三 | 主体结构 | | | |
| 1 | 主体结构 | 层板沉降 | 精密水准仪、铟钢尺，精度为0.5mm | 布置在层板上，横断面间距一般为30～50m，每个断面测点间距为5～10m |
| 2 | | 层板内力 | 钢筋计、频率接收仪，精度为1/100（F·S） | 布置在层板上下面主筋上，横断面间距一般为30～50m |
| 3 | | 结构侧墙立柱水平收敛 | 收敛计，精度为0.1mm | 布设于柱与柱，柱与侧墙之间，监测断面间距为30～50m |

**表5-3　明挖法施工地层、周边环境及地下水位监测项目**

| 序号 | 测试对象 | 测试内容 | 测试方法及精度 | 测点布置 |
|---|---|---|---|---|
| 一 | 地层 | | | |
| 1 | 地层 | 地表沉降 | 精密水准仪、铟钢尺，精度为0.5mm | 沿基坑周边布设，一般应在垂直于基坑长边方向布设监测主断面，测线应从基坑边线向外延伸至3～5倍的基坑深度，相邻点间距为2～5m |
| 2 | | 地层垂直位移 | 分层沉降管、沉降仪，精度为1.0mm | 一般布设于基坑外，距围护结构外3～5m处 |
| 3 | | 地层水平位移 | 测斜管、测斜仪，精度为0.1mm | |
| 4 | | 坑底回弹 | 分层沉降管、沉降仪，精度为1.0mm | 一般应布置在基坑中间，间距为10～15m |
| 二 | 周边环境 | | | |
| 1 | 地下管线 | 地下管线沉降 | 精密水准仪、钢尺全站仪，精度为0.5mm | 根据管线状况并与管线管理单位协调后布置，间距一般为2～5m |
| 2 | 相邻建筑物 | 垂直沉降 | 精密水准仪、铟钢尺，精度为0.5mm | 沉降测点设在建筑物的四角（拐角）上，高低悬殊或新旧建筑物连接处，变形缝两侧，埋深不同的基础两侧或桩、柱上；每栋建筑物不少于4个沉降测点和四组（每组2个倾斜测点，对于规模较大的建筑物，应根据实际情况布置测点。爆破动测点根据需要布设 |
| 3 | | 倾斜 | 全站仪、经纬仪，精度为2.0″ | |
| 4 | | 爆破震动 | 爆破震动测试仪，AD精度：12bit分辨率，量化精度为1/4096 | |
| 5 | | 裂缝观察 | 目测、测缝仪精度为0.1mm | |
| 6 | 既有线 | 沉降和倾斜 | 静力式水准系统，精度为0.5/100（F·S） | 布置在既有线道床或隧道主体结构上，间距一般为10～20m |

续表

| 序号 | 测试对象 | 测试内容 | 测试方法及精度 | 测点布置 |
|---|---|---|---|---|
| 三 | 地下水 | | | |
| 1 | 基坑外地下水 | 潜水 | 水位计，精度为 1.0mm | 沿基坑四周布设，间距一般为 30～50m，一般不应少于 4 个测点。承压水位观测孔要设置在需测承压水层中 |
| 2 | | 承压水 | | |

**4. 监测频率**

监测频率应根据基坑的规模、重要程度、环境条件、施工阶段等因素确定，并根据监测结果进行调整，当出现异常情况时，应适当加密监测频率。根据《建筑基坑工程监测技术规范》（GB 50497—2009）的有关规定进行监测，明挖法施工的监测频率见表 5-4。

**表 5-4　明挖法施工的监测频率**

| 基坑类别 | 施工进度 | | 基坑设计开挖深度及监测频率 | | | |
|---|---|---|---|---|---|---|
| | | | ≤5m | 5～10m | 10～15m | >15m |
| 一级 | 开挖深度（m） | ≤5 | 1 次/d | 1 次/2d | 1 次/2d | 1 次/2d |
| | | 5～10 | | 1 次/d | 1 次/d | 1 次/d |
| | | >10 | | | 2 次/d | 2 次/d |
| | 底板浇注后时间（d） | ≤7 | 1 次/d | 1 次/d | 2 次/d | 2 次/d |
| | | 7～14 | 1 次/3d | 1 次/2d | 1 次/d | 1 次/d |
| | | 14～28 | 1 次/5d | 1 次/3d | 1 次/2d | 1 次/d |
| | | >28 | 1 次/7d | 1 次/5d | 1 次/3d | 1 次/3d |
| 二级 | 开挖深度（m） | ≤5 | 1 次/2d | 1 次/2d | | |
| | | 5～10 | | 1 次/d | | |
| | 底板浇筑后时间（d） | ≤7 | 1 次/2d | 1 次 2/d | | |
| | | 7～14 | 1 次/3d | 1 次/3d | | |
| | | 14～28 | 1 次/7d | 1 次/5d | | |
| | | >28 | 1 次/10d | 1 次/10d | | |

注：1. 当基坑等级为三级时，监测频率可视具体情况适当降低。
2. 基坑工程开挖前的监测频率视具体情况确定。
3. 宜测、可测项目的监测频率可视具体情况适当降低。
4. 有支撑的支护结构各道支撑开始拆除到拆除完成后的监测频率应为 1 次/d。

**5. 监测控制标准**

对于不同的地区、不同类型的工程及工程的不同部位，其地质条件、设计方案、施工方法、环境条件等可能不同，因此很难建立统一的监测控制标准，一般应根据各个工程的具体情况，单独制定控制标准，这里介绍一些规范所规定的控制标准，可供监测时参考。

（1）《建筑基坑工程监测技术规范》（GB 50497—2009）的有关规定

根据《建筑基坑工程监测技术规范》（GB 50497—2009）的有关规定，一、二、三级基坑，地表、桩、柱位移，坑底回弹及支护结构内力等控制值见表 5-5，环境控制值见表 5-6。

**表 5-5 基坑及支护结构监测报值**

| 序号 | 监测项目 | 支护结构类型 | 基坑类别 一级 累计值 绝对值（m） | 一级 累计值 相对基坑深度 h 控制值（%） | 一级 变化速率（mm/d） | 二级 累计值 绝对值（m） | 二级 累计值 相对基坑深度 h 控制值（%） | 二级 变化速率（mm/d） | 三级 累计值 绝对值（m） | 三级 累计值 相对基坑深度 h 控制值（%） | 三级 变化速率（mm/d） |
|---|---|---|---|---|---|---|---|---|---|---|---|
| 1 | 墙（坡）顶水平位移 | 放坡、土钉墙、喷支护、水泥土墙 | 30 ~ 35 | 0.3 ~ 0.4 | 5 ~ 10 | 50 ~ 60 | 0.6 ~ 0.8 | 10 ~ 15 | 70 ~ 80 | 0.8 ~ 1.0 | 15 ~ 20 |
| | | 钢板桩、灌注桩、型钢水泥土墙、地下连续墙 | 25 ~ 30 | 0.2 ~ 0.3 | 2 ~ 3 | 40 ~ 50 | 0.5 ~ 0.7 | 4 ~ 6 | 60 ~ 70 | 0.6 ~ 0.8 | 8 ~ 10 |
| 2 | 围护墙深层水平位移 | 水泥土墙 | 30 ~ 35 | 0.3 ~ 0.4 | 5 ~ 10 | 50 ~ 60 | 0.6 ~ 0.8 | 10 ~ 15 | 70 ~ 80 | 0.8 ~ 1.0 | 15 ~ 20 |
| | | 钢板桩 | 50 ~ 60 | 0.6 ~ 0.7 | 2 ~ 3 | 80 ~ 85 | 0.7 ~ 0.8 | 4 ~ 6 | 90 ~ 100 | 0.9 ~ 1.0 | 8 ~ 10 |
| | | 灌注桩、型钢水泥土墙 | 45 ~ 55 | 0.5 ~ 0.6 | | 75 ~ 80 | 0.7 ~ 0.8 | | 90 ~ 100 | 0.9 ~ 1.0 | |
| | | 地下连续墙 | 40 ~ 50 | 0.4 ~ 0.5 | | 70 ~ 75 | 0.7 ~ 0.8 | | 80 ~ 90 | 0.9 ~ 1.0 | |
| 3 | 立柱竖向位移 | | 25 ~ 35 | | 2 ~ 3 | 35 ~ 45 | | 4 ~ 6 | 55 ~ 65 | | 8 ~ 10 |
| 4 | 基坑周边地表竖向位移 | | 25 ~ 35 | | 2 ~ 3 | 50 ~ 60 | | 4 ~ 6 | 60 ~ 80 | | 8 ~ 10 |
| 5 | 坑底回弹 | | 25 ~ 35 | | 2 ~ 3 | 50 ~ 60 | | 4 ~ 6 | 60 ~ 80 | | 8 ~ 10 |
| 6 | 支撑内力 | | （60% ~ 70%）f | | | （70% ~ 80%）f | | | （80% ~ 90%）f | | |
| 7 | 墙体内力 | | | | | | | | | | |
| 8 | 锚杆拉力 | | | | | | | | | | |
| 9 | 土压力 | | | | | | | | | | |
| 10 | 孔隙水压力 | | | | | | | | | | |

注：1. $h$ 为基坑设计开挖深度，$f$ 为设计极限值

2. 累计值取绝对值和相对基坑深度 $h$ 控制值两者的较小值。

3. 当监测项目的变化速率连续 3d 超过报警值的 50%，应报警。

**表 5-6 建筑基坑工程周边环境监测报值**

| 监测对象 \ 项目 | | | | 累计值 绝对值（mm） | 累计值 倾斜 | 变化速率（mm/d） | 备注 |
|---|---|---|---|---|---|---|---|
| 1 | 地下水位变化 | | | 1000 | — | 500 | — |
| 2 | 管线位移 | 刚性管道 | 压力 | 10 ~ 30 | — | 1 ~ 3 | 直接观察点数据 |
| | | | 非压力 | 10 ~ 40 | — | 3 ~ 5 | |
| | | 柔性管道 | | 10 ~ 40 | — | 3 ~ 5 | |
| 3 | 邻近建（构）筑物 | 最大沉降 | | 10 ~ 40 | — | — | — |
| | | 差异沉降 | | — | 2/1000 | 0.1$H$/1000 | — |

注：1. $H$ 为建（构）筑物承重结构高度（m）。

2. 第 3 项累计值取最大沉降和差异沉降两者的较小值。

（2）《建筑地基基础设计规范》（GB 50007—2011）的有关规定

根据《建筑地基基础设计规范》（GB 50007—2011）的规定，建筑物的地基变形允许值见表 5-7。

**表 5-7　建筑物的地基变形允许值**

| 变形特征 | | 地基土类别 | |
|---|---|---|---|
| | | 中、低压缩性土 | 高压缩性土 |
| 砌体承重结构基础的局部倾斜 | | 0.002 | 0.003 |
| 工业与民用建筑相邻柱基的沉降差 | 框架结构 | 0.002$l$ | 0.003$l$ |
| | 砌体墙填充的边排柱 | 0.0007$l$ | 0.001$l$ |
| | 当基础不均匀沉降时不产生附加应力的结构 | 0.005$l$ | 0.005$l$ |
| 单层排架结构（柱距为 6m）柱基的沉降量（mm） | | （120） | 200 |
| 桥式吊车轨面的倾斜（按不调整轨道考虑） | 纵向 | 0.004 | |
| | 横向 | 0.003 | |
| 多层和高层建筑的整体倾斜 | $H_g \leq 24$ | 0.004 | |
| | $24 < H_g \leq 60$ | 0.003 | |
| | $60 < H_g \leq 100$ | 0.0025 | |
| | $H_g > 100$ | 0.002 | |
| 体型简单的高层建筑基础的平均沉降量（mm） | | 200 | |
| 高耸结构基础的倾斜 | $H_g \leq 20$ | 0.008 | |
| | $20 < H_g \leq 50$ | 0.006 | |
| | $50 < H_g \leq 100$ | 0.005 | |
| | $100 < H_g \leq 150$ | 0.004 | |
| | $150 < H_g \leq 200$ | 0.003 | |
| | $200 < H_g \leq 250$ | 0.002 | |
| 高耸结构基础的沉降量（mm） | $H_g \leq 100$ | 400 | |
| | $100 < H_g \leq 200$ | 300 | |
| | $200 < H_g \leq 250$ | 200 | |

注：1. 本表数值为建筑物地基实际最终变形允许值。

2. 有括号者仅适用于中压缩性土。

3. $l$ 为相邻柱基的中心距离（mm）；$H_g$ 为自室外地面起算的建筑物高度（m）。

4. 倾斜指基础倾斜方向两端点的沉降差与其距离的比值。

（3）《地铁工程监控量测技术规程》（DB11/490—2007）的有关规定

根据《地铁工程监控量测技术规程》（DB11/490—2007）的有关规定，地铁明（盖）挖法施工监控量测值控制标准见表5-8。

表5-8 地铁明（盖）挖法施工监控量测控制标准

| 序号 | 监测项目及范围 | 允许位移控制值 $U_0$（mm） | | | 位移平均速率控制值（mm/d） | 位移最大速率控制值（mm/d） |
|---|---|---|---|---|---|---|
| | | 一级基坑 | 二级基坑 | 三级基坑 | | |
| 1 | 桩顶沉降 | 10 | | | 1 | 1 |
| 2 | 地表沉降 | ≤0.1%*H*或≤30，两者取最小 | ≤0.3%*H*或≤40，两者取最小 | ≤0.5%*H*或≤50，两者取最小 | 2 | 2 |
| 3 | 桩体水平位移 | ≤0.25%*H*或≤30，两者取最小 | ≤0.5%*H*或≤50，两者取最小 | ≤0.5%*H*或≤50，两者取最小 | 2 | 3 |
| 4 | 竖井水平收敛 | 50 | | | 2 | 5 |
| 5 | 基坑底部土体隆起 | 20 | 25 | 30 | 2 | 3 |

注：*H*为基坑开挖深度（m）。

**6. 监测管理与预警**

为了有效地利用监测数据进行施工控制和管理，应针对不同地区和不同类型的工程及工程的不同部位，结合地质条件、工程特点、环境状况等建立不同的监测管理基准，进行控制和预警，通常情况下，分四级进行控制和预警：

（1）当监测值小于一级管理基准时，预警级别为蓝色，可以正常施工，可不采取任何加固或处理措施。

（2）当监测值大于一级管理基准，但小于二级管理基准时，预警级别为黄色。施工时应引起注意，局部可采取加固或处理措施。

（3）当监测值大于二级管理基准，但小于三级管理基准时，预警级别为橙色。此时应提高警惕，边施工，边采取加固或处理措施，提高围护结构和支撑体系的稳定性和安全性。

（4）当监测值大于三级管理基准时，预警级别为红色。对此应高度关注，并停止施工，采取措施，进行处理，必要时进行抢险。

对于沉降或变形监测，一级管理基准一般为设计或规范允许值的1/3；二级管理基准一般为设计或规范允许值的2/3；三级管理基准一般为设计或规范允许值；四级管理基准一般为超过设计或规范允许值，且围护结构、支撑体系或环境出现安全隐患。

## 5.1.2 结构工程

### 5.1.2.1 现浇法施工

1. 主体结构施工工艺流程如图5-21所示。

2. 主要施工工艺

（1）施工准备。主体结构施工前，应进行基底承载力试验，如不符合要求，应进行夯实、换填或注浆加固等；如地下水比较丰富，应进行降水，将地下水位降低到基底以下0.5～1.0m；如主体结构不符合抗浮要求，应按设计做抗浮桩。

（2）基坑验收合格后，按设计要求，做好基础碎石滤层和垫层混凝土，垫层混凝土强度达到2.5MPa后，进行外包保护层及防水层施工。碎石垫层应铺设平整、均匀，钢筋混凝土封底垫层应分段浇筑，并应超过主体结构施工节段端头2m。基坑开挖完成后，如不能及

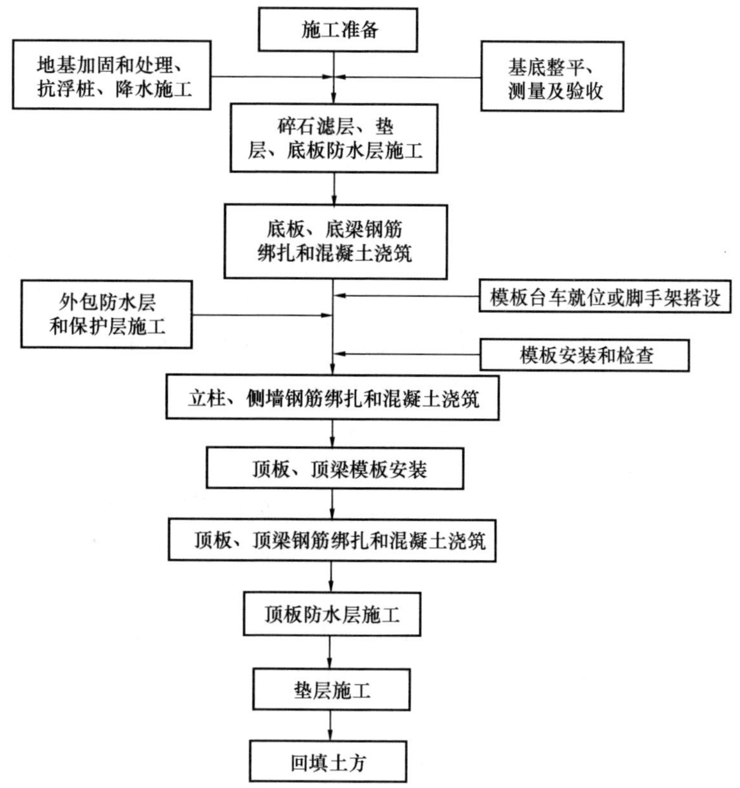


图5-21　主体结构现浇混凝土施工工艺流程图

时浇筑垫层，应预留10～20cm厚的土层，在下一道工序施工前开挖至设计高程。

（3）主体结构施工过程中应遵循“纵向分段，竖向分层，由下至上”的原则，纵向将整个结构分成若干段施作；竖向从底板开始，自下而上施工底板、基础、立柱、侧墙、中板、顶板，每一纵向混凝土浇筑段长不宜大于15m。

（4）混凝土节段间的环向施工缝应设在纵梁受力较小部位，即设在纵梁跨度（纵向柱与柱之间）的1/4～1/3处。

（5）钢筋工程：

1）钢筋检验。钢筋的型号、种类、数量、直径、材质等必须符合设计要求，并经试验和检验合格，方可使用。

2）钢筋加工。钢筋应按设计图纸进行加工，钢筋弯曲成形应在常温下进行，严禁热弯曲，产生颈缩现象，也不允许用锤击或尖角弯折。加工好的钢筋分批堆放，储存、运输过程中要有标志牌，不得碰撞和在地面上拖拉。钢筋堆放及加工场地的防雨、防冻、排水设施应达到有关规范的要求，避免雨水浸泡。

3）钢筋绑扎。钢筋绑扎、焊接、搭接长度应符合设计、规范和标准要求。受力钢筋的接头位置应设在受力较小处，接头相互错开。采用非焊接的搭接接头时，从任一接头中心向外55$d$（$d$为钢筋直径）且大于或等于500mm区域范围内均属同一连接接头。纵向钢筋接头应优先采用焊接接头，钢筋直径$d \geqslant 25$mm时应采用焊接或机械连接，焊缝长度不得小于10$d$；钢筋直径$d < 25$mm时，除有特别要求以外，均采用绑扎接头，搭接长度均为42$d$。钢

筋绑扎搭接，受力钢筋受拉时，同一断面搭接数量不超过总钢筋数量的 25%；受压时，同一断面搭接数量不超过总钢筋数量的 50% 受力。钢筋接长一般采用对焊，受拉时同一截面焊接接头数量不大于钢筋总量的 50%；受压焊接接头数量不受限制。钢筋安装采取在钢筋和模板之间设置足够数量的预制混凝土垫块，以确保钢筋保护层厚度满足设计要求。绑扎双层钢筋网时，设置足够强度的钢筋撑脚，以保证钢筋的定位准确。

① 脚手架搭设：

a. 我国目前常用的钢管材料制作的脚手架主要有扣件式钢管脚手架、碗扣式钢管脚手架、承插式钢管脚手架、门式脚手架等。如果使用扣件式钢管脚手架，立杆、纵向和横向水平杆、扣件、脚手板、剪刀撑、横向倾撑、连墙件、纵向和横向扫地杆、底座等连接方法等应符合《建筑施工扣件式钢管脚手架安全技术规范》（JGJ 130—2011）等规范和标准的要求。

b. 作业层脚手板应铺满、铺稳，离开墙面 12 ~ 15cm。

c. 脚手板探头应用钢丝固定在支承杆件上，作业面端部脚手板探头长度一般为 15cm，其板长两端均应与支承杆可靠固定。在拐角处的脚手板，应与横向水平杆可靠连接，防止滑动。

d. 脚手板一般设置在 3 根横向水平杆上。当脚手板长度小于 2m 时，可采用 2 根横向水平杆支撑，但必将脚手板两端与其可靠固定，严防倾翻。

e. 脚手板对接平铺时，接头处必须设 2 根横向水平杆，脚手板外伸长度一般为 13 ~ 15cm，两块脚手板外伸长度之和不大于 30cm。

f. 脚手板搭接铺设时，接头必须支在横向水平面杆上，搭接长度大于 20cm，其伸出横向水平杆的长度不小于 10cm。

g. 栏杆、挡脚板及安全网设置：栏杆和挡脚板均应搭设在外层立杆的内侧；上栏杆顶端应高出混凝土顶板上皮 1. 2m；中栏杆应居中设置；挡脚板高度不小于 18cm。距底板顶面 4m 处设置防坠安全网，安全网应满足强度要求。

h. 脚手架的拆除应按照自上而下的顺序依次进行，确保安全。

② 模板工程：

a. 模板台车就位或满堂支架搭设时，要根据有关规定，预留沉降量，以确保净空和限界要求。

b. 模板应尽量采用大型组合钢模板，可利用内拉和外撑方式固定，模板应具有足够的刚度和强度，防止混凝土浇筑过程中跑模漏浆。

c. 根据设计图纸，在施工缝、变形缝、后浇带接缝位置应设置防排水材料，并安装挡头板和止水带，止水条应固定稳固、不变形、不跑浆。

d. 模板拆卸按照后支先拆、先支后拆，先拆非承重模板、后拆承重模板的顺序进行。拆除跨度较大的梁底模时，先从跨中开始，分别向两端对称拆卸。

③ 混凝土工程：

a. 原材料检验和验收：水泥、砂子、石子、搅拌用水、外加剂等应按设计和规范要求严格进行检验，在入库时应做好标记，防止混用，不合格材料不能使用。

b. 根据混凝土强度等级，结合以往类似工程施工经验，并通过室内配比试验和现场混凝土原材料性能检验，选择符合设计要求的施工配合比。

c. 混凝土灌注之前，脚手架、支架、模板等安装应自检合格，并经监理工程师验收和签认后才能进行混凝土浇筑，一次浇筑长度一般不宜超过15m。

d. 商品混凝土由搅拌车从搅拌站运输至施工现场，在浇筑之前，应进行坍落度试验。

e. 混凝土浇筑应从低处向高处分层、对称、均匀连续浇筑，防止偏压过大，一次浇筑厚度不宜超过3.0m，以便振捣。如浇筑中断，则应尽量缩短间歇时间，一般应在前一层混凝土初凝前，将下一层混凝土浇筑完毕。如果间歇时间超过2h，应将原浇筑面凿毛，冲洗干净后，并涂刷净浆后，才能继续浇筑。底板混凝土沿线路方向分层留台阶灌注，混凝土灌注至设计高程后，在初凝前，用表面振捣器振一遍后再压实、收浆、抹面。柱子混凝土单独施工，水平、分层灌注。墙体混凝土左右对称、水平、分层灌注，至顶板交界处间歇1～1.5h，然后灌注顶板混凝土。顶板混凝土应连续、水平、分台阶从边墙向中线方向进行灌注，混凝土达到设计强度后，一般应在顶板施作20m水泥砂浆找平层，以满足铺设防水层的要求。

f. 根据部位不同，混凝土振捣分别采用插入式振捣器和表面振捣器两种类型。采用插入式振捣器时，混凝土浇筑分层厚度不超过振捣器作用部分长的1.25倍；采用表面振捣器时不超过20cm。振捣时间一般为10～30s，不得漏振，但也不能过振，以混凝土开始泛浆和不冒气泡为准。插入式振捣器移动距离不大于作用半径的1倍，且插入下层混凝土深度在5cm以上，振捣时注意不得碰撞钢筋、模板、预埋件和止水带等；表面振捣器移动距离与已振捣混凝土搭接宽度不小于10cm。结构预埋件和预留孔洞、钢筋密集地段以及其他特殊部位，为保证混凝土密实，必须加强振捣，避免出现孔洞或蜂窝麻面等缺陷。

g. 为确保结构质量，混凝土浇筑每隔50m左右宜设宽度为1.5m的后浇带。后浇带处钢筋不切断。结构施工缝应留置在受剪力或弯矩最小处，并符合下列规定：柱子施工缝留置在与顶、底板或梁的交界处约30cm；板的施工缝留在柱跨1/4～1/3处。墙体施工缝留置位置：水平施工缝不应留在剪力最大处或底板与侧墙的交接处，应设在高于底板表面不小于30cm处的墙体上；拱（板）结合的水平施工缝，宜留在拱（板）接缝线以下15～30cm；墙体有预留孔时，施工缝设置距预留孔边缘应不小于30cm。变形缝的宽度一般为20cm，变形缝处止水带一般应设置双道止水带，应特别注意变形缝止水带处混凝土一定要振捣密实，以防变形缝处的渗漏水。

h. 混凝土浇筑完毕终凝后及时养护，采用湿麻袋、草袋、砂覆盖以及洒水养护的方式，一般情况下养护时间不少于14d。

i. 边墙模板达到设计要求的拆模强度后才能拆模，防止拆模过早，混凝土结构破坏。顶板以下的模板在顶板混凝土达到设计强度后方可拆卸。

#### 5.1.2.2　装配式施工

**1. 概述**

地下综合管廊装配式施工，其原理是将管廊结构剖分成便于吊移、运输的构件，在预制厂预制后运到施工现场通过拼装形成管廊整体结构的施工方式。

与常规的现浇法相比，综合管廊采用预制装配式技术，施工方便快捷可以有效的缩短工期，减少人工成本，提高构件的浇筑质量，减少了对周边环境的影响，实现“绿色施工”。

目前我国常见的装配式管廊形式多为钢筋混凝土结构。装配式管廊按其施工方法和构件形式可分为全预制装配式管廊和半预制装配式管廊两种形式。全预制装配式管廊按照构件拆分的形式又可分为节段装配式和分块（上下分块）装配式两种。

节段装配式技术是将综合管廊沿着长度方向按照一定的尺寸划分成若干个节段，在预制厂按照固定的模具对每个节段进行整体性预制，然后运抵施工现场，通过螺栓或预应力筋的连接方式进行拼装组成整体结构的一种施工技术。其安装施工基本可以实现100%的装配率，现场无须湿作业，安装人工少，工期快。该项技术在国内较为常用。其不足之处在于单节管廊质量比较大，运输成本比较大；现场吊装安装精度高、难度大，对吊装机械要求高，安装效率低；现场堆放场地要求高；防水质量要求高；结构整体性差；标准节段可以使用同一个模具，非标准节段需要使用专门的模具，截面适用性低。

分块装配式技术是在节段装配式管廊基础上将管廊沿着横截面分成上下两块。通过预制厂预制然后运抵施工现场进行拼装的一种施工技术。其连接接头可采用螺栓连接、预应力连接或企口形式连接。该方法通过拆分可以有效地减少管廊的尺寸及其单个构配件的质量，有利于构件的运输和现场吊装作业。同样也具备以下优势：100%的装配率，无须湿作业，安装人工少，工期快。其不足之处在于连接接头相交节段式较多，施工难度大，拼装处防水质量要求高；预制构件的制造精度以及现场安装精度要求比较高；结构整体性差；非标准节段截面适用性低。

**2. 工艺流程**

明挖法装配式综合管廊施工工艺流程如图5-22所示。

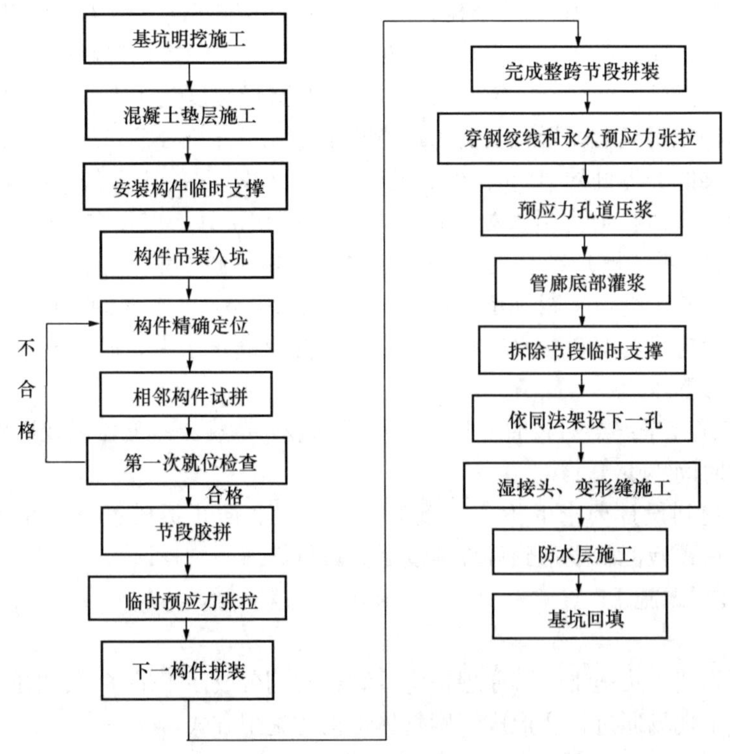


图5-22　明挖法装配式综合管廊施工工艺流程图

**3. 工艺要点**

（1）构件制作

1）预制场选址与建设

综合考虑材料与构件运输、生产规模、工艺、生产效率、构件尺寸及存放场地的要求，确定管廊预制场地的位置与面积。

2）架立模板

在选定位置，根据设计文件和规范要求，组装模板。综合管廊预制装配式混凝土构件制作应采用精加工的钢模板，模板安装后应进行初验，符合设计要求后进行构件试制，试制构件合格后，方可正式制作和验收。

3）预埋件

根据设计文件安设预埋件，其材料性能与安装误差应符合相关技术规范。

4）混凝土浇筑

浇筑混凝土之前，要对构件各项技术细节如材料规格、保护层厚度、预埋件尺寸等进行检查，确认无误后实施浇筑，管廊壁板与底板的混凝土应连续浇筑，不留置施工缝，每节预制构件浇筑时间应控制在6h内。

5）构件养护

结合现场具体情况，管廊预制构件宜进行蒸汽养护和常温养护。其中，预制构件蒸汽养护应符合下列规定：

① 应制定蒸汽养护制度，对静停、升温、恒温和降温进行温度和时间控制。

② 混凝土浇筑完成后，静置3h以上方可升温，确保混凝土初凝后开始蒸汽养护。

③ 蒸汽养护升温速度不得大于15℃/h，当升至45℃时进入恒温阶段。养护温度以心部温度和环境温度双重控制：恒温时环境温度不超过45℃，芯部混凝土温度不超过60℃，恒温持续时间不超过6h。

④ 恒温结束后进行降温，降温速度不大于15°C/h。降温结束后脱模时，混凝土表面与环境温差不大于15℃。

⑤ 蒸汽养护结束后立即进入自然养护，时间不少于7d。

预制构件自然养护应符合下列规定：

① 应采用保水性好的土工布类材料覆盖，并洒水养护。

② 当环境相对湿度小于60%时，自然养护的时间不宜低于28d；相对湿度在60%以上时，自然养护的时间不宜低于于14d。

③ 当环境平均温度低于5℃时，预制构件表面应喷涂养护剂，禁止采用洒水覆盖的方法进行养护，并采取保温措施。

（2）构件的运输与堆放

1）运输车辆进入施工现场的道路，应满足预制构件的运输要求。预制构件装卸、吊装工作范围内不应有障碍物，并应有满足预制构件周转使用的场地。

2）预制构件装卸时应充分考虑车体平衡，采取绑扎固定措施；预制构件边角部或与紧固用绳索接触部位，宜采用垫衬加以保护。

3）构件的存放和运输应按专项施工方案中的编码规则，按规格、品种、使用部位、吊装顺序分别存放，以方便拼装施工。

4）存放场地应设置在吊车的有效起重范围内，并设置通道。

5）施工现场内道路应按照构件运输车辆的要求合理设置转弯半径及道路坡度。

（3）构件安装与连接

1）安装前的准备工作

① 编制构件安装的施工组织设计、施工工艺和安全操作细则，做好安装工作的整体工

艺规划；

② 核算、确认运输、安装设备对道路、基坑边坡、基坑底、管廊等的荷载作用点位置、荷载分布面积及荷载值。运输安装设备在现场拼装完成后，应进行试运行调试、空载重载试验并符合设计文件及现行标准规范的要求；

③ 在预制场装车前应核验待安装管廊节段的质量证明文件，并对其尺寸、外观质量、编号、吊装孔及预埋件进行检查，其尺寸、外观质量、编号及吊装孔位置尺寸、预埋件规格、数量应符合设计文件要求；

④ 现场测量放线、设置管廊轴线控制及标高控制定位标识，确保安装基面平整度符合设计文件要求；

⑤ 管廊节段应在正式安装施工前进行试安装，根据试安装的结果及时调整完善施工工艺和安全操作细则。

2）管廊安装

① 管廊节段应按编号顺序和施工组织设计严格进行。

② 管廊节段吊运过程应平稳无冲击，不得偏斜、摇摆、扭转。管廊节段对位过程中应采取防护措施防止其与已经安装好的管廊节段碰撞。

③ 管廊节段吊装就位后，应及时校准并施加固定连接措施。管廊节段与吊具的分离应在校准定位及固定连接措施安装完成后进行。

④ 节段连接方式可采用螺栓连接或预应力锁紧装置连接，其工艺应符合相关行业规范。连接完成后应按设计文件要求进行孔道注浆和封堵连接箱。

3）闭水试验

应根据设计要求确定编制构件连接闭水试验方案，构件连接后进行闭水试验。

### 5.1.3 防水工程

管廊工程的防水工艺包括 3 种，分别为结构自防水、防水层和细部构造防水。其中，结构自防水是主体结构施工采用防水混凝土，通过调整配合比，掺加外加剂、掺合料、复合材料等工艺，达到结构自身抗渗等级至 P8 以上的能力。防水层具有多种材料，包括在主体结构外侧涂刷防水涂料，或在围护结构与主体结构之间铺设防水卷材或防水板来实现防水。而细部构造防水则主要指施工缝的防水处理工艺。

#### 5.1.3.1 结构自防水——防水混凝土

防水混凝土适用于抗渗等级不低于 P8 的地下混凝土结构，不适用于环境温度高于 80℃ 的地下工程。

防水混凝土应根据强度、防水等级、耐久性等要求，原材料性质，施工工艺，环境条件等进行配合比设计。混凝土配合比应通过理论计算、试验室试配、现场调整后确定。配制的混凝土拌合物应满足设计和施工要求。

防水混凝土的质量控制关键在于原材料的选择，其技术要点如下：

水泥宜采用普通硅酸盐水泥或硅酸盐水泥，采用其他品种水泥时应经试验确定。在受侵蚀性介质作用时，应按介质的性质选用相应的水泥品种。不得使用过期或受潮结块的水泥，并不得将不同品种或强度等级的水泥混合使用。

砂石料优先选用机制砂，并宜选用中粗砂。含泥量不应大于 2.0%，泥块含量不宜大于 0.5%；不宜使用海砂；在没有使用河砂的的条件时，应对海砂进行处理后方可使用，且控制氯离子含量不得大于0.06%；碎石或卵石的粒径宜为5～40mm，含泥量不应大于0.5%，泥块含量不应大于0.2%；对长期处于潮湿环境的重要结构混凝土用砂、石，应进行碱活性检验。

矿物掺合料的遴选，粉煤灰的级别不应低于二级，烧失量不应大于5%；硅粉的比表面积不应小于15000$m^2/kg$，$SiO_2$含量不应小于85%；粒化高炉矿渣粉的品质要求应符合现行国家标准《用于水泥和混凝土中的粒化高炉矿渣粉》（GB/T 18046—2017）的有关规定。

此外，对于拌和用水和外加剂的选用标准，在相应的规范中均有具体要求。

防水混凝土的拌制与浇筑工艺如下：

防水混凝土拌合物应采用机械搅拌，搅拌时间不宜小于2min。掺外加剂时，搅拌时间应根据外加剂的技术要求确定。防水混凝土采用预拌混凝土时，入泵坍落度宜控制为120～140mm，坍落度每小时损失不应大于20mm，坍落度总损失值不应大于40mm。

在运输后如出现离析，必须进行二次搅拌。当坍落度损失后不能满足施工要求时，应加入原水胶比的水泥浆或掺加同品种的减水剂进行搅拌，严禁直接加水。浇筑过程中应采用机械振捣，避免漏振、欠振和超振。

同时，做好混凝土拌制前材料的品种、规格和用量的检查和运输至施工地点混凝土坍落度的检查与控制。

#### 5.1.3.2　防水层

**1. 水泥砂浆防水层施工**

水泥砂浆防水层适用于地下工程主体结构的迎水面或背水面。不适用于受持续振动或环境温度高于80℃的地下工程。

水泥砂浆防水层应采用聚合物水泥防水砂浆、掺外加剂或掺合料的防水砂浆。水泥应使用普通硅酸盐水泥、硅酸盐水泥或特种水泥，不得使用过期或受潮结块的水泥；砂宜采用中砂，含泥量不应大于1.0%，硫化物及硫酸盐含量不应大于1.0%；用于拌制水泥砂浆的水，应采用不含有害物质的洁净水；聚合物乳液的外观为均匀液体，无杂质，无沉淀，不分层。外加剂的技术性能应符合现行国家或行业有关标准的质量要求。

防水层的基层应平整、坚实、清洁，并充分湿润、无明水；基层表面的孔洞、缝隙，应采用与防水层相同的水泥砂浆堵塞并抹平；施工前应将预埋件、穿墙管预留凹槽内嵌填密封材料后，再进行水泥砂浆防水层施工。

水泥砂浆的稠度宜控制为70～80mm，采用机械喷涂时，水泥砂浆的稠度应经试配确定；掺外加剂的水泥砂浆防水层厚度应符合设计要求，但不宜小于20mm；分层铺抹或喷涂，铺抹时应压实、抹平，最后一层表面应提浆压光；多层做法刚性防水层宜连续操作，不留施工缝；应留施工缝时，应留成阶梯槎，按层次顺序，层层搭接；接槎部位距阴阳角的距离不应小于200mm；水泥砂浆应随拌随用；防水层的阴、阳角应为圆弧形。

水泥砂浆终凝后应及时进行养护，养护温度不宜低于5℃，并应保持砂浆表面湿润，养护时间不得少于14d。聚合物水泥防水砂浆未达到硬化状态时，不得浇水养护或直接受雨水冲刷，硬化后应采用干湿交替的养护方法。潮湿环境中，可在自然条件下养护。

**2. 涂料防水层施工**

涂料防水层适用于受侵蚀性介质作用或受振动作用的地下工程；有机防水涂料宜用于主体结构的迎水面，无机防水涂料宜用于主体结构的迎水面或背水面。

有机防水涂料应采用反应型、水乳型、聚合物水泥等涂料；无机防水涂料应采用掺外加剂、掺合料的水泥基防水涂料或水泥基渗透结晶型防水涂料。

有机防水涂料施工前基面应干燥。当基面较潮湿时，应涂刷湿固化型胶结剂或潮湿界面隔离剂；无机防水涂料施工前，基面应充分润湿，但不得有明水。

用于背水面的有机防水涂料应具有较高的抗渗性，且与基层有较强的粘结性。基层表面应干净、无浮浆、无水珠、不渗水。有缺陷时，应修补处理。涂料施工前，基层阴阳角应做成圆弧形，阴角直径宜大于50mm，阳角直径宜大于10mm。涂料施工前，应先对阴阳角、预埋件、穿墙管等部位进行密封或加强处理。涂料防水层的总厚度应符合设计要求。涂料应分层涂刷或喷涂，涂层应均匀，不得漏刷，涂刷应待前遍涂层干燥成膜后进行。每遍涂刷时应交替改变涂层的涂刷方向，同层涂膜的先后搭压宽度宜为30～50mm。涂刷施工缝接缝宽度不应小于100mm。铺贴胎体材料时，应使胎体层充分浸透防水涂料，不得有白槎及褶皱。有机防水涂料施工完成后应及时做好保护层。

**3. 塑料防水板防水层施工**

塑料防水板防水层适用于经常承受水压、侵蚀性介质或有振动作用的地下工程；塑料防水板宜铺设在复合式衬砌的初期支护与二次衬砌之间。

塑料防水板可选用乙烯-醋酸乙烯共聚物（EVA）、乙烯-共聚物沥青（ECB）、聚氯乙烯（PVC）、高密度聚乙烯（HDPE）、低密度聚乙烯（LDPE）类或其他性能相近材料。

防水板应在初期支护基本稳定并验收合格后进行铺设；初期支护的渗漏水，应在塑料防水板防水层铺设前封堵或引排。

铺设防水板的基层宜平整、无尖锐物。基层平整度应符合下式的要求：

$$D/L = 1/6 \sim 1/10$$

式中 $D$——初期支护基层相邻两凸面凹进去的深度；

$L$——初期支护基层相邻两凸面间的距离。

铺设塑料防水板前应先铺缓冲层，缓冲层应用暗钉圈固定在基面上；缓冲层搭接宽度不应小于50mm；铺设塑料防水板时，应边铺边用压焊机将塑料防水板与暗钉圈焊接；两幅塑料防水板的搭接宽度不应小于100mm，下部塑料防水板应压住上部塑料防水板。接缝焊接时，塑料防水板的搭接层数不得超过3层；塑料防水板的搭接缝应采用双焊缝，每条焊缝的有效宽度不应小于10mm；塑料防水板铺设时宜设置分区预埋注浆系统；分段设置塑料防水板防水层时，两端应采取封闭措施。

**4. 种植顶板防水施工**

地下工程种植顶板的防水等级应为一级。种植土与周边自然土体不相连，且高于周边地坪时，应按种植屋面要求设计。种植顶板防水设计应包括主体结构防水、管线、花池、排水沟、通风井和亭、台、架、柱等构配件的防排水、泛水设计。种植土中的积水宜通过盲沟排至周边土体或建筑排水系统。

种植顶板应为现浇防水混凝土，结构找坡，坡度宜为1%～2%；种植顶板厚度不应小于250mm，最大裂缝宽度不应大于0.2mm，并不得贯通。种植顶板的泛水部位应采用现浇钢筋混凝土，泛水处防水层高出种植土应大于250mm。泛水部位、落水口及穿顶板管道四周宜设置200～300mm宽的卵石隔离带。

防水层下不得埋设水平管线。垂直穿越的管线应预埋套管，套管超过种植土的高度应大于150mm。变形缝应作为种植分区边界，不得跨缝种植。

在地下综合管廊种植顶板的防排水构造施工中，耐根穿刺防水层应铺设在普通防水层上面。耐根穿刺防水层表面应设置保护层，保护层与防水层之间应设置隔离层。排（蓄）水层应根据渗水性、储水量、稳定性、抗生物性和碳酸盐含量等因素进行设计；排（蓄）水层应设置在保护层上面，并应结合排水沟分区设置。排（蓄）水层上应设置过滤层，过滤层材料的搭接宽度不应小于 200mm。

### 5.1.3.3　细部构造防水

**1. 施工缝防水构造**

施工缝防水构造形式宜按图 5-23 ~ 图 5-26 选用，当采用两种以上构造措施时可进行有效组合。

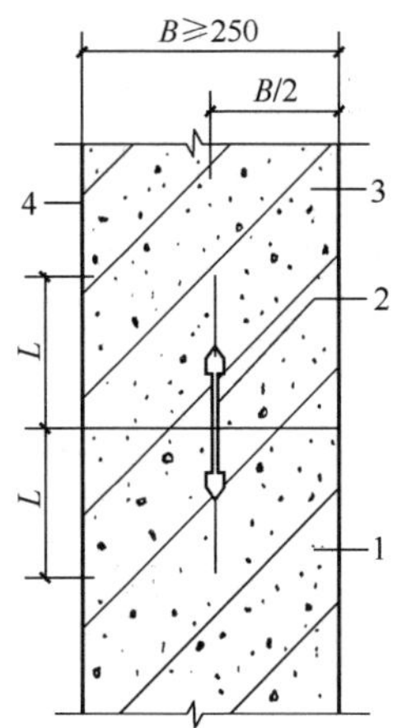


图 5-23　施工缝防水构造（一）

钢板止水带 $L>150$；橡胶止水带 $L>200$；钢边橡胶止水带 $L>120$

1—先浇混凝土；2—中埋止水带；3—后浇混凝土；4—结构迎水面

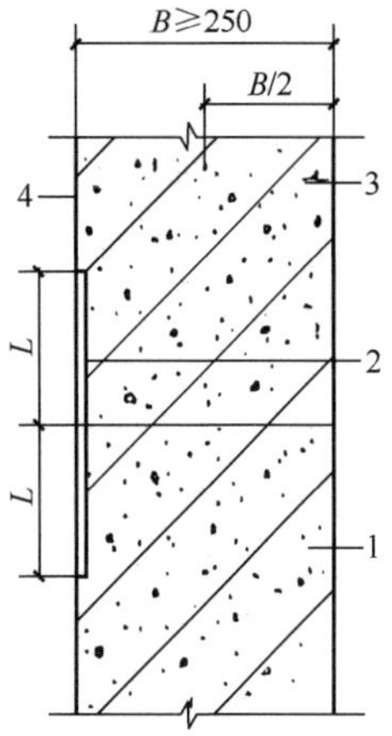

图 5-24　施工缝防水构造（二）

外贴止水带 $L>150$；外涂防水涂料 $L=200$；外抹防水砂浆 $L=200$

1—先浇混凝土；2—外贴止水带；3—后浇混凝土结构迎水面

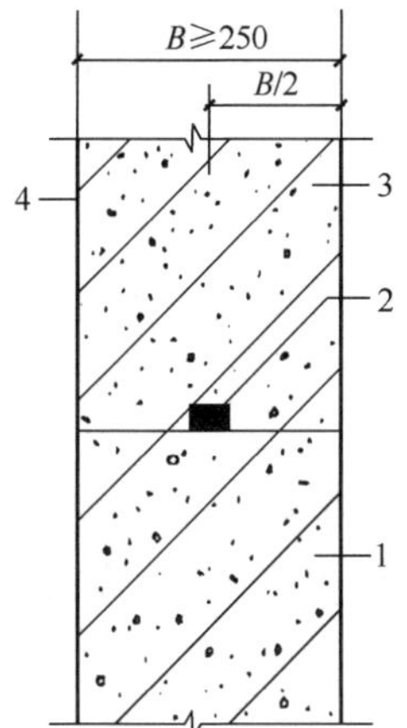


图 5-25　施工缝防水构造（三）

1—先浇混凝土；2—遇水膨胀止水条（胶）；3—后浇混凝土；4—结构迎水面

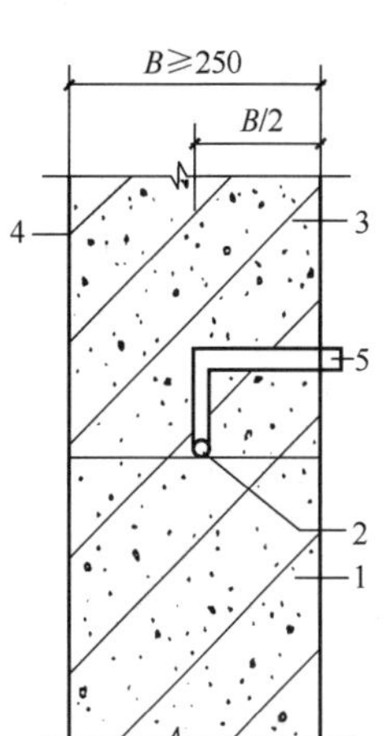


图 5-26　施工缝防水构造（四）

1—先浇混凝土；2—预埋注浆管；3—后浇混凝土；4—结构迎水面；5—注浆导管

**2. 施工缝位置的选择**

墙体水平施工缝不应留在剪力最大处或底板与侧墙的交接处，应留在高出底板表面不小于300mm的墙体上。板墙结合的水平施工缝，宜留在板墙接缝线以下150～300mm处。墙体有预留孔洞时，施工缝距孔洞边缘不应小于300mm。同时，垂直施工缝应避开地下水和裂隙水较多的地段，并宜与变形缝相结合。

**3. 施工缝工艺要点**

水平施工缝浇筑混凝土前，应将其表面浮浆和杂物清除，然后铺设净浆或涂刷混凝土界面处理剂、水泥基渗透结晶型防水涂料等材料，再铺30～50mm厚的1∶1水泥砂浆，并应及时浇筑混凝土。垂直施工缝浇筑混凝土前，应将其表面清理干净，再涂刷混凝土界面处理剂或水泥基渗透结晶型防水涂料，并应及时浇筑混凝土。遇水膨胀止水条（胶）应与接缝表面密贴。选用的遇水膨胀止水条（胶）应具有缓胀性能，7d的净膨胀率不宜大于最终膨胀率的60%，最终膨胀率宜大于220%。采用中埋式止水带或预埋式注浆管时，应定位准确、固定牢靠。

**4. 后浇带**

后浇带宜用于不允许留设变形缝的工程部位，后浇带应在其两侧混凝土龄期达到42d后再施工，后浇带应采取补偿收缩混凝土浇筑，其力学性能及抗渗性能不应低于两侧混凝土。后浇带应设在受力和变形较小的部位，其间距和位置应按结构设计要求确定，宽度宜为70～100cm。后浇带可做成平直缝或阶梯缝，其防水构造形式宜采用图5-25和图5-26的形式，混凝土中添加微收缩剂，以减小温度应力。

## 5.2 浅埋暗挖法施工

### 5.2.1 概述

浅埋暗挖法是针对在城市浅层软土中修建隧道的一种有别于明挖法的施工技术。其核心是采用软土预加固、预支护技术，限制或隔绝因土体开挖产生的应力释放，从而为施作支护结构提供足够的时间，实现开挖与支护过程中由围岩到结构的应力连续顺畅转换，最终形成围岩与支护体共同工作的隧道结构。

浅埋暗挖法的设计理念是初期支护按承担全部基本荷载，二次模筑衬砌作为安全储备，初期支护和二次衬砌共同承担特殊荷载。其关键技术概括为“管超前、严注浆、短进尺、强支护、早封闭、勤量测”的“18字方针”。

该方法是由王梦恕院士在总结1984年军都山隧道黄土段成功经验的基础上，于1986年主持北京地铁复兴门折返线隧道工程实验获得成功，从而摸索出高风险复杂工况条件下修建城市隧道的新方法，实现了少拆迁、不扰民、不破坏环境前提下建设地下空间的创新方法。

### 5.2.2 工艺流程

典型浅埋暗挖法台阶法开挖工艺流程如图5-27所示：

### 5.2.3 主要工艺技术

浅埋暗挖法的主要工艺技术包括用于超前预加固预支护的辅助工法、开挖技术、初期支

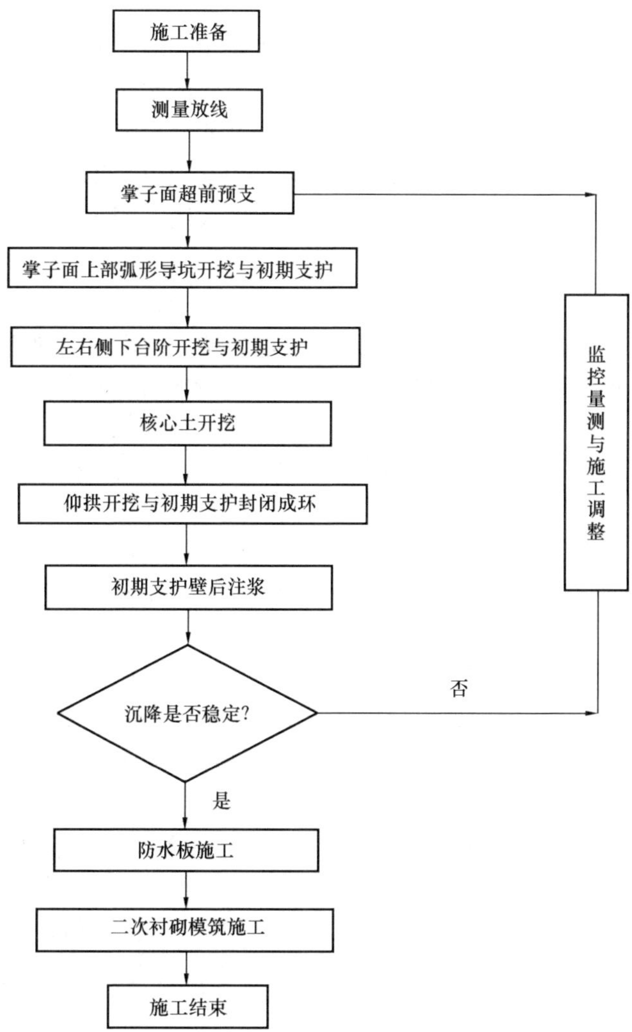


图 5-27　浅埋暗挖法施工流程图

护技术、防水技术、二次衬砌技术。

#### 5.2.3.1　辅助工法

浅埋暗挖法所使用的辅助工法包括注浆法、降水法、超前小导管法、长管棚法、水平旋喷法、注浆-冷冻法等，其核心目的是通过降水、注浆或冷冻提高围岩单轴抗压强度或通过在围岩中介入钢筋、钢管等材料，与围岩结合形成力学结构，阻断或限制因开挖引起的围岩应力释放，从而控制土体位移，进而避免对隧道周围环境造成大的影响，保证既有建筑物、道路等设施的正常使用。

**1. 注浆法**

注浆法是浅埋暗挖施工中使用最多的一种辅助工法。浆液在土体中固结并在注浆压力作用下扩散并挤密土体，起到加固地层、止水的作用，通常配合小导管、大管棚使用。注浆方式主要有小导管注浆、大管棚注浆、TSS 管注浆、帷幕注浆、全断面注浆等。注浆材料有普通水泥、超细水泥、水泥水玻璃、改性水玻璃、化学浆液等。

**2. 降水法**

采用降低地下水位的方法，为浅埋暗挖施工提供干燥的施工作业条件，尤其在北京、上海、深圳等地，地下水位较高，必须采取降水措施，才能实现暗挖法施工。降水法主要有井点降水、管井降水、真空降水、电渗降水等，北京及北方地区多采用地面深井降水法，也有采用洞内轻型井点降水法；上海及南方地区则多采用基坑内管井降水法，也有采用真空或电渗降水法。建议在砂卵石地层施工时，采用直接降水法；沙土地层施工时，采用注浆-降水法。

**3. 超前小导管法**

超前小导管支护是软弱地层浅埋暗挖法施工时，优先采用的一种地层预加固方法。通过超前小导管注浆，使地层得到固结改良，保证土方开挖时开挖面稳定，阻止过大沉降发生。浅埋暗挖法超前小导管长度 3 ~ 5m，直径 30 ~ 50mm，环向间距 20 ~ 30cm，沿开挖轮廓线 120°范围内向掌子面前方土层，以定外插角（10° ~ 15°）打入带孔小导管，并注浆液。

**4. 长管棚法**

该法用于暗挖隧道的超前加固，布置在隧道的拱部周边。管棚一般都要进行注浆，以获得更好的地层加固效果。城市地铁多用于邻近施工，如下穿既有线等，多采用直径为 300mm 左右的长管棚，利用定向钻或夯管锤施作。

需要指出的是，管棚直径超过一定限度之后，并不能显著提高其防塌、控沉效果，相反，管棚直径越大，则施作时对地层的扰动就越大，可能引起更大的地层沉降。因此，仅在邻近既有线等特殊场合采用该法施工，一般情况下建议采用小导管注浆法。

**5. 水平旋喷法**

该法主要用于地层加固，如局部地层特别软弱需加固，或有重要建（构）筑物需要特殊保护时。在粉细沙层地层，低压渗透注浆难以形成连续致密的注浆体，不能有效地起到超前支护和防沉作用。为此，采用水平旋喷方式加固地层。水平旋喷具有刚度较大、止水防沉、有效减少土体位移等特点。在地表建筑物和管线密集地层施工中应用该法比其他方法经济。

**6. 注浆-冷冻法**

由于冷冻法易引起融沉，冷冻质量不易控制，故不适用于地下水流速度过大的地层。在南方地区，建议采用注浆-冷冻法。通过注浆，在地层中形成骨架，降低水流速度，再冷冻地层，可保证冷冻效果，减小解冻引起的地表沉降。

**5.2.3.2 开挖方法**

经过广泛的应用，浅埋暗挖法开发出了针对各种地质条件和不同工况的隧道开挖技术，常见的开挖方法见表 5-9。

**表 5-9 浅埋暗挖法修建隧道及地下工程主要开挖方法**

| 施工方法 | 示意图 | 重要指标比较 | | | | | |
|---|---|---|---|---|---|---|---|
| | | 适用条件 | 沉降 | 工期 | 防水 | 初期支护拆除情况 | 造价 |
| 全断面法 | 1 | 地层好<br>跨度≤8m | 一般 | 最短 | 好 | 没有拆除 | 低 |

续表

| 施工方法 | 示意图 | 重要指标比较 | | | | | |
|---|---|---|---|---|---|---|---|
| | | 适用条件 | 沉降 | 工期 | 防水 | 初期支护拆除情况 | 造价 |
| 正台阶法 | 1 2 | 地层较差<br>跨度≤12m | 一般 | 短 | 好 | 没有拆除 | 低 |
| 上半断面临时封闭<br>正台阶法 | 1 2 | 地层差<br>跨度≤12m | 一般 | 短 | 好 | 少量拆除 | 低 |
| 正台阶环形<br>开挖法 | 1 2 3 | 地层差<br>跨度≤12m | 一般 | 短 | 好 | 没有拆除 | 低 |
| 单侧壁导坑<br>正台阶法 | 1 2 3 | 地层差<br>跨度≤14m | 较大 | 较短 | 好 | 拆除少 | 低 |
| 隔墙法（CD 法） | 1 3 2 4 | 地层差<br>跨度≤18m | 较大 | 较短 | 好 | 拆除少 | 偏高 |
| 交叉中隔墙法<br>（CRD 法） | 1 3 2 4 5 6 | 地层差<br>跨度≤20m | 较小 | 长 | 好 | 拆除多 | 高 |

**1. 开挖方法的选择**

浅埋隧道开挖方法的选择，应以地质条件为主要依据，结合工期、隧道长度、断面大小、施工单位的机械设备能力和施工技术水平等因素综合考虑。同时，应尽量采用新技术、新工艺、新设备，以提高施工速度，保证施工质量，提高施工效率，改善劳动条件。还应考虑到围岩条件发生变化时，开挖方法的适应性和变更的可能性。所选的开挖方法应既能满足工程要求，又能降低成本。

开挖方法比选原则重点应考虑以下几点：

（1）可行性

隧道工程开挖方法是根据设计资料和设计文件要求确定的，或在施工过程中，有可能地质条件发生变化，随之开挖方法需要改变，无论哪一种情况，都必须考虑施工单位的现场具体施工条件、施工能力和资源状况、施工水平、技术人员及作业人员的综合素质、资金供应和周转状况。经全面考虑、选择的开挖方法才是切实可行的。

（2）安全性

由于提供的地质资料的精度不高、不全面，隧道工程在施工过程中若遇到地质条件变化较大的情况难免发生由于地质条件突变等因素造成的安全事故。所以，在选择开挖方法时，必须从施工安全可靠的角度出发，减少地质灾害。

（3）工期可控性

采用先进的隧道开挖方法，可以加快隧道工程修建的速度，从而缩短工程的工期，降低成本。

（4）经济性

隧道开挖方法的经济性表现在不同开挖方法的施工成本上。施工单位承包隧道工程的目的是盈利，而不是亏损，隧道工程的经济性是决定选择开挖方法的重要条件和原则，是不可缺少的。

浅埋隧道开挖方法由可行性、安全性、工期可控性、经济性四个子系统构成。从系统工程理论出发，应统筹兼顾，全面考虑，选择最优的开挖方法。

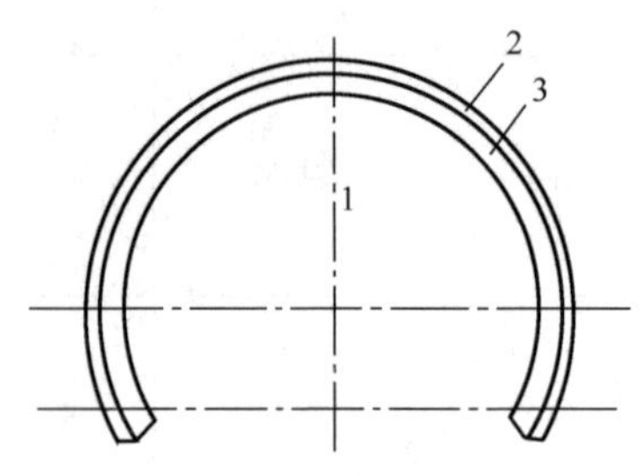


图 5-28 全断面施工开挖顺序
1—全断面开挖；2—锚喷支护；3—模筑衬砌

**2. 全断面开挖方法**

按设计将整个隧道开挖断面采用一次开挖成形（主要是爆破或机械开挖）、初期支护一次到位的施工方法叫全断面开挖法。

（1）施工顺序

全断面开挖方法操作起来比较简单，主要工序是：使用移动式钻孔台车，首先全断面一次钻孔，并进行装药连线，然后将钻孔台车后退到50m以外的安全地点，再起爆，使一次爆破成形，出渣后钻孔台车再推移至开挖面就位，开始下一个钻爆作业循环，同时施作初期支护，铺设防水隔离层（或不铺设），进行二次模筑衬砌。开挖顺序如图5-28所示，作业流程如图5-29所示。

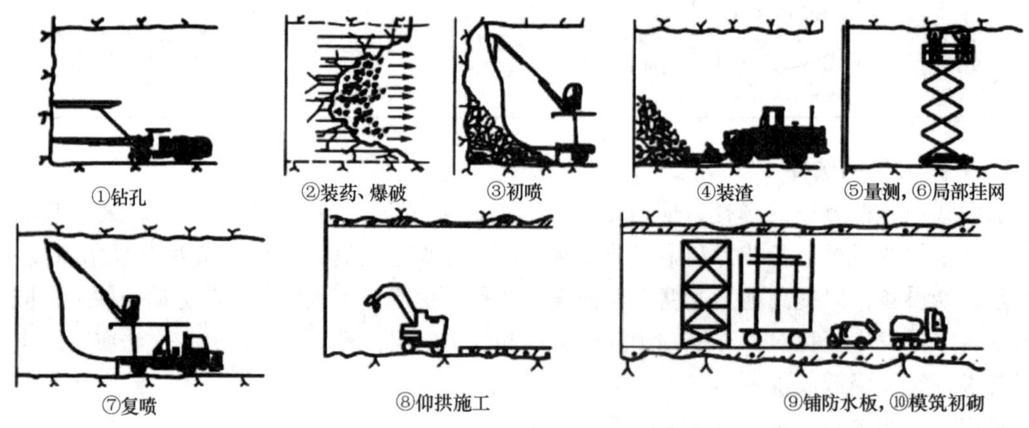


图 5-29 全断面开挖法工作流程

（2）适用范围

全断面法主要适用于Ⅰ～Ⅲ级围岩；当断面在50m$^2$以下，隧道又处于Ⅳ级围岩地层时，为了减少对地层的扰动次数，在进行局部注浆等辅助施工加固地层后，也可采用全断面法施工，但在第四纪地层中采用时，断面面积一般在20m$^2$以下，施工中仍需特别注意。山岭隧道及小断面城市地下电力、热力、电信等管道多用此法。

（3）工艺要点

采用全断面开挖时应控制好以下要点：

1）加强对开挖面前方的工程地质和水文地质的调查。对不良地质情况，要及时预测预报、分析研究，随时准备好应急措施（包括改变施工方法），以确保施工安全和工程进度。

2）各工序机械设备要配套。如钻眼、装渣、运输、模筑、衬砌支护等主要机械和相应的辅助机具（钻杆、钻头、调车设备、气腿、凿岩钻架、注油器、集尘器等），在尺寸、性能和生产能力上都要相互配合，工作方面能环环紧扣，不致彼此互受牵制而影响掘进，以充分发挥机械设备的使用效率和各工序之间的协调作用。并注意经常维修设备及备有足够的易损零部件，以确保各项工作的顺利进行。

3）加强各种辅助作业和辅助施工方法的设计与施工检查。尤其在软弱破碎围岩中使用全断面法开挖时，应对支护后围岩的变形进行动态量测与监控，使各种辅助作业的三管两线（即高压风管、高压水管、通风管、电线和运输路线）保持良好状态。

4）重视和加强对施工操作人员的技术培训，使其能熟练掌握各种机械的操作方法，并进一步推广新技术，不断提高工效，改进施工管理，加快施工速度。

5）全断面法开挖选择支护类型时，应优先考虑锚杆和锚喷混凝土、挂网、撑梁等支护形式。

（4）工艺特点

全断面开挖方法其优点在于：

1）可以减少开挖对围岩的扰动次数，有利于围岩天然承载拱的形成。

2）全断面开挖法有较大的作业空间，有利于采用大型配套机械化作业，提高施工速度，防水处理简单，且工序少，便于施工组织和管理。

缺点在于：

1）对地质条件要求严格，围岩必须有足够的自稳能力。

2）由于开挖面较大，固岩相对稳定性降低，且每循环工作量相对较大。

3）当采用钻爆法开挖时，每次深孔爆破震动较大，因此要求进行精心的钻爆设计和严格的控制爆破作业。

**3. 台阶法开挖**

台阶法开挖就是将开挖断面分成两步或多步开挖，具有上下两个工作面（多台阶时有多个工作面）。该法在浅埋暗挖法中应用最广，可根据工程实际、地层条件及机械条件，选择适合的台阶方式。台阶法开挖顺序如图 5-30 所示。

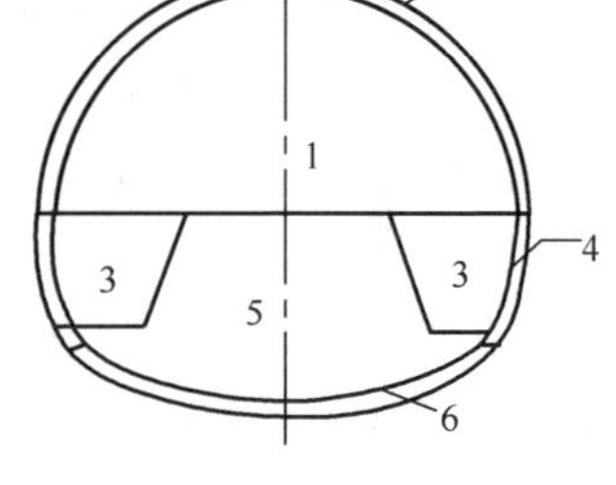

图 5-30　台阶法开挖顺序图

1—上台阶开挖；2—支护；3—下台阶两侧开挖；4—下台阶两侧开挖；5—下台阶中部开挖；6—仰拱施工

（1）台阶法开挖方式

根据地层情况，台阶法可分为两步或多步台阶法。

1）上下两步台阶开挖法

使用此方法，将断面分成上下两个台阶开挖，上台阶长度一般控制在 1～1.5 倍洞径（$D$）以内，上台阶高度控制在 2.5m。必须在地层失去自稳能力之前尽快开挖下台阶，支护后形成封闭结构，如图 5-31 所示。

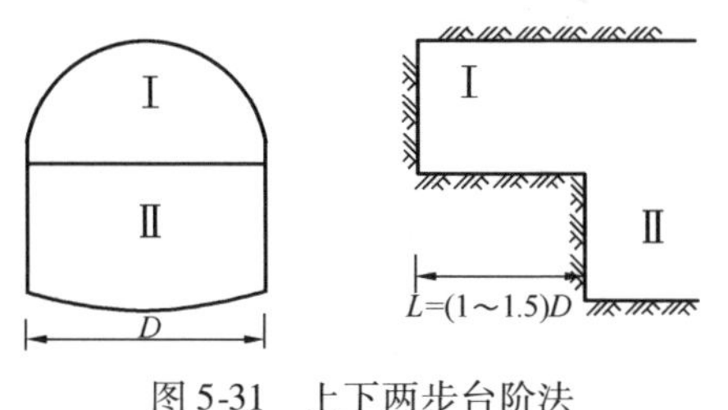

图 5-31　上下两步台阶法

一般采用人工和机械混合开挖法，即上半断面采用人工开挖、机械出渣，下半断面采用机械开挖、机械出渣。有时为解决上半断面出渣对下半断面的影响，可采用皮带输送机将上半断面的渣土送到下半断面的运输车中。

2）多步开挖留核心土

该方法上台阶取1倍洞径左右，环形开挖留核心土。用系统小导管超前支护预注浆稳定工作面，用网构钢拱架做初期支护，拱脚墙脚设置锁脚锚杆。从开挖到初期支护、仰拱封闭不能超过10d，以控制地表沉陷。正台阶多步开挖施工流程如图5-32所示。

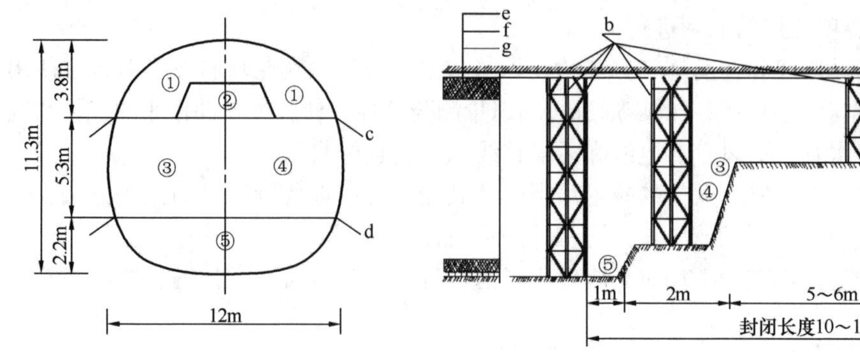


图5-32　正台阶多步开挖施工流程图

①～⑤—开挖顺序；a—超前支护；b—网构钢拱架；c—拱脚注浆锁脚锚管；d—墙脚注浆锁脚锚管；e—初期支护；f—PVC防水板；g—二次衬砌

当隧道断面较高时，可以分多层台阶法开挖，但台阶长度不允许超过1.5*D*。

3）环形开挖留核心土

采用环形开挖留核心土，可防止工作面的挤出。其开挖方法是上部导坑弧形断面留核心土平台，拱部初期支护，再开挖中部核心土。核心土的尺寸在纵向应大于4m，核心土面积要大于上半断面的1/2，如图5-33所示。

4）三台阶七步开挖法

三台阶七步开挖法指隧道开挖过程中，在3个台阶上分7个工作面（图5-34），以前后7个不同位置相互错开同时开挖，然后分步及时支护，形成支护整体，以缩小作业循环时间，逐步向纵深推进的隧道开挖施工方法。该法一般适用于黄土地区隧道施工，也可用于其他Ⅲ～Ⅳ级围岩地段。

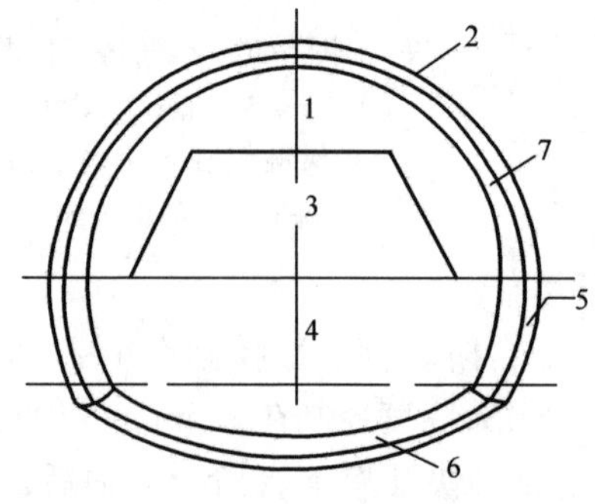


图5-33　环形开挖留核心土

1—上导坑开挖；2—拱部网喷支护；3—核心土开挖；4—下部开挖；5—边墙仰拱网喷支护；6—仰拱二次衬砌；7—二次衬砌

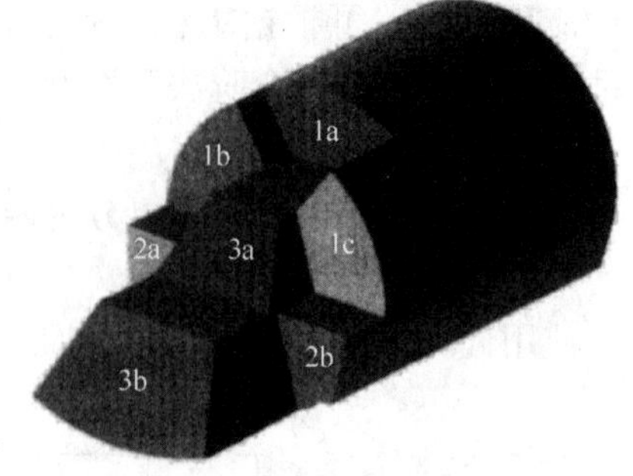


图5-34　三台阶七步开挖示意图

（2）施工流程

台阶法开挖施工流程如图5-35所示。

（3）工艺要点

1）台阶长度控制为 3 ~ 5m，及时施作初期支护锁脚锚杆（管），初期支护钢架背后严禁出现空洞。

2）全断面初期支护要紧跟下台阶封闭成环，距拱部开挖面的距离尽量短，最长不超过 30m。

3）台阶数不宜过多，台阶长度要适当，充分利用地层纵向承载拱的作用。上台阶高度宜为 2.5m，一般以一个台阶垂直开挖到底，保持平台长 2.5 ~ 3m，易于减少翻渣工作量。装渣机应紧跟开挖面，减少扒渣距离，以提高装渣运输效率。

4）软弱地层施工时，单线台阶长度超过 1.5 倍洞径就要及时封闭，双线隧道台阶长度超过 1 倍洞径就要及时封闭，未封闭长度大于纵向承载拱跨，就会产生变位骤增现象。

5）台阶法开挖宜采用轻型凿岩机打眼施作小导管，当进行深孔注浆或设管棚时多用跟管钻机，而不宜采用大型凿岩台车。

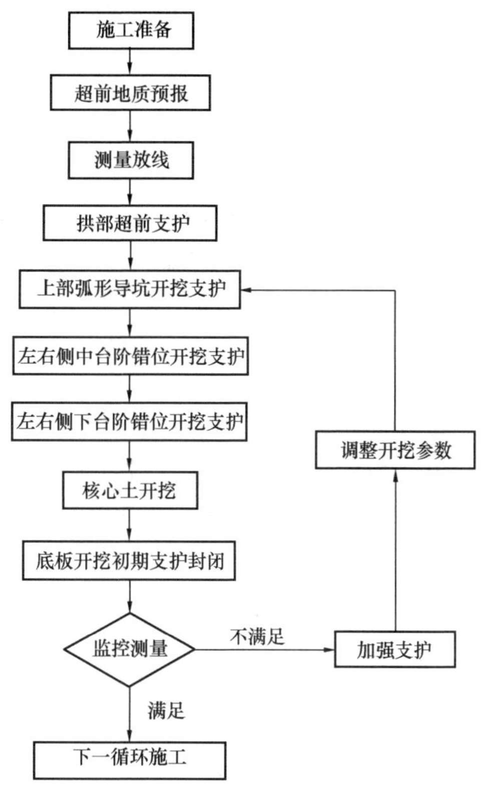


图 5-35　台阶法开挖施工工序流程图

6）上台阶架设拱架时，拱脚必须落在实处，采用锁脚锚管（灌浆）稳固拱脚，防止拱部下沉。

7）个别破碎地段可配合喷锚支护和挂钢丝网施工，防止落石和崩塌。

8）解决上下部半断面作业的相互干扰的问题，做好作业施工组织、质量监控及安全管理工作。

9）采用钻爆法开挖石质隧道时，应采用光面爆破技术和振动量测控制振速，以减少对围岩的扰动。

（4）台阶法工艺特点

台阶法开挖的优点在于：

1）灵活多变，适用性强，凡是软弱围岩、第四纪沉积地层，必须采用正台阶法，这是基本方法，无论地层变好还是变坏，都能及时更改、变换成其他方法。

2）台阶法开挖具有足够的作业空间和较快的施工速度。台阶有利于开挖面的稳定性，尤其是上部开挖支护后，下部作业较为安全。当地层无水、洞跨度小于 10m 时，均可采用该方法。

台阶法开挖的缺点是上下部作业有干扰，应注意下部作业时对上部稳定性的影响。另外，台阶开挖会增加对围岩的扰动次数等。

**4. 分部开挖法**

分部开挖法主要适用于地层较差的大断面地下工程，尤其是限制地表下沉的城市地下工程的施工。该法常用的开挖方式包括中隔墙法（CD 法）、交叉中隔墙法（CRD 法）和单侧壁导坑超前台阶法。

（1）中隔墙法和交叉中隔墙法（CD 法、CRD 法）开挖

1）概述

中隔墙法（ Center Diaphragm），是指先开挖隧道一侧，并施作临时中隔壁墙，当先开挖一侧超前一定距离后，再分部开挖隧道另一侧的隧道开挖方法。CD 法主要适用于地层较差和不稳定岩体，且地表下沉要求严格的地下工程施工，当 CD 法仍不能满足要求时，可在 CD 法的基础上加设临时仰拱，即所谓的 CRD 法（交叉中隔墙法，Center Cross Diaphragm）。

中隔墙法以台阶法为基础，将隧道断面从中间分成 4 ~ 6 个部分，使上、下台阶左右各分成 2 ~ 3 个部分，每一部分开挖并支护后形成独立的闭合单元。各部分开挖时，纵向间隔的距离根据具体情况，可按台阶法确定。

2）工艺流程

采用中隔墙法施工时，每步的台阶长度都应控制，一般台阶长度为 5 ~ 7m。为稳定工作面，中隔墙法一般与预注浆等辅助施工措施配合使用，多采用人工开挖、人工出渣的开挖方式。CD 法开挖方式及施工流程如图 5-36、图 5-37 所示，CRD 法开挖方式及工艺流程如图 5-38、图 5-39 所示。

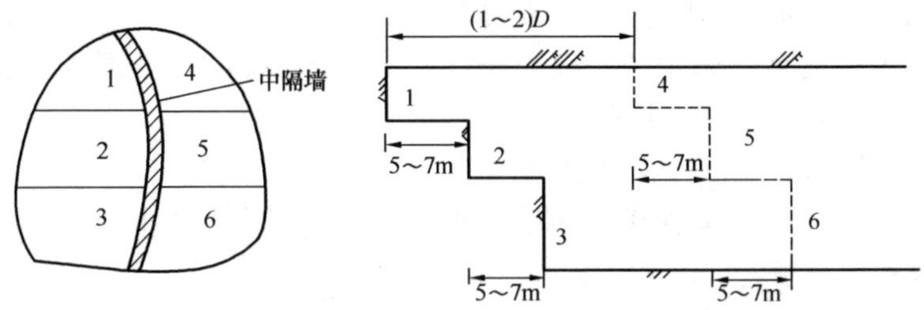


图 5-36　CD 法开挖示意图

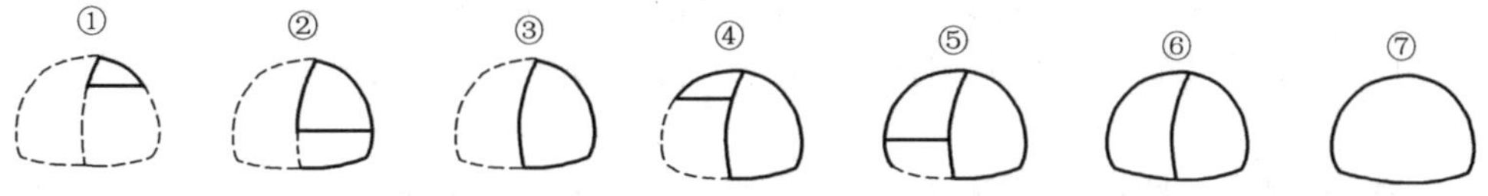


图 5-37　CD 法施工流程图

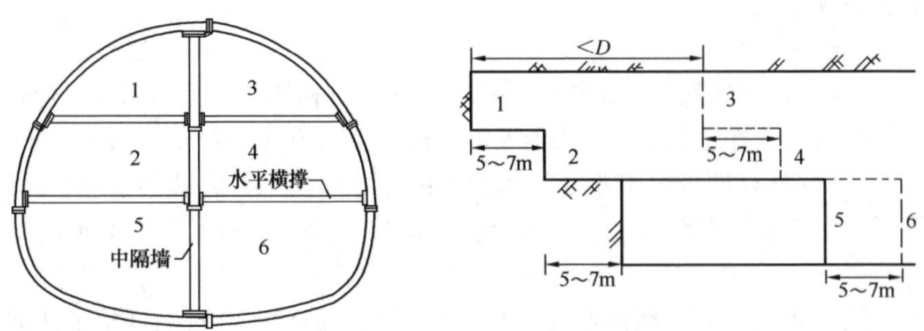


图 5-38　CRD 法开挖示意图

CD 法和 CRD 法在地铁车站大跨度中的应用很普遍，将大跨对分成两个小洞室，也是利用变大跨为小跨的指导思想。在施工中也应严格遵守正台阶法的施工要点，尤其要考虑时空效应，每一步开挖要快，必须及时步步成环，工作面留核心土或用喷混凝土封闭，消除因工

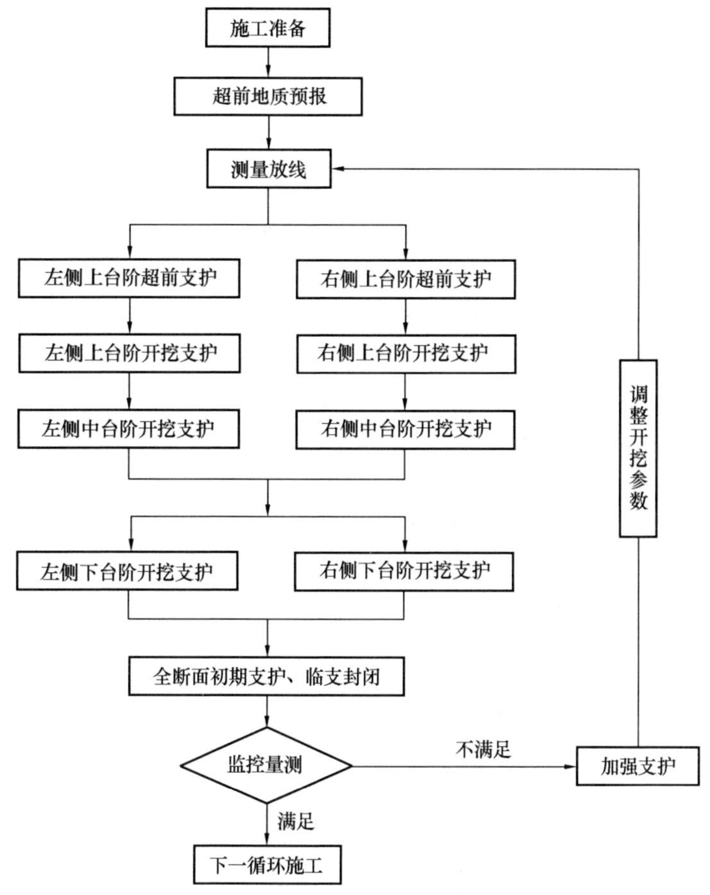


图 5-39　CRD 法工艺流程图

作面的应力松弛引起的沉降值增大。地下工程工作面不宜同时多开，类似外科手术，开口越小越好，打开后应立即缝合，我们也应遵守这个原则。要注意当跨度小于 6 ~ 7m 时，不宜采用 CRD 法，这样可以避免因分块过多，空间过小，进度太慢而增大沉降值。由于时间加长，变位会增大，所以软弱不稳定地层，在超前支护的作用下，应快速施工。快速通过不良地层，是减少下沉量的最有利的方法，所以方法的选择必须因地制宜。

CD 法和 CRD 法中，中隔墙和水平横撑宜采用竖直隔墙和水平直撑形式。

3）工法特点

本工法的优点在于：

① 各部封闭成环的时间短，结构受力均匀，形变小，且由于支护刚度大，施工时隧道整体下沉微弱，地层沉降量不大，而且容易控制。

② 由于施工时化大跨为小跨，步步封闭，因此，每步开挖扰动土层的范围相对小得多，封闭时间短，结构很快就处于整体较好的受力状态。同时，临时仰拱和中隔墙也起到增大结构刚度的作用，有效抑制了结构的变形。

③ 该法适用于较差地层，如采用人工或人工配合机械开挖的Ⅳ ~ Ⅴ级围岩和浅埋、偏压及洞口段。

本工法的缺点在于：

① 由于地层软弱，断面较小，只能采取小型机械或人工开挖及运输作业，且分块太多，

工序繁多、复杂，进度较慢。

② 临时支撑的施作和拆除困难、成本较高。

③ 有必要采用爆破时，必须控制药量，避免损坏中隔墙。

（2）单侧壁导坑超前台阶法开挖

1）概述

单侧壁导坑超前台阶法是指先开挖隧道一侧的导坑，并进行初期支护，再分部开挖剩余部分的施工方法。

采用该法开挖时，单侧壁导坑超前的距离一般在2倍洞径以上，为稳定工作面，经常和超前小导管预注浆等辅助施工措施配合使用，一般采用人工开挖、人工和机械混合出渣。

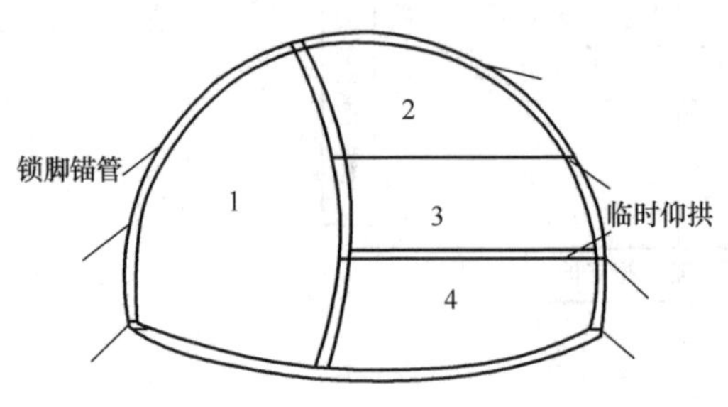

图5-40　单侧壁导坑超前台阶法开挖

2）工艺流程

单侧壁导坑超前台阶法开挖如图5-40所示。其工艺流程如下：

① 左导施做超前支护：小导管注浆。

② 左导1部开挖支护：采用台阶法开挖，施作初期支护，及时封闭成环。

③ 待左导开挖15～20m以后，进行右导开挖，开挖3部，施作初期支护，及时封闭成环。

④ 开挖5部，在5部底部设一道Ⅰ18型钢临时仰拱。

④ 开挖7部，使7部及时封闭成环。

3）工法适应性评价

跨度大于10m的隧道，可采用单侧壁导坑法，将导坑跨度定为3～4m，这样就可将大跨变成3～4m跨和6～10m跨，这种施工方法简单、可靠。该法是将大跨度变为小跨度后进行正台阶施工的，它避免了采用双侧壁导坑超前台阶法所带来的工序复杂、造价增大、进度缓慢等缺点，也避免由于施工精度不高，引起网构拱架连接困难的缺点。

侧壁导洞尺寸，一般根据机械设备和施工条件确定，而侧壁导洞的正台阶高度，一般规定至起拱线的位置，主要是为施工方便而确定的，从2.5～3.5m不等，下台阶落底、封闭要及时，以减少沉降。

**5.2.3.3　初期支护技术**

在浅埋暗挖法中，初期支护施工包括隧道开挖后及时初喷混凝土、安装锚杆、挂钢筋网、架立钢格栅复喷混凝土，最后进行壁后注浆。

**1. 初喷混凝土**

在超前支护结构的保护下，对掌子面进行开挖。然后及时进行混凝土喷射支护。其要求如下：

（1）喷射混凝土采用湿喷机，混凝土由洞外拌合站集中拌料，运输车运到工作面。

（2）喷射前，用水、高压风将岩土面粉尘和杂物进行清理，喷射作业应分段、分片、由下而上顺序进行。初喷混凝土厚度按设计要求，安装完钢拱架后进行复喷混凝土作业，喷至设计厚度。

（3）原材料计量要准确，喷射混凝土粗骨料应用卵石或碎石，粒径不应大于15mm，不应小于5mm，含泥量不大于1%。

（4）外加剂应进行水泥相容性试验和水泥净浆凝结效果试验，初凝时间应不超过5min，终凝时间应不超过10min。

（5）设置控制混凝土厚度的标志。喷射前检查开挖断面净空尺寸。

（6）采用强制式搅拌机拌制混凝土，骨料、水泥加入搅捽机，经试验坍落度满足要求后方可施工。

（7）喷嘴与岩面垂直，距受喷面0.8～1.2m，掌握好风压与水压，减少回弹和粉尘，喷射压力0.1～0.15MPa，水压力0.15～0.2MPa。

（8）施工中经常检查出料弯头、输料管和管路接头，处理故时断电、停风，发时立即关机停风。

**2. 锚杆施工**

（1）施工顺序

锚杆孔定位→钻孔→锚杆安装→孔口封闭→注浆→孔口封堵

（2）工艺要点

1）开挖初喷后尽快施作锚杆，然后复喷。

2）锚杆数量、规格、长度、直径等应符合设计要求，锚杆杆体除锈除油。

3）锚杆布置形式符合设计要求，按要求定出锚杆位置，锚杆与岩面垂直。

4）锚杆注浆压力、水泥浆水灰比符合设计要求，锚杆杆体露出岩面长度不大于喷层厚度。确保孔内浆液饱满。锚杆垫板与孔口混凝土密贴。

5）锚杆应进行抗拔试验，检验数量，每100根取3根进行检验，同批试件抗拔力最低值不应低于设计文件规定的平均抗拔力的90%。

**3. 钢筋网施工**

（1）钢筋网施工在锚杆施作好后进行。将洞外加工成片的钢筋网紧贴隧道初喷面，用电焊焊接于锚杆尾部。

（2）钢筋网安装一定要稳固，喷混凝土时不得晃动。

（3）生锈的钢筋必须按要求进行除锈。

**4. 钢拱架施工**

（1）施工顺序

拱架制作→测量→安装→安设锁脚描杆→纵向连接筋焊接

（2）工艺要点

1）钢拱架加工在平整的场地上进行，以控制平面翘曲度在允许的范围内。

2）每节钢拱架两端焊上连按板用螺栓连接；检查焊点是符合规范要求，是否漏焊；符合要求的要编号，避免混用。

3）施工时根据开挖方法先安装拱部，为了使拱部拱架便于与下部连接，安装拱部时在拱脚处垫上垫板和砂垫层并用锁脚锚杆锁固。两边边墙分左、右侧开挖，相继安装墙部拱架。安装好的拱架用纵向连接筋连成一体，按设计施作径向锚杆，将径向锚杆的尾部焊于拱架上。

4）钢拱架的下端设在稳固的地层上，拱脚开挖高度应低于上部开挖底线15～20cm，下垫砂层和钢板，便于安装和下部连接。

5）安装好的拱架在拱脚处打好锚杆，每侧拱脚至少4根。

6）钢拱架加工误差与安装误差应符合相关规范要求。

7）拱架与围岩之间的超挖用喷混凝土回填，严禁用片石和木材填塞，保护层厚度不小于4cm。

#### 5.2.3.4 模筑衬砌技术

模筑衬砌施工主要工艺包括钢筋工程、模板工程和灌注混凝土工程。在浅埋暗挖法中，模筑衬砌分为仰拱衬砌施工和洞身衬砌施工两步。

**1. 仰拱衬砌施工**

仰拱初期支护施工结束后，清除杂物与积水，并做好地下水引排，分段铺设防水板，绑扎钢筋，环向钢筋错开外露，立模板，混凝土灌筑采用泵送施工。

**2. 洞身衬砌施工**

待仰拱衬砌混凝土达到设计强度后，可以开始洞身衬砌的施工。根据设计的模板长度，衬砌施工分节段进行。具体工艺流程如下：

铺设防水板→绑扎结构钢筋与预埋件→安装模板→泵送混凝土

（1）钢筋工程

钢筋在现场钢筋加工房加工，运至隧道洞内利用施工台架架立、绑扎，钢筋必须有质保书和试验报告单，严格遵守“先试验后使用”的原则。

1）钢筋焊接加工

钢筋焊接使用焊条、焊剂的牌号、性能以及使用的钢板和型钢均应符合要求规范和设计有关规定，焊接成型时，焊接处不得有水锈、油渍等，焊接处不得有口、裂纹，无大金属焊瘤，钢筋部的扭曲、弯折予以校直或切除，钢筋加工和焊接允许误差复合设计要求。

2）钢筋成型与安装

锅筋的钢种、根数、直径、级别等符合设计要求，同一根钢筋上在$30d$、且$<500$mm的范围内只准有一个接头，绑扎或焊接接头与钢筋弯曲处相距不应小于10倍主筋直径，也不宜位于最大弯矩处。钢筋搭接采用闪光对焊或搭接焊。在绑扎双层钢筋网时，钢筋骨架以梅花状点焊，并设足够数量及强度的限位筋，保证钢筋位置准确。钢筋网片成形后不得在其上放置重物，焊接成型的钢筋网片或骨架牢固，在安装及浇筑混凝土时不得松动或变形。

钢筋与模板间设置足够数量与强度的垫块，确保钢筋的保护层达到设计要求。变形缝处主筋和分布筋均不得触及止水带和填缝板，焊接时防止火花灼伤防水板，二次衬砌注浆管按设计要求焊接在钢筋上，钢筋安装允许偏差符合设计要求。

（2）模板工程

1）采用模板台车与组合模板，模板采用优质钢制成的可调曲模，堵头板采用无节松木板。

2）模板台车结构应简单，装拆方便，表面光滑，接缝严密，使用之前必须经过力学检算后方可使用，重复使用时应随时修整。模板台车预留沉落量为10～30mm。

3）模板拼装严密，不漏浆，使用前应试拼一圈检查。

4）端头模板采用弧形木堵头，宽450mm，长1000mm。

5）模板安装预埋件与空洞，其偏差符合设计要求。

（3）混凝土工程

1）浇筑混凝土前，检查防水板铺设、钢筋预埋件、端头橡胶止水条、端头木模板，洞身钢模板等是否符合设计及规范要求，模板台车是否稳固，清除模板内的杂物等，准备就绪后浇筑混凝土。

2）混凝土采用商品混凝土由搅拌车运输至工地，在运输过程中要避免出现离析、漏浆，并要求浇筑时有良好的和易性，坍落度损失减至最小或者损失不至于影响混凝土的浇筑与捣实，在冷天、热天、大风等气候条件下运送混凝土时应力求缩短运输时间。

3）输送泵输送至模内，泵输送混凝土坍落度边墙宜为 100 ~ 150mm，拱部宜为 160 ~ 210mm，混凝土到场后核对试验资料及使用部位，做坍落度试验，对于超过标准 1 ~ 2cm 的立即通知搅拌站调整。保证输送泵车状态良好，输送管路接头严密，拐弯缓和，输送过程中受料斗内保持足够混凝土，输送间歇时间预计超过 45min 或混凝土出现离析现象时，需立即冲洗管内残留混凝土。

4）混凝土采用泵送下料，施工前，用同强度等级的水泥砂浆润管，混凝土泵送入模时，左右对称灌注，沿隧道高度分层进行，每一循环应连续灌注，以减少接缝造成的渗漏现象。衬砌模架按灌注孔先下后上，由后向前有序进行，防止发生混凝土砂浆与骨料分离。

5）喂料口垂直受料面，以防止泵入时冲击力过大造成混凝土离析，如必须间歇时，尽量缩短时间间隔，并在前层混凝土终凝之前将次层混凝土灌注完毕。混凝土每层灌注厚度，当采用插入式振捣器时，不超过其作用的 1.25 倍。

6）水平施工缝以上 50cm 范围要注意振动棒插入深度及混凝土下落速度，防止止水条发生弯曲移位。

7）混凝土采用插入式捣固棒振捣，振捣时间为 10 ~ 30s，并以泛浆和不冒气泡为准。振捣棒移动距离不大于作用半径 1 倍，插入下层混凝土深度不小于 5cm，振捣时不得碰撞钢筋、模板、预埋件和止水带等。施工缝处混凝土必须认真振捣，新旧混凝土结合紧密。混凝土振捣过程中严格按工艺操作，快插慢拔，布点均匀，防止漏振，振捣棒端头距止水条应为 30 ~ 50cm，防止过近破坏止水条，过远漏振使浆液不能到达接缝处，产生露骨。振捣时不得触及防水板、钢筋、预埋件和模板。

8）施工缝处止水条安放前对一期混凝土表面认真处理，清除杂物，止水条两侧混凝土认真凿毛，止水条底部抹氯丁橡胶粘结，边抹边粘，并以 200mm 间距用水泥钉固定。

9）混凝土灌注过程中有专人随时观察模板、支架、钢筋、预埋件等情况，发现问题及时处理。

10）混凝土终凝后及时养护，结构混凝土养护期不少于 14d，洞身二次衬砌养护采用混凝土养护液。混凝土灌注至墙拱交界处，需间歇 1 ~ 1.5h，混凝土必须振捣密实。拱顶混凝土振捣采用附着式振捣器，确保拱顶混凝土的密实程度。

#### 5.2.3.5 防水施工工艺

**1. 概述**

地下工程防水直接影响隧道使用寿命并决定其使用的质量，所以是工程施工的关键问题。浅埋暗挖法在设计上，要求初期支护承担全部荷载，二次衬砌作为安全储备，并要求施工过程中待初期支护变形稳定后方可施作二次衬砌，这些措施确保隧道结构建成后的稳定、不开裂，从而为防水奠定了坚实的基础，提高了隧道结构的耐久性。

此外，浅埋暗挖法还在防水工艺方面采取了多项措施，层层设防，保证隧道运营不受水患影响。这些措施如下：

（1）通过初支壁后注浆，堵塞初支壁后空洞，充填围岩缝隙，形成第一道防线；

（2）初期支护混凝土自防水是第二道防线；

（3）在初支与二衬之间施作防水层作为防水施工的第三道防线；

（4）二衬结构混凝土的自防水，作为防水施工的第四道防线；

（5）做好施工缝、变形缝等薄弱部位的防水工艺，提高隧道结构整体防水性。

**2. 主要施工工艺**

（1）初期支护混凝土自防水

提高喷射混凝土的自防水能力的实质就是增加喷射混凝土的密实性，减少其收缩变形开裂，达到防渗漏目的。由于喷射混凝土水泥用量较多，易产生干缩裂缝，而且其质量与喷射技术关系密切，因此要想喷射混凝土不裂不渗，必须控制好用料级配、水灰比，选择好施工工艺。具体实施时采取以下有效措施。

1）受喷面治水

当受喷面有滴水、淋水或涌水时，先治水。根据现场情况，治水可用堵（采用注浆堵水）、排（采用埋管引水）方法，从而保证喷射混凝土不带水作业，不改变喷射混凝土的配合比。

2）严格控制使用材料

喷射混凝土使用材料主要有水泥、砂、石、水，对这些材料规格质量都应严格控制。各项指标符合规范与设计要求。

3）合理选用外加剂

为了提高喷射混凝土的早期强度和防水性能，喷射混凝土时一般都须添加一定数量的外加剂。外加剂的品种和用量也直接影响射混凝土的防水效果，必须合理选择。

① 速凝剂的应用：为了提高喷射混凝土的早期强度，须在喷射混凝土中添加一定数量的速凝剂。

② 防水剂的运用：普通喷射混凝土是非匀质材料，内附许多孔隙，水泥在硬化过程中会产生收缩变形，多余水分的蒸发会给混凝土内部留下孔隙，因此在普通喷射混凝土中掺加防水剂，使混土更加密实，而且可推迟收缩变形产生的时间。

当水泥收缩时，喷射混凝土已有足够的强度，有效地抵抗收缩开裂和减少混凝土内部的细小裂缝，使其具有结构自防水能力。

4）分层喷射，确保混凝土密实

在施喷过程中，先喷射 3 ~ 5cm 厚混凝土后，再架设钢拱架和钢筋网，再分层喷至设计厚度，以保证喷混凝土的密实性。现场实际情况表明渗水多发生在网构钢架拱墙连接节点处。施工中可以采取以下治理措施：

① 清除拱墙连接处的全部回弹料和渣土，并在施喷前用高压风水冲洗连接面。

② 上齐、扣紧全部节点的螺栓。

（2）防水层铺设工艺

隧道初支与二衬之间的防水层由土工布 + 防水板组成。其主要做法是先将土工布用射钉固定在初支混凝土基面上，然后用热合方法将防水板粘贴在固定圆垫片上，采用无钉铺设，以保证对防水板无机械损伤。

1）防水板的铺设工艺流程：

初支基面处理→无纺布铺设→防水板铺设→接缝焊接

2）防水层铺设技术要点

① 初支基面处理

为确保防水层不被初支表面外露钢筋、铁丝头等损坏，在铺设防水层以前必须对初支表面进行处理，处理过程中注意做好以下工作：

a. 确保处理后混凝土面凹凸度 $D/L < 1:6$。

b. 将基面钢筋及凸出的管件等尖锐凸出物，从混凝土表面处割除，并在割除部位涂抹砂浆，砂浆面抹成曲面。

c. 隧道断面变化处的角抹成 $R = 10\text{cm}$ 圆弧。

d. 基面若有明水，进行引排或采取注浆等堵漏措施，确保基面干净，无松动和渗漏水现象。

② 无纺布铺设

采用射钉配 HDPE 垫机械固定，按设计要求间距施作固定点，整体呈梅花型排列。在拱顶区段，先在隧道拱顶部画出隧道纵向中心线，再将已裁好的无纺布中心线与这一标志相重合，从拱顶开始向两侧下垂铺设。在边墙部位则顺隧道纵向竖向下垂铺设。

③ 防水板铺设

拱顶部分的铺设：先在无纺布上用射钉布设热塑性塑料圆形垫片，每隔 50 ~ 150cm 间距梅花形布设。在拱顶无纺布上标出隧道纵向中心线，使防水板的横向中心线与该线重合，先将拱顶的防水板与塑料垫片热熔焊接，再从拱顶开始向两侧下垂铺设，边铺边与垫片热熔焊接，并注意钉与钉之间防水板不拉得太紧。

防水板环向铺设时，先拱后墙，下部防水板应压住上部防水板，防水板铺设超前二衬混凝土的施工，其距离宜为 10m 左右，并设临时挡板防止机械损伤和电火花灼伤防水板。

④ 防水板收口、搭接以及热熔施工

防水板缝焊接是防水施工最重要的工艺之一，焊缝采用爬行热合机双缝焊接，即将两层防水板的边缘搭接，通过热熔加压而有效粘结。防水板搭接宽度短边不小于 150mm，长边不小于 100mm，宽度不小于 10mm。由于防水层在加工时，边缘处的塑料板与无纺布没有复合，焊接时比较方便，焊样形式如图 5-41 所示。

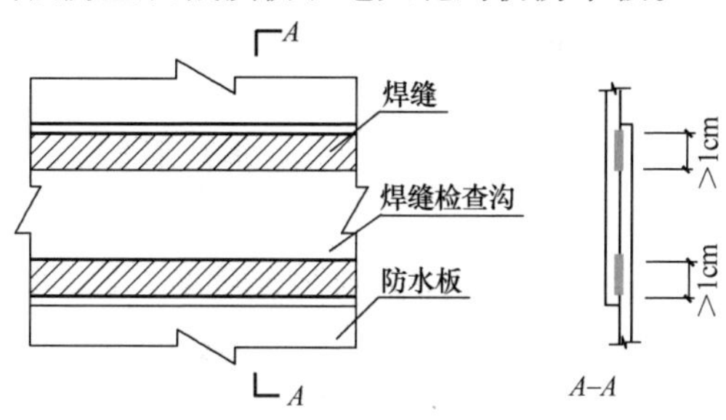


图 5-41　防水板搭接双焊缝平面图

竖向焊缝与横向焊缝成十字交叉时，在焊接第二条缝前，先将第一条焊缝外的多余部分裁掉，将台阶修理成斜面并熔平。修整长度 > 12mm，保证焊接质量和焊机顺利通过，如图 5-42 所示。

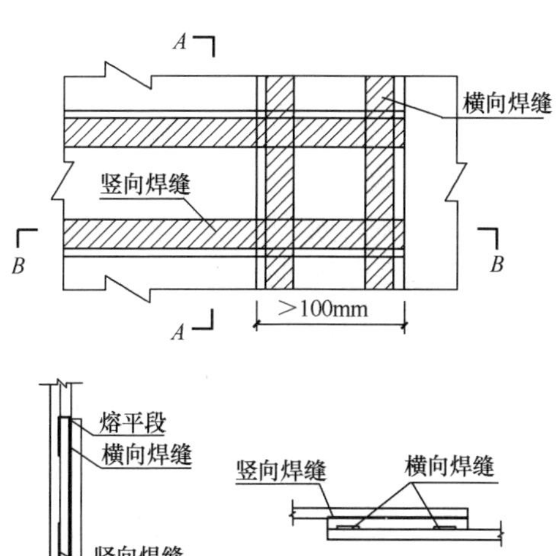


图 5-42　十字交叉焊样图

防水层的接头处应拭干净，以保证焊接质量。在结构立面与平面的转角处，防水板接缝留在平面，距转角不小于 600mm。焊接温度与电压及环境有密切关系，施焊前必须进行测试，点画出电压-温度关系曲线，供查用。

防水板固定方法如图 5-43 所示。

⑤ 焊缝质量检查

用 5 号针头与压力表相连，针头刺入焊缝空腔，用打气筒充气，当压力表压力达到 0.1 ~ 0.5MPa 时，停止充气，如果保持该压力时间少于 1min，说明有未焊好之处，用肥皂水涂在焊缝

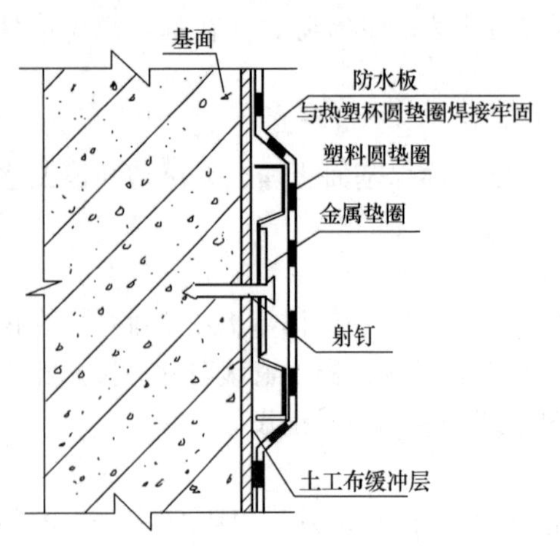


图 5-43　防水板固定示意图

上，产生气泡地方要补焊，直到不漏气为止，每15m 焊缝抽检一处焊缝。

⑥ 防水板修补

防水层施工必须精心，发现质量问题，必须及时修补，具体遵循以下要求：

a. 补丁不得过小，离破坏孔边不小于 7cm。

b. 补丁剪成圆角，不要有正方形、长方形、三角形等尖角。

⑦ 防水层的保护

a. 防水层做好后，及时灌注防水混凝土。

b. 混凝土振捣时，振捣棒不得直接接触防水层，以免破坏防水层。振捣棒引起的对防水层的破坏不易发现，也无法修补，故二次衬砌灌注混凝土施工时应特别注意，严禁紧贴防水板捣固。

c. 如需进行钢筋焊接时，必须在此处周围用石棉板遮挡隔离，以免溅出火花烧坏防水层，焊接作业完成后，石棉板待钢筋冷却后再进行撤除。

d. 防水层进行其他作业不得破坏防水层。

e. 混凝土输送管设弯头，降低对防水板的冲刷。

f. 不得穿带钉子的鞋在防水层上走动。

g. 加强对现场施工人员的教育，提高保护意识。

（3）二衬混凝土结构自防水

二衬混凝土结构自防水主要是由防水混凝土依靠其自身的憎水性和密实性来达到防水效果。提高混凝土的抗渗性就是提高其密实度，抑制孔隙。施工中，用控制水灰比、水泥用量和砂率来保证混凝土中砂浆质量和数量以抑制孔隙，使混凝土浸水一定深度而不致透水，通过加入膨胀剂和高效减水剂，减少混凝土收缩，增强其抗裂性能，并采取一系列措施保证混凝土施工质量。

1）保证混凝土的质量

① 优化配合比设计，尽量减小水灰比，砂率与灰砂比严格遵循规范要求。

确保水泥、砂子、石子、水和外加剂的质量要求。施工中严格按配合比准确计量。减水剂应在混凝土拌合水中预溶成一定浓度的溶液，再加入搅拌机搅拌。为减少水化热的产生，施工时在混凝土中掺入部分粉煤灰，粉煤灰采用 I 级标准，借以提高混凝土的和易性。

② 严格控制混凝土的坍落度。结构防水混凝土的入模坍落度控制在 11 ~ 14cm。

2）防水混凝土的搅拌与运输

混凝土搅拌不仅仅使材料均匀地混合，还起到一定的塑化和提高和易性作用，对防水混凝土的性能影响较大，混凝土搅拌达到色泽一致后方可出料，拌和时间不小于 2min。施工中采用商品混凝土，混凝土运输采用混凝土拌合车运送，在运输过程中要避免出现离析、漏浆，并要求浇筑时有良好的和易性，坍落度损失减至最小或者损失不至于影响混凝土的浇筑与捣实，在冷天、热天、大风等气候条件下运送混凝土时应力求缩短运输时间。

3）严格控制混凝土施工工艺

① 混凝土浇筑时除使拌合物充满整个模型外，还应注意拌合物入模的均匀性，保证不

离析。拌合物自由下落高度控制在2m内，超过时采用$\phi$150mm的软管接长下料，软管沿纵向每3m布置一道。施工过程中严禁外来水渗透到正在浇灌的混凝土。

② 暗挖结构防水混凝土振捣采用插入式振捣棒配合附着式振捣器进行。振捣时，“快插慢拔”操作。混凝土分层灌注时，其层厚不超过振动棒长的1.25倍，并插入下层不小于5cm，振捣时间为10～30s。振捣棒应等距离地插入，均匀地捣实全部混凝土，插入点间距应小于振捣半径的1倍。前后两次振捣棒的作用范围应相互重叠，避免漏捣和过捣。振捣时严禁触及钢筋和模板。

③ 在炎热季节施工时，应采用有效措施降低原材料温度，必要时埋设冷凝管，并减少混凝土运输时吸收外界热量，混凝土结构的表面温度与室外最低温度的差值不应大于20℃。为防止混凝土收缩开裂影响防水效果，结构恒温温度不高于50℃，混凝土降温速度不应大于2℃/h。

④ 防水混凝土结构内部设置各种钢筋或绑扎铁丝，不得接触模板。

⑤ 模板要架立牢固、严密，尤其是挡头板，不能出现跑模现象。混凝土挡头板做到表面规则平整，避免出现水泥浆漏失现象。

⑥ 把好泵送入模关。暗挖隧道防水混凝土采用泵送入模。施工前，用同强度等级的水泥砂浆润管，并将水泥砂浆推铺到施工接槎面上，推铺厚度20～25m，以促使施工处新旧混凝土有效结合。混凝土泵送入模时，左右对称灌注，沿隧道高度分层进行，每一循环应连续灌注，以减少接缝造成的渗漏现象。衬砌模架按灌注孔先下后上，由后向前有序进行，防止发生混土砂浆与骨料分离。

4）做好混凝土的养护

防水混凝土灌注完毕，待终凝后应及时养护，采用喷、洒水养护。由于台架和模板不能及时拆除，初期养护洒水至模板表面和挡头板进行降温，待拆模后，对结构表面涂抹养护液养护。

（4）二衬施工缝防水

1）膨胀橡胶止水条工艺

在边墙、仰拱纵向施工缝中设遇水膨胀橡胶止水条的施工方法如下：

① 一期混凝土浇筑时，在施工缝处预埋木条成槽，其尺寸符合设计要求。安放前对一期混凝土表面认真处理，清除杂物，止水条两侧混凝土认真凿毛，并用水泥砂浆找平，止水条底部抹氯丁胶粘接，边抹边粘，并以200mm间距用水泥钉固定，如图5-44所示。

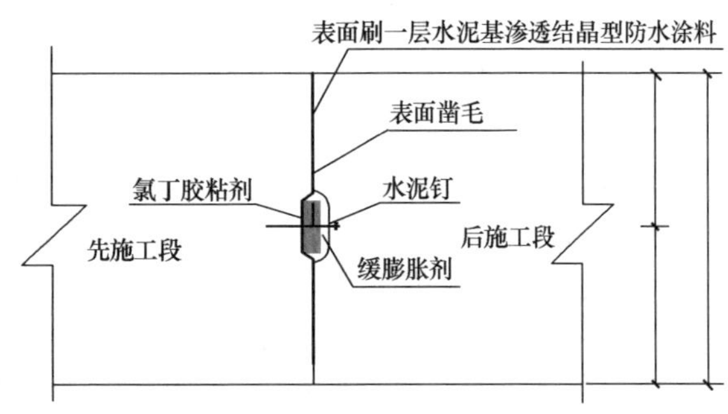


图5-44 橡胶止水条施工方法示意图

② 在止水条外涂缓膨胀剂，控制止水条安放时间，以保证在其发生膨胀之前（5h左右）灌注混凝土，防止暴露时间过长因潮湿或不可避免的沾水提前膨胀扭曲。混凝土浇筑前对止水条全面检查，确保未发生变形后立即浇筑混凝土，否则重新安放。

③ 安装接缝模板时，夹2mm厚橡胶条，防止混凝土灌注过程中的漏浆。混凝土浇筑之前，沿施工缝均匀洒一层3cm厚同强度等级水泥砂浆，保证接合部位质量。

④ 混凝土振捣过程中必须严格按工艺操作，快插慢拔，布点均匀，防止漏振，棒端头距施工缝应在 30～50cm，防止过近破坏止水条，过远漏振使浆液不能到达接缝处，产生露骨。

⑤ 在先浇段混凝土表面刷一层水泥基渗透结晶型防水涂料加强防水。

2）防水涂料施工工艺

在二衬施工缝表画刷一层 1.5～2mm 的水泥基渗透结晶型防水涂料。施工方法和施工措施如下：

① 基面处理

混凝土表面应该粗糙、干净，以提供充分开放的毛细管系统以利于渗透。

a. 混凝土施工缝表面凿毛后用高压风吹干净，必要时先用水洗再吹干净，以露出新鲜混凝土面并保持湿润；

b. 混凝土施工缝表面不得有积水；

c. 在涂防水材料之前，将混凝土表面略微湿润，混凝土内部结构必须保持湿度。

② 涂料拌和

a. 每平方米 1.5kg：5 份水泥基渗透结晶型防水涂料，2 份干净水；

b. 涂刷时经常将混合物搅拌，并且每次不应混合多于 35min 内可用完的分量。

③ 涂料涂刷

a. 采用水泥工专用刷子（采用人造纤维类较佳）涂刷，混合及施工时工人需戴橡胶手套，按规定要求进行涂刷；

b. 涂刷水泥基渗透结晶型防水涂料前先将混凝土表面湿润；

c. 涂刷水泥基渗透结晶型防水涂料按指定分量施工：第一层的厚度应少于 1.2m，第二层应等第一层触干时涂刷，天气较热时，两层涂浆之间要喷上一层雾水湿润。

### 5.2.4 浅埋暗挖法施工基本原则

根据浅埋暗挖法施工的特点、工艺流程、适用范围、特殊措施、辅助工法、监控量测等，总结形成了浅埋暗挖法施工的基本原则。

1. “18 字方针”是浅埋暗挖法施工技术要点的精髓，在施工时必须严格坚持该方针。

浅埋暗挖法“18 字方针”为“管超前、严注浆、短开挖、强支护、快封闭、勤量测”，其具体内容如下：

“管超前”——利用钢拱架为支点，使用超前小导管注浆防护。先用风钻或高压风吹孔、扩孔、引孔。小导管间距为 20～30cm，仰角为 5°～10°。为避免管下土体松落，以较小仰角为宜。在开挖支护的过程中，要留出钢管在土体内作为支点的长度。

“严注浆”——在小导管超前支护后，立即压注水泥或水泥水玻璃浆液，填充砂层孔隙，凝固后将砂砾胶结成为具有一定强度的“结石体”，使周围形成一个壳体，增强围岩自稳能力。每次注浆前必须对工作面进行喷射混凝土封闭，以防浆液在压力作用下溢出。

严注浆的概念是广义的，既包含进行严格的拱部导管预注浆，也包含开挖下部及边墙支护前按规定预埋管注浆，还包括初期支护背后填充注浆。背后注浆是在低压力下（0.3～0.5MPa）对喷混凝土背后进行加固填充，下沉值明显减少。

“短开挖”—— 一次注浆多次开挖。当导管长 3.5m 时，每次开挖进尺 0.75m，每次环状开挖，预留核心土。这种非爆破作业，减少了对围岩的扰动，及时喷射 5～8cm 厚混凝土层，再架设网构拱架进行挂网喷射混凝土。

“强支护”——在松软地层和浅埋条件下进行地下大跨度结构施工，初期支护必须十分牢固，以确保万无一失。按照喷混凝土→网构拱架→钢筋网→喷混凝土的工序进行支护。浅埋暗挖法的网喷支护承载系数取较大值，一般不考虑二次衬砌承载力。

“快封闭”——正台阶开挖时，通过量测，当上台阶过长，变形增加较快时，必须考虑临时支撑，仰拱方能稳定。因此，要求台阶的长度：双线不得大于1倍洞径，单线不得大于1.5倍洞径。下半断面紧跟，土体挖出一环、封闭一环，并及时封闭仰拱，使初期支护形成一个环状结构，此时变形曲线逐步趋于稳定。

“勤量测”——量测是对施工过程中围岩及结构变化情况进行动态跟踪的主要手段，量测信息及时而准确地反馈给设计施工，以便及时修改设计或采取特殊的施工措施。

2. 选择适宜的辅助施工工法，优先采用小导管超前支护。

应重视辅助工法的选择，当地层较差、开挖面不能自稳时，采取辅助施工措施后，仍应优先采用大断面开挖法。浅埋暗挖法施工时，建议采用的辅助工法有注浆法、降水法、超前小导管法、大管棚法、水平旋喷法、注浆-冷冻法等。应优先采用小导管超前支护。

小导管长度应为台阶高度加1m。所以，初期设置小导管长度3.5m是指台阶高度2.5m时的情况。

3. 在地面动荷载作用下，在大跨度地段，长孔劈裂注浆预先加固地层，小导管配合进行超前支护，是安全可靠的重要手段。

4. 拓宽浅埋暗挖法在有水、不稳定地层中的应用，要以注浆堵水为主，以降水为辅，采用劈裂注浆加固和堵住80%的水源，降掉20%的少量裂隙水，以达到减少地表下沉的目的。

5. 长管棚的直径要和地层刚度相匹配，当直径超过150mm时，对控制地表下沉作用很小。长管棚法一般在洞口段采用，在隧道内一般不宜采用，用双层小导管法是可以通过的。

6. 根据地层情况、地面建筑物特点及机械配备情况，选择对地层扰动小、经济、快速的开挖方法。若施工断面大或地层较差，可采用经济合理的辅助工法和相应的分部正台阶开挖法；若断面小或地层较好，可采用全断面开挖法。

7. 开挖方法为正台阶环形开挖留核心土，第一个台阶高度宜取2.5m，从防止工作面失稳的角度考虑，台阶应有一定长度，从减少地表下沉，尽快封闭成环的角度考虑，又不允许留过长的台阶，故定为（1.0～1.5）$D$合适（$D$为隧道直径），如图5-45所示。合理的初期支护必须从上向下施作，初期支护稳定后方可施作二次模筑衬砌。

8. 严格控制每循环的进尺长度，进尺长度一般为0.5～0.75m，因拱部局部塌方高度一般是进尺长度的1/2。

9. 大跨施工应选择变大跨为小跨的施工方法，如CD法、CRD法、侧壁导坑法、眼镜法等，如图5-46所示。在确保安全、经济的前提下，开挖方法的选择次序应为：当开挖断面宽度大于10m以上时，应优先

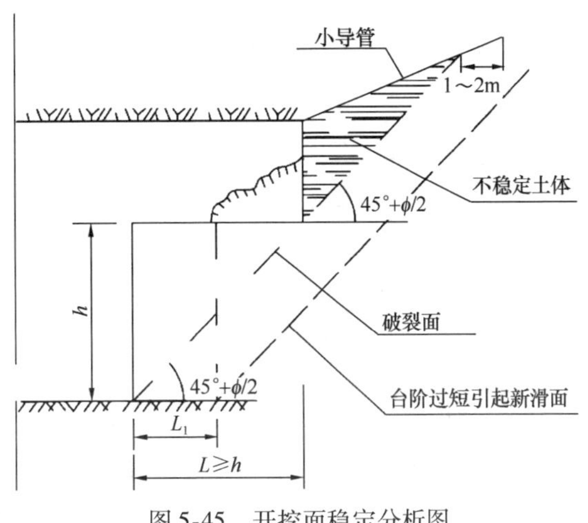

图5-45　开挖面稳定分析图

选用CD法；在迫不得已的情况下，可考虑侧壁导坑法，或者CRD法；当开挖宽度小于10m时，应优先采用正台阶法；当下沉量控制不住时，再考虑采用CD法或CRD法。工程实践证明，如在北京地层浅埋情况下，当开挖宽度在12m以内时，采用正台阶法是成功的。

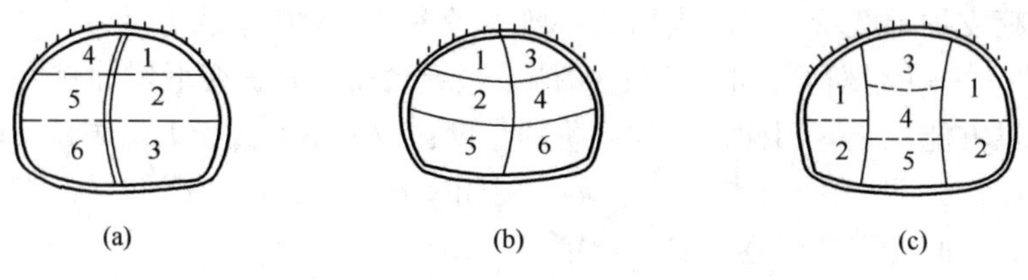


图5-46　CD法、CRD法、眼镜法分部开挖次序

（a）CD法；（b）CRD法；（c）眼镜法

10. 全部采用网构钢拱架，取消型钢拱架。靠近工作面的第一排、第二排钢拱架是不受力的，由网构拱架和喷混凝土所组成的结构，承载能力远大于作用在结构上的荷载。因此，不存在网构拱架柔于型钢拱架的理念。喷混凝土后的网构拱架承受10倍荷载，型钢拱架则承受4倍荷载，型钢后部混凝土喷不上，形成空洞和渗漏水，型钢拱架背后经常和地层不能密贴，造成结构整体变位增大。

设计采用8字形格栅拱架，做到在 $x$、$y$ 两个方向实现等强度、等刚度、等稳定度。拱架主要尺寸如图5-47所示。

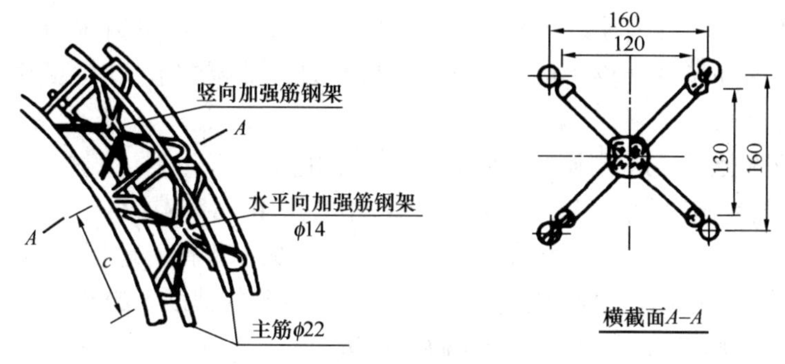


图5-47　拱架主要尺寸示意图

11. 正台阶施工不允许分长、中、微台阶，双线台阶长度为1倍洞径，单线台阶长度控制在1.5倍洞径。第一个上台阶高度定为2.5m，便于快速将顶部网构钢架安装定位，有利于施工安全。

12. 由于地层条件很差，在喷层和地层间经常出现空隙，该空隙多发生在拱顶附近和拱脚处。所以，背后充填注浆非常重要，该工序应紧跟工作面进行。同时，应做好拱脚的处理，在拱脚处应打设能注浆的锁脚锚管，这是防止拱脚下沉的关键。

13. 浅埋软弱地层中，在暗挖隧道的拱部，蛋形断面的侧墙不设置锚杆，仅在拱脚和拱架接头处设置能注浆的锚管。

14. 地下工程的衬砌必须采用复合式衬砌结构形式（图5-48），要求衬砌厚度一般不能小于30cm，但也不宜随意将二次衬砌厚度增加太厚，甚至做两层模筑衬砌，加强初期支护的理念是正确的。初期支护和二次模筑衬砌之间必须设防水隔离层，采用无钉铺设防水板，无纺布后部必须设置系统排水盲管，并将纵向盲管的水排掉，在一定距离设置泄水孔，将水

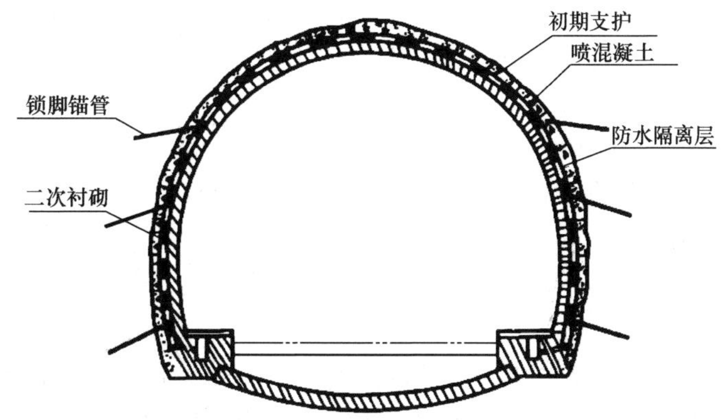


图 5-48　复合衬砌示意图

排入隧道内两侧边沟。防水隔离层既起防水作用，又起防止二次模筑的开裂作用。

15. 为突出快速施工，考虑时空效应，应做到“5 个及时”，即及时支护、及时封闭、及时量测、及时反馈、及时修正。

16. 必须遵循信息化反馈设计、信息化施工、信息化动态原理。

17. 监控量测技术是监控地表下沉和防塌方的最可靠的方法，是施工的核心，必须认真、快速获取监控量测结果，掌握洞室的变化特点，尤其要重视 1 倍洞径处的稳定性，这往往是发生塌方、变形的最危险区段。

18. 严格纪律、严格工艺、严格管理。

## 5.2.5　监控量测技术

### 5.2.5.1　监测工作整体规划

**1. 规划原则**

施工监测是一项系统工程，是保证施工安全与质量控制的关键环节，所以监测工作的质量直接决定工程能否顺利完成，必须对监测工作做出整体规划。

根据监测工作经验，归纳以下 5 条原则。

（1）可靠性原则

可靠性原则是监测系统设计中所考虑的最重要的原则。为了确保其可靠性，必须做到以下几点：

1）系统需要采用可靠的仪器；

2）应在监测期间保护好测点。

（2）多层次监测原则

多层次监测原则的具体含义有以下 4 点：

1）在监测对象上以位移为主，兼顾其他监测项目；

2）在监测方法上以仪器监测为主，并辅以巡检的方法；

3）在监测仪器选择上以机测仪器为主，辅以电测仪器；

4）分别在地表及临近建筑物与地下管线上方布点，以形成具有一定测点覆盖率的监测网。

（3）重点监测关键区域的原则

监测测点布置应合理，注意时空关系，控制关键部位。在具有不同地质条件和水文地质条件下，周围建筑物及地下管线段稳定的标准是不同的。稳定性差的地段应重点监测，以保证建筑物及地下管线的安全。

（4）方便实用原则

为减少监测与施工之间的干扰，监测系统的安装和测量应尽量做到方便实用。

（5）经济合理原则

系统设计时考虑实用的仪器，不必过分追求仪器的先进性，以降低监测费用。

**2. 监测项目的确定**

监控量测的项目主要根据工程的重要性及难易程度、监测目的、工程地质和水文地质、结构形式、施工方法、经济情况、工程周边环境等综合因素而定，力求在满足需要的前提下，少而精。

浅埋暗挖法所涉及的监测项目详见表 5-10。

**表 5-10　浅埋暗挖法施工监控量测表**

| 类别 | 量测项目 | 量测仪器及工具 | 测点布置 | 量测频率 |
|---|---|---|---|---|
| 施工监测项目 | 围岩及支护状态 | 地质描述及拱架支护状态观察 | 每一开挖环 | 开挖后立即进行，1 次/d |
| | 地表沉降 | 水平仪和水准尺 | 每 50m 或 100m 设一个断面 | 距开挖面 <2B 时，1 ~ 2 次/d<br>距开挖面 <5B 时，1 次/2d<br>距开挖面 >5B 时，1 次/周 |
| | 地面建筑、地下管线及构筑物下沉 | | 每 10 ~ 50m 设一个断面，每断面设 7 ~ 11 个测点 | |
| | 拱顶下沉 | 水准仪、钢尺、无尺量测等 | 每 5 ~ 30m 设一个断面，每断面设 1 ~ 3 个测点，对于暗挖车站，每个导洞均应布设断面 | 距开挖面 <2B 时，1 ~ 2 次/d<br>距开挖面 <5B 时，1 次/2d<br>距开挖面 >5B 时，1 次/周 |
| | 周边净空收敛 | 收敛计、无尺量测等 | 每 5 ~ 100m 设一个断面，每断面设 2 ~ 3 根基线，对于暗挖车站，每个导洞均应布设断面 | 距开挖面 <2B 时，1 ~ 2 次/d<br>距开挖面 <5B 时，1 次/2d<br>距开挖面 >5B 时，1 次/周 |
| 科研监测项目 | 地中水平位移 | 测斜仪、测斜管等 | 在代表性房屋断面两侧设 | 距开挖面 <5B 时，1 次/2d |
| | 地中垂直多点位移 | 沉降仪、垂直多点位移计 | 在代表性断面的拱顶布置测点 | 距开挖面 <2B 时，1 次/d<br>距开挖面 <5B 时，1 次/2d |
| | 围岩内部位移 | 地面钻孔安放位移计、测斜仪等 | 取代表性地面设一断面，每断面设 2 ~ 3 孔 | 距开挖面 <2B 时，1 ~ 2 次/d<br>距开挖面 <5B 时，1 次/2d<br>距开挖面 >5B 时，1 次/周 |
| | 围岩压力及支护间压力 | 压力传感器 | 取代表性地面设一断面，每断面设 15 ~ 20 个测点 | 距开挖面 <5B 时，1 次/2d<br>距开挖面 >5B 时，1 次/周<br>距开挖面 <2B 时，1 ~ 2 次/d |
| | 钢筋格栅拱架内力 | 钢筋计 | 每 10 ~ 30 榀钢拱架设一对测力计 | 距开挖面 <5B 时，1 次/2d<br>距开挖面 >5B 时，1 次/周 |

续表

| 类别 | 量测项目 | 量测仪器及工具 | 测点布置 | 量测频率 |
| --- | --- | --- | --- | --- |
| 科研监测项目 | 初期支护、二次衬砌内应力及表面应力 | 混凝土内的应变计及应力计 | 取代表性地面设一断面 | 距开挖面 <2$B$ 时，1～2 次/d<br>距开挖面 <5$B$ 时，1 次/2d<br>距开挖面 >5$B$ 时，1 次/周 |
| | 铺杆内力、抗拔力及表面应力 | 锚杆测力计及拉拔器 | 必要时进行 | 距开挖面 <2$B$ 时，1～2 次/d<br>距开挖面 <5$B$ 时，1 次/2d<br>距开挖面 >5$B$ 时，1 次/周 |
| | 衬砌间及背后空隙测试 | 地质雷达等物探仪器 | 拱部每隔 5m 设一个环向断面，每断面设 5 个测点，纵向沿中线每 2.5m 设一个测点 | 在初期支护和二次衬砌完成后各做一次测定，注浆后做一次检验 |
| | 钢管柱混凝土应力暗挖车站 | 压力盒、频率接收仪 | 选择有代表性钢管柱进行监测 | 距开挖面 <2$B$ 时，1～2 次/d<br>距开挖面 <5$B$ 时，1 次/2d<br>距开挖面 >5$B$ 时，1 次/周 |
| | 地下水 | 水位管、地下水位移 | 取代表性地面设置 | 1 次/2d |
| | 岩体爆破地面质点振动速度和噪声 | CD1 传感器、声波仪及测振仪等 | 质点振速根据结构要求设点，噪声根据规定的测距设置 | 随爆破随时进行 |

注：$B$ 为结构跨度。

根据浅埋暗挖法的施工特点，本着结构和围岩共同作用的原则，首先确定施工监测项目，这是指导施工、确保安全、防塌防沉的重要量测。其内容如下：

（1）目测检查有无明显开裂和变形；

（2）初期支护拱顶下沉量测；

（3）拱脚、边墙处水平净空收敛量测；

（4）洞顶地表下沉量测。

供以后设计、科研参考的量测或特殊周边环境要求而应增加的量测项目称为科研监测项目，其内容如下：

（1）隧道边墙两侧地层地中水平位移量测；

（2）拱顶上部地层地中垂直多点位移量测；

（3）结合工程的重要性、洞室跨度、周围环境条件等，选择围岩接触压力量测；

（4）铺杆应力量测；

（5）钢拱架应力量测；

（6）爆破振动速度量测等。

以这些量测项目作为施工中主要断面的特殊需要的辅助量测，对于一般工程可不进行。

#### 5.2.5.2　监测控制标准

监控量测管理基准值是根据有关规范、规程、计算资料及类似工程经验制定的。当监测数据达到管理基准值的 70% 时，定为警戒值，应加强监测频率。当监测数据达到或超过管理基准值时，应立即停止施工，修正支护参数后方能继续施工。

对于不同的监测对象和不同的监测内容，有不同的监测控制标准，分别如下：

**1. 位移控制标准**

位移控制标准见表5-11。

**表5-11 位移控制标准**

| 序号 | 监测项目 | 允许变形值 | 序号 | 监测项目 | 允许变形值 |
|---|---|---|---|---|---|
| 1 | 地表下沉 | 综合确定 | 3 | 洞内水平收敛 | 综合确定 |
| 2 | 拱顶下沉 | 综合确定 | | | |

**2. 建筑物沉降控制标准**

桩基础建筑物允许最大沉降值不应大于10mm，天然地基建筑物允许最大沉降值不应大于30mm。

**3. 建筑物倾斜控制标准**

建筑物允许沉降差控制标准见表5-12，多层和高层建筑物的地基倾斜变形允许值见表5-13。

**表5-12 建筑物允许沉降差控制标准**

| 变形特征 | 地基变形允许值 | |
|---|---|---|
| | 中、低压缩性土 | 高压缩性土 |
| 砌体承重结构基础的局部倾斜 | 0.002 | 0.003 |
| 工民建柱间沉降差：<br>1. 框架结构<br>2. 砖石墙填充的边排柱 | <br>$0.002L$<br>$0.0007L$ | <br>$0.003L$<br>$0.001L$ |

注：$L$为相邻柱基的中心距离（m）。

**表5-13 多层和高层建筑物的地基倾斜变形允许值**

| 变形特征 | 变形允许值 |
|---|---|
| 多层和高层建筑基础的倾斜： | |
| $H \leqslant 24$ | 0.0040 |
| $24 < H \leqslant 60$ | 0.0030 |
| $64 < H \leqslant 100$ | 0.0020 |
| $H > 100$ | 0.0015 |

注：$H$为建筑物高度（m）。

**4. 地下管线及地面控制标准**

承插式接头的铸铁水管、钢筋混凝土水管，两个接头之间的局部倾斜值不应大于0.005；采用焊接接头的水管，两个接头之间的局部倾斜值不应大于0.006；采用焊接接头的煤气管，两个接头之间的局部倾斜值不大于0.002。相应的道路沉降按上述相应管线的标准进行控制。

对于重要建（构）筑物或建（构）筑物本身设计有缺陷、既有变形以及结构本身的附加应力等，应重点观测并提高控制标准。

**5. 建筑变形测量的精度要求**

建筑变形测量的精度要求见表5-14。表中，观测点测站高差中误差，是指几何水准测量测站高差中误差或静水力测量相邻观测点相邻高差中误差；观测点坐标中误差，是指观测点相对测站点的坐标中误差、坐标差中误差以及等价的观测点相对基准线的偏差值中误差、建筑物（或构件）相对于底部定点的水平位移分量中误差。

**表5-14 建筑变形测量的精度要求**

| 变形测量等级 | 沉降观测 | 位移观测观测点坐标 | 适用范围 |
|---|---|---|---|
| | 观测点测站高差中误差（m） | 中误差（mm） | |
| 特级 | ≤0.05 | ≤0.3 | 特高精度要求的特种精密工程变形观测 |
| 一级 | ≤0.15 | ≤1.0 | 高精度要求的大型建筑物变形观测 |
| 二级 | ≤0.50 | ≤3.0 | 中等精度要求的建筑物及重要建筑物主体倾斜、场地滑坡观测 |
| 三级 | ≤1.50 | ≤10.0 | 低精度要求的建筑物变形观测及一般建筑物主体倾斜观测、场地滑坡观测 |

位移管理基准值在地下工程安全监控中有广泛应用，但需要补充说明的是，对地下工程而言，位移指标本身的物理意义不够明确，主要是位移指标与洞径、埋深、支护、施工等影响因素的关系未能得到很好地解决，这方面的研究成果也不多见。因而，位移控制指标的制定和应用必须同时考虑以上各种因素，并尽可能同时配合使用位移速率控制指标。

与位移相比，位移速率控制指标有明确的物理意义，它反映了地层随时间变化的流变效应。在位移速率为零时，洞室围岩趋于稳定；反之，位移速率为常数或不断增大时，则说明地层处于等速或加速流变状态，洞室是不稳定的。因此，位移速率控制指标是洞室失稳的充分条件，在安全预报中，较位移指标有更直观和明确的控制意义。

## 5.3 盾构法施工

### 5.3.1 概述

盾构法是隧道暗挖施工的一种全机械化施工方法，盾构机由刀盘、盾壳、出渣系统、管片拼装系统、液压推进系统和运输系统组成，从而实现了从土体开挖、围岩支撑、出渣、隧道衬砌支护、物料运输等全自动工厂化作业。

根据开挖过程中隧道掌子面稳定方法的不同，盾构分为开敞式盾构、气压盾构、泥水盾构、土压平衡盾构和复合式盾构。

开敞式盾构是没有密闭的压力舱来平衡隧道开挖面水土压力的盾构，主要用开挖面能够自稳或通过机械支护可以稳定，且没有地下水的地层。开敞式盾构的优点是技术相对简单、灵活性大、机械设备投资相对较少，特别是手掘式盾构和半机械开敞式盾构，适合各种非粘结或粘结地层开挖隧道，甚至隧道开挖面部分或全部是岩石或漂石，对于短距离施工比较经济。开敞式盾构另外一个优点是稳定性好，采用手掘式盾构或半机械式盾构可以开挖非圆形断面（无刀盘）。

气压盾构是通过压缩空气平衡地下水压力，地层自身或机械支护平衡土压力的盾构。气压盾构可以用于地下水位以下或含水地层。压缩空气可以用于手掘式盾构、半机械式盾构或机械式盾构。由于压缩空气相关的健康与安全预防等问题，目前气压盾构很少采用（这里不做详细介绍），只是压缩空气作为辅助工法用于其他类型盾构。如在泥水或土压平衡的盾构中，都可能需要进入渣土舱清除障碍物或进行维修，采用压气辅助工法，但根据相应法规需要配量压缩空气设备。

泥水盾构是通过泥水舱内泥水压力平衡开挖面的土压力和水压力，以保持开挖面稳定的盾构。通过进浆管将泥水送入刀盘与隔板之间的泥水舱，通过调节进、排浆流量或气垫压力，使泥水压力平衡开挖面的水土压力，以保持开挖面的稳定；同时，控制开挖面变形和地基沉降。泥水在开挖面形成弱透水性泥膜，保持泥水压力有效作用于开挖面。

土压平衡盾构是通过渣土舱内的泥土压力平衡开挖面处的地下水压和土压，以保持开挖面稳定的盾构。如图 5-49 所示，盾构刀盘切削面与后面的承压隔板所形成的空间为渣土舱。刀盘切削下来的渣土通过刀盘上的开口进入刀盘与压力隔板之间的渣土舱，在渣土舱内搅拌混合或与添加材料（泡沫剂或塑性泥浆）混合，形成具有良好塑性、流动性、内摩擦角小及渗透率小的泥土，螺旋输送机从压力隔板的底部开口进行排土。通过调整盾构推进速度和螺旋输送机排土速度控制渣土舱内泥土压力，由泥土压力平衡开挖面地下水压和土压，从而保持开挖面的稳定。

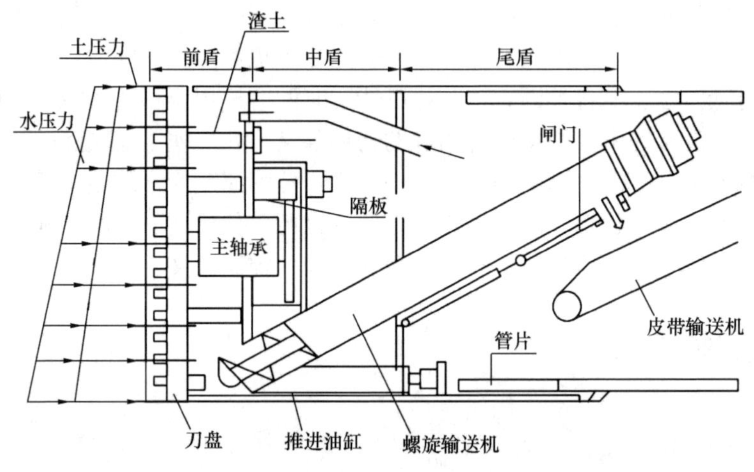


图 5-49　土压平衡盾构工作原理图

根据开挖面稳定情况以及开挖、出渣方式等的不同，盾构可分为开敞式、气压式、土压平衡式、泥水式等，它们都适用于相应的地质条件。当某一段隧道洞线穿越不同地层时，用以上任一形式的盾构都不适于单独将此段隧道掘进贯通，而根据相应地层情况要用两台或多台盾构，在隧道段掘进长度较短时很不经济，或由于条件限制使布置多台盾构非常困难。此时，需将以上不同形式的盾构进行组合，在结构空间允许的情况下，将不同形式盾构的功能部件同时布置在一台盾构上，掘进过程中可根据地质情况进行功能或工作方式的切换和调整；或对不同形式盾构的功能部件进行类似模块化设计，掘进时根据土层情况进行部件调整和更换。这样，一台盾构在不同的地层经转换后可以以不同的工作原理和方式运行，这类盾构即复合式盾构。

## 5.3.2　盾构法的特点与适用性

**1. 盾构法的特点**

作为机械化施工的隧道暗挖方法，盾构法有其明显的特点，其优点在于：

（1）机械化程度高，施工速度快；

（2）隧道断面准确；对环境影响时间较短；

（3）施工人员安全程度高；

（4）防水工程施工方便，质量较好。

其缺点有：

（1）盾构设计、制造、安装等准备期长，前期投资大；

（2）操作要求高；施工场地大，只适合较长的隧道；

（3）对隧道埋深有一定的要求；

（4）当地层条件多变时，施工风险大；

（5）一般只适合圆形断面，缺少变化，通常只适合事先确定的断面，改变断面代价大，如扩大断面；

（6）作为交通隧道时，圆形断面利用率较低，随着隧道断面的增大利用率降低，隧道直径大于 12m 时，非常不经济。

在计划阶段应有效地利用盾构法的优点，同时充分考虑其缺点，根据实际情况合理地应用盾构。

**2. 适用范围与选用原则**

盾构法一般主要适用土层，特别适合浅覆土、不稳定地层和有地下水情况，同时对周围环境及建（构）筑物的影响小。在非常松散的地层或没有胶结的松散土层、塑性或流塑的软土地层也可以应用盾构。因此，盾构应用范围较广。

不同施工方法具有各自的特点，盾构法不能完全替代其他施工方法。但是对于地质条件差、长距离施工，要求施工速度快，或严格限制地表沉降时，与其他施工方法相比，盾构法是技术合理但经济性较差的选择。例如隧道直径小于 3m、长度大于 2000m，直径大于 6m、施工长度大于 6000m 时，盾构法相对经济合理。由于受盾构主轴承密封、盾尾密封、螺旋输送机、泥水循环系统等耐水压限制，盾构隧道埋深受到限制，一般盾构隧道埋深不超过 60m。

选用盾构法的基本原则如下：

（1）对于无水地层或稳定性较好的地层，从施工的灵活性、经济性方面考虑，优先选择浅埋暗挖法或明挖法。如果采用盾构法，也最好是选用开敞式盾构，并优先选择无刀盘盾构。

（2）充分了解不同盾构法适用范围及优缺点，应根据地质条件、地下水状况、隧道埋深、隧道长度、隧道直径及周边环境条件等，选用不同类型刀盘和刀具的盾构机。

（3）目前施工中主要采用泥水盾构、土压平衡盾构，由于其投资大，一般只适合较长的隧道。对于地铁隧道施工，为避免频繁拆机装机，最好采用过站方法，但应根据车站规模，从车站土建增加费用、工期等方面进行论证。

（4）采用大直径盾构应进行充分经济评价。

### 5.3.3 盾构法施工的基本原则

1. 盾构机选型是决定盾构法施工是否能成功的关键因素之一。盾构机选型主要考虑地质条件、地形水压状况、周边环境条件及场地条件等。而盾构机对地层的适应性，基本取决于刀盘设计是否合理。

2. 盾构机设计原则根据围岩条件、隧道断面大小形状、施工方法进行。设计首先应使盾构能承受围岩压力，确保安全施工；其次应综合考虑施工的经济性。盾构在其施工的区间通常会遇到各种复杂多变的条件，因此，根据对这些条件的调查，选用结构强度和刚度足以适应这种变化的、耐久性、施工方便、安全性和经济性优异的盾构。对盾构法施工来说，砂卵石地层、软硬不均地层、泥质粉砂岩泥岩地层等属于不良地层，盾构机设计应从刀盘、驱动系统、渣土改良系统、刀盘冲洗系统等细节方面进行充分考虑。

3. 盾构法施工应始终贯彻确保开挖面稳定的原则，针对不同地层合理设定压力优化掘进参数，特殊地质条件采用相应的辅助措施。

4. 盾构机始发与到达的基本目标是防止破除洞门过程中的地层失稳及地下水喷涌，因此考虑地层、地下水、盾构机类型、覆土厚度、作业环境、洞门密封等条件来选择始发与到达方法。

5. 盾构法施工贯彻的基本方针为“盾构掘进过程中做到三有序、三平衡、三平稳”：施工组织管理有序、机械保养有序、信息管理有序；土（泥水）压力平衡、注浆压力平衡、注浆量与进尺平衡；盾构掘进姿态平稳、管片拼装平稳、推进速度平稳。

6. 根据地质条件、隧道断面大小、线路条件、施工技术水平选择合适的管片分块、宽度、接头形式。

7. 为确保盾构法隧道的耐久性与降低施工、运营阶段安全风险，一般应在管片衬砌基础上增加二次衬砌。盾构法隧道设计寿命周期一般要求为100年（根据日本的研究成果，管片保护层厚度应大于7cm），而管片接缝防水寿命周期一般不超过50年，同时考虑管片衬砌结构为非稳定结构，软土地层失去局部抗力会引起隧道整体失稳与破坏。基于以上因素考虑，从工程百年大计出发，应该增加二次衬砌，最少预留增加二次衬砌的空间，为以后隧道补强提供有利条件。

### 5.3.4 工艺流程

盾构法施工工艺流程如图5-50所示：

### 5.3.5 盾构法主要施工工艺

#### 5.3.5.1 盾构始发

盾构始发是指使用安装在竖井内的临时负环管片、反力架、始发架等设备，把盾构机沿着设计轴线推进，从洞门贯入围岩，沿着设计线路开始掘进的一系列作业。盾构始发前，采用合适的始发方法；制定洞门围护结构拆除方案，采取合适的洞门密封措施，保证始发安全。

**1. 始发架安装**

盾构始发架安装在设定的位置，设定位置由设计线路中心位置和高程决定，同时考虑盾构贯入软弱地层时的下沉量及盾构安装后始发架的变形，应事先抬高一定的富余量（根据经验一般在 2cm 左右）进行定位。由于始发架在盾构始发时要承受纵向、横向的推力以及约束盾构机旋转的扭矩，所以在盾构始发之前，对始发架两侧进行必要的加固，并对盾构机姿态做复核、检查。

盾构始发架有如下三种形式：

（1）钢筋混凝土始发架：通常是多块钢筋混凝土构造物的组合体，有现浇式和预制件拼接式两种，其优点是结构稳定、抗压性能好。

（2）钢结构始发架：有现场拼接式和平底整体安装式两种。其优点是加工周期短、适应性强，使用较多。

（3）钢筋混凝土与钢结构组合始发架。

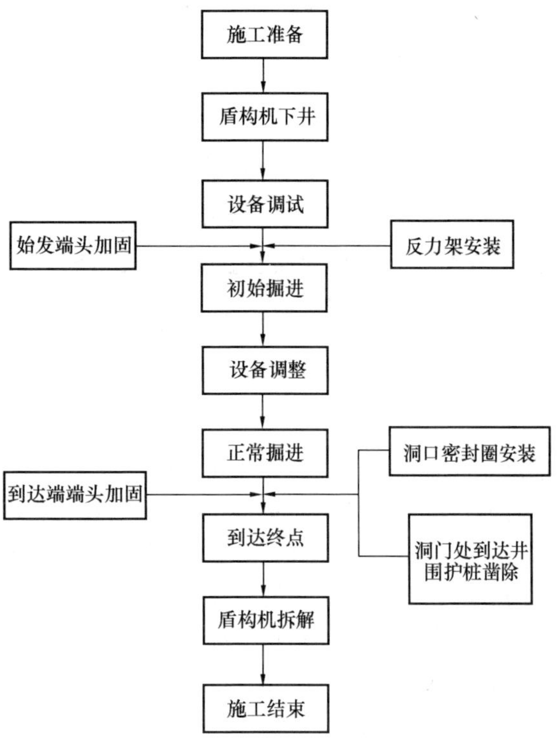


图 5-50　盾构法施工工艺流程图

**2. 反力架设备**

反力架设备包括反力架和负环管片。该设备主要由临时组装的钢管片和型钢拼装而成，保证其承受盾构推力时具有足够的强度和刚度，临时拼装的负环管片需要保证临时安装时的形状、负环管片的安装精度，特别是真圆度应控制在允许范围内，定位时管片横断面应与隧道轴线垂直。

反力架的位置主要根据洞口第一环管片的起始位置、盾构的长度，以及盾构刀盘在始发前所能到达的最远位置确定。

（1）负环管片环数的确定

假定盾构机长度 $L_{tbm}$，始发井长度 $L_{as}$，中间竖井长 $L_{cs}$，洞口围护结构在完成第一次凿除后的里程 $D_f$，设计第一环管片起始里程 $D_{1s}$，管片环宽 $W_s$，反力架与负环管片长 $W_r$。$D_r$ 为反力架端部里程，$N$ 为负环管片环数。

1）始发井内始发时，最少负环管片环数采用式（5-1）计算确定。

$$N = \frac{L_{as} - W_r}{W_s} \tag{5-1}$$

2）在中间竖井内始发时，最少负环管片环数采用式（5-2）确定。

$$N = \frac{L_{tbm} - (D_f - D_{1s})}{W_s} \tag{5-2}$$

3）反力架、负环管片位置的确定在确定完始发最少负环管片环数后，即可直接定出反力架及负环管片的位置。反力架端部里程 $D_r = D_{1s} - N \times W_s$。

4）反力架、始发架的定位与安装

在盾构主机与后配套拖车连接之前，开始进行反力架的安装。安装时反力架与土建结构连接部位的间隙要垫实，以保证反力架脚板有足够的抗压强度。由于反力架为盾构始发时提供初始的推力，所以，在安装反力架时反力架左右偏差控制在 ±10mm 之内，高程偏差控制

在 ±5mm 之内。始发台水平轴线的垂直方向与反力架的夹角小于 ±0.2%，盾构姿态与设计轴线竖直趋势偏差小于 0.2%，水平趋势偏差小于 ±0.3%。

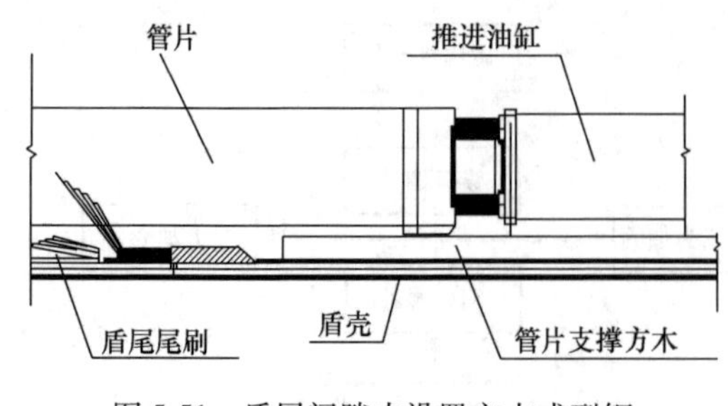

图 5-51　盾尾间隙内设置方木或型钢

(2) 负环管片安装

一般情况下，负环管片在盾壳内的正常安装位置进行拼装。在安装负环管片之前，为保证负环管片不破坏盾尾尾刷，保证负环管片在拼装好以后能顺利向后推进，在盾壳内安设厚度不小于盾尾间隙的方木（或型钢），如图 5-51 所示，以使管片在盾壳内的位置得到保证。

第一环负环管片拼装成圆后，用 4 或 5 组油缸完成管片的后移。管片在后移过程中，要严格控制每组推进油缸的行程，保证每组推进油缸的行程差小于 10mm。在管片的后移过程中，注意不要使管片从盾壳内的方木（或型钢）上滑落。第一环负环管片定位时，应先保证管片横断面与路线中线垂直，待管片定位后，将管片与反力架之间的空隙填实。

在安装井内，负环管片一般采取通缝拼装，主要优点是保证能及时、快速地拆除负环管片。在施工过程中要利用此井进行出渣、运输管片。在中间竖井内，一般采取错缝拼装，以提高管片拼装的真圆度和管片拼装施工的安全。

1）洞门破除。因为盾构始发时，破除洞门作业引起围岩坍塌的危险较大，所以按合理的分块、顺序破除临时挡土墙体，在盾构前面进行及时支护等，施工要迅速而慎重地进行。

2）洞门密封。通常在洞门设置密封圈或浇筑洞门混凝土，以确保施工的可靠性和安全性。在设置洞门密封时，需要充分注意其材质、形状和尺寸。目前，洞门密封多采用扇形折叶板帘布橡胶（一道或两道，采用两道时可在两道密封之间注入防水密封材料，如油脂、膨润土等），如图 5-52 所示。在地下水非常丰富的情况下，也有采用钢丝刷洞门密封的实例，如图 5-53 所示。

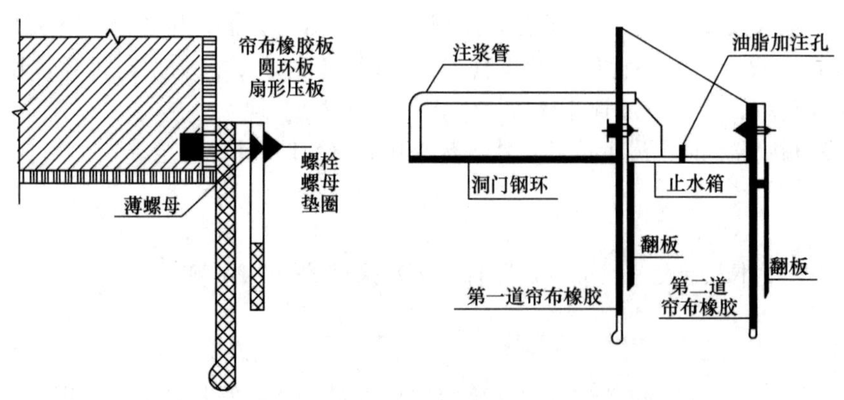

图 5-52　扇形折叶板帘布橡胶洞门密封示意图

3）始发方法。盾构始发方法的选取，要考虑地层、地下水、盾构类型、覆土厚度、作业环境、洞门密封等条件来决定。始发方法示意如图 5-54 所示。

上述方法可根据实际情况单独使用或联合使用，但都以实际工程条件为基础，根据安全

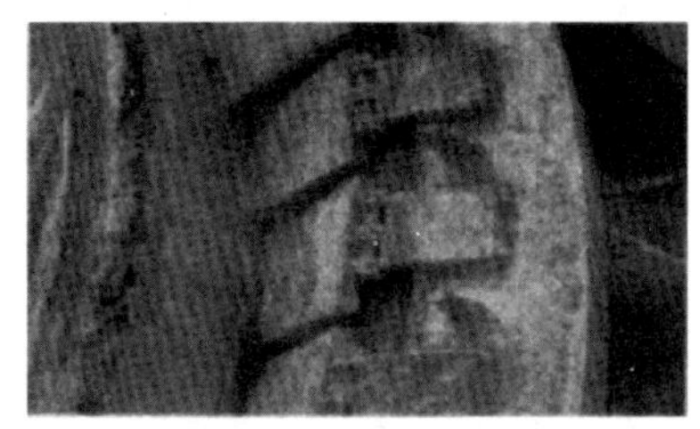
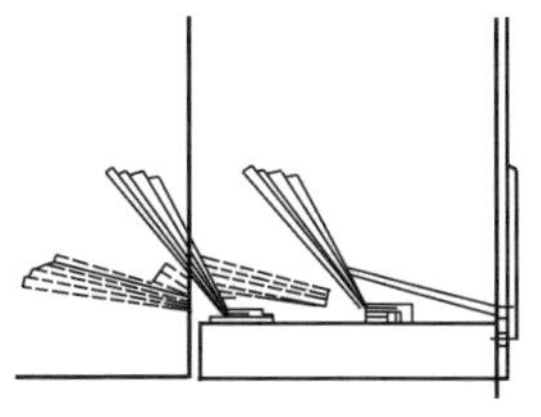

图 5-53　钢丝刷洞门密封

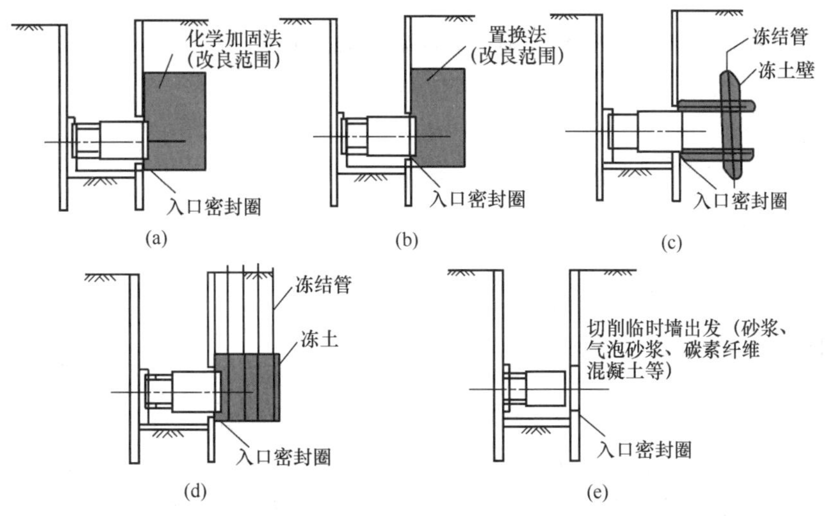


图 5-54　盾构始发方法示意图

（a）注浆加固地层法；（b）特殊砂浆置换法；（c）冻结法（水平钻孔）；（d）冻结法（垂直钻孔）；（e）切割临时墙

性、经济工程进度等来决定。在盾构始发时，因盾构类型、始发方法等不同，遇到的问题也有所不同。

对于开挖面自稳法等始发方法，遇到的主要问题是破除洞门时发生坍塌和从洞门密封处发生涌水、涌砂。应选择合适的地层加固方法，确定合理的加固长度，并确保加固质量。选择加固方法时，主要考虑地质条件、加固地层的深度，同时严格控制施工工艺，确保加固地层的强度、渗透性等满足设计要求，确保破除洞门时的稳定与防止渗水、涌水。根据盾构类型、地层透水性、洞门密封形式等确定合理的土体加固长度。土体加固长度见表 5-15。加固体宽度及厚度根据采用的加固方法，考虑稳定性与止水性进行确定。对地下水位比较高、透水性强的地层，为确保安全，同时采取降水措施。

**表 5-15　盾构始发端头合理加固长度的确定**

| 盾构类型 | 地层透水性 | 洞门密封 | 加固长度 |
| --- | --- | --- | --- |
| 泥水盾构 | 透水 | 帘布橡胶 | 盾构长度 +（1 ~ 2）倍环管片长度 |
| | 不透水 | 帘布橡胶 | 盾构长度 +（1 ~ 2）倍环管片长度 |
| | 透水 | 钢丝刷 | 满足稳定性要求 |
| | 不透水 | 钢丝刷 | 满足稳定性要求 |

续表

| 盾构类型 | 地层透水性 | 洞门密封 | 加固长度 |
| --- | --- | --- | --- |
| 土压平衡盾构 | 透水 | 帘布橡胶 | 盾构长度＋（1～2）倍环管片长度 |
| | 不透水 | 帘布橡胶 | 满足稳定性要求 |
| | 透水 | | 满足稳定性要求 |

确定满足稳定性的加固体长度时，若是砂质地层，将加固层看作挡土墙支承的圆板来进行结构计算；若是黏土地层，则可假定为拆除临时挡土墙时形成的圆弧滑动面来确定加固长度。

根据隧道开挖周围产生的塑性区确定加固范围 $R$，由式（5-3）计算：

$$\ln R + \frac{R\gamma}{20c} = \frac{H\gamma}{20c} + \ln a \tag{5-3}$$

式中 $R$——隧道中心到塑性范围外沿的距离（m）；

$\gamma$——土体的重度，取 $10\text{kN/m}^3$；

$c$——改良土的黏聚力（kPa）；

$H$——到隧道中心的换算覆盖层厚度（m）；

$a$——开挖半径（m）。

对于切削临时墙法，遇到的主要问题是从洞门密封处发生涌水、涌砂，同时应考虑盾构刀具切削临时墙的能力。一般根据洞门密封的形式，确定是否联合使用其他地层加固措施或降低地下水位的措施。NOMST 工法和 EW 工法，可以用盾构刀具直接开挖始发墙体。NOMST 工法的特点是始发井墙体的材料特殊，可以用盾构刀具直接开挖，但不损坏刀具。该工法始发作业简单，无须辅助工法，安全性可靠性好。EW 工法的原理是盾构始发前，通过电蚀手段，把挡土墙中的芯材工字钢腐蚀掉，给盾构直接始发开挖带来方便，优点与 NOMST 工法相同。

拔桩法主要是解决破除洞门时开挖面的稳定问题，但如果是透水性大的含水地层，则应与其他方法联合使用。

双重钢板桩法是把始发竖井的钢板桩挡土墙做成两层，拔除内层钢板桩后盾构掘进。由于外层钢板桩的挡土作用，可以确保外侧土体不会坍塌，即确保盾构稳定掘进。当盾构推进到外层钢板桩前面时，停机拔除外侧钢板桩，由于内、外钢板桩间的加固土体的自稳作用，完全可以维持到外侧钢板桩拔除后的盾构的继续推进。

开挖回填法是把始发竖井做成长方形（长度大于 2 倍盾构长度），井中间设置隔墙（或者构筑两个并列竖井），一半作为盾构的组装始发用，当盾构推进到另一半井内时回填。由于回填土的隔离作用，可以确保拔除终边井壁钢板桩时地层不坍塌，为盾构安全贯入地层提供了可靠的保障。

SMW 拔芯法，是用 SMW 法挡土墙作竖井始发墙体，盾构始发前拔出工字钢。

#### 5.3.5.2 试验段掘进

**1. 加固区内推进**

施工前做好必要的准备，其一，是检查刀盘土仓内是否有异物。盾构推进之前，要清理盾构刀盘土舱内可能的钢筋、混凝土块、木头等异物，以防其卡住螺旋机而无法出土，或减缓螺旋机出土速度。其二，是建立水平运输系统，根据现场的实际情况选用适当的水平运输方式，正常情况下可选用电动机车或皮带机，在空间较狭小的情况下可临时使用卷扬机。必须将水平运输系统调试到良好运行状态。

盾构推进时，须做好以下指标的控制：

（1）初始平衡土压力设定

根据施工工况，依据理论公式计算得出理论土压，理论计算的平衡压力应该介于主动土压力和被动土压力之间，理论计算主要参照式（5-4）进行：

平衡压力：
$$p = k_0 \gamma h \tag{5-4}$$

式中　$P$——平衡压力（包括地下水）；

$\gamma$——土体的平均重度；

$h$——隧道中心埋深；

$k_0$——土的侧压力系数，取值参考相关规范。

以理论值为基础，考虑在加固区内推进，由于土体强度较高，盾构切削可能存在困难，而且平衡压力设定过高会导致油压过大、盾构无法前进、基座受力过大等不良后果，因此加固区内推进设定平衡压力一般远较理论计算值为低。

另外，平衡压力的设定还应根据地面沉降监测数据进行调整，若地面沉降过大时应及时调整设定平衡压力，从而达到土压平衡状态。

（2）π形后靠支撑

一般情况下，负环采用开口环和闭口环结合的方式，也不排除全闭口拼装的可能。在开口环和闭口环结合的方式中，在第一环闭口环从盾尾脱出后，即可安装π形后靠支撑，π形后靠支撑面应垂直设计轴线，保证推进后环面的平整度。

π形后靠支撑与后部之间一般采用4根$\phi$609钢围檩进行支撑。盾构开始推进时，必须注意对支撑的刚度和变形情况进行观察，一旦发现有变形的情况立即进行补强。

（3）掘进控制

当盾构还位于基座上时，一般情况下不允许进行高程、平面的纠偏，以避免由于纠偏产生的反力对基座和支造成损坏。推进时，通过调节盾构4个区域推进油压的大小来控制总推力，平面纠偏通过调节左、右千斤顶推进油压进而调整其行程，高程纠偏通过调节上、下两个区域千斤顶的推进油压来实现。此外，调整千斤顶推进油压时必须注意刀盘油压的变化。

通常情况下，盾构出洞加固区域，因采用深层搅拌桩加固或旋喷加固等手段，围岩强度远大于原来的土体，因此要控制刀盘的扭矩、调整土压的设定、控制推进的速度，如果发生刀盘油压过大或推进油压过大时，可适量加水或泡沫改善土体。

**2. 初始百米推进**

隧道盾构施工初始的100m区段是积累盾构掘进管理经验的重要试验段，在该区段施工中，要采集各道工序数据，做好各方面的管理与调控，是盾构普通工艺与具体工况相结合的重要纽带。必须做好以下技术环节：

（1）姿态控制

1）盾构轴线控制

轴线的控制分为平面控制和高程控制，目前地下铁道的轴线允许偏差最大值为±50mm。每环拼装结束后，将实际量测结果和隧道设计轴线比较后得到偏差值。该偏差以报表形式显示出来，随即根据偏差的量来调整施工参数进行纠偏控制轴线。高程的控制还可以利用铅垂线测量实际盾构上下超前量并与理论超前量比较。通过纠偏楔子的制作调整、盾构纵坡的调整，进行高程的控制。

另外，施工中必须对隧道的后期沉降进行复测，掌握隧道后期沉降的规律，制定相应的轴线控制参数，有效保证隧道轴线。

2）盾构轴线纠偏

轴线纠偏有水平纠偏和高程纠偏。轴线纠偏可以选用以下几种方式。

① 调整区域油压

在确认管片实际超前量与设计轴线基本一致的前提下，首先考虑通过调整区域油压来进行盾构纠偏。调整左、右区域油压来进行平面纠偏，调整上、下区域油压改变盾构纵坡来进行高程纠偏。

② 千斤顶选择

一般情况下不考虑使用千斤顶编组来进行纠偏，使用千斤顶编组可能会由于管片受力不均造成环面不平的后果。因此千斤顶编组不能作为一种常规的纠偏手段，而只能作为一种应急措施。在同等区域油压的前提下，通过增减某区域的千斤顶开启个数可以达到改变该侧总推力的目的，从而实现纠偏。

③ 楔子制作

施工过程应经常对成环管片的实际超前量（水平、垂直）进行计算和测量。超前量的不正确可能会造成拼装困难、管片碎裂、轴线偏差大、纠偏困难等，影响施工质量，超前量问题一般可通过制作楔子解决，楔子可以分为软木楔子（最常用，压缩量高）、石棉橡胶楔子（硬度较高，压缩量小）和混凝土硬楔子（一般不用，仅在需要单环大幅度纠偏时）。在曲线施工中，有时人为地改变超前量来保证轴线。例如在平曲线施工中，经常制作楔子使转弯半径外侧略微超前，以解决隧道后期偏移的现象。由于这种情况比较多变，因此必须根据测量成果进行灵活机动的调整。

另外，由于土质承载力差的原因有时会造成隧道整体下沉，单纯调整盾构纵坡无法改善姿态。此时应合理利用超前量，人为地制作下超前，改变隧道纵坡，改变盾构与隧道的相互受力关系，使盾构逐渐向设计轴线靠拢。但是必须注意，在这一过程中，必须牢牢关注和预判盾构的走势，在适当的时候提前制作管片上超前，逐步将管片和盾构坡度调整至与设计轴线吻合，否则会由于下超前过大导致盾构逐渐向上偏离设计轴线，产生适得其反的效果。

3）盾构转角控制

盾构转角过大，不利于实际测量的计算和计算结果的精确度，而且盾构转角过大以后会引起千斤顶受力部位改变，可能造成管片局部缺角掉边，因此推进时必须加以控制。控制盾构转角一般有以下方法：

① 改变刀盘旋转方向

经常改变刀盘旋转方向是最有效的预防措施，这样可以避免刀盘单个方向旋转造成过大的转角，一旦造成了过大的转角，改变刀盘旋转方向也是最常用的方法，控制刀盘以与盾构转角方向相同的方向旋转，通过刀盘与土体摩擦力的反力使盾构发生方向旋转。

另外，如果由于土质疏松而转角调整量不明显，可以在允许范围内适当增大一点推进速度。

② 单侧压重

刀盘反转效果不明显的情况下，可以在盾构内单侧压重，压重可以通过举臂吊一块管片，然后旋转到适当的角度的方式实现。

③ 控制千斤顶顶力方向

（2）管片检查

1）拼装前检查

拼装前对管片的检查是保证施工的质量的前提。拼装前检查包括以下环节：

① 管片运至现场，卸车时需要对管片进行检查验货，确认没有贯穿裂缝、缺角掉边及养护期限等问题方可卸车；

② 在涂料制作前再次对管片进行检查，保证没有裂纹或大面积碎裂的情况下才可使用；

③ 在管片吊至井下前，检查一下管片质量和管片型号，避免拼装管片型号不对而带来不必要的麻烦；

④ 管片吊到井下后，在电动机车运输，单轨梁、双轨梁吊运的时候，以及最后到达拼装平台准备拼装前，都应注意一下管片有无型号错误或质量问题，在确保没有问题的情况下，才可以用于拼装；

⑤ 管片拼装前应将盾尾的垃圾清理干净，否则易造成环缝张开、环面不平、相邻环高差等质量问题。

2）拼装后检查

① 第一块管片定位控制

每一环管片拼装第一块时，做好初始定位，防止管片发生过大的旋转和相邻环的过大高差，管片旋转会直接导致纵向栓穿入困难，局部还会造成管片碎裂的情况。

第一块管片的定位可以通过水平尺进行控制，控制要求：相邻环间拱底块环向相对旋转值≤3mm。

② 椭圆度控制

成环管片椭圆度是质量控制的一个重要指标，椭圆度控制通过拼装时举重臂伸缩实现。成环管片椭圆度过大会造成部分纵缝间隙过大，从而引起渗漏水现象。

控制要求：衬砌成环后（刚出盾尾时）直径允许偏差 10～12mm，尽量避免呈现横向鸭蛋型。

③ 环高差控制

施工过程中应尽量保证管片与盾尾的同心度，有时超前量不正确会造成管片与盾尾同心度越来越差，最后造成单边无空隙，这样势必形成环高差。环高差是隧道验收的指标之一，施工中应进行控制。

控制要求：相邻环允许高差≤4mm。

④ 环、纵张开缝控制

前一环环面不正（不平）、拼装前有垃圾、盾构与管片相对坡度过大、管片内外翻、纠偏楔子粘贴过厚等均可造成管片的环、纵缝张开过大。施工过程中应对环、纵缝张开的原因进行分析。检查环面平整度、保证拼装前盾尾内和管片上无垃圾、控制盾构与管片相对坡度、制作楔子控制管片内外翻，减少单次纠偏量等可以从不同的角度对环、纵缝张开进行控制。

控制要求：环缝张开＜2mm、纵缝张开＜2mm（纵缝内本身有压缩后 2mm 厚的传力衬垫）。

⑤ 管片碎裂控制

管片碎裂的成因比较复杂，如由于前一环环面不平，拼装纵向靠拢时，千斤顶位置不当或顶力过大；拱底块管片落底不够，封口尺寸较小，封顶块插入时靠千斤顶硬顶，这时相邻管片易发生缺角、掉边；盾壳单侧卡住管片，造成管片碎裂；管片有内、外翻现象，造成管片碎裂等。施工中定期检查环面平整度、超前量、内外翻，盾构纠偏时注意盾尾与管片的间隙，通过以上措施可减少碎裂现象的发生。

⑥管片的紧固

a. 闷头拧进、拧紧

管片闷头是否拧进、拧紧是隧道验收时的一个关注焦点，因此在管片拼装后及时将闷头拧进并拧紧。

b. 螺栓初紧及两端对称

管片拼装结束后对所有螺栓进行第一次初紧，初紧时要注意保证两端螺栓外露部分基本对称，该环节也是隧道验收时的一个项目。

c. 螺栓复紧

在盾构下一环开始推进后，对所有螺栓进行复紧，防止下一环管片拼装时千斤顶回缩之后管片跟出，造成拼装前的错缝和环缝张开，给管片拼装质量造成影响，当管片出盾尾后，在土压力的作用下，部分螺栓会松开，此时必须及时把有螺栓再次进行复紧，避免整环管片出盾尾之后，受外压力作用产生管片径向变形。最后，当管片出车架后，再把所有螺栓复紧一次，保证管片质量良好。

（3）同步注浆管理

盾构推进中的同步注浆是充填土体与管片圆环间的建筑间隙和减少后期变形的主要手段，也是盾构推进施工中的一道重要工序。施工中，应做好以下工作：

1）选择好浆液类型

地铁隧道施工同步注浆通常运用的浆液有两种类型：惰性浆液和缓凝浆液。

一般来讲，车架转换以前，注浆管路都比较长，若采用缓凝浆液可能会经常发生浆管堵塞的现象，此时一般选用惰性浆液。实践证明，采用缓凝浆液在保持隧道稳定等方面取得了良好的效果。因此，地铁隧道盾构推进施工中的同步注浆浆液通常采用24h缓凝浆液。

由于采用缓凝浆液，为防止浆液在注浆系统内的硬化，必须定时对工作面注浆系统进行清洗，通常采用惰性浆液来进行清洗。倘若停止施工间隔较长的，也应该在停止施工的时候，立即予以注入惰性浆液清洗，确保以后推进注浆时压浆管路不堵塞。

2）严格控制浆液的配比和注浆压力

浆液配比遵循相关技术规范与设计文件。而地铁隧道施工盾构同步注浆压力通常指的是注浆压力泵在送浆出口处的压力，一般控制在0.3MPa左右。

3）准确选择注浆位置

根据隧道推进情况及监测情况，选择同步注浆的注浆位置。在某些情况下，合理选择注浆位置可以改善盾尾与管片的同心度，有助于纠偏；另外，改变同步注浆的位置会直接对地面变形数据造成影响。

4）把握好首次注浆时间及方量

一般情况下，首次注浆时间为盾构尾距离洞圆内壁3~4m，这时袜套已经起到作用，而且盾尾离开袜套一定距离后，注浆压力造成的影响相对小了，若注浆时机选择过晚，会导致地面沉降和成环管片整体下沉。注浆方量要根据掘进的环数和地面沉降的数据确定。

隧道盾构施工推进过程中，要及时、均匀、足量地进行同步注浆，确保其建筑空隙得以及时和足量的充填。

一般情况下，同步注浆量计算依据每推进一环（对于环宽 1m 的管片而言）的建筑空隙作为参考，具体为

$$1.0\times\pi(6340^2-6200^2)/4=1.378(m^3)$$

其中，盾构外径：$\phi$6340mm；管片外径：$\phi$6200m。

每环的压浆量一般为建筑空隙的 180% ~250%，即每推进一环同步注浆量为 2.48 ~ 3.445$m^3$，注浆量要结合沉降监测据进行及时调整。

5）及时进行盾尾密封

盾尾密封是盾构施工的一个重要环节，盾尾是否密封直接决定是否会发生漏浆现象，盾尾漏浆会直接导致地面发生异常沉降，因此必须做好盾尾密封工作。

盾尾密封可以采取油脂压注和填充海绵两种做法。采用盾尾压注油脂时，压注要均匀，确保施工中盾尾与管片的所有间隙内都充满油脂并保证一定压力，防止同步注浆浆液从盾尾漏窜到盾壳里面。当成环管片与盾尾的同心度太差时，盾壳和管片间隙过大，此时，压注盾尾油脂也不能完全密封，可选用海绵。海绵有两种做法，一般是用海绵薄片垫在管片纵缝外，要是效果不好就把海绵条整块粘贴于相应管片外侧进行密封。

（4）保证注浆管畅通措施

注浆管一旦堵塞，必须拆下进行清理，而清理的工作量很大，另外，清洗产生的废浆对隧道内的文明施工带来影响，因此需保证同步注浆系统的畅通。保证注浆管通畅一般有两种方法：

1）每个施工班组下班前采用清洗浆液（惰性浆液）进行压注；

2）利用同步注浆系统中的回路系统进行回路运转，使浆液在管路内循环流动保证畅通。

（5）防水涂料工艺

1）套橡胶止水带

橡胶止水带为三元乙丙橡胶（硫化）和水膨胀橡胶组合而成，其结构形式为角部棱角分明的框形橡胶。成框尺寸允许偏差符合设计要求。

橡胶止水带的尺寸是否符合要求直接决定了防水质量的好坏，因此在套橡胶止水带之前先要对止水带的外形尺寸进行检查，特别是两个对角的地方，一旦发现止水带有问题，立即更换，不得使用带病的止水带。

2）自粘性楔子粘贴

为加强弹性密封垫角部防水，需在密封垫外角部覆贴自粘性橡胶薄板，它由未硫化丁基胶薄片构成，厚 1mm，宽 60mm。粘贴时，仅覆盖一般弹性密封垫表面（但是，凡有遇水膨胀橡胶处均应露出）。其剪切粘结强度≥0.07MPa。

3）楔料粘贴

衬砌与管片间采用单组分氯丁-酚醛胶粘剂粘结，粘贴前用钢丝刷去浮灰、泥（如有油污则用洗涤剂洗净），并保证粘贴后不移位、脱落。氯丁-酚醛胶粘剂技术指标遵循相关规范与设计文件要求。

4）变形缝防水涂料制作

变形环缝采用 6mm 丁腈软木胶整环制作，性能同纠偏用丁腈软木橡胶。另外，橡胶止水带外侧还需加贴一层水膨胀橡胶条，橡胶条宽度 23mm、厚度 3mm。

由于橡胶止水带遇水会膨胀，在堆场上的制作好防水涂料的管片，不能淋雨，以免提前膨胀而失去密封效果。在管片拱底块橡胶止水带上需涂抹缓膨胀剂，避免拼装过程中水膨胀橡胶遇水后过早膨胀，影响后期止水效果。

（6）监测与反馈

在试验段推进过程中，应做好各项监控量测，以便及时了解情况，反馈指导施工。

**5.3.5.3　正常掘进**

通过前述试验段的数据积累，为盾构大区段的正常推进奠定了坚实的基础。在大区段施工中，根据隧道地质条件、埋深、周边环境等条件，确定盾构掘进参数，确保开挖面稳定。根据盾构掘进测量随时调整盾构姿态，使盾构沿着设计线路掘进。

**1. 盾构姿态控制**

盾构姿态控制的基本原则如下：

①以隧道设计轴线为目标，偏差控制在设计范围内，同时在掘进过程进行盾构姿态调整，确保不破坏管片。

②盾构推进过程中，依靠千斤顶不断向前推进，为便于轴线控制，将千斤顶设置分成不同区域。

③应严格控制各区域油压，同时控制千斤顶的行程，合理纠偏，做到勤纠，减小单次纠偏量，实现盾构沿设计轴线方向推进。

（1）正确使用盾构推进油缸，确保所需要的推力，控制盾构姿态

盾构推进在盾构推进油缸的推力作用下进行。合理地使用盾构推进油缸，对正确地沿规定的计划线路进行推进是至关重要的。在曲线、坡度、蛇行修正等场所，合理使用不同分区油缸推力和油缸行程。具有交接装置的盾构，可根据需要使用交接油缸。

推进时所需的推力会由于围岩条件（粒度组成、围岩强度、密实度、地下水压）盾构形式、超挖量、有无蛇行修正、隧道曲线半径、坡度等情况而有所不同。考虑不对管片产生不良影响情况下，注意始终使用适当的推力。

（2）防止姿态偏差过大，使盾构在规定的设计线路上正确地推进

在盾构推进时，根据测量的盾构轴线与隧道轴线关系确定盾构姿态调整的方向；根据盾构长度、管片长度、楔形量、管片与盾构的位置关系（盾尾间隙、油缸行程差）等，确定每一环的允许纠偏量。盾构姿态调整应尽早进行，急剧的方向修正往往会增加相反一侧的蛇行量，造成管片组装困难，甚至造成已拼装管片破损。因此，最好考虑在较长的区间内逐渐地进行修正。在推进过程中，应注意地质条件的变化，如在软硬不均地层、软弱地层中，盾构姿态往往不易控制，应采用相应的措施进行控制。

（3）合理控制推进油缸推力，避免盾构姿态变化过大，确保不损坏管片

推进时，最好在考虑管片强度的基础上，尽量减小推进油缸推力。在曲线部分、坡度变化部分、蛇行修正部分等使用部分推进油缸时，也要注意尽量控制推进油缸推力。

（4）盾构掘进方向的控制方法

1）采用隧道自动导向系统和人工测量辅助进行盾构姿态监测

该系统配置了导向、自动定位、掘进程序软件和显示器等，能够全天候在盾构主控室动态显示盾构当前位置与隧道设计轴线的偏差以及趋势。据此调整控制盾构掘进方向，使其始终保持在允许的偏差范围内。

随着盾构推进，导向系统后视基准点需要前移。后视基准点通过人工测量来进行精确定

位。为保证推进方向的准确可靠性，每周进行两次人工测量，以校核自动导向系统的测量数据并复核盾构的位置、姿态，确保盾构掘进方向正确。

2）采用分区操作盾构推进油缸控制盾构掘进方向

根据线路条件所做的分段轴线拟合控制计划、导向系统反映的盾构姿态信息，结合隧道地层情况，通过分区操作盾构的推进油缸来控制掘进方向。在上坡段掘进时，适当加大盾构下部油缸的推力；在下坡段掘进时，则适当加大上部油缸的推力；在左转弯曲线段掘进时，则适当加大右侧油缸推力；在右转弯曲线掘进时，则适当加大左侧油缸的推力；在直线平坡段掘进时，则应尽量使所有油缸的推力保持一致在均匀的地质条件下，保持所有油缸推力一致；在软硬不均的地层中掘进时，则应根据不同地层在断面的具体分布情况，遵循硬地层一侧推进油缸的推力适当加大，软地层一侧油缸的推力适当减小的原则来操作。

（5）盾构掘进姿态调整与纠偏

在实际施工中，由于地质突变等原因，盾构推进方向可能会偏离设计轴线并达到管理警戒值；在稳定地层中掘进，因地层提供的滚动阻力小，可能会产生盾体滚动偏差；在线路变坡段或急弯段掘进，有可能产生较大的偏差。因此应及时调整盾构姿态，纠正偏差。参照上述方法分区操作推进油缸来调整盾构姿态，纠正偏差，将盾构的方向控制调整到符合要求的范围内。

1）滚动纠偏。当滚动超限时，盾构会自动报警。此时，应采用盾构刀盘反转的方法纠正滚动偏差。

2）竖直方向纠偏与水平方向纠偏。控制盾构方向的主要因素是千斤顶的单侧推力。当盾构出现下俯时，可加大下侧千斤顶的推力；当盾构出现上仰时，可加大上侧千斤顶的推力来进行纠偏。盾构纠偏的基本原则：以盾构与设计轴线水平，与竖向偏差控制在允许范围内为目标；避免纠偏过猛；保证管片拼装所需的最小盾尾间隙；确定每环的最大纠偏量。

**2. 开挖面的稳定**

采用闭胸式盾构，可以同时进行开挖和推进。要确保开挖面的稳定，避免发生过量取土和压力舱内堵塞，就得使开挖和推进速度相协调。

（1）土压平衡盾构

1）维持渣土舱内的泥土压力与开挖面处的地下水压和土压平衡，以保持开挖面的稳定

盾构刀盘切削下来的渣土通过刀盘上的开口进入刀盘与压力隔板之间的渣土舱，在渣土舱内搅拌混合或与添加材料（泡沫剂或塑性泥浆）混合形成具有良好塑性、流动性、稠度及内摩擦角小及渗透率小的泥土，螺旋输送机从压力隔板的底部开口进行排土。通过调整盾构推进速度和螺旋输送机排土量速度，控制渣土舱内泥土压力，由泥土压力平衡开挖面地下水压和土压，以保持开挖面的稳定。为了获得合适的土压力，通过对螺旋输送机转速和盾构推进速度的调整实现对排土量和开挖量的控制，同时要掌握刀盘的扭矩和推力等，进行正确的控制管理，以防止开挖面的松动和破坏。

2）保持土舱内的砂土适宜的流动性与排土量，以维持开挖面稳定和防止地下水的流出

对于内摩擦角小的黏质土和粉质土构成的土层，由于刀盘的切削作用，可以维持开挖土的流动性。对于内摩擦角大的砂层、砾层构成的土层，开挖土流动性差，而且难以防止地下水的流出。对此，需要注入添加剂，进行强制性地搅拌，将其改良为具有流动性的开挖土，同时减小其透水性，以满足施工要求。

3）压力舱的压力管理

为了确保开挖的稳定，需要适当地维持压力舱压力。一般如果压力舱的压力不足，发生开挖面涌水或坍塌的危险性就会增大。如果压力过大，又会引起刀盘扭矩或推力的增大而发生推进速度的下降或喷涌等问题。

压力舱压力的管理，可采用主动土压和静止土压，或者松弛土压的方法等。但是最基本的思路是：作为上限值，以尽量控制地表沉降为目的而使用静止土压力；作为下限值，可以允许产生少量的地表沉降，但以确保开挖面的稳定为目的而使用主动土压力。施工过程中需要根据地基的变形、刀盘扭矩以及其变化情况，及时在推进中调整压力舱的压力。

4）掌握开挖面的稳定状态

一般通过压力计测量压力舱的压力，以掌握开挖面的稳定状态。另外，可对开挖面状态进行探查，此时使用机械触探法或非接触性电磁波、超声波调查法。但是，两者都用来探查开挖面的前方或上方的局部空洞，为判断开挖面稳定状态提供辅助信息。

5）排土量的管理

为了在盾构掘进过程中保持开挖面的稳定，需保持排土量和推进量相平衡。但由于围岩的土量或渣土的重度会有一定的变化，又因有添加剂种类、添加量或排土方式等因素的影响，渣土的重度也会发生变化，所以要准确掌握排土量比较困难。另外，排土状态可在半固体状态到流体状态之间变化，其性状是各种各样的。因此，仅根据排土量的管理来控制开挖面坍塌或地基沉降比较困难，最好是根据压力舱的压力和开挖土量同时进行管理。

（2）泥水平衡盾构

泥水加压式盾构施工的特征是循环泥浆，一边用泥浆维持开挖面的稳定，一边用机械开挖方式来开挖。开挖土形成泥浆，用液体输送方式运到地面。该施工方法是将开挖设备、开挖面稳定系统、渣土处理设备作为一个整体系统来进行使用的。因此，应充分掌握构成系统的各部分设备的各自特征、能力等来制定计划。系统运行要充分考虑到排土量、泥浆质量、开挖面状态、壁后注浆、送排泥流量、排泥流速等条件的设定和管理。

对于泥水盾构施工，开挖面稳定由以下两个因素综合作用而维持，其一是泥水压力平衡地层的水土压力。其二是泥浆在开挖面形成不透水的泥膜，让泥水压力有效地发挥作用；同时泥浆从开挖面渗透到一定范围的地层中，使开挖面地层增加黏聚力。

因此，一般根据围岩条件、隧道埋深、地下水位等设定合理的泥水压力来平衡开挖面土水压力，以确保开挖面的稳定。同时为了向开挖面传送和维持泥浆压力，需要形成充分的泥膜。粒度均匀的砂性地基或砾质地基，往往由于逸泥等难以充分形成泥膜。因此，对泥浆的相对密度或黏性、屈服值、过滤特性等泥浆指标的管理尤为重要。

总体上讲，需要做好以下三个方面的管理：

1）泥浆压力管理

在泥水加压式盾构施工过程中，为了确保开挖面的稳定，需要根据开挖面的地层性质及水土压力适当地设定泥浆压力。如果泥浆压力不足，发生开挖面坍塌的危险性就会增大；如果压力过大，又会出现泥浆喷发的可能。根据泥水盾构平衡开挖面的基本原理，泥水压力控制值一般采用下式计算。

$$p_{s(\text{泥水压})} = p_{w(\text{地下水压})} + p_{e(\text{土压})} + p_{\text{预压}}$$

式中，水压力指开挖面的孔隙水压力，根据事前的地质勘探，可准确得到。但有些地区的地下水位随季节变幅较大，因此，在研究泥水压力时，需考虑施工季节这一因素。

关于在设定泥水压力时如何考虑土压力，业内通常采用以下几种方法：

① 采用静止土压力

为了将开挖面保持在最稳定的状态，且把开挖变形控制到最小限度，并防止地表沉降，最好是在计算泥水压力时用静止土压力。但是这样做需要功率相当大的泥浆泵，所以在决定泥水压力时，应从经济性和允许沉降量两个方面来考虑。

② 采用主动土压力

如果开挖变形在弹性范围内，即使土体中有变形，但仍能保持开挖面稳定，因此，也可用主动土压力。而当采用主动土压力时，虽然由于开挖面松动，有利于出渣，但应注意开挖面变形引起的前部地表沉降。

③ 采用太沙基的松弛土压力

当上覆土层的厚度远大于盾构外径时，在良好的地基中可望获得一定的拱效应，因而可将太沙基的松弛土压力作为铅直土压力考虑。此松弛土压力是指假定开挖时洞顶出现松动，当这部分土体产生微小沉降时，作用于洞顶的铅直土压力。因此，应用太沙基理论时，应求出开挖面的松弛范围。用于计算的松弛范围比隧道断面的松弛范围小，当用太沙基理论设计泥水压力时所得值偏于安全。

如果开挖面可以自稳，如岩石地层，泥水压力设定可以不考虑土压力。但在大断面盾构中，开挖崩塌和大的变形极有可能引起地基下沉，如果不考虑土压力则应做充分论证。

对于城市盾构隧道，由于覆土厚度一般较浅，往往遵循以下原则设定压力值：以尽量控制地表沉降为目的而使用静止土压作为上限值；在允许一定沉降时，以保持开挖面稳定为目的而使用主动土压力作为下限值。

④ 预留压力

为了在开挖面形成泥膜，应使泥水压力高于地下水压力，以使泥水向土体渗透，并填堵土体中的孔隙。但如果开挖面泥水流入土体，则可能引起泥水压力降低，以致引起开挖面失稳。因此，在决定泥水压力时，一般还需要在水压力、土压力的基础上再加一部分预留压力。此预留压力多采用10～20kPa。

2）盾构推进时开挖面泥水压力控制

盾构推进时通过泥水压力传感器测出泥水压力，并通过调整进排泥流量或气垫舱的压力自动控制泥水压力。需要控制好以下环节：

① 掌握开挖面的稳定状态。根据地表沉降、泥水压力变化及掘进参数（推力、扭矩）的变化、开挖面探查装置等，来判断开挖面的稳定状态。

② 排土量的管理。为了在盾构掘进过程中保持开挖面的稳定，则需要开挖时使排出和推进的土量相平衡。根据从设置在送泥管和排泥管上的流量计和密度计取得的数据，通过计算求出偏差流量和开挖干砂量，用它检查围岩的开挖量，把握开挖面的状态。这一方法也可用来推断围岩的地质变化，此时要对前几环的偏差流量和开挖干砂量进行统计计算。

3）泥水质量管理

泥水质量是保证其功能的重要前提，施工过程中需做好以下指标的管理：

① 泥水密度

为了保持开挖面的稳定，即把开挖面的变形控制到最小，应采用较高的泥水密度。从理论上讲，泥水密度最好能达到开挖面土体的密度。但是，大密度的泥水会引起泥浆泵超负荷运转及泥水处理困难，而小密度的泥水虽可减轻泥浆泵的负荷，但因泥粒渗走量增加，泥膜形成慢，对开挖面稳定不利。因此，在选定泥水密度时，应充分考虑土体的地层结构，在考虑开挖面稳定的同时，也要考虑设备能力。一般情况下，泥水密度为1.05～1.30g/cm$^3$。

② 含砂量

Muller等人将开挖面的过滤状态分为三类，如图5-55所示。

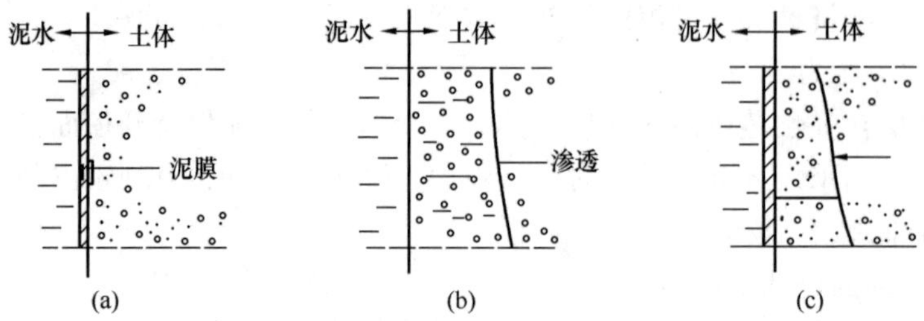


图5-55 泥水在土体壁面的灌入过滤

（a）类型1；（b）类型2；（c）类型3

类型1：泥水几乎不产生渗透，只形成泥膜。

类型2：土体孔隙大，泥水全部渗走不产生泥膜。

类型3：介于类型1和类型2之间，即泥水渗走的同时也形成泥膜。

类型1的过滤形态多发生在渗透系数小的黏土层；类型2多出现在渗透系数大的砂砾层；类型3多在砂质地层中发生。如果泥水向土体过量渗透，不仅泥水压力不能有效作用于开挖面，而且会引起土体孔隙水压力上升，有效应力下降，对开挖面稳定是不利的。因此，对渗透系数大的砂质土、砂砾石层，需采取有效措施以加速泥膜的形成。

在强透水性土体中，泥膜形成的快慢与渗入泥水中砂粒的最大粒径以及含砂量（砂粒质量/黏土颗粒质量）有很大关系。这是因为砂粒具有堵塞土体孔隙的作用。为了充分发挥这一作用，砂粒的粒径应比土体孔隙大且其含量应适中。决定泥浆的最佳特性时，应兼顾连续掘进时开挖面稳定和流体输送顺畅两个方面，可以说泥浆的最佳状态在很大程度上取决于开挖地层的土质条件，即选择的泥浆颗粒级配与地层的颗粒级配符合可渗比$n=15$的条件。

③ 流动性指标

在国外，随着对泥水盾构泥浆作用的研究，泥浆的特性指标要求增加塑性黏度、屈服值、滤失量等。针对不同地质条件提出各项性能指标的参考值，见表5-16。满足上述条件的泥水不仅能使开挖面稳定，同时还具有溢泥量少的优点。从相对密度、黏度两个方面看，携带渣土的流体输送也处于最佳状态。

**表5-16 泥浆的特性要求**

| 地质条件 | 遭遇的困难 | 泥浆功能 | 泥浆特性要求 | | | |
|---|---|---|---|---|---|---|
| | | | AV表观黏度（$10^{-3}$Pa·s） | PV塑性黏度（$10^{-3}$Pa·s） | YP屈服值（Pa） | API滤失量（$10^{-3}$Pa·s） |
| 水敏性黏土层：塑性黏土、泥岩（$k<10^{-8}$m/s） | 黏度升高，黏滞堵塞的风险 | 维持黏度，控制滤失量、密度 | 10～20 | 5～15 | 1～5 | <20 |
| 黏土层、石灰石、砂岩（$k<10^{-7}$m/s） | 密度升高，黏度升高 | 维持黏度，控制滤失量、密度 | 10～20 | 5～15 | 1～5 | <25 |
| 中渗透性地层：细砂，含砂淤泥质黏土（$k=10^{-6}$m/s） | 泥饼性能变差，密度升高 | 控制滤失量和黏度 | 15～20 | 5～15 | 5～10 | <25 |

续表

| 地质条件 | 遭遇的困难 | 泥浆功能 | 泥浆特性要求 | | | |
|---|---|---|---|---|---|---|
| | | | AV 表观黏度 ($10^{-3}$Pa·s) | PV 塑性黏度 ($10^{-3}$Pa·s) | YP 屈服值 (Pa) | API 滤失量 ($10^{-3}$Pa·s) |
| 砂质地层 ($k=10^{-4}\sim10^{-5}$m/s) | 漏失泥浆，泥饼变差 | 控制滤失量和黏度 | 20 ~ 30 | 5 ~ 15 | 10 ~ 20 | <25 |
| 高渗透性地层：冲积层、砂砾层 ($k>10^{-3}$m/s) | 漏失泥浆，泥饼变差 | 提高黏度，控制滤失量 | >40 | 5 ~ 20 | >25 | <25 |

注：$k$ 为渗透系数。

根据试验，采用上述泥浆流动性指标来衡量泥浆的黏度是否适当。但现场施工时为了简化测定，在漏斗黏度不太大的范围内（20 ~ 60s），通常采用与屈服相关的漏斗黏度值。通常所用的保持开挖面稳定所必需的范内尔漏斗黏度见表 5-17。

**表 5-17　不同地层需要的范内尔漏斗黏度**

| 开挖土质 | 漏斗黏度（500mL/500mL）（s） | |
|---|---|---|
| | 地下水影响小 | 地下水影响大 |
| 加砂黏土 | 25 ~ 30 | 28 ~ 34 |
| 砂质黏土 | 25 ~ 30 | 28 ~ 37 |
| 砂质粉土 | 27 ~ 34 | 30 ~ 40 |
| 砂 | 30 ~ 38 | 33 ~ 40 |
| 砂砾 | 35 ~ 44 | 50 ~ 60 |

必要的泥浆黏度可以保证地层的稳定。从地层方面看，砂性土需要的泥浆黏度应大于黏性地层，用于地下水丰富地层的泥浆黏度应大于没有地下水的地层。根据经验，为保证地层稳定所需要的泥浆黏度见表 5-18。

**表 5-18　保持地层稳定所需要的泥浆浓度**

| 地层条件 | 泥浆性质 | 漏斗黏度的经验值（500mL/500mL）（s） | 漏斗黏度的经验值（500mL/750mL）（s） | 泥浆配合比 |
|---|---|---|---|---|
| $N>0\sim2$ 的软弱的黏土或粉土层 | 泥浆效果不能充分发挥，需增加水不能侵入的性能 | 100 以上 | 64 以上 | 用高浓度、高黏性的泥浆 |
| $2\sim5<N$ 的黏土层 | 一般不需要特别的泥浆，也可用清水 | 20 ~ 30 | 18 ~ 27 | 膨润土浓度 4% ~ 5%；掺少量的 CMC |
| $N$ 值较高，全部是黏土或粉土 | 保持最低的度和脱水量，而黏土或粉土不会被冲洗的程度 | 25 ~ 33 | 23 ~ 29 | 膨润土浓度 5% ~ 6%；掺少量的 CMC |
| 黏土层中含有较多的砾石层，含砂量较多，但坍塌的可能性小 | 黏度可以低些，但要有较小的脱水量和较大的屈服值 | 28 ~ 35 | 25 ~ 31 | 膨润土浓度 6% ~ 8%；掺稍多量的 CMC |

续表

| 地层条件 | 泥浆性质 | 漏斗黏度的经验值（500mL/500mL）（s） | 漏斗黏度的经验值（500mL/750mL）（s） | 泥浆配合比 |
|---|---|---|---|---|
| 全部是 $N$ 值较高的砂层和粉土的互层 | 黏度不用过高，但使用CMC调节脱水量，使屈服值稍大一些 | 28～35 | 25～31 | 膨润土浓度6%～8%；掺较少量的CMC |
| 一般的粉土层，含砂粉土层 | 黏度、胶凝强度和脱水量都不用过高 | 30～38 | 27～33 | 膨润土浓度7%～8%；掺加CMC |
| 全部是 $N$ 值较高的细砂～粗砂层 | 胶凝强度和脱水量都不用过高，黏度不要过低 | 32～38 | 29～33 | 膨润土浓度7%～9%；掺加CMC |
| 一般砂层 | 黏度、胶强度和脱水量都用标准值，泥膜既薄又结实 | 35～50 | 31～40 | 膨润土浓度8%～10%；掺加CMC |
| $N$ 值略低的砂层 | 黏度稍高，使地层不被冲刷。使用高黏度的泥浆，降低脱水量 | 40～60 | 34～45 | 膨润土浓度8%～10%；掺加CMC |
| 全部地层 $N$ 值较低，黏土质粉土较多 | 膨润土浓度较低，增多CMC，防止地层被冲刷 | 40～50 | 34～40 | 膨润土浓度7%～9%；掺加CMC |
| 砂砾层 | 膨润土浓度较高，用CMC降低脱水量 | 45～50 | 37～54 | 膨润土浓度8%～10%；掺稍多量的CMC |
| 有地下水流出（承压地下水，失泥浆），预计地层有坍塌 | 增大泥浆的相对密度和掺加防剂，以提高其黏度 | 80以上 | 54以上 | 膨润土浓度10%～12%；掺稍多量的CMC、堵漏剂等 |

注：$N$ 为地基勘察中，标准贯入试验击数，表征砂土密实度的一个指标。

#### 5.3.5.4 管片拼装

管片拼装在掘进完成后及时进行，根据盾尾间隙与油缸行程差等，选择合适的封顶块拼装位置，按照正确的拼装方式、合理的拼装顺序进行管片拼装，确保管片拼装质量，避免管片破损。

**1. 拼装前的准备**

对将要拼装的管片及其防水密封条进行验收，并按拼装顺序堆放；清除已拼装管片环面和盾尾内的杂物，并检查防水密封条是否完好，如有损坏应及时修补；对管片安装机具和材料进行检查，全面检查拼装机是否正常，操作是否灵活、安全可靠；根据设计管片类型、楔形量、盾尾间隙、油缸行程差、交接油缸的长度等确定管片封顶块拼装位置。管片选型应与盾构姿态相适应，兼顾隧道轴线。

**2. 拼装作业**

根据管片设计类型与拼装质量要求，如左右转弯环、通用楔形环等，采用合适的拼装顺序与拼装方法。

在管片拼装过程中，根据管片的拼装顺序，逐次收回油缸，防止盾构后退。应严格控制盾构推进油缸的压力和伸缩量，使盾构位置保持不变。按各块管片位置，缩回相应位置的推进油缸，形成拼装空间使管片到位，然后伸出推进油缸完成管片的拼装作业。盾构司机在反复伸缩推进油缸时应做到保持盾构不后退、不变坡、不变向。

每块管片应控制环面平整度、错台、接缝宽度，最后插入封顶（K）块封闭成环。封顶块的装配要用微动装置正确拼装，切勿使邻接管片损坏。封顶成环后，进行测量，并按测得数据做圆环校正，再次测量并做好记录。最后使用规定的扭矩，对接头螺栓等进行充分紧固；管片脱出盾尾后及时进行复紧；当管片远离开挖面不再受到推力影响时，再次使用规定的扭矩进行紧固。推进油缸推力对管片的影响程度，因管片的种类、地层、推力大小、隧道线路、壁后注浆等有所不同，需要根据不同接头的特性进行管理。必要时对隧道的所有连接螺栓进行检查和复紧。

拼装过程中，拼装管片时应防止管片及防水密封条的损坏，遇有管片损坏，应及时使用规定材料修补。管片损坏超过标准时，应调换。在拼装过程中，应保持成环管片的清洁。如后期发现损坏的管片，也需修补。

对已拼装成环的管片环做椭圆度的抽查，确保拼装精度。平曲线段管片拼装时，应注意使各种管片在环向定位准确，保证隧道轴线符合设计要求

特殊位置管片拼装时，应根据特殊管片的设计位置，预先调整好盾构姿态和盾尾间隙，确保按设计拼装管片。

**3. 管片拼装精度**

管片拼装精度对确保隧道断面、施工速度，防止管片破损，提高止水效果及减少地层沉降等方面，都极其重要。因此，在拼装管片时，要充分注意管片拼装的形状，充分紧固接头螺栓等以防止松动。管片脱出盾尾时，由于土压力、壁后注浆压力而易于发生变形。对已拼装成环的管片环做椭圆度的抽查，确保拼装精度。管片拼装精度要求见表 5-19。

**表 5-19　管片拼装精度要求**

| 序号 | 项目 | 允许偏差（mm） | 检验方法 |
| --- | --- | --- | --- |
| 1 | 衬砌环直径椭圆度 | $\pm 0.4\% D$ | 尺量后计算 |
| 2 | 相邻管片径向错台 | 10 | 用尺量 |
| 3 | 相邻管片环向错台 | 10 | 用尺量 |
| 4 | 端面平整度 | 3 | 用尺量 |
| 5 | 纵缝 | 4 | 塞尺 |
| 6 | 环缝 | 2 | 塞尺 |

注：$D$ 为环直径。

### 5.3.5.5　壁后注浆

壁后注浆是填充盾壳与管片之间空隙进而控制地表沉降的有效手段。为了防止地层松动和下沉的同时防止管片漏水，并达到管片环早期稳定和防止隧道蛇行等目的，应及时实施。

壁后注浆应根据地层条件、地层含水情况、盾构类型、隧道埋深及周边环境条件，选择合适的注浆材料和注浆方法。

**1. 注浆材料**

根据地层性质、盾构形式、工程和周边环境等条件选择单液浆或双液浆。一般来说，对

于稳定性好的地层，多采用单液浆；对于难以稳定的黏土层或易坍塌的砂层，一般使用同步注浆的双液浆。浆液应具有不离析、流动性好、体积收缩小、强度达到原地层强度、防水性好等性质。在满足注浆要求的前提下，选择浆液原材料时需考虑经济性，应选择货源广、价格低，且易于运输、配制方便、配比操作容易的注浆材料。

（1）单液浆

单液浆注浆性能指标符合设计要求。使用前通过试验确定浆液配合比，通常以胶凝材料组分、水胶比、胶砂比为基准配合比参数，通过加入添加剂进行同步注浆材料配合比设计。根据胶凝材料组分，基本配制方法有水泥 + 粉煤灰（钢渣 + 矿渣） + 膨润土 + 砂 + 水 + 外加剂；粉煤灰（钢渣 + 矿渣） + 膨润土 + 砂 + 水 + 外加剂；石灰 + 粉煤灰（钢渣 + 矿渣） + 膨润土 + 砂 + 水 + 外加剂三种。

（2）双液浆

目前主要采用水玻璃系双液注浆材料。双液浆应具有下列基本性质：浆液稳定性、流动性好，可注性能易控制；胶凝时间可在几秒到几十分钟范围内自由调控，可根据实际工程的需要选择相应的胶凝时间；浆液结石体强度不低于原地层强度；结石率要高，不低于95%；结石体化学结构稳定、耐久性能好、抗水分散性能好；节能环保；原料来源丰富，价格低；对环境及地下水无毒性污染。

根据配置A液粉料的不同，其基本配制方法有水泥浆（A） + 水玻璃（B）体系；水泥-粉煤灰-水玻璃体系两种方法。

（3）钢渣-矿渣-粉煤灰-水玻璃体系

根据采用的粉料种类、水玻璃性能等，通过试验确定满足不同性能要求的浆液配合比。

**2. 注浆时间**

一般壁后注浆施工分为同步注浆和即时注浆。

所谓同步注浆，是在盾构推进的同时，从安装在盾构上的注浆管和管片的注浆孔进行壁后注浆的方法。当地层中存在难以稳定的黏土层或易坍塌的砂层，需要采用同步注浆。

所谓即时注浆，是在盾构推进后迅速进行壁后注浆的方法。对于稳定地层，往往没有必要在掘进的同时进行同步注浆，多采用即时注浆的方法。

**3. 注浆方法**

注浆施工从设置在管片上的注浆孔或设置在盾构上的注浆管进行。一般是用砂浆车将注浆材料运入隧道，然后用设在后配套拖车上的注浆泵进行注浆，或利用设在隧道外的拌合设备，用注浆泵进行压送。为了防止注浆材料或地下水流入盾尾密封，作为盾尾填充材料而把润滑脂注入盾尾密封刷之间。为防止盾尾密封损坏，造成注入材料流入盾尾，也需要将盾尾密封设计为可以更换的结构。注浆时，随时观察注浆状况，控制好注浆压力并记录注浆点位置、压力、注浆量。当注浆设备发生故障时，应立即通知停止盾构掘进施工，及时排除故障。注浆结束后，应在一定压力下关闭浆液分配系统，同时打开回路管停止注浆。注浆管路内压力降至零后，拆下管路并清洗干净。清洗注浆设备（注浆泵、注浆管道等）时，要设置旁通阀等，以免在下一次注浆时将冲洗水混入注浆材料中注入。

**4. 注浆压力**

注浆压力一般指注入口处的压力，需要在考虑管片强度、土压、水压及泥土压等基础上，设定充分填充盾尾间隙所需要的压力，使压力均匀地作用于整个管片上。一般注浆压力应大于静止水土压力，注浆压力小于盾尾密封油脂压力0.2MPa。

**5. 注浆量**

根据注浆材料与围岩的渗透性、加压导致向围岩内的压入、排水固结、超挖等因素，同步或即时注浆的注浆量宜按式（5-5）计算：

$$Q = V \times \lambda \tag{5-5}$$

式中 $Q$——注浆量（$m^3$）；

$V$——充填体积（$m^3$）；

$$V = \pi(D^2 - d^2)L/4 \tag{5-6}$$

$\lambda$——充填系数，根据地质情况、施工情况和环境要求确定；

$D$——盾构切削外径（m）；

$d$——预制管片外径（m）；

$L$——每次充填长度（m）。

施工中按注浆效果对充填系数做调整，一般情况下充填系数取1.3~1.8；在裂隙比较发育或地下水量大的岩层地段，充填系数一般取1.5~2.5。

同步注浆的注浆速度应根据注浆量和掘进速度确定。

壁后注浆的施工管理方法，一般有注浆压力管理方法和注浆量管理方法。注浆压力管理方法是始终保持上述设定压力的方法，此时注浆量不定。注浆量管理方法是始终灌入一定注浆量的方法，因此注浆压力是变化的。事实上，单纯地只用其中的一种方法是不够的，最好是用这两种方法进行综合管理。

注浆量、注浆压力都要通过一定程度的试验后，在确认注浆结果和对周围影响的基础上来决定。在施工中也要按每个固定的区间进行注浆效果的确认，并将其结果反馈到施工中。

**6. 二次注浆**

这是对壁后注浆的补充注浆。其目的包含3个方面：填补一次注浆的未填充部分；补充注浆材料的体积减少部分；对盾构推力导致的，在管片、注浆材料、围岩之间产生的剥离状态进行填充并使其一体化，提高止水效果。

**5.3.5.6 盾构到达**

盾构到达是指盾构掘进到竖井的到达面位置，从事先准备好的洞门推进到达井内。盾构到达最重要的是防止从洞门密封处发生涌水。如果采用地层改良的到达方法，则需确定合适的加固方法与加固范围。

**1. 确定合适的地层加固方法**

选择加固方法时，主要考虑地质条件、加固地层的深度、地层是否透水等，同时严格控制施工工艺，确保加固地层渗透性等满足设计要求，防止破除洞门时渗水、涌水。

**2. 确定合适的地层加固长度**

如果地层不透水，则可以只考虑简单的加固措施，加固长度2~3m满足盾构切口上方一定范围内地层的稳定即可。如果为透水性含水地层，则土体加固长度为“盾构长度+(1~2)倍环管片长度”，加固体宽度及厚度根据采用的加固方法，考虑稳定性与止水性进行确定。对地下水位比较高、透水性强的地层，为确保安全，宜同时采取降水措施。

在隧道埋深大、水压高、透水强的地层，为确保到达安全，水下到达是一种比较好的方法。但要合理确定加固体长度，同时确保同步注浆质量。

**3. 盾构到达时应事先充分研究的事项**

（1）是否需要事先加固到达部分附近的地层及设置洞口密封。

（2）为了盾构能沿设计线路顺利到达预定位置，需要确定盾构贯通测量方法。一般在盾构到达前 100m，对盾构轴线进行测量、调整。

（3）降低盾构掘进速度，确定采用低速推进的开始位置。一般盾构刀盘离到达接收井距离小于 10m 时，应控制盾构推进速度、开挖面压力、排土量，以减小洞门地表变形。

（4）采用泥水盾构施工时，确定泥水减压的开始位置。

（5）盾构掘进到到达面时，由于推力的影响需要考虑是否在竖井内采取临时支护措施及其相应的对策。

（6）竖井到达面的开挖方法及其开始时间。

（7）防止从盾构和到达面的空隙流入或涌入土砂的对策。

（8）到达部分壁后注浆方法。

（9）盾构到达竖井时，对盾构接收井进行验收并做好接收盾构的准备工作。盾构接收时，应按预定的拆除方法与步骤拆除洞门。当盾构全部进入接收井内基座上后，应及时做好管片与洞门间隙的密封。

### 5.3.6 施工监测及施工记录

**1. 施工监测及施工记录的意义**

在盾构隧道工程施工过程中，应进行观测、量测工作，并尽力详细、正确地做好记录。做好上述工作的主要目的如下：

（1）确保盾构施工的安全。

（2）出现施工事故和纠纷时，可作为查明原因和进行赔偿的资料。

（3）作为竣工后进行维护管理及修补的资料。

（4）作为今后盾构施工技术改进发展的资料等。

对上述资料应认真整理和妥善保管，以便今后使用。

**2. 施工监测及施工记录的内容**

（1）监测内容

1）压力舱内的土压力，开挖面的泥水压力、泥水状态（闭胸式盾构），开挖面的状态、涌水量及水质等（敞胸式盾构）；

2）盾构隧道附近地表与建筑物及地下结构物的变形；

3）地基变形；

4）地下水位的变化；

5）千斤顶推力、刀盘扭矩；

6）盾构隧道的变形和蛇行；

7）盾构姿态与蛇行；

8）壁后注浆量和注浆压力；

9）排土量的管理；

10）隧道内作业场所的风速及隧道内换气状况；

11）隧道内工作状态下的空气压力、空气消耗量及漏气情况；

12）作用于盾构或衬砌的水土压力；

13）盾构或衬砌的应力和变形；

14）刀具、刀盘磨损测量。

15）地表房屋沉降与倾斜；

16）地下管线不均匀沉降；

17）受施工影响范围内的构筑物沉降与变形观测。

（2）施工记录内容

1）施工日志；

2）竣工图（平面图、纵断面图等）；

3）地层资料；

4）照片、录像资料。

**3. 监测管理**

监测管理应分通过前、通过时、通过后 3 个阶段来实施。

特别是在接近施工区段的前方区段，通过对相似地基条件的地点进行通过前监测，对分析施工方法正确与否是非常重要的。通过前监测的目的如下：

（1）分析盾构的特征、操作人员的熟练程度、地基条件的不均匀等预先不能确定的因素对地基沉降的影响，以优化施工方案。

（2）定量掌握地基变形与变形规律，验证既有建筑物的安全性。

（3）找出各个监测项目的相关性，确定合适的监测项目。

通过时的监测是为确保既有建筑物的安全进行的，应合理设置监测点，准确反映建筑物变形情况。如断面变化位置和已有损伤的部位是最容易产生变形的部位，为确保建筑物安全，最好采用自动监测，并根据盾构推进过程合理确定不同阶段的监测频率，监测值超过管理值时，应停止施工，查明原因，同时修正施工方法，采取应急对策等。在确认可以保证既有建筑物安全后，再开始施工。

盾构通过后，即使建筑物变形变小，在确认变形逐渐稳定之前也应一直进行监测。通常，盾构通过后监测频率逐渐增大，在持续观测 3 个月左右后结束。

## 5.4　顶管法施工

### 5.4.1　概述

顶管法属于非开挖技术的一种，就是在工作坑内借助于顶进设备产生的顶力，克服管道与周围土体的摩擦力，将管道按设计的坡度顶入土中，同时开挖土体并将土方运走。一节管道完成顶入土层之后，再下第二节管道继续顶进。由主顶油缸提供顶推力，必要时安装管道间、中继间等辅助推力，利用工具管或掘进机从工作坑内穿过土层一直推进到接收坑内，管道紧随工具管或掘进机后，从而完成管道铺设。

### 5.4.2　工作原理

顶管施工法是先在工作井内设置支座和安装主千斤顶，所需铺设的管道紧跟在工具管后，在主千斤顶推力的作用下工具管向土层内掘进，掘出的泥土由土泵或螺旋输送机排出或以泥浆的形式通过泥浆泵经管道排出，推进一节管道后，主千斤顶缩回，吊装上另一节管道，继续顶进。如此往复，直至管道铺设完毕。管道铺设完毕后，工具管从接收井吊至地面。

### 5.4.3 工法分类

顶管施工常采用的施工工法分为敞开人工手掘式（开放型）和密封机械式顶管（封闭型）施工方法，其中机械式顶管施工常用的施工方法又有泥水平衡式和土压平衡式两种，顶管施工常用的管材有混凝土管、钢管、玻璃夹砂钢管。施工所采用的主要设备为信息化及全自动化泥水平衡顶管机。

**1. 开放型刃口推进工法**

开放型刃口式推进工法（图 5-56）的掘进机结构较简单，其刃口部分（即机头）加工简便，可以根据土质条件加工成全敞开式、半敞开式或活瓣式，一般称为敞开式掘进机。

图 5-56　开放型刃口式推进工法

开放型刃口式推进工法可适用于软土地层中、地下水位以上黄土地层中、地下水位以上强风化岩地层中。

开放型刃口式推进工法的特点是施工成本低，在顶进过程中如遇前方障碍物可立即采用人工方式排除。其缺点是顶进管径应大于 $\phi$800mm，否则不便于人员进出。顶进距离不宜过长，一般对于 $\phi$800mm 顶管，其顶进距离不宜超过 150m，管径较大时可适当延长顶进距离，同时在管内应设置照明、通风和通信设备。由于是采用敞开式或半敞开式取土，顶进完成后地表均有沉降现象，不适用于已建成的建筑物区域，一般在类似农田对地面沉降要求不严格的情况下或随新建市政道路工程同时施工的情况下采用。此种机型的缺点是顶速慢、遇到流沙层时难以控制出土量，因此沉降也是大于以下所述几种顶管掘进机。

开放型刃口式推进工法在我国东南沿海海相沉积的淤泥质黏土中应用较广泛，由于土质较软、孔隙比大，切削和顶进都较容易，其机头一般加工成半敞开式或活瓣式，让二分之一或更少的软土被取出，其余的土被挤压至管径周边，这样可减少取土量、阻止地表沉降，并加快了顶进速度；再者在这类土中顶进可省去管壁注浆。

在黄土或强风化岩中顶进时，由于土体摩擦力较大，为便于顶进，应采用全敞开式掘进机，并应在管壁周边进行注浆润滑。开放型刃口式推进工法适用顶进管径规格为 $\phi$800 ~ $\phi$3000mm。

**2. 封闭型泥水式推进工法（图 5-57）**

封闭型泥水式推进工法有如下特点：

① 通过刀盘以及顶速平衡正面土压力，调节循环水压力用以平衡地下水压力；

② 采用流体输送切削入泥仓的土体，顶进过程中不间断，施工速度快；

③ 无须地基改良或降水处理，施工后地表沉降小。

封闭型泥水式推进工法所采用的掘进机常用的有刀盘可伸缩式泥水平衡掘进机和偏心破碎泥水平衡掘进机。

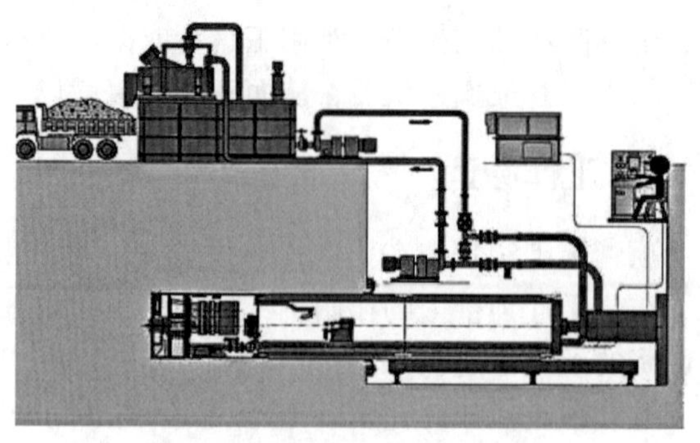

图 5-57　封闭型泥水式推进工法

（1）刀盘可伸缩式泥水平衡掘进机

掘进如需穿越建筑物、构造物、埋设物等对地面沉降要求很小的情况下，可采用刀盘可伸缩式泥水平衡掘进机，此种机头的刀盘是一个直径比掘进机前壳体略小的具有一定刚度的圆盘。圆盘中还嵌有切削刀和刀架。刀盘和切削刀架之间可以同步伸缩，也可以单独伸缩。而且，不论刀盘停在哪一个位置上，切削刀架都可以把刀盘的进泥口关闭。刀盘加压装置安装在主轴中的油缸，刀架伸缩油缸则安装在刀盘加压装置的上方。刀盘可伸缩式泥水平衡掘进机的工作原理如下：刀盘前土压力过小时，它就往前伸；刀盘前土压力过大时，它就往后退。刀盘前伸时，应减小进泥口开度并加快推进速度；刀盘后退时，应加大进泥口开度并降低顶速。这样，就可使刀盘前的土压力控制在设定的范围内。使用此种掘进机顶进施工时地面隆沉极小，优秀的操作人员可使地面隆沉控制在10mm以内。由于采用了泥水作为运输介质，在顶进的过程中无须停顿出泥，因此它的顶速也很大，24h可顶进20～30m。其缺点也很明显：由于进泥口开度限制，在含有直径大于6cm卵石的地层中无法施工，同时需对泥浆进行二次分离处理。

（2）偏心破碎泥水平衡掘进机

对于土质为强风化岩的情况下，我们可采用偏心破碎泥水平衡掘进机。此机与刀盘可伸缩式泥水平衡掘进机的最大不同点是其头部。壳体内的泥土仓是一个前面大、后面小的喇叭口，喇叭口的内壁是用耐磨焊条堆焊的一圈环形焊缝。安装在壳体泥土仓内的是一个前面小、后面大的锥体，锥体上也堆有一圈环形焊缝。切削刀呈辐条形焊接在该锥体上，且略微向前倾斜。刀盘的正面焊有坚固而且耐磨的切削刀头，所有这些构成一个刀盘。这样，在掘进机工作时，刀盘一边旋转切削土体的同时一边做偏心运动把石块轧碎。被轧碎的石块只有比泥土仓与泥水仓连接的间隙小才能进入掘进机的泥水仓，然后从排泥管中被排出。另外，由于在刀盘运动过程中，泥水仓和泥土仓中的间隙也不断地由最小到最大这样循环变化着，因此，它除了有轧碎小块石头的功能以外还能始终保证进水泵的泥水能通过此间隙到达泥土仓，从而保证了掘进机不仅在砂土中，在黏土中也能正常工作。一般情况下，刀盘每分钟能旋转4～5转，每当刀盘旋转一圈时，偏心的轧碎动作达20～23次。由于此机型有以上这些特殊的构造，因此它的破碎能力是所有具有破碎功能的掘进机中最大的，破碎的最大粒径可达掘进机直径的40%～45%，破碎的卵石强度可达200MPa。此机型在顶管掘进过程中有如下特点：

1）它几乎是全断面全土质的掘进机。它可以在$N$值从0～15的黏土，$N$值1～50的砂土以及$N$值10～50的卵砾石层等地层中使用，而且推进速度不会有太大的变化；

2）破碎粒径大，其破碎粒径可达掘进机直径的40%～45%；

3）施工精度高，施工后的偏差极小；

4）由于具有偏心运动，进土的间隙又比较小，即使用清水作为进水，也能保持挖掘面的稳定；

5）可以进行长距离顶进，也可用于曲率半径比较小的曲线顶进；

6）施工速度快，每分钟可进尺100～180mm；

7）机具结构紧凑、维修保养简单、操作方便。无论在工作坑中安装还是在接收井中拆除都很方便。

8）封闭型泥水式推进工法适用顶进管径规格为$\phi$600～$\phi$3000mm。

**3. 封闭型土压式推进工法（图 5-58）**

封闭型土压式推进工法有如下特点：

① 通过向切削舱内注入一定比例的混合材料，使得充满泥舱的泥土混合体平衡正面土压力以及地下水压力；

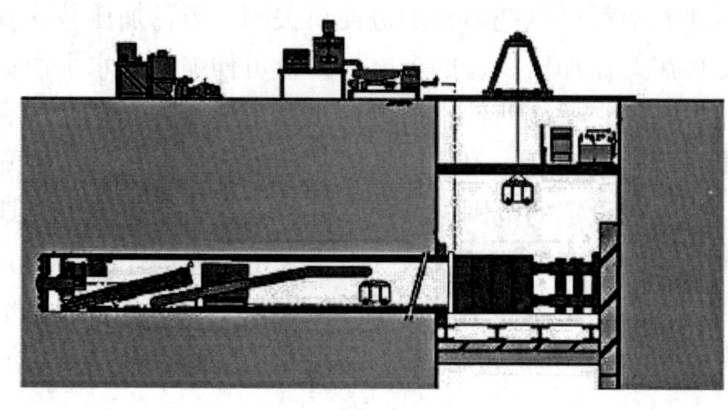

图 5-58　封闭型土压式推进工法

② 无须泥浆泵等后部配套装置，整机造价低；

③ 无须泥浆处理，施工成本低。

封闭型土压式推进工法所采用的顶管掘进机可根据机头所载刀盘数量分为单刀盘土压平衡掘进机和多刀盘土压平衡掘进机。

（1）单刀盘土压平衡掘进机

单刀盘土压平衡掘进机有以下优点：

1）适用的土质范围非常广，除岩石外的其他类土质均适用，且不需采用其他辅助手段；

2）施工后地面沉降小；

3）弃土的处理比较简单

4）可在复土层仅为管外径 80% 的浅土层中施工；

5）有完善的土体改良系统和具有良好的土体改良功能；

6）开口率达 100%，土压力更符合实际。

（2）多刀盘土压平衡掘进机

多刀盘土压平衡掘进机把通常的全断面切削刀盘改成 4 个独立的切削搅拌刀盘，所以它尤其适用于软黏土层中顶管施工。如果在泥土舱中注入些黏土，它也能用于砂层中顶管施工。另外，由于此机采用了先进的土压平衡原理，进行顶管施工后，对地面及地下的建筑物、构造物、埋设物的影响较小，可以安全地穿越公路、铁路、河川、房屋以及各种地下公用管线。其标准覆土深度可以相当于 1 倍管外径左右。从无数的施工实例证明，用此机进行顶管施工作业，不仅安全、可靠，而且施工进度快、效率高。与单刀盘土压平衡掘进机相比，此机具有价格低、结构紧凑、操作容易、维修方便和质量轻等特点。另外，它排出的土可以是含水率很低的干土或含水率较高的泥浆。它与泥水式顶管施工相比，最大的特点是排出的土或泥浆一般都不需要再进行泥水分离等二次处理。其施工占地小，对周围环境污染也很少。如采用皮带输送机或螺旋出土机方式出土，顶进效率会更高，平均 24h 可顶进 15 ~ 20m。但是它的缺点也很明显，由于它不是全断面切削，切削不到的部分只能通过挤压进入机头，因此迎面顶力较大。

封闭型土压式推进工法适用施工管径规格为 $\phi$1000 ~ $\phi$3000mm。

**4. 封闭型泥浓式推进工法（图 5-59）**

封闭型泥浓式推进工法具有如下特点：

（1）可以不加破碎地排出孔径约为掘进机直径 1/3 的卵砾石；

（2）采用了二次注浆方法，大大地减少了磨阻力，适合长距离顶进。

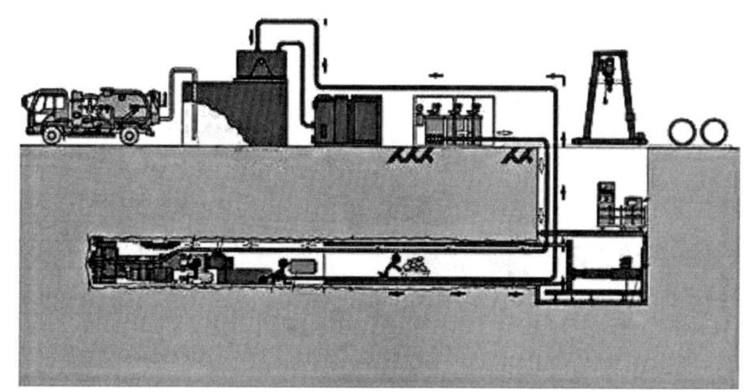

图 5-59　封闭型泥浓式推进工法

封闭型泥浓式推进工法所采用的顶进掘进机制造工艺较复杂且精良，在顶进过程中顶进操作人员处于顶进管道中，目前此施工工法在日本应用较广泛，在中国台湾地区也有应用报道。

此工法在顶进过程中，将废弃物分成两部分通过不同的方式排至地表后再外运处理。通过泥浆将顶进中所遇到的黏粒、砂砾等细小颗粒排至泥浆处理设备，经泥浆处理设备二次分离处理后，粗颗粒部分由泥浆运输车外运，余下的优质泥浆再次循环利用；顶进中遇到的卵砾石、块石等粗大颗粒物储存于储存槽，经管道运输至工作井内，再由门架吊至地表后外运。

因此封闭型泥浓式顶进工法适用的土质条件较广泛，除岩石外所有土质条件均可适用。它适用顶进管径规格为 $\phi700 \sim \phi2200$mm。

## 5.4.4　顶管施工主要工艺

**1. 机械设备选型**

选择正确的设备类型是施工成功的关键。各种顶管设备各有自己的适用条件和优势，也各有自己的短板。在开展施工以前，必须结合管廊所经线路的地质条件、工况条件，分析出工程的重点和难度问题，在认清工程风险的基础上，有针对性地选择顶管设备与工艺。

目前，在国内施工市场，比较常见的是泥水平衡顶管机。其基本原理是借助于压力平衡以达到出泥平衡，从而减少地面沉降。即维持正面土压力介于土体的主动土压力与被动土压力之间，通过 PILC 控制正面土压力，使之在设定范围内浮动，当压力过小时切土口开口量减小，大刀盘外浮。使正面压力升高，反之亦然，这一平衡过程是由一套液压伺服系统来进行控制的。除了这种机械平衡以外，还采用泥水平衡，循环的高压水将切削下的土体搅成混浆，同时平衡地下水位，使开挖面的水压与地下静水压力相近，减少地表沉降。

此类型顶管机具有以下优点：

（1）顶管机、千斤顶、液压系统、空压系统装置成套化；

（2）该机能适用各种土壤条件，如黏质土、砂土、砂砾混合碎石土和软岩土；

（3）使用安装在轨道上的主顶油缸，一次顶进长度超过 100m；

（4）使用主千斤顶不间断顶进一节管子。

**2. 千斤顶顶力计算**

正确估算顶管机所需的顶推力是保证施工顺利进行的前提，下面给出基本的顶推力计算方法：

$$F = F_1 + F_2 \tag{5-7}$$

式中 $F$——总推力；

$F_1$——掌子面阻力；

$F_2$——管周摩阻力。

$$F_1 = p \cdot \pi \cdot \frac{D^2}{4} \tag{5-8}$$

式中 $D$——管外径；

$p$——控制土压力，由下式计算：

$$p = K_0 \gamma H \tag{5-9}$$

式中 $K_0$——静止土压力系数，一般取 0.403；

$\gamma$——土的重度；

$H$——地面距离顶管机刀盘面板中心厚度，取最大值。

$$F_2 = \pi D f L \tag{5-10}$$

式中 $f$——管外表面平均摩阻力（综合考虑管道顶进时管外壁加注减阻泥浆条件下的数值）；

$L$——顶管机与已顶进管道全长。

**3. 施工流程**

顶管施工的工艺流程如图 5-60 所示。

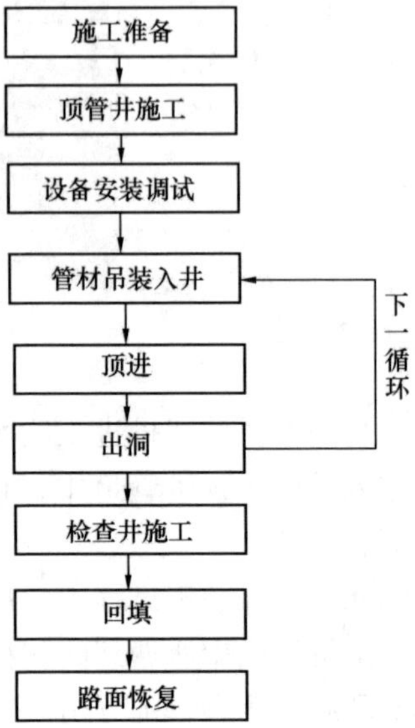

施工准备 → 顶管井施工 → 设备安装调试 → 管材吊装入井 → 顶进 → 出洞（下一循环，返回管材吊装入井）→ 检查井施工 → 回填 → 路面恢复

图 5-60 顶管施工工艺流程图

## 5.4.5 工作井、接收井施工

工作井与接收井是顶管工程的起点与终点，其开挖与支护的施工质量直接决定了工程的安全与成败，必须在充分了解场区水文地质与工程地质条件、周边建筑物与构筑物情况、施工要求等条件基础上，做好整体规划与设计，明确工作井与接收井的位置、形状与几何尺寸，并在进行充分风险论证的前提下，选择恰当的支护方式与施工工艺，以求技术可行、经济合理。

下面，以钢板桩 + 搅拌桩结合内支撑的方法为例，介绍工作井的施工工艺。

**1. 钢板桩**

打钢板桩准备工作，在需打设拉森钢板桩位置施工放线，在需打设拉森钢板桩位置两侧各 400mm 位置撒白灰，采用人工挖宽 800mm，深 1.5m 探沟，在与沟槽垂直方向上每隔 20m 人工挖一道宽 800mm，深 1.5m 探沟，确定在拉森钢板桩施工位置的障碍物。

钢板桩施工采用打桩机屏风打入法施工，提高打桩质量。施工重点是控制第一根打入钢板桩，用经纬仪从两个方向严格控制钢板桩垂直度，便于后面钢板桩嵌入。

当打桩时发现相邻钢板桩跟随向下移动，需将相邻钢板桩与已打设钢板桩焊接在一起，以加大其向下移动阻力。

**2. 土方开挖及支护**

开挖时先挖至第一层支撑底部 0.5m，安装第一道支撑，支撑端部采用可调接头进行连接，连接时用千斤顶施加预应力，然后用钢销进行固定；其后开挖至第二层支撑底部 0.5m；安装第二层支撑，支撑端部用可调接头进行连接，连接时用千斤顶施加预应力，然后用钢销固定，最后开挖至距基底 20cm 处用人工清底。钢板桩内侧采用钢板设置牛腿，围檩工字钢架设到牛腿上，支撑布置在井的 4 个角，组成三角形，提高钢板桩稳定性。

**3. 水泥搅拌桩施工**

水泥搅拌桩起到止水、加固土体作用。桩直径 800mm，搭接 200mm，在钢板桩支护工程完成后，再进行水泥拌桩施工。

（1）施工安排

水泥搅拌桩在试桩完成后取得试验数据，根据试验数据进行水泥拌桩的施工，每台桩机正常施工 400 延米/d。

（2）施工方法

工艺参数确定：从施工工艺上可采用变参数施工，根据成桩试验，搅拌机的钻进控制在 2m/min 左右，提升速度宜控制在 1.0m/min，转速控制在 0.4 左右。

水泥浆的配制严格控制水灰比，根据成桩试验，确定为 0.5 为宜。水泥必须是新近出厂的，水泥浆必须用砂浆搅拌机搅拌，每次时间不小于 3mim。制备好的水泥浆不得停置时间过长，超过 2h 应降低强度等级使用。浆液在砂浆搅拌机中不断搅拌，直到送浆前。

1）定位：塔架式起重机悬吊搅拌机到达施工的桩位后对中，并抄平塔架平台，使搅拌钻杆铅垂于地面。

2）为保护桩的垂直度，应注意机架的平整和导向架的垂直度，垂直度偏差不宜超过 1.0%。桩径的偏差不宜大于 4%。根据施工顺序及桩位布置，移机至指定桩位，对中后用经纬仪观测垂直度，保证桩位中心与地面桩位点在同一条直线上，桩的孔径与图纸位置偏差不得大于 50mm，垂直度偏差不得大于 1.5%。

3）预搅拌将搅拌头下沉：搅拌杆沿导向架切土徐徐下沉，下沉速度应由电动机的电流表监测，工作电流不得超过 60A。

4）围檩下部每隔 2m 用牛腿托住。

5）提升喷浆搅拌：当搅拌头抵达设计深度时，应在桩底部停留 30s，进行磨桩端，将搅拌头反转，同时喷浆提升搅拌，严格控制搅拌速度，边喷浆边搅拌边提升，将所喷浆液充分与黏土拌和均匀。

6）重复下沉、上升搅拌，进行第二次复搅，以达到充分搅拌的要求。水泥搅拌法设计停浆面应高出桩顶设计高 20cm，在桩顶范围再铺设一层 50cm 砂垫层。桩身搅拌采用“四搅四喷”工艺，且最后一次提升搅拌采用慢速提升。当喷浆口达到桩顶标高时，停止提升，搅拌数秒。做好施工记录，实际的孔位、孔深、钻孔下的障碍物、工程地质等均做详细记录。

7）洗管：向集料斗中注入清水，用灰浆泵送水清洗管路和搅拌头。

8）移位：重复上述步骤，制作下一根桩。

（3）水泥搅拌桩施工要点

1）施工场地要求平整，并清除杂物，在桩顶部位铺设砂垫层。

2）钻孔前准确放轴线和桩位，用木桩定位，桩位布置与设计图误差不大于 5cm。

3）严格控制桩的垂直度，注意桩机导向架对地面的垂直度，垂直度偏差不超过 1.0%。

4）采购的水泥符合设计要求，有出厂合格证及水泥检验报告单。

5）水泥混凝土倒入浆筒，结硬块体要拣出，防止堵管。

6）桩体搅拌要一气呵成，按理论计算量往浆桶投料，投一次料，打一根桩，确保成桩质量，喷浆深度在钻杆上标控制。

7）施工过程中经常检查电流、浆泵、输浆泵。

8）输浆过程中，如出现送浆不出等现象，停止提升，原地搅拌，及时查明原因，重新输浆复打，并保证1.0m以上的重叠。

9）严格控制好单位桩长的喷浆量，实际每米喷浆量与设计要求的喷浆量误差不超过±2kg

10）专人记录每米下沉时间、提升时间，记录送浆时间、停浆时间等有关参数的变化。

（4）施工注意事项

深层搅拌桩要控制水泥用量，喷浆均匀性、搅拌时间要足够，要有现场监督，做好现场记录。

1）水泥：水泥采用普通水泥或矿渣水泥。

2）水泥混凝土搅拌桩施工应根据成桩实验确定的参数进行，随时记录有关参数的变化。

3）在机械就位后，按技术现场放样的桩位进行振动成孔，成孔深度控制可通过在钻杆上标出钻孔深度位置线实现。

4）桩身喷浆采用“四搅四喷”工艺，严格控制喷浆时间、停浆时间和水泥入量，确保桩长度。

5）做好施工记录，实际的孔位、孔深、钻孔下的障碍物、工程地质等均应做详细记录。

（5）质量检测

1）质量控制：水泥搅拌桩必须打入地基持力层50cm，采用强度等级为42.5的普通硅酸盐水泥，在施工前必须做好水泥土的配合比试验。

2）质量检测：桩头检测开挖深度不少于1.5m，检查搅拌桩的均匀性、桩径是否满足设计要求，频率为2%，钻芯取样按2%随机抽检，并进行无侧限抗压强度试验。静载试验取三根桩，同一路段不小于3组。桩身28d无侧限抗压强度不小于0.8MPa，90d无限抗压强度不小于12MPa，承载力大于140kPa。

## 5.4.6 顶管工程施工

### 5.4.6.1 顶管施工工艺

**1. 测量放线**

（1）测量控制目标

1）测量放线合格率100%，确保达到施工精度和进度要求。

2）平面的控制测量精度不低于1/10000，其测角精度不低于20″。

3）标高控制，每连续墙施工段层间测量偏差≤±3m，全高≤±10mm。

（2）定位及轴线尺寸控制

通视条件下的测量：如图5-61所示，使用交汇法引工作井及接收井预留洞口中心至各

图5-61 测量示意图

自的井壁。置经纬仪于 A 点，后视 B 点，作 BA 直的延长线，并在工作井后部定出一点 C。保证 C、A、B 在一条轴上，置经纬仪在 C 点上，后视 A 点，在工作井井壁上定出一点 A，置激光经纬仪基座于井下 D 点，并抄平固定激光经纬仪架，置经纬仪于 A 点，后视 B 点，在激光经纬仪器架上定出 D 点，D 点同 A、B 点在竖直方向上成一直线，安装激光经纬仪于仪器架上，对中 D 点，后视 A 点，依设计轴线打好角度，即可定出轴线。

不通视条件下的测量：引出 A、B 两点后可根据导线法以及平移法定出 A，其余步骤同通视条件下测量定位。

**2. 顶进**

顶管机初始顶进是顶管施工的关键环节之一，其主要内容包括出洞口前地层降水和土体加固、设置顶管机始发基座、顶管机组装就位调试、安装密封胀圈、顶管机试运转，折除洞临时墙、顶管机贯入作业面加压和顶进等。

（1）准备工作

1）洞门止水设施安装完毕；

2）轨道、基座安装完毕；

3）主顶、后背设施的定位及调试验收合格；

4）顶管机吊装就位、调试验收合格。

（2）顶管机出洞

在顶管机出洞前，需重点对洞圈外部土体的加固效果进行检查，只有在确认出洞口土体达到止水效果后，方可进行顶管出洞施工。

对顶管机、主顶进装置等主要设备进行一次全面的检查、调试工作，对存在的问题及时解决。同时，充分准备好顶管出洞工作所需材料，并在各相关位置就位。仔细检查好洞口第二道橡胶衬压密效果，以确保顶管机正常出洞。

工作井洞口止水装置应确保良好的止水效果。根据设计预留的法兰，在法兰上安装两道工作井洞口止水装置。该装置必须与导轨上的管道保持同心，误差应小于 2mm。

洞口围护墙拆除完成后，顶管机迅速靠上开挖面，并调整洞口止水装置，贯入工作面进行加压顶进，尽量缩短开挖面暴露的时间。

（3）试顶进

顶管机在出洞后顶进的前 20m 作为顶进试验段。通过试验段顶进，熟练掌握顶管机在本工程地层中的操作方法、顶管机推进各项参数的调节控制方法；熟练掌握触变泥浆注浆工艺；测试地表隆陷、地中位移等，并据此及时详细分析在不同地层中各种推进参数条件下的地层位移规律，以及施工对地面环境的影响，并及时反馈调整施工参数，确保全段顶管安全顺利施工。

（4）出洞施工注意事项

顶管机出洞前要根据地层情况，设定顶进参数。开始顶进后要加强监测，及时分析、反馈监测数据，动态地调整顶管机顶进参数，同时应注意以下事项：

1）出洞前在基座轨道上涂抹油脂，减少顶管机推进阻力。

2）出洞前在刀头和密封装置上涂抹油脂，同时包好周边刀盘，避免刀盘上刀头损坏洞门密封装置，划伤止水橡胶。

3）出洞基座要有足够的抗偏压强度，导轨必须顺直，严格控制其标高、间距及中心轴线。

4）及时封堵洞圈，以防洞口漏浆。

5）端头混凝土墙拆除前的确认：出洞前确认墙拆除后的形状是否有碍顶管机的通过，另外，检查衬垫的安装状况，设置延伸导轨，防止顶管机前倾。

6）防止顶管机旋转、上飘。

顶管机出洞时，正面加固土体强度较高，由于顶管机无地层限制力作用，顶管机易偏转，宜加强顶管机姿态测量，如发现顶管机有较大转角，可以采用刀盘正反转的措施进行调整。顶管机刚出洞时，顶进速度宜慢，刀盘切削土体中可加水降低顶管机正面压力，防止顶管机上飘，同时加强后背支撑观测，尽快完善后背支撑。

7）在顶管机靠上正面土体后，需立即开启刀盘切削系统进行土体切削，以防顶管机对正面土体产生过量挤压，使切削刀盘扭矩过大。

8）由于顶管初出洞处于加固区域，为控制顶进轴线。顶进速度不宜过快。

9）在顶管初出洞段顶进施工过程中，对顶管机姿态要勤测勤纠，力争将出洞段顶管轴线控制到最好，为后阶段顶管施工形成一个良好的导向。

10）顶管机完全贯入地层，管外注浆还未实施之前，顶管机以及出发的各设备均处于极不稳定状态，顶进中要经常检查，发现异常，立刻停止顶进进行妥善的处理。

11）内衬墙施工时，在洞门位置预埋钢板，初始顶进时，将机头与预埋钢板焊接，防止机头后退。

（5）顶进操作及注意事项

出洞工作结束后，即可进行正常的顶进施工。正常顶进时，开挖面土体经大刀盘切削，通过螺旋机输送入倾土水槽，经搅拌后通过输送管道采用混水方式输送至地面沉淀水，泥水经过沉淀后排出，清水通过回流管道输送至倾土水槽重复利用。

一节管节顶进结束后，缩回主千斤顶，吊放下一节管，安装完成并检验合格后再继续顶进。顶进施工期间，管道内的动力、照明、控制电缆等均应结合中继间的布置分段接入，接头要可靠。管道内的各种管线应分门别类地布置，并固定好，防止松动滑落。在工具管处应放置应急照明灯，保证断电或停电时管道内的工作人员能顺利撤出。

顶进中还需注意地层扰动，顶进引起的地层形变的主要因素有工具管开挖面引起的地层损失；工具管纠偏引起的地层损失；工具管后面管道外周空隙因注浆不足引起的地面损失；管道在顶进中与地面摩擦而引起的地层扰动；管道接缝及中继间缝中泥水流失而引起的地层损失。所以在顶管施工中要根据不同土质、覆土厚度及地面建筑物等，配合监测信息的分析，及时调整泥水平衡值，同时要求坡度保持相对平缓，控制纠偏量，减少对土体的扰动。根据顶进速度控制出土量和地层变形的信息数据，从而将轴线和地层变形控制在最佳状态。

**5.4.6.2　顶管机姿态控制**

**1. 顶管机的姿态监测**

（1）人工监测

采用水准仪等仪器测量顶管机的轴偏差，监测顶管机的姿态。

（2）激光导向监测

测量时自动监测与人工监测相互纠正，以进一步提高顶管机姿态监测的精度。

**2. 顶管机姿态调整**

（1）滚动纠偏

由于刀盘正反向均可以出土，因此通过反转顶管机刀盘，就可以纠正滚动偏差。允许滚动偏差小于等于1.5°，当超过1.5°时顶管机自动控制系统会报警，提示操作者切换刀盘旋转方向，进行反转纠偏。

（2）竖直方向纠偏

控制顶进方向的主要方法是改变单侧千斤顶的顶力。但它与顶管机姿态变化量间的关系没有固定规律，需要靠人的经验灵活掌据。当顶管机机身出现下俯时，可加大下侧千斤顶的顶力，当顶管机机身出现上仰时，可加大上侧千斤顶的顶力，来进行纠偏。

（3）水平方向纠偏

与竖直方向纠偏的原理一样，左偏时加大左侧千斤顶的顶力，右偏时则加大右侧千斤顶的顶力。

（4）纠偏注意事项

1）切换刀盘转动方向时，先让刀盘停止转动，间隔一段时间后，再改变转动方向，以保持开挖面的稳定。

2）要随时根据开挖面地层情况及时调整顶进参数，修正顶进方向，避免偏差越来越大。

3）顶进时要及时进行纠偏，消除偏差后，再继续向前顶进。

**3. 确保顶管机泥水压力平衡和地层稳定的技术措施**

（1）下管时，严防顶管机后退，确保正面土体稳定。

（2）同步注浆充填环形间隙，使管节能尽早支承地层，控制地层沉陷。

（3）切实做好土舱压力平衡控制，保证开挖面土体稳定。

（4）利用信息化施工技术指导顶进管理，保证周围环境安全。

（5）正常施工时的主要事项。

（6）每一作业班次要留下一定时间做好机械设备的保养和作业面的清洁工作。

（7）前后作业班组做好交接班的施工工况介绍并做文字记录。

（8）出土车辆进出、钢管吊装时，施工人员要站在安全的位置。

#### 5.4.6.3　触变泥浆减摩

**1. 注浆工艺顺序**

在顶进过程中，通过压浆环管向节外壁压注一定数量的减摩混浆，采用多点对称压注使泥浆均匀填充在管节外壁和周围土体间的空隙，来减少管节与土体间摩阻力，起到降低顶进阻力的效果。

顺序是：地面拌浆→储浆池浸泡水发→启动压浆泵→打开送浆阀→送浆（顶进开始）→管节阀门关闭（顶进停止）→总管阀门关闭→井内快速接头拆开→下管节→接长总管→循环复始。

**2. 注浆原则**

（1）合理布置注浆孔，使所注润滑泥浆在管道外壁形成比较均匀的泥浆套。

（2）压浆时必须坚持“先压后顶、随顶随压、及时补浆”的原则，压浆泵和输出压力控制为0.3~0.4MPa。

**3. 注浆质量的控制措施**

（1）顶进施工前要做泥浆配合比试验，找出适合于施工的最佳泥浆配合比。膨润土中脱石含量要求≥60%。

（2）制定合理的压浆工艺，严格按压浆操作规程进行。

催化剂、化学添加剂等要拌均匀，使之均匀地化开，膨润土加入后要充分搅拌，使其充分水化。泥浆拌好后，应放置一定的时间才能使用。

（3）利用中继间接力顶进时，因为顶进距离长，地面压浆泵的动力无法满足压送距离，需要在管道内设置中继压浆站，由中继压浆泵和储存箱组成。压浆时先由地面压浆泵把浆液压到储存箱，然后用中继压浆泵向管外压浆。

（4）保持管节在土中的动态平衡。在深层砂土中，静态和动态的周边阻力相差极为明显，一旦顶进中断时间较长，管节和周围土体固结，在重新启动时就会出现“楔紧”现象，顶力要比正常情况高出 1.4 倍，因此尽可能缩短中断顶进时间保持施工的连续性，如中断时间过长必须补压浆。

**4. 注浆孔封堵处理措施**

注浆孔可使用斜螺纹，与顶管专用玻璃钢夹砂管呈 90°，注浆孔外采用塑料单向阀，顶管顶进施工完成，浆液置换完毕后，采用斜螺纹钢闷头对注浆孔进行封堵，钢闷头与单向阀之间设置 2mm 胶板，注浆孔内涂满厌氧密封膏，防止封堵后出现渗漏水。

**5. 压浆过程中注意事项**

（1）压浆管与压浆孔连接处设有单向阀，防止在压浆停止时管外的泥砂会沿着注浆管流到注浆管内，沉淀后会把注管堵住。

（2）浆液搅拌后，要有足够的浸泡时间，搅拌均匀。

（3）选择螺旋泵作为压浆泵，因为螺旋泵没有脉动现象，易于形成稳定的浆套。

（4）特殊区域的压浆管布置，在中继间处要采用 $\phi$50mm 的软管，留有一定的弯曲量，满足中继间的伸缩，在头三节钢管处多设注浆孔，注足浆液形成注浆套。

（5）在顶进施工中，减阻泥浆的用量主要取决于管道周围空隙的大小及周围土层特性，由于泥浆的流失及地下水等的作用，泥浆的实际用量要比理论用量大得多，一般可达到理论值的 4 ~ 5 倍，但在施工中还要根据土质情况、顶进状况、地面沉降的要求等做适当的调整。

**6. 泥浆处理**

施工过程中加设过滤网，将泥中的碎石等固体颗粒物分离，分离后的泥浆排至三级沉淀池进行沉淀，泥浆泵安装在第三级沉淀池中提供泥浆循环，采用挖掘机及时将泥浆池底部的沉渣进行清理，运至弃渣场进行自然脱水固化。废弃的泥浆水，在水中加入絮凝剂，使泥颗粒从水中迅速凝聚、沉降，从而达到泥水分离的效果，沉淀底泥采用挖掘机清理，水采用泥浆泵循环利用。

**5.4.6.4 出土方**

泥水平衡式顶管的出土采用全自动的泥水输送方式，挖掘的土通过在机舱内的搅拌和泥水形成泥浆，然后由泥浆泵抽出，高速排土。在沉井上部砌 2 个沉淀池。沉淀的余土外运需按文明施工要求和渣土处理办法，运到永久堆土点，不得污染沿途道路环境。

**5.4.6.5 置换泥浆**

管道顶进结束后，为防止管道出现后沉降，必须用惰性浆液将顶进过程中的触变泥浆置换掉。置换泥浆采用纯水泥浆。利用压注触变泥浆的系统及管路进行置换。压注顺序：从第一节管依次向后进行。压注前一节管水泥浆时，应将后续管节的压浆孔开启，使原有管路中的触变泥浆在水泥浆的压力下从后续管节压浆孔内流出，直至后续注浆孔内冒出水泥浆，并达到一定的压注压力时，方可停止前段管水泥浆的压注，确保将触变泥浆全部置换。

#### 5.4.6.6　进出洞加固、洞口止水装置及应急措施

**1. 堵漏应急措施**

针对进出洞施工中可能出现的漏水漏砂情况，在洞门凿除过程中，预备木板、棉花胎、封堵及支撑槽钢、双快水泥、水泥、水玻璃、聚氨酯、草包和蛇皮袋（已装土）等材料。一旦有险情发生，首先应立刻停止洞门混凝土凿除，同时用棉花胎加木材或槽钢类材料进行支护，并用双快水泥以及叠放土包等方式进行临时封堵，以控制险情，然后采取压注双液浆或聚氨酯的措施直至堵住漏点。

**2. 沉降（坍方）应急措施**

为防止进出洞口沉降所带来的不利影响，出洞施工中对洞口前方土体进行注浆作业。由于出洞口位置的地面上打设一定量注浆孔，且注浆位置应在加固土体之外。预备 1 套注浆设备和足量水泥和水玻璃。一旦发生洞圈内的水土流失、或者地面（管线、建筑物）监测数据报警，应立即针对相应部位进行压浆，以控制沉降速率，填充水土流失所造成的空位。

如在洞门已经完全打开的情况下，发生土体塌落现象，尽快将顶管机向土体顶进，以刀盘支住正面土体，螺旋机不得出土。同时做好洞口止水装置的补加固工作，防止水土从顶管机壳体周边流失。

**3. 人身伤害应急措施**

施工人员劳动防护用品应佩戴齐全，高空作业人员必须按规定正确佩戴安全带。加强现场监控，规范施工操作规程，严禁交错作业。在洞门外土体有塌落趋势时，该区域内所有作业人员必须全部撤离至安全位置。一旦发人身伤害事故，立即按抢救规程进行急救，同时将伤员送至绿色通道医院救治。

## 5.5　机电安装施工

### 5.5.1　机电安装一般规定

在城市综合管廊的施工中，机电安装部分由支吊架安装、管道安装、电气安装及附属设施安装等部分组成，在进行机电安装之前，需要对施工中所需材料进行进场检查及验收工作，检查内容包括以下 3 个部分：

1. 材料进场清点检查，其规格、型号及技术参数与设计图纸要求一致，且无残损和短缺。
2. 进场设备材料产品质量证明文件及相关附件齐全。
3. 按有关要求做好外观检查，采取必要措施，严防丢失、损坏和变质。

对于施工中所需的设备材料要根据规范要求进行抽样检测，检测中使用的各类检测及计量器具，应检定合格，使用时在检定有效期内。质量检验、验收中使用的计量器具和检测设备，必须经计量检定、校准合格后方可使用，承担材料和设备检测的单位应具备相应的资质。

在施工前需要根据审批的施工组织设计和施工方案组织实施，并对施工人员进行交底。施工中特种作业人员需要持证上岗。

### 5.5.2　支吊架

装配式支吊架由成品支吊架、锁扣、连接件、管束、管束扣垫、锚栓等组成。装配式支

吊架选用应符合设计要求。其安装除了符合本节规定外，尚应符合设计文件、产品技术文件和国家现行有关标准的规定。

挂墙立柱安装时不得有明显倾斜，其垂直偏差不得大于其长度的2‰。装配式支吊架的托臂与立柱之间固定牢固，托臂与立柱垂直，不应左右倾斜。同一立柱上的各托臂其左右偏差不应大于±5mm，层间偏差不得大于±5mm。

悬挂式管道支吊架位置正确，固定应平整可靠，固定支架与管道接触应牢固。有热伸长管道的吊架应向热膨胀的反方向偏移。固定在建筑结构上的管道支吊架不得影响结构的安全。抗震悬挂式支吊架整体安装间距应符合设计要求，其偏差不应大于0.2m。抗震悬挂式支吊架斜撑与吊架安装距离应符合设计要求，并不得大于0.1m。抗震悬挂式支吊架斜撑竖向安装角度应符合设计要求，且不得小于30°。

座式支吊架的支座固定，应保证同一根直线管道上所有管架处于同一高程，偏差为－5～0mm，采用锚栓固定支座时，应符合锚栓使用条件的技术文件规定，锚栓至混凝土构件边缘的距离不应小于8倍的锚栓直径，锚栓间距不小于10倍的锚栓直径，用扭力扳手紧固锚栓，确保满足设计要求。同一根直线段管道的管架长度和角度应控制一致，避免管架安装后不在同一平面上。

电缆及桥架采用装配式支吊架间距安装，间距安装控制为0.8～1.5m；同一区域内支吊架间距应保持一致，其偏差不得大于100mm。

钢管道支吊架间距不应大于表5-20规定；同一区域内支吊架间距应保持一致，其偏差不得大于100mm。管道支架规格、尺寸等应符合设计要求；支架应安装牢固、位置正确，工作状况及性能符合设计文件和产品安装说明的要求。

**表5-20　钢管管道支吊架的最大间距**　　(m)

| 公称直径（mm） | *DN*15 | *DN*20 | *DN*25 | *DN*32 | *DN*40 | *DN*50 | *DN*70 |
|---|---|---|---|---|---|---|---|
| 保温管 | 2.0 | 2.5 | 2.5 | 2.5 | 3.0 | 3.0 | 4.0 |
| 不保温管 | 2.5 | 3.0 | 3.5 | 4.0 | 4.5 | 5.0 | 6.0 |
| 公称直径 | *DN*80 | *DN*100 | *DN*125 | *DN*150 | *DN*200 | *DN*250 | *DN*300 |
| 保温管 | 4.0 | 4.5 | 6.0 | 7.0 | 7.0 | 8.0 | 8.5 |
| 不保温管 | 6.0 | 6.5 | 7.0 | 8.0 | 9.5 | 11.0 | 12.0 |

不锈钢管道支吊架架间距不应大于表5-21规定；同一区域内支吊架间距应保持一致，其偏差不得大于100mm。

**表5-21　薄壁不锈钢管道支吊架的最大间距**　　(m)

| 公称直径（mm） | 10～15 | 20～25 | 32～40 | 50～80 | 100～300 |
|---|---|---|---|---|---|
| 水平管 | 1.0 | 1.5 | 2.0 | 2.5 | 3.0 |
| 立管 | 1.5 | 2.0 | 2.5 | 3.0 | 3.5 |

当出现水平转弯之前、后约300mm处及其转弯的中间；标高有明显变化之处的前、后约300mm处；过伸缩缝的前、后约300mm处；阀门、伸缩节前后500mm处之中的任一种情况时，需要增加装配式支吊架。

### 5.5.3　管廊支墩

装配式混凝土支墩预制材料及其配件经检验符合设计和安装要求，管道支墩制作时，混凝土应振捣密实，相同管道在同一区域的支墩规格形状一致；管道支墩各断面尺寸偏差控制在 ±5mm，管道支墩装配位置和尺寸正确，支墩地基承载力达到设计规定强度，地面应凿毛，安装牢固。

管道支墩选用的混凝土材料宜采用强度等级不低于 C25 的混凝土预制，混凝土支墩安装应按设计要求施工，水平及中心线偏差的校正调整应满足设计要求。如设计无要求时：水平及中心线偏差控制在 ±15mm，支墩应在管节接口做完、管节位置固定后修筑，管道支墩与地面之间应用水泥砂浆灌注牢靠，水泥砂浆配合比应符合设计要求，管道支墩进行混凝土浇筑支撑时，应对墩台上的管道进行防护，以免对管道防腐层造成损伤。支墩间距的设置应根据管径、转弯角度、管道设计内水压力和接口摩擦力等因素，经设计验算后确定。管节安装过程中的临时支架，应在支墩的砌筑砂浆或混凝土达到规定强度后方可拆除，管道及管件支墩施工完毕，并达到强度要求后要按规范要求进行功能性试验。

### 5.5.4　管道安装

管道安装部分已经在前面章节进行了详尽的叙述，故本章仅做简要叙述。

#### 5.5.4.1　给水管道安装

给水管道的性能、材质、规格应符合设计要求，钢管的连接方式一般采用直缝焊管（$DN<300$mm）、螺旋缝焊管（$DN\geqslant300$mm）；焊缝连接；球墨铸铁管连接方式一般采用柔性连接、法兰连接，给水管道采用金属管道时应考虑防腐措施。钢管的内防腐可采用环氧粉末涂层、水泥砂浆衬里或塑料衬里等符合饮用水标准的材料，外防腐可采用环氧粉末涂层及涂装防锈漆等，并应符合相关标准规定。

**1. 给水管道运输**

给水管道及附件在储存、运输、安装过程中不得损坏，宜采用吊装带吊运，避免管道防腐层破坏。

**2. 给水管道安装**

（1）钢制管道安装应符合以下规定：

管道安装坡向、坡度应符合设计要求，应按管道的中心线和管道的坡度对接管口；对接管口应在距离接口两端各 200mm 处检查管道平直度，允许偏差为 0～1mm，在对接管道的全长范围内，允许偏差为 0～10mm；焊接管道对接口处应垫置牢固，在焊接过程中不得产生错位和变形；现场接口焊接宜采用氩弧焊打底；法兰连接时应使法兰与管道保持同心，两法兰间应平行；螺栓应使用相同规格，且安装方向应一致；螺栓应对称紧固，紧固好的螺栓应露出螺母之外 2～3 扣；管道安装完成后外防腐层（包括补口、补伤）的外观质量、厚度应符合设计要求。

（2）球磨铸铁管安装应符合以下规定：

球磨铸铁管的接口形式应符合设计要求；两管节中轴线应保持同心、承插口部位无破损、变形、开裂；插口推入深度应符合要求；采用柔性接口时，橡胶圈的质量、性能、细部尺寸应符合国家有关球墨铸铁管及管件标准的规定，橡胶圈安装经检验合格后，方可进行管道安装；承插口法兰压盖的纵向轴线应一致，连接螺栓终拧扭矩应符合设计或产品使用说明要求；接口连接后，连接部位及连接件应无变形、破损；采用钢制螺栓和螺母时，防腐处理应符合设计要求。

（3）阀部件安装应满足以下规定：

管道阀门安装前应逐个进行启闭检验，阀门安装应牢固、严密，启闭灵活，与管道轴线垂直，管道功能性试验及冲洗消毒应符合《地下防水工程质量验收规范》（GB 50208—2011）的相关规定。

**5.5.4.2 燃气管道安装**

**1. 燃气管道安装基本原则**

天然气管道应敷设于独立舱室，舱室地面应采用撞击时不产生火花地面，燃气管道应采用无缝钢管，焊缝连接，其管材技术性能指标不应低于现行国家标准《输送流体用无缝钢管》（GB/T 8163—2018）的规定，天然气调压计量装置不应设置在地下综合管廊内，承担燃气钢制管道焊接的人员，必须持证上岗，防腐原材料及防腐前钢管表面的预处理应符合设计及国家现行标准的相关要求，除锈后的钢管应及时进行防腐，如防腐前钢管出现二次锈蚀，必须重新除锈；管道防腐涂层完整、均匀、颜色一致，涂层厚度应符合设计文件规定，漆膜应附着牢固、不得有剥落、皱纹、气泡、针孔等缺陷。

**2. 管道运输**

做好防腐绝缘涂层的管道，在堆放、运输、安装时必须采取有效措施，保证防腐涂层不受损伤，补口、补伤、管件及管道套管的防腐等级不得低于管体的防腐层等级。

**3. 管道安装**

应按设计图纸的要求控制管道的平面位置、间距、高程、坡度，管道敷设时应在自由状态下安装连接，严禁强力组对，管道对口前应将管道、管件内部清理干净，不得存有杂物，每次收工时，敞口管端应临时封堵，管道切割及坡口加工宜采用机械方法，当采用气割等热加工方法时，必须除去坡口表面的氧化皮，并进行打磨，管道安装净距符合设计要求，其中管壁与管廊底部净距不宜小于300mm、管壁与墙面净距不宜小于300mm，阀门手轮边缘与墙面净距不宜小于150mm，天然气管道舱内的天然气管道宜采用低支墩（或支架）架空敷设，管道支座宜采用固定支座和滑动或滚动支座；管道支座应满足管道抗浮和管廊沉降变形的要求。

管道焊接应符合以下规定：

（1）管道焊接宜采用氩弧焊打底、电弧焊盖面的焊接工艺；

（2）管道对口前应打坡口、清根，管端面的坡口角度、钝边、间隙应符合设计规定；

（3）对口前管口外100mm范围内油漆、污垢、铁锈、毛刺等应清扫干净，并应检查管口不得有夹层、裂纹等缺陷；

（4）焊接时严格按照焊接工艺评定确定的参数进行，每道焊缝焊完后应清除焊渣并进行外观检查，如有缺陷应铲除并重新补焊；

（5）为防止大管道焊接过程中热变形应采用分段对称焊接方式；

（6）管道环焊缝间距不应小于管道的公称直径，且不得小于150mm；

（7）管道焊接完成后，强度试验及严密性试验之前，必须对所有焊缝进行外观检查和对焊缝内部质量进行检验；

（8）设计文件规定焊缝系数为1的焊缝或设计要求进行100%内部质量检验的焊缝，其外观质量不得低于《现场设备、工业管道焊接工程施工规范》（GB 50236—2011）要求的Ⅱ

级；对内部质量进行抽检的焊缝，其外观质量不得低于规范要求的Ⅲ级质量要求；

（9）设计文件规定焊缝系数为 1 的焊缝或设计要求进行 100% 内部质量检验的焊缝，焊缝内部质量射线照相检验不得低于《无损检测 金属管道熔化焊环向对接接头射线照相检测方法》（GB/T 12605—2008）中的Ⅱ级质量要求，超声波检验不得低于《焊缝无损检测 超声检测 技术、检测等级和评定》（GB/T 11345—2013）中的Ⅰ级质量要求，当采用 100% 射线照相或超声波检测方法时，还应按设计要求进行超声波或射线照相复查；

（10）对内部质量进行抽检的焊缝，焊缝内部质量射线照相检验不得低于《无损检测 金属管道熔化焊环向对接接头射线照相检测方法》（GB/T 12605—2008）中的Ⅲ级质量要求，超声波检验不得低于《焊缝无损检测 超声检测 技术、检测等级和评定》（GB/T 11345—2013）中的Ⅱ级质量要求；

（11）焊缝内部质量的无损探伤数量应按设计规定执行，当设计无规定时，抽查数量不应少于焊缝总数的 15%，且每个焊工不应少于一个焊缝，抽查时应侧重抽查固定焊口。

管道附件安装应符合下列规定：

分段阀最好设置在综合管廊外部，若设置在内部时应采用焊缝连接且应有远程关闭功能，阀部件、补偿器等在安装前应按其产品要求单独进行强度和严密性试验并做好记录，阀门安装前应检查阀芯的开启度和灵活度，安装有方向性要求的阀门时，阀体上的箭头方向应与燃气流向一致，阀门安装时应确保与阀门连接的法兰平行，严禁强力组装，安装过程中应保证受力均匀，阀门下部根据设计要求设置承重支撑，管道敷设宜采用自然补偿，当采用不锈钢波纹补偿器时，其设计压力应比管道设计压力提高一级，且应在管道系统强度试压、吹扫和支架安装完毕后进行安装，放散管放散阀前应装设取样阀及管接头，放散管口应采取防雨、防堵塞措施，且满足防雷、接地等要求，管道附件安装完毕后应及时对连接部位进行防腐。

**4. 管道标志和警示牌**

天然气管道应标有明显的气体流向和色标及种类的标志，管道色标根据相关规范要求设置，天然气阀门等所有可能泄漏天然气的场所应挂有严禁烟火（或火种）、严禁开闭阀门等提醒人们注意的警示标志。

#### 5.5.4.3　热力管道安装

**1. 热力管道安装基本原则**

热力管道采用蒸汽介质时应在独立舱室内敷设；热力管道不应与电压 10kV 及以上的电力电缆同舱敷设，当条件受限需同舱敷设时应进行专项论证与设计，热力管道在进出综合管廊时，宜在综合管廊外设置阀门，热力管道应采用无缝钢管、保温层及外护管紧密结合为一体的预制管，并应符合规范的有关规定，管道附件必须进行保温，保温材料应采用难燃材料或不燃材料。保温完成后，保温表面的温度不应超过 50℃，阀门、阀部件必须有制造厂的产品合格证及第三方检测质量合格证明书，阀门应由有资质的检测部门逐一进行强度和严密性试验，管道敷设时要考虑管道的排气阀、排水阀、伸缩补偿器、阀门等配件安装、维护的作业空间，热力管道采用蒸汽介质时排气管和疏水管出口应引至综合管廊外部安全空间，并应与周边环境相协调。

**2. 管道运输**

管道应使用专用吊具进行吊装，在吊装过程中不得损坏管道；地面承接管道时需采用柔软材料或木方垫于地面上，严禁管道直接落在地面上，管道运输应平稳，管道坡口不得与运输装置发生磕碰、摩擦；运输至施工位置时应平稳放置，严禁抛置、滚动。

**3. 管道安装**

（1）支架安装应符合以下规定：

支吊架的设置和选型应符合管道补偿、热位移和对设备（包括固定支架等）推力的要求，防止管道振动。支吊架必须支撑在可靠的构筑物上，支吊架结构应具有足够的强度和刚度，并应尽量简单，支吊架的位置应正确、平整、牢固，坡度应符合设计要求，热力管道固定支架需与管廊的土建结构设计、管廊进出线位置、分支等因素综合考虑并在管廊结构承载能力范围内合理选择补偿方式、设置固定支架，导向支架或活动支架的滑动面应洁净平整，不得有歪斜或卡涩现象。其安装位置应从支撑面中心向位移反方向偏移，偏移量应为位移量的1/2或符合设计文件规定，绝热层不得妨碍其位移。

（2）管道切口端面应平整，不得有裂纹、重皮、毛刺，熔渣应清理干净；若采取预制保温管，切割时应采取措施防止外护管脆裂，切割后的工作管裸露长度应与原成品管的工作管裸露长度一致，切割后裸露的工作管外表面应清洁、不得有泡沫残渣；应对切割完成的管口进行防护。

（3）管道安装应符合以下规定：

管道安装坡向、坡度应符合设计要求，应按管道的中心线和管道的坡度对接管口，坡口表面应整齐、光洁，不得有裂纹、锈皮、熔渣和其他影响焊接质量的杂物，不合格的管口应进行修整，对口焊接前应检查坡口的外形尺寸和坡口质量；对口处应垫置牢固，不得在焊接过程中产生错位和变形，对接管口时，应检查管道平直度，在距接口中心200mm处测量，允许偏差为1mm，在所对接钢管的全长范围内，最大偏差不应超过10mm，管道组对对口处应垫置牢固，在焊接过程中不得产生错位和变形，蒸汽管道引出分支时，支管应从主管上方或两侧接出，保温层及外护管一体的预制管在现场施工时的补口、补伤、异型件等节点处理均应符合设计要求和有关标准的规定。

（4）管道法兰连接应符合以下规定：

安装前应对法兰密封面及密封垫片进行外观检查，法兰密封面应表面光洁，法兰螺纹平整、无损伤，法兰断面应保持平行，偏差不大于法兰外径的1.5%且不得大于2mm，不得采用加偏垫、多层垫或加强力拧紧法兰一侧螺栓的方法，消除法兰接口端面的缝隙，法兰与法兰、法兰与管道应保持同轴，螺栓孔中心偏差不得超过孔径的5%，垫片材质和涂料应符合设计要求，垫片尺寸应与法兰密封面相等，法兰连接口应使用同一规格的螺栓，安装方向应一致，紧固螺栓时应对称、均匀进行，螺栓应涂防锈油脂进行保护；螺栓紧固后，丝扣外漏长度应为2～3扣，需要用垫圈调整时，每个螺栓应采用一个垫圈，法兰与附件组装时，垂直度允许偏差为2～3mm。

（5）管道焊缝连接应符合以下规定：

焊接宜采用氩弧焊打底＋电弧焊填充盖面工艺，焊接时要分层施焊，第一层用氩弧焊焊接，焊接时必须均匀焊透，并不得烧穿，以后各层用手工电弧焊进行焊接，焊接时应将上一层的药皮、焊渣及金属飞溅物清理干净，经外观检查合格后，才能进行焊接。每道焊缝焊完后，应清除焊渣并进行外观检查，如有气孔、夹渣、裂纹、焊瘤等缺陷应清理铲除后重新补焊。咬边深度应小于0.5mm且每道焊缝的咬合长度不得大于该焊缝总长的10%，表面加强高度不得大于该管道壁厚的30%，且≤5mm，焊口宽度应焊出坡口边缘2～3mm。不合格的焊接部位，应采取措施进行返修，同一部位焊缝的返修次数不得超过两次。焊接质量检验应按对口质量、表面质量、无损探伤、强度和严密性试验的顺序进行。对口质量应检验坡口质量、对口间隙、错边量、纵焊缝位置；焊缝尺寸应符合要求，焊缝表面应完整，不得有裂纹、气孔、夹渣及熔合性飞溅物等缺陷；无损探伤检验为质量检验的主要项目，必须由有资质的检验单位完成，钢管与管件连接处的焊缝、管线折点处有现场焊接的焊缝应进行100%无损探伤检验，焊缝的无损检验量，应按规定的检验百分数均布在焊缝上，严禁采用集中检验量来替代应检焊缝的检验量。采用预制保温钢管焊接时，应对保温层及外护管断面采取保护措施。

（6）阀门安装应符合以下规定：

热力管道的关断阀和分段阀宜采用双向密封阀，供热管网所用的阀门必须有制造厂的产品合格证；一级管网主干线所用阀门及与一级管网主干线直接相连通的阀门，支干线首端和热力站入口处起关闭、保护作用的阀门及其他重要阀门应由有资质的检测部门逐一进行强度和严密性试验，阀门安装前，应按设计文件核对其型号，并应按介质流向确定其安装方向；检查阀门填料，其压盖螺栓应留有调节裕量，当阀门与金属管道以法兰或螺栓方式连接时，阀门应处在关闭状态下安装；以焊接方式连接时，阀门应在开启状态下安装，安全阀应垂直安装；安全阀的出口管道应接向安全地点；在安全阀的进、出管道上设置截止阀时，应加铅封，且应锁定在全开启状态，阀门运输吊装时，应平稳起吊和安放，不得使用阀门手轮作为吊装的承重点，不得损坏阀门，已安装就位的阀门应防止重物撞击。

（7）补偿器安装应符合以下规定：

安装前应按照设计图纸核对每个补偿器的型号和安装位置、产品合格证和产品安装长度；补偿器宜采用“方形补偿器”“内外压平衡型补偿器”“波纹管补偿器”等，有补偿器的管段，补偿器安装之前，管道和固定支架之间不得进行固定，需要进行预变形的补偿器，预变形量应符合设计要求，补偿器应与管道保持同轴并应使流向标记与管道介质流向一致，补偿器采用的防腐和保温材料不得影响使用寿命，安装操作时应防止各种不当操作方式损伤补偿器；补偿器安装完毕后，应按要求拆除运输、固定装置，并应按要求调整限位装置。

**4. 管道试验**

（1）一级管网及二级管网应进行强度试验和严密性试验，强度试验压力应为1.5倍设计压力，严密性试验压力应为1.25倍设计压力，且不得低于0.6MPa；试验介质为清洁水；

（2）强度试验应在试验段内的管道接口防腐、保温施工前进行，严密性试验应在试验范围内的管道工程全部安装完成后进行，其试验长度宜为一个完整的设计施工段；

（3）强度试验时应先升压至试验压力稳压10min，无渗漏、无压降后再降至设计压力稳压30min无渗漏、无压降为合格；

（4）严密性试验应先升压至试验压力稳压1h（一级管网）或30min（二级管网）仔细检查管道、焊缝、管路附件无渗漏、固定支架无明显变形、压降不大于0.05MPa为合格；

（5）注水时，应排尽设备和管道内的空气；

（6）管道试验前应安装调整完各种支架，尤其是固定支架的混凝土应达到设计强度；

（7）试验过程中发现渗漏时，严禁带压处理，消除缺陷后，应重新进行试验；

（8）试验结束后应及时拆除试验用临时加固装置，排尽管内积水，排水时应防止形成负压，严禁随地排放；

（9）试验时，环境温度不宜低于5℃，当环境温度低于5℃时，应采取防冻措施。

### 5.5.5 电气安装

#### 5.5.5.1 电线

**1. 绝缘导线的进场验收应符合下列规定：**

（1）查验合格证：合格证内容填写应齐全、完整。

（2）外观检查：包装完好，标识应齐全。抽检的绝缘导线绝缘层应完整无损，厚度均匀。绝缘导线应有明显标识和制造厂标。

（3）检测绝缘性能：电线的绝缘性能应符合产品技术标准或产品技术文件规定。

（4）检查标称截面面积和电阻值：绝缘导线的标称截面面积应符合设计要求，其导体电阻值应符合现行国家标准《电缆的导体》（GB/T 3956—2008）的有关规定。

**2. 导线敷设**

（1）导线敷设前应清除管内杂物和积水，需在电气配管的管口处加装护口，防止敷设过程中刮伤导线绝缘层。导线敷设应平直、整齐，无打结现象。同一交流回路的绝缘导线不应敷设于不同的金属槽盒内或穿于不同金属导管内。除设计要求外，不同回路、不同电压等级和交流与直流线路的绝缘导线不应穿于同一导管内。绝缘导线接头应设置在专用接线盒（箱）或器具内，不得设置在导管和槽盒内，盒（箱）的设置位置应便于检修。

（2）绝缘导线在槽盒内应留有一定余量，并应按回路分段绑扎，绑扎点间距不应大于1.5m；当垂直或大于45°倾斜敷设时，应将绝缘导线分段固定在槽盒内的专用部件上，每段至少应有一个固定点；当直线段长度大于3.2m时，其固定点间距不应大于1.6m；槽盒内导线排列应整齐、有序。

**3. 绝缘测试**

线路敷设完成后，导线间绝缘值须≥0.5MΩ。

#### 5.5.5.2 电缆

**1. 支架、桥架制作安装**

（1）在综合管廊中，电缆桥架一般以托臂支架支撑，用来敷设电缆。如果和其他管道一起布置时，应敷设在易燃易爆气体管道和热力管道的下方，给排水管道的上方，安装时，当设计无要求时，与管道的最小净距，应符合表5-22规定：

**表5-22 电缆桥架与各类管道的距离要求**

| 管道类别 | | 平行净距（mm） | 交叉净距（mm） |
|---|---|---|---|
| 一般工艺管道 | | 400 | 300 |
| 易燃易爆气体管道 | | 500 | 500 |
| 热力管道 | 有保温层 | 500 | 300 |
| | 无保温层 | 1000 | 500 |

（2）金属桥架间连接片两端应不少于2个有防松螺母和防松垫片的连接固定螺栓，螺母位于桥架外侧，连接片两端应接不小于$4mm^2$的铜芯接地线。金属桥架全长应不少于2处接地或接零。

（3）直线段钢制电缆桥架长度超过30m，铝合金或玻璃钢桥架长度超过15m时，应设置伸缩节，电缆桥架跨越建筑变形缝处，应设置补偿装置。

**2. 电缆敷设**

（1）电缆的搬运和敷设地点选择

1）电缆短距离搬运，一般采用滚动电缆轴的方法。滚动时应按电缆轴上箭头指示方向滚动，如无箭头时，可按电缆缠绕方向滚动，不可反方向滚动，以避免电缆松弛。

2）电缆在搬运过程中，应确保电缆外护套不受损伤。如发现外护套局部刮伤，应及时修补。要求在电缆敷设前后，用 1000V 摇表测其外护套绝缘电阻值，两次测量的绝缘电阻值，都应在 50MΩ 以上。

3）电缆敷设的地点应选好，以敷设方便为准，一般应在电缆起止点附近为宜。架设时，应注意电缆轴的转动方向，电缆引出端应在电缆轴的上方。如果从管廊外架设电缆盘，引出端从投料口引入，沿管廊方向敷设；如果从内部架设电缆盘，则将电缆盘从投料口吊入管廊，在管廊内部进行电缆敷设。

（2）电缆敷设和固定

1）编制电缆敷设顺序表，作为电缆敷设的依据。敷设电缆应排列整齐，走向合理，不宜交叉。电缆上不得有压扁、绞拧、护层折裂等机械损伤。

2）在管廊转弯、引出口处的电缆弯曲弧度应与桥架或管廊结构弧度一致、过渡自然，电缆的最小弯曲半径应符合表 5-23 要求。

**表 5-23　电缆（$D$ 为电缆外径）最小弯曲半径表**

| 电缆类别 | 护层结构 | | 单芯 | 多芯 |
|---|---|---|---|---|
| 油浸纸绝缘 | 铅包 | 有铠装 | 15$D$ | 20$D$ |
| | | 无铠装 | 20$D$ | — |
| | 铝包 | | 30$D$ | — |
| 交联聚乙烯绝缘 | — | | 15$D$ | 20$D$ |
| 聚氯乙烯绝缘 | — | | 10$D$ | 10$D$ |

3）电缆的固定：水平敷设的电缆，应在电缆首末两端及转弯、电缆接头的两端处及每隔 5～10m 处固定。垂直敷设或超过 45°倾斜敷设的电缆在每个支架上、桥架上每隔 2m 处固定。

（3）挂标识牌

在电缆终端头、转弯及竖井的上端等地方，电缆上应装设标识牌。标识牌上应注明电缆编号、电缆型号、规格及起止点，标识牌应打印，字迹清晰、不宜脱落，挂装要牢固、排列整齐。

**3. 电缆头制作**

（1）电缆需进行中间连接时，电缆头包括电缆终端头和电缆中间接头。根据运行环境有户内和户外之分，收缩方式有冷缩和热缩之分。选择电缆头时应根据电缆的型号、规格、使用环境及运行经验综合考虑后确定电缆头形式。

（2）电缆头制作前，电气设备应安装完毕，环境空气干燥，电缆敷设并整理完毕，核对无误。电缆接头处做防火封堵，电缆要留有一定的余量，防止接头故障后重接。并列敷设的电缆，其接头的位置应相互错开，其间距应符合规范要求。

**4. 线路检查及绝缘测试**

（1）被测电缆必须停电、验电后，再进行逐相放电，放电时间不得小于 1min，电缆较长的不少于2min。测试前，拆除被测电缆两端连接的设备或开关，用干燥、清洁的软布，擦净电缆头线芯附近的污垢。测试中仪表应水平放置，测试中不得减速或停摇，转速应尽量保持额定值，不得低于额定转速的80%。

（2）1kV以下电缆使用1kV摇表，其电阻值不应小于10MΩ，1kV以上电缆使用2.5kV摇表，3kV及以上的电缆绝缘电阻值不小于200MΩ。

### 5.5.6 附属设施安装

#### 5.5.6.1 消防系统

综合管廊内消火栓系统安装完成后应取两处最远端消火栓做试射试验，结果应符合设计要求。综合管廊内自动喷水灭火系统施工应符合国标《自动喷水灭火系统施工及验收规范》（GB 50261—2017）的要求。综合管廊内应在沿线、人员出入口、逃生口等处设置灭火器材，灭火器材的设置间距不应大于50m，灭火器的配置应符合现行国家标准《建筑灭火器配置设计规范》（GB 50140—2005）的有关规定。

除嵌缝材料外，综合管廊内装修材料应采用不燃材料。天然气管道舱及容纳电力电缆的舱室应每隔200m采用耐火极限不低于3.0h的不燃性墙体进行防火分隔。防火分隔处的门应采用甲级防火门，管线穿越防火隔断部位应采用阻火包等防火封堵措施进行严密封堵。综合管廊交叉节点及各舱室交叉部位应采用耐火极限不低于3.0h的不燃性墙体进行防火分隔，当有人员通行需求时，防火分隔处的门应采用甲级防火门，管线穿越防火隔断部位应采用阻火包等防火封堵措施进行严密封堵。干线综合管廊中容纳电力电缆的舱室，支线综合管廊中容纳6根及以上电力电缆的舱室应设置自动灭火系统；其他容纳电力电缆的舱室宜设置自动灭火系统。

#### 5.5.6.2 通风系统

制作金属风管时，板材的拼接咬口和圆形风管的闭合咬口采用单咬口，矩形风管或配件的四角组合可采用转角咬口、联合角咬口、按扣式咬口；圆形弯管的组合可采用立咬口。风管与配件的咬口应紧密，宽度应一致，圆弧应均匀，两端面平齐，风管无明显的扭曲与翘角，表面应平整，凹凸不大于10mm，加工管段的长度宜为1.8～4m。允许偏差$D$（$b$）≤300mm时为-1～0mm，$D$（$b$）>300mm时为-2～0mm，平面度的允许偏差为2mm。管口应平整，其平面度的允许偏差为2mm；矩形风管两条对角线长度之差不应大于3mm，矩形风管边长大于或等于600mm和保温风管边长大于或等于800mm，其管段长度在1200mm以上时均应采取加固措施。金属风管加固方法：风管一般可采用楞筋、立筋、角钢、扁钢、加固筋和管内支撑等形式。矩形风管法兰制作质量标准：矩形风管法兰由4根角钢或扁钢组焊而成，画线下料时应注意使焊成后的法兰内径不能小于风管外径。用切割机切断角钢或扁钢，下料调直后用台钻加工。中、低压系统的风管法兰的铆钉孔及螺栓孔孔距不应大于150mm。矩形法兰的四角部位必须设有螺孔。钻孔后的型钢放在焊接平台上进行焊接，焊接时用模具卡紧。

吊架制作一般要求：吊杆螺栓采用镀锌丝杆（通长），横担、斜撑采用角钢制作。风管的吊架间距要求：风管水平安装时，当最大边长$B<400$mm时，吊架的间距不超过4m；当最大边长$B\geq400$mm时，吊架的间距不超过3m。风管系统安装完毕后，且在风管保温之前，应按系统类别进行漏风量测试。综合管廊宜采用自然进风和机械排风相结合的通风方式。天然气管道舱和含有污水管道的舱室应采用机械进、排风的通风方式。通风系统施工应符合国

标《通风与空调工程施工质量验收规范》（GB 50243—2016）的要求。通风系统安装完成后应进行系统调试。其中系统调试应包括下列内容：

（1）设备单机试运转和调试。

（2）系统满负荷条件下的联合试运转和调试。

综合管廊的通风量应根据通风区间、截面尺寸并经计算确定，且应符合下列规定：

（1）正常通风换气次数不应小于 2 次/h，事故通风换气次数不应小于 6 次/h。

（2）天然气管道舱正常通风换气次数不应小于 6 次/h，事故通风换气次数不应小于 12 次/h。

（3）舱室内天然气浓度大于其爆炸下限浓度值（体积分数）20% 时，应启动事故段分区及其相邻分区的事故通风设备。

综合管廊的通风口处出风风速不宜大于 5m/s。综合管廊的通风口应加设防止小动物进入的金属网格，网孔净尺寸不应大于 10mm × 10mm。综合管廊的通风设备应符合节能环保要求。天然气管道舱风机应采用防爆风机。当综合管廊内空气温度高于 40℃ 或需进行线路检修时，应开启排风机，并应满足综合管廊内环境控制的要求。综合管廊舱室内发生火灾时，发生火灾的防火分区及相邻分区的通风设备应能够自动关闭。综合管廊内应设置事故后机械排烟设施。

**5.5.6.3　照明系统**

管廊内的照明应满足以下要求，管廊内疏散应急照明照度不应低于 5lx，应急电源持续供电时间不应小于 60min。监控室备用应急照明照度应达到正常照明照度的要求。出入口和各防火分区防火门上方应设置安全出口标志灯，灯光疏散指示标志应设置在距地坪高度 1.0m 以下，间距不应大于 20m。管廊内正常照明、应急照明、疏散指示照明应分别设置供电回路在配电柜内，配电柜远程操控系统应工作正常，操作灵敏。安装于送料口、管线出舱口等易进水处灯具，应考虑设置自然泄水措施，灯具安装时应向泄水处做一定斜度，便于进水后排放。灯具吊装或吸顶安装严禁采用木楔固定。灯具安装标高、样式应整齐一致，设置间距或管廊壁中线位置偏差不大于 ±10cm；灯具安装位置在伸缩缝时，应避开伸缩缝安装。灯具的安装位置应离开泄放源，且不得在各种管道的泄放口及排放口上方或下方。

综合管廊照明灯具应符合下列规定：

灯具应为防触电保护等级 Ⅰ 类设备，能触及的可导电部分应与固定线路中的保护（PE）线可靠连接。灯具应采取防水防潮措施，防护等级不宜低于 IP54，并应具有防外力冲撞的防护措施。灯具应采用节能型光源，并应能快速启动点亮。安装高度低于 2.2m 的照明灯具应采用 24V 及以下安全电压供电。当采用 220V 电压供电时，应采取防止触电的安全措施，并应敷设灯具外壳专用接地线。安装在天然气管道舱内的灯具应符合现行国家标准《爆炸危险环境电力装置设计规范》（GB 50058—2014）的有关规定。

照明回路导线应采用硬铜导线，截面面积不应小于 2.5$mm^2$。线路明敷设时宜采用保护管或线槽穿线方式布线。天然气管线舱内的照明线路应采用低压流体输送用镀锌焊接钢管配线，并应进行隔离密封防爆处理。导管与防爆灯具、接线盒之间连接应紧密，密封完好；螺纹啮合扣数不少于 5 扣，并应在螺纹上涂以电力复合脂或导电性防锈脂。管廊内管道连接处，应有密封措施，管道断开或接线盒处应采用不小于导线截面面积接地线跨接，接地跨接应采用专用接地卡。间距 30m 应与管廊内主接地卡进行接地跨接，接地线截面面积不小于 16$mm^2$。

综合管廊内穿线管道跨越伸缩缝时，应进行防沉降处理；桥架、线槽应有伸缩设置。穿线管道、桥架、线槽在穿过防火墙或配电间底板时，应设置钢制套管，并用防火泥封堵。综合管廊内的电缆防火与阻燃应符合国家现行标准《电力工程电缆设计标准》（GB 50217—2018）和《电力电缆隧道设计规程》（DL/T 5484—2013）及《阻燃及耐火电缆 塑料绝缘阻燃及耐火电缆分级和要求 第1部分：阻燃电缆》（GA 306.1—2007）和《阻燃及耐火电缆 塑料绝缘阻燃及耐火电缆分级和要求 第2部分：耐火电缆》（GA 306.2—2007）的有关规定。

管廊内配电箱、柜进线为下进下出的方式，施工完成用防火泥封堵；箱柜严禁直接贴墙安装，落地式安装盘柜应做支架，箱柜与墙体间安装配件应做防腐处理。

照明配电箱安装应符合如下规定：位置正确，部件齐全；箱体开孔与导管管径适配，应一管一孔，不得用电、气焊割孔；或在箱体定位统一采用桥架进行配线。箱内相线、中性线（N）、保护接地线（PE）的编号应齐全、正确；配线应整齐无绞接现象；电线连接应紧密，不得损伤芯线和断股，多股电线应压接接线端子或搪锡；螺栓垫圈下两侧压接的电线截面面积应相同，同一端子上连接的电线不得多于2根。电线进出箱的线孔应光滑无毛刺，并有绝缘保护套。箱内分别设置中性线（N）和保护接地线（PE）的汇流排；汇流端子孔经大小、端子数量应与电线线径、电线根数适配。箱内剩余电流动作保护装置应经测试合格；箱内装设的螺旋熔断器，其电源线应在中间触点的端子上，负荷线接在螺纹的端子上。安装应牢固，垂直度偏差不应大于1.5‰。照明配电箱不带电的外露可导电部分应与保护接地线（PE）连接可靠；装有电器的可开启门，应用裸铜编织软线与箱体内接地的金属部分做可靠连接。应急照明配电箱应有明显标识。

#### 5.5.6.4 排水系统

排水系统的安装应符合国标《建筑给水排水及采暖工程施工质量验收规范》（GB 50242—2002）的要求。综合管廊的低点应设置集水坑及自动水位排水泵。6 排水泵连接的压力排水管道安装完成后应做水压试验，试验压力为工作压力的1.5倍，但不得小于0.4MPa。排水泵宜设置应急电源，并进行定期保养，每月启动一次。综合管廊的底板宜设置排水明沟，并应通过排水明沟将综合管廊内积水汇入集水坑，排水明沟的坡度不应小于0.2%。综合管廊的排水应就近接入城市排水系统，并应设置逆止阀。天然气管道舱应设置独立集水坑，综合管廊排出的废水温度不应高于40℃。

#### 5.5.6.5 火灾自动报警系统

**1. 管路施工技术要求**

（1）配电管、箱、盒的安装管线应按图纸及实际现场按最近线路敷设，尽量避免3根管路交叉于一点。箱体在墙上应固定牢靠。标高应符合规范要求，接线盒与电管之间必须用黄绿双色线跨接。

（2）电管揻弯无褶皱和裂缝，管截面椭圆度不大于外径的10%，弯头半径大于6倍管径。使用金属软管长度不宜大于1m，特殊情况应有加固措施，两端应用锁母接头固定，并有可靠接地。

（3）明配电管，用支架和骑马卡固定，水平及垂直管敷设时，应做到横平竖直。管长为2m时，偏差不得大于3mm。

（4）所有钢质电线管均采用丝扣连接，管接头及过路盒应有圆钢跨接，对于大于40mm的电钢管连接处应有套管，连接处管道顺直，焊接严密。管口进入箱盒小于5mm。采用管堵，防止异物进入管道。

**2. 配线施工技术要求**

（1）管内穿线时应清理管道，清除积水，电线在管道内严禁出现接头、打结、扭绞等现象。

（2）不同系统，不同电压，不同回路的电线严禁穿入同一根管。

（3）穿线时进行分色编号处理以便于识别，导线敷设后，在接上设备前对每回路的导线用 500V 兆欧表测量绝缘电阻，其对地绝缘电阻不应小于 20MΩ，同时做好绝缘测试检查，做好安装记录。

（4）末端用电设备的连接，从接线盒、箱内用金属软管引出保护，无裸露明线。金属软管的配件留有一定的富余长度，避免出现绷直，影响接头的可靠性。

（5）电缆敷设前严格复核裁断长度，同时做好回路识别，做好端头的保护，在配电缆头时做好绝缘测试，并做安装记录。

（6）光缆的单盘测试，单盘衰减常数不大于 0. 4dB/km。

（7）布放光缆应平直，不得产生绞扭、打圈等现象，不应受到外力挤压和损伤。外护套不得破损，最小弯曲半径不小于光缆外径的 15 倍，接头处密封良好。

（8）光缆、光纤接续损耗不大于 0. 1 ~0. 4dB/处。

（9）桥架内缆式感温电缆敷设时应曲线布置，以使桥架内上下位置都能被感温元件测定。感温电缆在桥架内不得扭结，并不得凸出桥架。

**3. 火灾探测器安装施工技术要求**

（1）火灾探测器至墙壁、梁边的水平距离，不应小于 0. 5m，周围 0. 5m 内，不应有遮挡物。

（2）综合管沟的内走道顶棚上设置探测器，宜居中布置。感烟探测器的安装间距，不应超过 10m。探测器距端墙的距离，不应大于探测器安装间距的一半。探测器宜水平安装，当必须倾斜安装时，倾斜角不应大于 45°。

（3）探测器的底座应固定牢靠，其导线连接必须可靠压接或焊接。当采用焊接时，不得使用带腐蚀性的助焊剂。

（4）探测器的“+”线应为红色，“-”线应为蓝色，其余线应根据不同用途采用其他颜色区分。但同一工程中相同用途的导线颜色应一致。

（5）探测器底座的外线导线，应留有不小于 15cm 的余量，入端处应有明显标志。探测器底座的穿线孔宜封堵，安装完毕后的探测器底座应采取保护措施。

（6）探测器的确认灯，应面向便于人员观察的主要入口方向。

（7）探测器在即将调试时方可安装，在安装前应妥善保养，并应采取防尘、防潮、防腐蚀措施。

**4. 手动报警按钮的安装技术要求**

手动火灾报警按钮，应安装在墙上距地（楼）面高度 1. 5m 处，手动火灾报警按钮，应安装牢固，并不得倾斜。手动火灾报警按钮的外接导线，应留有不小于 10cm 的余量，且在其端部应有明显标志。

**5. 火灾报警控制器的安装施工技术要求**

（1）火灾报警区域控制器（以下简称“控制器”）在墙上安装时，其底边距地（楼）面高度不应小于 1. 5m；落地安装时，其底宜高出地坪 0. 1 ~0. 2m。控制器应安装牢固，不得倾斜。安装在轻质墙上时，应采取加固措施。

（2）引入控制器的电缆或导线，应符合下列要求：

配线应整齐，避免交叉，并应固定牢靠，电缆芯线和所配导线的端部，均应标明编号，并与图纸一致，字迹清晰不易退色，端子板的每个接线端，接线不得超过2根，电缆芯和导线，应留有不小于20cm的余量，导线应绑扎成束，导线引入线穿线后，在进线管处应封堵。

（3）控制器的主电源引入线，应直接与消防电源连接，严禁使用电源插头。主电源应有明显标志。

（4）控制器的接地应牢固，并有明显标志。

**6. 模块箱安装技术要求**

（1）模块箱挂墙安装，底板距地高度宜为1.2～1.5m。

（2）引入模块箱的电缆或者导线穿线槽敷设，应配线整齐、避免交叉、固定牢靠。

（3）端子板的每个接线端接线不超过2根。

（4）电缆芯和导线，留有不少于20cm的余量。

（5）进线管应密封，导线绑扎整齐成束。

**7. 超细干粉灭火装置安装技术要求**

（1）安装灭火装置时，灭火装置主排气口正前方1.0m以内，背面、侧面、顶面0.2m内不允许有设备、器具或其他阻碍物。

（2）灭火装置及其组件与带电设备的最小间距≥0.2m，外壳应接地。

（3）与灭火装置连接导线应留1m余量且导线必须穿金属管。

（4）灭火装置插头接线应焊接牢固、光滑，不得有虚焊、漏焊及短路现象，并在每根接线上套热缩管，热缩后加以绝缘。

**8. 消防控制器调试要求**

（1）消防控制器的调试必须严格按照《火灾报警控制器调试大纲》进行。

（2）组件的地址号与设计相同，组件号不能有重号。

（3）控制器的外壳应可靠接地，控制器各端子的接地电阻应大于20MΩ。

（4）信号线与控制线等不能有短路、断路现象。

（5）各组件的24V外供电和消防电源的24V外供电要分开布线，以免引起供电混乱，影响设备的正常工作。

**9. 手动报警按钮调试要求**

取出随手动报警按钮附带的黑色钥匙，将钥匙插入手动报警按钮火警功能测试孔，当手动报警火警按钮等恒亮时，控制器显示该手动按钮报火警，说明火警功能正常。

**10. 自动启动功能调试要求**

将灭火控制器设在“自动”位置，对灭火系统中的火灾探测器逐个分别施加模拟火灾信号，声光报警器应发出声光报警信号。当施加两个独立的模拟火灾信号时，在到达设计规定的延时时间后，接入的指示灯应显亮。

**11. 手动启动功能调试要求**

将灭火控制器设在“手动”位置，对灭火系统中的火灾探测器施加两个独立的模拟火灾信号，声光报警器应发出声光报警信号，但接入的指示灯应不显亮。按下操作显示板上手动启动按钮或灭火系统中安装的任一手动控制盒上的启动按钮后，到达设计规定的延时时间后，接入的指示灯应显亮。

### 5.5.6.6　监控系统

**1. 出入口控制系统**

（1）管道（线槽）的敷设技术要求

1）敷管时，先将管卡一端的螺钉拧进一半，然后将管敷设在管卡内，逐个将螺钉拧牢。使用铁支架时，可将钢管固定在支架上，不得将管焊接在其他管道上。

2）水平或垂直敷设时配管的允许偏差值：管路在 2m 以内时，偏差为 3mm，全长不应超过管子内径的 1/2。

3）地面金属线槽安装，根据弹线位置，固定线槽支架，将地面金属线槽放在支架上，然后进行线槽连接，并接好出线口。

4）线槽与分线盒连接应正确，连接应固定牢靠。

5）地面线槽及附件全部安装后，进行系统调整，根据地面厚度调整线槽干线、分支线、分线盒接头、转弯、转角和出口等处，水平高度与地面平齐，并将盒盖盖好，封堵严实，以防污染堵塞，直至配合土建地面施工结束为止。

（2）线缆选用的技术要求

1）读卡器到控制器端口之间的线，宜用 8 芯屏蔽多股双绞网线（其中 2 芯备用，如果不需要读卡器声光反馈合法卡可不接 LED 线和蜂鸣器线），数据线 Data1/Data0 互为双绞，线径宜为 0.5$mm^2$ 以上，最长不可以超过 100m，屏蔽线接控制器的 GND。

2）电控锁到控制器端口之间的线，宜使用 2 芯电源线，线径在 1.0$mm^2$ 以上。如果超过 50m 用更粗的线，或者多股并联，或者通过电源的微调按钮，调高输出电压到 14V 左右，最长不要超过 100m。如果锁线与读卡器线穿于同一根管中，则要求锁线采用 2 芯屏蔽线。

3）出门按钮与控制器之间采用 2 芯电源线（称出门按钮线），线径要求大于 0.3$mm^2$。

4）控制器与控制器及控制器与计算机的联网线，采用 2 芯屏蔽双绞线，线径要求大于 0.5$mm^2$，可用五类网络线代替

（3）网络设备安装施工技术要求

根据门禁系统的特点可将整个系统的管线分为局部管线及系统管线，局部管线指控制器跟读卡器、电控锁、开门按钮之间的管线；系统管线指各控制器之间的管线及电源线。局部管线敷设同系统管线敷设可根据装修、装饰的进度交叉或平行进行，但要注意以下几点：

1）电源线同信号线要分别穿管，且两管长距离平行布置时应相距 30cm 以上。

2）交流 220V 电源由 PLC 控制箱供至各门禁点。

3）穿线时一定要做好标记，线的接头一定要放在接线盒内，若忽视了这方面的工作，则会给以后的安装、调试工作带来很大的麻烦。

（4）读卡器安装的技术要求

1）读卡器应尽量靠近所控制的门，在安装时应尽量防止灰尘进入感应头；

2）读卡器的位置应远离强电磁场及金属物体，以免缩短有效的感应距离；

3）墙洞内的布线应整齐、清晰，避免因为电缆问题导致日后的维护困难。

（5）控制器安装的技术要求

1）控制器安装在 PLC 设备柜上方，可有效地减少人为破坏的机会。控制器的安装位置应尽量靠近感应头（最远距离为 120m）；

2）控制器的安装面板应用自攻螺钉紧固在墙（门框）上；

3）在安装调试完毕控制器后应将其锁住以保证设备的安全。

（6）门锁、锁扣安装施工技术要求

1）电控锁的电源线、控制线必须预先埋入门或门框内并在门外留出足够的余量。

2）在安装时必须保证电控锁与锁扣的精密配合，即锁舌在开/关门时能正常伸缩。

3）电锁的安装工艺，除能顺畅锁门及美观外，阴锁与阳锁的配合应在关上门时没有明显的松动感，装电插锁或电夹锁的门在锁上后应与对应门或门轴平齐，装磁力锁的门在大力关门时电锁不应有明显的撞击，主副磁力板间可有少许活动空间为佳。

（7）系统检测

系统主机在离线的情况下，门禁控制器独立工作的准确性、实时性和储存信息的功能，系统主机与门禁控制器在线控制时，门禁控制器工作的准确性、实时性和储存信息的功能，检测掉电后，系统启用备用电源应急工作的准确性、实时性和信息的存储和恢复能力，电源供给按厂家技术要求安装，不能私自少装不装，分层模块固定整洁，线路规范，做到横平竖直，标识明确。多根线进行绑扎，进行现场设备的接入率及完好率测试。

**2. 视频监控系统**

（1）配线施工技术要求

1）所有电缆的安装符合统一标签方式。每一条线缆独特地识别，标签贴在线缆两端、电缆托盘、管道、沟的出入口和有需要的适当位置。标签方式交予工程师审批。电缆种类、尺码、每芯或每线对的用途和终接需详细记录。

2）在任何情况下，电缆的安装、敷设及管理须经由足够的、适合的及已受训的员工，配备所需的工具及仪器下进行。所有电缆排列和布置方法应由工程师审批及获得确认，其设计需提供一个有条理的结构，避免不需要的弯位和交加点。

3）所有电缆应整齐地安装于适合的导管、线槽内，形成沟或槽，或适当地由托盘、挂钩或栓所支持。电缆路由的安排、位置和详细路由资料应显示在工作绘图上。而该图须由施工方准备并经监理工程师审批及确认。

4）电缆扎带需为防侵蚀物料。如果它们用于暴露于阳光的地方，它们应额外具备能抵抗紫外光的功能。在振动环境中，电缆扎带应为金属型和包有防侵蚀物料。

（2）摄像机安装技术要求

1）固定式摄像机安装在综合管沟配电控制室及卸料进出口、设备集中安装位置及管廊交汇处等位置，球形摄像机安装在综合管沟顶部，距离两侧墙面距离均匀，根据需要每间隔约65m设置一个监控点。

2）固定支架要安装平稳、牢固，设备箱内设备按施工图要求安装，设备箱固定螺钉在安装完毕后，要用玻璃胶密封。

3）摄像机接线板安装支架内电源端子接头要压实，BNC头固定后要用自粘带包实。

4）摄像机调试完成后要把摄像机变焦等的固定螺钉及摄像机支架螺钉要拧紧。

5）摄像机安装完毕后，必须用玻璃胶密封支架上所有接缝，以防进水。

6）在搬动、架设摄像机过程中，不得打开镜头盖。

7）摄像机的设置高度，室内距地面不宜低于2.5m，室外距地面不宜低于3.5m；在高压带电设备附近架设摄像机时，应根据带电设备的要求，确定安全距离。

8）摄像装置的安装应牢靠、稳固。

9）从摄像机引出的电缆宜留有余地，不得影响摄像机的转动。摄像机的电缆和电源线均应固定，并不得用插头承受电缆的自重。

10）先对摄像机进行初步安装，经通电试看、细调，检查各项功能，观察监视区域的覆盖范围和图像质量，符合要求后方可固定。

（3）系统检测

1）检测内容：系统功能检测：云台转动，镜头、光圈的调节，调焦、变焦，图像切换，防护罩功能的检测；图像质量检测：在摄像机的标准照度下进行图像的清晰度及抗干扰能力的检测。

2）系统整体功能检测：功能检测应包括视频安防监控系统的监控范围、现场设备的接入率及完好率；硬盘录像主机的切换、控制、编程、巡检、记录等功能；对数字视频录像式监控系统还应检查主机死机记录、图像显示和记录速度、图像质量、对前端设备的控制功能以及通信接口功能、远端联网功能等；对数字硬盘录像监控系统除检测其记录速度外，还应检测记录的检索、回放等功能；

3）系统联动功能检测：联动功能检测应包括入侵报警系统的联动控制功能；视频安防监控系统的图像记录保存时间应满足管理要求。摄像机抽检的数量应不低于20%且不少于3台，摄像机数量少于3台时应全部检测，被抽检设备应100%合格。

（4）系统调试的实施步骤

1）单体设备调试

线缆测试完毕，可进行单体设备如监视器、摄像机、传感器、放大器、DDC控制器等的通电、编码、性能调试等。调试时，要观察设备受电情况、表针指示、显示屏显示等，对运转不正常的设备应立即断电检查。调试通过，做好调试记录，作为能开始系统调试的必备条件，部分可作为主要设备中间验收交付的依据。

2）单项系统调试

这里指智能化系统中各子系统的独立调试，如安全防范系统、结构化综合布线系统、设备监控系统和紧急广播等，并做好调试记录，这有利于划清工作界限，也可作为单项系统可以投入试运行的依据。

3）联合调试

综合联调应包括综合监控系统与互联系统接口调试、互联系统功能调试及联动功能调试。综合监控系统与互联系统的接口调试应在参与综合联调的各互联系统已经完成本系统调试后进行。综合监控系统与互联系统的接口应属于外部接口，接口调试应按接口调试规范文件要求进行。

综合监控系统与互联系统的端到端测试应符合下列规定：

应在点对点测试完成后进行，控制类测点应进行100%测试，非控制类测点应覆盖所有设备类型，每种设备类型宜采用抽测方式，抽测的数量不应低于该类型设备总数的10%，每个抽测设备应100%测试，综合联调应验证各系统联动功能符合设计要求。

# 第 6 章　运营维护管理

## 6.1　运营维护管理的重要性

地下综合管廊是确保城市运行的“生命线”及重要的基础设施，其建设和运营维护的重要性不言而喻。然而在实际的管理中，有的城市盲目建设，同时缺乏科学的规划论证，并且未同步制定管线入廊相关政策条文、法律法规。而且政府和管线运营维护单位对运营费用的意见也不一致，造成管线单位入廊的积极性不高，建成后的综合管廊空置率较高的现象常有发生，再加上综合管廊运营维护管理缺位，缺乏良好的运营维护管理机制等相关原因，最终造成安置于地下综合管廊的附属设施陈旧老化、缺乏维护，同时大幅影响了综合管廊的使用功能，缩短其使用寿命，不利于城市管理健康、可持续性的发展。可从以下 5 方面对综合管廊运营维护管理的重要性进行逐步阐述。

### 6.1.1　提高使用效率

建设综合管廊的目的就是集中容纳各类公用管线，因此综合管廊向用户提供的唯一产品就是空间资源。综合管廊内的线缆支架、管线预留孔、预留管位都属于不可再生型的宝贵资源。但在管线的实际敷设过程中，因为存在管线分期入廊、施工人员贪图作业便利、管线路径规划不合理等相关不利因素，如果不严格执行设计要求，不对其加以统筹控制，最终极易导致空间资源的浪费。

### 6.1.2　控制运行风险

综合管廊在运行过程中面临着许多风险，降低和控制风险的发生是做好综合管廊运营工作的重中之重。综合管廊运行存在的风险主要包括以下几点：

（1）周边的建设工程所带来的风险：周边地块进行桩基工程引发土层扰动会造成管廊结构漏水、断裂等，钻探、爆破、顶进等行为也会对管廊造成破坏；

（2）地质结构不稳定的风险：软基土层或较高的地下水位会造成管廊结构发生不均匀位移和沉降；

（3）管线发生故障的风险：电力电缆头爆炸从而引发火灾，水管爆管从而引发水灾；

（4）管廊内作业所带来的风险：廊内动火作业，大件设备的搬运会造成一定的风险；

（5）人为破坏的风险：入侵、偷盗，倾倒、排放腐蚀性液体、气体的风险；

（6）自有设备故障的风险：报警设备故障使管廊失去保护，排水设备故障导致廊内积水无法排出，供电系统故障引发停电等；

（7）自然灾害的风险：综合管廊相对于直埋管线有较好的抗灾性，但降雨、地震等灾害仍具有危害性；

（8）交通事故的风险：主要对路面的通风口、投料口等设施造成损坏。

### 6.1.3　维护内部环境

沟内积水或内外温差较大时的凝露现象均会导致管廊内部湿度较大，从而影响自有设备以及管线的使用寿命和安全运行；廊内垃圾杂物的积聚会招来老鼠或者产生毒害气体。

### 6.1.4　维持正常秩序

综合管廊内部的公用管线越多，日常维护和管线敷设时存在的交叉作业就越多，作业人员不仅互相争夺地面出入口、接电、接水等相关资源，而且极大可能对其他管线的安全造成威胁。因此，做好综合管廊空间分配、成品保护、出入口控制、作业安全管理、环境保护等秩序管理的相关工作其意义重大。

### 6.1.5　保证资金来源

根据政府补贴、有偿使用综合管廊的政策，首先需要做好对管线入廊费用与日常维护费用收费标准的测算，其次需要与各管线单位签订有偿使用的协议，最后需要对收取的费用进行核算与入库。另外，在综合管廊运营过程中不仅需要解决管线管廊的相关技术问题，还需要花费大量的精力和时间从而做好与管线单位的协调、沟通、解释等一系列工作。

## 6.2　国内外综合管廊运营维护管理的主要模式

### 6.2.1　国外综合管廊运营维护管理的模式

**1. 英国、法国等欧洲国家模式**

综合管廊最早起源于欧洲。由于英国、法国等欧洲国家政府的财力比较强，综合管廊被视为由政府所提供的公共产品，由政府承担其建设的费用，采用出租的方式提供给入廊的各市政管线单位，从而实现运行管理费用的筹措以及投资成本的部分回收。但对于出租的价格而言，并没有统一的规定，而是通过市议会对当年的出租价格进行讨论并表决确定结果，同时可根据实际情况对出租的价格逐年进行调整变动。这种分摊的方式基本体现了欧洲国家对于公共产品的定价思路，充分发挥民主表决的机制对公共产品的价格进行确定，类似桥梁、道路等其他公共设施。欧洲国家的相关法律法规明确规定，一旦城市完成了地下综合管廊工程的建设，相关管线单位相应的管线必须通过综合管廊来进行敷设，不能再通过传统的直埋方式进行敷设。其运行管理的模式通常是成立专门的管理公司，从而承担廊内管线及综合管廊全部管理责任。这是在社会民主程度较高，政府财政能力较强的欧洲国家通常所采取的模式，同时需要具备较完善的法律体系进行保障，我国在目前的社会条件和法律制度下还不具备完全参照的条件。

**2. 日本模式**

日本因为国土面积狭小，城市化程度高的特点，出现了城市非常拥挤的现象，因此对地下空间的综合利用十分注重。日本第一条综合管廊（图 6-1）的修建始于 1958 年，在 1963 年，日本颁布了《综合管廊实施法》，成为在该领域第一个立法的国家。依据法律法规的相关规定，地下综合管廊成为道路的合法附属物，在公路管理部门对部分费用进行负担的基础上开始综合管廊长期大规模的建设，并且在 1991 年成立了专门的综合管廊管理部门，负责

图 6-1　日本综合管廊

综合管廊的建设和管理工作。1981 年年末，日本全国建成综合管廊的总长约 156.6km，到 1992 年已达 310km。同时综合管廊的功能随时代的发展进行不断的优化提升，综合管廊内的设施从早期的电力、通信、给水、煤气、工业用水、排水等管道逐步加入废物输送、供热等管道。

根据日本《共同沟法》的规定，日本城市地下综合管廊的建设资金由城市道路管理者和入廊管线企业依法共同分担。综合管廊的运营维护由道路管理者负责设立专业机构并联合入廊管线企业共同担当，其中入廊管线的运营维护由管线企业担当。这种方式和国内目前所采取的方式更加相似。

**3. 新加坡模式**

新加坡滨海湾地下综合管廊（图 6-2）的建设是对地下空间开发利用的成功实践。滨海湾综合管廊总长约 20km，廊内集纳了电力和通信电缆、供水管道、集中供冷装置以及气动垃圾收集系统等，从而成为确保滨海湾作为世界级金融和商业中心的“生命线”。

图 6-2　新加坡滨海湾综合管廊

滨海湾地下综合管廊自 2004 年投入使用，运营维护至今，全程由新加坡 CPG 集团 FM 团队（以下简称“CPG FM”）提供相关的服务。新加坡公共工程局在 1999 年企业化后成立新加坡 CPG 集团，是新加坡的主要发展咨询专业机构之一。为了建设管理综合管廊，CPG FM 通过编写亚洲第一份保安严密及在有综合管廊内安全施工的标准作业流程手册（SOP）为基础，建立起亚洲第一支综合管廊项目运营、管理、维护、安保全生命周期的执行团队。

同时新加坡政府将具有30多年物业管理经验的CPG FM设施管理部总经理梁忠恕选定为滨海湾综合管廊设计图纸审查小组的顾问，在设计环节提供安全建设、运营维护等相关咨询意见。

综合管廊运营维护管理所包含的接管期、缺陷责任监测期、运营维护工作期3大阶段，运营维护管理所包括的设施硬件管理、软件管理、人员管理3部分，均有严格的考核机制和对应的标准流程手册对其进行指导作为保障。在多达30本的操作手册中，《主要通信程序SOP》和《质量保证SOP》是根本要求，《计费与征收管理SOP》《运营和维护SOP》《安全与健康和环境SOP》《特殊程序SOP》《结构SOP》是支持系统。精细化的、系统的管理方式，有利于对故障进行提前的预测、排查与解决，延缓了设施、设备老化，延长了设施、设备的寿命，为投资方带来了更高的回报。

新加坡城市地下综合管廊的管理组织结构主要由国家发展局、市区重建局、CPG FM和业务承包商组成。其中唯一业主为国家发展局，唯一管理代表/部门为市区重建局，而唯一运营管理主导公司为CPG FM，再由CPG FM管理管廊内各设施设备一并收取管理费用。这种管理方式是可供我国借鉴的思路。

### 6.2.2　国内综合管廊运营管理维护的经验

我国现阶段在综合管廊运营管理方面尚未形成一个统一的格局，管理的主体并行着多种方式。管理的主体由于投资主体的不同而出现不同形式，主要有4种：

（1）由政府全资负责建设综合管廊，建成后移交给所属国有企业组建的综合管廊管理公司对管廊实施运营维护管理。如上海世博园综合管廊，由上海电器科学研究所（集团）有限公司（原国家机械工业部直属的事业单位、上海市市属企业）实施运维管理，电科集团也是参与管廊的建设单位之一。

（2）由国有企业出资建设综合管廊，并由该企业二级管理公司负责综合管廊的运营维护管理。如广州大学城综合管廊，由政府主导、财政拨款建设，建成后作为资产注入广州大学城投资经营管理有限公司（国有公司），该公司再委托广钢下属的一个机电设备公司进行管理；北京中关村西区地下综合管廊，由建设方北京科技园建设（集团）股份有限公司委托北京荣科物业服务有限公司负责日常的运行管理维护，并在区政府的协助下协调电力、燃气、电信、自来水、热力等市政部门进行专业巡视和维护。日常运行管理费用由北京市海淀区政府拨付；厦门市综合管廊，由厦门市政管廊投资管理有限公司（属于厦门市政集团）负责全市综合管廊的统一规划、建设和经营管理。

（3）政府和管线公司联合出资建设综合管廊，建成后移交给管线公司运营管理，如杭州地下电力管廊。

（4）以BT模式公开招标、社会独资企业进行综合管廊融资与建设，建成后移交给政府，然后由政府委托专业运营管理公司对综合管廊进行运营管理。如珠海横琴综合管廊，属横琴市政基础设施BT项目（中国中冶承建）的一部分，由中国二十冶承建，建成后由横琴新区城市公共资源经营管理平台企业——珠海大横琴城市公共资源经营管理有限公司（以下简称“大横琴城资公司”）的全资子公司珠海大横琴城市综合管廊运营管理有限公司实施运营维护管理。

#### 6.2.2.1　广州大学城模式

广州大学城综合管廊项目建设的初期就采取建设和运营管理分开的思路，依照“统一规划、统一建设、统一管理、有偿使用”的建设原则，探索“企业租用、政府投资”的运作模式，由管线单位支付相关管线的占位费用，充分地开发与利用了城市地下空间。广州大学城建设指挥部办公室组建了广州大学城能源利用公司和投资经营管理有限公司，主要负责对建成后的综合管廊及纳入的管线进行运营管理，其经营范围和价格受到政府的严格监管。

为了合理补偿综合管廊工程的部分建设费用和日常维护费用，经广州大学城投资经营管理公司报广东市物价局批准，可以对入廊的各管线单位收取相应的费用。综合管廊入廊费收取标准参照各管线直埋成本的原则进行确定，对进驻综合管廊的管线单位收取的一次性入廊费按管线的实际敷设长度计取；而综合管廊的日常维护费用则需依据各类管线设计截面空间比例，由各管线单位合理分摊的原则进行确定，见表6-1。

**表6-1　大学城综合管沟管线入沟收费标准和日常维护费用收费标准**

| 管线类别 | 入沟收费标准（元/m） | 日常维护费用收费标准 | |
|---|---|---|---|
| | | 截面空间比例（%） | 金额（万元/年） |
| 饮用净水（*DN*600mm） | 562.28 | 12.70 | 31.98 |
| 杂用水（*DN*400mm） | 419.65 | 10.58 | 26.64 |
| 供热水（保温后直径为600mm） | 1394.09 | 15.87 | 39.96 |
| 供电（每缆） | 102.70 | 35.45 | 89.27 |
| 通信（每孔） | 59.01 | 25.40 | 63.96 |

注：当前纳入综合管沟的通信管线其每根光缆日常维护费用的收费标准为12.79万元/年。

广州大学城综合管廊的运营在政府政策方面有了收费权的保障，为其后期的运营管理提供了良好的政策基础，在国内综合管廊的管理运营方面走在前列。从其经验来看，运营管理好综合管廊，几个关键因素非常重要：一是政府政策的支持，对于收费标准和收费权等影响综合管廊投资建设运营具有决定性意义的政策，物价部门必须果断予以明确；二是为综合管廊的产权归属提供相应的法律保障，明确了“谁投资、谁拥有、谁受益”的原则；三是财政资金的支持，综合管廊是准公益性的城市基础设施，不能只以投资回报的标准和角度对投资建设运营是否成功进行衡量，对于投资回报不足部分建设投资和运营维护成本，应当由财政进行补贴。

#### 6.2.2.2　上海市模式

上海市世博会综合管廊和张杨路综合管廊均由政府投资建设，委托浦东新区环保局的下属单位——浦东新区公用事业管理署进行运营监管和日常管理。新区公用事业管理署以3年为期，对选定运营管理的单位进行公开招标，并且要求每季度对其进行考核。为合理确定综合管廊的日常维护标准和费用标准，上海市城乡建设和管理委员会陆续出台《上海市市政工程养护维修预算定额（第五册　城市综合管廊）》和《城市综合管廊维护技术规程》（DG/TJ 08—2168—2015）政策条文，为综合管廊的正常运行和可持续发展提供了有效保障。

上海市世博会综合管廊和张杨路综合管廊目前尚未明确和实施有偿使用制度，当前的日常管理维护费用均由政府财政支付，分别为世博园78万元/（km·年），张杨路36万元/（km·年），两者合计总费用为900万元/年，费用主要包括堵漏费、运行维护费、电费和专业检测费等相关费用。而应急处置所产生的费用暂不列入财政预算，需根据实际情况的发生采取实报实销的方式由财政支付。

上海市综合管廊均属于政府投资项目，其运营管理的模式沿袭并采用了传统的市政基础设施管理模式，政府和主管部门从管理角度出台标准和相关费用的定额，虽然从长远来看对城市基础设施的日常管理维护是非常有利的，但对于财政基础薄弱的中小城市而言，采用此种综合管廊的建设运营模式是不利的。

**6.2.2.3　厦门模式**

厦门市在国内相对较早地开启了地下综合管廊的建设，2005 年，在建设翔安海底隧道的同时建设了干线综合管廊；2007 年开始陆续建设，在湖边水库片区结合高压架空线入地工程，同步建设了福建省第一条干支线地下综合管廊；并结合旧城改造和新城建设陆续建设了翔安南部新城、集美新城综合管廊。同时厦门市建立了专业化的综合管廊建设管理单位——厦门市政管廊投资管理有限公司，负责全市综合管廊的投融资、建设和运营管理工作。2011 年厦门市率先制定并实施了《厦门市城市综合管廊管理办法》，明确管廊统一规划、统一配套建设、统一移交的“三统一”管理制度，并且陆续颁布了财政补贴制度等相关法律法规文件。市物价局于 2013 年出台实施了《关于暂定城市综合管廊使用费和维护费收费标准的通知》（厦价商〔2013〕15 号）文件，开始收取入廊管线单位的使用费用。2016 年 6 月 29 日，厦门市发展改革委颁布了《厦门市发展改革委关于调整城市地下综合管廊有偿使用收费标准的通知》（厦发改收费〔2016〕447 号），调整了综合管廊维护费和使用费的收费暂行标准，于 2016 年 7 月 1 日起试行，作为入廊管线单位缴费的指导依据。试行期间的正式结算价格，待按政府定价程序核定收费标准后，再按核定收费标准多还少补。

根据厦门市物价局调整后的收费标准，如果收齐全部费用则可达到建设成本的 40%。然而厦门综合管廊仅仅收取了通信管线的部分入廊费用和日常维护费用。入廊费按一次性收取，日常维护费按入廊管线的实际长度每年进行收取。所收取的日常维护费远远不足以支撑整个管廊的运营管理维护成本，所以管廊公司日常管理维护费用仍由市财政部门予以承担，核算标准为 63.5 万元/(km · 年)，已报政府财政部门审批尚未最后确定，目前暂按 50 万元/(km · 年) 给予财政补贴，并且根据入廊费和日常维护费的收缴情况进行相应核减。

在厦门综合管廊的建设运营管理过程中，厦门市市政园林局充分发挥了政府的主导作用，从规划、投资、建设、运营和管理维护等全链条上出台了一系列的规章制度和法律法规，从而对综合管廊建设运营工作的顺利开展提供了有效的保障。

**6.2.2.4　昆明模式**

昆明市综合管廊作为国内综合管廊市场化运作的典型例子，由昆明城市管网设施综合开发有限责任公司下设的管理部负责管廊的日常维护管理。管理现场设综合管廊控制中心，控制中心由维修部、线路巡检部、网络维护部三部门组成，同时建立与城市执法和公安机关实时联动机制。维修部负责日常少量的维修任务，保修期间的堵漏和设备故障由施工单位和设备供应商负责，保修期以后较大规模的维修任务采取服务外包的形式。线路巡检部由劳务公司外聘人员组成，负责管廊内巡视，在管廊自动控制系统和检查井盖防入侵系统建设完成前采取全天 24h 不间断人员巡检，已建成的 43km 综合管廊进行划段巡检保证各段管廊每周巡检一次。其创新的运营模式及投融资方式为综合管廊建设运营引入社会资本提供了宝贵经验。

但之后由于昆明城市管网设施公司改制后由昆明建委划归国资委管理，政府收购了民营股份成为国有全资企业，导致前期投资建设的综合管廊产权不清晰，也就在收费问题上无法达成一致意见。因此带来了一些启示：一是政府必须明确综合管廊的产权和经营权；二是政府必须有强制入廊和收费政策；三是综合管廊运营必须有政策倾斜或支持。

#### 6.2.2.5 横琴新区模式

横琴新区综合管廊提出了“物业式管理、公司化运作”的运营管理模式，明确新区建设环保局为行业主管部门，珠海大横琴投资有限公司为日常管理运营部门，委托大横琴投资公司的全资子公司——珠海大横琴城市公共资源经营管理有限公司（以下简称“城资公司”）负责运营管理维护工作的具体实施。

城资公司在项目的施工建设阶段，指派各专业的工程师在前期介入综合管廊的管理工作，全程跟踪综合管廊的施工进展情况，通过不断地巡查，从而发现对设计、建设、管理等方面存在质量缺陷、安全隐患的结构部位，分批次、分阶段主动向设计部门和施工单位进行相应的反馈，并积极督促其进行整改，直到取得良好效果。同时，横琴新区建设环保局开展相关规章制度的编制工作，2012 年 9 月编制完成《横琴新区综合管沟管理办法》并报请管委会批准实施，明确规定了凡是规划建设了综合管廊的城市道路，任何部门和单位不得另行开挖道路铺设管线，所有管线必须统一入驻综合管廊，并且根据相关的规定向经营管理企业缴纳使用费。之后又陆续出台了《珠海市横琴新区市政公用设施养护考核办法》和《横琴新区地下综合管廊安全保护管理暂行规定》等相关制度条文，明确了综合管廊的质量管理标准、养护责任和考核办法，加强了对综合管廊的管理与保护的工作。2015 年 12 月，珠海市出台了《珠海经济特区地下综合管廊管理条例》法律法规，是国内首个通过立法的形式对综合管廊的规划、建设和运营进行明确的地方性法规。

目前，横琴新区的综合管廊已经全部投入使用和运营，但尚未实施收费，日常维护费用仍由财政予以支付，其成功的运营维护管理体系已经取得良好的环境效益、经济效益和社会效益。在关于有偿使用管理制度和费用标准测算的问题上，横琴新区政府从城市管理的角度，对综合管廊运营管理和收费问题提出了定位并启动了《横琴新区地下综合管廊有偿使用管理办法》的编制工作，城资公司提出了收支两条线的经营思路：在收取有偿使用费用之后将其上缴至横琴新区财政局专用账户，作为综合管廊的更新改造费用和维修费用；日常运营管理维护费用则由城资公司制定年度预算报区行业主管部门审批后，纳入财政预算包干支付，行业主管部门通过绩效考核对其进行扣罚处理。通过这种方式，一方面政府能有效监督控制综合管廊运营管理费用的收支情况；另一方面能确保综合管廊日常管理维护的标准。

#### 6.2.2.6 台湾模式

在台湾地区地下综合管廊的建设过程中，当地政府起到重要的推动作用。其在主要城市成立共同管道管理署，并且负责共同管道的规划、建设、资金筹措及共同管道的执法管理等相关工作。

台湾地区综合管廊的建设主要由管线单位和政府部门两者共同出资，管线单位通常参照其直埋管线的成本以及各自所占用的空间为基础将综合管廊的建设成本进行分摊，采用这种方式不会对管线单位造成额外的成本负担，相对较为公平合理。而剩余的建设成本由政府进行承担，通过粗略的计算可知，管线单位要比于政府承担更多的综合管廊建设成本，其中管线单位承担 2/3 的建设费用，而主管机关承担 1/3 的建设费用，综合管廊建成后的使用期内产生的管廊主体维护费用同样由两者共同负担，管线单位按照占用的管廊空间和管线使用的频率等因素按比例分担综合管廊的日常维护费用，政府有专门的主管部门负责管理和协调综合管廊的工作，并且负担其产生的相应费用。管线单位和政府都可以享受政策上资金的支持。

相较而言，台湾地区已经建成了较为发达的综合管廊系统，先后制定了《共同管道法施行细则》《共同管道法》《共同沟建设及管理经费分摊办法》《共同建设管线基金收支保管及运用办法》等多部条例规定或法律法规。

## 6.3　运营维护管理制度建设

综合管廊作为具有公共属性的城市能源通道，虽然功用优点十分突出，但是运维管理十分复杂，其中涉及投资建设主体、政府、入廊管线单位和运营管理单位等多种主体单位，通常需要城市政府进行牵头、各部门和各单位进行积极配合，从而制定一套完整的、涵盖综合管廊从规划建设到运营维护管理全生命周期的配套政策和制度体系作为可靠的保障，其中主要包括规划、建设、运营、管理、维护、考核、收费等多个方面，从而确保综合管廊的运营维护管理系统向着高效、安全、健康和规范的方向持续发展。

### 6.3.1　政府配套政策和制度体系

制度规范的完善是确保城市地下综合管廊的规划、建设和可持续运营维护管理可靠运行的重要法制保障。2013 年 9 月，国务院发布《关于加强城市基础设施建设的意见》，2014 年 6 月，国务院办公厅发布《关于加强城市地下管线建设管理的指导意见》，均对推进城市地下综合管廊的建设提出了指导性的意见。但是由于国务院颁布的相关文件均属于政策性质，不属于行政法律法规。因此，行业主管部门应该将当地配套措施的政策和法律法规尽快完善，其中主要包括建设费用和运营费用合理分担政策、建设运营管理制度（含强制入廊政策）、有效推行标准体系建设和运营维护管理绩效考核办法、投入机制建设和监督机制建设及其他相关制度机制的建设等。

### 6.3.2　运营管理企业管理制度体系

综合管廊运营管理企业的内部管理制度体系是确保综合管廊日常管理维护工作规范化、专业化、精细化的必要手段和措施。但是由于目前综合管廊的运营管理在国内还没有一套适用的、完整的制度体系，运营管理单位必须根据实际情况建立包括《入廊管线单位施工管理制度》《进出综合管廊管理制度》《安全管理制度》《设施设备运行管理制度》《日常巡查巡检管理规定》《岗位责任管理制度》等管理制度体系，将综合管廊维护管理的流程、内容、措施等进行细化和深入探讨，从而确保综合管廊能高效规范地运行。同时企业内部需要建立的规章制度主要包括（但不限于）以下内容：

（1）《入廊管线单位的施工管理制度》：其主要包括入廊工作申请程序、廊内施工作业规范、入廊施工管理规定、安装工程施工管理规定、动火作业管理规定等相关规定，同时对入廊管线单位申请管线入廊和在管廊内的施工做出相应规定。

（2）《进出综合管廊管理制度》：规定进出综合管沟及其配电站所需的手续、钥匙的管理，同时需加强综合管沟内各系统的管理体系，从而确保设备的安全运行。

（3）《岗位责任管理制度》：主要对综合管廊运营管理企业日常维护工作人员的岗位设置，各岗位的责任要求和范围进行了相关的规定。

（4）《安全管理制度》：包括安全操作规程、安全教育制度、安全检查制度，对于如何建立应急联动机制，如何实施突发事件的应急处理，事故处理程序、安全责任制等问题做出详细的规定。

（5）《监控中心的管理制度》：对值班情况、监控设施设备进行规范管理，实现对综合管廊运行管理智能化的管控。

(6)《设备运行的管理制度》：规定综合管廊设备运行巡视内容、安全（消防）工具管理、资料管理，从而确保设备能够高效、安全地运行。

(7)《前期介入管理制度》：从运营管理的角度在前期对综合管廊的规划设计、施工建设提出合理化的建议。

(8)《档案资料管理制度》：对综合管廊的工程资料、入廊管线资料、日常管理资料进行有序的整理、分类、保管、归档及借阅等相关管理。

(9)《接管验收管理制度》：对综合管廊的分项工程、整体竣工验收和接管验收均做出相关的规定，从而便于后续的使用和运营管理。

## 6.4 运营维护管理的主要工作内容

### 6.4.1 早期介入管理

综合管廊运营维护管理体系属于新兴城市的市政技术设施管理行业，入廊管线单位对其进行全面了解和社会宣传会有一个滞后期，并且有关建筑设计学科的专业还没有把综合管廊运营维护管理的相关知识纳入进来。所以目前从事综合管廊设计工作的人员只能从自身的社会实践中去学习和掌握，而相当一部分综合管廊设计人员对运营维护管理的了解并不多。由于受知识结构的约束，其在制定设计方案时，往往只是从设计技术角度对问题进行考虑，不可能将今后综合管廊运营维护管理中的合理要求考虑得全面，或者很少从综合管廊的正常运行和长期使用的角度去考虑问题，从而导致综合管廊在建成之后给入廊管线单位使用和运营维护管理带来了诸多的问题。除此之外，因规划、资金或政策方面的原因，综合管廊的设计和开工两者之间的时间相隔较长，少则 1 年，多则 3 年之久。由于人们对城市地下空间建筑物功能的要求不断提高，同时建筑领域中的设计思想不断创新和进步，最终导致原有的设计方案很快便会落后。我国早期建设的综合管廊由于缺少规划设计阶段和施工建设阶段的前期介入，在接管和管线入廊后暴露出了大量的问题，除了施工质量问题以外，还有设计时没有从运营角度去考虑问题。假如设计者在设计综合管廊时根本没有考虑管线盘线和出舱孔位置、通信管线设备安装，导致管线入廊后无法满足使用要求或随意进行开孔，最终会给管廊的防水安全带来极大的隐患。这些问题不仅给入廊管线单位和运营管理单位带来很多的烦恼，同时会减弱管线单位入廊的积极性。综合管廊的末端传感还应考虑采用在潮湿、恶劣的环境下能够不受影响的材料、技术，如采用分布式光纤传感技术。

因此，在取得综合管廊规划建设许可证的同时，应当提前对综合管廊运营管理单位进行选聘。运营管理企业作为综合管廊使用的维护和管理者，其对综合管廊在使用过程中可能出现的问题比较清楚，应当提前介入设计和施工。

#### 6.4.1.1 早期介入的必要性

(1) 有利于全面提高和监督了解综合管廊的工程质量。

(2) 有利于优化综合管廊的设计方案，完善设计细节。

(3) 为前期综合管廊的运营管理做好充分的准备。

(4) 有利于对综合管廊进行全面的了解。

(5) 有利于管线单位顺利开展工作。

#### 6.4.1.2　早期介入的内容

**1. 可行性研究阶段**

（1）根据相关规划和入廊管线的类别从而确定管廊运营管理维护的标准和基本内容。

（2）根据综合管廊的建设规模、项目建设概算和入廊管线种类等因素初步确定使用费的标准。

（3）根据综合管廊的建设主体、建设投资方式和入廊管线等因素从而确定管廊运营管理模式。

**2. 规划设计阶段**

（1）就综合管廊配套设施的适应性、合理性等提出建议或意见。

（2）就综合管廊的功能方面、结构布局等提出改进建议。

（3）就综合管廊管理用房、监控中心等配套设施、场地、建筑的设置、要求等提出建议。

（4）对于分期建设的综合管廊，对共用配套设施、设备等方面的配置在各期之间的过渡性安排提供协调意见。

（5）提供设备、设施的设置、选型和管理等方面的改进意见。

**3. 建设施工阶段**

（1）配合设备的安装进行监督，从而确保安装质量。

（2）就施工中发现的问题与建设单位、施工单位共同商榷并且落实整改方案。

（3）了解并熟悉综合管廊的基础、隐蔽工程等具体施工情况。

（4）对综合管廊及其附属设施的用料、工艺及装修方式等提出意见。

（5）根据要求参加与建造期有关的工程联席会议等。

**4. 竣工验收阶段**

（1）参与管廊主体、设施、设备的分期、分项和全面竣工验收。

（2）参与重大设备的调试和验收。

（3）指出工程的缺陷，就改良后方案的可能性及费用提出相关建议。

### 6.4.2　承接查验

综合管廊的承接查验是对新建综合管廊竣工验收之后再进行验收工作，其直接关系到综合管廊今后运营维护管理的工作能否正常开展。根据住房城乡建设部颁布的《物业承接查验办法》和《房屋接管验收标准》文件，对综合管廊进行以主体结构安全和满足使用功能为主要内容的再检验。

综合管廊接管验收应该从今后运营维护保养管理的角度进行验收，同时应在政府和入廊管线单位使用的角度对综合管廊进行严格的验收，从而保障各方的合法权益；若在接管验收中发现问题，要明确记录在案，并且约定期限督促建设主体单位对存在的问题加以解决，直到完全合格为止。

（1）对管廊承接查验方案进行确定。

（2）移交有关图纸资料，包括单体建筑、结构、设备竣工图，配套设施、地下管网工程竣工图，竣工总平面图等竣工验收的相关资料。

（3）查验共用部位、共用设施设备，并且移交共用设施设备清单及其使用、安装和维护保养等相关技术资料。

（4）确认现场查验结果，解决在查验中发现的问题；对于工程遗留的问题提出整改意见。

（5）签订管廊承接查验协议，办理综合管廊交接手续。

### 6.4.3 管线入廊管理

在城市地下综合管廊的运行维护和安全管理中，入廊管线管理单位发挥着巨大的作用，根据各个地区的规章制度不同，其管理权限及内容略有不同。中关村地下综合管廊运行维护管理单位只负责综合管廊本体的运营管理，综合管廊内管线分别由管线产权单位负责维修、养护。管廊运维单位积极联系各入廊管线权属单位，加强市政管线的安全隐患排查，及时向各市政管线所属单位报告日常巡视中发现的问题，积极协助配合各市政管线所属单位对市政管线的检修保养。

珠海横琴的入廊各管线管理单位则建立健全了安全责任制，配合综合管廊运营管理单位做好综合管廊的安全运行；管线使用和维护，执行相关专业安全技术规程。管线权属单位作业管理：施工单位进廊施工需按流程办理手续，管线权属单位应对综合管廊内的所属管线进行例行检查和故障维修、抢修。

当前管线入廊管理的相关对策及建议如下：

#### 6.4.3.1 明确入廊管线单位的权利和义务

**1. 入廊管线单位应享有以下权利**

（1）要求综合管廊运营管理单位提供入廊管线在管廊内的公共安全和正常运行环境；

（2）要求综合管廊运营管理单位和相邻管线单位对自身管线的养护、维修提供便利或协助；

（3）监督综合管廊运营管理单位对综合管廊的维护管理，并有权向上级行政主管部门反映；

（4）保障自身管线安全运行应享有的其他权利。

**2. 入廊管线单位的义务**

管线进入管廊，管线的产权仍然归其建设单位所有，因此作为产权单位也必须承担管线本身的维护等职责和义务，同时要与管廊的管理单位产生工作的交叉、对接和配合，因此必须对管线产权单位的行为进行限定。

入廊管线单位应履行的责任和义务主要是：对管线使用和维护严格执行相关安全技术规程；建立管线定期巡查记录，记录内容应包括巡查时间、地点（范围）、发现问题与处理措施、上报记录等；编制实施廊内管线维护和巡检计划，并接受市政工程管理机构的监督检查；在综合管廊内实施明火作业的，应当严格执行消防要求，并制定完善的施工方案，同时采取安全保证措施；制定管线应急预案；为保障入廊管线安全运行应履行的其他义务等。

入廊各管线管理、产权单位应当履行以下义务：

（1）建立健全安全责任制，配合综合管廊运营管理单位做好综合管廊的安全运行；

（2）管线使用和维护，应当执行相关安全技术规程；

（3）建立管线定期巡查记录，记录内容应当包括巡查人员（数）、巡查时间、地点（范围）、发现问题与处理措施、报告记录及巡查人员签名等；

（4）编制实施综合管廊内管线维护和巡检计划，并接受综合管廊运营管理单位的监督检查；

（5）入廊管线安装、施工前，应向综合管廊运营管理单位提出书面申请，对综合管廊内已有的管线及其他附属设施采取有效的保护措施。在综合管廊内实施明火作业时，应取得综合管廊运营管理单位审批的动火证，施工方案应当符合消防要求；

（6）制定管线应急预案，并报综合管廊运营管理单位备案；

（7）为保障综合管廊管线安全运行应当履行的其他义务。

#### 6.4.3.2　完善入廊管线单位的管理制度

入廊管线单位包括电力、电信、供水、热力、燃气部门等。各管线单位负责本系统的管线设备设施的运行状态监测、巡检、维护、保养，配合综合管廊管理公司的管理工作，编制应急处理方案，出现应急事件时，应立即向综合管廊管理公司报告情况，协助管理公司处理应急事件，并对本单位负责的系统做出应急处理。安全事故处理按管线单位制定的有关制度执行。

（1）进入综合管廊施工单位，需递交施工申请，经开发建设公司审批后，方可办理施工进入手续。

（2）施工单位办理施工进入手续需缴纳施工保证押金，施工期间若出现违反综合管廊施工管理规定的行为，按规定在施工保证押金内扣除。施工结束经管廊管理公司值班管理人员检查完毕后，确认没有违反施工管理规定，全额返还施工保证押金。

（3）施工单位在施工过程中对管廊内设备造成损坏，需对损坏部分进行修复，并承担因此造成的责任及产生的费用。施工单位进入管廊内不服从施工管理规定，管廊管理公司有权中止施工，待整改后重新办理施工申请。

（4）办理施工手续需注明施工人员数量、工作区段、工作时间、进入原由、安全措施等。

### 6.4.4　日常维护工作管理

#### 6.4.4.1　日常维护管理主要内容

地下综合管廊工程组成如图6-3所示，其日常维护管理的工作，主要包括以下内容：

（1）地下综合管廊主体工程养护：巡检观测管沟洞顶，墙体的膨胀、收敛、脱落、位移、渗漏、开裂、沉降、霉变等病症，并且制定相应的防护、养护、整改、维修的方案对其加以维护。

（2）地下综合管廊设备设施养护：巡查维护地下综合管廊的照明、通风、消防、排水、监控、通信等设备设施，从而确保设备设施的正常运行。

（3）地下综合管廊客户关系管理：建立地下综合管廊客户档案，建立良好的合作关系，定期进行客户意见调查，建立事故处理常规运作组织，协调客户之间工作配合关系，快速处理客户投诉，促进管沟使用信息沟通。

（4）地下综合管廊管线安全监督：巡检控制管沟内各类管线存在的冒、跑、滴、漏、压、腐、爆等安全隐患，督促相关单位及时进行维修和整改；预防并及时制止各类自然与人为的破坏。

（5）地下综合管廊的环境卫生管理：建立地下综合管廊生态系统，建立地下综合管廊管线日常清洁保洁制度，详细观测、测量、记录管沟生态变化数据，加强四害消杀、防病、防毒、防污染、防传染的工作，根据管沟生态环境的变化，从而采取科学的措施，对其做出相应的调整。

(6) 地下综合管廊的管线施工管理：地下综合管廊投料口开启与封闭、出入的审批与登记、安全防护措施与配套、管沟气体检测、管沟施工质量检测、管沟施工跟踪监督等，加强组织管理，满足优质服务的需求。

(7) 地下综合管廊的应急管理：对地下综合管廊可能发生的水灾、火灾、有害气体泄漏、塌方、破坏、盗窃等事故建立快速的联动反应机制，采用扎实持久的智能监督控制、严格周密的应急管理制度、第一问责的反应机制、训练有素的应急处理队伍、计划有序的综合处理构建、完善的应急管理体系。

地下综合管廊日常维护费用包括开展以上工作所发生的运行水电费、人员费、主体结构及设备保养维修费等相关费用。

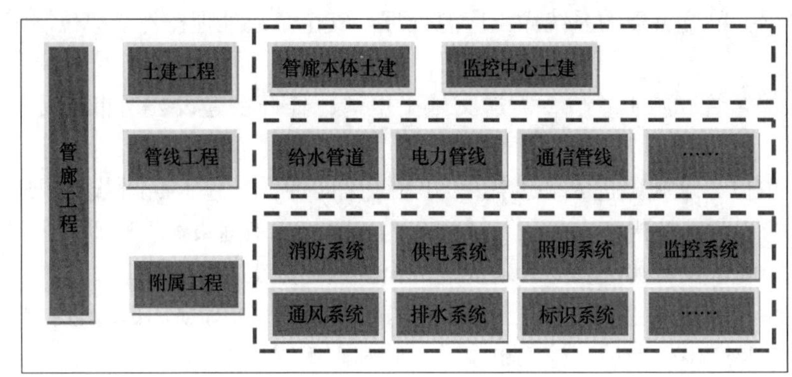


图 6-3　地下综合管廊工程组成

#### 6. 4. 4. 2　管廊本体及附属设施维护

**1. 综合管廊的巡查与维护**

综合管廊属于地下构筑物工程，管廊必须确保每周至少进行一次全面巡检，并根据季节及地下构筑物工程的特点，适当增加巡查的次数。对因为挖掘而暴露的管廊廊体，按工程情况需要酌情对其加强巡视，并装设牢固围栏和警示标志，必要时设专人进行监护。

(1) 巡检内容

1) 查看管廊上表面是否正常，有无挖掘痕迹，管廊保护区内不得有违章建筑；

2) 各投料口、通风口是否损坏，百叶窗是否缺失，标识是否完整；

3) 管廊内架构、接地等装置无脱落、锈蚀、变形；

4) 对管廊内高低压电缆要检查电缆位置是否正常，接头有无变形，构件是否失落，排水、照明等设施是否完整，特别要注意防火设施是否完善；

5) 检查热力管道阀门法兰、疏水阀门是否漏汽，保温是否完好，管道是否有水击声音；

6) 检查供水管道是否漏水；

7) 保证沟内所有金属支架都处于零电位，防止引起交流腐蚀，特别加强对高压电缆接地装置的监视。

8) 通风及自动排水装置运行良好，排水沟是否通畅，潜水泵是否正常运行；

(2) 消除缺陷的对策

巡视人员应将巡视管廊的结果，及时记入巡视记录簿内并且上报至调度中心。根据巡视结果，采取对策消除缺陷：

1）在巡视检查中，如发现有普遍性的缺陷，应记入大修缺陷记录簿，据以编制年度大修计划。

2）巡视人员如发现有重要缺陷，应立即报告行业主管部门和相关领导，并做好记录，填写重要缺陷通知单。

3）在巡视检查中，如发现零星缺陷，不影响正常运行，应记入缺陷记录簿，据以编制月度维护小修计划。

运行管理的单位应该及时采取措施，从而消除缺陷；加强对市政施工危险点的分析和盯防，与施工单位签订“施工现场安全协议”并且进行技术交底。及时下发告知书，杜绝对综合管廊损坏的现象发生。

（3）日常巡检和维修中重点检查的内容

1）检查管道泄漏和保温层损害的地方；测量管线的保护电位和维护阴极保护装置；检查和排除专用通信线路故障。

2）及时做好管道设施的小量维修工作，如阀门的活动和润滑，设备和管道标志的清洁和刷漆，连接件的紧固和调整，线路及构筑物的粉刷，管线保护带的管理，排水沟的疏通，管廊的修整和填补等。

3）检查管道线路部分的里程桩、保坎护坡、管道切断阀、穿跨越结构、分水器等设备的技术状况，发现沿线可能危及管道安全的情况。

**2. 综合管廊附属系统的维护管理**

综合管廊内附属系统主要包括火灾消防与监控系统、控制系统、排水系统、照明系统和通风系统等系统，各附属系统的相关设备必须经过有效及时的操作和维护，才能保证综合管廊内所有设备的安全运行。因此对附属系统的维护在综合管廊的维护管理中同样扮演着非常重要的角色。

（1）通风系统由排烟风机、通风机、控制箱和风阀等设备组成。操作或巡检人员需按照风机的作业指导书或操作规程进行操作和维护，保证通风设备完好、线路无损坏、无锈蚀，发现问题后需及时向公司的相关人员进行汇报，及时修理。

（2）控制中心与分控站内的各种设备仪表的维护需要保持控制中心操作室内干净、无灰尘杂物，操作人员定期查看各种精密仪器、仪表，做好保养运行记录；发现问题及时联系公司相关自控专业技术人员；建立各种仪器的台账，来人登记记录，保证控制中心及各分控站的安全。

（3）照明系统的相关设备较多，箱形变压器、电缆、PLC、控制箱、灯具、动力配电柜和应急装置等设备，需保证设备的干燥、清洁、绝缘良好、无锈蚀，并且定期对各仪表和线路进行检查，管廊内和管廊外的相关电力设备需全部纳入维护范围。

（4）电力系统相关的设备和管线维护应与相关的电力部门协商，按照相关的协议进行维护。

（5）火灾消防与监控系统，确保各种消防设施完好，消防栓能够方便快速地投入使用，灭火器的压力达标，监控系统安全。

（6）排水系统主要是潜水泵和电控柜的维护，集水坑中有警戒、关泵和启泵的水位线，定期查看潜水泵的运行情况，是否受到自动控制系统的控制，如有水位控制线与潜水泵的启动要求不符合，及时汇报，以免造成大面积积水影响管廊的运行。

以上设备需根据设备安全操作规程和相关程序进行维护，操作人员需经过一定的专业技术培训后才可上岗，没有经过培训的人员严禁操作相关设备。同时，在综合管廊安全保护范围内原则上应禁止排放、倾倒腐蚀性气体、液体；擅自挖掘城市道路；擅自打桩；爆破或者进行顶进作业以及危害综合管廊安全的其他行为。如果必须进行相关的行为，应根据相关管理制度编制相应的方案，经行业主管部门和管廊管理公司审核同意，并且在施工中采取相应的安全保护措施后方可实施。管线单位在综合管廊内进行管线扩建、重设、线路更改等施工前，应当预先将施工方案上报至管廊管理公司及相关部门进行备案，管廊管理公司派遣相应技术人员旁站从而保证在管线变更期间其他管线的安全。

#### 6.4.4.3 入廊管线巡查与维修

**1. 管线巡查**

入廊管线虽然避免了与土壤和地下水的直接接触，但仍处于高盐碱性的地下环境，因此应当对管线进行定期的检查和测量。用各种仪器发现日常巡检中不易发现或不能发现的隐患，主要涉及管道腐蚀造成的管壁减薄、微小裂缝、埋地管线绝缘层损坏和管道变形、保温层脱落、应力异常等隐患。检查方式包括外部测厚与绝缘层检查、管线位移、管道检漏、管道取样检查和土壤沉降测量。对线路设备要经常进行动作性能的检查。仪表要进行定期的校验，从而保持良好的状况。紧急关闭系统务必做到不发生误操作。设备的内部检查和系统测试按实际情况，每年进行 1~4 次。冬季和汛期要对综合管廊和管线做专门的检查和维护。

检查和维修主要包括的内容如下：

（1）检修综合管廊周围的河流、水库和沟壑的排水能力；

（2）综合管廊的排水沟、集水坑、潜水泵和沉降缝、变形缝等的运行能力；

（3）配合检修通信线路，备足维修管线的各种材料；

（4）维修综合管廊运输、抢修的通道；

（5）冬季维修好机具和备足材料，要特别注意回填裸露管道，加固综合管廊结构；

（6）汛期到后，应加强管廊与管道的巡查，及时发现和排除险情；

（7）检查和消除管道泄漏的地方；

（8）检查地面和地上管段的温度补偿措施；

（9）注重综合管廊交叉地段的维护工作。

**2. 管线维修**

对于损坏或出现隐患的管线要及时进行维修。管道的维修工作按其规模和性质可分为计划性（大修）、事故性（抢修）、例行性（中小修），而一般性维修（小修）则属于日常性维护工作的内容。

（1）计划性维修

计划性维修工作根据实际需要确定，其内容如下：

1）更换切断阀等干线阀门；

2）更换已经损坏的管段，修焊孔和裂缝，更换绝缘层；

3）部分或全部更换通信线和电杆；

4）检查和维修水下穿越；

5）有关更换阴极保护站的阳极、牺牲阳极、排流线等电化学保护装置的维修工程；

6）修筑和加固穿越跨越两岸的护坡、保坎、开挖排水沟等土建工程；

7）管道的内涂工程等。

（2）事故性维修

事故性维修指管道发生堵塞、爆裂等事故时被迫部分或全部停产而进行的紧急维修工程，也称抢险。抢修工程的特点是：没有任何事先计划，必须针对发生的情况，立即采取措施，迅速完成，这种工程应当由经过专门训练、配备成套专用设备的专业队伍施工。在必要的情况下，启动应急救援预案，确保管廊及线路、电缆、内部管道的运行安全。

（3）例行性维修

例行的维修工作主要有以下几个项目：

1）检修管道阀门和其他附属设备；

2）处理管道的微小漏油（砂眼和裂缝）；

3）检修通信线路，清刷绝缘子，刷新杆号；

4）检修和刷新管道阴极保护的检查头、里程桩和其他管线标志；

5）洪水后的季节性维修工作；

6）露天管道和设备涂漆；

7）清除管道防护地带的深根植物和杂草。

以上工作全部由管线产权单位负责，综合管廊管理公司负责巡检、通报以及必要的配合。

## 6.4.5　运营维护管理成本要素

### 6.4.5.1　成本构成要素

2015 年 12 月，国家发展改革委和住房城乡建设部联合发布了《国家发展改革委 住房和城乡建设部关于城市地下综合管廊实行有偿使用制度的指导意见》（发改价格〔2015〕2754 号），规定了城市地下综合管廊实行有偿使用制度，并对使用费用的构成提出详细的说明："城市地下综合管廊有偿使用费包括入廊费和日常维护费。入廊费主要用于弥补部分管廊建设成本，由入廊管线单位向管廊建设运营单位一次性支付或分期支付。日常维护费主要用于弥补管廊的日常维护、管理支出费用，由入廊管线单位按照确定的计费周期向管廊运营单位逐期进行支付。"其费用的构成因素主要包括：

**1. 入廊费。可考虑以下因素：**

（1）城市地下综合管廊本体及附属设施建设投资合理回报，根据金融机构长期贷款利率逆行确定（政府财政资金投入形成的资产不计算投资回报）；

（2）城市地下综合管廊本体及附属设施的合理建设投资；

（3）各管线在不进入综合管廊情况下的单独敷设成本（含道路占用挖掘费，不含管材购置及安装费用）；

（4）各入廊管线占用管廊空间的比例；

（5）在综合管廊设计的寿命周期内，各入廊管线与不进入管廊的情况相比，因管线破损率以及热、气、水等因漏损率降低而节省的管线维护费用和生产经营成本；

（6）在综合管廊设计的寿命周期内，各管线在不进入管廊情况下所需的重复单独敷设的成本；

（7）其他影响因素。

**2. 日常维护费。可考虑以下因素：**

（1）城市地下综合管廊运营单位用于正常管理的费用支出；

（2）城市地下综合管廊本体及附属设施维护、运行、更新改造等正常成本；

（3）各入廊管线占用综合管廊空间的比例；

（4）城市地下综合管廊运营单位合理经营利润，根据当地市政公用行业平均利润率确定；

（5）各入廊管线对综合管廊附属设施的使用强度；

（6）其他影响因素。

**6.4.5.2　影响成本的主要因素**

按照发改价格〔2015〕2754 号文件的相关规定，综合管廊日常维护费基本上是运营维护管理成本支出，与管廊的建设成本、建设规模和入廊管线种类等因素密不可分。

**1. 建设成本**

综合管廊的建设成本因不同的应用环境、不同入廊管线种类和数量、不同的地质条件，以及不同发展城市功能要求等因素而不同，并且各地的差异较大。以珠海横琴综合管廊为例进行分析：

珠海横琴综合管廊形成三横两纵“日”字形管廊网域，主干线采用双舱、三舱两种规格，先期纳入给水、电力、通信 3 种管线，规划预留再生水、供冷（供热）、垃圾真空管 3 种管位，总而能满足横琴未来 100 年发展使用需求。综合管廊内设置排水、通风、监控、消防等相关系统，由控制中心进行集中控制，从而实现全智能化的运行。综合管廊建设造价指标如下：

（1）两舱式综合管沟建设各专业造价指标

每千米约 6264 万元。其中，岩土专业主要工作内容有 PHC 管桩桩基、PHC 管桩引孔及基坑土方开挖等，占 19.76%；结构专业主要工作内容有钢筋混凝土主体结构、管道设备基础等，占 26.01%；建筑装饰装修主要工作内容有墙面抹灰刷漆、门窗安装、防水等，占 11.54%；基坑支护专业主要工作内容有钻孔灌注桩、水泥搅拌桩、钢板桩等基坑支护，以及环境监测及保护，占 25.48%；安装专业主要工作内容有通风工程、给水工程、消防工程、电气设备及自控工程、通信工程等，占 17.21%。

（2）三舱式综合管沟建设各专业造价指标

每千米约 6923 万元。其中，岩土专业主要工作内容有 PHC 管桩桩基、PHC 管桩引孔及基坑土方开挖等，占 10.29%；结构专业主要工作内容有钢筋混凝土主体结构、管道设备基础等，占 28.18%；建筑装饰装修主要工作内容有墙面抹灰刷漆、门窗安装、防水等，占 11.27%；基坑支护专业主要工作内容有钻孔灌注桩、水泥搅拌桩、钢板桩等基坑支护，以及环境监测及保护，占 31.02%；安装专业主要工作内容有通风工程、给水工程、消防工程、电气设备及自控工程、通信工程等，占 19.24%。

上述的建设成本和造价，对于建设标准和维护标准均提出了较高的要求，也对后续的维护成本造成了直接的影响。

**2. 建设规模**

综合管廊建设规模越大，运营维护管理成本的规模经济性就越重要。综合管廊的建设规模越大，专业化组织管理的效率就越明显，设备分工和劳动分工的优点就越能体现出来，建设规模的扩大可以使管理队伍雇佣具有专门技能的人员，同时能采用高效率的专用设备，从而降低能耗；扩大建设规模往往使更高效的组织运营方法成为可能，也使成本节约成为可能。

**3. 入廊管线种类和数量**

横琴综合管廊规划纳入给水、供冷（供热）、再生水、220kV 电力电缆、通信、垃圾真空管 6 种管线，其中给水管管径从 *DN*300mm 到 *DN*1200mm 不等，通信管线管孔预留 28 ~ 32 孔，目前部分新建综合管廊又将雨污水、燃气管道等纳入管廊进行建设。上述管线的使用强度、维护技术要求、所占管廊空间比例、敷设长度和数量等要求，均直接影响综合管廊的维护要求、使用强度和维护成本的支出。

**6.4.5.3　成本测算的方法**

地下综合管廊运营维护管理成本主要包括水电费、运行人员费、监测检测费、维修费、保险费、企业管理费、税金、利润和其他费用等。

（1）水电费：电费主要是根据综合管廊内机电设备的功率和使用频率进行用电量的计算，电价以当地非工业电价计取；水费主要是综合管廊内用于清洁用水和运行管理人员办公场所生活用水。

（2）运行人员费：主要包括现场运行人员工资、社会保险、福利、劳保用品、住房公积金、意外伤害保险等费用。

（3）监测检测费：根据所在区域的地质条件，包括消防检测和对综合管廊本体的沉降观测等费用。

（4）维修费：主要是根据建设工程设备清单并结合维护标准、定额标准、实际设施量等相关标准，对主体结构维修、设施设备更换及保养进行相关测算。

（5）保险费：为保障综合管廊设施设备和人员的安全而购买的设施保险和第三方责任险。

（6）企业管理费：指因综合管廊运营维护管理工作而发生的、非管廊运营专用资源的费用，按当地市政工程管理费分摊费率计取，包括办公费、管理人员工资、固定资产使用费、差旅交通费、工具用具使用费、车辆使用费、工会经费、劳动保险费、财产保险费、职工教育经费、财务费等其他费用。

（7）税金：按营改增税率 6% 计取。

（8）利润：根据当地市政公用行业平均利润率确定。

（9）其他费用。

**6.4.5.4　收费协调机制**

综合管廊使用费用的标准原则上由管廊建设单位、运营单位与入廊管线单位共同协商进行确定，实行一廊一价、一线一价，由供需双方按照市场化原则进行平等协商，从而签订协议，确定管廊使用费用的标准及付费方式、计费周期等有关事项。政府、行业、社会倡导“PPP + EPCO”的管廊建设、运营管理模式，是当前解决管线检修、运维、安全、消防及城市发展新增管线入廊等难题的有效解决模式之一，如图 6-4 所示。

在协商确定入廊费时，应以地下综合管廊设计周期为确定收费标准的计算周期，当前可以暂时以 50 年进行考虑：各入廊管线每敷设一次的建设成本以及在综合管廊设计周期内的建设次数；管廊的合理建设成本和建设投资的合理利润；各入廊管线占用管廊空间的比例。入廊后的节约成本或带来的效益也应该作为考虑的依据，如供水管线入廊后，因管网漏失率降低而节约的成本。在协商日常维护费用时，应考虑日常维护费（类似物业费），主要由各入廊管线单位共同分摊。公益性管线缺口，可以考虑节约周边土地开发收益，由政府财政资金提供可行性缺口补助。

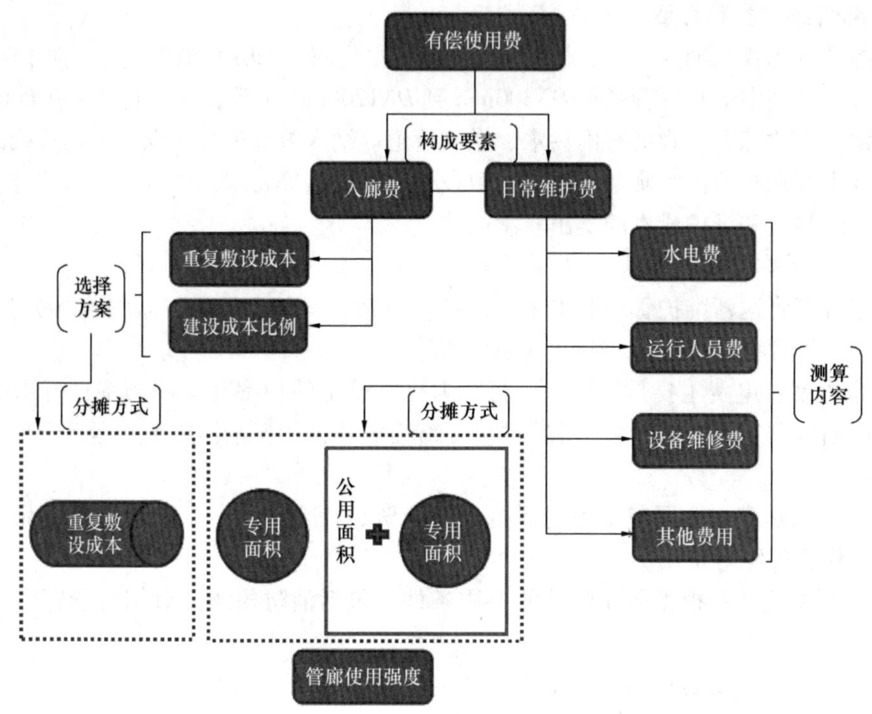


图6-4　综合管廊有偿使用费测算

首次开展综合管廊的建设及管线入廊工程，可借鉴类似城市的总结经验，按照财政部和住房城乡建设部颁布的《有偿使用办法》规定由所在城市人民政府组织价格主管部门进行协调，通过开展成本调查、委托咨询机构评估、专家论证等方式，为综合管廊运维和入廊管线单位各方协商确定使用费用的标准提供参考依据。

**6.4.5.5　综合管廊运维管理办法**

（1）加快推进对管线入廊、管线埋地全寿命成本的比较研究，制定综合管廊技术规范，按照地域进行区分，建立成本定额数据库，为综合管廊建设及运营维护成本的标准提供指导。

（2）根据住房城乡建设部管廊有偿使用制度的指导意见中的7种因素，综合考虑占空比价格系数，针对综合管廊尽快建立相关法律法规，从而明确管线强制入廊的标准，解决规划设计、投资建设、运营管理及费用分担等关键问题，政府方面需组织相关行业按虚拟单价制定分摊付费机制，分区域、行业、阶段、具体项目等出台相关政策，从而吸引更多的资金、更多的机构投入综合管廊的建设及运维管理。

（3）引入“PPP + EPCO”的管廊建设、运营管理新模式，入廊费变入股金，鼓励管线单位入廊，可以按直埋费用为基准对管廊运营企业进行入股，形成城市区域管廊公司。管线业主取得入廊权，以缓解管廊建设资金困难。

（4）加速城市管线产权或主管部门现有建设、运营机制或体制的改革，实现与综合管廊集中建设集中维护相接轨。在城市管廊项目中，如果按单价法进行传导和分解，需与电、水、热、气等各市政行业磋商来分担建设总投资和运营费，可以有多种组合方式，如深圳成立了市场管廊公司平台，统筹协调。

（5）根据谁受益谁付费的原则，将部分管廊的成本传递到终端用户服务费单价中，借鉴水价、电价、地铁票价进行调整，在单价中包含建设和运营成本。还可考虑从后续相邻地块房地产开发环节入手，借鉴市政配套接口收取专项资金的方式，让服务区入住用户分担费用，体现改善公共服务和环境效益的价值。

（6）充分利用新的技术手段，如大数据、云计算、BIM 等新技术，进行集中监控，从而完善运维模式，降低人工管理成本，提高运维效率，构建实时监控、开放的市政管网平台。

## 6.5　应急管理

### 6.5.1　应急管理原则

（1）应考虑综合管廊所属区域、结构形式、入廊管线情况、内外部工程建设的影响。

（2）应建立包含运维管理单位、入廊管线单位和相关行政主管单位相协同的综合管廊应急管理体系与 24h 应急处置联动机制，设置、公布 24h 综合管廊应急处置电话。

（3）综合管廊运行维护及相关单位应根据以下能发生的事故制定专项应急预案：

① 管线事故；

② 火灾事故；

③ 人为破坏；

④ 雨（洪）水倒灌；

⑤ 对综合管廊产生较大影响的地质灾害或地震；

⑥ 廊内人员中毒、触电等事故；

⑦ 其他事故。

（4）应急预案编制应符合现行国家标准《生产经营单位生产安全事故应急预案编制导则》（GB/T 29639—2013）的规定。

（5）宜建立基于信息技术、人工智能的预警、响应、预案管理等智能化应急管理系统。

（6）应定期组织预案的培训和演练，每年不应少于 1 次，每次演练后应对演练情况进行综合评价；应定期开展预案的评估和修订，宜每年修订 1 次，并应根据管线入廊情况和周边环境变化等需要及时进行修订、完善。

（7）应建立完善的应急保障机制，应急保障包括通信与信息保障、应急队伍保障、物资装备保障、资金保障及其他各项保障。

（8）综合管廊运维单位发现紧急情况时，应立即启动应急响应程序；应急处置结束后，按应急预案要求做好秩序恢复、损害评估等善后工作。

（9）管廊运维单位应当严格按照《生产安全事故报告和调查处理条例》处理应急事故，降低社会影响，恢复管廊正常运行。

### 6.5.2　应急抢修

#### 6.5.2.1　应急准备

（1）综合管廊运营单位、管线单位和属地行政主管部门应建立综合管廊突发事件应急联动机制，建立应急指挥领导小组，并明确职责。

（2）综合管廊运营单位、管线单位、应急社会资源、属地行政主管部门等应设置 24h

应急处置电话，保持联络畅通，并在醒目位置设置相应告知牌。

（3）综合管廊运营单位应会同相关管线单位共同制定综合管廊突发事件应急预案，各管线单位应根据入廊管线的应急需求制定入廊管线突发事件应急预案。应按照有关法律法规的要求，定期对应急预案进行评估与修订。

（4）突发事件信息应及时在综合管廊运营单位、管线单位间共享，并上报相关行政主管部门。

**6.5.2.2 应急抢修保障**

（1）应急队伍：综合管廊运营单位和管线单位应明确抢险队伍、负责人，并确保人员素质。

（2）应急社会资源：必要时，综合管廊运营单位和管线单位应联合属地行政主管部门、公安、消防、街道办事处等社会力量，进行联合应对。

（3）应急专家库：综合管廊运营单位和管线单位根据抢险需要，应设立应急专家库，并保持联络畅通。

（4）应急物资：综合管廊运营单位和管线单位应建立应急物资库，储备备品备件、运输车辆、工器具、机电设备、安全防护器具、通信工具等物资，建立物资清单并保持状态完好。应急物资的种类、数量和性能应满足应急抢修的需要。

（5）应急资金：应急准备和抢修资金，应按照规定程序列入或纳入年度财务预算。

**6.5.2.3 应急抢修启动**

接到报警信息后，应确认信息真实性、突发事件类型和发生位置，初步判断可能的原因和级别，启动相应的应急预案，并依据应急预案要求进行临时应急处置。

**6.5.2.4 应急抢修处置**

（1）应急领导小组成员及应急队伍到达现场后，应组织人员进行责任分工，明确责任人，协作配合，进入抢险状态。

（2）突发事件影响较大、抢险困难、危险性较大的，应急指挥领导小组组长应组织专家和有关单位，共同制定专业抢险方案，并防止抢修恢复过程产生次生突发事件。

（3）综合管廊运营单位和管线单位应根据突发事件类型和级别，联系消防、公安等有关部门协作抢修。

（4）应急作业人员进入作业区前应按规定制定、落实安全防护措施，并时刻保持联系。

（5）廊内管线的应急抢修，应采取必要的安全保护措施，保障其他入廊管线安全。

（6）当突发事件危及综合管廊周围人员和财产安全时，应做好现场保护及人员疏散工作。

**6.5.2.5 应急抢修结束**

（1）应急抢修结束，应联合进行单体和系统设备试车，观察运行工况。

（2）应组织应急指挥小组对应急抢修结果和对未来管廊、管线运行的影响进行充分评估，依据评估结果确认综合管廊和入廊管线设备设施部分或者全部投入使用。

（3）抢险过程未处理但对管廊、管线运行影响较小的遗留问题，应责成有关单位择机进行处理。

**6.5.2.6 应急抢修完善**

（1）因应急抢修导致设备型号、数量及其他技术参数发生变化时，管廊运营单位和管线单位应变更相应设备的技术档案。

（2）按照《生产安全事故报告和调查处理条例》要求和事故“四不放过”原则，突发事件结束后，综合管廊运营单位和管线单位应进行事件分析、损失统计等工作，完善措施，并形成事故调查总结报告。

（3）综合管廊运营单位和管线单位应全面总结应急抢险过程，完善应急抢险预案。

**6.5.2.7　应急抢修预案演练、培训**

（1）综合管廊运营单位和管线单位应定期组织联合演练，并对演练结果及时进行总结和评价，针对暴露出的问题和不足，对应急预案予以修订。

（2）应定期组织应急抢险人员对预案的学习，掌握抢修的方法、标准，安全措施和注意事项。培训和学习可通过桌面推演等形式进行。

# 第 7 章　基于 BIM 技术的综合管廊智慧化建造及运维

## 7.1　智慧管廊的概述

### 7.1.1　智慧管廊的发展历程

就综合管廊的发展历程而言，可以将其划分为图纸时代→数字时代→智能时代→智慧时代 4 个时代。同时综合管廊的管控水平也可被划分为 1.0 ~ 4.0 四个阶段。

**1. 图纸时代——1.0 零监控**

在起初的图纸时代，综合管廊的信息通过图纸卡片等纸质文件的方式进行记录，导致监控缺失、信息空白，从而处于零监控的水平。

**2. 数字时代——2.0 基础监控**

在进入数字时代以后，综合管廊的信息开始向数字化方向发展，综合管廊内部开始配备视频安防监控系统、通信系统、环境与设备监控系统、火灾报警等基础监控设施。但综合管廊主要是通过人工巡检的方式进行运维管理，导致事故应急反应与处理速度较慢，综合管廊的运维成本以及运行安全的危险度均较高，同时管控水平整体较低，仅仅能够实现最为基础的监控功能。

**3. 智能时代——3.0 智能监控**

随着时代的进步与发展，“基础监控” 逐渐难以满足综合管廊管控的需求。除基础监控外，综合管廊还增加了对廊内管线以及廊体构筑物的监测，采用了 AR 眼镜、智能移动端设备、巡检机器人等智能装备对人工巡检进行辅助，并且搭建了综合监控运维管理的系统平台，从而实现了对应急事件的快速响应处理、全覆盖的实时监控，以及一体化分析决策与综合管控等一系列功能，使综合管廊的运行安全得到了有效的保障，并且使人工运维的成本也得到有效的控制。

**4. 智慧时代——4.0 智慧管控**

伴随着装备及技术水平的不断提升，综合管廊运维进一步引入更多的智能装备，结合云计算、大数据、人工智能等相关技术，从而实现了数据分析、智能巡检、预前控制、危机处理等功能，防患于未然，确保综合管廊的 “维检” 自动化、管理可视化、数据标准化、应急智能化、管控精准化、分析全局化。

综合管廊管控功能分级理论为明确智慧管廊项目的建设水平提供了一套可靠的标准。在项目建设初期，业主通过参照功能分级，从而能够对自身的需求快速定位。当前国内综合管廊的智慧化程度大部分处于 2.0 至 3.0 之间，部分优秀企业的智慧管廊产品可达到 3.0 的水平，并具备拓展到 4.0 水平的条件和向下兼容的升级空间。

### 7.1.2　智慧管廊的建设需求

**1. 建设背景**

2015 年前后，在我国兴建城市地下综合管廊的浪潮中，逐渐形成了科学、合理地开展综合管廊的规划、设计、建设理念，同时国家层面对法律法规、政策、管理办法不断地补充与完善，并且相关装备及技术也在不断发展，最终综合管廊“投运”前端的市场呈现出一片欣欣向荣的景象。但是综合管廊的运维状况不容乐观。由于过程数据缺失、人工投入大、信息孤岛、数据不统一、智能化水平低下等问题较为突出，导致运营成本居高不下、事故发生概率增加、安全缺少保障等一系列不利因素难以解决。而参与综合管廊规划、设计、施工、系统集成、设备制造、运营的各方单位，由于对其他环节不够了解或技术能力的不足，并且相互之间未能建立起一个贯穿全过程的深度沟通与交流，从而导致综合管廊在建设完成以后其具备的功能无法完全满足运维管理的要求，当想要进行改造升级时，却发现由于缺乏预留条件无法实施，并且部分监控系统也沦为鸡肋。

与此同时，国家正在大力推进智慧城市的建设以及高端装备制造产业、机器人产业的发展，同时提出了智慧管廊的建设需求。智慧管廊的建设可为城市“生命线”的安全提供可靠的保障，若满足综合管廊管理升级的要求，可为综合管廊的运营节能带来有效提升，并且能够为智慧城市的建设提供可靠的数据支撑。国内外高水平的企业已经开始尝试将 BIM 技术、GIS 技术、具有部分智能功能的机械化设备、综合管廊及管线的在线监控及部分智慧化运营等智慧元素应用于综合管廊建设的各个阶段。

**2. 服务对象及需求**

智慧管廊主要的服务对象是入廊管线单位、政府主管部门、综合管廊运营公司以及相关职能部门 4 大方面。

（1）入廊管线单位

作为综合管廊的服务对象，入廊管线单位需要通过智慧管廊为其提供人员及管线入廊的管理支持，以及对入廊管线进行统计分析的功能。同时，智慧管廊能够通过入廊管线的监控系统，从而对管线的运行状态进行实时的监控，在有紧急情况或事故发生时，智慧管廊能够快速、及时地向管线单位反映现场的进展情况。

（2）政府主管部门

对于政府部门而言，需要通过智慧管廊为行政管理提供准确、实时的决策依据，同时为智慧城市的系统化管理提供可靠的数据支撑。

（3）综合管廊运营公司

作为综合管廊日常维护的管理方，综合管廊运营公司需要通过智慧管廊来满足日常运行监控及运维管理的相关要求，提供联动及应急响应的功能，并根据运营管理标准作业流程来开展各项事务。

（4）相关职能部门

对于相关职能部门而言，需要通过智慧管廊来实现与关联业务进行数据对接的要求，同时当突发事件发生时能够发挥应急响应与信息推送等相关功能作用，并且为相关标准、规定的编制与发布提供可靠的技术支持。

### 7.1.3　智慧管廊建设理念

一套合格的智慧管廊系统应具备的主要特征包括维护便捷、安全稳定、经济实用、技术先进、预留扩展。因此，智慧管廊的建设应该遵循“超维度管控、超时代理念、超稳定运营、超想象便捷”的理念，以未来智慧城市发展为目标，实现综合管控和一体化的分析决策，确保运营维护的“经济、安全、高效、便捷”；从而打造“维检自动化、管理可视化、数据标准化、应急智能化、管控精准化、分析全局化”的综合管廊；构建建设—运维—培训—服务的完善标准体系，为智慧城市的发展和建设奠定了可靠的基础。

### 7.1.4 智慧管廊的建设方案

智慧管廊的科学建设，属于自上而下的系统性工程，而并非通过简单的系统集成和新技术装备的应用所能实现的。完整的建设方案应包含顶层设计规划、标准体系、项目建设方案等相关步骤。

**1. 顶层设计规划**

主要内容包括规划原则，规划重点与策略，监控中心、展示区设计方案，系统设计方案，投资估算，保障措施等相关内容。

**2. 标准体系**

主要由建设标准、培训标准、服务标准、运维标准等相关标准组成。其中，建设标准包括工程设计标准、工程施工标准、工程管理标准、工程采购标准等一系列标准；运维标准包括日常管理流程、组织架构与管理体系、应急管理措施、设备设施维修作业标准等；培训标准针对高级管理人员、中级操作人员、初级操作人员等不同人群进行分类编制；服务标准则包括技术支持服务、修改升级服务、缺陷责任服务等相关标准。

**3. 项目建设方案**

主要内容包括建设思路、建设原则，分项建设方案，重点、难点分析，投资估算，保障措施等。其中，分项建设方案所指的项目包括（但不仅限于）监控中心、智慧管廊系统、参观段、展示厅等。而综合管廊系统的建设方案，一般根据物联网层、数据层、平台层、应用层等系统层级逐级展开。

## 7.2 BIM 在全生命周期智慧管廊中的应用

综合管廊属于在狭小空间内容纳多类型管道系统的空间，尤其是管廊交叉节点、投料口、出线井等位置的管道、支墩、支吊架、楼梯、人员通行及材料运输通道、照明及供电、排水等一系列内容相对庞杂，但是空间狭小，当采用常规的二维设计模式开展建设时，不能及时发现设计方面存在的问题，从而导致了工期的延长以及费用和时间的增加和浪费。若采用 BIM 模型的方式进行设计，可以通过三维碰撞检查的功能从而使管道支墩、阀门、支吊架等安装更加合理；还可以使管道交叉管线的分支、管道出线的连接更加合理；通过各专业对 BIM 模型进行共享，从而实现专业矛盾的及时发现与有效化解，同时，综合效率和整体质量有很大程度的提升；通过 BIM 模型自动生成材料表，平面、剖面等图纸的功能，从而实现图纸和 BIM 模型两者之间的联动更新，减少了设计图纸中存在的错误，使工作效率得到进一步提升。

基于 BIM 协同平台进行综合管廊设计，根据工作的内容可以将其分为管廊结构设计、管廊工艺设计、管廊容纳专业管道设计、管廊机电设计，由于以上设计的内容相互影响，所以需要在设计的过程中注意相互协同、相互参照，如图 7-1 所示。

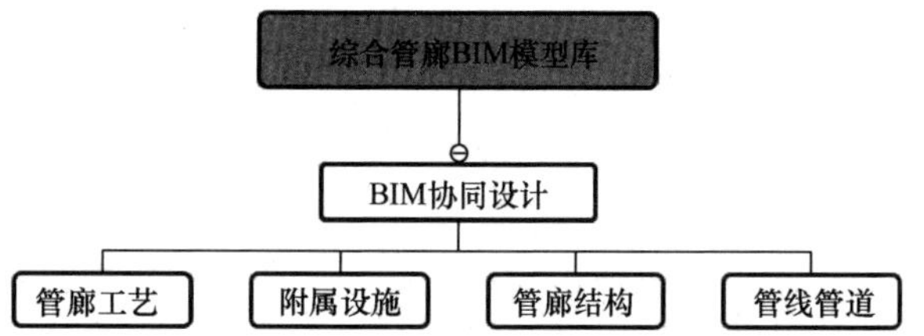


图 7-1　基于 BIM 协同平台的综合管廊设计

## 7.2.1　管廊工艺设计

管廊工艺设计包含标准横断面的设计、平面路由的设计、附属物及交叉节点的设计、综合管廊的竖向设计。

**1. 标准横断面的设计**

在当前的行业领域内，软件的发展尤为迅速，由于软件系统的数据库包含标准图集中的横断面，所以在开展设计时可以通过修改、直接选择横断面的方式，从而使工作效率得到进一步提升。软件数据库中的标准横断面设计如图 7-2 所示。可以通过设定各管道在舱室内的竖向定位和水平定位的方式，从而当对舱室的尺寸进行调整时，不需要再对舱室内各管道的位置进行专门的调整，从而使设计效率得到很大程度的提升。

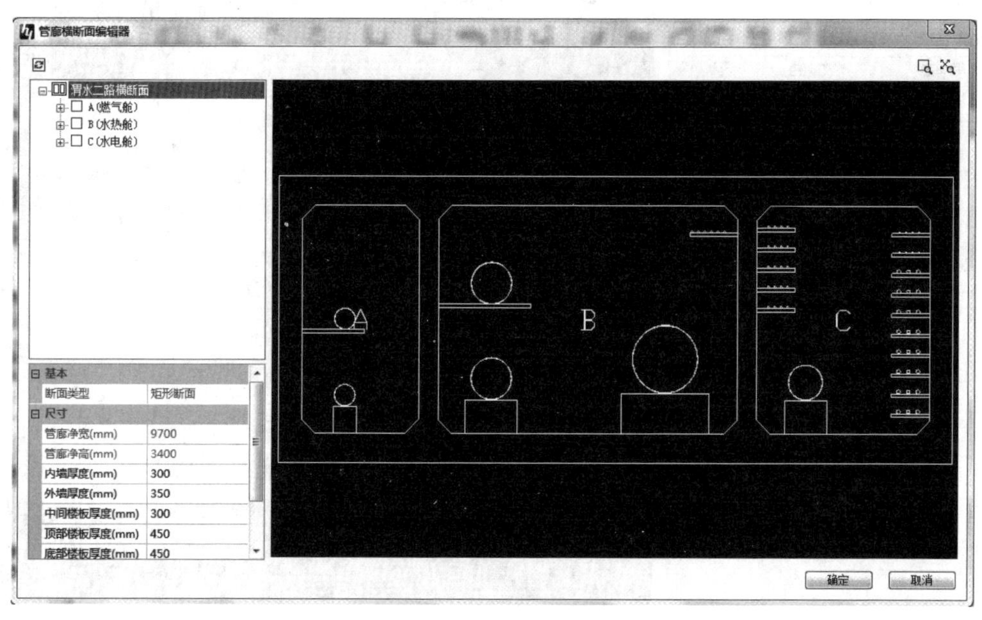


图 7-2　标准横断面设计

在综合管廊标准段，设计单位对照明、消防、疏散、监控等通常进行有规律的设置，有些单位也会将这些设置标注在标准横断面的详图中。在标准横断面中建立相关的信息，不仅满足了标准横断面出图的要求以外，同时为平面设计中机电等相关内容的设置提供了有利的条件。

**2. 平面路由的设计**

综合管廊平面路由的设计通常要结合高架或立交的地下部分、道路板块、地铁、周边的建构筑物、直埋管道等因素进行确定。为了有利于综合管廊确定路由并且对与周边的建（构）筑物等是否会产生矛盾进行分析判断，该软件系统提供了多重的设计方式，同时采用二、三维一体化的方式，不仅可以得到综合管廊的路由，同时能得到相应综合管廊的 BIM 模型。

综合管廊确定路由的方式主要包括：根据道路平面图及现场地势情况，参考道路中心线或边线，从而确定综合管廊的路由；定义曲线类对象为综合管廊；交互布线综合管廊等。

**3. 附属物及交叉节点的设计**

附属物及交叉节点均采用二、三维一体化的方式开展设计，为了确保不同阶段所面临的设计需要，可以采用简易化和精细化两种方式开展设计。

简易化设计的方式用于快速设计综合管廊附属物及交叉节点外轮廓的 BIM 模型，操作简单，并且可以减少输入参数的数量。同时端部出线井、中间出线井、三通交叉节点、四通交叉节点等外轮廓的 BIM 模型的设计均可快速地实现，如图 7-3 所示；除此之外，通风孔、安装孔、防火墙、人员出入口、集水井、沉降缝等的设计也可以快速地实现。

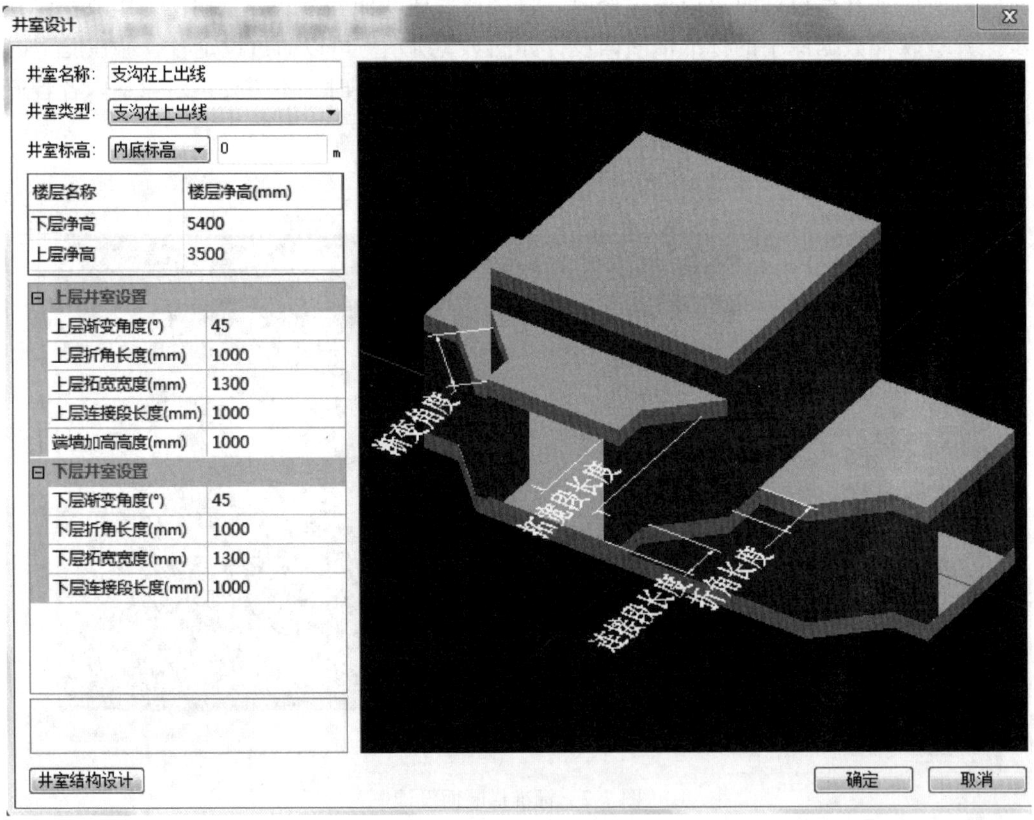

图 7-3　交叉节点及附属物设计示意图

精细化设计的方式用于深化设计和施工图等阶段，软件系统结合具体的工程项目明确相关数据参数，同时软件自动生成精细的 BIM 模型，并完善它们与综合管廊两者间的关系，若还需要细部完善时，可通过综合管廊 BIM 自主设计平台进行进一步的深化，实现快速建立精细 BIM 模型的功能。

**4. 综合管廊的竖向设计**

综合管廊的竖向设计主要确定管廊段底标高、管廊坡度、附属物的顶部标高、出线井以及交叉节点的顶标高和底标高等相关参数。基于地形、道路的 BIM 模型，软件程序可自动提取出相关地形的标高，并且根据覆土情况自动确定管廊的标高。为了确保管廊在穿越涵洞、直埋管道、河流等场所时能够直观快速地确定出标高，软件采用纵断面可视化的方式从而动态确定管廊的标高，并且将结果数据自动更新传输到 BIM 模型。

基于整体的 BIM 模型，也可以通过人工 BIM 查看或程序自动的方式，发现并修改管廊与涵洞、道路、建（构）筑物、桥台等之间的空间矛盾，从而减少设计的变更，实现成本和施工时间的节省。

## 7.2.2　管廊管道设计

综合管廊内的支吊架、支墩、专业管道等在管廊标准段的设计，在附属物和交叉节点处的管线综合设计错综复杂，常规的设计方式只能依靠设计人员的经验来进行躲避，若采用 BIM 的设计方式，可以通过软件自带的碰撞检查功能，从而在设计阶段发现并修改相关问题，直观、易懂，最终可有效降低综合管廊的建设费用和并缩短周期。

通常将热力、给水、电力、电信、燃气等几种类型的管道纳入综合管廊内部，如何确定管道在标准横断面中的位置以及通过节点时管道应如何排布就成了需要考虑与研究的问题。

首先在综合管廊内进行管道的横断面设计时，对管道与管廊土建部分之间的净距、管道支墩及支吊架与管道之间的净距、管道与管道之间的净距等参数，按照相关规范依次对以上净距进行检查，从而使管廊标准横断面中管道敷设的布局更加合理，如图 7-4 所示。

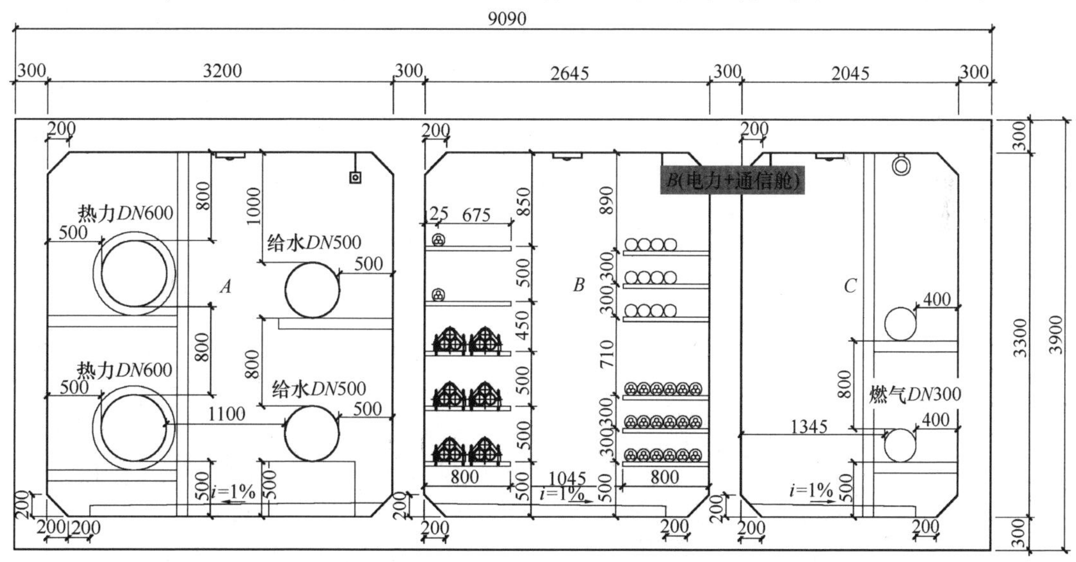


图 7-4　管廊管道位置布置图

其次在管廊交叉部位或者拓宽部位，可以利用 BIM 技术的优势进行三维可视化的相关设计，不仅可以随时切换到任意视图进行查看，也可直接在三维模型中进行操作与查看，如图 7-5 所示。

设计模式包括工作集协同设计模式与链接模式两种工作方式，其中链接模式是在各专业完成模型文件的设计之后，通过参照外部链接的方式将多个模型合并为同一整体，属于文件

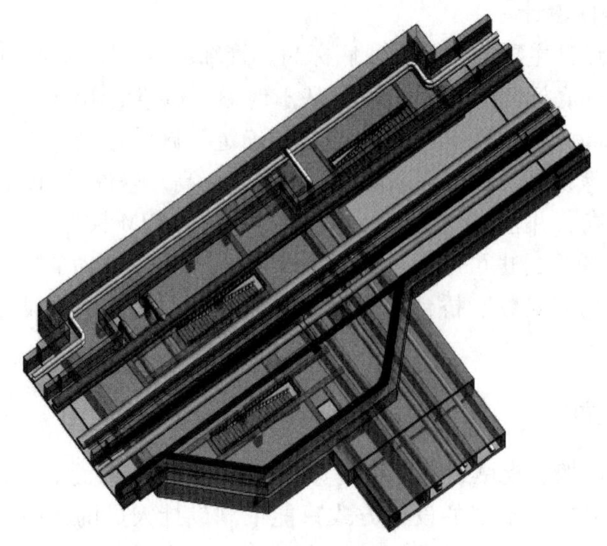

图 7-5　管理管道模型

级的阶段性协同设计模式。而工作集协同设计模式是一种数据级的实时双向协同设计模式，即工作组成员将设计的内容及时同步到文件服务器上的项目中心文件，同时可以同步项目中心文件中其他专业的模型，将其传输至本地文件进行设计参考。对比见表 7-1。

**表 7-1　工作集协同设计模式与链接模式的对比表**

| 协同设计模式 | 工作集模式 | 链接模式 |
|---|---|---|
| 项目文件 | 项目中心文件及本地文件 | 本地文件 |
| 数据更新 | 双向更新 | 单项更新 |
| 访问编辑 | 可访问，可申请编辑 | 可访问 |
| 协调效率 | 通过与中心文件同步获取设计成果，协调效率高 | 多次人为提交设计资料，协调效率低 |
| 性能要求 | 中心文件大，硬件要求高，速度慢 | 本地文件小，硬件要求中等，速度快 |
| 适用情况 | 适用于极易发生设计冲突的区域内部 | 适用于关联性较低不易发生冲突的区域 |

应用 BIM 进行三维模型的设计，结合施工模拟功能可以将管廊与管廊、管廊与管线的布局情况表现出来，直观地发现碰撞点后，对其进行实时修改，并且根据需要，对碰撞点的断面信息进行反馈，确保便于理解与沟通。

出线井、交叉节点等位置由于各管道之间的关系错综复杂，所以需要有局部的平面详图、剖面详图作为依据从而对施工进行说明和指导。软件根据所设计的 BIM 模型自动剖切生成相关的平面详图、剖面详图，并且具有智能化标注的功能，从而实现 BIM 模型与详图的自动持续更新。交叉节点、出线井管线的 BIM 模型如图 7-6 所示。

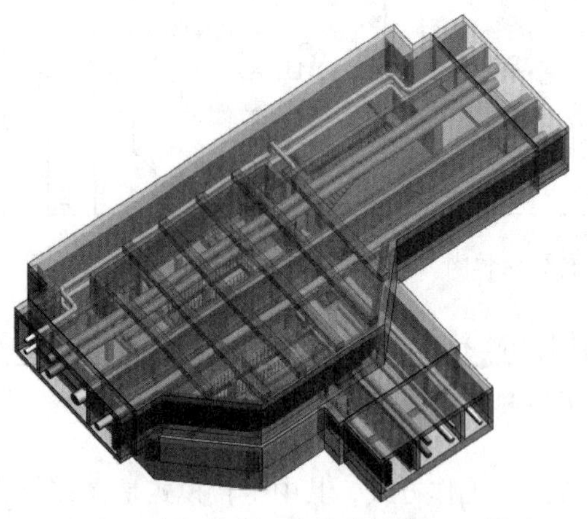

图 7-6　交叉节点、出线井管的 BIM 模型

### 7.2.3　管廊结构设计

基于 BIM 技术的综合管廊结构设计流程大致可分为 BIM 结构模型的创建、结构计算的分析、结构后处理三个方面。要实现管廊结构信息从建模到受力分析再到施工图交付的全过程系统设计，自动关联和数据互通是保障设计顺利完成的基础。

**1. BIM 结构模型创建**

基于 BIM 技术可以实现综合管廊结构模型的创建，并且可使各构件具有相应的属性。能否将已经创建好的 BIM 模型的数据信息传输给结构专业，从而实现出结构施工图与进行受力分析计算已经成为设计的关键因素。

由于结构专业通常需要依赖结构计算软件，从而将构件几何模型化为力学分析模型，同时实现受力分析、荷载布置、构件验算等功能。而现在可以通过 BIM 模型特有的协同性，将各环节、各专业的信息以及相关数据进行有序集成、分析及整合，将建筑模型导入至用于结构计算分析的软件中，打破传统模式，最终使交流沟通的环境得到有效改善，实现信息之间的共享，从而提高了工作效率，避免因信息之间不对称而造成的“错漏碰缺”等不利现象。

BIM 模型中的构件所具有的属性大致包括材料信息、构件尺寸、管廊坡度、起止点标高等相关参数，为三维建筑模型里提取所需的相关信息提供了重要的保障。

在综合管廊 BIM 模型创建完成后，将 BIM 模型通过接口连接的方式导入结构的相关软件中，从而进行结构的计算与分析，最终实现结构计算软件与 BIM 管廊模型的无缝对接，如图 7-7、图 7-8 所示。

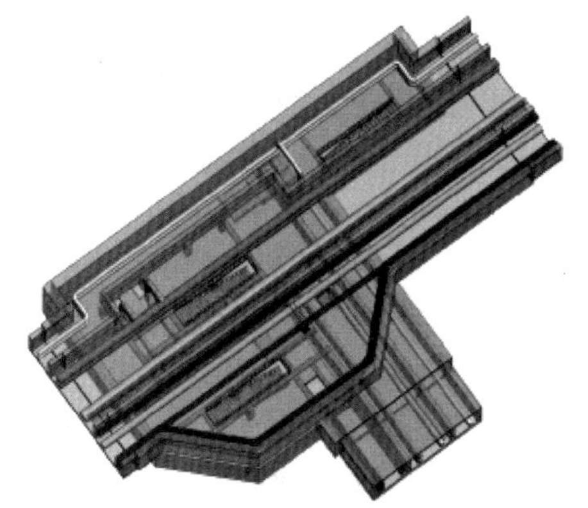

图 7-7　管廊 BIM 模型

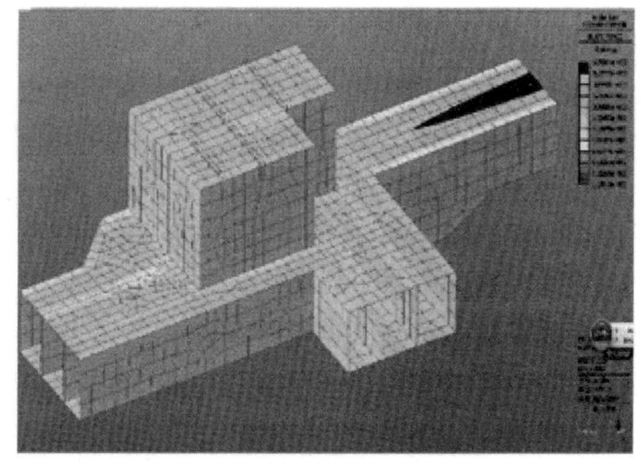

图 7-8　管廊结构计算分析模型

将 BIM 数据模型导入结构的计算软件时，可以从中选取出结构计算分析所需构件的种类，其中主要包括结构梁、轴网、楼板、墙、柱等。同时对构件的截面可以进行智能匹配，若在 BIM 的模型中存在着无法直接识别的特殊构件，此时可以按照匹配的原则指定其对应的关系。

在 BIM 的模型中选取出结构计算分析所需的构件时，需要考虑到内墙面设备荷载、人防荷载、地面超载（汽车荷载等活载）等相关信息，从而作为结构受力分析的影响因素；同时要考虑墙、板、水头标高和地面标高等地下室的相关信息，从而计算出综合管廊所受的墙面荷载、板面荷载、水压力、土压力等，如图 7-9 所示。

**2. 结构计算分析**

综合管廊的板、墙等构件组成了一个地下空间结构，并且由于管廊具有坡度，若将结构

导出选项　计算总信息　截面匹配

地下室信息

| | | | |
|---|---|---|---|
| 作用于管廊顶的地面附加活载(kN/m²): | 20 | 土的自重(kN/m³): | 18 |
| 舱室底管道和人工检修荷载(kN/m²): | 6 | 相对管廊最高点的地面标高(m): | 2 |
| 舱室顶吊钩的荷载(kN/m²): | 3 | 相对管廊最高点的水头标高(m): | 1 |
| 管廊顶底板人防等效荷载(kN/m²): | 0 | 地基承载力特征值(kN/m²): | 180 |
| 作用于管廊外墙的地面附加活载(kN/m²): | 3.5 | X向侧向土基床反力系数K(kN/m³): | 10000 |
| 内墙面每侧设备荷载(kN/m²): | 4 | Y向侧向土基床反力系数K(kN/m³): | 10000 |
| 管廊外墙人防等效荷载(kN/m²): | 0 | Z向侧向土基床反力系数K(kN/m³): | 15000 |

土层厚度(mm): 2100, 3000, 3300, 3700, 4000, 5800, 7200, 8600

土层压缩模量(MPa): 2, 4, 5, 5, 6, 8, 9, 12

| 地震信息 | | 材料信息 | |
|---|---|---|---|
| | | 梁主筋级别(2, 3)或强度(N/mm²): | 360 |
| 地震力计算: | 1 | 梁箍筋级别(1, 2, 3, 4冷轧带肋)或强度(N/mm²): | 360 |
| 地震设防烈度: | 8 | 柱主筋级别(2, 3)或强度(N/mm²): | 360 |
| 场地类别: | 2 | 柱箍筋级别(1, 2, 3, 4冷轧带肋)或强度(N/mm²): | 360 |
| 地震设计分组: | 1 | 墙暗柱主筋级别(2, 3)或强度(N/mm²): | 360 |
| 框架抗震等级: | 2 | 墙水平分布筋级别(1, 2, 3, 4冷轧带肋)或强度(N/mm²): | 360 |
| | | 墙暗柱箍筋级别(1, 2, 3, 4冷轧带肋)或强度(N/mm²): | 360 |
| 剪力墙抗震等级: | 2 | 板钢筋级别(1, 2, 3, 4冷轧带肋)或强度(N/mm²): | 360 |

转换　退出

图 7-9　管廊计算总信息

的受力状态真实地反映出来，则需要计算整体的内力才能确保准确性。所以在综合管廊的结构分析计算中，首先将导入的 BIM 模型转换为结构模型，并且通过设定边界条件、划分单元、定义参数等方式实现对空间有限元的求解计算。不同构件需采用不同的模型单元进行计算分析，板和墙采用壳单元；柱、梁、桩和锚杆采用杆单元；墙侧土和板底土采用点弹簧单元；交叉节点处局部的墙板按斜板和斜墙进行相应的计算分析，如图 7-10 所示。

由于综合管廊位于地表以下，所以管廊主体与土之间的模拟关系对整体计算起到关键性的作用，通常采用在侧墙和底板加上“弹簧”从而模拟土作用的方式进行计算。底板下方

图 7-10　管廊空间有限元分析模型

采用温克尔地基（基床系数可不均匀），每个底板节点弹簧的总刚度等于“迎土面积”乘以“Z 向侧向土基床反力系数”，如图 7-11 所示，即通过给管廊舱室加上侧向弹簧来模拟地下室周围土层的作用。

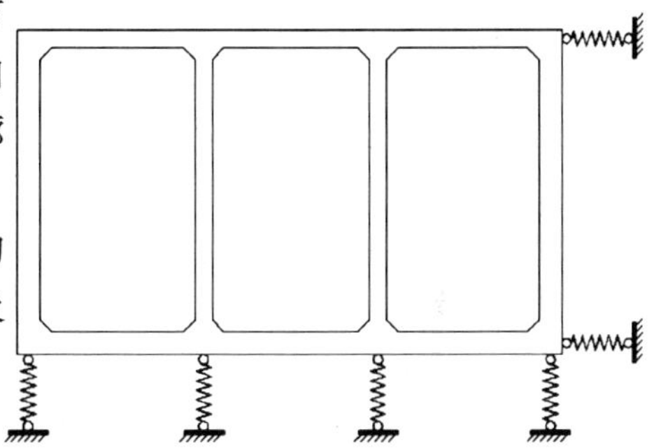

经过相应的计算分析以后，最终得到一系列的数据结果，从而供构件配筋及内力复核进行参考及使用。

图 7-11　管廊与土的模拟

**3. 结构后处理**

根据采用整体有限元方式所得出的构件计算分析结果，对结构设计中不满足构造要求的部位进行调整。在得出配筋结果之后，根据配筋的结果自动生成相应的 BIM 钢筋模型。以三舱室管廊的标准段为例，将二维施工图在 BIM 钢筋模型中导出，如图 7-12 所示，同时确保为施工、材料采购、造价统计等阶段提供出准确的钢筋信息。

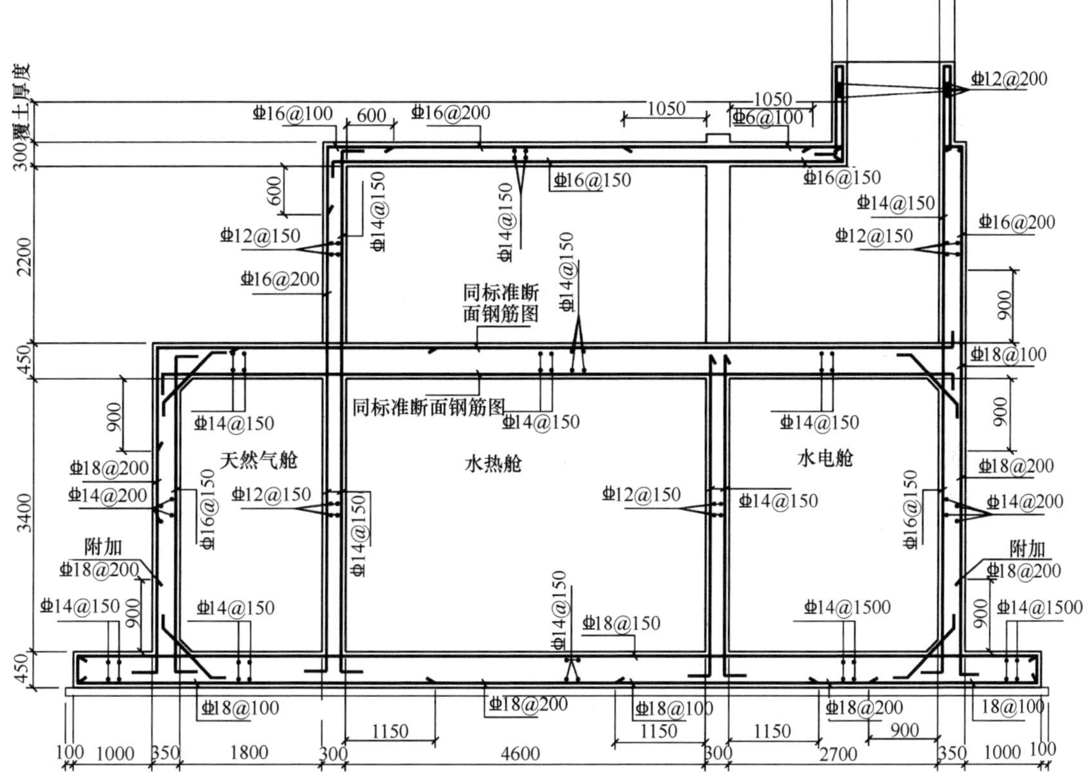


图 7-12　管廊结构施工图（1∶50）

## 7.3　智慧化建造

### 7.3.1　深化设计

当把综合管廊内管线的模型建设完成后，可通过机电深化的功能，进一步协助设计者进行支吊架布置、管线调整、协同开洞等相关工作，从而满足精细化施工的要求。

### 7.3.2 虚拟设计与施工

虚拟可视化技术可有效地解决复杂结构施工工艺的一系列重、难点问题。虚拟施工技术通过虚拟现实技术建造出了一个可视化的施工环境，将3D模型和工程量、造价以及进度计划等信息进行相互关联，从而实现施工过程的模拟。并且可以针对重点复杂区域的施工工艺进行模拟，检查施工方案中的不合理之处，最终确定最优施工方案。

虚拟施工还采用了5D技术对造价过程和施工进度进行了可视化的模拟，5D即将3D模型、工程量信息、工程进度和工程造价信息共同合为一体的产物，利用5D技术的施工模拟可以在施工之前预测所需的材料、劳动力、资金等相关情况，从而对施工过程进行有效的成本控制。5D技术的施工模拟可应用于项目建造的整个过程，可以依次对项目进行前期指导、过程把控和结果校核等功能，最终达到精细化管理项目的目标。

### 7.3.3 管廊机电设计

基于BIM的管廊机电设计，首先明确所用机电设备自身的性能参数、几何参数，已经确定它们的方位和空间位置。通常情况下，管廊的平面和竖向设计在发生变动后，同步移动所用的机电设备代表着巨大的工作量。而软件系统可以通过其特有的功能，实现在管廊设计发生变化后，机电设施随之完成自动同步的功能，从而使机电BIM的设计效率得到有效提升，同时防止了手动修改可能产生的错漏，最终提高了设计的质量。机电设计涵盖了通风、供电、消防、排水、疏散、标志标牌、照明等相关系统，可以满足综合管廊机电精准化BIM设计的要求。

在进行照明设备安装设计的时候，需考虑规范中的相关要求，最基本的要求是对其种类、位置的选择，当需要采用BIM技术开展精细化设计的时候，可对其光源功率、光源的光通量、镇流器功率、转换效率等规格参数进行设置选择，采用基于BIM信息的方式进行设计，有助于以后对用电量进行统计。

在进行综合管廊设计的时候，可以对综合管廊中各类设备进行集体定义，比如监控设备不仅包含各种类型的摄像头，还包含气体检测设备，同时我们需要对温度、湿度检测设备进行布置设计，此时，可以借助BIM技术自由快速参数化的方式，实现模型搭建的快速布置。其他机电设备的设计，包括标志、消防灭火、扬声器或悬挂喇叭等相关装置，同样可以应用BIM技术做出近乎真实的模型。

### 7.3.4 工程概预算

将综合管廊的BIM模型导入软件三维模型算量模块之后，便可以满足对项目进行算量的要求。

通过BIM（建筑信息模型）软件工具数据互动的功能，可以实现工程三维模型与软件三维模型算量模块两者之间的数据同步，从而保证用户可测试并且查看最新版的三维模型。除了数据的复制功能以外，用户还可以对三维模型的楼层结构进行编制与设定，例如从原BIM软件工具中三维模型的楼层结构编制成用户所需的常用楼层结构。通过与模型浏览界面与冲突检测功能，可实现用户对三维模型深度调研的要求。除此之外，在将三维模型导入至软件之前，用户可以通过3D-控制器对三维模型进行验证，从而明确其数据是否有缺失。

三维模型还可与工程量清单子目进行相互关联，不仅可依据文字说明与直观的图形对公式进行选择，实现软件对每一个工程量清单子目灵活地编辑计算公式的需求，还可以依据要求对算量基准进行对应的选择。算量公式包含构件的大小、尺寸、几何形状以及工程属性。

对于算量结果偏差的追踪检查，软件不但可以使整个检查流程满足三维模型可视化的要求，同时能够满足精度检测的多角度要求，从而既能以模型构件为检查基准，还能以算量子目为检查基准。

最后，用户可以选择自行创建新的工程量清单，或者将工程量的计算结果更新至已有工程量清单中。而工程量清单有多种创建的方式，若选择采用投标计价中“参考项目编号”的方式，则在创建工程量清单的同时，也将创建一个基于对应地方定额或企业定额的随机模块。

在软件中，投标计价的模块与工程量清单的模块都满足基于模型的数据可视化的要求。所以用户也可对这两个模块的工程量偏差进行可视化查看。除了上述提到的模块以外，其他与工程量清单子目有关联的任一模块都可实现数据可视化的要求，如部位模块、施工组织模块和账单模块等相关模块。

在进行三维算量时，可以将业主指定的工程量清单导入其中，也可按照业主所提出的清单结构编制出对应的工程量清单；将业主的工程量清单与三维模型算量进行相互关联，从而对三维模型工程量进行计算。具体业务流程如图 7-13 所示。

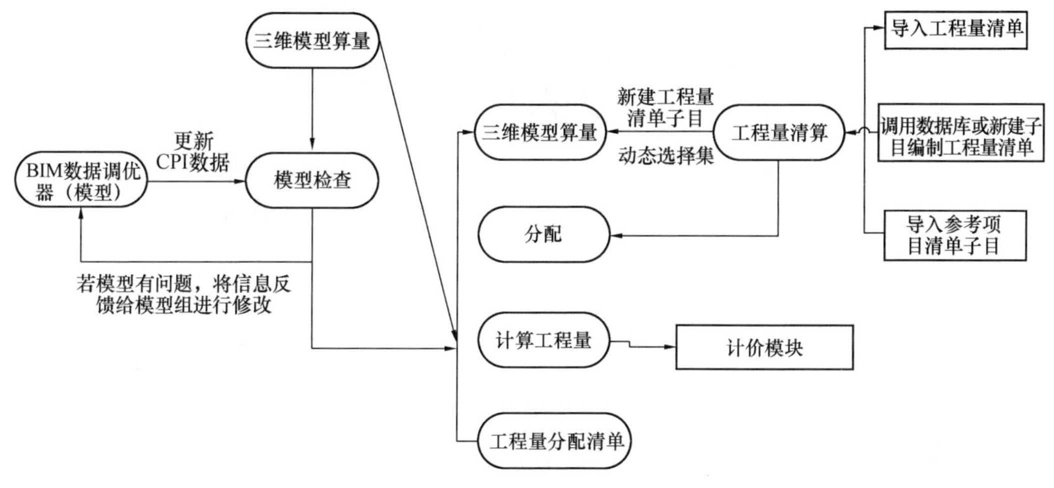


图 7-13　三维模型算量工作流程

## 7.3.5　施工过程管理

采用 5D 模拟和施工计划的方式，可以协助项目设计出最优化的施工方案，能够满足清单层级细化的项目要求，并且能够与多种项目管理软件相互集成，比如可以和 Primavera、Power Project、MS-Project 可靠集成，最终完成进度计划的导入和导出等一系列工作。

针对综合管廊模型进行 5D 模拟，在 3D 设计模型的基础上综合建筑工程成本（Cost）和施工进度（Time）。采用 5D 技术，可以实现对不同的项目方案进行模拟，从而对不同的项目方案进行比较，同时对财务自动进行分析与对比，最终达到优化方案的目的。

在一个项目中可同时建立多个日历，施工组织即可根据工程的安排作出对应日期的调整，从而使不同地区的进度管理得到很大程度的简化。再将不同方案进行模拟和对比时，可以将估算内容与施工组织的计划两者之间相互联系起来，其中的收益/成本就可以和调整工程量或者清单工程量相互关联起来，同时可以将其和 BIM 模型关联起来，除此之外，还可以将其进行动态展示。

当施工组织的计划建立完成之后，5D模拟流水段的划分可以体现出完成的工程量，在将清单与模型进行相互关联之前需对模型进行分段切割，清单必须根据切割后的模型进行分段关联，同时编制施工进度的计划也需根据流水段进行编制，从而实现清单和进度的相互挂接，可实现预算、清单、综合模型与项目实际情况的三维可视化比较；通过连接项目进度和成本的方式，从而确保对项目进度的实时追踪，并且可以掌握完成数量以及实际成本。

## 7.4 智慧化运维

### 7.4.1 基于BIM的一体化综合管廊运营平台

建立基于BIM的一体化综合管廊运营平台，通过集成各组成系统，从而实现可视化的管理，满足应急处理、日常维护管理和监控与报警的相关需要，并且可以与管廊内管线的运营单位以及上级管理单位两者之间进行数据的交换，如图7-14所示。

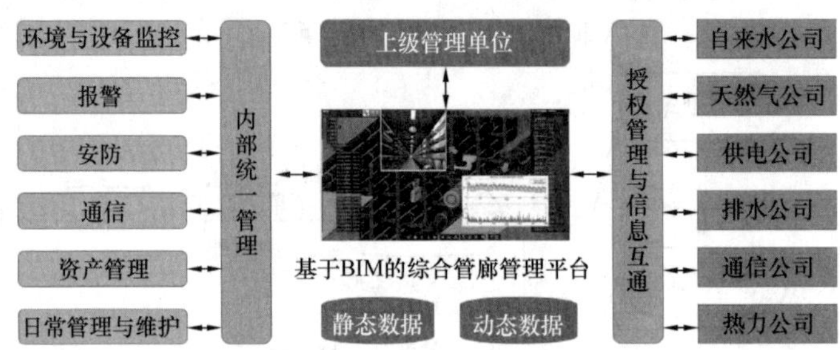


图7-14　综合管廊运营平台

一体化综合管廊运营平台需要实现模型轻量化、三维可视化、管理智慧化和信息集成化。

**1. 三维可视化**

通过BIM技术所建立的综合管廊模型，其包含的空间位置信息精确无误，可以在运营平台中实现漫游展示与仿真模拟的功能。采用沉浸式的浏览方式进入综合管廊中对设备与模型进行查看，动态信息以数字、图表等方式显示在模型之上，如图7-15所示。

图7-15　综合管廊可视化模型

**2. 模型轻量化**

全要素的 BIM 模型所包含的数据量巨大，无法实现在 Revit 中同时进行操作，通常按专业的不同而划分，从而进行各专业的设计建模，可将各专业的子模型进行轻量化的处理以后，再在云端进行合模的操作，同时采用 HTML-5 技术实现模型的展示，最终可以在浏览器上查看全专业、全要素的 BIM 模型。模型文件经过轻量化处理后，不仅能达到原有 Revit 模型尺寸的 10% 以下，还能保证属性信息与模型尺寸均无损保留，具体如图 7-16 所示。

图 7-16　综合管廊 BIM 模型

**3. 信息集成化——与 GIS + BIM 系统集成，整合文档资料及市政模型**

基于现代空间数据管理技术、云计算与云服务技术以及 BIM 信息模型技术，建立基于 GIS 与 BIM 两者融为一体的三维城市数据管理系统。实现 GIS 与倾斜摄影地形、模型、综合管廊等多源空间数据之间的相互融合，实现微观与宏观的相辅相成、室外与室内的一体化管理功能。具体如图 7-17 所示。

图 7-17　GIS 系统与综合管廊、城市模型合模

综合管廊 BIM 模型与文档及数据库均建立可靠的连接，数据库内包含规划、立项、设

计、施工和运营不同阶段所有的设计数据。选择综合管廊中 BIM 模型的实体，并且自动连接后台数据库内的设计文档和设计图纸，实现在 BIM 模型中的预览和查看，从而为运营管理提供相关的参考依据。

**4. 管理智慧化**

结合海绵城市、智慧市政综合管廊、三维管线、三维道路等一系列智慧工程，实现“智慧城市”与 BIM 的完美对接，为城市交通分析、城市规划、资产管理、管廊运营、数字防灾、市政管网管理、建筑改造、应急救援等诸多领域提供了有效的技术手段。

物联网与模型实现互联是综合管廊报警与监控系统未来发展的方向，视频图像可根据不同应用设备，通过物联网传输给各个系统，也可把选定监视器的视频图像在 BIM 模型中显示到大屏幕上。物联网与 BIM 模型两者之间的连接，直接解决了系统异构的信息孤岛问题，例如各系统集成与融合、协议与接口标准不统一、众多品牌相互兼容等一系列问题，同时兼顾通信联络、地理信息、环境与设备监控等相关需求，还能兼顾安全防范、灾难事故预警等方面的需求，考虑门禁、报警等配套系统的集成以及与广播系统的联动，具体如图 7-18 所示。

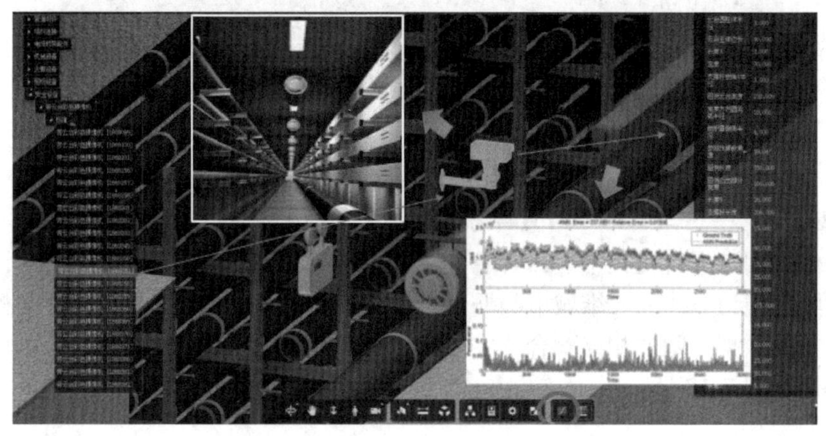

图 7-18　综合管廊 BIM 模型与物联网连接

## 7.4.2　运营平台架构与管理内容

运营平台采用 CS/BS 的系统架构，将视频监控、SCADA 自控系统、生产管理与 BIM 模型巧妙地结合起来，综合管廊运营管理系统在综合管廊现场的自动化监测与控制层以及管廊管理单位监控中心两者之间承担了必不可缺的作用。在数据库的层面将生产管理和实时监测数据、BIM 三维模型、视频监控的数据进行统一，从而使工作人员可以得知某段管廊和任何一个运行设备的实时数据，同时可以调阅各类附属设施、设备的管理数据。通过管理数据库的运行工作从而使控制层所采集的数据直接传输到管理层的日常工作界面，避免了可能发生的人为错误以及信息在传输过程中发生不必要的滞后现象，从而使控制和管理、运营与计划相互紧密地结合，最终达到管控一体化的目标。

在综合管廊运维统一管理平台中，能够实现数据的采集、验收以及移交、共享等相关操作，可以保证综合管廊工程能够对施工进行更好地监控，并且能够采取相应的成本管理、资产管理、预警报警、风险跟踪等一系列措施，具体如图 7-19 所示。

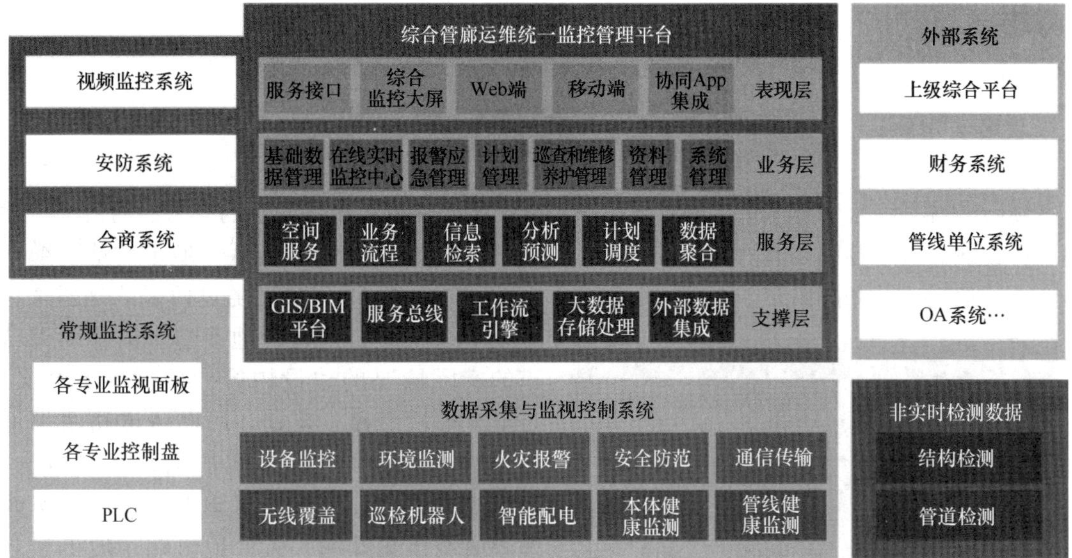


图 7-19　综合管廊运维平台总体架构

# 第8章 缆线管廊

缆线管廊是综合管廊体系中的重要组成部分，主要负责将市区架空的电力、通信、广播电视等缆线合理地容纳至管廊中，是解决城市地下管网问题的有效方式。城市的地下缆线（电力、通信）是城市赖以生存和发展的基础。由于城市的不断发展，随之而来的是越来越多架空线路需要进行埋地改造。结合超大城市的实际情况的建设内容，具有重要意义。目前城市次干路、支路、居民区道路由于地下管线通道资源有限，无法满足所有电力、通信线缆的敷设要求，因此出现众多架空线缆形成城市蜘蛛网，极大地影响了城市景观（图8-1）。在进行城市更新建设过程中，要将缆线管廊纳入新建或改建的城市次干路、支路及城市架空线整治中。缆线管廊研究旨在消除城市次干路、支路及居民区道路出现的缆线蜘蛛网现象，并为密路网、窄路幅的城市道路提供管线敷设解决方案，因此在城市中心区及中小城市有着重要应用推广价值。

图8-1　缆线蜘蛛网

## 8.1 国内外研究现状

### 8.1.1 日本缆线管廊

国外缆线管廊发展较早，日本由于国土面积狭小，地震等自然灾害频发，促使了城市管理者对其市政基础设施进行不断地完善，现已成为综合管廊建设最先进的国家之一。日本的综合管廊分为3种：干线共同沟（干线管廊）、供给管共同沟（支线管廊）、电线共同沟（缆线管廊）。其中，电线共同沟（缆线管廊）是占比最大的一种管廊类型，入廊管线为电力、通信缆线。

日本在20世纪80年代提出电缆共同沟建设计划，在1986至1990年完成1000km，1991至1994年完成1000km，1995至1998年完成1400km，1999至2003年完成1400km，2004至2008年完成3000km。日本电线共同沟自20世纪90年代以来，经历了快速发展阶段，根据不同的道路等级和管线规模，出现了不同的缆线共同沟形式（图8-2）。另外，日本相关管理部门于1963年颁布了《关于建设共同沟的特别措施法》，于1995年制定了《有关城市电线管廊整备特别措施法》以及相关建设施工手册，进一步推进了城市电缆共同沟（缆线管廊）建设步伐。

日本铺装的一体型电线共同沟（缆线管廊）是目前日本较为先进的一种缆线综合管廊，如图8-3所示，它将电力、通信电缆集中铺设于小型沟槽中，适用于人行道狭窄的场地，且造价低，是一种线缆地下化的新方法。低压电缆及通信光缆纳入沟槽高压电缆采取直埋的方

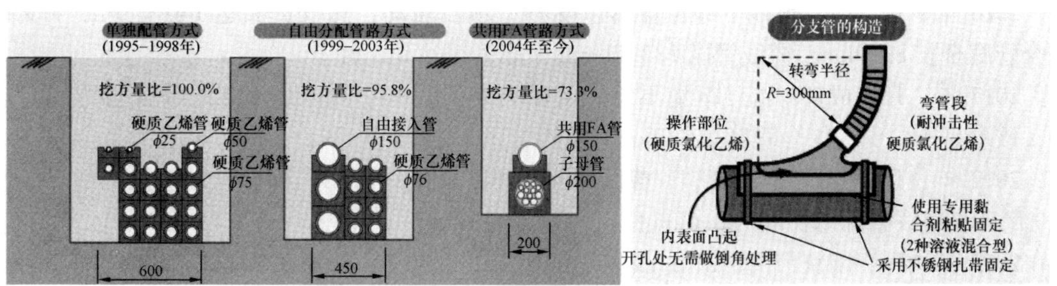


图 8-2　日本电线共同沟

式敷设，不同类型缆线通过安装分接口用于缆线的接出、检修。

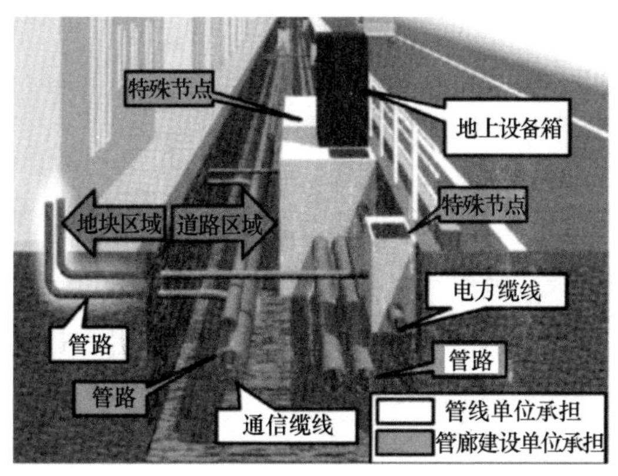


图 8-3　日本缆线管廊做法示意图

## 8.1.2　德国缆线管廊

德国多个城市也建设了大量的缆线管廊，采用预制管群立放的形式，与预制工作井连接，此种布置方式有利于提高管群竖向刚度，防止道路荷载过大破坏管群（图 8-4）。

图 8-4　德国缆线管廊做法示意图

## 8.1.3　国内缆线管廊

国外城市地下综合管廊的发展时间较早，而我国的综合管廊落后于国外 100 多年，目前主要是干、支线管廊的建设。已经启动的缆线管廊工程较少，且大多数处于前期设计阶段。

2016 年 9 月，西安市地下综合管廊建设 PPP 项目启动，总投资额达 140 亿元，干支线综合管廊全长 82.9km，缆线管廊 182.5km，入廊管线达到 9 种。

2017 年 7 月，成都市温江区地下综合管廊一期工程——柳林路等 4 条综合管廊项目启动，该项目干、支线综合管廊全长 2km，缆线管廊 3.36km。

2017 年 8 月，龙岩市金鸡路（曹溪路—东环路）缆线管廊工程启动，总投资估算额约 1.0 亿元，缆线管廊总长度约 2.6km。

2017 年 4 月，南京市南部新城 EPC 项目管廊工程启动，管廊工程总投资额约 11 亿元，新建综合管廊 14 条，总长度 26.38km，其中干、支线综合管廊全长 7.56km，缆线管廊 18.82km，入廊管线 6 种。

2017 年 9 月，上海市黄浦区缆线管廊工程启动，包括 4 条新建道路和 1 条扩建道路，总投资约 2600 万元，项目总长度 1.66km。

## 8.2 缆线管廊分类

### 8.2.1 排管式缆线管廊

排管式缆线管廊（图 8-5）适用于缆线末端的社区、园区内部，电压等级低，重要性低的线路，适用于老旧街区改造类项目。其技术特点是采用组合排管的形式敷设缆线，埋深浅、结构简单，无须永久性的附属设施（表 8-1）。运维方式为无须巡检，即报即修；或采用物联网智能井盖进行简单监测。

图 8-5 排管式缆线管廊

**表 8-1 排管式缆线管廊附属设施配置**

| 附属设施 | 消防系统 | 通风系统 | 供电系统 | 照明系统 | 监控报警系统 | 排水系统 | 标识系统 |
|---|---|---|---|---|---|---|---|
| 设置需求 | 被动防火 | 不设置 | 不设置 | 不设置 | 不设置或简易设置（井盖） | 只设集水坑，排水临时泵 | 少量标识 |
| 说明 | 阻燃电缆，防火封堵 | 发热量少，自然散热 | 临时电源 | 人员自带 | 人员巡检，智能井盖 | 人员巡检，智能井盖 | 保护区，缆线标识 |

排管式缆线管廊将强弱电线缆敷设于统一的管组内部，适用于缆线数量少、重要性低的缆线。当与其他管线位置有冲突时较易避让其他管线。管道、管枕均为成型产品，管井可预制化程度较高，采用软管可适当避让地下构筑物，灵活性较高（图 8-6）。

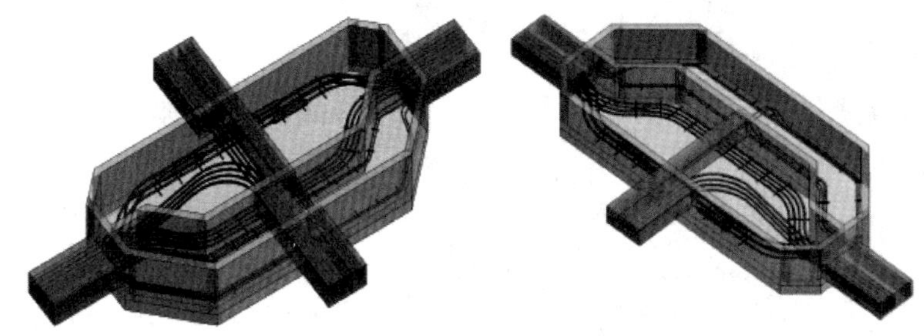

图 8-6　排管式缆线管廊节点示例

排管式缆线管廊仍存在一些重点难点问题，重点问题包括高压电缆对通信电缆的干扰；减少井盖数量。难点问题包括采用定向钻等施工技术时，对现状管线位置的避让；采用软管时控制工作井间距和软管弯曲半径的关系。

### 8.2.2　缆线沟式缆线管廊

缆线沟式缆线管廊（图 8-7）适用于接近缆线末端的社区及园区内部、外部绿地、人行道等，电压等级不高，重要性不高的线路，不适合过路段。其技术特点是采用管沟形式敷设缆线，埋深小、结构简单，无须永久性的附属设施（表 8-2）。运维方式为人员半通行，无须巡检，即报即修；或采用物联网智能井盖进行简单的监测，管道机器人巡检。大面积敷设缆线时可将盖板开启。

缆线沟式缆线管廊将强弱电管线布置于统一沟道内，分侧、分层布置，适用于缆线数量不多、重要性不高的线路。人员半通行，检修时需佩戴相应的安全装备。缆线沟除特殊节点外可全部预制。过路段宜与隧道或排管式结合。

图 8-7　缆线沟式缆线管廊

**表 8-2　缆线沟式缆线管廊附属设施配置**

| 附属设施 | 消防系统 | 通风系统 | 供电系统 | 照明系统 | 监控报警系统 | 排水系统 | 标识系统 |
| --- | --- | --- | --- | --- | --- | --- | --- |
| 设置需求 | 被动防火 | 不设置 | 不设置 | 不设置 | 不设置或简易设置（井盖） | 只设集水坑，排水临时泵 | 少量标识 |
| 说明 | 阻燃电缆防火封堵 | 发热量少，自然散热，热压通风 | 临时电源 | 人员自带 | 人员巡检智能井盖 | 人员巡检，智能井盖 | 保护区，缆线标识 |

缆线沟式缆线管廊仍存在一些重点难点问题，重点问题包括高压电缆对通信电缆的干

扰；可开启盖板与周边地面融合；减少井盖数量；减少出地面设施数量。难点问题包括现状管线位置的避让；于道路交叉时与其他缆线管廊形式的结合；防止雨水倒灌。

图 8-8　基本隧道式缆线管廊

### 8.2.3　基本隧道式缆线管廊

基本功能隧道式缆线管廊（图 8-8）适用于主要的供配电及通信的配网线路，电缆等级较高、重要性较高的线路，主要沿城市主干路、次干路设置。其技术特点是采用简易隧道的形式敷设缆线，埋深较大、结构简单。自然通风散热、只设置集水坑不设固定排水泵，附属设施见表 8-3。运维方式为人员半通行，人工巡检，即报即修；雨后人工临时泵排水，可利用智能井盖监控和管道机器人巡检。

**表 8-3　基本隧道式缆线管廊附属设施配置**

| 附属设施 | 消防系统 | 通风系统 | 供电系统 | 照明系统 | 监控报警系统 | 排水系统 | 标识系统 |
|---|---|---|---|---|---|---|---|
| 设置需求 | 被动防火 | 不设置 | 不设置 | 不设置 | 不设置或简易设置（井盖） | 只设集水坑，排水临时泵 | 少量标识 |
| 说明 | 阻燃电缆<br>防火封堵 | 发热量少<br>热压通风<br>适当预留 | 临时电源 | 人员自带 | 人员巡检<br>智能井盖 | 人员巡检<br>智能井盖 | 保护区<br>缆线标识 |

基本隧道式缆线管廊仍存在一些重点难点问题，重点问题包括高压电缆对通信电缆的干扰；可通风散热；减少井盖数量；减少出地面设施数量。难点问题包括现状管线位置的避让；减少风亭的体量、数量；防止雨水倒灌。

图 8-9　全功能隧道式缆线管廊

### 8.2.4　全功能隧道式缆线管廊

全功能隧道式缆线管廊（图 8-9）适用于主要的供配电及通信的主网线路，电缆等级高、重要性高的线路，主要沿城市主干路、次干路设置。技术特点为采用全功能隧道的形式敷设缆线，埋深较大、结构相对复杂。根据缆线的需要设置照明、机械通风、自动排水、监控与报警系统等全功能附属设置（表 8-4）。运维模式为人员全通行，人工 + 智能巡检，故障预判预警等，全智慧化运营，需配件监控中心。

**表 8-4　全功能隧道式缆线管廊附属设施配置**

| 附属设施 | 消防系统 | 通风系统 | 供电系统 | 照明系统 | 监控报警系统 | 排水系统 | 标识系统 |
|---|---|---|---|---|---|---|---|
| 设置需求 | 被动防火 + 自动防火 | 机械通风 | 设置 | 设置 | 全功能 | 自动排水 | 少量标识 |
| 说明 | 阻燃电缆<br>防火封堵<br>超细干粉 | 自然进机械排<br>机械进机械排 | 双路电源<br>1 路电源 + UPS | 正常照明<br>应急照明<br>疏散指示 | 火灾报警<br>环境监测<br>设备检测<br>通信系统<br>可燃气体<br>机器人 | 自动排水<br>一用一备<br>接市政排水 | 保护区<br>缆线标识<br>安全标识<br>诱导标识 |

全功能隧道式缆线管廊仍存在一些重点难点问题，重点问题包括高压电缆对通信电缆的干扰；可通风散热；减少井盖数量；减少出地面设施数量。难点问题包括现状管线位置的避让；减少风亭的体量、数量；防止雨水倒灌。

## 8.3　缆线管廊优势

### 8.3.1　提升美观性、提高安全性

与传统电力、通信架空线的方式对比，缆线管廊一般敷设在道路人行道下方，可以有效地解决架空线“空中蜘蛛网”问题，为行人提供安全舒适的行走空间，提升道路景观，提高供电及通信安全。

### 8.3.2　提高土地利用率，节省空间

相比传统电力、通信分侧入地直埋的方式，缆线管廊内电力、通信缆线集约布置于道路同侧，有效利用了道路下的空间，节约了城市用地，且缆线管廊设计标准（包括主体结构和附属设施的设计标准）要高于传统入地方式，可进一步保护缆线的安全。

### 8.3.3　工程技术难度及造价低

相比干、支线管廊，由于缆线管廊入廊管线种类少，管廊断面小，埋深小，消防、通风等附属设施的设计标准低（不考虑人员正常通行），故工程技术难度及工程造价均较低。根据相关工程统计，缆线管廊的造价为干、支线管廊工程的 1/10 ~ 1/4。

## 8.4　缆线管廊适用范围

### 8.4.1　架空线入地改造工程

目前，城市中电力、通信缆线入地的普及率已成为衡量该城市现代化程度的一项指标，

传统电力、通信架空线敷设方式虽首次建造成本较低，但存在道路景观差、缆线抗外力能力差、检修工作量大等问题，目前越来越多的城市已禁止新建道路架空线的敷设，并对已有架空线的道路实施了架空线入地工程。

例如，北京市已完成的核心区架空线入地工程，于 2019 年年底完成核心区电力、通信架空线的入地工作；福州市于 2010 年已完成二环线内 300 多条道路的架空线入地工作；上海市近些年也已经完成世纪大道、南京东路、瞿溪路等多条道路的架空线入地工作，并将架空线整治工作列入上海市加强城市管理精细化“三年行动计划”（2018—2020 年）中。

架空线多为电力、通信同杆敷设，入地改造需同时考虑电力、通信缆线，而缆线管廊的建设可以统筹考虑电力、通信两种缆线，且可以更加集约地利用道路下空间，故缆线管廊的建设与架空线入地改造工程的结合是必要的。

### 8.4.2 窄马路的新建工程

综合管廊一般沿道路敷设，所以道路的形式对综合管廊的类型选择有较大的影响。2016 年国务院发布的《关于进一步加强城市规划建设管理工作的若干意见》中，提出了“窄马路，密路网”的城市道路布局理念，即减小街区的面积，缩小道路宽度。随着这一理念的推行，城市中会出现越来越多的窄马路。对于宽度较大的主干道路，一般可建设干线管廊或支线管廊，而对于占比较大的小街区、窄马路，实施干、支线型综合管廊存在道路下空间不足、出地面节点对道路景观影响大等问题，且这些窄马路上一般管线种类少、规模小，实施干、支线管廊的必要性不大，故布置缆线管廊更为合适。

### 8.4.3 现状道路改建、扩建与修复工程

目前，城市中部分现状道路由于修建年代较远，存在道路定性混乱、断面狭窄、平面线形不规范、路基路面结构薄弱、缺少对地下管线的考虑等问题，道路改建、扩建与修复越来越常见。而道路改建、扩建与修复工程一般会引起人行道的翻挖、现状架空线的迁移、路面交通的导改，结合这些施工过程同时实施缆线管廊的建设，可将缆线管廊的建设成本及社会影响降到最低。

### 8.4.4 地下障碍物较多的道路

当道路下存在地铁、地下通道、地下商业等工程的时候，选择缆线管廊只需占用较小的竖向空间，可以减少对下部地下空间的影响。另外，如道路下存在较多的横向管线（尤其是重力式管道），为了避让这些管线，干、支线管廊需设置较多的上、下穿段，这些不仅影响了管线的敷设，而且会大大提高工程的造价。如选择缆线管廊方案，由于其埋深较浅，一般可以在竖向上避让通行。

# 第9章　案例介绍

## 9.1　现浇混凝土综合管廊——横琴综合管廊

### 9.1.1　项目概况

珠海横琴新区坐落于珠海市南侧，临近澳门的横琴岛。2009 年 8 月 14 日国务院批复《横琴总体发展规划》，要求在以合作、创新和服务的主题背景下，将横琴建设为“一国两制”下探索“粤港澳”合作新模式的示范区。在这种背景之下，一种高起点、高规格、能集中容纳多种管线共沟布设，具有长远发展功能的城市综合管廊规划设计方案逐步形成，经充分讨论最终得以全面实施。

珠海横琴新区综合管廊沿环岛北路、环岛东路、中心北路、中心南路、环岛西路等布置，形成“日”字形环状管廊系统，并在十字门商务区、口岸服务区的滨海东路布置综合管廊，其综合管廊的建设总长度为33.4km，电缆隧道的建设总长度为10km，工程投资总额为22 亿元，共覆盖全岛的“十区、三片”，服务面积为106$km^2$，依据综合管廊所容纳管线的数量和种类，并且考虑维修空间、敷设空间、扩容空间和安全运行等因素，可分为三舱室、双舱室和单舱室3 种断面的形式，如图 9-1 所示。综合管廊内所容纳管线的种类有电力(220kV 电缆)、通信、给水、再生水、冷凝水、垃圾真空管等，同时配备通风、排水、消防、监控等系统，由控制中心集中控制，实现全智能化运行。横琴综合管廊是目前我国一次性建设里程最长、施工最复杂、纳入管线种类最多、规模最大、智能化控制程度最高、服务范围最广的综合管廊一体化系统。

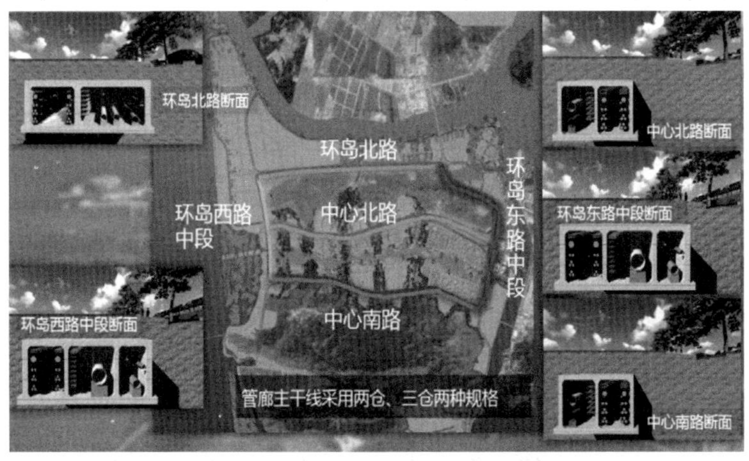


图 9-1　横琴综合管廊平面布置示意图

该工程自 2010 年 5 月开工建设，至 2014 年 10 月电力、给水、通信等管线纳入综合管廊并且投入运营，完成竣工验收。

**1. 综合管廊的结构形式**

珠海横琴新区的地下综合管廊采用现浇钢筋混凝土的形式，其设计标准的抗震设防烈度定为7度，同时结构的安全等级定为二级；设计的使用年限定为50年，环境类别定为2a类，结构构件的裂缝控制等级定为三级，地基基础的设计等级定为乙级。综合管廊舱室内敷设220kV电力电缆、通信、通风、给水、消防、照明及其一系列配套的设备，远期预留的再生水管、垃圾真空管、凝结水管暂不敷设，在设计与施工中要确保预留安装的位置。综合管廊的主体采用现浇钢筋混凝土（P6、P8）封闭箱形的结构，主要有三舱室、双舱室、单舱室，在综合管廊本体结构相应的位置设置人员出入口、投料口、排风口、自然通风口、管线接入井、防火门等相关构造物，综合管廊标准段的长度为30m（两端设3cm宽变形缝），非标准段应依据综合管廊附属设施的布置、舱体数量变化情况以及穿越排水箱涵情况进行针对性布置，综合管廊内部应依据内部管线具体的敷设情况对预埋件进行有序的设置。

（1）三舱室综合管廊

三舱综合管廊分为管道舱1、管道舱2和电力舱，3个舱室本体分别采用隔墙进行分开。环岛东路的综合管廊其标准横断面的尺寸为 $B \times H = 8.3\text{m} \times 3.2\text{m}$，各舱室的净宽尺寸为3.6m（管道舱1）+2.1m（管道舱2）+2.4m（电力舱），净高的尺寸为3.2m，如图9-2所示。

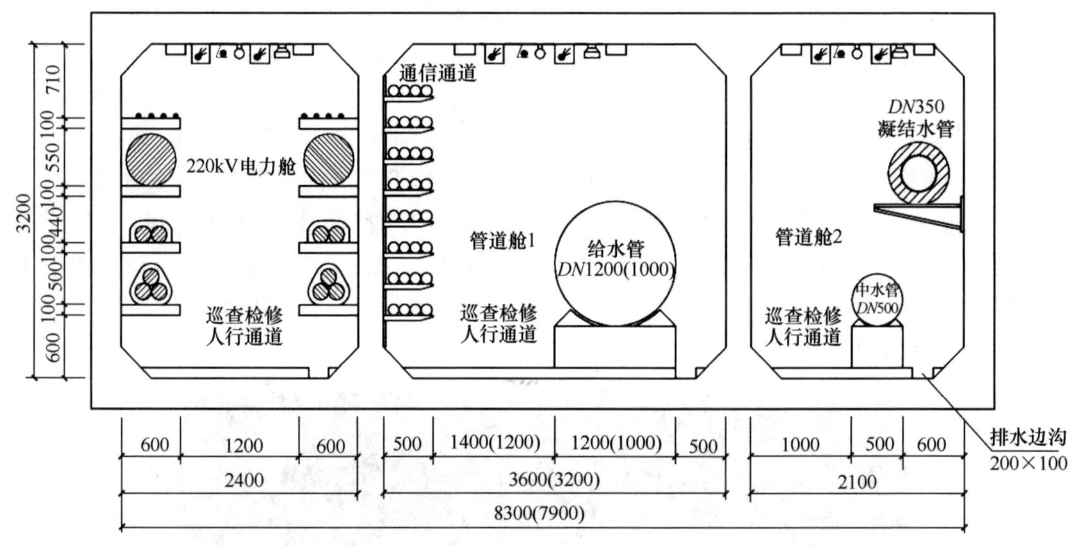


图9-2　三舱综合管廊横断面示意图

（2）两舱室综合管廊

两舱室的综合管廊分为管道舱+管道舱或管道舱+电力舱两种类型。环岛西路综合管廊为管道舱+电力舱，其标准横断面的尺寸为 $B \times H = 5.75\text{m} \times 3.3\text{m}$；而中心北路的综合管廊为管道舱+管道舱，其标准横断面尺寸为 $B \times H = 5.55\text{m} \times 3.2\text{m}$，如图9-3所示。

（3）单舱室综合管廊

单舱室的综合管廊将再生水管、给水管、供冷管、通信管、垃圾真空管共同建于同一舱室内。环岛北路综合管廊，其标准横断面的尺寸为 $B \times H = 4.0\text{m} \times 2.9\text{m}$；而滨海东路综合管廊，其标准横断面尺寸为 $B \times H = 5.0\text{m} \times 2.9\text{m}$，如图9-4所示。

为确保综合管廊的有效运行，管廊内配备了视频监控、火灾报警、计算机网络控制和自

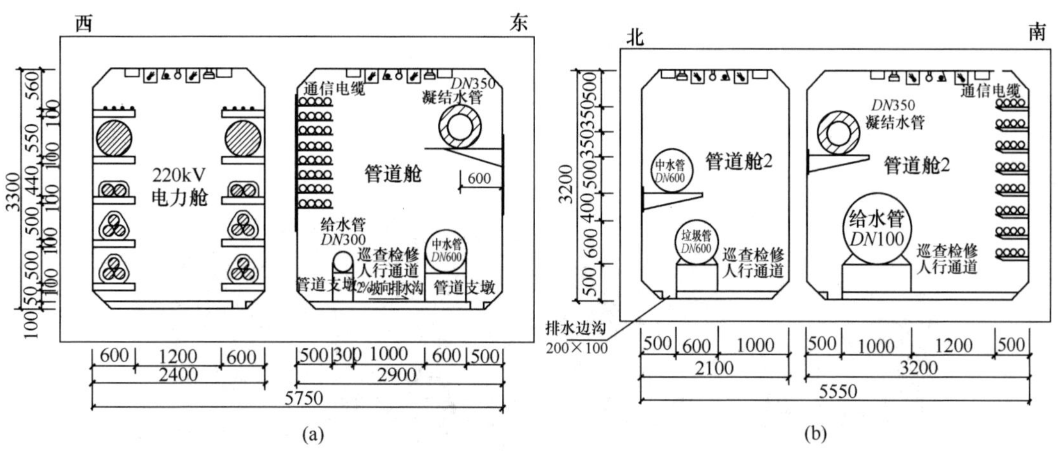


(a)　　　　　　(b)

图 9-3　两舱室综合管廊

（a）$B \times H = 5.75\text{m} \times 3.3\text{m}$；（b）$B \times H = 5.55\text{m} \times 3.2\text{m}$

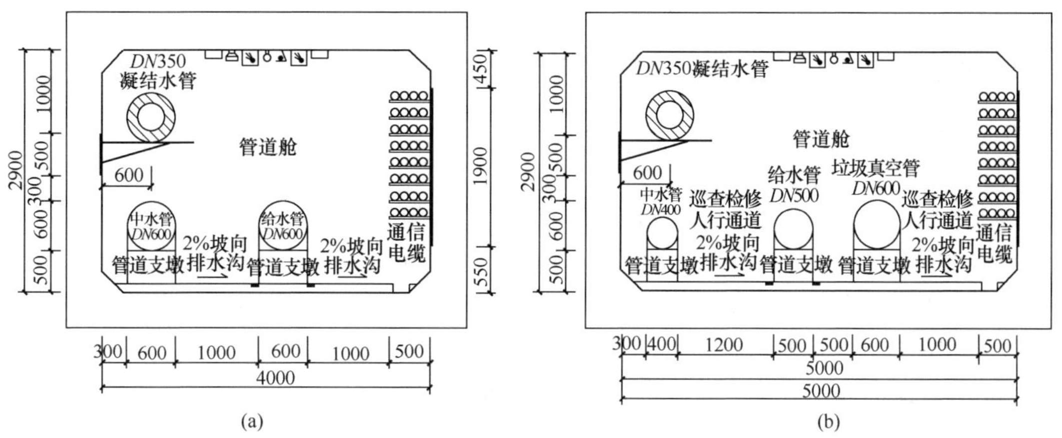


(a)　　　　　　(b)

图 9-4　单舱室内综合管廊

（a）4000×2900 单舱室内；（b）5000×2900 单舱室内

动控制 4 大系统，监控中心设有火灾报警主机、视频监控主机、电视墙及计算机工作站等设备，有效地保证了综合管廊的运行安全。

**2. 综合管廊的总体布置**

横琴综合管廊布置在道路两侧的绿化带下，考虑到给水管、燃气管及电力电缆的支管横穿情况及雨水口的连接要求，综合管廊顶部的覆土深度不应小于 1.5m，当综合管廊与污水、雨水、地道、排洪渠以及涵洞等管道发生交叉冲突时需根据标高进行局部下沉处理。

各舱室内分别设置防火分区，因为每个防火分区最大允许的建筑面积不应超过 1000m$^2$，所以每个防火分区的长度不应超过 200m，同时各防火分区之间应采用防火墙以及甲级防火门进行隔断。并且各防火分区内设置一个紧急出入口，紧急出入口与自然通风口合建为一体。综合管廊舱室内部采用火灾自动报警系统和手提式磷酸铵干粉灭火器，采用落地式的干粉灭火器。

综合管廊舱室内部设置集水坑和排水沟，同时在每个集水坑内安装两台潜水泵，可将废水提升到沟外市政的雨水井，两台潜水泵正常工作时采用自动交替运行的工作方式，用于排放结构渗漏水；在管道检修时两台泵同时运行，用于排放事故水和管道放空。

横琴综合管廊于2010年5月开工建设，于2013年11月完成主体结构的建设施工，最终在2014年9月完成竣工验收。建设前场地的原始地貌和工程竣工的实物对比，如图9-5所示。

图9-5 建设前场地原始地貌和工程竣工实物

## 9.1.2 项目的主要特点、难点及应对措施

**1. 项目的主要特点**

（1）全岛的生活水、通信、动力等主要能源、资源供应的主干线，可全部纳入综合管廊。综合管廊主干线资源、管线的能源可同时覆盖全岛领域。

（2）首次将电压等级为220kV的电力电缆纳入综合管廊，共安装853个控制器、713个摄像头、6990个智能控制点，实现24h的实时监控，从而保证综合管廊内部系统的安全运行。

**2. 项目的难点与应对措施**

（1）地质条件复杂，沉降难以控制，地基处理难度大

横琴新区的原始场地遍布自然河渠、鱼塘、香蕉地，大部分是深达30m的高含水率流塑淤泥，塑性指数高，渗透性差，强度极低，部分地区下卧花岗岩层，岩面浅，起伏变化大，局部地区分布较厚的乱石层，地质差，建设条件复杂。施工中采用自主研发的欠固结淤泥处理技术，可有效控制综合管廊与道路之间的差异沉降，创新性地采用块石层沉桩引孔技术，从而保证了地基处理的质量和PHC桩的施工质量。

（2）深基坑支护开挖难度大

市政道路与横琴地下综合管廊的建设存在多处的重叠与交叉，经现场实际统计共有2处下穿河道、32处下穿雨水箱涵、7处交叉节点，同时全线均为深基坑形式，最深标高可达-13m。如何在复杂的地质条件下进行基坑的支护，确保基坑的安全，是建设施工需要面对的首要问题。这就需要根据不同的地质条件采用不同的支护方式，其中所采用的支护方式主要包括钢板桩+钢管内支撑支护、放坡喷锚开挖，最终有效地解决了基坑支护的一系列难题。

（3）综合管廊内管线较多，空间狭窄

长距离的综合管廊空间受限，内部容纳的管线种类较多、所需焊接量较大，同时综合管廊标高的变化较大，施工的安全管理难度较高，运输与安装的过程极为困难。项目采用了自主研发的管道运输及安装方法，利用BIM技术仿真施工，并采用工厂模块化预制，机器人自动焊接，从而提高工效、确保质量、优化线形。

（4）周边的环境复杂、施工组织困难

沿线建筑物及其地下管线分布密集，并且施工内容多、工程线路长，导致与道路施工出现了多处重叠、交叉的问题。所以需优化施工组织设计，多渠道组织调配资源，细分作业面，从而保证工程的顺利实施。

（5）综合管廊的建设资金投入大

综合管廊的建设需要大量资金投入，只通过投资者自身持有的资金来确保项目建设其可能性非常小，所以需要投资者发挥“银团”的优势进行融资从而推动整个工程项目的建设，确保大型（特大型）工程项目的顺利完成，采用 BT 的建设模式也为业主顺利完成该项目提供了重要的保障。施工流程图如图 9-6 所示。

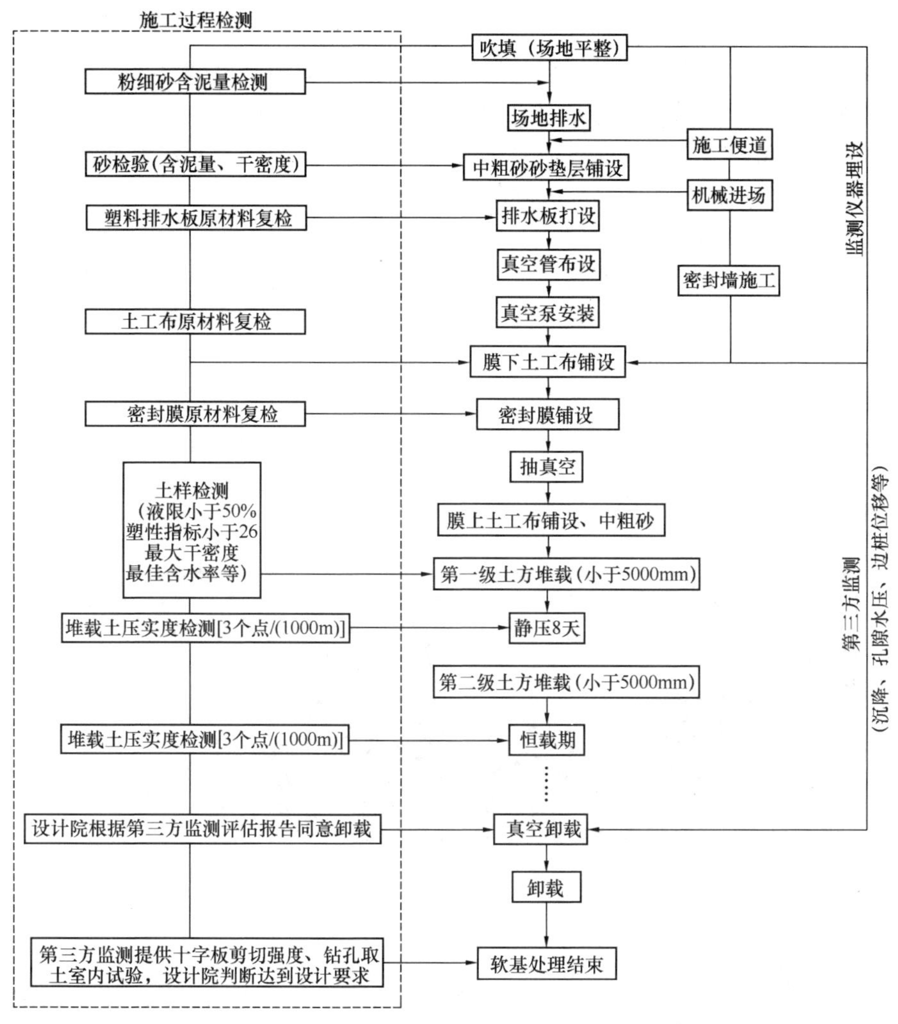


图 9-6　施工流程图

## 9.1.3　主要施工技术

### 1. 深厚软土区地基处理的综合技术

（1）真空联合堆载预压的施工技术

通过对珠海横琴地区软土性质进行了一系列深入的调查分析，采用在不同地区的实验室同时进行土样试验的方式，对珠海横琴地区欠固结淤泥特性进行了分析总结，并且选择了具有典型代表性的地质路段，对其进行了不同插板深度的淤泥处理真空预压试验，从而解决了深厚欠固结淤泥路基处理过程中的勘察、设计、施工等一系列问题，同时系统地提出了珠海横琴地区欠固结软土的特性，确定了欠固结淤泥路基处理地基相对合理的方法，并且提出了深厚欠固结淤泥 20～25m 非标处理深度以及三点法卸载的标准，逐步发展和完善了设计的计算过程，最终改进了真空联合堆载预压法监控与监测技术，实现了真空联合堆载预压法施工技术水平的完善和提高，以及排水固结法施工技术的完善和发展。

（2）差异沉降的防治技术

由于使用功能的不同，导致相邻区域的荷载存在差异，因此某段欠载区域若不做后续处理，其在建成后可能会在道路荷载持续的作用下出现不均匀沉降、纵向裂缝等质量病害。虽然补打粉喷桩或者水泥搅拌桩可以起到提高承载力与欠载区域强度的作用，但是容易导致桩基区域（刚性）与真空联合堆载区域（柔性）路基相互结合不充分的现象发生，从而仍会发生差异沉降以及路面裂缝等。经过综合比较，决定衔接段采用土工格栅补强＋超载预压的处理措施，从而总结出一系列的差异沉降防治技术。

**2. 综合管廊大口径管道的安装技术**

综合管廊中敷设的大口径管道较多，由于大口径管道更为沉重，通常可采用混凝土的支墩作为大口径管道的支架。具体可采取两种工艺方式进行混凝土支墩的施工：

（1）混凝土支墩模块化的安装方法

根据数量以及设计尺寸将混凝土支墩进行模块化的制作，在建设施工之前需在管道支墩点位的地面上采用风动机凿毛或者人工凿毛，风动机凿毛时混凝土的强度不应低于 10N/mm$^2$，人工凿毛时混凝土的强度不应低于 2.5N/mm$^2$；同时通过水泥砂浆将地面与管道的混凝土支墩牢固地黏合在一起，如图 9-7 所示。

图 9-7　采用水泥砂浆将混凝土支墩安装固定

（2）混凝土支墩现浇施工的方法

预先在与管道支墩点位相对应的地面上进行凿毛处理（要求同上），同时采用将螺栓调节成三角形的方式进行焊接（或采用膨胀螺栓在地面安装固定点），混凝土支墩的浇筑可与管道的安装同时进行，从而实现了管道安装与管道支墩浇筑同时施工，互不影响，如图 9-8 所示。

（3）卸料口管道的吊运

综合管廊每间隔 200m 处设置一个卸料口，管道在安装敷设时需通过卸料口吊运进综合管廊。通过起重设备在卸料口向管沟内输送管道时，为了消除卸料口处的混凝土与管道发生碰撞现象的发生，并且确保管道的防腐层不受损伤，实现施工效率的进一步提高，现场施工

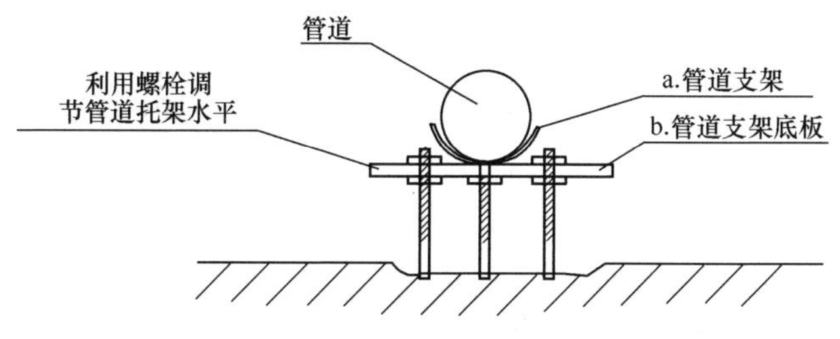


图 9-8　管道安装示意图

采用管沟卸料口运输管道的装置将管道运入综合管廊，如图 9-9 所示。

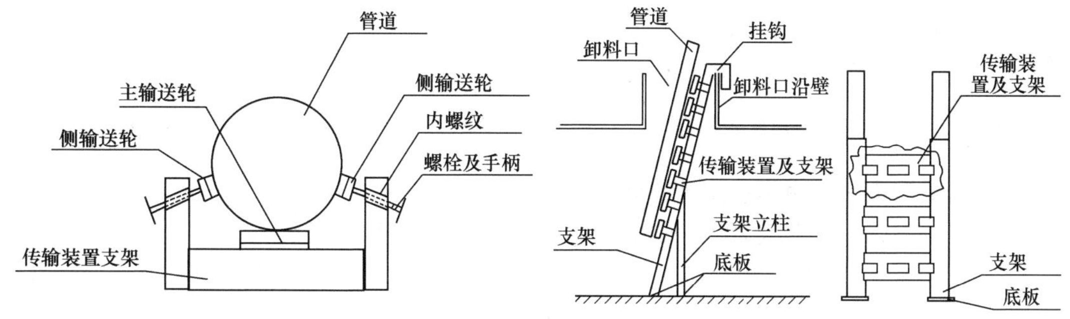


图 9-9　管沟卸料口运输管道装置

（4）管廊内管道的安装

管道运输的安装采用多组、多用途管道运输安装的装置。管道在进行对口的连接时，可通过装置上的滚轮进行左右推移的调整。当管道口对中、对齐校正完毕后，需将顶升装置的顶升端插入至传输装置下端的套管，通过顶升装置将传输装置顶升，从而使管道对口的施工工作轻松、快捷地完成。在管道对口安装工作完成后，管道被推移装置运至支架上，通过顶升装置将管道顶起敷设至支架上，然后缓慢降下其装置，逐步将装置推移开管道，最终完成管道安装的流程，如图 9-10 所示。

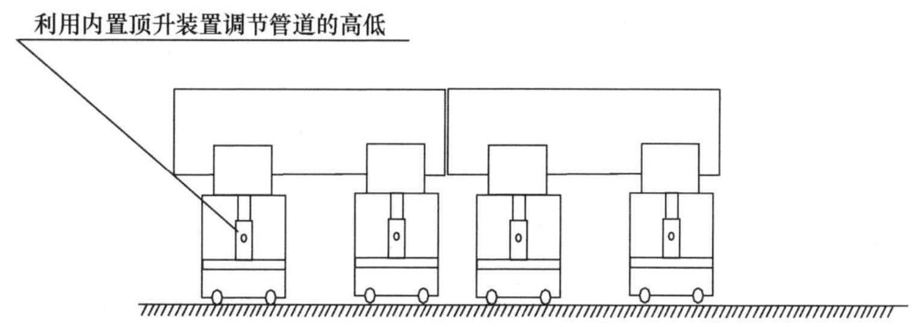


图 9-10　使用装置进行管道对口及安装示意图

（5）管廊内给水管道的冲洗

综合管廊内给水管道为密闭空间的管道，其冲洗装置主要包括两种：

1）将冲洗专用的管道从管道底部引出（图 9-11）直至综合管廊外的排水处，在检修以及管道冲洗时使用；

2）利用引接临时冲洗管或者综合管廊内部干管的引出管直至综合管廊外部排水点（图 9-12）。

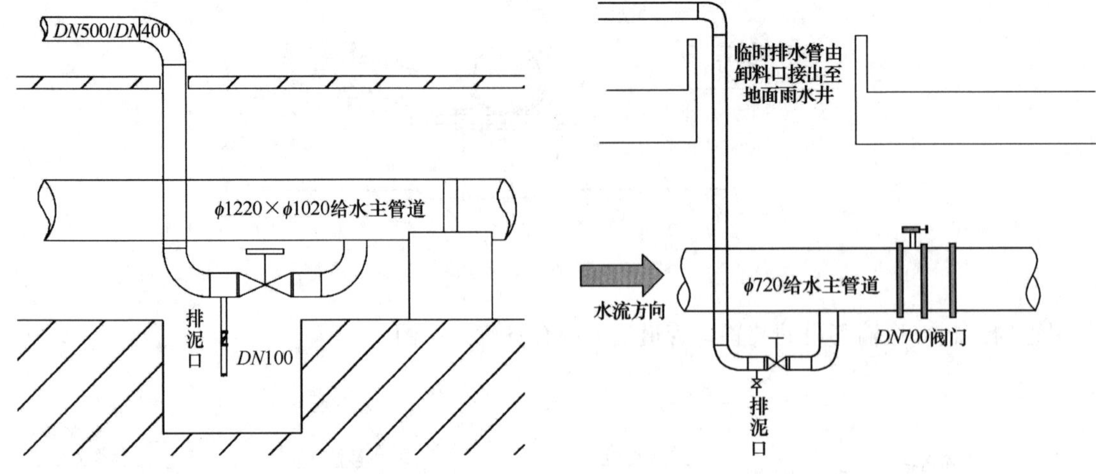


图 9-11　专用冲洗引出水管示意图　　图 9-12　临时通过投料口引出冲洗水管示意图

**3. 综合管廊电气及附属设施的安装技术**

（1）综合管廊电压等级 20kV 预装地埋景观式箱式变压器的安装

横琴新区综合管廊供电采用电压等级为 20kV 的预装地埋景观式箱式变压器进行分段供电，其由媒体广告灯箱式户外低压开关柜、预制式地坑基础和地埋式变压器组成。预装地埋景观式箱式变压器将变压器安装于地表以下，只将媒体广告式灯箱开关柜露出地面，如图 9-13所示。

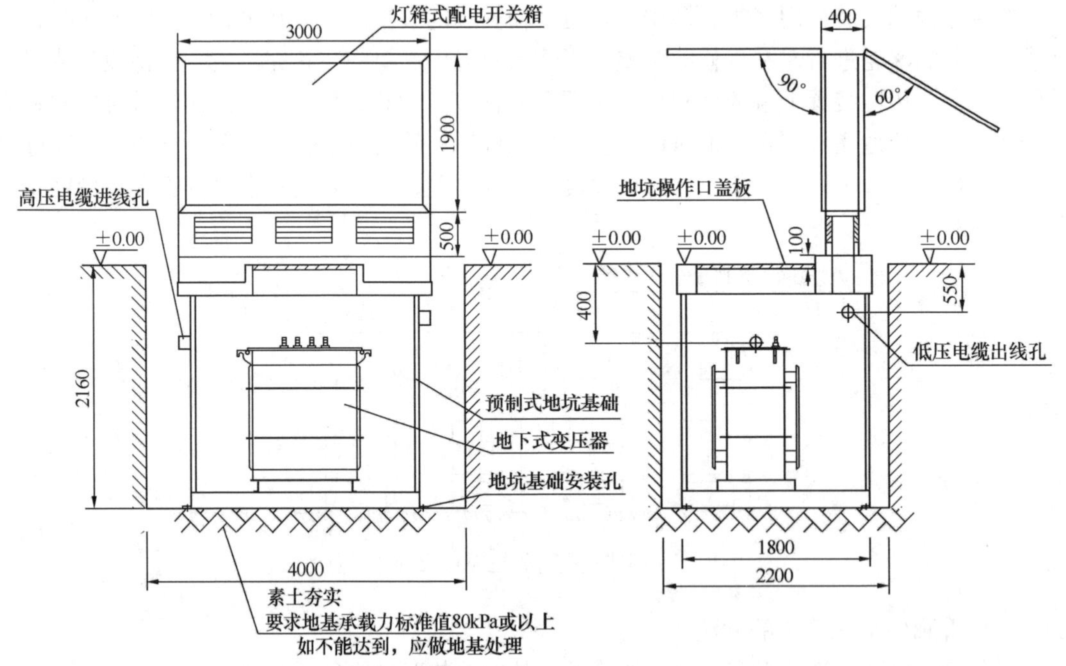


图 9-13　预装地埋景观式箱式变压器组成结构示意图

在基础开挖后将预装地埋景观式箱式变压器进行整体的埋设，预制式地坑采用全密封防水的设计理念，地坑下部的箱体为金属结构，当地坑内积水的高度超过 100mm 时，由水位感应器反馈信号从而触发排水系统启动，最终经过排水管将积水排出。在安装时应注意测试预装地埋景观式箱式变压器排水系统、通风系统的可靠性，同时注意其操作平台的标高应高于绿化带至少150mm。

（2）综合管廊的监控技术

横琴新区综合管廊的全段共计33.4km，为了方便维护和运行，将全段综合管廊分为3个区域，每个控制中心可同时管理10~12km的区域，各区域的数据就近接入对应的控制中心进行分散存储。

控制中心（图9-14）对管理区域内的PLC自控设备（含风机、水泵、有害气体探测、照明）、消防报警设备、视频监控设备、门禁、紧急电话等设备进行统一控制和管理，将数据汇集到对应的控制中心机房处进行数据的管理和存储，并且预留相关软件数据以及通信的对接接口，从而便于与上一级管理平台之间或者各控制中心之间进行数据的对接。

图9-14　横琴综合管廊监控中心实景图

（3）综合管廊的消防施工

综合管廊通常每隔约200m设置一个防火分区，同时用200mm厚钢筋混凝土防火墙将防火分区进行分隔（图9-15），所采用防火墙的耐火极限应大于3h。

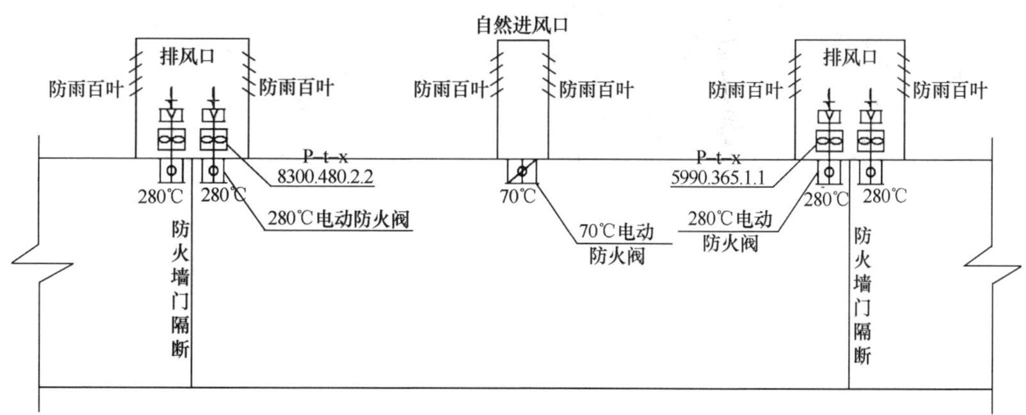


图9-15　单个防火分区示意图

综合管廊采用密闭减氧的方式进行灭火，当综合管廊内任一舱室的防火分区发生火灾时，经过控制中心确认发生火灾的舱室内已无人员停留后，消防控制中心关闭该段防火分区及相邻两个防火分区的电动防火阀以及排风机，从而使着火分区逐渐缺氧，确保灭火效率的提升，最终减少其他损失，确认火熄灭之后，通过手动控制打开相应分区的电动防火阀和风机，排出剩余烟气。

（4）综合管廊接地系统施工

通常综合管廊两侧的侧壁敷设两根接地扁钢，并且预埋接地连接板，接地连接板与接地扁钢、结构主筋通过焊接连通，同时综合管廊内设备的外壳、金属管道、PE 线、电缆保护管、金属支架等均确保与接地扁钢可靠连通。

**4. 综合管廊 BIM 模拟安装技术**

在综合管廊的建设过程中，充分利用 BIM 技术，从综合管廊深基坑支护、连接节点布置（图 9-16）、大型管道运行安装（图 9-17）、第三人虚拟漫游（图 9-18）等落实 BIM 技术的应用，并且通过采用综合管廊三维可视化模型（图 9-19）的方式指导现场施工，从而提高了综合管廊的建设速度和质量，最终取得更加满意的效果。

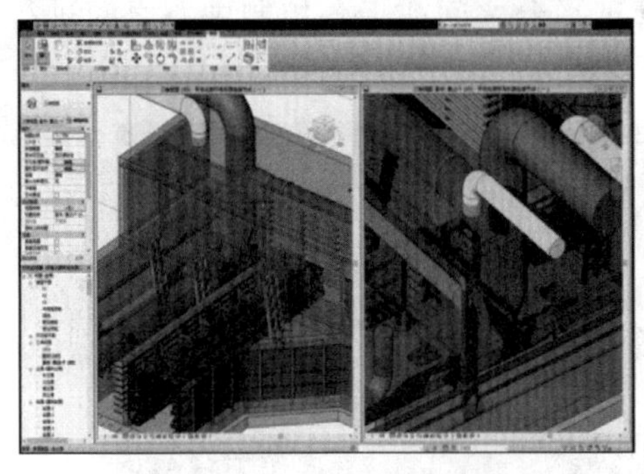

图 9-16　连接点布置模拟施工

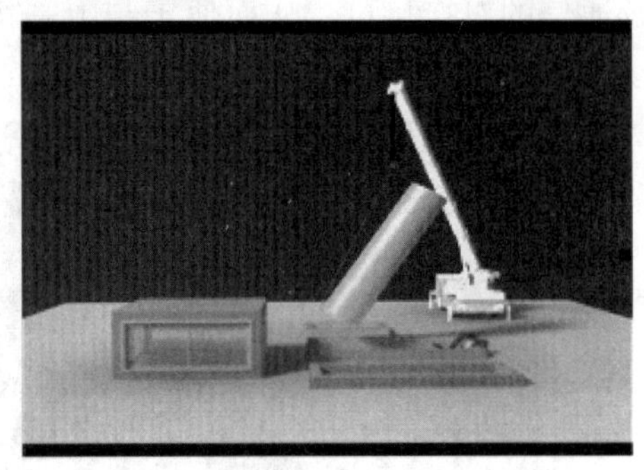

图 9-17　大型管道运行安装过程模拟

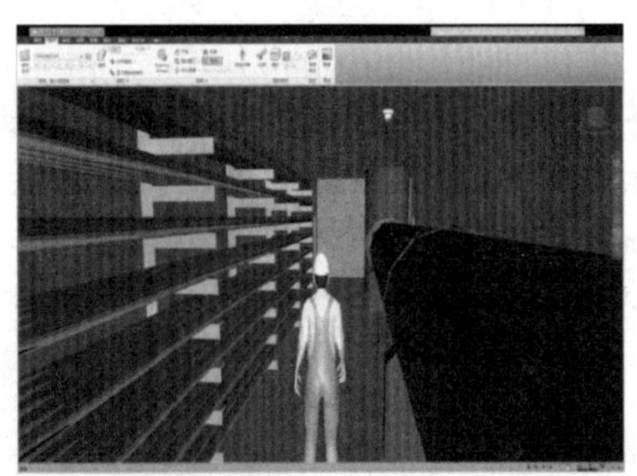

图 9-18　第三人综合管廊内虚拟漫游图

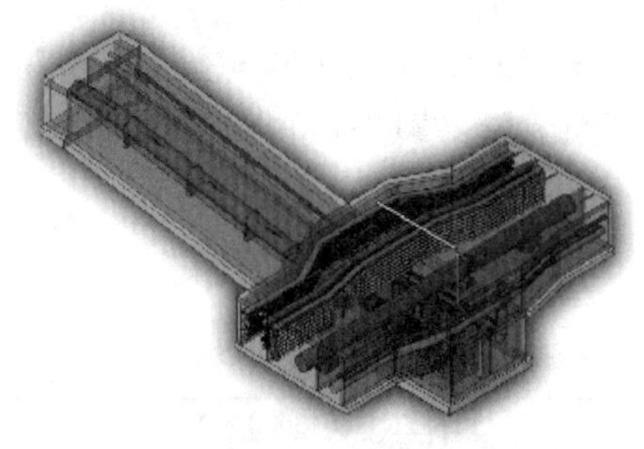

图 9-19　管廊交叉节点三维透视图

## 9.1.4　工程的成效

**1. 环境的效益**

珠海横琴新区城市地下综合管廊工程为我国综合管廊的建设提供了宝贵的经验，综合管廊建成后在很大程度上确保了横琴新区可持续开发的建设，树立了珠海横琴新区低碳生态的人居标杆，并且荣获了 2015 年中国人居环境范例奖。

**2. 社会的效益**

综合管廊内各类管线的安装、检修、扩容、监控管理变得极为方便，避免了道路的重复开挖，降低了成本，提升了民生质量；入廊管线彻底避免了地下高盐分水体的侵蚀，且在管廊内相对恒定的温度、湿度的条件下，预测会将管线延长 2 ~ 3 个生命周期；纳入综合管廊的各类管线得到了很好的保护，基本不受周边地块开发建设的影响，杜绝人为破坏因素，减少管线抢修工作，同时综合管廊占地上方能很好地进行绿化景观造型，减少了埋地管线的标识，提升了城市容貌质量。

**3. 经济的效益**

实现土地集约化的利用和节约，横琴新区建设 33.4km 综合管廊约节省 0.4km² 城市建设用地，将提供 200 万 m² 的城市空间。据相关数据的统计，总投资额近 22 亿元的横琴新区综合管廊工程产生的直接经济效益超过 80 亿元人民币。

## 9.2 预制拼装式综合管廊——郑州经开区综合管廊

### 9.2.1 工程概况

郑州经开区综合管廊工程位于经开十二大街、经南九路、经开十八大街、经南十二路，管廊示意图如图 9-20 所示，管廊总长 5.555km，设计使用年限 100 年。

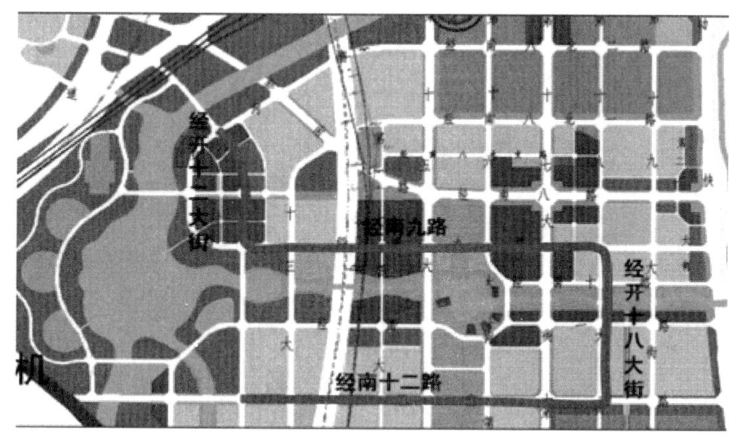


图 9-20　郑州经开区综合管廊示意图

该项目中预制装配化施工试验段起止里程桩号：K1 + 424.806 ~ K1 + 531，全长 106.194m，其中 91m 为标准预制断面，分 61 节进行预制安装，中间 15.2m 长的通风口暂不做预制施工。

管廊结构形式为单箱双室，含电力舱及热力舱。预制管节结构主体采用 C40 防水混凝土，抗渗等级 P6。管节尺寸为 6550mm × 3800mm × 1500mm，单根管节的理论质量约为 26.4t。管节安装间接口采用橡胶圈承插式。

该综合管廊采用钢筋混凝土结构，布置在道路中央绿化带或人行道下，标准断面尺寸为矩形，两个舱室。经开十二大街、经开十八大街和经南十二路综合管廊标准断面采用同一尺寸，宽度分别为 3200mm、2300mm，总宽度 6350mm，高度 3500mm，覆土深度 2500mm，经南九路综合管廊标准断面采用尺寸，宽度分别为 3200mm、2500mm，总宽度 6550mm，高度 3800mm，覆土深度 2500mm，综合管廊断面尺寸如图 9-21 所示。

综合管廊侧墙厚度 300mm，中间隔断 250mm，顶板厚度 300mm，底板厚度为 300mm。预制拼装结构混凝土为 C40 防水混凝土，抗渗等级为 P6。现浇结构混凝土为 C30 防水混凝

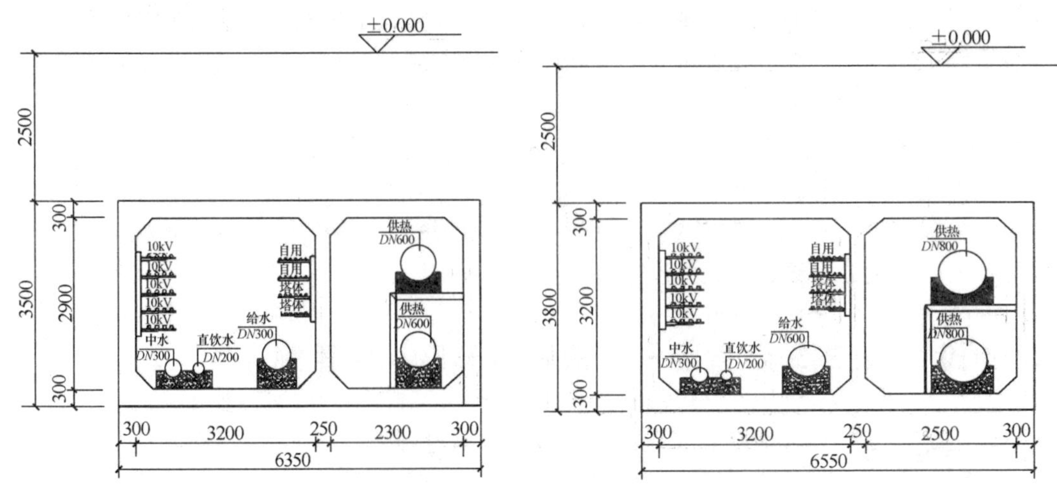


图 9-21　综合管廊断面尺寸

土，抗渗等级为 P6。钢筋采用 HRB400 和 HPB300 级钢筋。

综合考虑经济合理、安全实用等因素，廊内管线以高低压电力和通信缆线为主，兼顾供水和供热等有压管道，未考虑重力流的雨污水和危险性较大的燃气管道入廊。入廊管线规划布置见表 9-1。

**表 9-1　管廊系统入廊管线一览表**

| 郑州经开区综合管廊 | 电力电缆 | 通信电缆 | 再生水管线（mm） | 直饮水管线（mm） | 给水管线（mm） | 供热管线（mm） |
|---|---|---|---|---|---|---|
| 入廊管线 | 20 孔 10kV | 18～24 孔光缆 | *DN*300 | *DN*200 | *DN*500<br>*DN*600 | *DN*600<br>*DN*800 |

全线管廊均为两舱，其中电力电缆、通信电缆、再生水管线、直饮水管线和给水管线共处一舱，供热管线单独安装在另一个舱室。

### 9.2.2　预制拼装管廊施工

**1. 预制管廊设计**

（1）预制管廊结构设计

设计为分段式管廊接口，仅带纵向拼缝接头的预制拼装综合管廊结构的截面内力计算模型，采用与现浇混凝土综合管廊接头相同的闭合框架，如图 9-22 所示。

（2）接口的设计

各管节之间选用带有纵向锁紧装置（纵向串接接口）进行柔性连接的方式，所用材料为无粘接预应力的钢绞线和夹片锚具。纵向锁紧装置通过柔性连接把各节管子连为一体，其具体方法是在涵管的四角预留穿筋孔道，在管节进行安装时穿入钢绞线，经过张拉锁紧的过程后，各管节就会被串联成具有一定刚度的整体管道，起到密封接口、抵御基础不均匀沉降和压缩胶圈的作用。

接头通常采用橡胶圈防水承插式的接头，综合管廊的插口和承口端均需放置橡胶圈，用胶粘接于承插口侧面的凹槽内，确保综合管廊在完成对接后橡胶圈仍固定不移位并且可与承

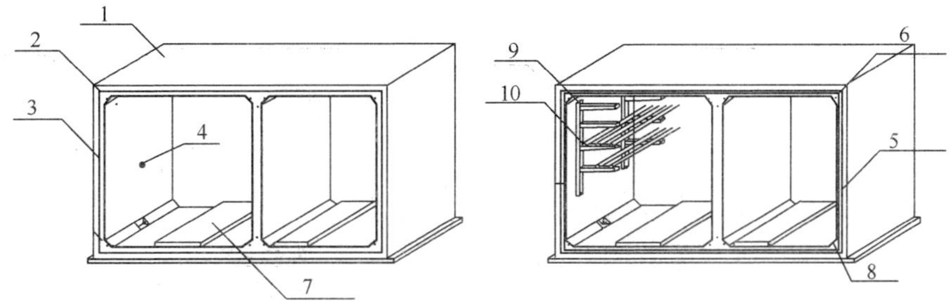


图 9-22　预制管廊结构设计示意图

1—管廊框体；2—加强角；3—管廊承口；4—预埋孔（翻转孔）；
5—密封胶圈；6—管廊插口；7—人行廊道板；8—张拉预埋孔；
9—电缆支架；10—电缆

口端形成一定挤压、止水，综合管廊的承插口端在完成对接以后，需在综合管廊内周接口结合缝隙处采用双组分聚硫密封膏的方法对其进行密封，满足二次防水的要求。

**2. 综合管廊的预制**

（1）模板的制作和组装

根据分段综合管廊的尺寸和结构制作出定型的钢模板。进行组装后的管节模板其尺寸误差应小于《混凝土结构工程施工质量验收规范》（GB 50204—2015）相关规定所允许的偏差要求，在合缝以及两端口处应没有明显的间隙，各部分之间用于相互连接的紧固件也应该牢固可靠。

在模板组装后，综合管模的底板以及内壁应该清理干净，从而剔除残存的水泥浆，并且在管模的挡圈、底板及内壁均应涂上隔离剂。

（2）钢筋骨架的加工制作

制作骨架的钢筋有 HRB400 级和 HPB300 级两种；HRB400 级钢筋采用 E50 型焊条进行焊接，HPB300 级钢筋采用 E43 型焊条进行焊接。钢筋骨架要确保接点牢固，有足够的刚度，无明显的扭曲变形和大小头现象，不垮塌、不倾斜、不松散，应能保持其具有整体性。所有的交叉点均应牢固可靠地焊接，同时相邻的接点之间不应有两个以上的交叉点发生脱焊或漏焊的情况。整个钢筋骨架脱焊、漏焊点的数量不应大于总交叉点数量的 3%，并且均采用手工绑扎的方式进行补齐。

焊接时必须确保其焊位的精准，严格把控钢筋的焊接质量。焊接时不得将钢筋烧伤，主筋烧伤深度一旦超过了 1mm，即需将其作为废品进行处理；同时焊缝的表面不允许有夹渣以及气孔的存在，必须及时将焊渣以及焊接氧化皮清除干净。

钢筋骨架在装入管模前应确保其尺寸及规格准确无误，保护层的间隙均匀准确，在组装后的管模内其钢筋骨架通常不应发生松动的现象。

（3）模具及钢筋骨架的安装

首先安装内模，吊装与要求配套的内模，锁紧活动的收缩杆，同时确保内模垂直及水平居中、吻合平稳，必须使内活动挡板与内模整体相互吻合并且锁牢（防止振动时松脱变形），周圈插口端面的厚度误差需控制在 ±5mm 以内。然后吊装钢筋的骨架接入底座，同时要求钢筋骨架与模座两者间垂直吻合的连接无水平摆动的现象发生。

钢筋骨架安装完成后，需焊接预埋的起吊孔，要求其焊接的位置在笼筋的直径线上，并且两个起吊孔在焊接时必须上下垂直、左右平衡对称，以防在起吊时综合管廊自身失衡发生倾翻的现象。

图 9-23　模具及钢筋骨架安装

最后进行外模的安装。当钢筋骨架和内模均安装完成以后，需把外模移动到固定位置确保与底座之间的相互吻合，垂直平衡合模并且锁紧螺栓。在对接外模时必须确保周圈水平居中无错位、平衡吻合、不稳固、变形等现象，必须锁紧其合模螺栓，以防漏浆及松动现象的发生。模具及钢筋骨架的安装如图 9-23 所示。

（4）混凝土的施工

在搅拌混凝土时必须严格按照实验室所出具并且根据现场实际调整好的施工配合比进行加水加料，拌匀后便可吊往现场进行浇灌。必须确保混凝土的配合比标准并且正确，对搅拌时间以及干湿度的控制要精准，必须在规定的时间内完成混凝土的浇灌。

现场浇筑施工时，每放入 30 ~ 50cm 厚的混凝土以后，需插入振捣棒进行振捣。同时要确保操作方法的正确，振捣时不可碰撞到模板和钢筋。在混凝土浇筑完成后移开下料器以及操作平台，进行插口端面收面操作，清理余料，进行揉实抹平，并且在混凝土初凝之前需再用抹子进行抹光，必须使封口处达到表面水平光滑的程度，当整体检查合格后，在停置 1.0 ~ 1.5h 后便可开始蒸养的步骤。

（5）混凝土的蒸汽养护

首先需对温控表以及池罩的密封程度进行检查，待满足停置的规定时间后再进行加气的养护。蒸养时温度的提升不宜过快，升温的速度不宜高于 35℃/h，当升温至 70℃，需保持恒温（70 ~ 75℃），最高温度不得超过 80℃；在蒸养满足了规定的时间后关汽，确保降温制度的执行，在未达到降温的规定时间之前，禁止脱模。

降温会导致混凝土表面出现干缩、失水的现象。所以为了防止内外温差过大使混凝土产生收缩，从而导致混凝土表面出现温差裂缝，应在满足蒸养的规定时间后关闭供汽阀门，同时掀开部分池罩，等到混凝土和模具自然冷却后再将池罩全部揭走，之后过 0.5 ~ 1h 才允许脱模。

（6）拆模、吊装、清模、翻转

预制综合管廊经养护达到设计的强度后，对其进行拆模清理，最终吊运到堆场进行集中的存放。

拆模：先将内模螺栓松动，再将内模分为两片垂直平稳地吊出后放至清模区内；然后将外模的固定螺栓有序拆开，向外移动至固定的位置。相关要求：外模滑移以及内模吊出池的操作必须认真仔细地进行，以防夹模及碰损管廊内壁及插口现象的发生。

吊装：使吊架精确套住吊孔并将其锁好，安全平稳地吊到堆放场内。吊综合管廊进行转移时需注意保持平衡及其速度，如果失去了重心要及时采取有效的措施以防事故的发生。

清模：吊完综合管廊后将外模、底座、内模上面的余浆清理干净。检查模具是否变形缺损，密封胶条是否破损，当检查合格之后，需均匀涂上隔离剂以备下次使用。

翻转：自制综合管廊的翻转架，需放置于车间管廊的存放处，从而便于管廊在装车、吊卸时根据相关要求对管廊进行翻转。

（7）产品编号、堆放

拆模后在管身印刷生产日期、商标、级别和规格型号等。其所用字迹要求清晰、工整、无歪斜。

**3. 管节的渗漏水试验**

预制管道在安装之前必须要做接头的渗漏水试验。但由于管段的尺寸较大，在试验时，需将两段管子按照安装状态进行组对，并且在接头的部分砌筑水池，同时注水进行渗漏水的观察试验。

水池应采用 M10 砂浆，砂浆应充分饱满；砌筑后的墙体内壁以及池底应粉刷 2 遍防水砂浆，其总厚度应大于 20mm。在水池砌筑完成以后，需在池侧设置竖向加固的槽钢，槽钢的下端采用与埋设在垫层中的槽钢焊牢的方式确保可靠连接，上端采用槽钢相互对拉焊牢的方式确保可靠连接，而缝隙处采用钢板塞满塞紧的方式连接。

水池在砌筑完成 3 天以后，可开始注水试验。试验共观测 72h，前 24h 每经过 4h 需进行 1 次观测，后 48h 每经过 12h 需进行 1 次观测，依次记录渗水点、渗水量及渗水时间。

**4. 管节的运输**

综合管廊单件的长度为 1.5m，宽度为 6.55m，高度为 3.8m，但由于只能选用陆路运输的方式，因此存在超宽、超高的现象。所以在管廊运输时通常选用车板与接口面相互接触的运输方案，同时管廊在运输前应在业主的协助下做好与路政部门、交警部门之间的沟通，从而获得各部门对管廊运输的支持，并且需办理好相关手续，在必要时请求交警部门对沿线的交通进行疏导。

**5. 综合管廊现场拼装施工**

（1）施工工艺

管节的拼装通常采用运输车在临时的便道上将管廊各节段运至现场的方式，随后用吊车将其有序吊装到位，从后往前依次吊装管廊的各个节段，调整管节从而满足精确定位的要求，同时进行接缝处涂胶的施工，在整孔完成安装以后，需张拉预应力的钢绞线，同时对垫层和综合管廊的间隙进行底部灌浆，从而使整段的综合管廊支撑于灌浆层之上，并且在设备前移架处设置第二孔综合管廊。浇筑各孔端部的现浇段混凝土，处理变形缝，实现各孔综合管廊体系的相互连续。

（2）预制管廊吊装机械的选择

吊装设备的选择要结合作业面、沟槽的开挖以及施工现场的土质等实际情况，考虑到现场的实际情况，由于边坡开挖的稳定性达不到所需的要求，所以需采用 32t 的龙门吊。

（3）首节管廊吊装就位

利用辅助工机具、龙门吊进行安装、就位。

（4）管节间密封橡胶的施工

涂胶是属于节段拼装工法中的一个重要环节，其施工质量以及材料的好坏直接影响相关节段是否能够粘接成为一个整体，同时决定了综合管廊的耐久性，因为它对综合管廊各节段接缝的防渗起非常关键的作用。

在涂胶之前需将各管节混凝土表面的杂物、隔离剂、污迹等依次清理干净，同时进行均匀、快速的双面涂胶，每个面进行涂胶的厚度以满布企口为宜，之后需用特制的刮尺对涂胶进行质量检查，对于厚度超标的需将涂胶面上多余的胶刮出，对于厚度不足的需进行再一次施胶，从而确保涂胶的厚度。

各节段之间所用胶粘剂的材料采用双组分聚硫密封膏，应不含影响混凝土结构耐久性和对钢筋有腐蚀的相关成分。作业的现场应采取防晒、防雨的措施，预应力孔道口的周围应用环形海绵垫进行粘贴，以防综合管廊挤压过程中胶体进入预应力的孔道，从而造成孔道的堵塞影响穿索。

（5）预制管节钢绞线的张拉

管节安装好之后，需通过设置于四角的无粘结预应力筋张拉加强相互的连接，其张拉力为1.5MPa，预应力筋采用7-$\Phi^{s}$15.2mm低松弛无粘结预应力的钢绞线，每孔穿一根，通过预留的手孔井完成张拉，经过张拉锁紧之后，各管节就会被串联成具有一定刚度的整体管道，从而实现对橡胶圈和密封管节接口的压缩，抵御管节的不均匀沉降。张拉结束之后，需及时将张拉手孔井用C30细石混凝土进行封锚处理，以防钢绞线发生锈蚀和预应力的损失。

无粘结预应力筋主要适用于后张预应力体系，其与有粘结预应力筋的区别主要体现在：预应力筋不与周围混凝土直接接触、不发生粘结，在其施工的工程中，允许预应力筋与其周围的混凝土纵向相对滑动的现象发生，预加力完全依靠锚具传递给混凝土。

张拉完后需及时对孔道进行压浆，压浆前需对孔道先进行注水湿润的步骤，单端压浆直至另一端出现浓浆为止；之后进行垫层与综合管廊底部之间的间隙灌浆的步骤，同时需保证灌浆时饱满、密实且不漏浆。

最后将拌制好的M40水泥砂浆直接从进浆孔进行灌注，直至周边出浆孔流出注浆材料为止。同时利用自身的重力使综合管廊底板的混凝土与垫层之间充满水泥砂浆。预应力张拉如图9-24和图9-25所示。

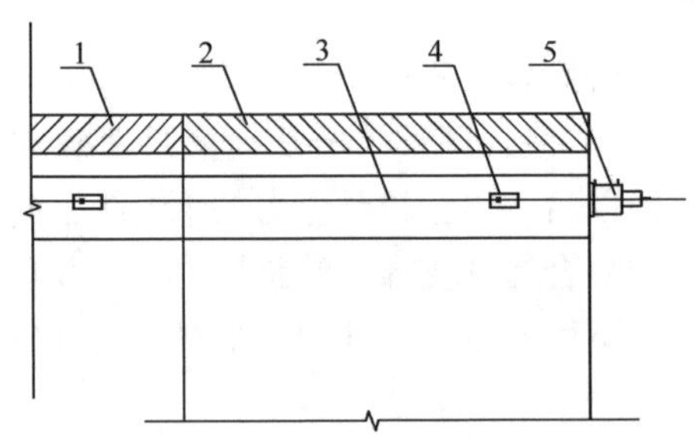

图9-24　预应力张拉组图

1—管节A；2—管节B；3—预应力钢筋；4—锚固夹具；5—张拉千斤顶

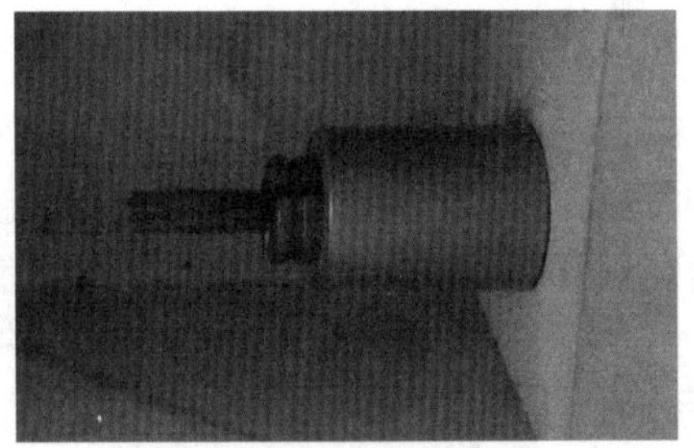
图9-25　预应力张拉组施工图

（6）预制管节与现浇段的连接

该工程预制管廊的端头节采用的是带钢边止水带且进行事先预埋的方式，并且在每间隔40cm处预埋钢筋接驳器，现浇段在进行浇筑前需将带有螺纹的钢筋拧入接驳器套筒进行连接，在变形缝处采用聚乙烯发泡填缝板进行填充，从而确保现浇段与预制节处有抗变形和防水的作用。

接口混凝土浇筑，顶模和侧模均采用大块钢模板，先安装侧模板，之后安装顶板模板，其宽度应与设计宽度保持一致，接缝处应确保严密不漏浆，必要时可用腻子进行填塞。在钢筋施工时需注意预留排水管道等问题，并且安装橡胶止水带，对变形缝进行处理。混凝土的材料采用 C30 微膨胀型防水混凝土，完成现场的浇筑后，需洒水进行覆盖养护。现浇与预制的接头连接大样图如图 9-26 所示。

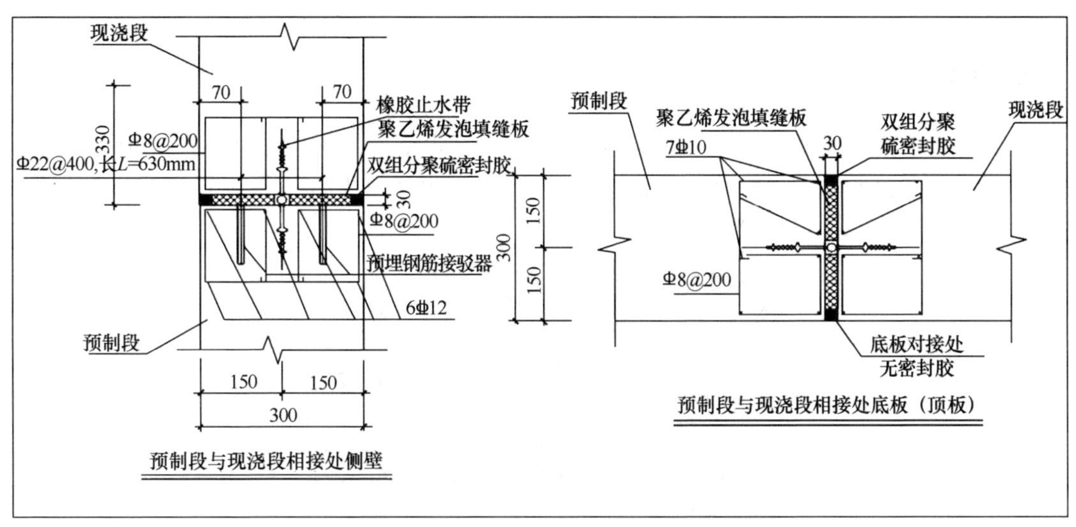


图 9-26　预制与现浇接头连接大样图

（7）预制管廊拼缝的防水施工

管段完成组对后，内外缝隙及管段与基层之间首先采用双组分聚硫密封膏的方式进行填充抹平，之后再通过喷涂水泥基渗透结晶防水层的方式进行施工，最后进行 SBS 防水层的施工，如图 9-27 所示。

图 9-27　双组分聚硫密封膏施工

## 9.2.3　工程成效

该工程采用先进的施工技术、严格的施工工艺、科学的管理方法进行施工。郑州经开区综合管廊项目凭借优良的施工质量从而赢得了社会的赞誉，成为河南省综合管廊建造的示范项目，并成为一个对外展示的窗口。

该工程曾经得到了河南省住房和城乡建设厅、多位省市领导以及国家住房城乡建设部的现场指导，同时先后迎来了河南住房和城乡建设系统和全国市政系统共计百人以上规模的观摩，受到人民网、中央电视台、河南电视台、河南日报等权威媒体的关注。

## 9.3 钢制综合管廊——武邑县钢制综合管廊（一期）

### 9.3.1 工程概况

武邑县钢制综合管廊工程（一期）位于东昌街宁武路至河钢路，为装配式波纹钢结构综合管廊试验示范段。从河钢路到宁武路中心线的距离约为1.8km，管廊长度约为1.65km，综合管廊平面布置图如图9-28所示。

图9-28　东昌街（宁武路至河钢路）综合管廊总平面布置图

管廊共3舱，分别是信电舱、水热舱和燃气管廊。信电舱入廊管线为电力电缆、通信电缆。水热舱入廊管线为供热管道、给水管道、再生水管道、污水管道。燃气管廊的入廊管线为天然气管道，入廊管线见表9-2。

**表9-2　管廊系统入廊管线一览表**

| 道路名称 | 给水管 | 再生水管 | 电力 | 通信 | 热力管 | 污水管 |
|---|---|---|---|---|---|---|
| 东昌街（宁武路至河钢路） | *DN*250mm | *DN*200mm | 10kV | 16孔 | 2×*DN*800mm | *DN*800mm |

该管廊项目标准段为镀锌钢波纹板拼装，马蹄形断面。水热舱和信电舱共用一个马蹄形断面管廊，中间采用防火材料分隔，如图9-29所示。燃气舱单独使用一个梨形断面管廊，管廊节点如投料口、通风口和引出口等采用现浇混凝土结构，矩形断面。

管廊跨度6.5m，矢高4.8m，壁厚7mm，钢板材质为Q345热轧钢板，每圆周由4块镀锌钢波纹板拼装组成，波纹板片出厂前采用热浸镀锌处理，结构板片间接缝及螺栓处采用CSPS密封带防水，结构外壁喷涂改性热沥青防腐，内壁喷涂防火涂料。

电力和通信电缆检修频率较高，断面布置将10kV电力电缆布置在下层，通信电缆布置在上层，方便检修。污水管根据管道埋深调整安装高度，将污水管置于舱室底部，方便支管接入。遵循大管径在下，小管径在上的原则将给水和再生水管道布置于污水管道上方，且考虑到热力管道管径较大，且需统一设置固定支架，将热力管道上下布置在管廊中间空间较高的位置。根据规划要求，燃气管线单独置于天然气舱。

图9-29　入廊管线布置图

## 9.3.2　项目特点

目前，国内及国际上综合管廊施工一般有现浇混凝土、预制拼装、顶管、盾构等多种施工方式，其中现浇混凝土施工由于具有整体性好、刚度大、抗震抗冲击性好、防水性好、对不规则平面的适应性强、开洞容易等优点并得到广泛应用，但这种方式面临着施工工期长、作业面大、寒冷地区施工受影响等问题，并且由于使用大量混凝土，对环境的影响很大。顶管、盾构方式只在特殊情况下使用，应用范围较窄。综上所述，由于受针对管廊建设中工期时间有限、气候恶劣、环保因素以及其他特殊原因的制约，在传统的现浇建设方式、顶管、盾构等施工方式不适宜采用时，开发管廊建设新工艺显得尤其重要，此时迫切需要提出更多的新型地下综合管廊产品，用以满足不同建设环境及建设周期的要求。

装配式钢制综合管廊的原理是将镀锌波纹的钢板（管）通过高强度螺栓进行紧固连接，同时内部根据相关要求安装组合式的支架，其次结合外部进行二次防腐处理，连接的部位需采取有效的消防耐火措施和高科技的防水手段从而形成的新型管廊系统，具有施工工期短、强度较高、特别有利于在寒冷地区施工、作业面小等优点，正好能够弥补北方地区混凝土管廊的缺点。

装配式钢制综合管廊的优势及特点体现在以下几个方面：

**1. 施工周期短**

现浇混凝土综合管廊受天气和施工工艺的制约，导致对周边环境影响较大，施工速度较慢。而装配式钢制综合管廊可大大提高施工的速度，缩短了施工的周期。相较而言，比现浇混凝土管廊提高的速度约为30%，可满足应急抢修等情况对工期要求较短的工程需求。

**2. 工程成本低**

经过初步测算，装配式钢制综合管廊的整体造价普遍比混凝土结构的综合管廊造价低，以10km的常规综合管廊进行计算，节约的成本为1.5亿元人民币左右。

**3. 工厂制作质量可靠**

综合管廊通常为大断面薄壁的结构，因为现浇钢筋混凝土管廊的施工质量受作业人员、施工环境、管理水平及技术水平的影响较大，所以其质量常常有较大的波动。而装配式钢制管廊的管片为工厂流水线成批量制作而成，安装质量和产品质量易于把控。

**4. 抗震抗变形能力强**

现浇混凝土管廊属于长距离线形结构，在发生不均匀沉降时，纵向的变形协调能力较差。而装配式钢制综合管廊结构采用波纹钢板（管），在公路桥涵等相关的应用中已经得到可靠的验证，其具有良好的横纵向位移补偿的功能。

**5. 环保**

装配式钢制综合管廊在达到使用年限后钢材可回收利用，在确保大规模管廊建设的同时，还可降低建筑的能耗。

**6. 耐久性强、寿命长**

采用钢材制作成波纹形状的装配式钢制综合管廊在材料强度及延性上均具有较好的表现，采用有效的防水、防腐等相关措施，可确保综合管廊主体结构 100 年的使用年限。

钢制综合管廊现如今已经形成从产品研发、设计、制造、安装到施工的一整套完善的技术体系。衡水武邑钢制综合管廊的成功案例足以证明其具有经济、可靠、安全的优点，同时符合国家倡导的节能、环保、绿色等要求，发展前景较好。目前，钢制综合管廊的国家标准以及地方标准即将发布。

### 9.3.3 工程难点

在国内，关于装配式波纹钢制综合管廊尚无系统性深入研究的先例，特别是在结构、防水、防腐等方面，均存在影响钢制综合管廊推广的技术难点。在钢制综合管廊各方面技术、标准等不健全的前提下，该项目积极探索研究钢制综合管廊的各项关键技术、参与推动钢制综合管廊标准的编制，引领钢制综合管廊的全面发展。钢制综合管廊埋设于地面以下，防腐抗渗要求高，为满足设计使用年限 100 年的规范要求，需采取有针对性的措施。

**1. 结构设计**

（1）建立了装配式大截面双舱钢制综合管廊的波纹钢管-土组合结构体系，基于有限元计算和试验监测值，创建了廊内管线-廊体-廊外部土体综合作用的结构分析模型，解决了钢制综合管廊内部铺设混凝土底板、分舱内隔墙与波纹钢板连接构造等存在的应力不均问题。利用结构模型分析了不同钢板波形、管廊截面、廊体壁厚、管廊埋深、回填土性质、回填范围及基坑支护方案等因素对钢制综合管廊结构承载力和稳定性的影响程度，为钢制综合管廊在设计和施工提供了理论依据。

（2）钢波纹板管廊属于柔性结构，土与其自身的结构体系是相互影响和制约的，随着回填土产生的垂直压力不断增加，钢制管道的截面逐渐由最初的圆形变为椭圆形，使钢制管道周围土层压力逐步均匀分配，从而提高了钢波纹板的承载能力。因此在计算的模型中要充分考虑土与结构体系两者之间的相互作用，而不只是单纯地将土的压力直接施加到结构体系上，采用有限元软件进行整体分析，最终在设计原则满足强度要求的基础上，还能达到最优化的设计效果。

（3）钢波纹板的断面相对较大且其质量也比现浇管廊小，所以需考虑大抗浮的设计，当前采用在钢制综合管廊底部浇筑素混凝土的方式从而实现对上浮问题的有效解决，如图 9-30 所示。

图 9-30 钢制综合管廊内混凝土走道板

（4）钢制综合管廊内部管线的支撑结构易对钢波纹板造成局部失稳和应力集中的现象，并且会对本身的结构体系产生很大的推力，为此需调整管线的布置形式，可将管线的支撑结构设计成一个独立的受力体系，并且在钢波纹板上采取局部加强措施，从而消除这些不利因素所带来的影响。

（5）针对常规断面（圆形、方形）存在的空间利用率低、应力分布不平衡等问题，并结合管线工艺布置，选取圆拱形作为大断面双舱综合管廊的装配式波纹钢结构断面类型。

（6）现有的波纹钢管公路桥涵计算理论没有考虑到管线荷载、内部管线荷载、分舱结构等复杂因素，钢制综合管廊结构受力比公路桥涵波纹钢结构更加复杂，且更加不利。为了减少对结构受力的不利因素，采取了多重结构构造措施：钢制综合管廊内部混凝土板与波纹钢板连接处采用柔性材料；内隔墙柱与波纹钢板连接采用长圆孔及柔性材料；设置独立支架，传递管线荷载等。

**2. 防腐性能提升**

钢制综合管廊防腐要求具有特殊性，管廊外部受土和地下水等影响，且仅只能一次实施；其内部受潮湿空气影响，干湿交替情况复杂。采用市场上能够大量购买、又具有宜加工性能及一定强度的碳素钢板作为基材，项目组经过专题研究和多次计算试验，创造性地提出适用于不同环境下的组合防腐方法。典型方案如下：

方案一：热浸镀锌 + 沥青 + 土工布：结合国外埋地波纹钢结构镀锌理论、国外现有钢制综合管廊防腐案例及国内公路桥涵的防腐案例，提出双面热镀锌方案。根据国外同类工程经验，在基材表面热镀厚镀锌层，该工程选用双面热镀锌 600g 工艺，可满足使用寿命为 50 ~ 80 年，并且针对外侧土壤环境的复杂性，外侧增加沥青，为避免回填土损伤沥青层，增加土工布进行保护，可满足恶劣环境管廊 100 年的设计使用寿命。

方案二：环氧粉末 + 阴极电流保护：环氧粉末是国外新型防腐形式，特别在我国西气东输、跨海大桥中进行应用。考虑装配式钢制综合管廊百年防腐的要求，内部存在干湿交替、微生物、城市杂散电流、土壤电阻率高等诸多问题，可参照跨海大桥桥台及钢桩，采用环氧粉末 + 阴极电流保护组合防腐方案。

**3. 拼装处技术处理及拼接速度提升**

在拼装结构连接处易出现渗漏水，为此在两块波纹板之间、波纹板与混凝土节点之间、波纹板的连接螺栓处等部位，粘贴 CSPS 专用密封材料，防水效果良好。

目前，国内外小断面钢制综合管廊多采用整管方式，钢制综合管廊环向不存在或采用少数螺栓连接，拼装难度较低，但断面增大后，拼接难度加大。针对装配式钢制综合管廊拼装构造，在传统的波纹板按顺序拼接方式基础上开发新型 AB 圈连接方式，多环分圈拼装后再吊装环圈就位进行整体连接。经过工程测算，采用传统连接方法 10d 施工约 60m，采用新型 AB 圈连接方法 10d 施工约 120m，安装速度是以往波纹管按顺序拼接速度的 2 倍。

**4. 钢制综合管廊防水问题**

目前，国内外缺乏适用于大断面装配式钢制综合管廊的防水体系统研究。该项目依据多次研究成果，建立了适用于大断面钢制综合管廊的外防水（喷涂型防水材料在外部形成封闭包裹层）、自防水（两块管片之间、螺栓处具有一定黏性和延展性的薄形密封材料）、重点部位防水（3 片搭接处、钢混结合处密封填充材料接缝补强，形成连续性表面）的防水体系，并提出了包含防水体系、排水措施和补漏措施的“防排补”一体化解决方案。

对结构外防水、结构自防水和重点部位防水的防水体系，进行了 3 个级别的防水密闭试验，通过试验验证了大断面装配式钢制综合管廊防水体系的有效性和可靠性。

**5. 污水清淤**

基于管线重力流及污水清淤方式的研究，研发出适用于污水管线纳入钢制综合管廊的带有过滤截污功能的接井方案和廊内新型清淤方案，污水入廊方案如图 9-31 所示。

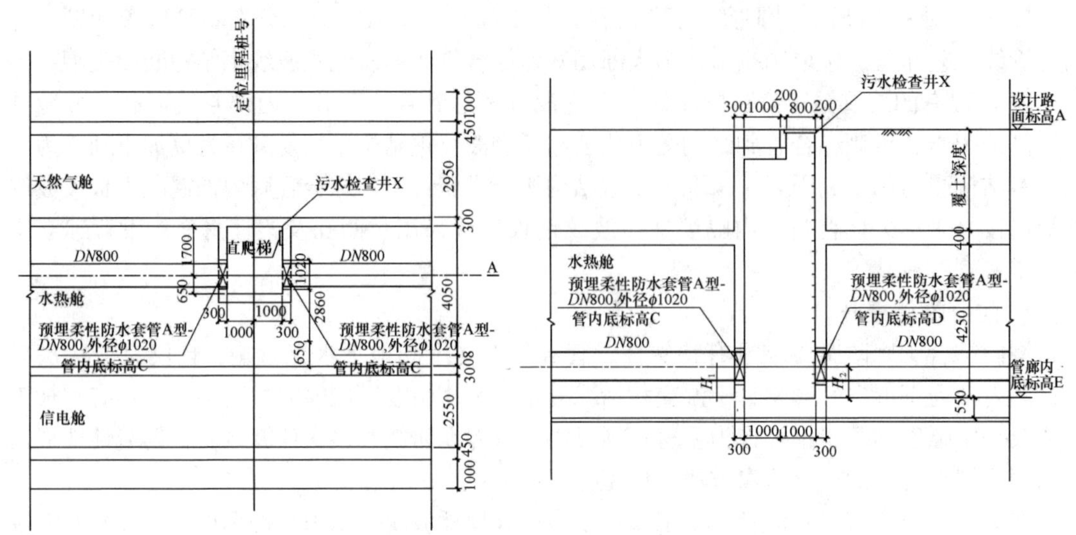


图 9-31　污水入廊方案

污水会产生有害气体并具有一定腐蚀性，分支节点采用钢筋混凝土结构与其他节点合建，取代传统污水直升接入井方式；清扫检查设计：采用特殊分段式清扫口，取代传统检查井检修方式，简化了检修结构，利于管道清淤，从而降低了结构成本。污水管道采用支墩或支座形式进行支撑，避免采用顶壁或侧壁的支架或吊架，减少对钢制综合管廊顶壁或侧壁的结构性影响；且采用可调节支墩或支座，保证污水连续重力坡度。

**6. 天然气泄漏引发的安全问题**

为解决天然气泄漏所引发的安全问题，研发了带水封的深集水坑方案和具有远程监控功能的补水系统方案。天然气外泄至空气会引发爆炸及人员中毒事故，通过增加常规集水坑深度，并在集水坑内设置水封、远程监控系统及补水系统，保证水封液位，从而有效避免天然气外泄。同时，集水坑排水采用防爆潜污泵，避免因电缆破损或者水泵漏电产生火花而导致危险事故发生。

## 9.3.4　施工组织管理

钢制综合管廊的施工组织与传统综合管廊的施工组织相比，其控制难点相对减少，以 50m 管廊施工范围举例，所用的施工时间共计 40d，在施工过程中，施工组织的重点在于钢制综合管廊运输、基坑开挖、过程的动态监测以及吊装阶段。

**1. 基坑开挖**

该工程的基础选用天然的地基基础，基坑在 1m 的深度范围内均采用 1∶1 放坡开挖的形式，而下部采用 15m 长 FSP-Ⅳ型的拉森钢板桩外加一道内支撑进行基坑支护，基坑开挖的最大深度为 8.835m，钢板桩的埋置深度为 7m，设置 HW400mm × 400mmH 型钢围檩，$\phi$325mm × 12mm 钢管内支撑。支撑中心距钢板桩顶的距离为 0.5m，纵向支撑的间距为 3m。现场开挖的支护如图 9-32 和图 9-33 所示。

**2. 钢制综合管廊的运输和吊装**

钢制综合管廊的管节可在工厂内进行加工制作，并且依据现场施工进度的计划进行成套

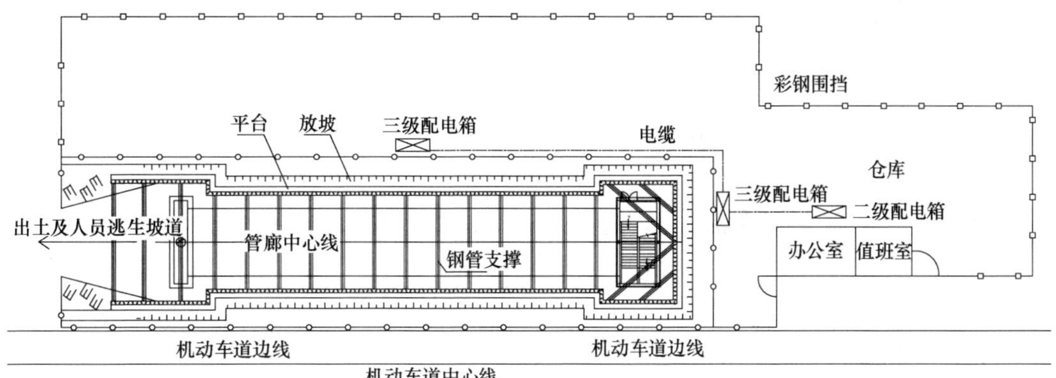


图 9-32　施工现场平面布置图

图 9-33　钢制综合管廊基坑开挖

的加工制作，确保可以满足现场的施工要求。同时，需在构件运输前根据构件的尺寸选择出合适的运输工具，并且编制专项的运输方案，在构件装车前要对各尺寸的构件进行编号清点，核对构件的型号和种类。在运输构件的过程中，需在各运输车上设置合理的支点，并且将其依次固定牢固，以防在运输过程中造成涂层的损伤。

构件装卸的过程中需指派专人进行负责，按照构件的重心吊点进行起吊，并且在堆放的场地根据顺序分区进行有序存放，从而做好成品的保护工作。在实际的吊装过程中使用一台 25t 汽车吊、两台 50t 汽车吊相互配合完成最终的吊装工作，如图 9-34 所示。

图 9-34　钢制综合管廊现场吊装

图 9-35 钢制综合管廊现场组装

**3. 钢制综合管廊的拼装过程**

构件按照连接方式和结构形式确定出合理的组装顺序，拼装前需要在螺栓处以及搭接处粘贴密封材料，在组件的连接处采用搭接的拼装方式，并且选用高强度螺栓相互连接，在拼装完成后需要用定扭矩扳手进行紧固，M20 螺栓的预紧力矩为（340 ± 70）N · m。安装完成后需要对钢制综合管廊的外壁进行二次防腐处理，同时涂刷改性热沥青，并且用土工布进行包裹。施工过程如图 9-35 所示。

### 9.3.5 工程成效

衡水市武邑县装配式钢制综合管廊项目作为全国首个装配式钢制综合管廊项目，经过项目团队的不懈努力，先后与国内多所大学、研究院所、企业和实验室进行了多年、多次专家论证及试验，攻克多项技术难题，项目于 2016 年顺利竣工，该项目攻克了钢制综合管廊的各项关键技术，填补了我国装配式钢制管廊的技术空白，对国内外大断面多舱装配式钢制综合管廊建设起到一定的科技引领作用。

项目管廊截面为管拱形（两舱），管廊断面尺寸为宽 × 高 = 6. 5m × 4. 8m，入廊管线包括热力、污水、给水、再生水、电力、电信管道。装配式钢制综合管廊成套技术成果率先在项目中应用，降低了 40 万元的工程建设成本，节约了大量土地资源，同时在实施过程中提高了施工速度，降低了管廊基础要求，减少了砂石、混凝土使用，降低了施工粉尘及噪声污染，带动了相关产业（如钢结构安装与制造、防水、防腐产业等）的同步发展。钢制装配式地下管廊，实现了综合管廊的工业化生产、机械化施工，加快了综合管廊建设速度，提高了综合管廊建设质量，有利于保障城市安全、完善城市功能、美化城市景观、促进城市集约高效发展，也有利于提高城市综合承载能力和城市化发展质量，符合国家建筑产业现代化政策。2017 年，国内举办了首届钢制综合管廊国际高峰论坛，效果良好，为国内钢制综合管廊普遍推广应用奠定了坚实基础。

该项目创建了装配式钢制综合管廊工程技术规范体系和新的产业链，实现了装配式钢制综合管廊工程化应用，培育了我国装配式钢制综合管廊产品从无到有的市场，推动了我国城市综合管廊的技术创新，并对大断面多舱装配式钢制综合管廊起到一定的科技示范作用，带动了波纹钢及相关产业的发展，对国民经济可持续发展具有极大的促进作用。

## 9. 4 暗挖隧道综合管廊——冬奥会综合管廊

### 9.4.1 项目概况

2022 年冬奥会延庆赛区外围配套综合管廊工程的设计起点为佛峪口水库大坝下游左岸管理处院南，终点为延庆赛区 1050m 海拔高程新建塘坝附近，全线共设支洞 5 处及松闫路竖井 1 处，综合管廊全长约 7. 88km，其中主洞管廊长 6. 46km，支洞管廊长 1. 42km，均位于松山山体内部（图 9-36）。

入廊管线包括 2 根 *DN*800mm 造雪输水管道、2 根 *DN*400mm 生活用水输水管道、1 根

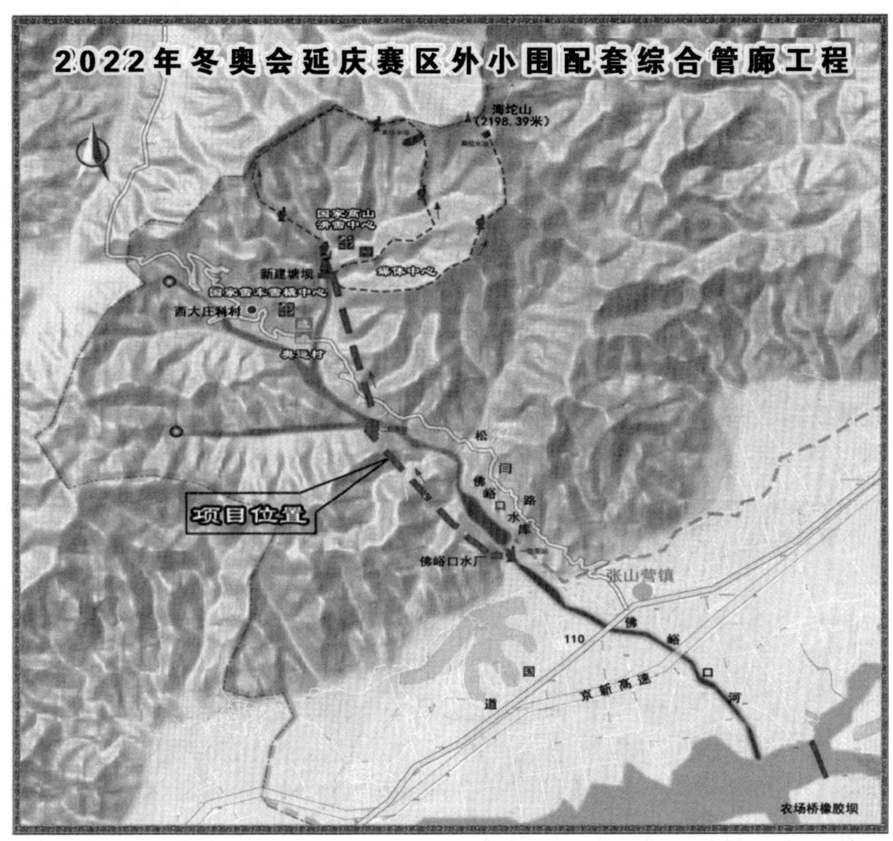


图 9-36　综合管廊位置示意图

*DN*300mm 再生水输水管道、2～4 条 110kV 电缆、2～4 条 10kV 电缆、12 孔电信管道、4 孔有线电视管道。综合管廊标准横断面分为上下两层，有 4 个舱室：上层 3 个舱室，分别为 1 个电信舱，2 个电舱；下层 1 个水舱。

**1. 综合管廊的平面布局**

（1）平面路由

经过充分方案比选，最终确定推荐全线隧洞方案，平面长度约 6.458km，起点在在建延崇高速段，长度 3.7km，终点在在建延崇高速长度约 2.8km。

综合管廊平面导线参数见表 9-3。

**表 9-3　综合管廊平面导线参数表**

| *IP* 点 | *IP* 坐标 | | 转弯半径 | 转角 | 切线长 | 曲线长 | 外矢距 | 3*C* 点桩号（m） | | |
|---|---|---|---|---|---|---|---|---|---|---|
| | *X* | *Y* | （m） | （ °　′　″ ） | （m） | （m） | （m） | *BC* | *MC* | *EC* |
| $IP_1$ | 368323.232 | 455070.024 | 0.000 | 0　d0　0 | 0.000 | 0.000 | 0.000 | 0.000 | 0.000 | 0.000 |
| $IP_2$ | 370997.652 | 453086.247 | 500.000 | 17　d45　49 | 78.135 | 155.016 | 6.068 | 3251.716 | 3329.224 | 3406.732 |
| $IP_3$ | 371315.735 | 452977.944 | 50.000 | −11 d14　1 | 4.917 | 9.803 | 0.241 | 3659.695 | 3664.596 | 3669.498 |
| $IP_4$ | 372254.037 | 452435.414 | 200.000 | 31　d54　6 | 57.163 | 111.358 | 8.009 | 4691.276 | 4746.955 | 4802.634 |
| $IP_5$ | 373005.034 | 452459.866 | 200.000 | −13　d0　45 | 22.809 | 45.422 | 1.296 | 5474.056 | 5496.767 | 5519.479 |
| $IP_6$ | 373706.902 | 452321.559 | 200.078 | −17 d13　6 | 30.292 | 60.127 | 2.280 | 6181.742 | 6211.806 | 6241.869 |

续表

| IP点 | IP坐标 | | 转弯半径 | 转角 | 切线长 | 曲线长 | 外矢距 | 3C点桩号（m） | | |
|---|---|---|---|---|---|---|---|---|---|---|
| | X | Y | （m） | （°　′　″） | （m） | （m） | （m） | BC | MC | EC |
| $IP_7$ | 373876.151 | 452230.176 | 0.000 | -44 d18 52 | 0.000 | 0.000 | 0.000 | 6403.922 | 6403.922 | 6403.922 |
| $IP_8$ | 373885.594 | 452199.896 | 0.000 | -30 d33 52 | 0.000 | 0.000 | 0.000 | 6435.640 | 6435.640 | 6435.640 |
| $IP_9$ | 373880.558 | 452178.499 | 0.000 | 0　d0　0 | 0.000 | 0.000 | 0.000 | 6457.622 | 6457.622 | 6457.622 |

（2）支洞布置

该工程处于中高山区，地形地貌复杂，综合管廊埋深较大，设置支洞是必要的。

支洞布置应根据其用途及特点，综合考虑地形、地质、生态环境、水土保持、主廊道和主廊道沿线建筑物、施工及交通、运行等各种因素，通过技术经济比较选定。宜研究临时与永久相结合以及一洞多用的可行性、合理性和经济性。一般平洞支洞轴线与主洞轴线交角不宜小于40°，且应在交叉节点设置不小于20m的平段。

支洞设置应满足地下洞室群分层开挖施工进度和通风排烟的需要；单纯设置施工支洞时，支洞的数目及长度应根据沿线地形地质条件、对外交通情况、支洞间的隧洞工程量、方便出渣及工期要求等，通过技术经济比较确定。地质条件较差时，应研究施工支洞对主洞的影响；在满足工程总布置要求的条件下，洞线宜布置在沿线地质构造简单、岩体完整稳定、水文地质条件有利及施工方便的地区；洞线遇有沟谷时，可根据地形、地质、水文和施工条件，进行绕沟和跨沟方案的技术经济比较；洞线在平面上宜布置为直线；支洞的纵坡可根据运行要求、沿线建筑物的基础高程、上下游的衔接、施工和检修条件等确定。一般平洞支洞纵坡：无轨运输不超过9%，相应限制坡长150m；局部最大纵坡不宜大于14%；采用掘进机施工时，支洞洞线的布置宜避开制约掘进机施工的地质区域。

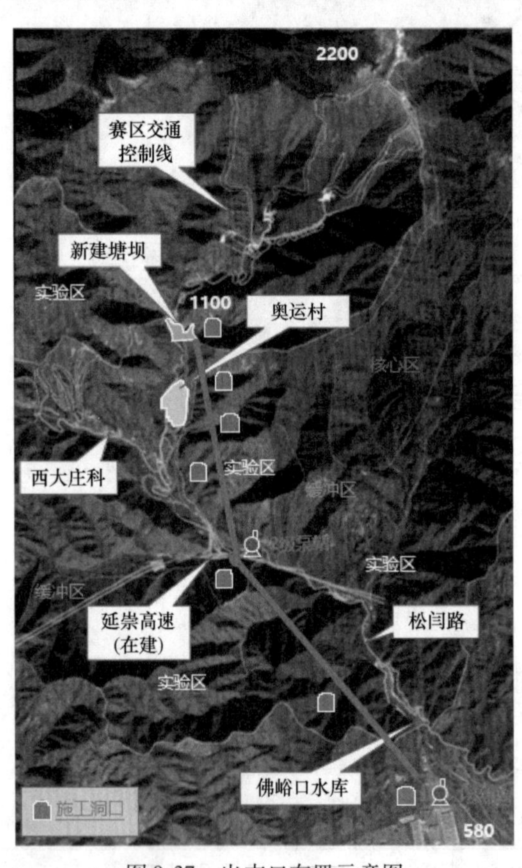


图9-37　出支口布置示意图

出支口布置示意图如图9-37所示。

**2. 综合管廊的纵面布置**

综合管廊全长约6.5km，管廊起点内净空底高程为578.93m，管廊穿越松闫路及佛峪口沟处的松闫路竖井（桩号3+649.399，-3+676.597）内净空底高程为735.030m，管廊终点内净空底高程为1002.452m，管廊全线高差423.522m，覆土深度3~300m。管廊起点至松闫路竖井段纵坡约4.56%，松闫路竖井至末端赛区塘坝下游洞口段纵坡0.78%~15%。管廊纵坡超过10%处，在通道部位设置有防滑地坪或礓礤。在综合管廊的起点处设置有集水坑，集水坑顺接通向佛峪口沟内的排水暗涵，管廊内管道放空检修水及渗漏水均沿管廊纵坡自流进入集水坑后，通过排水暗涵排出。

综合管廊纵断面布置图如图 9-38 所示。

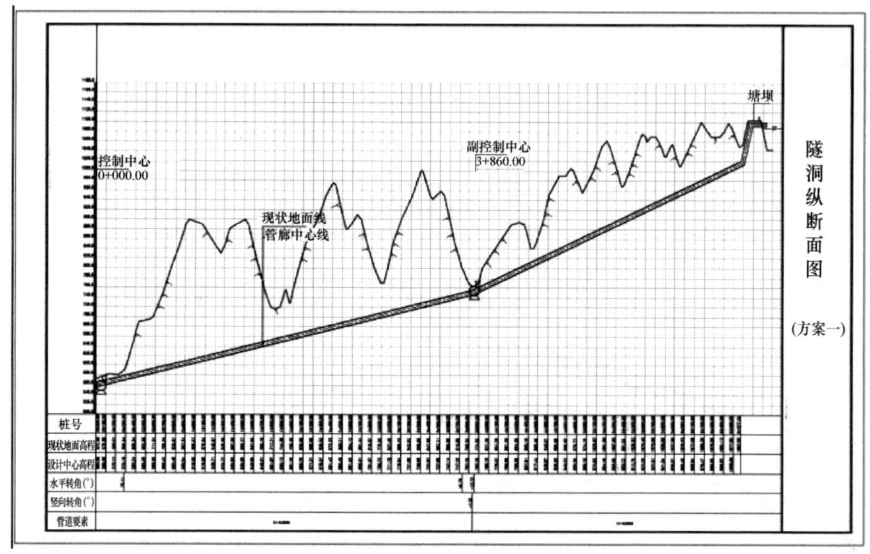


图 9-38 综合管廊纵断面布置图

### 3. 分舱原则及管线布置

根据要求，综合管廊主洞、3#支洞及 4#支洞内的电力管线布置为独立 2 舱。电力舱沿侧墙自上而下依次布置 10kV、110kV 电缆支架。

电信管线与电力管线分属不同产权单位，为保证今后巡检、维护互不交叉干扰，同时考虑 110kV 及以上电力电缆不应与通信电缆同侧布置。综合管廊主洞、3#支洞及 4#支洞内的电信管线为独立舱室布置。电信舱沿侧墙自上而下依次布置 12 孔电信、4 孔有线电视电缆支架。

综合管廊内水务管线含 2 根 *DN*800mm 造雪水管、2 根 *DN*400mm 生活水管及 1 根 *DN*300mm 应急再生水排放管，沿综合管廊主洞及各支洞节点位置，管线上间隔设有排气阀、泄水阀、伸缩节、阀门等管线附件。考虑到水务管线均为高压管道，管道压力为 3 ~ 6MPa，本工程将水务管线单独设为一舱。

综合管廊主洞桩号 0 + 200、5 + 954 段及 3#、4#支洞的标准断面分为上下两层，共 4 个舱室，其中下层为水舱，上层自西向东依次为 1#电舱、2#电舱及信舱。管廊起点桩号 0 + 030 ~ 0 + 200 段及桩号 5 + 954. 000 ~ 6 + 457. 678 段标准断面仅一层水舱。管廊断面参数见表 9-4。管廊干线横断面设计图见图 9-39、图 9-40。

**表 9-4 管廊断面参数**

| 序号 | 桩号 (m) | 舱室种类 | 断面形式 | 宽 × 高/直径 (m) | 纵坡 (%) | 施工工法 |
|---|---|---|---|---|---|---|
| 1 | 0 + 030. 000 ~ 0 + 185. 000 | 水 | 矩形-单层 | 7 × 4 | 1. 63 | 明挖现浇 |
| 2 | 0 + 185. 000 ~ 0 + 200. 000 | 水 | 矩形-单层 | 8. 66 × 4. 715 | 1. 63 | 明挖现浇 |
| 3 | 0 + 200. 000 ~ 0 + 210. 000 | 水、电、信 | 矩形-双层 | 8. 66 × 7. 855 | 4. 56 | 明挖现浇 |

续表

| 序号 | 桩号<br>（m） | 舱室种类 | 断面形式 | 宽×高/直径<br>（m） | 纵坡<br>（%） | 施工工法 |
|---|---|---|---|---|---|---|
| 4 | 0+210.000～1+570.000 | 水、电、信 | 圆形-双层 | 8.66/9.16 | 4.56 | TBM（图9-39） |
| 5 | 1+570.000～3+649.499 | 水、电、信 | 方形-双层 | 7×7 | 4.56 | 钻爆 |
| 6 | 3+649.499～3+676.495 | 水、电、信 | 矩形-双层 | 14×7 | 0 | 竖井 |
| 7 | 3+676.495～5+983.000 | 水、电、信 | 城门洞-双层 | 7×7 | 0.78-10.5 | 钻爆（图9-40） |
| 8 | 5+983.000～6+457.678 | 水 | 城门洞-单层 | 5.7×5.5 | 15 | 钻爆（图9-40） |

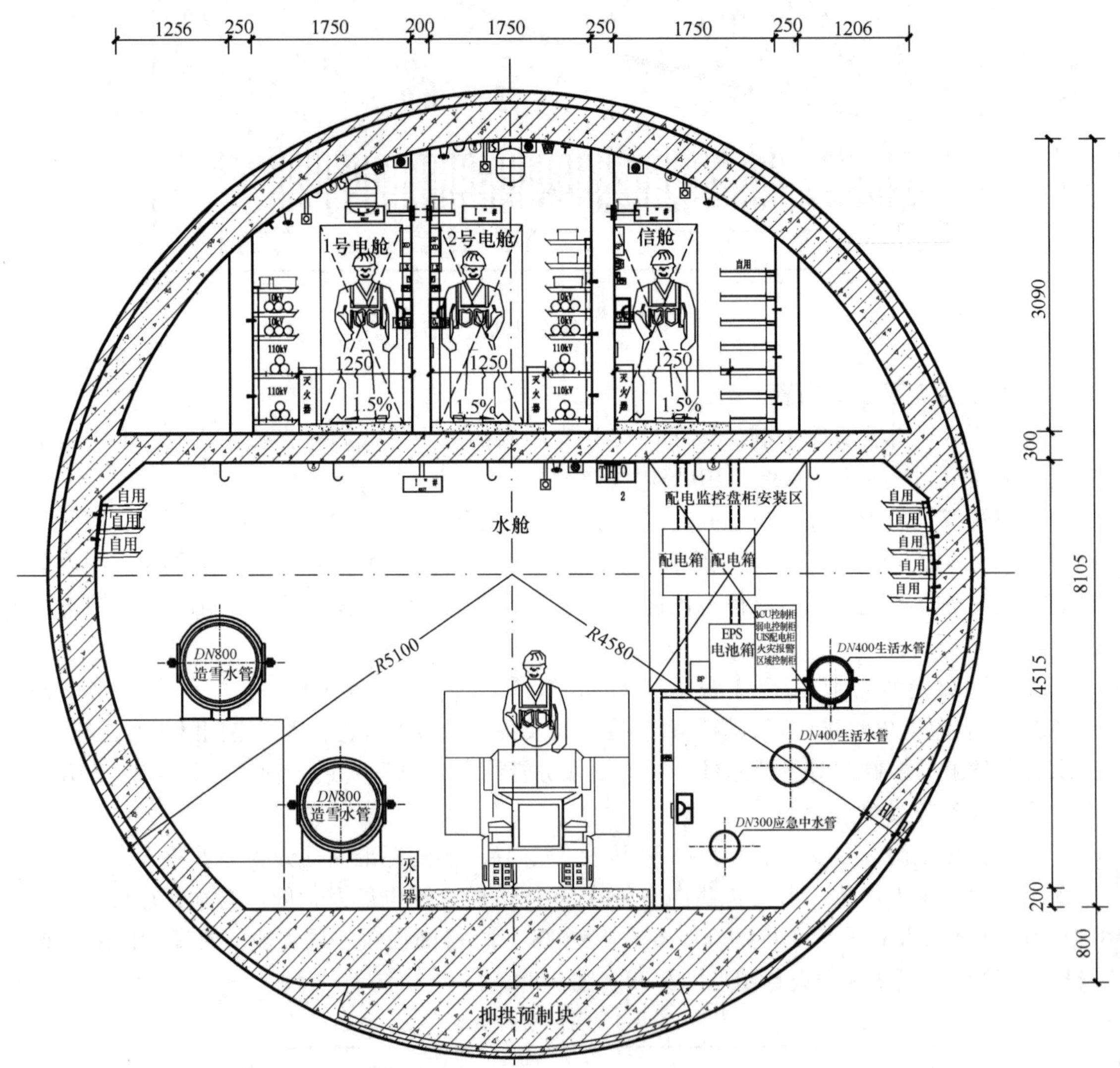


图9-39　圆形管廊横断面设计图
（桩号0+210－3+647.099，1∶50）

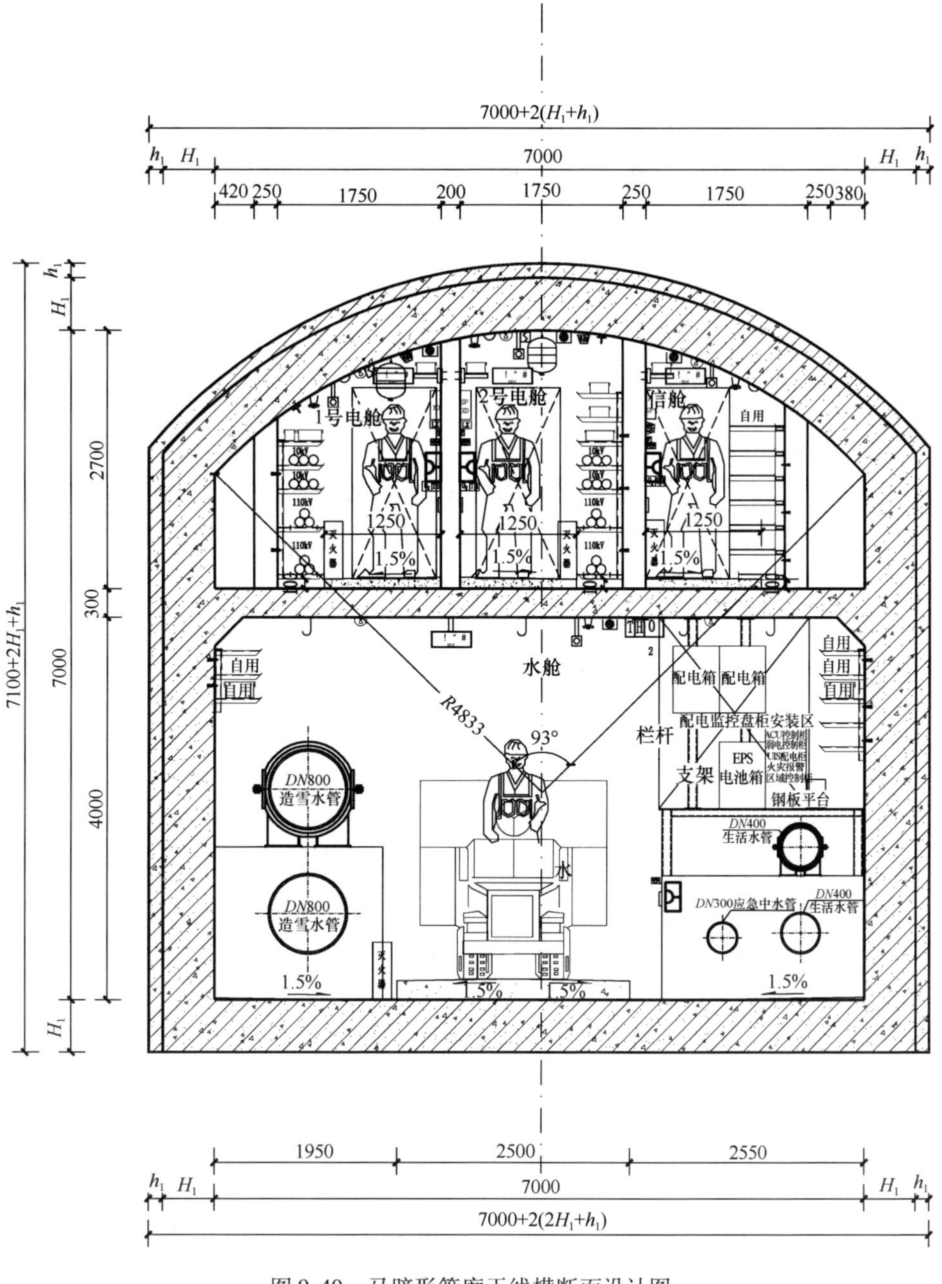


图9-40　马蹄形管廊干线横断面设计图

（桩号3+678.739－5+104，1:50）

## 9.4.2　工程主要特点、难点及应对措施

区域中北部地貌属于中高山，北部最高峰大海坨山海拔2241m，是北京市第二高峰，小海坨山在大海坨山南侧，海拔2198.39m。海坨山山脉呈西南—东北走向，也是北京西北与河北省的行政分界和分水岭。

海坨山是水库佛峪口沟的发源地，沟谷向南经西大庄科村流入佛峪口水库。水库两岸山体陡峻，山顶高程一般800～1200m，山间沟谷狭窄，以“V”形谷为主，谷底纵坡大。

**1. 项目主要特点**

（1）TBM与浅埋暗挖法相结合

该工程TBM段长3.5km，隧洞为圆形断面，开挖洞径10m，埋深10～140m，基本无地下涌水量，岩石以中粒花岗岩为主。双护盾TBM常用于复杂地层的长隧道开挖，根据地勘初步成果，该工程初判无断裂带、涌水的软弱岩层，地质条件较好，考虑采用敞开式TBM掘进施工（图9-41）。

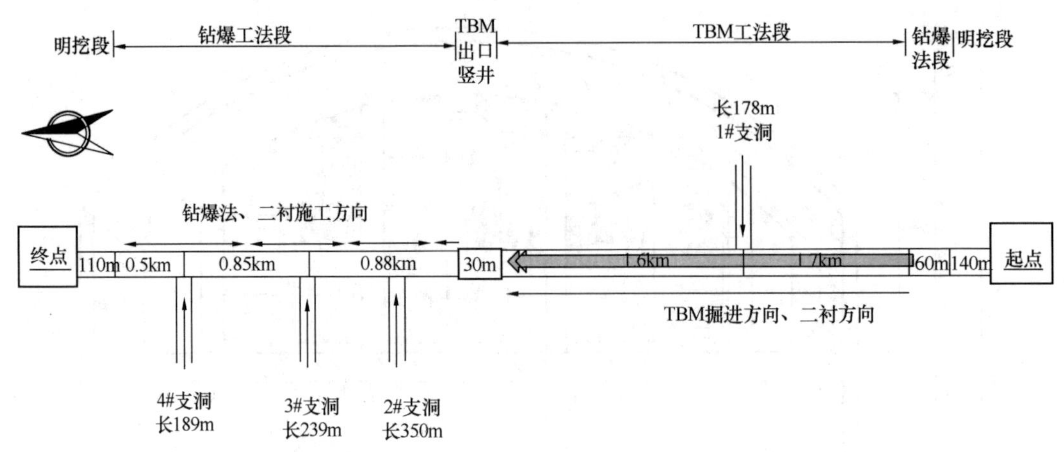


图9-41　施工总体布置图

采用钻爆法施工的主管廊段总长约2.78km，采用城门洞形断面，桩号5+954以前段隧洞开挖跨径8.6m，高8.6m，成洞高度7m，桩号5+954以后段隧洞开挖跨径6.9m，高7.1m，成洞高度5.7m。一衬采用厚0.2～0.26m钢筋混凝土，二衬采用厚0.4～0.8m钢筋混凝土，通过隔板分成上下两层布置，下部内穿各输水管共6根，上部为电力层，分两舱布置。隧洞开挖围岩以Ⅲ类或小于Ⅲ类围岩为主，占比约68%，Ⅳ～Ⅴ类围岩主要分布在穿沟段及垭口处，占比约为32%。

施工标准横断面图如图9-42和图9-43所示。

图9-42　TBM工法施工标准横断面图

图9-43　钻爆工法施工标准横断面图

（2）出支数量少

该工程综合管廊位于中高山区，为保障管廊沿线廊体（隧洞）安全，一般洞线距离山坡、沟谷较远，且埋深较大，故综合管廊沿线设置出支口难度较大。结合综合管廊施工、出支、人员和设备进出、通风、逃生、运行管理、检修等需求，以及结合水务、电力、电信等入廊管线的接驳要求，沿线设置出支口 7 处。7 处出支口参数见表 9-5：

**表 9-5　出支口参数表**

| 序号 | 名称 | 管廊平面桩号 | 节点功能 |
| --- | --- | --- | --- |
| 1 | TBM 始发基坑 | K0 +080 | 施工洞口；110kV&10kV 电力（接驳）分支节点；电信（接驳）分支节点；造雪用水、生活用水、再生水排放水务（接驳）分支节点；人员出入口；逃生口；检修车辆进出口；进风口 |
| 2 | 1#支洞 | K1 +759. 971 | 施工支洞；10kV 电力（接驳）分支节点；电信（接驳）分支节点；人员出入口；逃生口；进风口；排风口 |
| 3 | TBM 接收竖井 | K3 +647. 099 | 施工洞口；110kV&10kV 电力（接驳）分支节点；电信（接驳）分支节点；造雪用水、生活用水（接驳）分支节点；人员出入口；逃生口；进风口；排风口 |
| 4 | 2#支洞 | K4 +560. 833 | 施工支洞；预留电力 & 电信（接驳）分支节点；预留独立通风系统 |
| 5 | 3#支洞 | K5 +104. 000 | 施工支洞；奥运村南侧；110kV&10kV 电力（接驳）分支节点；电信（接驳）分支节点；造雪用水、生活用水、再生水、融雪水（接驳）分支节点；检修车辆进出口；人员出入口；逃生口；进风口；排风口 |
| 6 | 4#支洞 | K5 +954. 000 | 施工支洞；奥运村北侧；110kV&10kV 电力（接驳）分支节点；电信（接驳）分支节点；检修车辆进出口；人员出入口；逃生口；排风口 |
| 7 | 管廊末端竖井 | K6 +457. 520 | 塘坝下游、施工洞口；造雪用水、生活用水水务（接驳）分支节点；人员出入口；逃生口；排风口 |

各分支节点 BIM 设计如图 9-44 ~ 图 9-46 所示。

图 9-44　1#分支节点 BIM 设计

图 9-45　3#分支节点 BIM 设计

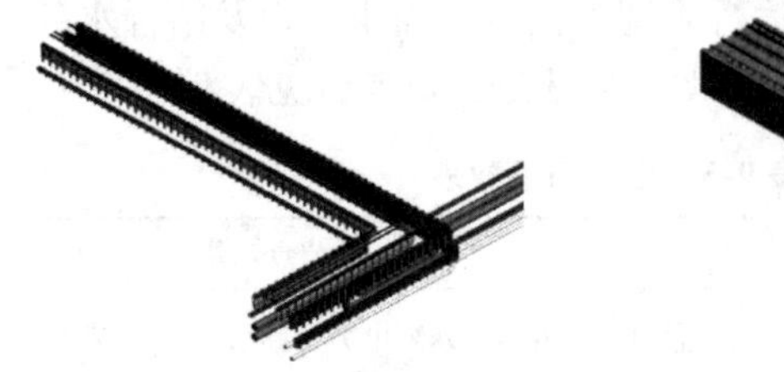
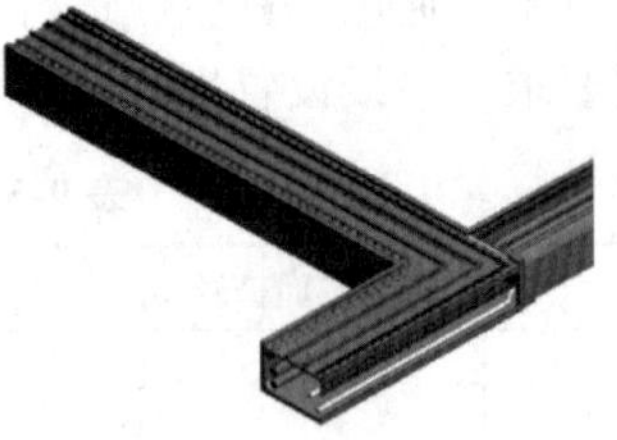

图 9-46　4#分支节点 BIM 设计

（3）没有相应结构设计规范

冬奥会延庆赛区外围配套综合管廊址区为中高山地貌，管廊工程没有关于隧洞工程的设计规范，国家也没有隧洞工程的国家标准。

（4）通风分区间距长

6.3km 管廊仅有 7 个对外出入口，管廊通风口只能结合这 7 处节点设置，通风分区距离较长。

（5）水务管线设计考虑因素多

1）需水量大

主要工程内容包括造雪引水工程、集中供水工程、再生水排放管线工程 3 部分。赛事总需水量约为 89 万 $m^3$，其中：造雪需水量（原水）约为 74 万 $m^3$（需要在 200h 内完成造雪，造雪用水强度增加）；造冰及生活需水量（自来水）约为 15 万 $m^3$，高峰日自来水需求量约为 4200$m^3$/d，需水量大。同时考虑该工程供水对象特别重要，在设计时，将事故时供水量调整为设计水量的 100%，即单根管就能保障造雪或生活用水需求。

2）水泵扬程大、水压高

综合管廊位于中高山区，具有埋深大、坡度大的特点，其最大埋深约 280m，平均埋深约 120m；TBM 段坡度约 5%，钻爆段坡度约 10%，管廊起点与终点高差约 460m。设计时需考虑高水压等问题。

**2. 项目难点与应对措施**

（1）结构设计

隧洞工程：由于管廊工程没有关于隧洞工程的设计规范，国家也没有隧洞工程的国家标准，目前国内其他行业常用的关于隧洞方面的设计规范包括《水工隧洞设计规范》（SL 279—2016）、《铁路隧道设计规范》（TB 10003—2016）、《公路隧道设计规范　第一册　土建工程》（JTG 3370.1—2018），3 本规范关于结构计算方法基本相同，关于荷载取值稍有差异。

由于该工程隧洞外水荷载是主要的控制性荷载，根据上述规范要求，外水压力应按《水工隧洞设计规范》（SL 279—2016）要求取值，为使结构荷载取值和结构设计规范体系统一，该工程的隧洞结构按《水工隧洞设计规范》（SL 279—2016）进行设计。

又由于该工程属于综合管廊工程，因此隧洞结构构造措施、耐久性要求等应满足《城市综合管廊工程技术规范》（GB 50838—2015）的相关规定。根据国家和行业的相关规范，并考虑工程的重要性，将该工程隧洞级别定为 2 级。

明挖暗涵工程：该工程明挖暗涵段结构设计按《城市综合管廊工程技术规范》（GB 50838—2015）相关要求执行。

综合管廊的设计使用年限为 100 年，相应结构可靠度理论的设计基准期均采用 50 年，并根据使用环境类别进行耐久性设计。

应按荷载效应的基本组合和偶然组合进行承载能力极限状态计算；应按荷载效应的准永久组合并考虑长期作用的影响进行正常使用极限状态裂缝宽度验算。与地下水、土接触并有自防水要求的混凝土构件，其表面最大裂缝宽度限值应取 0.2mm，其他构件的最大裂缝宽度限值应取 0.3mm。应按荷载效应的准永久组合并考虑长期作用的影响进行正常使用极限状态变形验算。受弯构件的最大挠度限值不应超过 $L_0/300$，悬臂构件的最大挠度限值不应超过 $2L_0/300$（$L_0$为构件的计算跨度）。

地下结构设计应满足《建筑设计防火规范（2018 年版）》（GB 50016—2014）的相关要求，地下结构中承重构件的耐火等级为一级，其他构件应满足相应的室内建筑防火规范要求。

地下结构的自身防水要求应满足建筑物防水等级要求，管廊按二级防水等级要求设计，控制中心按一级防水设计。

综合管廊工程抗震设防类别为重点设防，该地基本烈度为 8 度，地下结构应符合 8 度抗震设防烈度设计要求。

与地面线相接的人员出入口处应做防洪设计。

根据《防洪标准》（GB 50201—2014）的要求，该项目涉及各专业工程须满足同时相应专业的标准设计。

根据《防洪标准》（GB 50201—2014），输水管道穿越交叉河道时，确定输水管道防洪标准为设计标准重现期 30 年洪水，校核标准重现期 100 年洪水。输水管道与铁路、公路交叉建筑物同时须满足相应专业的标准设计。

根据《防洪标准》（GB 50201—2014），电力管线 110kV 防护等级属于Ⅳ等，防洪标准为 20～100 年。综上所述，本综合管廊防洪按入廊管线中防洪要求最高的管线确定，各出入口防洪标准为重现期 100 年洪水。

（2）通风系统设计

1）管廊通风特殊性

综合管廊位于中高山区，具有埋深大和坡度大的特点，其最大埋深约 280m，平均埋深约 120m；TBM 段坡度约 5%，钻爆段坡度约 10%，管廊起点与终点高差约 460m。

全管廊仅有 7 个对外出入口，管廊通风口只能结合这 7 处节点设置，通风分区距离较长。

综合管廊共分为 4 个舱室，分别为 1#电力舱、2#电力舱、电信舱、水舱。各舱室通风特点不同：水舱作为管廊的安全通道，通风工况有两种：平时通风工况和加压防烟工况。电力舱电缆发热量较大，最不利情况下，1#电力舱电缆发热量为 212W/m、2#电力舱电缆发热量为 239W/m。电力舱通风工况有两种：散热通风工况和事故后通风工况。电信舱通风工况也有两种：平时通风工况和事故后通风工况。

2）管廊通风系统设计原则

① 管廊通风系统应满足各舱室通风要求。

② 通风分区结合管廊整体节点划分。

③ 结合管廊整体结构与各舱室通风特点，水舱通风系统与电力舱、电信舱通风系统独立设置。

3）通风分区

管廊共分为 4 个通风分区，其中 2#通风分区包括 5#支洞的通风，3#通风分区包括 2#支洞的通风；4#通风分区包括 4#支洞的通风。通风分区间采用实体墙分割，防止气流掺混、短路，并设置常闭抗风压门，保证人员通行。

电力舱防火分割不大于 200m，采用防火门进行分隔。同一通风分区内，电力舱的防火门采用常开防火门，保证电力舱正常通风；火灾事故时，事故防火分区及相邻防火分区的防火门自动关闭，进行防火分隔；事故后，由专业人员手动开启防火门，确定火灾熄灭、烟气冷却后，通风排除有害烟气。通风区段参数见表 9-6。

**表 9-6　通风区段参数表**

| 通风分区 | 起点桩号 | 终点桩号 | 管廊分区长度（m） | 起点支洞长度（m） | 终点支洞长度（m） | 通风分区总长度（m） |
|---|---|---|---|---|---|---|
| 1#分区 | K0 +030 | K1 +760 | 1730 | 0 | 205 | 1935 |
| 2#分区 | K1 +760 | K3 +679 | 1919 | 205 | 0 | 2124 |
| 3#分区 | K3 +679 | K5 +104 | 1425 | 0 | 302 | 1727 |
| 4#分区 | K5 +104 | K6 +458 | 1354 | 302 | 0 | 1656 |

4）通风方式

管廊通风方式为机械通风，通风原理图如图 9-47 和图 9-48 所示。

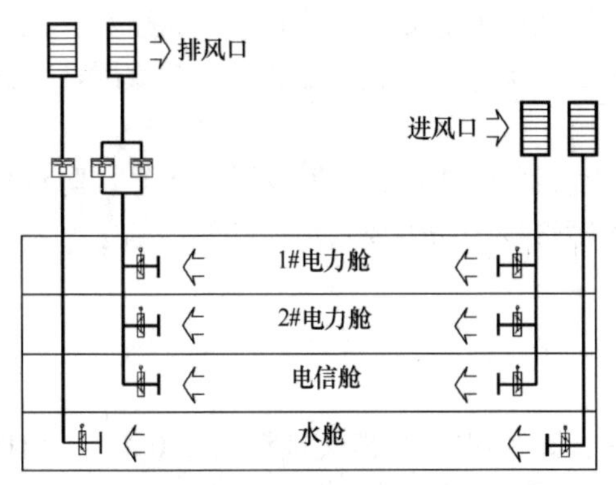


图 9-47　1#、3#、4#通风分区通风原理图

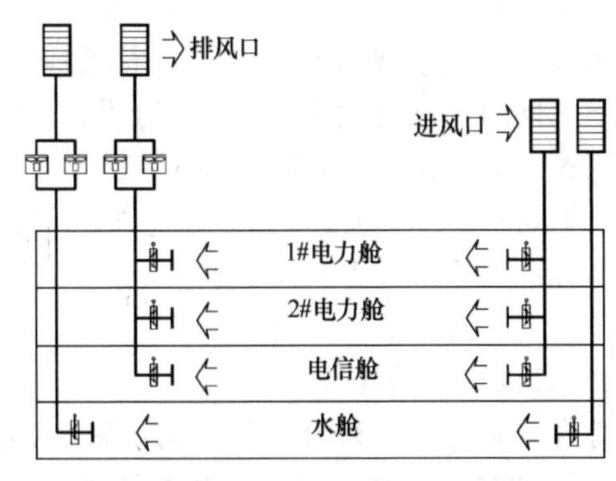


图 9-48　2#通风分区通风原理图

1#、3#、4#通风分区各设置一处集中的风机房，每个通风分区设置如下：1#电力舱、2#电力舱、电信舱共用一套通风系统，设置两台风机分别满足舱室平时通风工况和事故通风工况；水舱单独使用一套通风系统，设置一台风机。两套通风系统独立设置。

2#通风分区设置一处集中的风机房，通风分区设置如下：1#电力舱、2#电力舱、电信舱共用一套通风系统，设置两台风机分别满足舱室平时通风工况和事故通风工况；水舱单独使用一套通风系统，设置两台风机（大小相同），平时通风两台风机同时运行；加压防烟工况，一台风机运行。两套通风系统独立设置。

管廊设置电气用房，每处面积约 150m²，电气用房设置平时通风系统和气体灭火排风系统；平时通风系统通风量按房间发热量计算。电气用房采用七氟丙烷气体灭火系统，电气用房灾后排风系统通风换气次数不小于 5 次/h，排风由风管引至管廊外大气环境。

5）通风系统

轴流式通风机具有效率高、风量大、噪声低等特点，根据该工程通风分区的风量、风压范围，1#～4#通风分区通风设备采用轴流式风机。

1#～4#通风分区的1#电力舱、2#电力舱、电信舱共用一个通风系统，水舱设置一个通风系统，两个通风系统相互独立；电力舱、电信舱通风系统设置两台风机，分别满足舱室平时通风工况和事故通风工况。平时通风工况，风机风量满足2个电力舱室的平时散热需风量之和；事故通风工况，风机风量满足1个舱室事故通风量。1#、3#、4#水舱通风系统设置一台风机，满足水舱正常通风工况和加压送风工况；2#通风分区水舱设置同型号风机两台，正常通风工况使用两台，加压送风工况使用一台，采用两台风机的目的是降低1#支洞逃生通道的风速，逃生时风速不高于3m/s。

1#～4#通风分区风机容量较大，风压较高，噪声较大，采用片式消声器降低噪声。

该工程对风机的运行噪声要求较高。1#～4#通风分区风机容量较大，噪声值在110dB（A）左右，采用组装结构片式消声器降低噪声，控制管廊内噪声值不高于85dB（A），风机房外噪声值不高于55dB（A）。

大型风阀采用组合式风阀，其由底框、单体风阀、叶片、传动机构、电动/手动执行机构、密封装置、电控箱等部件组成。

地下风机房、电气用房设置通风系统，电气用房通风系统还具有气体灭火后通风功能，其主要设备包括小型轴流/混流风机等。

管廊通风口处风速不大于5m/s，通风口高度高于洪水位，防止雨水倒灌，风口处采用防雨百叶防雨，采用孔径为10mm×10mm的金属网防止小动物进入。

6）通风系统控制及运行模式

为确保综合管廊平时正常运行及火灾后的排风，需对管廊内空气质量及通风系统设备进行监控，采用现场手动监控和监控中心两级监控。

① 排除余热通风

排除余热通风的目的是使管廊内的环境温度控制在设计要求范围。当综合管廊内空气温度>40℃时，由控制中心自动开启本分区内的通风系统；当综合管廊内空气温度≤35℃时，自动关闭本分区内的通风系统。

② 巡视检修通风

当巡检工作人员进入管廊时，需先开启相应通风分区的通风系统，进行通风换气，确保管廊内空气质量良好。

③ 加压送风

管廊发生火灾时，切断火灾舱室的通风气流，关闭火灾所在防火分区及前后两个防火分区的防火门，为防止火灾舱室的烟气进入安全通道，采用加压送风维持水舱不低于50Pa的正压。加压送风工况时，水舱/支洞的风机采用压入式，出风口的风阀关闭，维持安全通道正压。

④ 事故通风

管廊发生火灾时，切断火灾舱室的通风气流，关闭火灾所在防火分区及前后两个防火分区的防火门，切断着火点的氧气供应，待火灾熄灭，且着火区域空气温度冷却至常温后，开启通风系统进行通风。

⑤ 风量调节

1#～4#通风分区电力舱、电信舱通风系统，连接各舱室的风道支管上设置电动风量调节阀和风量传感器，根据管廊通风的工况，由控制器调节各舱室的风量分配。

⑥5#支洞

5#支洞总长度约360m，其功能为运营期管线巡视检修进出口及事故逃生口。在5#支洞洞口侧墙上设置一个电动双层防雨百叶窗，作为支洞通风口。当巡检工作人员进入管廊时，需先开启相应通风分区的通风系统，进行通风换气，确保管廊内空气质量；其他工况，关闭通风口。

（3）水务管线设计

1）水务管线概况

该工程内容包括造雪引水工程、集中供水工程、再生水排放管线工程3部分：

① 造雪引水工程主要满足冬奥会延庆赛区国家高山滑雪中心、国家雪车雪橇中心等比赛场馆造雪用水需求，主要包含新建泵站、输水管线及排气井等沿线构筑物。泵站分为二级，输水管线沿线平行布置2根。

② 集中供水工程主要满足国家高山滑雪中心、国家雪车雪橇中心等比赛场馆及冬奥会延庆赛区奥运村、媒体中心、颁奖广场等非比赛场馆生活用水的需求。该工程主要包括新建水厂1座、新建配水泵站、新建输水管线及沿线构筑物等。泵站为一级，输水管线沿线平行布置2根。

③ 再生水排放管线工程主要用于冬奥会延庆赛区比赛、非比赛场馆富裕再生水排放（至佛峪口水库下游）再利用管线的敷设，主要包括新建输水管线及沿线构筑物等。输水管线沿线平行布置2根。

2）主要设计依据

① 北京市水务局2017年9月编制的《北京2022年冬奥会和冬残奥会水资源与水环境保障规划（延庆赛区）》；

② 北京市规划和国土资源管理委员会2017年8月文件《北京市规划和国土资源管理委员会关于冬奥会延庆赛区造雪引水及集中供水工程设计方案审查意见的函》，明确指出，请延庆区水务局依据市政府批复的水专项规划进一步深化设计方案。

③ 北京市规划和国土资源管理委员会2017年7月文件《北京市规划和国土资源管理委员会关于2022年冬奥会延庆赛区外围配套综合管廊工程设计方案审查意见的函》（2017规土审改试点函字0001号），明确指出造雪输水管线为2根*DN*800mm，生活用水管线为2根*DN*400mm，再生水管线为2根*DN*300mm。

④ 北京市规划和国土资源管理委员会编制了《2022年冬奥会延庆赛区外部市政保障规划方案》，但该方案为机密文件，不对外公开。

3）水专项规划的赛事需水量预测

根据北京市水务局2017年9月编制的，已经获取北京市政府批复的《北京2022年冬奥会和冬残奥会水资源与水环境保障规划（延庆赛区）》：赛事需水主要包括造雪需水、造冰需水和生活需水。赛事总需水量约为89万$m^3$，其中：造雪需水量（原水）约为74万$m^3$（需要在200h内完成造雪，造雪用水强度增加）；造冰及生活需水量（自来水）约为15万$m^3$，最高日自来水需求量约为4200$m^3$/d。需水量预测以延庆赛区最终的设计方案为准。

① 赛道造雪需水量

根据冬奥组委规函〔2017〕5号文、6号文、95号文和北京冬奥组委规划建设和可持续发展部会议纪要2017年第1号，延庆赛区雪道总面积约87万$m^2$，造雪厚度2.0m；雪道密度按590kg/$m^3$ 进行控制，预测雪道需水量约为74万$m^3$，水源为原水。若遭遇不利工况，用水量会显著增加。

② 赛道造冰需水量

赛道设计1.4m宽，挡墙高0.5~7m，赛道造冰水源为自来水，估算赛道造冰需水量约0.07万$m^3$。

③ 赛事生活需水量

赛事生活需水包括赛事人员以及公共建筑用水，需水总量约15万$m^3$，日最高需水量约4200$m^3$/d，水源为自来水。其中：赛事人员需水量约8万$m^3$，赛事观众需水量约2万$m^3$，赛区公共建筑需水量约5万$m^3$。

主要规划任务如下：

本项目将为延庆赛区供水，起点为佛峪口水库坝下，终点为延庆赛区内部蓄水设施（高程约1050m），新建引水管线全长近8km，设计规模0.69$m^3$/s，调水能力6.0万$m^3$/d（根据冬奥组委会和国际雪联磋商的结果，计划造雪时间压缩为200h，高峰日造雪强度增加，需要工程与调蓄设施联合调度满足高峰日造雪用水需求）。工程管线主要沿佛峪口河右岸，以综合管廊方式穿过山体输送至延庆赛区蓄水设施，同时配建泵站两处及沿线配套附属设施，新增自来水设施供水能力5000$m^3$/d。综合管廊内设造雪所需原水供水管线、造冰和生活所需自来水供水管线、融雪及再生水等管线、电力和通信线缆等。

4）造雪引水和集中供水规模的确定

根据北京市水务局2017年9月编制的，已经获取北京市政府批复的《北京2022年冬奥会和冬残奥会水资源与水环境保障规划（延庆赛区）》，本工程设计规模0.69$m^3$/s，调水能力6.0万$m^3$/d（根据冬奥组委会和国际雪联磋商的结果，计划造雪时间压缩为200h，高峰日造雪强度增加，需要工程与调蓄设施联合调度满足高峰日造雪用水需求）。根据本工程在设计过程中历次会议精神，以及北京北控京奥建设有限公司2017年9月对北京京投城市管廊投资有限公司函文《北京2022年冬奥会及残奥会延庆赛区项目关于综合管廊出线需求事宜的复函》，在规划塘坝处（高程1050m处），造雪引水量60000t/d，两根管径*DN*800mm，生活给水两根管径*DN*400mm。可见，受各种客观因素影响，为促进工程进度，造雪引水使用单位——北京北控京奥建设有限公司已经和延庆区水务局、京投管廊公司等达成协议，本工程造雪引水管线供水规模按照60000t/d，管径按照*DN*800mm考虑，高日用水量差额由北控京奥公司通过新建塘坝等联合调度解决。

5）造雪引水和集中供水管径和根数的确定：

① 根据《室外给水设计标准》（GB 50013—2018）7.1.3条：城市供水系统是多水源或者设置了调蓄设施，在建输水工程发生事故时，可满足用水区域事故用水量的条件下，可采用单管输水。在单水源或原有调蓄设施满足不了事故用水量时，设计应采用2条以上管道输水，而且在管道之间应设计连通管，以保证用水区域事故用水量，事故用水量为设计用水量的70%。

考虑本工程终点无安全储水池或其他安全供水措施，故本工程造雪引水管线和生活用水集中供水管线均采用2条。

同时考虑本工程供水对象特别重要，我院在设计时候，将事故时供水量调整为设计水量的100%，即单根管就能保障造雪或生活用水需求；同时考虑本工程扬程大，特别是集中供水泵站仅设1级，水泵扬程大于480m，故适当加大管径，降低流速，有利于保障管道运行安全。

②根据北京市规划和国土资源管理委员会编制的《2022 年冬奥会延庆赛区外部市政保障规划方案》和市规委对综合管廊设计方案等回复，造雪引水管线采用 *DN*800mm 管线，生活用水采用 *DN*400mm 管线。因该市政保障规划方案为保密文件，故不能确定该规划是否有其他方面的考虑。建议在适当时候征求市规委专家意见。

6）再生水应急排放管线规模说明

根据北京市水务局 2017 年 9 月编制的，已经获取北京市政府批复的《北京 2022 年冬奥会和冬残奥会水资源与水环境保障规划（延庆赛区）》第四章："水资源实现循环利用。赛区再生水全部回用，加强对赛区雨洪水和融雪水的控制与利用。赛区全部采用高效节水设施，建设最严格水资源管理和高效节水示范区，实现水资源循环高效利用，赛区水资源管控达到世界最高水平。"故赛区再生水是在特殊情况下，应急排放至佛峪口水库下游，而非常态化排放。综上所述，再生水应急排放管线可以由 2 条 *DN*300mm 减少为 1 条 *DN*300mm 输水管线。

根据市规委对综合管廊设计方案等回复，再生水应急排放采用 2 根 *DN*300mm 管线。故建议在适当时候征求市规委专家意见。

### 9.4.3 经济评价

该工程是冬奥会延庆赛区基础设施建设的一部分，工程综合效益十分明显，主要体现在以下几个方面：

**1. 提供水源保障，确保冬奥会顺利召开**

该工程建成后与冬奥会延庆赛区其他水源保障工程一起发挥效益，为 2022 年冬奥会延庆赛区雪上竞技项目的顺利举办提供技术支撑，确保 2022 年冬奥会的顺利举办。同时，工程建设以服务冬奥会为契机，进一步完善了本地区的配套基础设施，提高了本地基础设施建设水平，为冬奥会之后场馆的可持续利用奠定了基础。

**2. 延长管线使用寿命，节约经济费用**

就综合管廊工程本身而言，综合管廊将地上部分各类市政管线纳入其中，一方面可以为纳入管廊的管线做了一层保护屏障，起到极好的隔离和防护作用，各管线的维修保护能力得到增强，极大地减轻了地面交通震动或其他灾害引起的管线直接破损，并且管线不直接接触土壤和地下水，因而避免了土壤对管线的腐蚀，大大延长了管线的使用寿命；另一方面，可以节约各类管线由于占地所带来的直接或间接的费用，节省各专业在同一工作层面上进行施工、协调等花费的时间成本，减少各类管线在建设初期的投入，加快建设进度；还可以避免因各类管线增设、维修，而引起的重复开挖、二次建设的费用。另外，综合管廊内设有通风、照明、检修、消防、报警等设施，能方便工作人员进行检修和日常维护，可以节省各类管线的维护费用，降低日后的日常管理及维护成本，并保证检修人员的安全，经济效益明显。

**3. 提高土地利用率，防止破坏生态环境**

该工程建设可有效利用地下空间，避免破坏原有的生态环境，促进地下空间的合理开发和高效利用，提高土地的利用率。同时，综合管廊内预留管线增设空间，也为各管线的扩容、更新提供方便。

**4. 提高基础设施现代化水平，创建城市新亮点**

地下综合管廊建设是目前世界发达城市普遍采用的集约化程度高、管理方便的城市市政基础设施，它将分散独立埋设在地下或架空的电力电缆、通信电缆、热力管线、给水管线、排水管线等各种市政管线，全部或公用部分集中纳入综合管廊，并留有增设余地，同时设置专业的检修、监测和控制系统，有利于各管线的统一规划、统一设计、统一建设，实现共同维护和集中管理，做到城市基础建设及管理并重，保证大型市政主干管的安全运行，为创建城市建设新亮点，提升城市基础设施的现代化水平，起到良好的示范和推动作用。该工程实施后，对于确保冬奥会顺利召开，有效利用地下空间，延长各类管线的使用寿命，提高基础设施现代化水平，进而促进内涵式城市发展战略具有积极的推动作用，综合效益明显。

## 9.5 智慧管廊——云南滇中智慧管廊

### 9.5.1 工程概况

云南滇中新区是于 2015 年设立的第 15 个国家级新区，是我国面向南亚、东南亚辐射中心的重要支点。新区位于昆明市主城区东西两侧，分为嵩明—空港片区、安宁片区两个部分，初期规划面积约 482km$^2$。新区区位条件优越，生态环境良好，产业集聚优势明显，发展空间较大。

滇中新区智慧管廊一期工程位于嵩明—空港片区，工程范围包括哨关大道（10.6km）、嵩昆大道一期（7.44km）综合管廊的机电工程、消防工程、综合监控系统，以及智慧管廊监控中心（216.23m$^2$）与智慧管廊展厅（423m$^2$）建设，工程总投资约 2.3 亿元，滇中新区智慧管廊一期工程概况如图 9-49 所示，哨关大道综合管廊标准断面图如图 9-50 所示，参观段如图 9-51 所示。

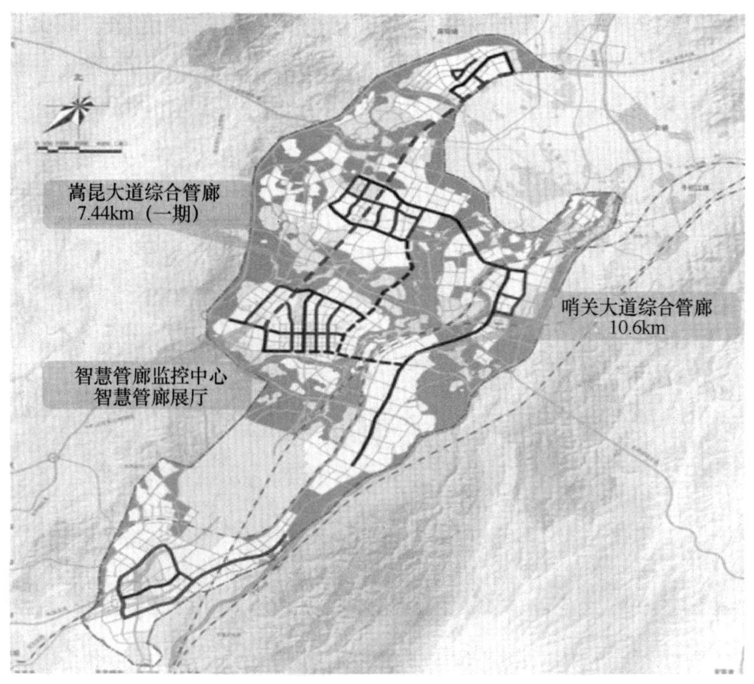


图 9-49　滇中新区智慧管廊一期工程概况

图 9-50 哨关大道综合管廊标准断面图

图 9-51 哨关大道综合管廊参观段（综合舱、电力舱）

滇中新区智慧管廊工程，以超时代理念、超想象便捷、超纬度管控、超稳定运营的建设理念，应用 BIM、GIS、物联网、云存储、人工智能、大数据等多种先进技术，通过一体化的分析决策和综合管控，打造管理可视化、维检自动化、应急智能化、数据标准化、分析全局化、管控精准化的综合管廊管控系统，使管廊运维安全、经济、高效、便捷，保障新区生命线的可靠运行。智慧管廊控制中心及智慧管廊展厅如图 9-52 和图 9-53 所示。

图 9-52 智慧管廊控制中心

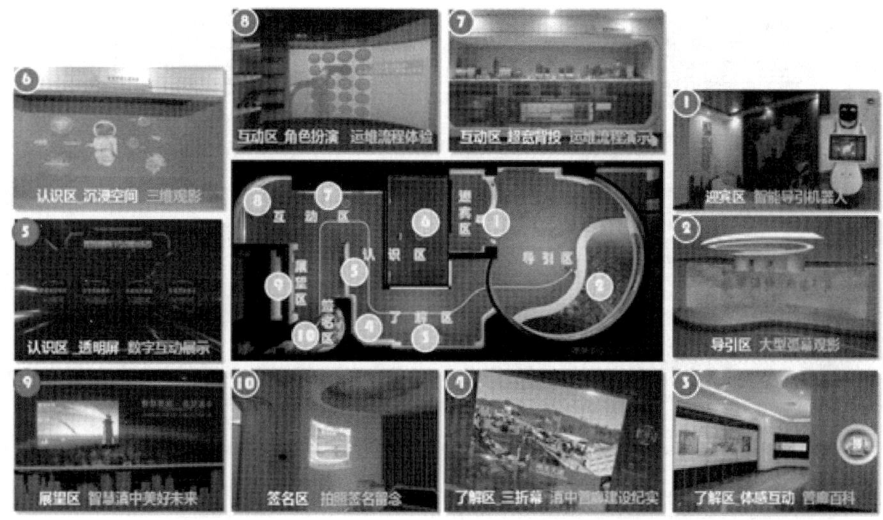


图 9-53　智慧管廊展厅

该工程入选《住房和城乡建设部 2017 年科学技术项目计划》，是住房城乡建设部 2017 年科学技术示范（信息化类）项目。其先进的智能化管控模式和大型多媒体展示形式，已吸引社会各界近 600 人次前来参观考察，对西南地区乃至全国的智慧管廊建设工作均起到良好的示范和推动作用。

## 9.5.2　BIM 应用

**1. 信息模型恢复与基础数据库建立**

（1）基础信息模型恢复

根据设计、施工单位的图纸、资料，建立土建工程实施完成阶段的信息模型（包括专业模型、设备元件库、总装模型等）。基础信息模型如图 9-54 所示。

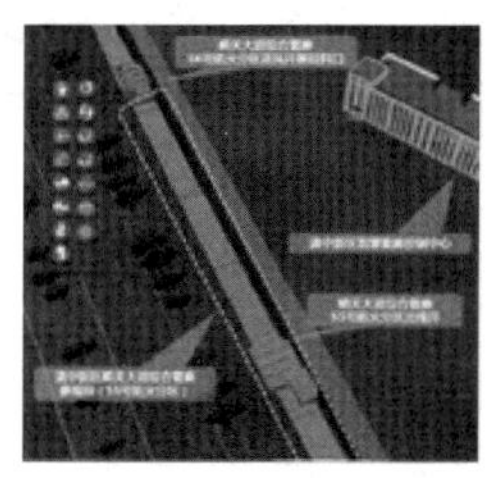
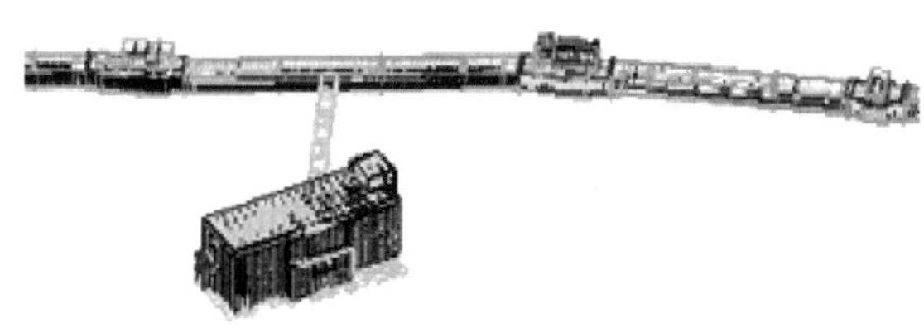

图 9-54　基础信息模型建立

（2）设计优化与深化

强电、弱电专业在 PW 平台协同开展供配电与照明系统以及其他弱电系统的设计优化与深化，包括系统配置、设备选型、平面布置、断面布置等。在此过程中完善模型数据，强电、弱电专业协同设计优化与深化如图 9-55 所示：

（3）机电工程安装指导

使用模型指导机电设备安装，并根据设备采购及现场实际情况完善、校准模型数据，安装指导与模型校准如图 9-56 所示。

图 9-55　协同设计优化与深化

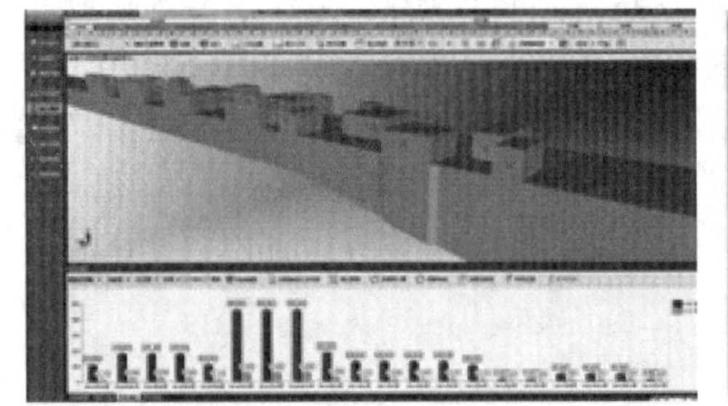

图 9-56　安装指导与模型校准

（4）信息模型整合与编码体系建立

根据综合管廊的构成及其在运维阶段运行、“维检”、入廊、应急、资产管理等活动的特点，结合相关规定，构建以位置编码与物料编码为基础的标准编码体系。物料编码与位置编码如图 9-57 所示。

通过编码体系，首先完成规划、设计、施工、集成阶段信息模型的规范表达与整合，再通过不同的排列组合方式，使构成管廊和参与管廊活动的每个元素拥有唯一的编码，使编码快速、准确地形成数据库的映射。

**2. 模型轻量化处理与数据传导**

（1）轻量化处理与跨平台传导

通过数据轻量化工具开发、数据轻量化制作和设备模型打包、分组，对信息模型进行轻量化处理，并导入智慧管控平台进行管理与应用。各设施设备在管控平台的三维空间内，其模型位置与现实位置对应，其属性能够准确反映功能参数以及建造、采购、施工、“维保”与其他技术信息，基于 BIM 的全生命周期数据传导如图 9-58 所示。

（2）动态数据连接

将信息模型与 GIS、SCADA 以及其他管理数据进行统一，以“一张图”模式向上层应用提供基于位置的可视化服务，直观展示综合管廊片区与局部情况。支持二维地图与三维模

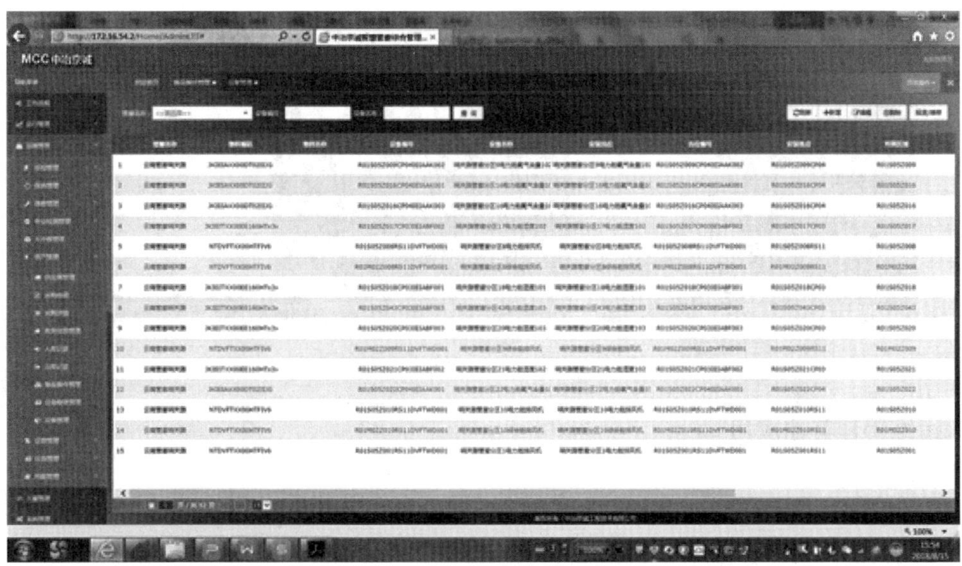


图 9-57　物料编码与位置编码

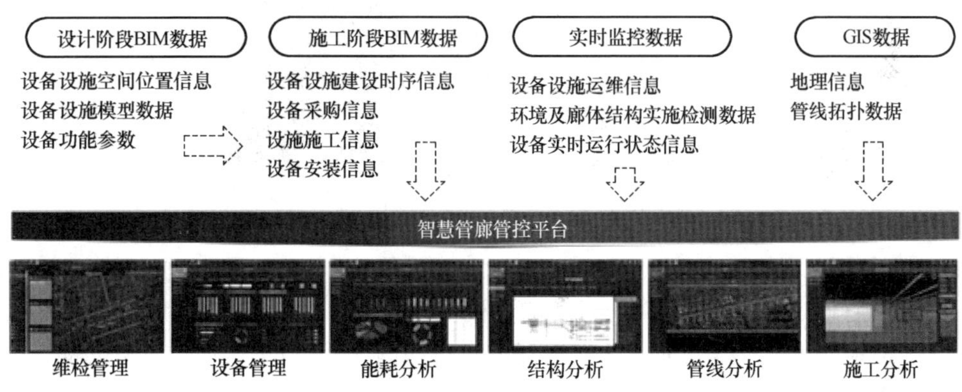


图 9-58　基于 BIM 的全生命周期数据传导

型的综合展示，满足大范围监控和管理的需要，其中“智慧管廊”一张图模式如图 9-59 所示，二维、三维联动查询如图 9-60 所示。

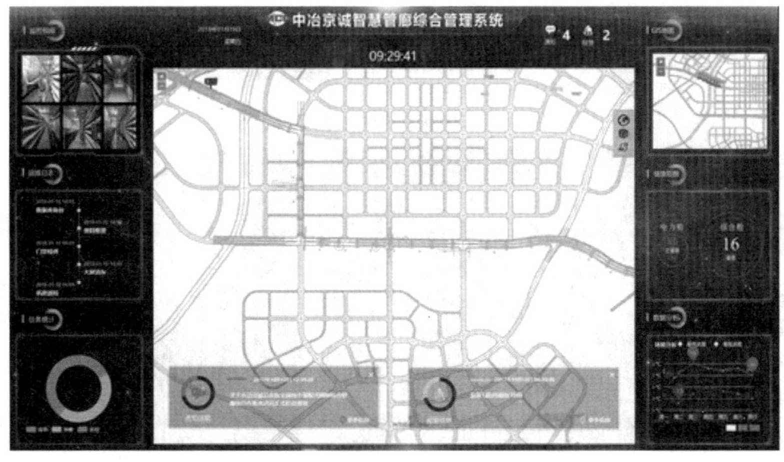


图 9-59　“智慧管廊”一张图

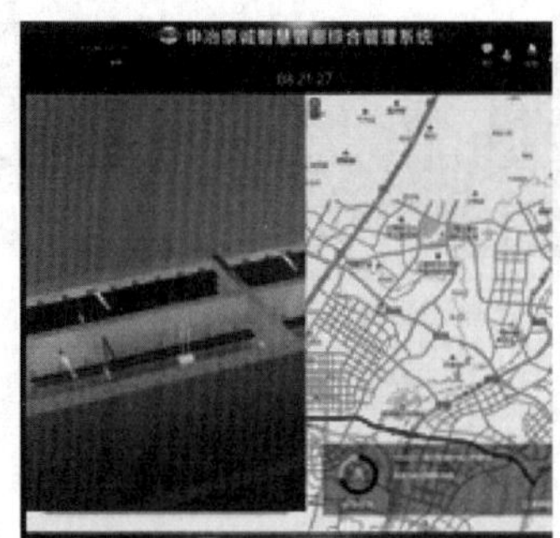

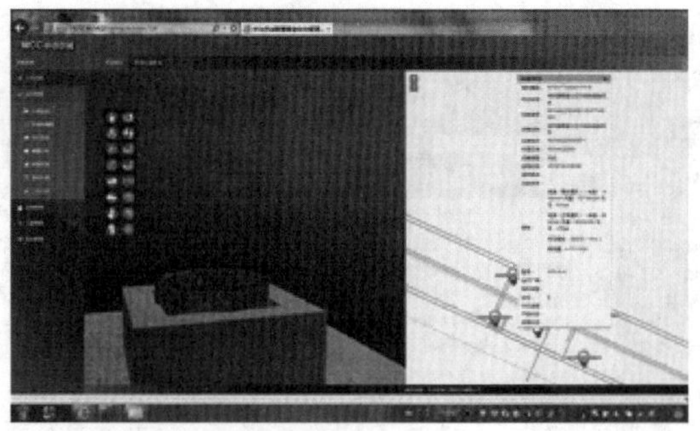

图 9-60　二维地图、三维模型联动查询

**3. 运维管理其他应用**

（1）人员与设备定位

将信息模型与蓝牙、无线 AP 等技术结合，在巡检管理中实现对人员与设备的实时动态精准定位，人员定位与设施定位如图 9-61 所示。

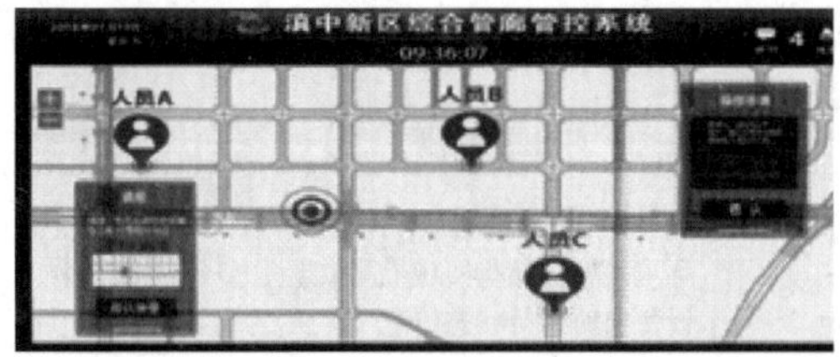

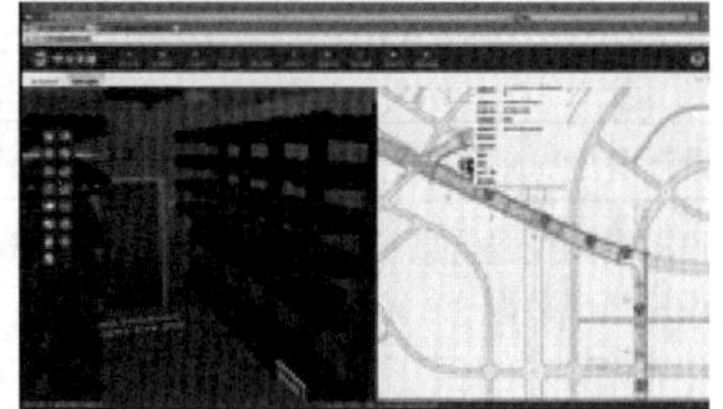

图 9-61　人员定位与设施定位

（2）巡检辅助

将信息模型与 AR 技术结合，通过智能巡检仪、AR 眼镜等智能装备辅助人工巡检，有效提升人工巡检的工作效率与质量，巡检辅助设备如图 9-62 所示，通过 AR 设备查询设备信息如图 9-63 所示。

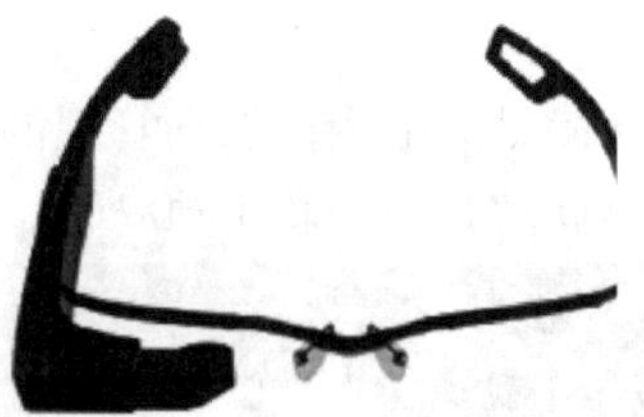

图 9-62　智能巡检仪与 AR 眼镜

图 9-63　通过 AR 眼镜查询设备信息

（3）资产管理

通过编码对库房、采购、入库、出库、备品备件、应急物资、设备台账进行统一管理，并可在地图中单击图标获取相关信息，资产管理与信息查询如图 9-64 所示。

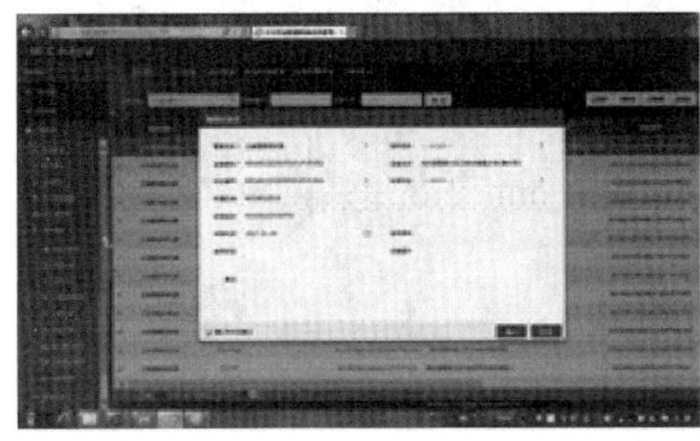
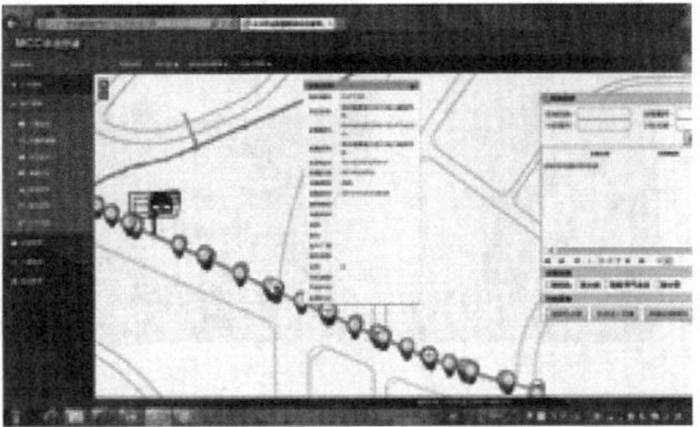

图 9-64　资产管理与信息查询

（4）事故模拟与应急管理

将信息模型与仿真分析计算结合，对事故进行模拟，从而验证与优化应急预案，提高事故响应速度，降低事故影响范围；还可以利用信息模型与监测数据，通过专家模型及 AI 算法，预测可能出现的问题，及时预警。管道破损事故模拟、事故影响范围分析及电缆火灾应急预案如图 9-65 ~ 图 9-67 所示。

图 9-65　管道破损事故模拟

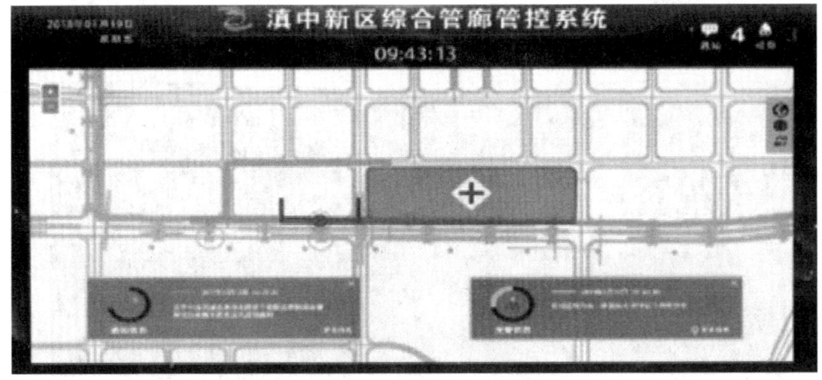


图 9-66　事故影响范围分析

（5）管线入廊模拟敷设

在入廊管理中，同样利用上述技术，通过模拟敷设确认申请入廊的管线路径，电力电缆入廊模拟如图 9-68 所示。

图 9-67　电缆火灾应急预案

图 9-68　电力电缆入廊模拟敷设

（6）虚拟培训

在人员培训中，将信息模型与 VR 技术结合，对管廊运维人员进行虚拟培训，如开展漫游讲解、仿真巡检及维修、应急演练等。VR 虚拟培训如图 9-69 所示。

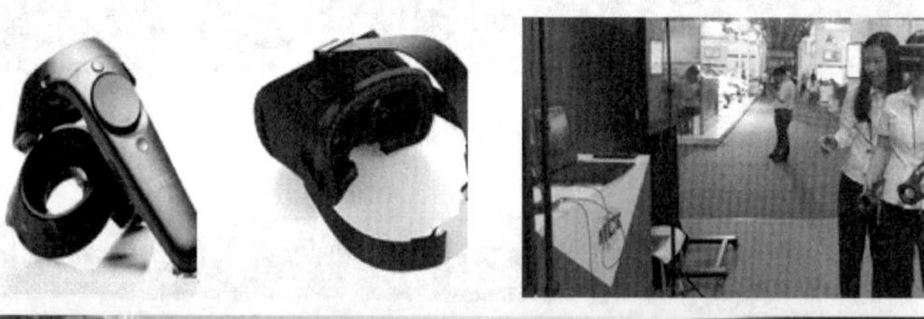

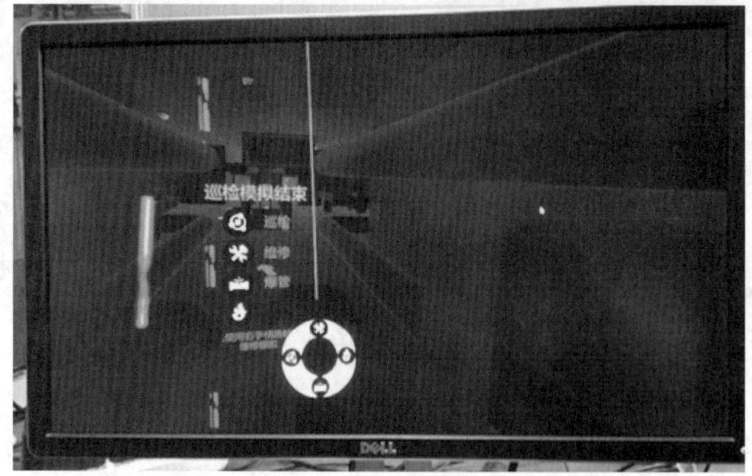


图 9-69　VR 虚拟培训

# 9.6 古城基础设施水平提升——西班牙潘普洛纳市历史中心综合管廊

## 9.6.1 历史背景及工程概况

潘普洛纳市位于西班牙北部，非常靠近法国边境。它是纳瓦拉特区的首府，占地 25km$^2$，目前有 20.3 万居民，其平均密度为 8120 人/km$^2$。其 2017 年人均 GDP 为 30914 欧元，高于西班牙平均水平（2.5 万欧元），非常接近欧洲平均水平（3.2 万欧元）。潘普洛纳有 3 所大学，共有 25000 名学生，以高质量的生活和服务而著称。历史悠久的市中心（图 9-70）占地 0.5km$^2$，2017 年人口为 12075 人，目前人口密度为 24150 人/km$^2$。

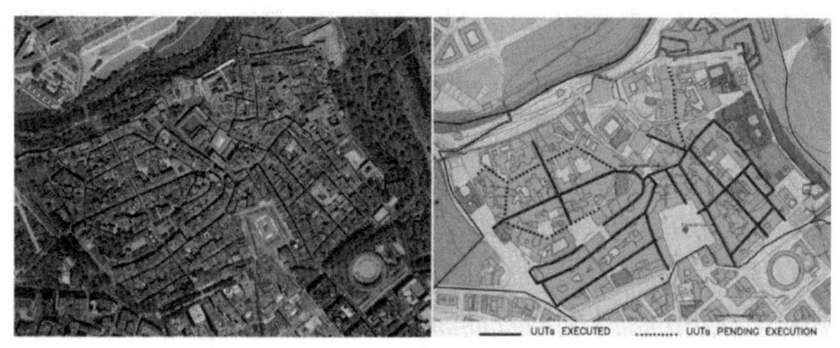


图 9-70 潘普洛纳历史中心的俯视摄影和综合管廊网络图

虽然城市的起源可以追溯到古罗马时期（公元前 74 年），但潘普洛纳市的历史中心城市框架主要来自中世纪，并且历经几个世纪，其平面格局变化不大。这是 1423 年纳瓦拉国王卡洛斯三世统一三镇（纳瓦雷里亚、圣塞尔宁和圣尼古拉斯）的结果。

1767 年，根据马德里法院的指导方针，潘普洛纳市设计了污水收集系统。系统被设计成一系列矩形截面带拱形盖的石质下水道，最终污水排入河中。这个管道一直使用到本工程开工，并且在没有确定采用管廊工程的地区仍在使用。同年，安装了供水管网并铺设了街道。1799 年，潘普洛纳市安装了第一个公共油灯，并于 1839 年进行了翻新，1861 年将其换成天然气灯。直到 1924 年，输电线路才开始工作。所有与通过地下土层部署新管线网络有关的行动都受到占据街道轴线的石头下水道系统布局的制约。

整个 20 世纪，针对历史中心街道与公共场所维修的行动并没有阻止其劣化。历史中心之外的城市新区得到了发展，而老区则因财政投入不足和人员与车辆交通不畅而近于废弃。因而，历史中心人口日益减少，且以老年人居多，商业活动减少，甚至出现了犯罪和治安问题。

在 1968 年，潘普洛纳市历史中心被宣布为文化遗产地。这促进了修复的开始。在 20 世纪末，历史中心被确定为步行街。步行化被认为是本区域复原和重建的优先选择，也用来解决基础设施投入不足的问题。为了使历史中心再次成为具有吸引力的居住和观光场所，有必要加大投入，为其提供与其周围城区同样质量的基础设施。主要的挑战在于找到一种解决方案，能够容纳位于仅仅 6m 宽街道下方的所有市政管线，消除造成严重视觉污染的室外架线。该方案还必须考虑几年后，为部署气动式废物收集系统而无须开挖街道。最后这点要求决定了采取市政综合管廊作为最终的解决方案。这项工程在建筑师费尔南多·雷东设计了两年的总体规划之后于1996年开始实施。

本项目管廊全长5.5km，管廊本体采用钢筋混凝土预制拼装式隧道，单个构件沿隧道轴向长1.25m，隧道侧墙与底板厚度15cm，顶板厚度20cm。采用矩形断面，内部净空高2.75m，宽2m。

在1996年至2007年，本项目建设了位于圣尼科尔街道的一期工程，长度大约3km，管廊近似线形展布。在2001年至2010年，施工了位于波尔戈德拉纳瓦雷亚的二期工程，开发里程增加了1.2km，如图9-70所示。

2010年，历史中心开展了气动式垃圾收集系统建设，2011年2月投入使用。历史中心的居民也成为潘普洛纳市第一批使用这种垃圾收集方式的市民。由于以前修建了综合管廊，布设该系统则不需要破坏街道。该收集系统除了更高效外，还通过用小型废物收集入口替换大型垃圾桶，消除了大型垃圾桶产生的视觉影响。同时，避免了废物收集卡车在历史中心狭窄街道上通行，进而消除了交通风险、气味和噪声。

### 9.6.2 项目主要难点及解决措施

**1. 设计阶段的技术难点**

综合管廊的设计涉及市政管线在有限空间（管廊）中的布置，而通常条件下，这些（直埋式）市政管线分别占据道路下方，不用考虑其他管线的存在，也不用顾忌彼此的兼容性。同时，技术规范的缺失与财政问题，是城市规划者在选择管廊方案时犹豫的一个主要原因。本工程设计之初，有一些在新城区修建管廊的经验，但是没有在诸如历史中心这样有限的空间内利用管廊更新市政管网的先例，这种环境赋予了本工程很大的创新性。

管廊内空间对人来说是可以通行的，同时其内部不同用途的管线是固定的，这就产生了管廊自身有限空间面临的风险：火灾风险、照明昏暗和通风不良。如果一条管线出现严重故障，其他管线可能会受到损害。这迫使综合管廊配备自身的保护系统：照明和应急照明；对于入侵、气体和火灾的检测以及信号等系统。

由于项目的复杂性和协调所有介入运营商的需要，用于综合管廊项目的资源和时间远大于掩埋相同管线的资源和时间。

中世纪城市这一历史提醒人们必须增加考古力度。在许多情况下，这迫使新的综合管廊占用的空间只能对应于旧的中世纪下水道留下的地下空间。同样，发现有价值的考古遗骸的可能性引发了一种不确定性，这种不确定性可能迫使修改方案，而且只能在工程实施阶段予以修改。

**2. 施工时的技术难点**

（1）在施工期间，必须保证市政管网供应的连续性：在有人居住的地区进行工程建设时，有必要保持市政设施（水、卫生、电力、天然气和电信）的连续供应。为了保证这一点，有必要与用户、管线运营商和建筑公司进行完美协调，有效地管理管线暂时中断。由于在建造过程中，地面上没有空间来保留旧的市政管线，因此需要在建筑物表面建立临时网络。

（2）必须保证施工过程中人员、货物和资源的可及性和流动性：要翻修的街道非常狭窄，宽度不足6m。这一限制使工作区中的重型机械难以进入和操作。社区最关心的问题：街道关闭、物理障碍的存在以及人行道关闭和维护缺失的持续时间，因为居民需要出行购买生活用品及食物。当地的商业入口被封堵是最让企业主担心的问题，如果工程持续很长时间，则可能不得不永久关闭。在许多情况下，还缺乏储存建筑工程所需材料和机械的空间，从而增加了建筑车辆的使用时间。

（3）损坏周围建筑物的风险：施工过程中最复杂和最危险的时刻是基坑开挖并在基坑中放置预制混凝土模块来建造隧道的时候。地基土由大量相当于先前沉积地层混合而成的回填材料组成，因此承载力较低。为了满足人们出行的需求同时不干扰商业活动的正常运行，需要使用带有滑动导轨和钢板的液压基坑支撑系统。

（4）施工中发现古代遗迹的风险：在潘普洛纳市，一旦发现遗迹需要立即停工来保护现场，而这会大大增加施工成本和工期。因此在工程施工期间应该在施工的各个阶段进行连续和永久性的考古跟踪，并根据调查结果评估调整项目的必要性。

**3. 行政管理、法律及其相关难点**

综合管廊需要提供市政服务的公司参与设计，并承担投资和运营成本。因此，有必要对城市综合管廊的管理模式进行界定。法律上的难点会成为阻碍服务性管廊发展的真正障碍，以至于管线运营公司不知道自己权利的具体范围。同样，应预见新公共设施的未来合并问题，并应确保合并不会损害综合管廊系统本身所产生的效益。

以潘普洛纳市为例，磋商并不容易，市政服务供应商对进行大规模经济投资没有兴趣，因为无论好坏，他们已经在为客户服务。经过多次工作会议，达成如下协议：

（1）潘普洛纳市议会将是综合管廊的所有者。

（2）潘普洛纳市议会将负责选择和确定咨询公司和施工公司，这些公司分别负责城市更新总体规划的设计和管理，以及综合管廊上方道路施工。

（3）潘普洛纳市议会将负责执行与供水、排水和气动式废物收集系统网络对应的管道施工相关的工程（西班牙法律规定这些服务应由市政当局负责）。电力、天然气和电信供应公司将负责执行与其管线相关的工程，并由自己的团队进行布设。

（4）一旦工程完工，潘普洛纳市议会将负责综合管廊的维护和养护（不含市政管线），根据所占据空间的比例，向每个运营商收取相应的费用。每个运营商将负责维护自己的管线。

**4. 融资难点**

建设综合管廊的初期投资远远大于传统直埋式解决方案所需的投资。高额的初始投资和长期维护的责任，决定了管廊必须以集体承担的方式加以解决，而不可能由任何一个单独的服务商来承担。

让所有利益相关方认识到这是一项长期的有着可持续发展前景的项目，并进而参与融资并不容易。

就潘普洛纳市而言，管廊建设初始投资的大部分出自市议会。出现这种情况的原因是运营商缺乏投资兴趣，他们辩称，即使条件较差，他们也已经为历史中心的大多数居民服务，他们只愿意承担因修建管廊而使供应能力增加部分的成本。

综合管廊系统由潘普洛纳市议会建造并提供资金，管线部署工程及其资金筹措如下：供水、排水和气动式废物收集系统的执行由潘普洛纳市议会执行并提供资金；天然气管线由负责的运营商执行并完全由潘普洛纳市议会提供资金；新电网的布线由运营商执行，60% 的资金由运营商提供，40% 资金由潘普洛纳市议会提供；新电信网络的布线和资金完全由运营商负责。

每家公司负责维修和养护费用的比例，对应于各自在综合管廊中所占空间的百分比，其中供电公司为9.98%，电信公司为12.33%。

## 9.6.3 综合管廊结构设计及管线布置

分析了几个备选方案后，政府决定选择建造5.5km预制钢筋混凝土隧道，内部通道空间尺寸为2.00m（宽）×2.75m（高），建在1.25m（长）预制模块中，侧壁和地板厚度为15cm，顶棚厚度为20cm。其中包括了供水、污水管网和电信、电力线网。在综合管廊下方预留空间来放置气动式废物收集管网。

考虑到燃气管网可能产生的逃生和爆炸危险，决定将燃气管网埋在综合管廊外。该方案遵循了西班牙其他地区的经验及标准，同时类比了其他国家采用的办法，其意在避免煤气在隧道内传播的风险。雨水管因其需要大直径管道和重力流也决定放在隧道外面。

综合管廊内部市政管网的配置及分布如图9-71所示：

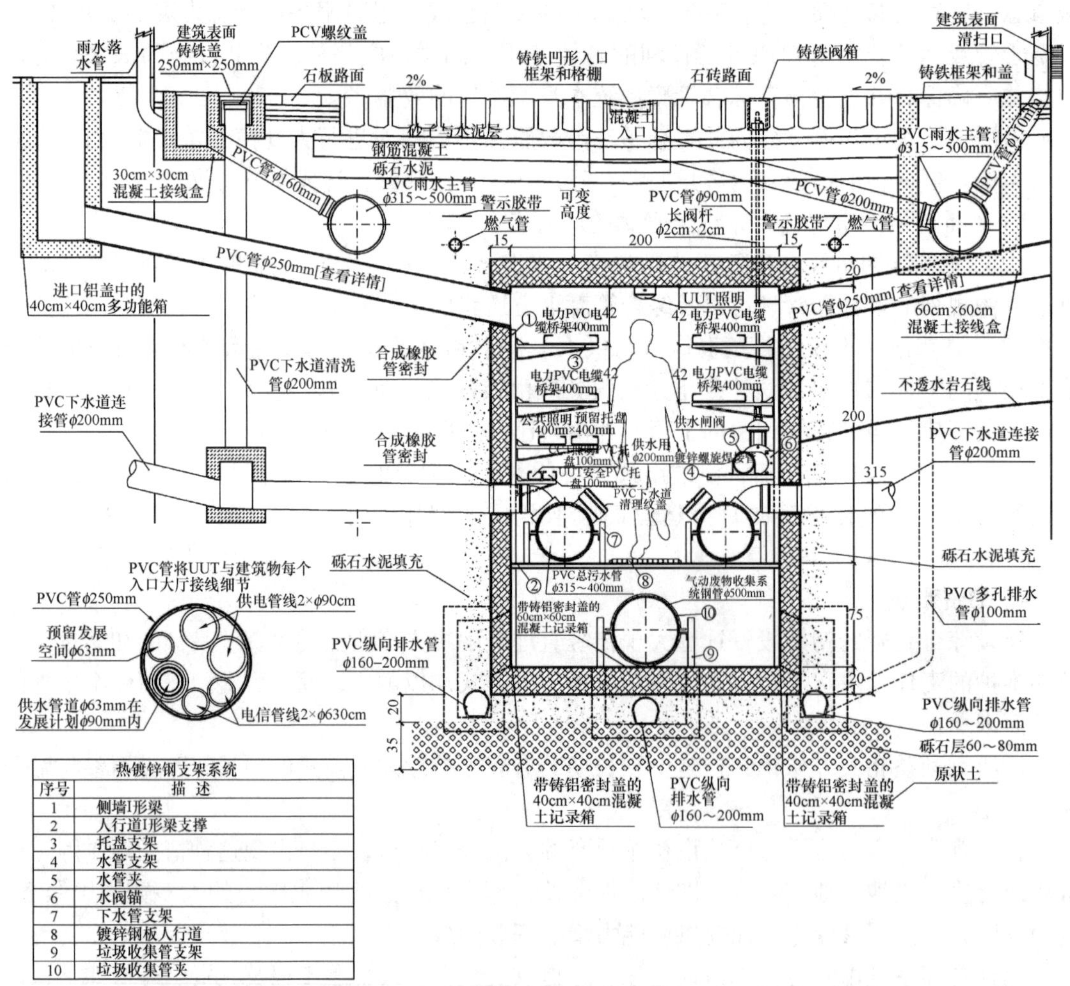


图9-71 潘普洛纳历史中心的综合管廊内部市政管网的配置及分布图

（1）热镀锌钢托架与管线支撑系统。通过在管廊侧墙上固定镀锌方格钢板形成过道和托架，以支撑水管、污水管和容纳其他管线的塑料托盘。在过道下面，留有65cm高的空间，以便将来安装气动式废物收集系统的管道。

（2）PVC 污水管。

PVC 污水管直径为 315～500mm（每侧一根），与建筑物连接并收集污水。直至本工程开始，建筑物有一个污水和雨水合二为一的收集系统。污水管道分布在综合管廊的两侧，避免了交叉，保证了隧道内部的可通过性。

（3）供水用镀锌螺旋焊接管。

供水用镀锌螺旋焊接管直径 150～200mm。对于每个未修复的建筑物，都安装了两个 50mm 的连接管。一个供建筑水网使用，另一个备用在 250mm 的 PVC 管道内，将综合管廊与多用途接线箱连接起来，安装在每个建筑入口大厅的地板上。第二个连接管将在建筑物翻修时或第一个水管报废时启用。

（4）配以信号、数据电缆的 500mm 的钢管。

500mm 钢管用于输送气动式废物收集系统，位于过道下方，安装在管廊底板。负载断路功能阀和检查窗口也安装在管廊内。

（5）PVC 托架，用于容纳电缆和提供连接服务，每侧 1 个 400mm 宽用于电网，每侧 1 个 400mm 宽的用于电信。1 个 200mm 宽用于城市照明，1 个 200mm 的备用托架，1 个 100mm 宽用于安全，1 个 100mm 用于管廊内部照明和其他服务。

（6）管廊还为公共照明、圣诞灯、交通控制系统等提供布线的出口。

**1. 综合管廊与建筑物的连接**

通过一根 250mm 的 PVC 管将综合管廊与位于建筑物进口大厅底板下方的多用途管线连接箱连接，当建筑物需要修复时，所有管线都在这个连接箱里进行。其中包括六根双壁波纹聚乙烯管，用于以下用途：两根直径为 90mm 的 PEDP 管，用于电网，两根直径为 63mm 的 PEDP 管，用于电信，一根直径为 90mm 的 PEDP 管，用于供水（作为将来供水管与建筑物连接的盖）和一根直径为 63mm 的 PEDP 管，以备将来使用。第二个开孔通过一根 200mm 的 PVC 管将建筑物的下水道连接起来（图 9-72）。

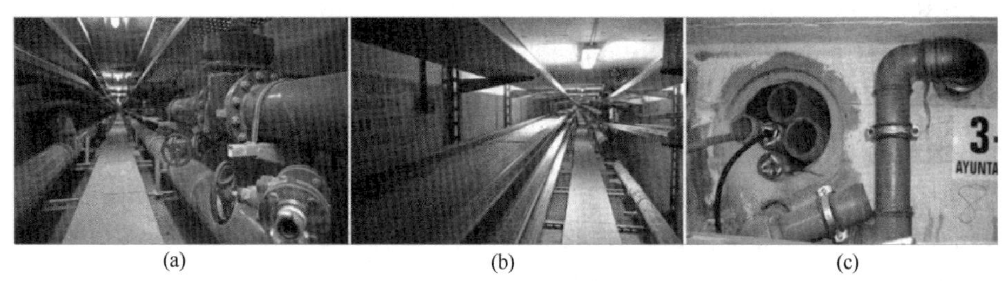


(a)　(b)　(c)

图 9-72　潘普洛纳市综合管廊内部图像及将综合管廊与建筑物连接的管道图

（a）（b）潘普洛纳市综合管廊内部图像；（c）将综合管廊与建筑物连接的管道图

**2. 综合管廊服务网络和保护系统**

（1）正常和应急照明、烟雾和气体检测、入侵者体积检测、监控摄像机和每 50m 一个并靠近入口的灭火器。

（2）设置交叉口街道名称，每条街道入口数量和管道出口标识的塑料永久标牌。

（3）每 50m 设置开口和通风孔，使用球墨铸铁盖作为开口并与路面平行。

（4）综合管廊的所有低点都设有排水管，并与排水系统连接到雨水收集器，或利用虹吸连接到整体式收集器，或连接到一个出口泵排水。

### 9.6.4 施工过程及主要施工技术

**1. 前期工作**

这些工作是在拆除旧人行道、开挖基坑之前进行的。这些工作可以在不影响城市正常运转的情况下完成。

（1）施工现场准备：其涉及开工之前的工作，例如准备用于存放材料和机械的场地，建造工地的活动板房（办公室、厕所、淋浴室和更衣室、餐厅和职工食堂），为建筑工程安装临时电力供应。但城市结构越紧密，就越难以找到一个足够的建筑材料和机器的储存空间。这迫使人们在开挖很远的距离准备场地，并考虑正确的通信方式。例如，在潘普洛纳市，储存材料的距离不得不在2km外。在许多情况下，要找到合适的场地放置活动板房并不容易，因此强烈建议在施工期间租用临街的店铺来代替活动板房。重物必须从开挖的前部（还没有被挖掘，地基土还没有被改变的地区）进行运输，这些工程主要需要挖掘材料以及预制混凝土箱和沟槽填充材料（压载物、砾石、砂子或混凝土）。随着工程的进行，新市政管网、连接或铺路的材料将从后面供应（使用轻型运输工具，以避免破坏已修复的区域）。

（2）向居民解释说明：召开有负责市政和建设管理工作的政治家和技术人员参加的会议，并向他们通报城市市政修复工作的利益、可能发生的不便、施工期限以及建筑公司在此期间安排的服务。同样，施工者必须回答任何可能出现的问题或疑问。附近每位居民也会定期收到存放在邮箱里的通知和贴在他们居住的建筑物大门上的信息说明。

（3）建筑物检查：由合格的技术人员对位于施工现场的每个建筑物的外部和内部状态进行检查，同时拍摄照片并形成正式的检查报告。根据这份检查报告，分析是否需要进行垂直支撑、建筑物立面间的横撑或门窗间的支撑。当建筑物的墙壁出现裂缝时，将设置裂缝测量仪来控制裂缝的演变。如果在开挖阶段发现地基问题，将对其进行加固，以确保建筑物的结构稳定。将所有附近建筑物状态进行登记，而且如果工程造成任何损害，也有助于确定市议会和建筑公司负责维修的范围。

（4）在建筑物外墙上安装临时市政管线：在有人居住的地区，施工期间所有的市政服务（电话、电力、燃气、供水）都需要维持运行。为此，在拆除旧的地下市政管线之前，将与各市政公司协调，临时在建筑立面上安装市政管网（卫生和雨水、下水道除外）。在施工期间，利用配备水泵的支路管线作为排污管引入施工现场。临时市政管网一旦安装完成，便会投入运作，并立即切断旧的市政管线。

（5）拆除城市附属设施：现有的城市附属设施（长椅、信号灯、垃圾箱等）被拆除并储存起来，供以后重新使用。

（6）主要下水道和其他废弃水渠的消毒：大量的废弃管线连接处、长距离下水道连接处、开放式连接的砖墙和相关的空隙都为啮齿类动物提供了理想的生存条件和繁殖场所。在拆卸旧石砌污水渠和其他埋于地下的主要污水渠前，需要进行消毒及清除鼠患及虫害。使用自动摄像机，检查下水道，并确定开挖区域内所有正在使用的下水道连接的准确位置（平面图和立面图）。

（7）施工现场量测：确定并标出不同建筑区域的路线、参考点和边界。在开始挖掘之前进行现场调查也很重要，以确保电力、天然气安全和其他可能的危险已排除。

（8）启用后勤辅助人员：为了保证行人和车辆的安全，在工作期间有后勤辅助人员在施工现场工作。除了负责工作范围内的清洁和秩序外，还包括以下几个方面：观察和解决工程可能对市民日常工作和生活造成的困难和问题；减少或消除障碍物，例如隔声墙、围板、围栏、不必要的招牌、临时工程物料等；维护行人通道；报告工作中机器和人员的状态；指明行人可以通过的区域；为所有行人安全而设的监视器；收集建议并观察周围环境，并直接采取措施。为老年人或行动不便的人士提供特别及个性化的帮助服务。帮助那些提着购物袋，推着轮椅或婴儿车四处走动的人。他们身着黄色背心并在衣服上写着“ORLIM”字样来提示居民他们的存在，如图 9-73 所示。

图 9-73　临时安装在建筑物表面的市政管线和 ORLIM 工作人员帮助工人和居民

（9）地质勘探：对城市地质和现有地下结构进行详细调查研究是非常必要的。为避免工程执行中发生不可预见的事故，建议对地下土体进行初步研究，以了解其性质和稳定性以及是否存在地下水，从而采取必要的解决方案，以避免危险情况发生或导致工程延误。还必须调查现有地下结构和公用事业管线的位置和特点并掌握详细资料。

（10）考古工作：在拆迁和挖掘工程中，在那些被市政遗产目录确定为考古遗址的地区需要进行密集的考古后续工作。一名考古学家被安排在施工现场进行全程服务。

**2. 综合管廊施工**

潘普洛纳市历史中心管廊采用明挖法进行施工。在施工过程中采用基坑支撑系统对挡土墙进行支撑并减少噪声，使用气压顶进系统减少对附近建筑物的振动。综合管廊的施工分段进行，一段长度为 5 ~6m（相当于 4 个混凝土预制构件的长度）。使用混凝土预制管廊进度为 2 天 5m，大大缩短了工期。具体施工顺序如下：

（1）拆除旧路面：路面每次拆除 6m，该长度与所使用的基坑支撑系统的长度相同。旧街道的石块拆除后将被保存，以备日后使用。在住宅、商店和办公室旁建立临时通道以便安全通行。在非必要情况下，不拆除人行道，但将暂停使用。拆除路面后，开挖 60cm 深度以安装基坑支撑系统。

（2）组装支撑系统：随着开挖的深入，钢板桩将被钉入地下。该系统允许在恶劣条件下工作，如非常不稳定的地层或在一个含水地层，这要归功于它的防水能力。

（3）开挖沟槽：使用具有一定臂长的履带式挖掘机进行开挖，挖掘长度应该大于 8m（每边为 6m 和 5m 的矩形对角线的长度），挖掘深度应大于 5m。挖掘机位于挖掘前进方向上基坑支撑系统的前面，将挖好的材料倾倒在最前方的自卸车上（图 9-74）。

开挖过程中，如果出现旧的石制下水道，即便还能用，也要拆除。同样，可能出现无法鉴定的考古遗骸或者容纳填满水泥的旧管线的沟渠，如果遇到考古遗迹，考古学家将进行强化和永久的监测，直至挖掘到天然沉积的土层。并且进行必要的暂停，以便控制和记录这些

图 9-74　履带式挖掘机开挖基坑和小型履带式挖掘机在基坑内开挖

考古遗迹。如果出现硬土或填满水泥的残留沟渠，则需要通过连接到挖掘机臂上的特殊液压管道锤进行拆除，有时，在施工过程中探测到建筑物基础缺陷，这时就要加固地基以确保建筑物结构稳定。

（4）下水道改造：一旦发现了旧的下水道（很可能是一个旧的石制下水道），因为必须继续维护使用，这时就要使用软管从最高水准点收集污水，借助泵将其导入下游的下水道。开挖过程需要注意建筑物下水道的横向连接，在预制混凝土管廊内安装新的主下水道之前，将留有必要开口，以便建筑内污水可以暂时转移（图 9-75）。

图 9-75　临时下水道改造和抽水系统

（5）准备管廊基础：开挖完成后，在基坑底部铺上一层重物。将在其上方放置 PVC 排水管，该管将在预制混凝土管廊下方并向轴线方向和两侧延伸。之后将用 15cm 的砾石水泥覆盖，留下几个孔洞，以便表面排水（图 9-76）。

图 9-76　综合管廊基础准备工作、制作预制混凝土管廊连接孔及管廊的放置

（6）安装预制混凝土管廊：在将混凝土箱放置在基坑内之前，用混凝土专用金刚石钻

头在其侧壁上制作允许市政管线与建筑物连接所需的孔洞。使用吊装机，将已经钻孔的预制混凝土箱放入基坑，通过榫槽连接并利用紧固件将构件装配在一起。该接头可以改善模块之间的耦合，从而改善其紧密度。然后用砂砾填满管廊两侧空除以利于排水，并保持管廊水平（图9-76）。

（7）下水道管网的搭建：主要的污水管道将安装在管廊内部，并使用 $\phi$315 ~ 400mm 的 PVC 管。为了避免内部的交叉，预制混凝土箱的每一侧都设置了一个总下水道，从而保证人能在管廊中通行。下水道与建筑物的连接将使用直径为200mmPVC 管进行。一条直径为200mm 的垂直 PVC 管将从靠近建筑物外墙的混凝土箱中露出，以允许在人行道上进行定位和维修。

（8）综合管廊回填：在污水管连接工作完成后，将使用砾石水泥将管廊外侧空隙填满，直到管廊顶板被掩盖住。回填层每层不超过300mm 并完全压实。

（9）移动基坑支撑系统：一旦所有的支撑板都装配完毕且所有的斜坡都填平后，在履带式挖掘机的帮助下，支撑系统将被移动到下一个位置。为此，必须先进行拆除旧路面的工作，然后开挖60cm 深的沟槽为安装基坑支撑系统做准备（图9-77）。

(a) (b) (c)

图9-77 移动基坑支撑系统

（a）移动沟槽支撑系统；（b）雨水渠的开挖；（c）砾石水泥路面基础

**3. 后续工作**

拆除了基坑支撑系统后紧接着开展管线安装等其他后续工作。

（1）管廊外的管线安装：根据潘普洛纳市中心的规划，雨水管道与燃气管道是在管廊外侧安装的。雨水管道放置在了管廊的上方。

（2）密封预制混凝土管廊接缝：工人从管廊内部密封预制混凝土箱的施工接缝用以防水。

（3）安装管廊内部镀锌钢支撑系统：包括有容纳镀锌钢格子板过道的侧墙I形梁立柱、固定水管和污水管的支架和容纳电缆等其他市政管线的托架。通道下方，留有65cm 高的空间用于安装气动式废物收集系统的管道（图9-78）。

（4）安装供水管网：使用直径为150 ~ 200mm 的镀锌螺旋焊接管，并由支架支撑和夹子固定。

（5）电缆的 PVC 托架：用于电力、电信和管廊自身照明和安全网络的布线。

(a) (b) (c)

图 9-78 安装管廊内部镀锌钢支撑系统

（a）管廊箱体之间连接处密封；（b）组装托架和管道支撑系统；（c）安装管廊自身管线

（6）安装管廊自身管线：管廊自身管线的安装对保证管廊完整性和安全性非常重要。安装项目有照明（正常和紧急情况）、烟雾和气体检测、入侵者体积检测、远程监控摄像头、灭火器。管廊的低点都安装有排水管，其通过排水系统连接到主要的雨水排水系统。每隔 50m 用防火门分隔成一个个防火隔间。每隔 50m 做一个开口和通风口，这些开口能够将材料运入管廊内部，开口处与人行道水平并用球墨铸铁封住。

（7）安装信息标志：内部标志有利于工人定位。在管廊内部的十字路口用永久塑料标志标识出街道的名称。电缆与管道出口放置有标识其服务的街道编号（建筑物编号）的标志。

（8）安装电力和电信线路：这项工作由服务商负责安装，一旦所有的民建工作结束后即可进行。

（9）铺路：这是所有工作的结尾，以传统方式进行铺路工作，使用先前拆除的石块以确保其景观与先前一致。

## 9.6.5 工程成效

在历史中心的再城市化过程中使用综合管廊相较于在新城市建设中使用综合管廊具有的一系列额外的优势：

（1）综合管廊以市政服务设施整合的模式确保了将来城市设施的传承，而这将为城市提供高质量的生活。

（2）在非常狭窄的街道上纳入所有服务设施的可能性，按照以往这些设施不可能按照公共设施供应商规定的最小安全距离水平安装。

（3）立即享受新服务；就潘普洛纳市而言，其历史中心的居民和商店是全市第一个能够享受光纤网络和气动式废物收集系统的地方。

（4）综合管廊是解决建筑物表面架空电线和管道产生的视觉污染的最终解决方案，公共设施供应商再也没有理由拒绝掩埋他们的新电线和管道（图 9-79）。

（5）综合管廊是为城市可持续发展而设计的智慧化解决方案。它们允许给未来的市政管线预留位置，并指导城市在未来改进或整合新的公用设施，比如区域供暖、区域冷却、非家庭用途的循环水供应（非饮用水）等。

图 9-79　重建前后拍摄的图像，没有了架空电线，现在可以尽情欣赏库利亚街和潘普洛纳大教堂

# 参考文献


[1] 白海龙. 城市综合管廊发展趋势研究[J]. 中国市政工程，2015(06)：78-81，95.

[2] 鲍立楠. 超大深基坑工程中间桩柱施工技术探讨[J]. 隧道建设，2008(3)：368-372.

[3] 卜令方，汪明元，金忠良，等. 我国城市综合管廊建设现状及展望[J]. 中国给水排水，2016，32(22)：57-62.

[4] 曹彦龙. 城市综合管廊工程设计[M]. 北京：中国建筑工业出版社，2018.

[5] 曹益宁，董永红. 城市综合管廊入廊污水管道及重要节点的设计[J]. 中国给水排水，2018，34(20)：67-71.

[6] 成继红. 城市地下综合管廊全过程技术与管理[M]. 北京：中国建筑工业出版社，2018.

[7] 崔龙飞，许大鹏. 缆线型综合管廊设计要点探讨[J]. 地下空间与工程学报，2019，15(03)：871-877.

[8] 崔玮镇. 乌海大厦深基坑围护坡桩倾覆事故原因及处理[J]. 建筑技术，1997(9)：608-609.

[9] 董立. 市政综合管廊关键技术研究[J]. 科技创新导报，2012(07)：17-18.

[10] 范翔. 城市综合管廊工程重要节点设计探讨[J]. 给水排水，2016，52(01)：117-122.

[11] 河北省住房和城乡建设厅. 城市地下综合管廊建设技术规程：DB13(J)/T 183—2015[S]. 北京：中国建材工业出版社，2015.

[12] 胡静文，罗婷. 城市综合管廊特点及设计要点解析[J]. 城市道桥与防洪，2012(12)：196-198，18.

[13] 胡翔，薛伟辰，王恒栋，等. 上海世博园区预制预应力综合管廊施工监测与分析[J]. 特种结构，2009，26(02)：105-108.

[14] 胡翔，薛伟辰. 预制预应力综合管廊受力性能试验研究[J]. 土木工程学报，2010，43(05)：29-37.

[15] 贾志恒，陈战利，李雯琳. 城市地下综合管廊的现状及发展探索[J]. 江西建材，2016(22)：6-7.

[16] 蒋爵光. 隧道工程地质[M]. 北京：中国铁道出版社，1991.

[17] 揭海荣. 城市综合管廊预制拼装施工技术[J]. 低温建筑技术，2016，38(03)：86-88.

[18] 李宏远. 城市地下综合管廊运维安全风险管理研究[D]. 北京：北京建筑大学，2019.

[19] 李建华，余洁. 缆线管廊在城市综合管廊建设中的应用[J]. 山东交通科技，2019(01)：116-117，124.

[20] 李明祥. 我国隧道及地下工程的新进展[J]，探矿工程，1998(2)：41-44.

[21] 李蕊，付浩程. 综合管廊监控与报警系统设计浅析[J]. 智能建筑电气技术，2016，10(03)：67-70.

[22] 李文峰. 对地铁基坑混凝土支撑轴力监测精确性的探讨[J]. 隧道建设，2009(4)：424-426.

[23] 李文岳，陶若文. 基坑围护桩工程中有关施工难题的防治措施[J]. 建筑施工，1997(3)：43-45.

[24] 李永盛. 上海兰生大厦深基坑围护与施工栈桥相结合的设计与施工[J]. 建筑施工，1996(4)：6-8，4.

[25] 刘金样，赵运臣. 武汉长江隧道工程盾构机选型[J]. 隧道建设，2007(4)：91-94.

[26] 刘云龙. 城市地下综合管廊规划及设计研究[D]. 西安：西安建筑科技大学，2017.

[27] 吕剑英，薛煌. 利用地下导洞实现桩基托换的设计方法[J]. 现代隧道技术，2007，44(1)：27-31.

[28] 米向荣，侯铁. 智慧管廊全生命周期 BIM 应用指南(全生命周期 BIM 技术应用教程)[M]. 北京：中

国建筑工业出版社，2019.
[29] 蒲贵兵，吕波，靳俊伟，等．重庆市城市综合管廊建设存在的问题及建议[J]．中国给水排水，2016，32(04)：24-27.
[30] 钱七虎．中国地下工程安全风险管理的现状、问题及相关建议[J]．岩石力学与工程动态，2009(1)：18-25.
[31] 沈征难．盾构掘进过程中隧道管片上浮原因分析及控制[J]．现代隧道技术，2004，41(6)：51-56.
[32] 施卫红．城市地下综合管廊发展及应用探讨[J]．中外建筑，2015(12)：103-106.
[33] 施仲衡，张弥，王新杰，等．地下铁道设计与施工[M]．西安：陕西科学技术出版社，1997.
[34] 孙磊，刘澄波．综合管廊的消防灭火系统比较与分析[J]．地下空间与工程学报，2009，5(03)：616-620.
[35] 孙云章．城市地下管线综合管廊项目建设中的决策支持研究[D]．上海：上海交通大学，2008.
[36] 谭春晓．我国城市地下管线综合管廊建设前景展望[J]．价值工程，2015，34(10)：311-312.
[37] 唐亚新．城市综合管廊盾构隧道土体变形与灾害分析[D]．沈阳：沈阳工业大学，2019.
[38] 铁道部工程设计鉴定中心．高速铁路隧道[M]．北京：中国铁道出版社，2006.
[39] 王贝贝，戴素娟．浅谈我国城市地下综合管廊建设的必要性以及发展前景[J]．安徽建筑，2015，22(06)：43，159.
[40] 王恒栋．中华人民共和国国家标准《城市综合管廊工程技术规范》(GB 50838—2015)解读[J]．中国建筑防水，2016(14)：34-37.
[41] 王恒栋．我国城市地下综合管廊工程建设中的若干问题[J]．隧道建设，2017，37(05)：523-528.
[42] 王建，刘澄波，张浩等．缆线管廊技术选型研究[J]．工程建设标准化，2018(05)：21-27.
[43] 王建宇，对我国隧道工程技术进步问题的一点讨论[J]，世界隧道，1999(1)：1-9.
[44] 王健宁．浅谈城市地下管线共同沟的建设[J]．现代城市研究，2004(04)：42-45.
[45] 王金国，程涛．地下预制综合管廊的发展现状介绍及实践研究[J]．住宅产业，2018(08)：53-54.
[46] 王巨创，城市渐变小间距隧道施工关键技术探讨[J]．隧道建设，2007，27(5)：54-56.
[47] 王军，陈欣盛，李少龙，等．城市地下综合管廊建设及运营现状[J]．土木工程与管理学报，2018，35(02)：101-109.
[48] 王军，潘梁，陈光，等．城市地下综合管廊建设的困境与对策分析[J]．建筑经济，2016，37(07)：15-18.
[49] 王梦恕，何华武．青藏铁路建设情况[J]．隧道建设，2007(5)：1-4.
[50] 王梦恕，杨会军．地下水封岩洞油库设计、施工的基本原则[J]．中国工程科学，2008(4)：11-16，28.
[51] 王梦恕．不同地层条件下的盾构与 TBM 选型[J]．隧道建设，2006(2)：1-3，8.
[52] 王梦恕．大瑶山隧道——二十世纪隧道修建新技术[M]．广州：广东科技出版社，1994.
[53] 王梦恕．地下工程浅埋暗挖技术通论[M]．合肥：安徽教育出版社，2005.
[54] 王梦恕．盾构机国产化迫在眉睫[J]，建筑机械化，2007(2)：24-25.
[55] 王梦恕．二十一世纪是城市地下空间开发利用的年代[J]．民防苑，2006(增刊)：6-7.
[56] 王梦恕．水下交通隧道发展现状与技术难题——兼论“台湾海峡海底铁路隧道建设方案”[J]．岩石力学与工程学报．2008(11)：2161-2172.
[57] 王梦恕．隧道工程浅埋暗挖法施工要点[J]．隧道建设，2006(5)：1-4.
[58] 王梦恕．隧道与地下工程技术及其发展[M]．北京：北京交通大学出版社，2004.

[59] 王梦恕. 台湾海峡海底铁路隧道建设方案[J]. 隧道建设，2008(5)：517-526.

[60] 王梦恕. 岩石隧道掘进机(TBM)施工及工程实例[M]. 北京：人民交通出版社，2004.

[61] 王梦恕. 中国隧道及地下工程修建技术[M]. 北京：人民交通出版社，2010.

[62] 王平. 苏州城市地下综合管廊的建设经验[J]. 建筑经济，2016，37(02)：113-115.

[63] 王玉宝. 大轴力桩基托换工程结构技术的应用研究[D]. 北京：铁道部科学研究院，2001.

[64] 吴小羊. 上海市外环沉管隧道管段沉放施工技术[J]. 建筑施工，2005(2)：29-31.

[65] 夏亚锋. 大型综合管廊不同工况下受力变形特征分析[D]. 保定：河北大学，2019.

[66] 熊婉辰. 现浇综合管廊中滑移体系的应用研究[D]. 济南：山东大学，2019.

[67] 徐秉章. 建设市政综合管廊中存在的主要问题及对策[J]. 中国市政工程，2009(04)：72-74，84.

[68] 徐伟，吕凤梧，胡晓依. 大型深基坑施工方案的设计优化[J]. 建筑技术，1996(8)：522-524.

[69] 许海岩，苏亚鹏，李修岩. 城市地下综合管廊施工技术研究与应用[J]. 安装，2015(10)：21-23，30.

[70] 薛伟辰，胡翔，王恒栋. 上海世博园区预制预应力综合管廊力学性能试验研究[J]. 特种结构，2009，26(01)：105-108，116.

[71] 杨会军，王梦恕. 隧道围岩变形影响因素分析[J]. 铁道学报，2006(3)：92-96.

[72] 杨会军. 深埋长大隧道涌水突水预报技术[J]. 铁道工程学报，2005(3)：75-78.

[73] 杨林，向广林，朱嘉. 城市地下综合管廊断面选型分析[J]. 市政技术，2018，36(06)：139-143.

[74] 杨永强. 斜交地裂缝对综合管廊结构受力影响规律及危害性研究[D]. 西安：西安理工大学，2019.

[75] 姚海波. 大断面隧道浅埋暗挖法下穿既有地铁构筑物施工技术研究[D]. 北京：北京交通大学，2005.

[76] 油新华. 我国城市综合管廊建设发展现状与未来发展趋势[J]. 隧道建设(中英文)，2018，38(10)：1603-1611.

[77] 于晨龙，张作慧. 国内外城市地下综合管廊的发展历程及现状[J]. 建设科技，2015(17)：49-51.

[78] 于笑飞. 青岛高新区综合管廊维护运营管理模式研究[D]. 青岛：中国海洋大学，2013.

[79] 岳庆霞，李杰. 地下综合管廊地震响应研究[J]. 同济大学学报(自然科学版)，2009，37(03)：285-290.

[80] 岳庆霞，李杰. 近似 Rayleigh 地震波作用下地下综合管廊响应分析[J]. 防灾减灾工程学报，2008(04)：409-416.

[81] 岳庆霞. 地下综合管廊地震反应分析与抗震可靠性研究[D]. 上海：同济大学，2007.

[82] 詹洁霖. 城市综合管廊布局规划案例研究[J]. 城市道桥与防洪，2013(10)：67-71，11.

[83] 张慧龙. 城市地下管网建设的问题与对策研究[D]. 呼和浩特：内蒙古大学，2015.

[84] 张智贤. 综合管廊交叉节点设计优化研究[D]. 北京：北京建筑大学，2019.

[85] 赵苗. 复杂荷载作用下综合管廊波纹钢结构的极限承载力[D]. 济南：山东建筑大学，2019.

[86] 赵雪婷. 综合管廊全寿命周期风险及应对策略研究[D]. 西安：西安建筑科技大学，2017.

[87] 赵永昌，朱国庆，高云骥. 城市地下综合管廊火灾烟气温度场研究[J]. 消防科学与技术，2017，36(01)：37-40.

[88] 赵运臣. 关于当前我国盾构施工技术发展中存在问题探讨[J]. 西部探矿工程，2004(8)：91-92.

[89] 郑承培. 以深层搅拌桩作大型基坑围护的质量事故防治[J]. 建筑施工，1994(5)：4-6.

[90] 周红波，蔡来炳，高文杰. 城市轨道交通车站基坑事故统计分析[J]. 水文地质工程地质，2009(2)：67-71.

[91] 周健民. 综合管廊变形缝接头的设计形式及适用性分析[J]. 特种结构，2016，33(02)：60-65.

[92] 周文波. 盾构法隧道施工技术及应用[M]. 北京：中国建筑工业出版社，2004.

[93] 朱记伟，郑思龙，刘建林，等. 基于 BIM 技术的城市综合管廊工程协同设计应用[J]. 给水排水，2016，52(11)：131-135.

[94] 朱嘉. 城市综合管廊安全风险辨识及评价体系研究[D]. 重庆：重庆交通大学，2017.

[95] José-Vicente Valdenebro, Faustino N. Gimena. Urban utility tunnels as a long-term solution for the sustainable revitalization of historic centres: The case study of Pamplona-Spain[J]. Tunnelling and Underground Space Technology, 2018(81): 228-236.

[96] José-Vicente Valdenebro , Faustino N. Gimena, J. Construction process for the implementation of urban utility tunnels in historic centres[J]. Tunnelling and Underground Space Technology, 2019(89)38-49.